铝焊管生产工艺与智能制造

Production Technology and Intelligent Manufacturing of Aluminum Welded Pipe

曹 笈 曹国富 著

北 京

冶 金 工 业 出 版 社

2024

内 容 提 要

本书是国内外第一本系统阐述铝焊管生产工艺及其智能制造的书籍。全书共 10 章，第 1 章为绪论，主要介绍铝焊管的沿革、铝焊管智能制造框架以及铝合金常识和铝焊管的品种；第 2 章详细介绍 1×××~8××× 系列铝合金管坯的化学成分、力学性能、主要特点和宽度模型；第 3~9 章分别介绍铝焊管生产工艺流程、上料生产工艺与智能活套、圆管成型与智能成型、异型铝焊管成型、铝焊管焊接工艺与智能焊接系统、铝焊管定径整形与智能矫直、铝焊管用轧辊孔型设计；第 10 章着重说明实施铝焊管智能制造的必要性、可行性、实施难点、实施步骤等。

全书图表合计 500 多个，数据可靠，资料翔实，可供从事铝（钢）管生产、智能制造、工艺研究、孔型设计、设备制造的科技人员、管理人员、生产人员阅读，也可供高等院校有色金属、人工智能等相关专业师生参考。

图书在版编目（CIP）数据

铝焊管生产工艺与智能制造 / 曹笈，曹国富著 .
北京：冶金工业出版社，2024. 8. -- ISBN 978-7-5024-
9936-5

Ⅰ. TG457. 6

中国国家版本馆 CIP 数据核字第 2024LL8910 号

铝焊管生产工艺与智能制造

出版发行	冶金工业出版社	电　话	(010)64027926
地　址	北京市东城区嵩祝院北巷 39 号	邮　编	100009
网　址	www. mip1953. com	电子信箱	service@ mip1953. com

责任编辑　李培禄　美术编辑　彭子赫　版式设计　郑小利
责任校对　王永欣　责任印制　禹　蕊
三河市双峰印刷装订有限公司印刷
2024 年 8 月第 1 版，2024 年 8 月第 1 次印刷
787mm×1092mm　1/16；26.5 印张；642 千字；403 页
定价 130.00 元

投稿电话　(010)64027932　投稿信箱　tougao@cnmip. com. cn
营销中心电话　(010)64044283
冶金工业出版社天猫旗舰店　yjgycbs. tmall. com
（本书如有印装质量问题，本社营销中心负责退换）

序 言 1

铝焊管制造与人工智能在各自的轨道上几乎同时走过 60 年，在《铝焊管生产工艺与智能制造》著作问世之前，没有人想到它们会在 2022 年的初夏发生交汇，继而从此行驶在一条道上；而让它们行驶在一条道上的推动力除了历史与时代因素外，北大才女，瑞士联邦高等理工学院 EPFL 理学博士、博士后、科学家研究员，美国斯坦福大学研究员，中国国家奖励评审入库专家，在 ACS nano、Carbon、TED、APL 等国际优质期刊和 IEDM、IEEE MEMS、VLSI 等微电子学顶级会议及国内行业学术期刊《焊管》上发表论文 40 多篇，在智能制造领域建树颇多的曹笈教授当数第一人；第二作者曹国富深耕焊管 40 年，硕果累累，贡献论文 80 余篇。二人珠联璧合成就《铝焊管生产工艺与智能制造》，该书将智能制造理念与铝焊管生产工艺贯通融会，使我们重新定义和刮目相看铝焊管生产。读者会看到铝焊管生产全流程充满感知、分析、推理、判断、构思、决策以及扩大、延伸类似人类专家在制造过程中脑力劳动的智能活动，铝焊管制造不再依赖个体经验，不再依赖试错，而是高度柔性化、精准化、智能化和集成化。

《铝焊管生产工艺与智能制造》是国内外第一部以高频直缝铝焊管生产和铝焊管智能制造为研究对象的专著。该书规划了铝焊管智能制造系统并详细介绍了智能进料系统、智能成型系统、智能焊接系统、智能矫直系统、平辊轴承无忧运转方案等子系统，创新性提出最小挤压辊理论、铝管坯焊接特性与铝焊管焊接的关系、铝管焊接线能量模型、铝焊管用宽度数学模型、多工位铝焊管智能控制模型、以及从宏观和微观（金相）方面提出铝焊管生产工艺与焊缝金相相互映射等理论，同时针对铝焊管生产中的疑难杂症进行原因分析、给出解决方案，对提高铝焊管从业人员素质作用明显，对高频直缝铝焊管生产具有现实指导意义，对铝焊管行业必将产生广泛而积极的影响。

两位作者，一位是人工智能与智能制造领域的专家学者，别具炉锤，左右采获；一位潜心焊管工艺，术业专攻，自今仍然白首穷经。作者理论功底扎实，实战经验丰富，焊管情怀深厚，研究成果丰硕。他们的另一部专著——由冶金工业出版社在2016年4月出版发行、六年三次印刷、关于焊接钢管的《高频直缝焊管理论与实践》早已成为焊管人的良师益友。

《铝焊管生产工艺与智能制造》和《高频直缝焊管理论与实践》两部专著一脉相承，案例分析精彩纷呈、原理论证丝丝入扣、工艺参数准确无误、图文并茂引人入胜、观念前卫言近旨远，具有较高技术理论深度和较好应用价值，对智能制造在铝焊管行业落地生根有积极推动作用，对提升铝焊管生产工艺技术水平有积极促进作用。

苏州大学高性能金属结构材料研究院院长、教授　张海

2023年12月16日

序 言 2

在新一轮科技革命和产业变革的趋势下，工业互联网已成为推动传统制造业升级和高质量发展的重要驱动力，智能制造必将成为未来制造业发展的重大趋势和核心内容。但我国制造业数字化转型过程中存在传统工业设备数字化改造难度大、工业软硬件装备供给能力不足、工业系统平台接口不统一、工业大数据开发创新能力不足等问题，深度影响着制造业数字化转型的进程。如何推动制造业转型升级，提升企业产品研发与技术创新能力，走数字化、智能化道路，已成为近年来大家关注和探讨的热点问题。

本书作者多年来致力于高频直缝焊管生产工艺研究，2016 年出版了专著《高频直缝焊管理论与实践》，受到焊管行业广泛关注和好评。随后，作者在专业期刊《焊管》2020 年第 1 期中发表了《焊管智造 AI+高频直缝焊管制造的构想》，是《焊管》刊登的首篇关于人工智能与焊管智能制造相结合的论文，引起了读者强烈反响。

时隔 4 年，又见到了作者的专著《铝焊管生产工艺与智能制造》，该书从高频直缝铝焊管生产制造的角度，详细分析了铝管坯的化学性能、电学性能、光学性能、热学性能和力学性能等对铝焊管性能的影响，提出了满足铝焊管生产工艺要求的铝管坯质量标准；在铝焊管生产用智能进料系统、智能螺旋活套、智能成型和焊接、轧辊孔型设计、质量控制和智能制造等方面提出了很多个人见解和理念，以智能制造为出发点，阐述了铝焊管生产制造的新理论、新模型、新方法和新思路，从而实现生产效率、生产质量和效益的最大化。

《铝焊管生产工艺与智能制造》是作者在高频直缝焊管生产实践经验的基础上，结合智能制造提出的新理论和新方法。本书的出版可以为铝焊管生产工艺改进、孔型设计、设备智能化改造等方面提供借鉴和参考，相信对于加快推进我国焊管行业技术进步、促进生产制造企业数字化和智能化转型也有重要的作用。

《焊管》期刊副主编 毕宗岳

2024 年 3 月 8 日

前　　言

　　人类社会每一次飞速发展、人类文明每一次重要飞跃，都离不开理论的创新。现阶段乃至今后数十年，人工智能作为新质生产力的重要引擎必将成为推动人类社会再次腾飞的内在动力；具体到工业领域，最重要的应用理论创新是将人工智能快速、安全、廉价地服务于传统工业，使之尽快实现智能制造。随着人工智能技术在医疗、教育、金融、军事等领域的成功应用，世界正在迈入人工智能与人类生活紧密相连的时代；工业人工智能及其智能制造必将成为工业再次发生革命性变化的重要推手。由此联想到前三次工业革命的动因以及铝焊管发展史，其间每一次华丽转身都是先进科学理论和先进工艺所结硕果的展现。

　　自 1860 年著名的"拿破仑铝碗"炫耀亮相到第一支高频直缝铝焊管荣耀问世用时一百多年，其间有两次最值得一书：一是 1886 年美国的 C. M. 霍尔和法国的 P. 艾鲁分别发明了电解炼铝法，彻底解决了铝提纯问题，一夜之间使铝不再是贵金属；到了 1910 年，全世界铝产量高达 4 万多吨，铝制品从此走进寻常人家。二是 1951 年，Yoder 公司首次将高频电流通过感应圈传输到待焊管筒上，用于钢管生产；随后人们又经过近十年努力成功生产出第一支高频直缝铝焊管。在铝焊管发展史上，正是得益于这两次与铝焊管关系密切的重要工艺突破，以及凭借"依葫芦画瓢"和初期的产品稀缺，维持了铝焊管一定时期的繁荣。

　　但是，毕竟铝管坯的力学、化学、热学、电学、磁学和光学等性能与钢管坯有着本质不同，使得近年来铝焊管在生产工艺改进、产品质量提升、行业整体发展诸方面遭遇瓶颈。表面原因是无法满足社会对铝焊管多样化的需要和人们对高品质铝焊管的追求。根本原因是缺失高屋建瓴的高频焊接铝管理论体系和基于高频焊接铝管理论指导下的实践活动，不重视对铝焊管生产工艺的研究，遇到问题"头痛医头脚痛医脚""东一榔头西一棒"，只知其然不知其所以然。这些与经济社会对铝焊管的期望不相符，更与人工智能发展到工业人工智能再到智能制造的大趋势不相符。

而且，相对焊接钢管而言，焊接铝管属于"小众"，专业研究人员少，既有理论又有实践的研究人员更少，将铝焊管生产工艺与智能制造相结合进行研究的人员凤毛麟角。然而，但凡社会有需求，"小众"也好，得失也罢，我们都应该义无反顾地担当起再续铝焊管辉煌的研究重任。

当前，铝焊管研究的重要任务是：寻求以智能制造为手段、以提高铝焊管品质为目标的铝焊管生产工艺再次取得突破。但是，洞见铝焊管生产工艺与智能制造相互融合的奥秘谈何容易？既有技术难度，也有成本压力，更有观念障碍。路漫漫其修远兮，吾将上下而求索。英国诗人亚历山大·波普说："自然和自然规律隐没在黑暗中，上帝说，让牛顿出生吧！于是，一切变得光明。"一旦这种融合构想得到实现，其对铝焊管生产的意义将是划时代的。

基于此，结合既有高频焊接理论，探索建立高频焊接铝管的理论体系，细化和优化铝焊管生产工艺，统筹智能制造与铝焊管生产工艺深度融合，使铝焊管行业焕发勃勃生机，为高频焊接铝管行业行稳致远而撰写《铝焊管生产工艺与智能制造》专著。

本专著致力于从生产工艺角度提高铝焊管品质，是国内外迄今唯一以高频直缝铝焊管生产工艺为研究对象的专著，也是国内外迄今唯一将高频直缝铝焊管生产工艺与智能制造相结合为研究对象的专著。该书 90% 以上内容是站在巨人肩上的所思所想所为，诚如钱学森在荣获中国杰出科学家奖时所言："'两弹一星'工程所依据的都是成熟理论，我只是把别人和我经过实践证明可行的技术拿过来用，这个没什么了不起的。"书中许多新思维、新观点、新方法和新实践有的得到同行专家首肯，有的获得一线操作者认同。专著以高频焊接铝管生产工艺流程为经线、以工序内容为纬线，纵横经纬铝焊管生产和智能制造的理论与实践。在系统全面介绍金属家具用铝焊管、汽车空调用复合铝合金冷凝器集流管和水箱用扁管等典型铝焊管的生产工艺基础上，创建了一整套符合高频焊接铝管生产与智能制造内在规律要求的理论体系、基本概念、基本原理、基本方法和基本实践框架，其中包括智能进料系统，解决了因进料拉拽力变化导致焊接速度波动的行业顽症；开展纵剪铝管坯边缘形态对焊缝融合线的影响研究；有效直径成型辊理论确保成型管坯边缘原始形貌不被破坏与焊缝融合线规整；管坯边缘双半径变形方式从根本上消除待焊管筒两边缘 V 形对接缺陷；拓展型上山成型底线理论为稳定成型与焊接提供了理论支撑；对圆管面上的"36°现象"进行深度解析，用新型 W 孔型彻底解决了自焊管生产以来一直困扰焊管尺寸精度的痼疾；最小焊接挤压辊理论将铝管焊接时剧烈氧化的负面影响降低到最小，焊接时间缩减至最短；工艺状态与焊缝金相映射原理为焊接缺陷原因查找提供了方法论；对铝焊缝进行解析，从物理冶金和焊接原理上说明高频铝焊缝的组织与性能；提出铝焊管标准焊接线能量与无量纲焊接线能量模型，前者供理论研究用，后者更适合调整工按需要的工艺参数进行实时调整；先成异圆后变异形管方法为带有凹槽、凸筋、缺角铝焊管等异形管的轧制开创了一片新天地；铝管坯焊接特性与焊缝形成的关系从理论上厘清了人们对一系列铝焊管焊接特点、特征的认知；管坯喂入角理论为降低管坯边缘纵向延伸指明方向；建立管坯宽度计算模型，从有利于铝焊管生产角度对铝管坯品质进行规制，建议制定铝焊管用管坯国家标准；谋划高频焊接铝管行业未来发展与铝焊管智能制造，提出铝焊管智能成型系统、智能焊接系统、智能定径与矫直系统、平辊轴承无忧运转方案、铝焊管智能制造架构等具体实施方案与构想。这些基础性、开创性、应用性研究，从管坯材质到智能进料、从焊管成型到焊接智能控制、从焊缝金相到焊接缺陷分析，处处彰显新理念、新方法、新工艺和新模型，初步搭建起高频焊接铝管生产与智能制造相融合的理论框架和实践基础，为推动铝焊管生产向高端化、智能化、绿色化转型，促进高科技、高效能、高质量的新质生产力在焊管行业落地开花进行了有益探索，具有较好的科学性、先进性和实践性。其中许多理论、理念和方法亦可反哺焊接钢管。

　　《铝焊管生产工艺与智能制造》专著的特色是：用哲学思想解决工程问题，善于从扑朔迷离的复杂问题中找出物理本质，然后用简单的数学方法分析铝焊管生产工艺中存在的问题，同时提出行之有效的解决方案。德国古典哲学的集大成者、辩证法大师黑格尔说："一个有文化的民族，如果没有哲学，就像一座庙，其他方面都装修得富丽堂皇，却没有至圣的神那样。"《铝焊管生产工艺与智能制造》通篇焕发出浓郁的哲学神气，从始至终站在哲学高度看待铝焊管生产，从孔型设计到智能设计、从焊管调整到故障分析、从实践探索到理论创新无不凸显一般与特殊、抽象与具体、相对与绝对、现象与本质、原因与结果等辩证思维，对开拓读者视野、发散读者思维、激励读者创新大有裨益。

本书的另一特色是：从实践成果萃取理论精华，将理论精华付诸生产实践。引经据典推陈出新，依经傍注不落窠臼，工艺数据算无遗策，图文并茂目达耳通；理论扎根实践，实践印证理论；智能制造融合焊接铝管，焊接铝管插翅智能制造；理论持之有故，释案引人入胜，见解拔新领异，体系自成一格；著者倾囊相授，阅者开卷有益。

《铝焊管生产工艺与智能制造》一书，工艺铝管，析毫剖芒；智能铝管，洞幽烛远；哲学铝管，鞭辟入里；开铝焊管工艺技术共享之先河，启铝焊管生产经验交流之发轫，集铝焊管理论实践成果之合一。与 2016 年 4 月由冶金工业出版社出版发行、六年三印、关于焊接钢管的《高频直缝焊管理论与实践》专著既师出同门一脉相通，又破门而出独树一帜。

鉴于高频焊接铝管理论与高频焊接钢管理论存在"同母异父的血缘关系"，故本书在涉及铝/钢焊管共用理论时大多删繁就简；若有追根究底兴趣的读者可参阅《高频直缝焊管理论与实践》一书，或通过 fu_liwang@163.com 联系作者。

值此出版之际，诚挚欢迎读者对书中错漏批评指正；同时向对完成本书提供帮助的曹丽珠女士、上海萨新汽车热传输材料有限公司总经理姜荣生先生、《焊管》期刊李超副社长、苏州大学高性能金属结构材料研究院院长张海教授、《焊管》期刊副主编毕宗岳先生、常熟国强和茂管材有限公司张寿翔先生等表示衷心感谢！

作　者

2024 年 6 月 28 日

目　　录

1 绪论 ……………………………………………………………………… 1

  1.1　高频直缝铝焊管的沿革 …………………………………………… 1

  1.2　铝焊管智能制造概述 ……………………………………………… 2

    1.2.1　铝焊管生产线与智能制造 ……………………………… 3

    1.2.2　铝焊管智能制造框架 …………………………………… 5

  1.3　高频直缝铝焊管的分类 …………………………………………… 9

    1.3.1　按用途分类 …………………………………………… 10

    1.3.2　按横断面形状分类 …………………………………… 11

    1.3.3　按壁厚分类 …………………………………………… 11

    1.3.4　按制造精度分类 ……………………………………… 11

    1.3.5　按外径分类 …………………………………………… 13

    1.3.6　按复合层分类 ………………………………………… 13

    1.3.7　按生产方式分类 ……………………………………… 14

    1.3.8　按带材状态和铝合金系列分类 ……………………… 14

  1.4　铝和铝合金常识 …………………………………………………… 14

    1.4.1　铝和工业纯铝的基本性质 …………………………… 14

    1.4.2　铝合金的基本性质 …………………………………… 15

    1.4.3　铝合金的状态代号和表示方法 ……………………… 16

2 铝焊管坯 …………………………………………………………… 21

  2.1　常用铝焊管坯的化学成分和力学性能 ………………………… 21

    2.1.1　1×××系列铝合金 ……………………………………… 21

    2.1.2　2×××系列铝合金 ……………………………………… 22

    2.1.3　3×××系列铝合金 ……………………………………… 23

    2.1.4　4×××系列铝合金 ……………………………………… 23

    2.1.5　5×××系列铝合金 ……………………………………… 24

    2.1.6　6×××系列铝合金 ……………………………………… 24

    2.1.7　7×××系列铝合金 ……………………………………… 24

    2.1.8　8×××系列铝合金 ……………………………………… 25

  2.2　化学成分与生产环境对铝焊接的影响 ………………………… 25

    2.2.1　铝管坯中常见化学元素对焊接性能的影响 ………… 25

    2.2.2　焊接环境对焊接质量的影响 ………………………… 26

2.2.3　铝管坯化学成分与力学性能的关系 …………………………………… 27

2.3　铝管坯的宽度 ………………………………………………………………… 28

2.3.1　铝管坯力学性能与焊接特性对工艺余量消耗的影响 ……………… 28

2.3.2　铝焊管用工艺余量的消耗规律 ……………………………………… 29

2.3.3　工艺余量与管坯宽度的关系 ………………………………………… 34

2.3.4　异形管管坯宽度计算式 ……………………………………………… 34

2.3.5　影响确定焊管管坯宽度的其他因素 ………………………………… 35

2.4　铝管坯的纵剪 ………………………………………………………………… 37

2.4.1　铝带纵剪机组的构成 ………………………………………………… 37

2.4.2　铝带纵剪机组的精度 ………………………………………………… 37

2.4.3　几个纵剪主要工艺参数 ……………………………………………… 38

2.4.4　铝管坯的标注 ………………………………………………………… 41

2.5　铝管坯的基本要求 …………………………………………………………… 41

2.5.1　铝管坯的共性要求 …………………………………………………… 42

2.5.2　铝管坯的特性要求 …………………………………………………… 45

2.6　铝管坯的智能仓储管理 ……………………………………………………… 46

2.6.1　铝管坯与成品智能仓储系统架构 …………………………………… 46

2.6.2　铝管坯智能仓储系统的技术支撑 …………………………………… 47

2.6.3　铝管坯智能仓储系统的优点 ………………………………………… 47

2.7　纵剪铝管坯常见缺陷对焊管生产工艺的影响 ……………………………… 47

2.7.1　宽度超差 ……………………………………………………………… 47

2.7.2　边缘毛刺与翻边 ……………………………………………………… 48

2.7.3　撕裂 …………………………………………………………………… 48

2.7.4　镰刀弯 ………………………………………………………………… 48

2.7.5　错层 …………………………………………………………………… 49

2.7.6　塔形 …………………………………………………………………… 49

2.7.7　划伤 …………………………………………………………………… 49

3　铝焊管生产工艺流程概述 …………………………………………………………… 50

3.1　金属家具用铝焊管生产工艺流程 …………………………………………… 50

3.1.1　金属家具用圆铝焊管生产工艺流程 ………………………………… 50

3.1.2　金属家具用"先成圆后变异"铝合金异形管生产工艺流程 ……… 50

3.1.3　金属家具用"直接成异"异形铝焊管生产工艺流程 ……………… 51

3.1.4　三种工艺流程的主要区别 …………………………………………… 51

3.2　复合铝合金冷凝器集流管生产工艺流程 …………………………………… 52

3.2.1　集流管生产工艺路线的分类 ………………………………………… 52

3.2.2　高精级铝合金集流管生产工艺路线 ………………………………… 54

3.2.3　普精级集流管生产工艺路线 ………………………………………… 56

3.2.4　铝合金集流管工艺路线的几点说明 ………………………………… 57

3.3　复合铝合金散热管生产工艺流程 ………………………………………… 58
　　3.3.1　散热管特征 ……………………………………………………… 58
　　3.3.2　中冷器散热管的生产难点 ………………………………………… 59
　　3.3.3　中冷器管的生产工艺流程与特点 ………………………………… 60
　　3.3.4　中冷器管焊管机组的特点 ………………………………………… 61

4　铝焊管上料生产工艺与智能活套 ………………………………………………… 63
　4.1　管坯再确认 …………………………………………………………………… 63
　　4.1.1　管坯质量 …………………………………………………………… 63
　　4.1.2　管坯基本性状 ……………………………………………………… 63
　　4.1.3　覆层检查 …………………………………………………………… 64
　　4.1.4　管坯纵切面形态 …………………………………………………… 64
　　4.1.5　研究铝管坯纵切面的意义 ………………………………………… 66
　4.2　正进料与反进料 ……………………………………………………………… 67
　　4.2.1　正反料的由来 ……………………………………………………… 67
　　4.2.2　正反料对焊接质量的影响 ………………………………………… 67
　　4.2.3　焊管品种与正反进料的关系 ……………………………………… 68
　　4.2.4　单覆和双覆异质铝合金管与正反进料 …………………………… 69
　4.3　铝管坯头尾焊接工艺 ………………………………………………………… 69
　　4.3.1　头尾焊接的必要性 ………………………………………………… 69
　　4.3.2　头尾焊接工艺 ……………………………………………………… 70
　　4.3.3　TIG铝管坯头尾的主要焊接缺陷 ………………………………… 74
　4.4　智能活套 ……………………………………………………………………… 76
　　4.4.1　活套结构原理介绍 ………………………………………………… 76
　　4.4.2　暂未使用活套的原因 ……………………………………………… 79
　　4.4.3　铝焊管生产用智能螺旋活套 ……………………………………… 80
　4.5　开卷机张力控制 ……………………………………………………………… 83
　　4.5.1　张力控制的必要性 ………………………………………………… 83
　　4.5.2　制动的种类 ………………………………………………………… 83

5　铝圆管成型工艺与智能成型 ……………………………………………………… 86
　5.1　焊管成型方法论 ……………………………………………………………… 86
　　5.1.1　能量法 ……………………………………………………………… 86
　　5.1.2　CAD法 ……………………………………………………………… 87
　　5.1.3　有限元法 …………………………………………………………… 87
　　5.1.4　距离法 ……………………………………………………………… 88
　5.2　焊管机组轧制底线与轧制中线 ……………………………………………… 88
　　5.2.1　轧制底线的作用与特点 …………………………………………… 88
　　5.2.2　轧制底线的分类 …………………………………………………… 89

5.2.3 选择轧制底线的原则 …………………………………………… 94

5.2.4 轧制中线 ………………………………………………………… 95

5.3 成型管坯纵向变形特征 ………………………………………………… 95

5.3.1 成型管坯纵向变形的特征 ………………………………………… 95

5.3.2 影响成型管坯边缘纵向延伸与回复的因素 ……………………… 98

5.3.3 研究成型管坯纵向变形的意义 ………………………………… 103

5.4 成型管坯横向变形特征 ……………………………………………… 103

5.4.1 高频直缝铝焊管用孔型分类 …………………………………… 103

5.4.2 轧辊孔型的作用 ………………………………………………… 105

5.4.3 圆管横向变形的特征 …………………………………………… 106

5.4.4 成型圆孔型的共同特征及意义 ………………………………… 113

5.4.5 选择横向变形孔型的原则 ……………………………………… 115

5.5 圆管断面变形特征 …………………………………………………… 115

5.5.1 成型段管坯横断面变形 ………………………………………… 116

5.5.2 焊接段管坯的横断面变形 ……………………………………… 117

5.5.3 定径圆管横断面变形解析 ……………………………………… 117

5.5.4 研究焊管横断面增量的意义与预防措施 ……………………… 119

5.6 铝焊管智能成型 ……………………………………………………… 119

5.6.1 铝焊管智能成型的必要性 ……………………………………… 120

5.6.2 铝焊管智能成型方案 …………………………………………… 120

5.6.3 铝焊管智能成型方案的优点 …………………………………… 123

5.7 焊管成型调整 ………………………………………………………… 124

5.7.1 成型调整的基本原则 …………………………………………… 124

5.7.2 成型调整的基本作业 …………………………………………… 126

5.7.3 换辊后的成型调整 ……………………………………………… 127

5.7.4 进料过程的调整 ………………………………………………… 129

5.7.5 成型段的联调 …………………………………………………… 131

5.7.6 待焊开口管筒的评判标准 ……………………………………… 132

5.8 厚壁铝焊管成型 ……………………………………………………… 133

5.8.1 厚壁管变形的工艺难点 ………………………………………… 133

5.8.2 厚壁管成型难点的解决方案 …………………………………… 136

5.8.3 厚壁管成型调整要领 …………………………………………… 138

5.9 薄壁铝焊管成型 ……………………………………………………… 139

5.9.1 成型失稳的表现形态 …………………………………………… 139

5.9.2 鼓包形成机理 …………………………………………………… 139

5.9.3 成型鼓包的特征 ………………………………………………… 140

5.9.4 薄壁管成型的调整 ……………………………………………… 141

5.9.5 薄壁管用 W 成型孔型的研究 ………………………………… 142

5.9.6 薄壁管用偏心成型立辊孔型 …………………………………… 144

5.10　常见铝焊管成型缺陷 ……………………………………………… 148
  5.10.1　管面皱折 ……………………………………………………… 148
  5.10.2　开口管筒不对称 ……………………………………………… 149
  5.10.3　成型管坯对焊面缺陷 ………………………………………… 151
  5.10.4　管面伤痕 ……………………………………………………… 153
  5.10.5　运行不稳 ……………………………………………………… 154
  5.10.6　管筒尺寸缺陷 ………………………………………………… 156
  5.10.7　"36°现象" …………………………………………………… 156
5.11　"36°现象"与成型孔型共有缺陷 ………………………………… 156
  5.11.1　"36°现象"探秘 ……………………………………………… 157
  5.11.2　"36°现象"的形成机理 ……………………………………… 159
  5.11.3　改进型 W 孔型 ……………………………………………… 162

6　异形铝管成型工艺 …………………………………………………… 165
6.1　异形管生产工艺路径 ……………………………………………… 165
  6.1.1　异形管四种生产工艺路径 …………………………………… 165
  6.1.2　四种工艺的同异 ……………………………………………… 166
  6.1.3　各工艺路径的优缺点 ………………………………………… 167
6.2　直接成型异形管工艺 ……………………………………………… 168
  6.2.1　直接成异机理 ………………………………………………… 168
  6.2.2　成型管坯纵向延伸 …………………………………………… 168
  6.2.3　成型管坯横向变形 …………………………………………… 170
  6.2.4　成型管坯横断面变形 ………………………………………… 173
6.3　先成圆后变异形管工艺 …………………………………………… 178
  6.3.1　圆变异的基本规律 …………………………………………… 178
  6.3.2　圆变异的基本变形 …………………………………………… 179
  6.3.3　变形道次 ……………………………………………………… 182
  6.3.4　分配变形量 …………………………………………………… 183
  6.3.5　圆变异孔型放置方位 ………………………………………… 186
  6.3.6　圆变异的断面变形 …………………………………………… 188
  6.3.7　研究圆变异壁厚增量对焊管生产经营的意义 ……………… 193
6.4　先成异圆后成异形管工艺 ………………………………………… 193
  6.4.1　现行工艺方法的启迪 ………………………………………… 193
  6.4.2　先成异圆再变异工艺 ………………………………………… 194
  6.4.3　先成异圆再变异工艺的优点 ………………………………… 196

7　铝焊管焊接工艺与智能焊接系统 …………………………………… 197
7.1　高频铝焊接原理 …………………………………………………… 197
  7.1.1　高频焊接原理 ………………………………………………… 197

7.1.2　高频电流的特征 ……………………………………… 198
7.1.3　高频铝焊机功率的选择 …………………………… 202
7.2　高频铝焊接的特点 ……………………………………… 202
7.2.1　焊接对象高速动态移动 …………………………… 203
7.2.2　焊接连续不断 ………………………………………… 204
7.2.3　高能量密度的焊接 …………………………………… 204
7.2.4　加热与挤压同时进行 ……………………………… 204
7.2.5　自熔焊接 ……………………………………………… 205
7.2.6　焊接后存在内外毛刺 ……………………………… 205
7.2.7　无色铝焊珠多 ………………………………………… 205
7.3　铝管坯焊接特性与铝焊管焊接 ……………………… 206
7.3.1　与焊接有关的铝管坯特性 ………………………… 206
7.3.2　铝管坯焊接特性对高频铝焊的影响 …………… 206
7.3.3　缩短高频铝焊时间的途径 ………………………… 210
7.4　焊接开口角与挤压力 …………………………………… 210
7.4.1　开口角与导向辊 ……………………………………… 211
7.4.2　挤压力与挤压辊 ……………………………………… 215
7.5　焊接三要素 ………………………………………………… 221
7.5.1　焊接热量 ……………………………………………… 221
7.5.2　焊接速度 ……………………………………………… 232
7.5.3　挤压力 ………………………………………………… 235
7.5.4　焊接压力、焊接温度与焊接速度的搭配 ……… 238
7.6　磁棒与感应圈 ……………………………………………… 238
7.6.1　感应圈 ………………………………………………… 238
7.6.2　阻抗器 ………………………………………………… 239
7.7　焊接准备 …………………………………………………… 244
7.7.1　管筒评价 ……………………………………………… 244
7.7.2　工序准备 ……………………………………………… 244
7.8　高频铝焊缝解析与工艺映射 ………………………… 245
7.8.1　原始铝焊缝构成 ……………………………………… 245
7.8.2　原始铝焊缝解析 ……………………………………… 246
7.8.3　铝合金集流管焊缝金相与生产工艺的映射 …… 253
7.8.4　解析高频直缝铝焊管焊缝的意义 ……………… 259
7.9　直接成异工艺的焊接 …………………………………… 259
7.9.1　直接成异的挤压辊孔型 …………………………… 259
7.9.2　影响焊接仰角的因素 ……………………………… 259
7.9.3　焊接仰角的作用 ……………………………………… 260
7.10　焊接缺陷分析 …………………………………………… 260
7.10.1　焊缝泄漏 ……………………………………………… 260

7.10.2　破坏性试验开裂 ·· 267

7.10.3　显性焊缝缺陷 ·· 269

7.10.4　内毛刺去不净 ·· 271

7.10.5　小直径凝器集流管堵渣回水 ······································· 272

7.11　焊接智能控制系统 ·· 278

7.11.1　铝焊管焊接的控制现状 ··· 278

7.11.2　铝焊管焊接智能控制系统的构成与路径 ····················· 280

7.11.3　铝焊管焊接智能控制系统解析 ····································· 281

7.11.4　实现焊接智能控制的途径 ·· 291

8　铝焊管定径整形工艺与智能矫直系统 ······························· 292

8.1　铝焊管定径整形的内涵与工艺过程 ······························· 292

8.1.1　定径与整形的内涵 ·· 292

8.1.2　焊管定径整形工艺过程 ·· 292

8.1.3　定径整形的作用 ·· 294

8.2　圆管定径 ·· 294

8.2.1　定径余量的分配 ·· 294

8.2.2　精度调整 ··· 295

8.3　圆变异形管调整 ·· 296

8.3.1　r 角调整 ·· 296

8.3.2　对角线调整 ··· 299

8.3.3　管面凹凸调整 ·· 300

8.3.4　异形管基本尺寸公差的调整 ··· 304

8.3.5　方矩管正方调整 ·· 306

8.3.6　异形管扭弯的调整 ·· 306

8.4　异圆变异形管的调整 ··· 308

8.4.1　异形管焊缝位置控制方法 ·· 308

8.4.2　异形圆管变异形方矩管管形控制原则 ······························ 310

8.5　直接成异形管的调整 ··· 310

8.5.1　尺寸微调 ··· 310

8.5.2　微整形 ·· 311

8.6　焊管在线智能矫直 ·· 311

8.6.1　矫直的前提 ··· 311

8.6.2　矫直机构 ··· 312

8.6.3　智能矫直系统 ·· 315

8.7　哲学与焊管调整基本方法的关系 ····································· 321

8.7.1　系统论是焊管调整的理论基础 ·· 322

8.7.2　焊管调整的基本方法 ·· 322

9　铝焊管用轧辊孔型设计 ··· 325

9.1　孔型设计基本原则 ·· 325

9.1.1 孔型设计的内涵 ·············· 325

9.1.2 焊管轧辊孔型的分类与作用 ·············· 326

9.1.3 轧辊孔型设计的基本原则 ·············· 326

9.2 孔型设计流程与孔型优劣标准 ·············· 331

9.2.1 孔型设计基本流程 ·············· 331

9.2.2 孔型设计的基本内容 ·············· 332

9.2.3 衡量孔型优劣的标准 ·············· 335

9.3 圆管孔型设计 ·············· 335

9.3.1 产品评估与孔型选择 ·············· 335

9.3.2 成型孔型设计 ·············· 335

9.3.3 焊接段轧辊孔型设计参数 ·············· 345

9.3.4 定径辊的孔型设计参数 ·············· 346

9.3.5 矫直辊孔型的设计参数 ·············· 347

9.4 圆变异形管孔型的系数设计法 ·············· 347

9.4.1 圆变方型的系数设计法 ·············· 347

9.4.2 圆变矩孔型的系数设计法 ·············· 352

9.4.3 圆变标准平椭圆管孔型的系数设计法 ·············· 356

9.4.4 圆变 D 形管孔型的系数设计法 ·············· 357

9.5 直接成型异形管的孔型设计 ·············· 358

9.5.1 铝焊管直接成异的管形特征 ·············· 359

9.5.2 常见汽车水箱和空调散热器用管的规格 ·············· 360

9.5.3 水箱扁椭管的孔型设计 ·············· 360

9.6 先成异圆后变异形管的孔型设计 ·············· 365

9.6.1 先成槽圆再变异工艺的特征 ·············· 365

9.6.2 凹槽孔型设计原则 ·············· 366

9.6.3 设计实例 ·············· 368

9.6.4 焊缝位置与孔型的关系 ·············· 370

9.6.5 先成槽圆再变异工艺的优点 ·············· 370

10 铝焊管智能制造 ·············· 372

10.1 铝焊管智能制造构想 ·············· 372

10.1.1 焊管生产工艺流程控制的现状 ·············· 372

10.1.2 焊管智能制造构想 ·············· 373

10.1.3 焊管智能制造 AI 的实施难点 ·············· 378

10.1.4 焊管智能制造 AI 的可行性 ·············· 379

10.2 铝焊管智能制造需要优先解决的问题 ·············· 380

10.2.1 坚定信心 ·············· 380

10.2.2 释疑成本 ·············· 382

10.2.3 收集数据 ·············· 383

10.2.4　专家团队 ·· 385

10.2.5　组建机构 ·· 385

10.2.6　提高精度 ·· 385

10.3　焊管机内侧牌坊平辊轴承无忧运转技术方案 ····················· 386

10.3.1　选题依据 ·· 386

10.3.2　平辊轴承无忧运转的工程数据分析流程 ···················· 388

10.3.3　平辊轴承无忧运转的技术架构 ······························· 394

10.3.4　让焊管制造更聪明的 AI 路径 ······························· 395

参考文献 ·· 396

索引 ··· 400

1 绪 论

一场以"人工智能+"为推动力的技术革命和产业革命正在席卷全球，挑战与机遇并存，时不我待。铝焊管人在以信息化带动工业智能化，以工业智能化促进信息化、走新型工业化——智能制造的时代要求下，应该积极主动尽早筹谋铝焊管智能制造，为铝焊管行业可持续发展增添动力。

高频直缝铝焊管广泛应用于汽车、制冷、家居、航空等领域，经过数十年的发展，从其规模以及在国民经济中的作用看，已经具备从焊接钢管行业中独立出来的条件。作为一个独立行业，应该有自己的历史脉络、理论体系、工艺方法、发展愿景等，同时需要厘清与高频焊接钢管的渊源。

1.1 高频直缝铝焊管的沿革

高频直缝焊接铝管简称铝焊管，是指以高频直缝焊管机组为主要生产设备、以铝或铝合金板带为原料，利用高频焊机为热能实施焊接所获得的产品。说到铝焊管，就不得不说高频焊接钢管，它们之间有着千丝万缕的历史渊源，是"同母异父"的关系："同母"系指所用主要生产设备——高频直缝焊管机组、高频焊机、冷切锯等在外形、基本功能方面完全相同，"异父"则体现在材质上，一个姓"铁"、一个姓"铝"，而且是"铁哥铝弟"，或者更确切地说，高频直缝焊接铝管的生产工艺是在高频直缝焊接钢管生产工艺的基础上发展起来的。因此，本书的一些提法、表述与焊接钢管同名不同姓，二者的历史渊源和理论渊源如图 1-1 所示，青出于蓝而胜于蓝，铝焊管价值更高，利润更丰，企业投资智能制造的意愿也更强烈。

图 1-1 焊接钢管、焊接铝管的历史渊源、理论渊源与智能制造渊源

从图 1-1 可知，在智能制造方面虽然基于铁/铝性能不同有属于各自的理论算法模型，但是二者的交集更广；也就是说，许多关于铝焊管智能制造的基础理论、基本方法、感知手段和建模思路等都是相同的，为铝焊管智能制造技术的拓展应用指明了方向。

高频直缝焊接钢管经历了探索和发展两个阶段。早在 19 世纪初，因战争需要，人们就用钢板弯卷成圆管筒，然后对管筒边缘加热并将加热边缘搭接，最后在短芯棒上锻接成管子，用来制造炮筒，这是最早的焊接钢管。直到电磁理论的出现并逐步工业应用后，才有了现代意义上的高频直缝焊接钢管。

高频焊接钢管用焊接能量起源于工频电流，经历了 50~60 Hz、180~360 Hz、200~500 kHz 的探索过程。据美国俄亥俄 TOCCO 轴承公司 H. B. Osborn Jr 的记载，高频焊管的源起距今有 70 年左右。世界上第一条真正意义上的高频直缝焊管生产线诞生于 1951 年，Yoder 公司首次将高频电流通过感应圈传输到待焊管筒上，用于焊管生产，并于 1954 年发表了《高频感应焊接工艺》的专利，即现代意义上的高频感应焊接工艺。

直到 20 世纪 60 年代初，高频焊管生产随着高频电流的频率达到 200~500 kHz，以及彻底解决了高频设备防过载、意外停机保护等安全互锁之后才得到快速发展，世界各国相继建设了大量小、中、大型高频焊管机组，高频直缝焊管的生产和应用进入一个爆发式增长阶段。

在此基础上，人们从 20 世纪 70 年代中期开始尝试用高频焊机焊接铝管，由于彼时的高频焊机是采用一个大功率电子管构成的振荡电路，虽然功率和频率基本能够满足焊接铝管的需要，但是，基于铝和铝合金的亲氧性特征尤为突出，以及电子管高频的输出电压波动大、纹波系数高等原因，使得以焊缝针孔缺陷为主的焊接缺陷频发，应用领域受到极大限制。随后经过十年左右时间的探索，新一代高频电压输出波动小、纹波系数低的固态高频焊机问世，推动了高频铝焊管的迅猛发展，应用领域从建筑、家装、家具行业逐步拓展到汽车、制冷、航空航天，尤其是在汽车行业，为汽车轻量化仅在空调冷凝器、中冷器方面的贡献率就高达 1% 左右。

随着固态高频焊机在我国的引进、消化、吸收和创新，固态高频焊机也从高大上走进"寻常人家"。自 21 世纪初开始，进口和国产固态高频焊机在我国陆续推广应用，到目前为止，固态高频焊机在高频焊接钢管行业的占有率超过 70%，而高频焊接铝管机组则百分百使用固态高频焊机。

与此同时，得益于装备制造、机械电子、铝冶金和冷轧铝材的长足进步，尤其是高品质、高精度铝和铝合金板、带材的崛起，带动了我国铝焊管快速发展。经过我国焊管工作者 20 多年的奋力追赶，现已成长为名副其实的高频铝焊管生产大国；但是，毋庸讳言，我们还不是铝焊管强国，一些高精度、严要求的铝焊管尚不具备批量生产能力，究其原因，一个重要方面是铝焊管生产工艺落后。

因而，探索建立先进的高频铝焊管生产工艺，将人工智能融入铝焊管生产工艺流程的方方面面，逐步实施铝焊管智能制造，实现铝焊管生产和产品质量跨越式发展便成为著述本书的原动力与宗旨。如果说过去的落后受客观条件制约还情有可原的话，那么在当今的中国，既有国家战略《中国制造 2025》的指引，又有领先全球 5G 技术和发达的工业物联网、人工智能应用场景随处可见，让铝焊管制造与人工智能联姻，实现铝焊管智能制造就成为当代焊管人义不容辞的责任。

1.2　铝焊管智能制造概述

《中国制造 2025》开宗明义的指导思想是：坚持走中国特色新型工业化道路，以促进制造业创新发展为主题，以提质增效为中心，以加快新一代信息技术与制造业深度融合为主线，以推进智能制造为主攻方向，以满足经济社会发展和国防建设对重大技术装备的需求为目标，强化工业基础能力，提高综合集成水平，完善多层次多类型人才培养体系，促进产业转型升级，培育有中国特色的制造文化，实现制造业由大变强的历史跨越，并且指出智能制造是国家要实施的五大战略工程之一，是制造业的主攻方向。为此，嗅觉灵敏的焊管人必须在智能制造方面尽快行动起来，探索出一条适合铝焊管智能制造的工艺路径。

1.2.1 铝焊管生产线与智能制造

1.2.1.1 铝焊管生产制造系统

一条完整的铝焊管生产线归纳起来由 12 个系统组成，从仓储系统中的铝管坯出发，一个流程下来实现华丽转身，以成品铝焊管的面貌又回到仓储系统；与此同时也告诉人们，只有图 1-2 所示的子系统全部实现智能制造，铝焊管的智能制造才能成为现实。当然，饭要一口口吃，路要一步步走，铝焊管智能制造不可能一蹴而就。

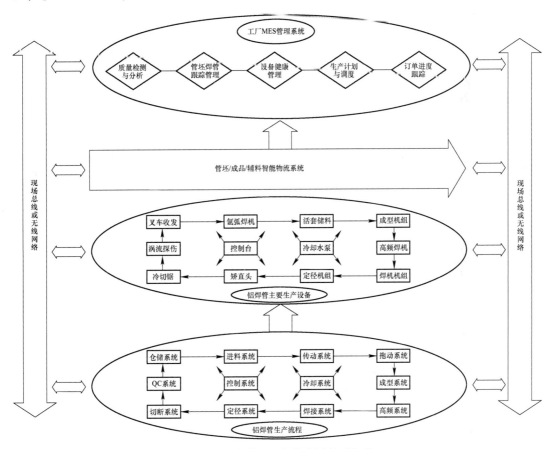

图 1-2　铝焊管企业智能制造体系架构

在铝焊管智能制造中，信息流、工艺流、设备流和物流无缝融合，构成一个赛博物理系统或者称为信息物理系统（Cyber Physical System，CPS），制管的每一个环节都是一个信息产生与接收的节点；借助计算机信息系统通过实时感知，对采集的数据进行分析、推理、判断及实时控制，从而部分取代或者延伸制造环境中人脑的部分劳动，提高生产效率并减少人为错误的发生。

在图 1-2 反映铝焊管企业智能制造架构中，其核心是 MES 系统，全称 Manufacturing

Execution System，即生产执行系统。它是一套面向制造企业执行层的生产信息管理系统，包括制造数据、生产排程、生产调度、库存、采购、质量、人力资源、工作中心与设备、工具工装、成本、项目看板、生产过程控制、底层数据集成分析、上层数据集成分解等管理模块，为企业打造一个扎实、可靠、全面、可行的协同制造管理平台，实现途径是依托传感器、工业软件、网络通信系统和人机交互。

1.2.1.2 铝焊管智能制造的内涵

智能制造（Intelligent Manufacturing，IM）是一种由智能机器和人类专家共同组成的人机一体化智能系统，它在制造过程中能进行诸如分析、推理、判断、构思和决策等智能活动。通过人与智能机器的合作共事，去扩大、延伸和部分地取代人类专家在制造过程中的脑力劳动，使生产柔性化、智能化和高度集成化。铝焊管智能制造就是在生产铝焊管过程中，借助新一代数字化、网络化、智能化等信息技术，让铝焊管生产线充满智能，并能够以类似人类专家最好的状态协调运行，内涵丰富。其具体内容有：

（1）成型稳定，焊接速度稳定，高频焊接热量输入稳定，而且能针对不同铝管坯特性，自主地匹配焊接电流、焊接电压、焊接挤压力、焊接速度等工艺参数。

（2）进料系统以近乎零波动拉拽力的方式给机组输送管坯。

（3）冷却系统以恒定的流量冷却机组各个部位。

（4）冷切锯与焊缝品质判别系统配合，按设定程序在需要切断处自主切断。

（5）当某个或某些节点出现可见与不可见的变化，如平辊轴承磨损严重，并出现影响焊管品质的前兆时，机组能自主地发现并发出预警，这样既不会造成焊管潜在质量问题与意外停机损失，又不会因之延期交货。

此外，铝焊管智能制造还能在人员更迭时发挥"师傅带徒弟"的作用，让新员工以平台系统为师傅，告诉新员工以前的师傅是怎么做的、工艺参数是怎么设计的、出现问题怎么处理，这样新员工就能迅速地成为熟练工，避免许多人为障碍、人为错误。

1.2.1.3 铝焊管智能制造的特点

铝焊管智能制造的特点如下：

（1）铝焊管智能制造是一种新型生产方式，体现在整个流程能自主地、高质量、高效率、低成本运行，具有自感知、自学习、自决策、自执行、自适应等功能。

（2）能够实现生产线问题、故障的自我诊断，提示预警。

（3）不再依赖人的监视、控制与决策，将生产过程中看得见和看不见的变化交由大量传感器去感知，实现生产过程自主进行。

（4）不再依赖人的"手艺""技艺"和缄默技术调整焊管机组，将大量采集到的个体经验数据整合纳入专家系统，并通过机器学习，不断优化知识库，形成智能体与人脑创造的良性循环。

1.2.1.4 铝焊管智能制造的实现途径

借助新一代数字化、网络化、智能化等信息技术，让信息化与铝焊管生产技术、生产过程深度融合；其中，数字化是基础，网络化是关键，智能化是方向。

（1）数字化基础。在整个铝焊管制造过程中，凡是与制管有关的信息、物理特征都必须用数据进行表征，牵涉到数据的收集与采集。数据收集主要针对既有数据如铝和铝合金、铝管坯的一系列化学性能、力学性能、热学性能、磁学性能、宽度、厚度、公差等不再变化的或者称为静态数据进行收集、整理、分类；数据采集则主要针对制管过程中一系列不断变化的数据，依靠制管流程中无所不在的感知层——各种传感器。

（2）网络化关键。网络化关键是指利用通信技术和计算机技术，把分布在铝焊管整个制程、不同点位的计算机及各类电子终端设备互联起来，按照一定的网络协议相互通信，达到各个点位都可以共享软件、硬件和数据资源，以便实现优质高效生产铝焊管的目的。

（3）智能化方向。智能化方向就是凭借新一代信息技术和各类感知手段，逐步使铝焊管制程具备类似于人类的感知能力、记忆能力、思维能力、学习能力、自适应能力和行为决策能力，以获得高品质、低成本铝焊管需求为中心，能动地感知焊管制程，按照与人类思维模式相近的方式和给定的知识与规则，通过数据处理和反馈，对随机性的外部环境如管坯硬度超过规定值做出决策并付诸相应行动，而且这些决策和行动往往比个体的决策更优化、行动更及时、执行更彻底。

1.2.2 铝焊管智能制造框架

铝焊管智能制造框架由智能仓储、智能进料、智能传动系统、智能拖动系统、智能成型、智能高频和焊接、智能锯切、智能 QC 系统、智能控制系统等部分构成。

1.2.2.1 智能仓储

广义看，智能仓储包括铝管坯、铝焊管、备品备件、轧辊等仓库的入库、出库、保管及其提供相关的计划、报表；狭义上则仅指铝管坯与铝焊管的人工智能仓储运作。

铝管坯与铝焊管智能仓储系统主要由 RFID 技术、条形码技术、无线传输技术构成，见图 1-3。一旦铝管坯或铝焊管被贴上电子标签后，那么关于这些铝管坯或铝焊管的来龙去脉便尽收眼底，而且还能实时提供与之有关的报表、数据，使决策有据可依、数据有案可稽。同时，需要配置温度、潮湿传感器对仓储环境进行实时监控，出现异常后及时自主启动通风除湿设备。

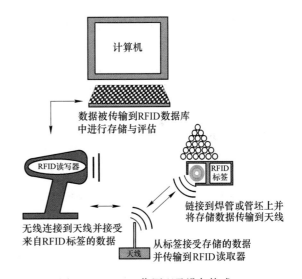

图 1-3 RFID 工作原理及设备构成

1.2.2.2 智能进料

智能进料硬件构成有开卷机、头尾剪切装置、氩弧焊机、活套及传感器等，主要功能有两个：

（1）源源不断地向焊管机组提供管坯。确保焊管机组能够连续高速运转，然而，目前大多数铝焊管机组都不具备连续生产能力。根本原因在于：无法解决活套被动出料导致管坯与机组间因张弛无序而产生的纵向拉拽力忽大忽小问题，如图 1-4 所示。千万不要小看这个拉拽力，它能引起焊接速度发生波动，而高频铝焊对速度波动尤为敏感，毫不夸张地说，不断变化的拉拽力已经成为阻碍铝焊管连续生产的拦路虎与许多质量缺陷的根源。

（2）将纵向拉拽力控制在允许范围内。通过布设多种位移传感器，让存储铝管坯的活套时刻主动感知管坯张弛状态，并以几乎与机组速度同样的速度向机组供应管坯，实现拉拽力恒定。

1.2.2.3 智能传动系统

智能传动系统包括各类减速机、齿轮箱、平立辊轴承的负载与磨损，通过转速传感器、振动传感器、温度传感器、距离传感器等感知监控它们的状态，并

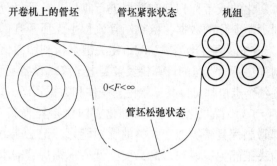

图 1-4 拉拽力 F 动态变化示意图

将感知结果及时传输到人工智能的"大脑"，以便主动采取相应措施，确保焊管机组时刻处于"恒速"运转状态，同时能发出必要的预警或提示。

1.2.2.4 智能拖动系统

智能拖动系统主要有三大功能：

（1）通过转速传感器、振动传感器、温度传感器、电流电压传感器等收集拖动电机运转状态信号，并进行处理。

（2）应用电流传感器能够感受到拖动电机电流变化的信息，将检测到的信号按一定算法转换成人们能够识别的信息，如霍尔电流传感器能够精准反映原边即电机输入端的电流变动情况，并将变动信号转换成对焊接速度的实时干预。

（3）根据电流电压波动自动补偿增减焊接速度，或者自行增减焊接热量。

1.2.2.5 智能成型

从平直管坯变形为待焊开口管筒，要经过二三十个轧辊连续不断地轧制，如图 1-5 所示，其中任何一个轧辊的位置、摩擦力、转速等发生细微变化，都会对待焊开口管筒产生不同程度的影响，并影响随后的焊接，而且这种细微变化多数情况下是人类感官力不能及的。可是，通过厚度传感器、应变传感器、温度传感器、位移传感器、速度传感器等能时刻感知高速运动的管坯厚度、宽度、硬度变化，时刻感知高速转动轧辊的变化，这些变化最终都会以特定的信号被反馈到人工智能系统中，并会自主地将焊接速度或输入热量调整到由专家系统设定的最佳状态。例如，管坯硬度突然变硬，那么在图 1-6 中，成型管坯边缘的回弹增大，位移传感器就会实时感知到这种变化，并将变化信号传递给控制焊接挤压力的步进电机控制器上；当变硬的管坯运动到挤压辊处时，步进电机就会根据位移传感器发出的、以位移量为依据经过计算的脉冲个数和脉冲频率控制步进电机的转速与加速度，并以电机角位移量实施对挤压力的控制，如图 1-7 所示。挤压辊就会自动增大挤压力以抵消管坯变硬的回弹力，这个过程可用模型式（1-1）表示。

图 1-5 高频直缝铝焊管平立辊交替成型

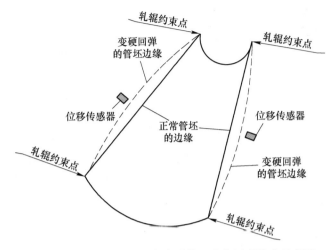

图 1-6　管坯硬度变化引发变形管坯边缘回弹增大示意图

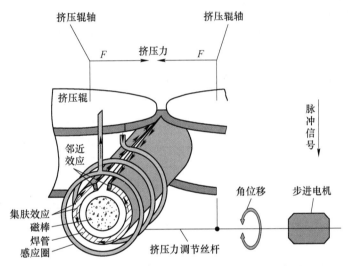

图 1-7　高频感应焊接原理与步进电机调节挤压力原理

$$\begin{cases} f = F \Rightarrow f + \Delta f = F + \Delta F \\ \Delta f \approx \Delta F \end{cases} \tag{1-1}$$

式中，f 与 F 分别为正常管坯成型时管坯的回弹抗力与挤压力；Δf 为管坯变硬后增大的回弹抗力；ΔF 为因管坯变硬由人工智能增大的挤压力。这样，在人工智能的及时干预下，相当于焊接环境没有变化。至于智能定径系统，它与智能成型系统的主要感知手段、控制方法等都相似。

1.2.2.6　智能高频和焊接

人们为铝焊管所做的一切努力和研究，包括实施智能制造，在某种意义上讲就是为了获得一条高品质的焊缝。由此可见，铝焊管智能制造的牛鼻子是焊缝质量，焊缝质量的关键是焊接速度稳定性，因此，铝焊管智能制造必须以"稳速"为中心、以焊接热量增减和焊接挤压力增减为抓手。

人工智能实现焊接速度稳定有两条路径：一是就事论事，立足速度稳速度；二是从高频输出的角度进行干预，二者并行不悖，异曲同工，统一于由铝焊管人工智能控制的焊接线能量中。其计算公式为：

$$q = \frac{IU}{v} \qquad (1\text{-}2)$$

式中，q 为焊接线能量，J/mm；I 为焊接电流，A；U 为焊接电压，V；v 为焊接速度，mm/s。

式（1-2）实际上给出了人工智能控制焊接速度的模型，具体表现有：

（1）速度波动因素。第一是进料拉拽力；第二是轧制力，包括成型平立辊、定径平立辊轧制力、挤压辊的挤压力、冷却液的影响等；第三是多种因素导致的管坯打滑；第四是铝管坯硬度变化、厚度与宽度公差波动；第五是线路电流电压波动引起拖动电机转速和力矩变化；等等。

（2）非智能工况下对速度波动的无奈。上述这些速度波动因素，明显地可依仗操作者经验进行所谓及时调整，这种"及时"从时序上看其实是事后关怀，焊缝缺陷已经发生了；真正让人头痛的是那些看不见但是却真真切切存在的隐性波动及其焊缝缺陷，看似稳定运行的管坯在高速摄影镜头下，速度其实一直处于波动状态，一些焊缝缺陷如微裂纹、夹杂、融合线不规整等只有在金相显微镜下才会现原形。在非智能时代，隐性速度波动只能通过加强操作者责任心、精心调整、提高设备精度和管坯精度等方面尽量减少焊缝缺陷。

（3）应用人工智能感知速度波动。从微观视角看，焊接速度波动客观存在，不可避免。然而，在让制造更聪明的大背景下，应用人工智能对这些造成焊接速度波动的因素进行全方位感知、监控，对一切波动洞察秋毫、见微知著，实现实时感知和预先防范，措施超前，焊缝让人放心。

（4）智能高频输出。运用电流、电压传感器感受供电线路电流电压的变化信号并进行自动采集与显示，然后通过人工智能对高频发生器的电流电压进行调节，进而对焊接用高频输出功率实施同步干预，或者同步做出增减焊接速度的决定，使焊接线能量始终维持在铝焊管生产工艺允许的波动范围内。

1.2.2.7 智能锯切

智能锯切包括切断、码垛、捆扎、吊离等内容。

（1）切断。目前冷切锯的自动化程度很高，尺寸精度亦可达到（6000+5.0）mm；下一步的智能改造方向是，使其与焊缝在线智能涡流探伤系统融合，对不合格焊管自行识别、自动切除、自动剔除。

（2）码垛、捆扎、吊离，施行智能改造已经不存在技术难点。

1.2.2.8 智能 QC 系统

智能 QC 系统包括：

（1）人工检测的现实性。在铝焊管质量控制方面，有的基于资金成本考量、有的基于时间成本考量，使得许多检测项目仍然依靠人工离线操作完成，如试压、扩口、压扁、锥管、金相等。

（2）焊缝在线检测。将涡流探伤系统智能化，使其更精细地识别出焊缝缺陷类型与管体缺陷，以便对生产工艺调整、现场操作提出指导意见。

（3）铝焊管生产全流程的人工智能改造。最好的质量保证是工艺保证，当铝焊管生产流程全部实现了人工智能控制，即各工序由人工智能控制的工艺参数都得到落实，那么最终的铝焊管才应该被信任。

1.2.2.9 智能控制系统

智能控制系统的实质是将各个分布式人工智能子系统集成到一个平台上，建立一个统一的如图1-2所示的铝焊管智能制造平台与可视化平台，实现对铝焊管智能制造全流程的调节与监控。

千里之行，始于足下，实施铝焊管智能制造当从认识铝焊管开始。

1.3 高频直缝铝焊管的分类

高频直缝铝焊管的分类方法和分类标志较多，本书大致按用途、外形、壁厚、精度、外径、覆合层、状态、生产方式和合金系列分类，如图1-8所示。

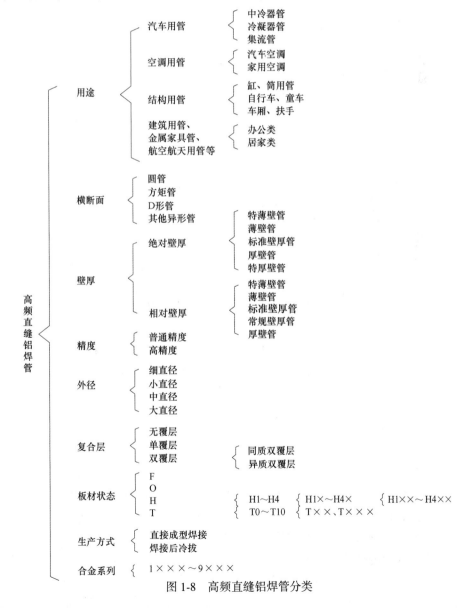

图1-8 高频直缝铝焊管分类

1.3.1 按用途分类

铝焊管广泛应用于汽车、机械制造、建筑构件、金属家具以及航空航天等国民经济各个部门。

1.3.1.1 汽车用管

利用铝材传热快、密度小的特点，既能快速进行热传输，又能满足汽车轻量化和节能环保要求。数据显示，铜的密度为 8.9 g/cm³，约是铝的 3.3 倍，在此前提下表现为铝比铜散热速度快，仅汽车冷却系统以铝代铜就可为乘用车减重 1%，节省燃油 0.1 L/100 km。这类铝焊管普遍对焊缝耐压和抗疲劳要求较高，如材质 AA3003、状态 H14、规格 φ20 mm× 1.15 mm 冷凝器集流管的耐压指标不能低于 12 MPa；而且这些管材都是复合管，区别在于有的是单覆、有的是双覆，双覆还有同质与异质之分，如图 1-9 所示。其中，如果后工序需要钎焊，则覆层材料以熔点比基板（3003）或芯层低的 4045、4343、4045+Zn 铝硅系列合金居多；如果以防腐蚀为目的，则多以铝锌系（7072）合金为覆层材料。

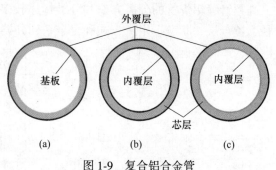

图 1-9 复合铝合金管
（a）单覆；（b）同质双覆；（c）异质双覆

（1）发动机冷却系统：主要功能是把发动机受热部件吸收的部分热量及时散发出去，保证发动机在最适宜的温度状态下工作，包括水箱、中冷器、机油冷却器等。以中冷器为例，其作用是降低涡轮增压后高温空气的温度，从而降低发动机的热负荷，增加进气量，进而可增大发动机功率 3%~5%。

（2）汽车空调系统：主要用于空调蒸发器、空调冷凝器、暖风机等。

1.3.1.2 结构用管

结构用管的用途主要有：

（1）缸、筒体用液压缸、气缸、气弹簧、气筒、滚筒管及各种机械制造用管，一般对精度、强度和壁厚等都有比较严格规定。

（2）自行车架、各类车厢、扶手等用管，这类管材往往更注重材料强度、可焊性与表面光鲜。

（3）建筑构件用管，如铝合金脚手架、铝合金门窗、阳光房、蔬菜大棚、运动场馆建设用管、中空玻璃铝隔条（管）等，这类用管对管材表面防腐、抗拉强度、抗压强度、屈服强度等都有特别要求。

1.3.1.3 金属家具用管

随着金属家具的风行，铝焊管已经覆盖到包括办公家具用管、居家家具用管、灯饰管、运动器材用管的方方面面。由于这些管材在后续加工过程中，有的需要进行喷粉、上色、电镀等表面处理，有的抛光后直接使用，所以对管材表面存在的划伤、压痕、凹坑、凸点、针孔、麻面、蚀斑、气泡等缺陷都相当敏感。这些缺陷，有的是管坯先天性的热轧铝坯甚至是铝锭遗留的缺陷；有的则是在焊管加工过程中，由于操作不当产生的。对那些需要进行弯管、缩口、胀管、锥管的铝焊管，还应该严格控制铝板带材的化学成分和硬度、伸长率、屈服强度等力学性能，并且要留有足够裕量。

1.3.1.4 航空航天

由于有些铝焊管的比强度比铜管、钢管都高，航空航天领域用许多铜管、钢管正逐步被高强度铝管取而代之，势不可挡。

1.3.2 按横断面形状分类

按横断面形状分为圆管、方管、矩管、D 形管（面包管）、椭圆管、凹槽管、凸筋管等其他异形管。尤其是异形管，除了尺寸公差外，通常对形位公差都有严格要求，如矩形管的管型要方正、平面不能有凹凸、四角大小相等。

1.3.3 按壁厚分类

按壁厚有两种分类方法，一是根据铝焊管的绝对壁厚进行分类，二是根据管的相对壁厚分类。

（1）按绝对壁厚分类。绝对壁厚是仅指管子的公称壁厚而与外径无关，铝焊管按绝对壁厚可细分为特薄壁管、薄壁管、标准壁厚管、厚壁管和特厚壁管五类，见表 1-1。

表 1-1 铝焊管绝对壁厚和相对壁厚分类表

名 称	绝对壁径 (t)/mm	相对壁径 $\left(\dfrac{t}{D}\right)$
特薄壁管	$0.50 > t$	$1.2 \geqslant t/D$
薄壁管	$0.50 \leqslant t \leqslant 0.80$	$1.2 < t/D \leqslant 2$
标准壁厚管	$1.0 < t < 2.0$	$2 < t/D \leqslant 8$
厚壁管	$2.0 < t < 3.0$	$8 < t/D \leqslant 12$
特厚壁管	$t > 3.0$	$t/D > 12$

（2）按相对壁厚分类。相对壁厚不仅与焊管公称壁厚有关，还与焊管外径密切相关，衡量依据是 t/D 的比值。铝焊管按相对壁厚同样可细分为特薄壁管、薄壁管、标准壁厚管、厚壁管和特厚壁管五类，其分类见表 1-1。

将铝焊管按绝对壁厚和相对壁厚进行分类，一是因为生产不同壁厚的铝焊管，无论是在成型方面、焊接方面或者是整形方面的工艺要求差别较大，如用生产厚壁管的轧辊生产相同外径的薄壁管，可能成型这一关就过不去，更不用说后续工序了；二是壁厚相同、外径不同的铝焊管如 $\phi50$ mm×1.0 mm 与 $\phi16$ mm×1.0 mm，前者生产难度远远大于后者。

1.3.4 按制造精度分类

1.3.4.1 国标规定的制造精度

铝焊管按制造精度分为普精级和高精级两类。关于铝焊管精度等级，素来有国家标准与行业要求之别，国标（GB 10571—1989）规定的铝焊管外径允许偏差见表 1-2，方矩管宽度、高度允许偏差见表 1-3，壁厚允许偏差见表 1-4，直度允许偏差见表 1-5。

表 1-2　铝焊管外径允许偏差 （mm）

公称外径	平均外径与公称外径之间的允许偏差		任一点外径与公称外径之间的允许偏差	
	普精级	高精级	普精级	高精级
≤10	±0.16	±0.08	±0.18	±0.15
>10~25	±0.20	±0.10	±0.40	±0.20
>25~50.8	±0.20	±0.13	±0.45	±0.25
>50.8~76.2	±0.30	±0.15	±0.50	±0.30
>76.2~120	±0.35	±0.20	±0.60	±0.40

注：1. 需要单向偏差时，公差带的绝对值不变；2. 平均外径是指任意相互垂直的两个外径之平均值。

表 1-3　方矩铝焊管的高度和宽度允许偏差 （mm）

公称宽（高）度	角上宽（高）度允许偏差		非角上宽（高）度允许偏差	
	普精级	高精级	普精级	高精级
≤25	±0.20	±0.13	±0.40	±0.20
>25~50	±0.30	±0.15	±0.45	±0.25

注：1. 角上宽（高）度是指靠近角部测得的实体尺寸；2. 非角上宽（高）度是指除角部外测得的非完全实体尺寸；3. 大于 50 mm 的规格之偏差由供需双方商定。

表 1-4　方矩铝焊管的壁厚允许偏差 （mm）

公称壁厚	非焊缝部位壁厚允许偏差
0.5~0.8	±0.05
>0.8~1.2	±0.06
>1.2~1.8	±0.08
>1.8~2.0	±0.09
>2.0~2.5	±0.10
>2.5~3.0	±0.12

注：1. 焊缝外的任意点；2. 需要单向偏差时，公差带的绝对值不变。

表 1-5　铝焊管直度允许偏差

公称外径/mm	最大弯曲度/‰
9.5~25	≤2.5
>25~50	≤3.5
>50~120	≤4.0

另外，国标规定方矩管的扭拧度每米不大于 3°，全长不大于 7°；长度允许偏差 6 mm。总体来说，若从一些采购商角度看国家标准中的制造精度，与他们行业的要求比，十有八九嫌宽松，因此实践中供货商往往根据采购商所属行业的要求组织生产。

1.3.4.2　行业要求的制造精度

不同行业都有不同的需要，作为中间产品的铝焊管自然要尽可能地满足各方需求。实际操作中，有些客户提出的精度要求往往比国标高精度的要求还要高许多，个中原因错综复杂，但是，客户后续加工的需要是重要原因之一。如果需要外套、内配、车外圆、镗孔、内钎、外钎等，就完全有这个必要要求制管企业尽可能地提高尺寸精度，以保证后续工序能够顺利进行。譬如冷凝器用集流管，由于在集流管两端需要配置堵帽，而且堵帽是通过钎焊的方式实现密闭，如果管子外径偏差较大、壁厚偏差也较大，那么当一定尺寸精度的堵帽与管子内孔配合时，若间隙偏大，则无法保证缝隙被钎料填满；若配合过紧，则装配过程中会损伤钎焊面表层的钎料，同样影响钎焊质量。表1-6是某集流管生产企业与某知名采购商签订的复合铝合金冷凝器集流管尺寸精度。

表 1-6　汽车冷凝器用复合铝合金集流管尺寸精度　　　　　（mm）

公称外径 φ	外径允差		公称厚度	壁厚允差	
	普精级	高精级[①]		普精级	高精级[①]
≤20	±0.05	−0.05	1.15~1.50	±0.05	−0.01~−0.06
>20~40	±0.06	0.06	>1.50~2.0		−0.02~−0.08

①高精级需经抽芯冷拔加工。

由此可见，行业要求与国标没有可比性，不能相提并论。

1.3.5　按外径分类

铝焊管直径不同，不仅生产难度差异较大，甚至是生产工艺差异也较大。例如，φ9.5 mm以下的细直径管，通常都需要经过冷拔加工工艺获得。铝焊管按外径大小分为细直径、小直径、中直径和大直径，详细划分见表1-7。

表 1-7　铝焊管外径分类表

外径分类	直径 φ/mm
细直径	<9.5
小直径	>9.5~25
中直径	>25~76
大直径	>76

1.3.6　按复合层分类

按复合层分类有两种，具体包括：

（1）覆层类型。铝焊管按有无覆层分为无覆层与覆层两大类；覆层又有单覆与双覆之分，其中，双覆分为同质双覆和异质双覆。根据复合铝焊管覆层材料及其功能不同，有的是为了满足钎焊用，有的是为了增强铝焊管的防腐、延长使用寿命。

（2）覆层材料。常用覆层材料主要有两类：一类是铝硅合金系列，如4045、4343、4045+Zn等，将它们复合在铝或铝合金基板或芯层上，以铝锰合金3003基板为例，由于铝硅合金系列的熔融温度比3003合金低30~40 ℃，所以用铝硅合金作覆层的功用是钎料。另一类是铝锌合金，如7072，选择该合金作覆层主要是利用其防腐性能好的特性，起到防止（严格意义上讲应该是延缓）芯层或基板腐蚀的作用。

1.3.7 按生产方式分类

这里的生产方式是指获得最终铝焊管成品时的生产工艺，大致有直接成型焊接和成型焊接加冷拔两类。其中，后一类方式生产铝焊管的目的一是得到更高尺寸精度，二是改善铝焊管的状态或性能，三是获得前者无法生产的一些细直径铝焊管。

1.3.8 按带材状态和铝合金系列分类

由于这部分内容较多，牵涉面广，故安排在第 2 章铝焊管坯中系统介绍。但是，按照循序渐进的思想，在深入了解铝焊管坯前，需要首先熟悉铝和铝合金常识。

1.4 铝和铝合金常识

1.4.1 铝和工业纯铝的基本性质

下面介绍纯铝、高纯铝、工业纯铝的基本性质。

1.4.1.1 纯铝

纯铝的化学元素符号是 Al，是 aluminium 缩写；原子序数为 13，在门捷列夫化学元素周期表第三周期主族（ⅢA）中；相对原子质量 26.98154，面心立方晶系，无同素异构转变，化合价为+3 价，属于化学性质较活泼的金属，亲氧性特征明显，在常温下易与空气中的氧发生反应，生成致密的、厚度为 0.1~0.2 μm 的氧化铝（Al_2O_3）薄膜。

真正的纯铝几乎不存在，它通常以高纯铝或工业纯铝的形态出现。

1.4.1.2 高纯铝与工业纯铝

高纯铝是指铝中杂质含量不超过 0.004%，工业纯铝是指铝中杂质含量低于 0.5%，它们的主要物理性质除了表 1-8 中所示以外，还有许多优良的特性。例如，高屈强比，约是钢（Q195）的 2.3 倍（3003、H 状态），具有良好的焊接性能、散热性能、成型性能、切削加工性能和耐蚀耐候性能等，正日益受到航天航空、汽车、制冷、冶金、机械、包装、防腐等领域青睐。不过，真正在这些领域受欢迎的并不是高纯铝和工业纯铝，而是根据人们的需要添加了某些金属元素与非金属元素，但是性能与高纯铝和工业纯铝相近的铝合金。

表 1-8 高纯铝和工业纯铝的主要物理性质

性 能		高纯铝（99.996%）	工业纯铝（99.5%）
原子序数		13	—
相对原子量		26.9815	—
晶格常数（20 ℃）/nm		0.40494	0.404
密度/kg · m^{-3}	20 ℃	2698	2710
	700 ℃	—	2373
熔点/℃		660.24	约 650
沸点/℃		2060	—
燃烧热/J · kg^{-1}		3.094×10^7	3.108×10^7

性　　能		高纯铝（99.996%）	工业纯铝（99.5%）
熔解热/J·kg^{-1}		3.961×10^5	3.894×10^5
比热容（100℃）/J·(kg·K)$^{-1}$		934.92	964.74
凝固体积收缩率/%		—	6.6
热导率（25℃）/W·(m·K)$^{-1}$		235.2	222.6（O状态）
线膨胀系数 /μm·(m·K)$^{-1}$	20~100℃	24，58	23.5
	100~300℃	25，45	25.6
弹性模量/MPa		—	70000
切变模量/MPa		—	2625
磁导率/H·m^{-1}		1.0×10^{-5}	1.0×10^{-5}
电阻率（20℃）/μΩ·m		0.0267（O状态）	0.02922（O状态） 0.03002（H状态）
电阻温度系数/μΩ·m·K^{-1}		0.1	0.1
体积磁化率		6.27×10^{-7}	6.26×10^{-7}
电导率/S·m^{-1}		64.94	59（O状态）
			57（H状态）
反射率/%	λ=2500×10^{-10}	—	87
	λ=5000×10^{-10}	—	90
	λ=20000×10^{-10}	—	97
折射率（白光）/%		—	0.78~1.48
吸收率（白光）/%		—	2.85~3.92
相对辐射能（25℃，大气环境）		—	0.035~0.06

1.4.2 铝合金的基本性质

　　铝合金是指为了获得某种特定性能而在纯铝中添加一种或多种金属元素和非金属元素所形成的铝制品。在铝合金中，还存在着一些金属元素和非金属元素，它们不是人为添加的，而是由于铝锭、回炉废料中往往含有多种杂质、气体、氧化物和其他夹杂物，这些夹杂物有的基于成本考量、有些基于不影响铝合金总体性能考量，在冶炼时没有从铝合金熔体中彻底去除。

　　此外，从图1-10可知，铝合金分为铸造铝合金和变形铝合金两大类。其中，后者是指能够进行冷轧、弯曲、挤压变形的铝合金，并且与铝焊管坯关系密切，或者说，除纯铝管外，

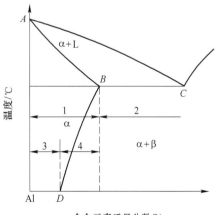

图1-10 铝合金分类示意图
1—变形铝合金；2—铸造铝合金；
3—不可热处理铝合金；4—可热处理铝合金

所有的铝焊管坯都是变形铝合金。因此，本书所指的铝合金，若未做特别说明，均指变形铝合金。

1.4.3 铝合金的状态代号和表示方法

铝合金的表示方法既有国际色彩，也有各国特点，比较知名的有我国 GB/T 16475—1996、美国铝业协会（AA）规定和 ISO 的表示方法。

1.4.3.1 中国变形铝合金的状态代号与表示方法

（1）基础状态代号。基础状态分别用大写英文字母 F、O、H、W、T 表示，含义见表1-9。

表1-9 中国变形铝合金基础状态代号

基础状态代号	名 称	说 明 与 应 用
F	自由加工状态	适用于在成型过程中，对于加工硬化和热处理无特殊要求的产品，力学性能不作规定
O	退火状态	适用于经过完全退火获得最低强度的加工产品
H	冷加工硬化状态	适用于通过加工硬化提高强度的产品，产品在加工硬化后可以经过或不经过使强度有所降低的附加热处理。H 代号后面必须有两位或三位阿拉伯数字
W	固溶热处理状态	一种不稳定状态，仅适用于经固溶热处理后，室温下自然时效的合金，表示该产品状态处于自然时效阶段
T	热处理状态（不同于 F、O、H 状态）	适用于热处理后，经过或不经过加工硬化达到稳定状态的产品；代号 T 后面必须有一位或多位阿拉伯数字

（2）细分状态代号包括状态 H、T、W 三种。

1）状态 H 的细分。状态 H×× 的细分与内涵见表 1-10，H×8 状态与 O 状态最小抗拉强度差值见表 1-11。

表1-10 状态 H×× 的细分与内涵

H×× 的细分状态代号	第一位阿拉伯数字表示基本处理状态	第二位阿拉伯数字表示加工硬化程度
H1×	单纯加工硬化状态（即获得的强度）	用 1~9 表示不同硬度状态：9—超硬状态，最小抗拉强度极限至少比 H×8 的高 10 MPa；8—硬状态，用 O 状态最小抗拉强度与 H×8 状态的强度差值之和（见表2-4）来规定 H×8 状态的最小抗拉强度值；其余数字表示的强度分别为它们的中间值
H2×	加工硬化及不完全退火状态；适用于加工硬化程度超过成品要求后，经过不完全退火适当降低强度至规定值	
H3×	加工硬化及稳定化处理的状态，仅适用于在室温下逐渐时效软化的合金	
H4×	加工硬化及涂漆处理的状态	

表1-11 H×8 状态与 O 状态最小抗拉强度差值

O 状态最小抗拉强度/MPa	H×8 状态与 O 状态最小抗拉强度差值/MPa	O 状态最小抗拉强度/MPa	H×8 状态与 O 状态最小抗拉强度差值/MPa
≤40	55	165~200	100
45~60	65	205~240	105

O 状态最小抗拉强度 /MPa	H×8 状态与 O 状态最小 抗拉强度差值/MPa	O 状态最小抗拉强度 /MPa	H×8 状态与 O 状态最小 抗拉强度差值/MPa
65~80	75	245~280	110
85~100	85	285~320	115
105~120	90	>325	120
125~160	95		

2）状态 T 的细分，见表 1-12。

表 1-12 T××细分状态说明

状态代号	第一（含 10）位阿拉伯数字表示基本热处理状态	第二位阿拉伯数字表示特性改变状态
T0×	固溶处理后，经自然时效再进行冷加工的状态	表示产品经过明显特性改变的状态，如力学性能、防腐蚀性能（略）
T1×	由高温成型过程冷却，然后自然时效至基本稳定的状态	
T2×	由高温成型过程冷却，经冷加工后自然时效至基本稳定的状态	
T3×	固溶处理后冷加工，再经自然时效至基本稳定的状态	
T4×	固溶处理后自然时效至基本稳定的状态	
T5×	由高温成型过程冷却，然后进行人工时效的状态	
T6×	固溶处理后进行人工时效的状态	
T7×	固溶处理后进行时效的状态	
T8×	固溶处理后进行冷加工，然后进行人工时效的状态	
T9×	固溶处理后人工时效，然后进行冷加工的状态	
T10×	由高温成型过程冷却后进行冷加工，然后进行人工时效的状态	

3）状态 W 的细分。在 W 后面后缀"51/52/54"，表示不稳定的固溶热处理及消除应力状态（略）。

1.4.3.2 ISO 变形铝合金的状态代号与表示方法

A 合金牌号表示方法

根据国际标准化组织（ISO）的规定，变形铝合金牌号是由基本元素 Al 和合金元素的化学元素符号及合金元素含量的平均百分数数字组成（详见 ISO 2092 和 ISO 2107），并在牌号前冠以"ISO"；如已用文字表明国际标准牌号，则 ISO 可省略。若合金元素含量大于1%，则仅需标出含量的整数，如铝镁合金 AA5013 中镁平均含量为 3.2%~3.8%，那么就相当于 ISO 的牌号 AlMg3；当合金元素含量小于1%时可以不标，如铝硅合金 AA3003 中硅平均含量是 0.6%，用 ISO 表示的牌号为 AlSi。

需要指出，在 ISO 变形铝合金牌号的表示方法中还规定，变形铝合金的牌号还可以用四位数字表示，即用美国铝业协会（AA）的牌号，但是必须去掉数字前的"AA"字样，如"AA3003→3003"。

B 变形铝合金状态代号

按 ISO 的规定，变形铝合金的状态由拉丁字母与数字组成，标在合金牌号后并用连字符把它们分开。状态代号也分为基础状态代号和细分状态代号两类。

（1）基础状态代号分别用拉丁字母 M、F、O、H、T 表示，具体内涵见表 1-13。

表 1-13 基础状态代号名称与应用说明

基础状态代号	名 称	说 明 与 应 用
M	制造状态	表示热成型材料，对力学性能有一定要求
F	加工状态	表示不控制力学性能的热加工材料所处的状态
O	退火状态	处于最低强度性能的完全退火的压力加工产品的状态
H	加工硬化状态	退火（或热成型）材料再加以冷加工后所处的状态，达到一定的力学性能；或是冷加工后经部分退火或稳定化退火所处状态
T	不同于 M、F、O、H 状态的热处理状态	通过热处理可使强度增强的产品。在字母 T 之后附加不同字母表示不同热处理状态；材料在进行热处理后既可进行一定量的冷加工，也可以不进行冷加工

（2）基础状态代号又细分为加工硬化（H）与热处理（T）两部分，见表 1-14 和表 1-15。

表 1-14 H×状态和 H××状态的细分

H×状态	说 明	H××状态	说 明
		H×H	充分硬化状态
H1	加工硬化状态	H×D	σ_b 大致介于 O 状态与 H×H 状态之间
H2	加工硬化后部分退火状态	H×B	σ_b 大致介于 O 状态与 H×D 状态之间
H3	加工硬化后经稳定化处理状态	H×F	σ_b 大致介于 H×D 状态与 H×H 状态之间
		H×J	σ_b 比 H×H 状态大 10 MPa 以上的状态

注：H××状态中的第一个×表示 H×中的 1、2、3。

表 1-15 T×状态的细分

T×	说 明
TA	从热成型冷却到室温与自然时效后的状态
TB	固溶热处理与自然时效的状态
TC	热加工后冷却到室温，然后再冷加工与自然时效的状态
TD	固溶热处理、冷加工与自然时效后的状态
TE	从热成型冷却到室温与人工时效后的状态
TF	固溶热处理与人工时效的状态
TG	热加工后冷却到室温，然后再冷加工与人工时效的状态
TH	固溶热处理、冷加工与人工时效后的状态
TL	固溶热处理、人工时效与冷加工的状态
TM	固溶热处理与稳定化处理后的状态

另外，根据 ISO 2107 的相关规定，如果有必要，还可以在细分之后再后缀数字或字母，以表示硬化或热处理的进一步精细状态。同时，该规定还允许状态代号用美国铝业协会的状态代号替换。

1.4.3.3 美国铝业协会的状态代号与表示方法

A 铝合金牌号表示方法

根据美国国家标准 ANSIH 351—1978 的规定，美国的变形铝合金用四位阿拉伯数字表示，见表 1-16。

表 1-16 美国变形铝合金牌号表示方法

系列	1×××	2×××	3×××	4×××	5×××	6×××	7×××	8×××	9×××
内涵	工业纯铝	铝铜合金	铝锰合金	铝硅合金	铝镁合金	铝硅镁合金	铝锌合金	铝锂合金	备用

关于表 1-16 的三点说明：第一，1×××系列第二位数字表示杂质含量的修改，如果是零则表示该工业纯铝的杂质范围为生产中的正常范围；如果是 1~9 中的自然数则表示生产中应该对某一种或某几种杂质元素加以控制；而末尾两位数字则表示铝百分含量小数点后两个数。第二，2×××~8×××系列中，末尾两位数字只用来区分该型号中不同牌号的铝合金；第二位数字则表示对合金的修改，0 表示原始合金，1~9 表示该合金的修改次数。第三，如果是实验合金，则在合金牌号前加"X"。

B 铝合金状态代号

铝合金状态代号也分基础状态代号和细分状态代号。

(1) 基础状态代号与表 1-13 相同。

(2) 细分状态代号。1) F 的细分状态，见表 1-17；2) H 的细分状态见表 1-14，另专门用 H×和 x5 表示焊管的加工硬化；3) T×的细分状态与表 1-15 基本相同，见表 1-18。

表 1-17 F 的细分状态

F×	内　　涵
0	退火状态，最低强度
01	高温退火，缓慢冷却
02	机械热处理，超精细成型用
03	均匀化处理

表 1-18 T×的细分状态

T×	说　　明
T1	热成型冷却到室温+自然时效到充分稳定的状态
T2	热成型冷却到室温+冷加工+自然时效到充分稳定的状态
T3	固溶热处理+冷加工+自然时效到充分稳定的状态
T4	固溶热处理+自然时效到充分稳定的状态
T5	热成型冷却到室温+人工时效的状态
T6	固溶热处理+人工时效的状态
T7	固溶热处理+稳定化处理的状态
T8	固溶热处理+冷加工+人工时效的状态
T9	固溶热处理+人工时效+冷加工状态

T×	说 明
T10	热成型冷却到室温+冷加工+人工时效的状态
⋮	详见 ANSIH 351—1978 标准

需要指出的是，美国铝业协会关于变形铝合金的表示方法应用范围更广，在业界普遍应用。

这些关于铝和铝合金的常识、铝焊管分类标志、分类方法和分类思想既是铝焊管操作者必须掌握的知识点，也是实施铝焊管智能制造的基础性数据与信息，更是下一步熟悉铝管坯的基础。

2 铝焊管坯

本章详细介绍常用铝焊管坯的化学成分、力学性能和化学成分与生产环境对铝焊接的影响，从铝焊管生产工艺角度提出铝焊管坯的宽度要求与其他基本要求，指出铝焊管坯的纵剪及常见缺陷对焊管生产工艺的影响，以及建立铝焊管坯智能仓储管理的必要性。

2.1 常用铝焊管坯的化学成分和力学性能

一般来说，所有系列铝合金均可作为铝焊管坯用于生产铝焊管。不过，由于不同系列铝合金的主要合金元素不同，使得合金材料的组织、性能和特点差异较大。

2.1.1 1×××系列铝合金

1×××系列铝合金即为工业纯铝，其性能特点、化学成分和力学性能如下：

（1）性能特点。1）具有极佳的成型性、耐腐蚀性、焊接性、导热性和导电性，密度小、质量轻、光反射系数大，铝含量不低于99%。2）不能用热处理方法进行强化，只能依靠冷轧变形提高强度，在冷变形60%~80%的情况下其强度也只能达到150~180 MPa。3）在相同加工状态下，该系列合金的强度最低、最软。4）该系列合金形成的氧化膜最致密，防腐效果最好。

（2）化学成分和力学性能。该系列合金的代表牌号有1050、1060、1070和1100等，化学成分见表2-1，力学性能见表2-2。需要指出，因合金在不同状态下的性能差异较大，所以通常讲到力学性能时，都必须交代合金状态，否则便没有意义。1×××系列铝焊管坯主要用于对防腐有特别要求的化工领域以及对强度要求不高的领域。

表 2-1　常用铝管坯的合金牌号和化学成分　　　　　　　　（%）

合金牌号	化学元素										其他		Al余量
	Si	Fe	Cu	Mn	Mg	Cr	Ni	Zn	X	Ti	单个	合计	
1050	0.25	0.40	0.05	0.05	0.05	—	—	0.05	V：0.05	0.03	0.03	—	99.5
1060	0.25	0.35	0.05	0.03	0.03	—	—	0.05	V：0.05	0.03	0.03	—	99.6
1070	0.20	0.25	0.04	0.03	0.03	—	—	0.04	V：0.05	0.03	0.03	—	99.7
1100	0.95		0.04~0.05	0.05	—	—	—	0.10	—	—	0.05	0.15	99.0
2024	0.50	0.50	3.80~4.90	0.30~0.90	1.20~1.80	0.1	—	0.25	—	0.15	0.05	0.15	余量
2A11	0.70	0.70	3.80~4.80	0.40~0.80	0.40~0.80	—	0.10	0.30	Fe+Ni：0.70	0.15	0.05	0.1	余量
2017	0.20~0.80	0.70	3.50~4.50	0.40~1.0	0.40~0.80	0.10	—	0.25	—	0.15	0.05	0.15	余量

合金牌号	化学元素										其他		Al 余量
	Si	Fe	Cu	Mn	Mg	Cr	Ni	Zn	X	Ti	单个	合计	
3003	0.60	0.70	0.015~0.20	**1.0~1.50**	—	—	—	0.10	—	—	0.05	0.15	余量
3005	0.60	0.70	0.30	**1.0~1.50**	0.20~0.60	0.10	—	0.25	—	0.10	0.05	0.15	余量
3105	0.60	0.70	0.30	**0.30~0.80**	0.20~0.80	0.20	—	0.40	—	0.10	0.05	0.15	余量
4343	**4.50~6.0**	0.8	0.25	0.10	0.05	—	—	0.10	—	0.10	0.05	0.15	余量
4045	**9.0~11.0**	0.8	0.3	0.05	0.05	—	—	0.10	—	0.20	0.05	0.15	余量
5005	0.30	0.70	0.20	0.20	**0.50~1.10**	0.1	—	0.25	—	—	0.05	0.15	余量
5083	0.40	0.40	0.10	0.40~1.0	**4.0~4.9**	0.05~0.25	—	0.15	—	0.15	0.05	0.15	余量
5052	0.25	0.40	0.10	0.10	**2.20~2.80**	0.15~0.35	0.10	—	—	—	0.05	0.15	余量
6061	**0.40~0.80**	0.70	0.15~0.40	0.15	**0.80~1.20**	0.04~0.35	—	0.25	—	0.15	0.05	0.15	余量
6063	**0.20~0.60**	0.35	0.10	0.10	**0.45~0.90**	0.10	—	0.1	—	0.1	0.05	0.15	余量
6082	**0.70~1.30**	0.50	0.10	0.40~1.0	**0.60~1.20**	0.25	—	0.20	—	0.1	0.05	0.15	余量
7050	0.12	0.15	**2.0~2.60**	0.10	**1.90~2.60**	0.04	—	**5.70~6.70**	Zr: 0.08~0.15	0.06	0.05	0.15	余量
7075	0.40	0.50	**1.20~2.0**	0.30	**2.10~2.90**	0.18~0.28	—	**5.10~6.10**	—	0.20	0.05	0.15	余量

注：1. 成分为最高百分数示值，标注范围的除外；2. 黑体字为主要合金元素。

表 2-2　1×××系列合金的力学性能

状态	σ_b/MPa	$\sigma_{0.2}$/MPa	HB	δ/%	备注
H112	≥75	≥35	34~40	≥12	铝板横向

2.1.2　2×××系列铝合金

2×××系列铝合金俗称硬铝，也称铝铜合金，其性能特点、化学成分和力学性能如下：

（1）性能特点。在2×××系列合金中，铜是主要合金元素；另外，在 Al-Cu 合金的基础上，还衍生出了 Al-Cu-Mg 和 Al-Cu-Mn 等合金。常用合金牌号为2024、2A11 和 2017，它们的主要性能特点是：1）强度高、耐热性和加工性能良好。2）与其他系列铝合金比，耐蚀性差，常以复合一层纯铝的形态出现，形成氧化铝膜保护层。3）热状态和退火状态下成型性好，热处理强化效果显著。

（2）化学成分和力学性能。2×××系列合金的化学成分见表 2-1，力学性能见表 2-3。由于该系列铝合金焊管强度高、耐高温、抗疲劳，故广泛应用于既需要轻量化，又需要高强度的航空航天、汽车、山地自行车等领域。

表 2-3　2×××系列合金的力学性能

状　态	σ_b/MPa	$\sigma_{0.2}$/MPa	HB	δ/%	备　注
H4	≥425	≥275	120~145	≥14	铝板横向

2.1.3　3×××系列铝合金

3×××系列合金是以锰为主要合金元素的铝合金，是应用最广的防锈铝，其显著特点、化学成分和力学性能如下：

（1）性能特点。1）耐蚀性能和焊接性能较好，为复合铝管坯芯层或基板的首选用材。2）强度高于1×××系列合金，并随着 Mn 含量（一般在 1.0%~1.6%之间）增加而提高，当 $w(\text{Mn})>1.6\%$ 时强度提高明显，与此同时会形成大量脆性化合物 $MnAl_6$，变形时易开裂。3）属于热处理不可强化合金，只能通过冷加工提高强度。

（2）化学成分和力学性能。常用 3×××系列合金的牌号有 3003、3005 和 3105 三种，它们的化学成分见表 2-1，力学性能见表 2-4。该系列铝合金焊管是所有系列铝合金中用量最多、应用最广的铝焊管；与4×××系列或7×××系列铝合金复合后生产的复合铝合金焊管，更几乎成为汽车冷却、空调冷凝器等行业专用管，如冷凝器集流管、水箱用管、中冷器管。

表 2-4　3×××系列合金的力学性能

状　态	σ_b/MPa	$\sigma_{0.2}$/MPa	HB	δ/%	备　注
H24	140~200	≥115	35~45	≥12	铝板横向

2.1.4　4×××系列铝合金

4×××系列合金是以 Si 为主要合金元素的铝合金，该类铝合金最显著的特点：一是相比其他系列的合金熔点低；二是溶体流动性好、易补缩，特别适合用于铝合金焊接的添加料和钎料。

（1）性能特点。4×××系列铝合金用作焊管坯料，主要是以覆层的形态出现，如与3003 铝合金复合，形成 4343/3003、4343/3003/4343、4045/3003 等复合铝管坯，在制成复合铝焊管如汽车水箱管、冷凝器集流管后，利用 4045（熔点 590~605 ℃）或 4343（熔点 600~620 ℃）合金覆层熔点比基板合金 3003 低、流动性好的特点供随后钎焊时作钎料用。

用作钎料的 Si 含量一般不宜低于 4.5%，最高可达 13.5%；随着硅含量增加，熔体的流动性增强，同时合金的强度和耐磨性相应提高。

（2）化学成分和力学性能。在焊管方面应用较广的 4×××系列合金主要牌号有 4045和 4343，它们的化学成分和力学性能分别见表 2-1 和表 2-5。

表 2-5 4×××系列合金的力学性能

状态	σ_b/MPa	$\sigma_{0.2}$/MPa	HB	δ/%	备 注
T6	≥380	≥315	90~120	≥11	铝板横向

2.1.5 5×××系列铝合金

5×××系列铝合金的性能特点、化学成分和力学性能如下：

(1) 性能特点。5×××系列合金的主要合金元素是 Mg，特点是：1) 在热处理不可强化的铝合金中密度小，属于中高强度合金。2) 抗疲劳性和焊接性能良好，耐海洋大气腐蚀是其一大特点，焊管在船舶、汽车、压力容器、制冷装置、电视塔等方面广泛应用。3) 强度随镁含量增加而提高，但是，当镁含量大于9%后，其强度、塑性和焊接性均显著降低。

(2) 化学成分和力学性能。5×××系列合金常用牌号有 5005、5083/5025 等，它们的化学成分和力学性能分别见表 2-1 和表 2-6。

表 2-6 5×××系列合金的力学性能

状态	σ_b/MPa	$\sigma_{0.2}$/MPa	HB	δ/%	备 注
H112	≥270	≥120	45~75	≥12	铝板横向

2.1.6 6×××系列铝合金

6×××系列铝合金的性能特点、化学成分和力学性能如下：

(1) 性能特点。6×××系列合金的主要合金元素是 Mg 和 Si，特点是：1) 中等强度，可热处理强化。2) 耐蚀性、焊接性好，应力腐蚀破裂倾向小。3) 材料致密、易抛光上色，焊管在家具、装饰、灯饰等方面运用较多。

(2) 化学成分和力学性能。6×××系列合金常用牌号 6061、6063、6082 等的化学成分和力学性能见表 2-1 和表 2-7。

表 2-7 6×××系列合金的力学性能

状态	σ_b/MPa	$\sigma_{0.2}$/MPa	HB	δ/%	备 注
T6	≥310	≥276	90~110	≥11	铝板横向

2.1.7 7×××系列铝合金

7×××系列铝合金的性能特点、化学成分和力学性能如下：

(1) 性能特点。7×××系列合金的主要合金元素是 Zn，由此衍生出 Al-Zn-Mg 和 Al-Zn-Cu 两个分支，后者称为超硬铝。其总的特点是：强度高，甚至比2×××系列的还要高；硬度高，如 7075、状态 T6 的硬度（HB）高达 150；焊接性能差而防腐性能好，在航空航天领域应用较多，一般是以覆层的形态出现在铝焊管上，用于提高焊管强度和防腐性能。

(2) 常用 7×××系列合金的主要牌号有 7075 和 7050，它们的化学成分见表 2-1，力学性能见表 2-8。

表 2-8 7×××系列合金的力学性能

状 态	σ_b/MPa	$\sigma_{0.2}/MPa$	HB	$\delta/\%$	备 注
T6	≥570	≥505	140~160	≥11	铝板横向

2.1.8 8×××系列铝合金

8×××系列铝合金的主要合金元素是 Li，能增强合金强度，但是很少将其作为焊管坯用。

2.2 化学成分与生产环境对铝焊接的影响

铝合金管坯中的化学元素多达数十种，常见的有十多种。由于 Al 属于较为活泼的金属，它能与多种金属和非金属共晶，同时这些金属与非金属元素有的以单质形态存在，有的以化合物形态存在，并共同影响铝焊管坯的焊接性能。

2.2.1 铝管坯中常见化学元素对焊接性能的影响

2.2.1.1 五种主要合金元素对焊接性能的影响

铝合金中常见的五种合金元素是 Si、Mn、Cu、Mg 和 Zn，由此形成多种系列合金，这些合金元素从不同方面、以不同方式影响铝焊管的焊接性能。

（1）Si。除 4×××系列和 6×××系列合金外，硅都是作为杂质元素存在于合金中，当它作为杂质元素时，焊接过程中易与空气中的氧发生反应，生成高熔点、低密度（1723 ℃、2.2 g/cm³）SiO_2，这样在焊缝已经结晶的情况下，仍是液态的 SiO_2 的体积必定大于结晶后的体积，从而在焊缝中产生微裂纹。另外，由于铝硅共晶体属于低温易熔共晶，因此结晶时有增大焊缝裂纹的倾向。

可是，当作为合金元素时，硅主要以 α+Si 共晶体和 β（Al_5FeSi）形式存在，并随着硅含量增加，共晶体同时增多，使得合金熔点降低，流动性增强，对有些需要钎焊的焊管（如冷凝器集流管）十分有利，这也是通常选择铝硅系列合金作冷凝器集流管管坯覆层的重要原因。同时，这就要求焊管操作者在生产铝硅合金覆层焊管时，要注意趋利避害，主要是控制好成型立辊的横向轧制力，不能挤坏成型管坯的外侧边缘（覆层卷制在管外），以免管坯两对焊面黏上较多铝硅合金，焊接后增大焊缝存在裂纹倾向的风险。

（2）Mn。锰是 3×××系列中唯一的主合金元素，含量不超过 1.6%，适量的锰使合金具有良好的塑性和强度。当 $w(Mn)$ 超过 1.6%后，焊接过程中会形成大量脆性氧化物 $MnAl_6$，降低焊缝塑性；Mn 还会在快速冷却时易产生很大的晶内偏析，锰含量在枝晶的中心部位低，边缘部位高，在退火后易形成粗大晶粒，这是其一。

其二是锰易与合金中的铁结合，形成高熔点 Mn·Fe，而 Mn·Fe 的结晶温度远高于焊缝凝固温度。当焊缝整体已经凝固时，它们仍处于液态；当它们也凝固时，由于 Mn·Fe 的收缩系数比铝基体大，冷却后就在其周围形成空隙；由此易在焊缝中形成显微裂纹，破坏焊缝的连续性，受力后会首先沿 Mn·Fe 形成显微裂纹断裂，所以除铝锰合金外，其他合金中锰含量一般控制在 1%以下。

（3）Cu。铜能提高焊缝强度，尤其在 Al-Si-Mg 系合金中的固溶强化效果更显著；此外，在时效时析出的 $CuAl_2$ 相对焊缝也有明显的强化效果。但是，Cu 影响焊缝的耐蚀性能，因此在非铜系列合金中，通常控制 $w(Cu)<0.2\%$。

（4）Mg。少量 $[w(Mg)\approx0.3\%]$ 的镁能细化焊缝晶粒，提高焊缝强度，增强可焊性和抗蚀性，并使焊缝具有中等强度。有实验证明，镁增加 1%（总量不超过 6%），抗拉强度约提高 34 MPa。

当然，倘若合金中含有 1% 以下的锰，则能使 Mg_5Al_5 化合物均匀沉淀，改善焊接性能，降低焊缝热裂倾向。

（5）Zn。当锌作为杂质元素时，会增大焊缝的高温脆性，产生热裂纹。这种热裂纹分为结晶裂纹和液相裂纹，前者易在结晶温度范围较低、焊缝靠近母材的区域发生；后者则经常出现在高温晶界与热影响区（HAZ）的交界处。当它作为合金元素时，Zn 会与合金中的其他元素如 Mg 形成强化相 $MgZn_2$，可明显提高焊缝强度；这是因为 $MgZn_2$ 相加热焊接时，处于热影响区内的 $MgZn_2$ 化合物实际上被固溶化，并在焊接后的自然时效过程中恢复强度，从而提高焊缝强度。

诚然，上述五种合金元素对铝焊管及其焊缝的影响有着举足轻重的作用，但是，其他一些微量元素如钛、锆、铬、铁、镍、钒等对铝焊管的影响也不容小觑。

2.2.1.2　微量元素对焊接性能的影响

微量元素对焊接性能的影响有：

（1）Ti。钛是以 Al-Ti 中间合金形式加入的，形成 $TiAl_2$ 相，能细化焊缝组织与晶粒，但是其含量不宜超过 0.15%。

（2）Zr。锆是铝合金中常用的添加剂，与铝形成 $ZrAl_3$ 化合物，可阻碍焊缝再结晶过程，对焊缝组织和晶粒有细化作用。

（3）Cr。铬作为添加元素之一，与铝形成 $(CrFe)Al_7$ 和 $(CrMn)Al_{12}$ 金属化合物，既对焊缝有强化作用，也能改善焊缝韧性，降低焊缝应力腐蚀开裂敏感性；同时，铬会增加淬火敏感性，故添加量一般控制在 0.35% 以下。

（4）Ni。镍能提高焊缝的高温强度和硬度。

（5）V。钒与铝形成 V-Al 化合物，该化合物难熔，在焊接过程中起到细化晶粒作用，但是效果不如钛和锆。

2.2.2　焊接环境对焊接质量的影响

铝是较为活泼的金属，高温焊接时对周围环境更为敏感，如空气中的氧、氢、水以及管坯上的油污等都对铝焊缝产生不利影响。

（1）O_2 和 Al_2O_3。基于 Al 和 O 具有很强的亲和力，当铝管坯纵剪后，其纵切面在常温下就会被氧化，约 8 h 后就会生成厚度为 0.1~0.2 μm 的 Al_2O_3 薄膜，高温焊接时铝的氧化更加剧烈，反应式如下：

$$4Al + 3O_2 \Longrightarrow 2Al_2O_3 \tag{2-1}$$

氧化铝的熔点高达 2050 ℃，约是铝的 3.1 倍；密度为 3.85 g/cm³，是铝的 1.4 倍。因此，在高频焊接与挤压过程中，无论是投产前管坯边缘已经存在的氧化层，还是高温焊接时管坯边缘新产生的氧化铝，在 833~1666 mm/s（50~100 m/min）的焊接速度下，都较难浮出熔池，挤压时有可能不会完全被挤出焊缝，形成金属氧化物夹杂。

（2）H_2。氢是铝焊接时最容易溶解的气体之一，氢在焊接时液态铝中的溶解度为 0.7 mL/100 g，而在刚刚凝固时溶解度为 0.04 mL/100 g，仅是液态时的 5.7%；换句话说，在焊缝结晶凝固的瞬间，至少有94.3%的氢需要以气泡的形态逃逸出焊缝；同时，由于铝合金导热性能好、结晶快，致使冶金反应产生的氢气来不及全部逸出，残留在焊缝中，导致焊缝组织疏松，甚至出现针孔。实验数据显示，若 1 m^3 空气中有 10 g 水，便可折合成 1 g 氢气，而 1 g 氢气能使 1 t 铝的体积增大 2%~3%。

在实际生产过程中，既有空气中的氢气，也有部分来源于不干燥、不洁净的管坯和管坯边缘氧化铝薄膜上吸附的水分。铝与水在高温下发生如式（2-2）所示的反应。

$$Al + H_2O \xrightarrow{\text{高温}} Al_2O_3 + H_2 \uparrow \tag{2-2}$$

（3）C_mH_n。若管坯边缘黏有某种不易挥发的油，即碳氢化合物，一般来说，碳氢化合物在高温下都能分解为碳和氢；随后，氢溶解于熔融铝合金焊缝中，碳则以铝的碳化物 Al_4C_3 或单质形态存在于焊缝组织中，形成杂质物，并因之影响焊缝组织的连贯性，焊缝易开裂。这一系列的变化过程见式（2-3）：

$$\begin{cases} C_mH_n + O_2 \xrightarrow{\text{高温}} CO_2 + H_2O \\ H_2O + Al \xrightarrow{\text{高温}} Al_2O_3 + H_2 \uparrow \\ CO_2 + Al \xrightarrow{\text{高温}} CO + Al_2O_3 \\ CO + Al \xrightarrow{\text{高温}} Al_4C_3 + Al_2O_3 \end{cases} \tag{2-3}$$

因此，在现有高频焊接工况下，为了尽可能减少裸露在空气中的高温待焊铝管筒边缘被氧化，一要提倡高速焊接，焊接速度越快，熔融金属与空气接触时间越短，表层被氧化得越浅，形成各种氧化物和焊缝组织疏松的概率越低；二要尽可能缩短高频焊接加热区域，直接降低高温待焊铝管筒边缘被氧化程度，这对高频铝焊尤为重要；三要尽可能保持铝管坯表面在纵剪分条、运输、仓储、投产、上料、成型等各个阶段的洁净、干燥；四要尽可能缩短纵剪与焊管生产之间的时间，减轻纵剪管坯边缘氧化程度；五要研究保护气体高频铝焊的可行性，从根本上消除氧化物、氢致裂等焊缝缺陷，而且这应该作为今后一段时期高频铝焊的研究方向。

2.2.3 铝管坯化学成分与力学性能的关系

不同系列或同系列不同化学成分铝管坯的力学性能差异较大，内容丰富，具体可参考相关专业书籍，这里仅以 Al-Si 系合金为例，说明硅含量对铝管坯力学性能的影响。

2.2.3.1 硅含量与力学性能的关系

硅含量与力学性能的关系如下：

（1）硅与铝管坯强度的关系。由于铝管坯中的过剩相能使之强化，当硅含量高时，过剩相的量就多，管坯的强度、硬度就高。在图 2-1 中，随着硅含量逐渐增高到11%左右，铝管坯强度相应增大；但是，当硅含量超过11%之后，强度反而大幅度降低。

（2）硅与伸长率的关系。从图 2-1 所示的伸长率曲线看，铝硅系管坯的塑性或伸长率随着硅含量增大而降低。这是因为硅含量增大后，合金组织中会逐渐出现过剩硅，导致管坯塑性变差。

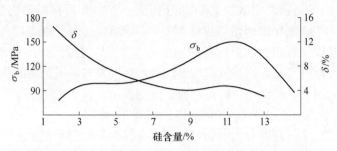

图 2-1 Al-Si 系合金力学性能与硅含量的关系（未变质）

2.2.3.2 综合力学性能比较

虽然不同系列铝管坯因各自合金成分不同所表现出来的力学性能有的差异较大，有的较为接近；但是，综合比较而言，各系列铝合金在相同状态下所表现的强度、硬度、塑性和耐腐蚀性还是有规律可循的，能够通过它们各自的性能趋势进行比较。

表 2-9 所列性能趋势仅供使用者和生产者在选材时参考，其实某些性能指标还可以通过改变铝管坯的状态来"兼得"，如 3××× 系列合金的强度较低，经过冷加工工艺强化后，就能获得强度与塑性、强度与耐蚀性兼备的铝管坯。

表 2-9 各系列铝合金性能的综合比较

性 能	各系列铝合金的趋势：高———→低						
强度	7	2	5	6	4	3	1
硬度	7	2	4	6	5	3	1
塑性	1	3	5	6	4	2	7
耐腐蚀	1	7	5	4	6	3	2

2.3 铝管坯的宽度

针对铝管坯力学性能和焊接特性，分析铝管坯在焊管成型、焊接和定径阶段的变化特征对管坯宽度的影响，给出满足铝焊管生产需要的管坯开料宽度数学模型。

2.3.1 铝管坯力学性能与焊接特性对工艺余量消耗的影响

与钢管坯比，铝管坯力学性能的最显著特点表现为一个"软"字，见表 2-10。

表 2-10 常用铝管坯 3003-H24 与钢管坯 Q195 的基本力学性能及比较

管坯材质	状态	σ_b/MPa	$\sigma_{0.2}$/MPa	HB	δ/%
3003	H24	140~200	115	35~45	≥12
Q195	退火	315~430	195	95~115	≥33
3003/Q195	—	0.44~0.47	0.59	0.37~0.39	—

表 2-10 中数据说明，虽然 3003-H24 铝管坯经过冷轧强化，但是，它的抗拉强度、屈服强度和布氏硬度与常用退火钢管坯 Q195 相比仍然较低，分别只有 Q195 退火钢管坯的 45.70%、58.97% 和 38.09% 左右。这样，在轧辊孔型和轧制力作用下，铝管坯在成型、焊接

和定径过程中抵抗变形的能力弱，对各种余量的消耗需求相较钢管坯都大些。以定径余量为例，在轧辊孔型和实际辊缝相同的前提下，生产相同规格的焊管，强度低、硬度软的铝焊管比强度高、硬度硬的钢管通过孔型时周长更易缩短，或者说铝焊管需要的定径余量更多。类似的现象在铝管成型阶段和焊接阶段都有体现，区别在于数值和余量消耗的规律不尽相同。

2.3.2 铝焊管用工艺余量的消耗规律

2.3.2.1 成型余量消耗规律

解析成型过程发现，成型余量主要用于补偿成型过程中发生的必然消耗和偶然消耗。

A 必然消耗 $\Delta_{1,1}$

必然消耗 $\Delta_{1,1}$ 是指从平直管坯成型为开口管筒过程中，成型管坯自边部开始至底部结束、纵向伸长量逐渐变小而导致管坯宽度变窄的量。在图 2-2（b）中，该量理论上不随操作工艺变化，在成型过程中是一个逐渐增大的量，并在成型结束后达到最大值 $\Delta_{1,1}$，它由式（2-4）确定：

$$\Delta_{1,1} = B - \frac{BL}{\sqrt{L^2 + D'}} \tag{2-4}$$

式中，B 为管坯宽度；L 为成型区长度；D' 为成型结束后的开口管筒高度，若是圆管则等于成品管直径+（1.5~3）mm。

根据式（2-4），在 40 焊管机上生产 ϕ50 mm 以下铝焊管，$\Delta_{1,1}$ 最大不超过 0.04 mm；在 76 焊管机上生产 ϕ89 mm 以下铝焊管，$\Delta_{1,1}$ 最大不超过 0.13 mm。从绝对量上看，管径大小对 $\Delta_{1,1}$ 的影响甚微，这说明成型余量主体由偶然消耗构成。

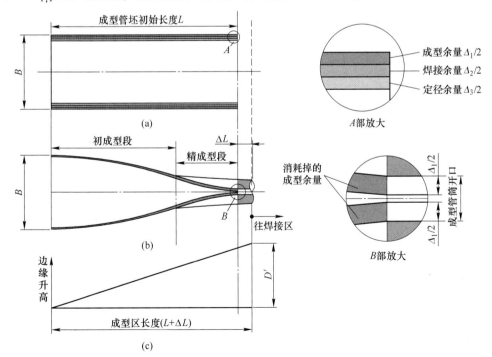

图 2-2 成型余量消耗规律、最大消耗值 Δ_1 与转换成纵向伸长示意图

（a）原料管坯；（b）成型管坯；（c）管坯边缘

B 偶然消耗 $\Delta_{1,2}$

管坯在粗成型阶段因材质不同、硬度变化、孔形磨损或操作调整等因素没有达到理想的粗成型管形，这就需要在精成型段施加额外的成型力，补救粗成型管坯变形不足的缺陷，在这个过程中会消耗掉一定的成型余量。由于这些因素在形上和量上均具有不确定性，故消耗量的多与少具有偶然性。设置时，人们通常都是按照粗成型状态不佳时精成型需要的最大偶然消耗量给予。

精成型段的最大偶然消耗量与焊管径壁比 λ 关系密切：λ 越小，相对壁厚越厚，闭口孔型轧辊需要施加更大的精成型力才能基本弥补粗成型缺陷，使成型出的开口管筒规整。这样必然导致管坯在精成型段周长缩短量增多，即偶然消耗的经验成型余量 $\Delta'_{1,2}$ 较多，反之偶然消耗的成型余量少。表 2-11 和依据表 2-11 绘制的图 2-3 分别表明，偶然消耗的经验成型余量 $\Delta'_{1,2}$ 与径壁比 λ 之间存在较强负相关关系。

表 2-11 50 机组用铝焊管成型余量的偶然消耗经验值 $\Delta'_{1,2}$ 与径壁比 λ、λ_z 值

序 号	1	2	3	4	5	6	7	8
径壁比 λ	6~14	15~21	22~30	31~37	38~44	45~49	50~56	57~65
径壁比中位数 λ_z	10	18	26	34	41	47	53	61
$\Delta'_{1,2}$/mm	1.6t	1.5t	1.4t	1.3t	1.2t	1.1t	1.0t	0.9t

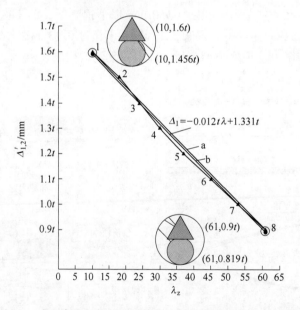

图 2-3 成型余量的偶然消耗值 $\Delta'_{1,2}$ 与铝焊管径壁比 λ_z 的关系

依次将图 2-3 中的 8 个坐标点两两连接，形成一条折线；再将其中的第 1 点（10，1.6t）与第 8 点（61，0.9t）连接形成直线 a 发现，直线 a 斜率与貌似直线的折线"斜率"比较接近。可是，在 8 个点位中，仅有一个点位（第 2 点）在直线 a 上方，根据相关原理，若以直线 a 代表折线上的各点会产生很大偏差。若通过图上作业，将直线 a 沿纵坐标下移 9%左右至图 2-3 中的直线 b 位置，那么就各有 4 个点位分布在直线 b 的上下方

（上方有 1、2、3、8 点位，下方有 4、5、6、7 点位），从而使直线 b 与折线点位更相关，进而可以用直线 b 替代折线来描述折线所反映的客观规律。

由解析几何两点式易得图 2-3 中直线 b 的数学表达式为：

$$\Delta_{1,2} = \begin{cases} (-0.012\lambda + 1.331)t \\ -0.012D + 1.331t \end{cases} \quad \left(\lambda = \dfrac{D}{t}\right) \tag{2-5}$$

因此，合并式（2-4）、式（2-5）得铝焊管用成型余量 Δ_1 计算式为：

$$\Delta_1 = \Delta_{1,1} + \Delta_{1,2} = \begin{cases} -0.012D + 1.331t + 0.04 & (D \leqslant 50) \\ -0.012D + 1.331t + 0.13 & (50 < D \leqslant 100) \end{cases} \tag{2-6}$$

2.3.2.2 焊接余量的消耗规律

焊接余量消耗在内毛刺、外毛刺、氧化飞溅铝焊珠和挤压辊挤压引起管径减小四个方面，其中前三项为有形消耗，后一项为隐性消耗。需要特别指出，由于铝的亲氧性特征，铝在高温时与空气中的氧会发生激烈氧化反应，焊接过程中会氧化掉许多铝管坯，形成"大量"铝焊珠；作为"大量"的例证，当生产 $\phi 25$ mm 以下、厚度 1.5 mm 以上、需要去除内毛刺的小直径铝焊管时，常常会因为大量铝焊珠堆积堵塞在管腔与内毛刺刀之间而导致冷却液回流到焊接区域，致使焊接无法进行。可是，这种氧化消耗易被忽视，在设计铝管坯宽度时必须予以高度重视。不论焊接余量消耗在哪个方面，它都由管壁厚度 t 和待焊开口管筒两边缘宽度 $\dfrac{\Delta_2}{2}$ 这两个方向形成的长方形面积内的铝管坯共同提供。在正常生产工艺条件下，管壁越厚内外毛刺越高越多的现象说明，决定这个面积大小的要因是 t，即焊接余量主要由管壁厚度方向提供。从表 2-12 所列焊接余量的经验值 Δ_2' 与壁厚 t 的工艺数据及图 2-4 看，焊接余量与壁厚呈强正相关关系。

表 2-12 铝焊管规格、经验焊接余量、经验定径余量及待定系数与管坯宽度模型计算表

n	外径 D /mm	壁厚 t /mm	展开周长 $(D-t)\pi$ /mm	t^2 /mm²	D^2 /mm²	经验焊余 Δ_2'/mm	经验定余 Δ_3'/mm	$t\Delta_2'$ /mm²	$D\Delta_3'$ /mm²	经验宽度 B'/mm	模型宽度 B/mm
1	16	0.5	48.695	0.25	256	0.6	1.6	0.30	25.6	51.55	52.0
2	16	1.2	46.496	1.44	256	1	1.6	1.20	25.6	51.02	51.0
3	20	0.8	60.319	0.64	400	0.8	1.6	0.64	32	63.84	64.0
4	20	1.5	58.119	2.25	400	1.5	1.6	1.575	32	63.62	63.0
5	22	0.5	67.544	0.25	484	0.6	1.6	0.30	35.2	70.34	70.5
6	22	1.5	64.403	2.25	484	1.5	1.6	2.25	35.2	69.75	69.5
7	22	2.0	62.832	4.0	484	1.65	1.6	3.30	35.2	69.28	69.0
8	25	0.8	76.026	0.64	625	0.8	1.7	0.64	42.5	79.57	80.0
9	25	1.0	75.398	1.0	625	1	1.7	1.0	42.5	79.50	79.5
10	25	1.5	73.827	2.25	625	1.5	1.7	2.25	42.5	79.28	79.0
11	25	2.0	72.257	4.0	625	1.8	1.7	3.60	42.5	78.96	78.5
12	28	1.2	84.195	1.44	784	1.15	1.8	1.38	50.4	88.83	89.0
13	28	2.0	81.681	4.0	784	1.8	1.8	2.60	50.4	88.48	88.0

n	外径 D /mm	壁厚 t /mm	展开周长 $(D-t)\pi$ /mm	t^2 /mm²	D^2 /mm²	经验焊余 Δ_2' /mm	经验定余 Δ_3' /mm	$t\Delta_2'$ /mm²	$D\Delta_3'$ /mm²	经验宽度 B' /mm	模型宽度 B /mm
14	30	1.2	90.478	1.44	900	1.15	1.8	1.38	54	95.11	95.0
15	30	2.0	87.965	4.0	900	1.8	1.8	3.60	54	94.57	94.0
16	32	1.2	96.761	1.44	1024	1.15	2.0	1.38	64	101.59	101.5
17	32	2.5	92.677	6.25	1024	2.3	2.0	5.75	64	100.98	100.0
18	36	1.5	108.385	2.25	1296	1.4	2.2	2.10	79.2	114.09	114.0
19	36	2.5	105.243	6.25	1296	2.3	2.2	5.75	79.2	113.49	112.5
20	40	1.8	120.009	3.24	1600	1.6	2.2	2.88	88	129.51	126.0
21	50.8	1.5	154.880	2.25	2580.64	1.5	2.5	2.25	127	160.83	160.5
22	50.8	3.0	150.168	9.0	2580.64	2.7	2.5	8.10	127	159.87	159.0
23	76.2	1.5	234.677	2.25	5806.44	1.8	2.8	2.70	213.36	240.63	240.5
24	76.2	3.0	229.964	9.0	5806.44	2.6	2.8	7.80	213.36	239.56	239.0
25	90	3.0	273.318	9.0	8100	2.8	3.2	8.40	288	283.52	282.5
合计	874	41.2	—	80.78	39746.16	38.8	49.6	73.125	1942.72	—	—

根据数理统计中的相关法，如果甲、乙存在强相关关系，则甲、乙之间就存在某种线性关系，并可以借助一个线性函数来反映甲、乙的确定关系。因此，令由线性函数确定的焊接余量 Δ_2 与管壁厚度 t 的函数关系为：

$$\Delta_2 = a_2 t + b_2 \tag{2-7}$$

式中，a_2、b_2 为待定系数。于是，焊接余量问题转化为纯数学问题，a_2、b_2 可通过式（2-8）求解。

$$\begin{cases} a_2 \sum t^2 + b_2 \sum t = \sum t\Delta_2' \\ a_2 \sum t + nb_2 = \sum \Delta_2' \end{cases} \tag{2-8}$$

依据表 2-12 和式（2-8）求解得：

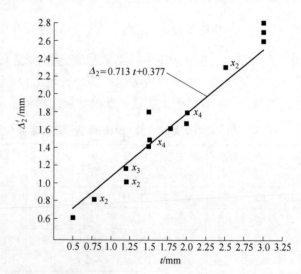

图 2-4　焊接余量的经验值 Δ_2' 与铝焊管壁厚 t 的相关图

$$\begin{cases} a_2 = 0.713 \\ b_2 = 0.377 \end{cases}$$

将 $\begin{cases} a_2 = 0.713 \\ b_2 = 0.377 \end{cases}$ 代入式（2-7），则式（2-9）就是式（2-7）要确定的焊接余量 Δ_2 的函数：

$$\Delta_2 = 0.713t + 0.377 \tag{2-9}$$

2.3.2.3　定径余量消耗规律

出挤压辊后的待定径焊管在形状、尺寸等方面均难以达到成品管质量要求，必须经过数个道次定径轧辊的精整轧制，实现待定径焊管到成品管的蜕变；在此工艺过程中，随着焊管形状逐渐规整、尺寸精度逐渐提高，焊管周长逐渐变短。为了确保周长缩短后的成品焊管尺寸仍然达标，就需要让待定径焊管之周长 $(D'' - t)\pi$ 比成品管周长 $(D-t)\pi$ 大些，以供精整轧制过程的消耗。这个消耗掉的量就是定径余量，用 Δ_3 表示，Δ_3 过大或过小都不利于焊管定径。由于 $\Delta_3 = (D'' - D)\pi$，所以 Δ_3 是焊管直径 D 的函数。

从表 2-12 所列定径余量的经验数据 Δ_3' 以及图 2-5 显示，Δ_3' 与焊管外径 D 紧密相关。

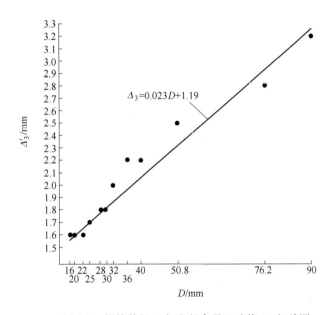

图 2-5 焊管外径 D 与定径余量经验值 Δ_3' 相关图

那么，依据式（2-7）有式（2-10）：

$$\Delta_3 = a_3 D + b_3 \tag{2-10}$$

式中，a_3、b_3 为待定系数。

根据式（2-8）有式（2-11）：

$$\begin{cases} a_3 \sum D^2 + b_3 \sum D = \sum D\Delta_3' \\ a_3 \sum D + nb_3 = \sum \Delta_3' \end{cases} \tag{2-11}$$

由式（2-11）和表 2-12 中相应数据解得 $\begin{cases} a_3 = 0.023 \\ b_3 = 1.19 \end{cases}$

将 $\begin{cases} a_3 = 0.023 \\ b_3 = 1.19 \end{cases}$ 代入式（2-10），则式（2-12）就是式（2-10）要定义的定径余量 Δ_3 的函数：

$$\Delta_3 = 0.023D + 1.19 \tag{2-12}$$

2.3.2.4 制造铝焊管用工艺余量表达式

显然，将式（2-6）、式（2-9）、式（2-12）相加，就是铝焊管用工艺余量 Δ 的表达式：

$$\Delta = \begin{cases} 0.011D + 2.044t + 1.607 & (D \leqslant 50) \\ 0.011D + 2.044t + 1.697 & (50 < D \leqslant 100) \end{cases} \quad (2\text{-}13)$$

基于式 (2-13)，易推导出铝管坯宽度计算式。

2.3.3 工艺余量与管坯宽度的关系

确定铝管坯宽度的基本思路是：要制造出 $D \times t$ 尺寸的焊管，在假定厚度不变的前提下，需要考虑管坯在成型过程中的变窄量、焊接时转化为内外毛刺的消耗量、铝焊珠飞溅量、定径过程中焊管直径减小而预留的消耗量以及成品管展开宽度等。简言之，满足能够生产出合格铝焊管的管坯宽度 B 由工艺余量 Δ 和成品管展开宽度构成，见式 (2-14)。

$$B = (D - t)\pi + \Delta \quad (2\text{-}14)$$

式 (2-14) 右边前半部分是成品铝焊管 $D \times t$ 的展开宽度。

这样，将式 (2-13) 代入式 (2-14) 并整理得：

$$B = \begin{cases} 3.153D - 1.098t + 1.607 & (D \leqslant 50) \\ 3.153D - 1.098t + 1.687 & (50 < D \leqslant 100) \end{cases} \quad (2\text{-}15)$$

则式 (2-15) 就是生产规格为 $D \times t$ 的铝焊管用管坯宽度数学模型。

需要指出，第一，应用本模型计算出的宽度多数情况下是一个混合小数，四舍五入至十分位后，小于 0.5 进为 0.5，大于或等于 0.5 进为整数。第二，模型针对状态为 H 的铝管坯，对于 O 态管坯则需要在取舍后 +(0.5~1) mm [$D \leqslant 50$ mm，+(0.2~0.5) mm；$D >$ 50 mm，+(0.6~1) mm]。

2.3.4 异形管管坯宽度计算式

图 2-6 给出了生产异形管的两条工艺路径，由平直管坯变为异形管，路径有两条：一是平直管坯→圆形→异形，简称"圆变异"，如图 2-6 (a) 所示；二是平直管坯→异形，简称"直接成异"，如图 2-6 (b) 所示。

(1) 先成圆后变异 (矩) 管坯宽度计算式。根据式 (2-15) 和图 2-6 (a) 所示，有

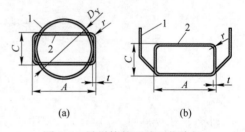

图 2-6 异形管的两种工艺路径
(a) 圆变异；(b) 直接成异
1, 2—变形顺序

$$\begin{cases} P = 2(A + C - 4r) + 2r\pi \\ D_Y = \mu D = \dfrac{\mu P}{\pi} \\ B = \begin{cases} 3.153D_Y - 1.098t + 1.607 & (D \leqslant 50) \\ 3.153D_Y - 1.098t + 1.687 & (50 < D \leqslant 100) \end{cases} \end{cases} \quad (2\text{-}16)$$

式中，D 为公称直径，mm；D_Y 为变异前圆管直径，mm；A 为矩管宽，mm；C 为矩管高，mm；r 为矩管外角半径，mm；P 为矩管展开宽度，mm；μ 为矩形宽高比系数，取值见表2-13；其余符号意义同前。

表 2-13 μ 取值表

$A : B$	1	1.5	2	2.5	3	≥4
μ	1.020	1.025	1.030	1.035	1.040	1.045

（2）直接成异管坯宽度计算式，见式（2-17）。

$$B = [2(A + C - 4R_{中}) + 2R_{中}\pi] \times (1.005 \sim 1.01) \tag{2-17}$$

式中，$R_{中}$ 为矩形管角部中性层半径，管越大，系数取值越大；B、A、C 意义同前。

不论是设计圆管管坯宽度，还是设计异形管管坯宽度，在选用公式时，第一，要弄清公式含义，理解适用条件，明白限制条件，了解产品用途；第二，要结合本企业设备状况、材料状况、成品技术要求、调试工技术状况和操作习惯；第三，在确定新规格焊管用管坯宽度时，建议先小量准备且以偏宽为基本原则，同时设计人员与调试人员要充分沟通，以便修正出适应本企业用的管坯宽度；第四，如果最终需要通过冷拔才能达到精度要求，那么冷拔余量必须另外添加。

2.3.5 影响确定焊管管坯宽度的其他因素

铝焊管生产过程中的工艺消耗量决定管坯宽度，而影响工艺消耗量的因素除了管坯力学性能和焊接特性外，还有公差、状态、机型、孔型、产品用途、工艺路径、实操等方面。

2.3.5.1 公差

公差的影响有：

（1）宽度公差对焊管的影响不言而喻，仅以焊管外径为例，当它的单向公差每超过 1 mm 时就会对焊管外径产生约 0.3 mm 的影响。

（2）厚度公差对管坯宽度的影响，主要表现在厚度是可以"转化"为宽度的。在式（2-14）中，令 $t = t + \delta t$、$\Delta = \Delta_1 + \Delta_2 + \Delta_3$，则解析式（2-18）用数学语言反映了这种转化过程：

$$B_{\delta t} = (\phi - t)\pi + \Delta \xrightarrow{t = t + \delta t} [\phi\pi - (t + \delta t)\pi + \Delta] \xrightarrow{整理}$$

$$[(\phi - t)\pi + \Delta] + \delta t\pi \xrightarrow[\delta b = \delta t\pi]{B = (\phi - t)\pi + \Delta} B + \delta b \tag{2-18}$$

式中，$B_{\delta t}$ 为含有厚度增量的管坯表征宽度；t 为管坯公称厚度，mm；δt 为厚度增量，mm；B 为管坯公称宽度，mm；Δ 为制管工艺消耗量，mm；δb 为厚度增量引起的宽度增量，mm。

也就是说，当管坯厚度发生 δt 的变化，便转化出 δb 的管坯宽度。当 $\delta t > 0$ 时，相当于管坯增宽；当 $\delta t < 0$ 时，相当于管坯变窄。

2.3.5.2 管坯状态

这里的状态是指铝合金的 O 状态、H 状态或 T 状态，实质是铝管坯强度和硬度。由于强度与硬度是一对孪生兄弟，且性格相似，当强度高时，通常硬度也高。强度和硬度是反映材料抵抗弹塑性变形能力的重要指标，反映到管坯宽度上，在焊管成型、焊接和定径过程中，管坯在轧辊孔型成型力和由其产生的纵向张应力共同作用下，管坯周长会或多或多地减少，如图 2-2（b）所示，强度高的管坯周长减小得少，需要的工艺余量少；反之，工艺余量就多。因此，生产同样规格的焊管，状态 H18 的管坯宽度比状态 H11 的管坯宽度要给得窄些，反过来就要给得宽些。尤其对那些特软管坯（O 态）或硬管坯（H19），在确定管坯宽度时，必须考虑该因素；否则，将增加这类管的生产难度，甚至无法生产出外径合格、表面合格的焊管。

2.3.5.3 机型

机型的影响如下：

（1）机组大小。以调整精度为例，小型机组的调整精度通常高于大中型机组，如在 25 机组上生产 $\phi20$ mm 的焊管，管子外径最高精度为 ±0.05 mm；用 50 机组生产 $\phi20$ mm 焊管，最高精度是 ±0.08 mm；仅此各自允许的管坯宽度公差带分别为 ±0.16 mm 与 ±0.25 mm。所以，一般情况下，机组大，管坯宽度允差要求不那么严；相反，机组小，管坯宽度允差必须小。

（2）布辊方式。是否带立辊组，以及采用的是两辊挤压辊还是三辊挤压辊等，都对确定管坯宽度有影响。以挤压辊为例，立式两辊挤压辊施加到管坯上的名义挤压力一般比三辊的大，而焊接边缘实际接收到的挤压力却不一定大。前者易将管坯周长挤短，即需要的焊接余量多，在确定管坯宽度时要适当宽一些。

2.3.5.4 孔型

孔型的影响如下：

（1）R 值的大小。如果整套轧辊孔型，特别是从闭口孔型开始的孔型半径 R 普遍设计偏小，那么即使是较宽的管坯进入孔型后，偏小的孔型也会迫使管坯周向产生较大压缩；反过来，如果轧辊孔型 R 偏大，遇到同样宽度的管坯进入后，孔型对管坯产生的周向压缩便少，即使是较窄的管坯也显不出其窄。

（2）成型方式。不同成型方式，对管坯宽度要求不同。比较圆周变形与边缘变形，前者需要的成型余量比后者大。这是因为：根据变形原理，变形管坯边部约等于管坯全宽 1/4 的弧长之半径 R，在进入闭口孔型前，圆周变形法的 R_Y 最小只能变到成品管半径的 2 倍，而边缘变形法的管坯边缘半径 R_B 却可以变形到成品管半径，甚至小于成品管半径，如图 2-7 所示。这样，在后续变形中，为了将圆周变形法的管坯边缘 R_Y 变到成品管半径，必然要借助小于 R_Y 的闭口孔型对半径为 R_Y 的管坯边部施以较大轧制力，大轧制力在促使管坯边部半径变小的同时，管坯周长被大幅压缩（相对于边缘变形）；而由于边缘变形法的 R_B 与闭口孔型的半径相差无几，管坯在闭口孔型中只受较小周向轧制力轧制，故管坯周长缩短甚微，由此对管坯宽度的要求便不同。

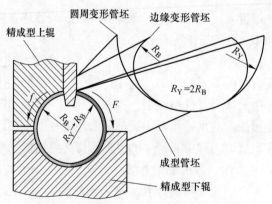

图 2-7 不同变形方式的管坯在精成型孔型中
受到的周向压缩力比较

F—圆周变形周向压缩力；f—边缘变形周向压缩力；$f < F$

2.3.5.5 产品用途

仅以直用管与锥管为例，锥管对焊缝强度要求特别高，在焊接操作时施加的挤压力必须比直用管大一些，这样管坯在挤压辊中消耗掉的焊接余量比直用管多，从而影响管坯宽度给予。

2.3.5.6 工艺路径

以金属家具用管和高精度冷凝器集流管为例，前者的精度由焊管机组、轧辊精度、操作调整等在线直接获得，管坯宽度必须精确计算，严格控制；而后者的精度必须通过冷拔工艺实现，对从焊管机上获得的在制品精度要求就不需要那么高，只要足够大即可，因此管坯宽度大一些没有关系。若是抽芯冷拔，那么管坯宽度和管坯厚度均大一些都对成品精度没有影响。

2.3.5.7 实操

受焊管调试工技术、经验及责任心等影响，调试操作过程中可能会导致管坯宽度表现为异常窄或异常宽，甚至会误导设计人员，误以为设计的管坯宽度不恰当。比较典型的是：在成型闭口孔型阶段和焊接挤压阶段施加的成型力与挤压力若过大，将导致设计的成型余量和焊接余量不够用，进而挤占部分定径余量，出现定径余量偏小不够用或没有定径余量的假象。

由此可见，影响管坯宽度给定的因素较多，当物的因素确定之后，日常焊管生产中出现的宽度"问题"，绝大部分都是操作失当所致。管坯宽度确定之后，决定铝管坯精度的关键因素之一便是纵剪机。

2.4 铝管坯的纵剪

所谓纵剪就是对大于管坯宽度的铝板卷进行纵向剪切。纵剪的实质是根据订单和焊管生产工艺的要求，提前若干时间（最好不超过 8 h），利用纵剪机组将选定的铝卷板剪切成既定宽度，成为待用铝管坯。

2.4.1 铝带纵剪机组的构成

纵剪机组是对管坯进行纵向剪切的生产线，是铝焊管生产的重要配套设备，没有纵剪机组，就没法满足市场对各种规格铝焊管的需求。纵剪机组的设备构成及工艺路径如图 2-8 所示。其实，铝带纵剪机组与钢带纵剪机组在设备配置、基本功能等方面相差无几，区别在于铝带纵剪机组的精度高些。

2.4.2 铝带纵剪机组的精度

铝带纵剪机组的精度主要体现在刀轴精度、圆盘刀精度、隔套精度、张力控制和组刀精度几个方面。

（1）刀轴精度。第一，选择 H6/h5 作为圆盘刀与刀轴的配合公差，这样，二者之间的配合间隙仅为 0.01 mm（1400 mm 铝带纵剪机）；第二，刀轴工作时最大绕度必须小于带厚的 20%，否则剪薄料可能因刀轴跳动而剪不断，或者带边毛刺大小不一致；第三，必须确保上下刀轴的平行度；第四，采用紧固效果好、锁紧力大、易拆卸的液压锁紧，从而避免机械锁紧对剪切精度的影响。

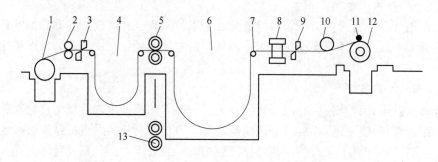

图 2-8　双刀座纵剪机组示意图

1—开卷机；2—送料辊；3—头尾剪；4—前活套；5—圆盘剪；6—后活套；7—前分离片；
8—张力装置；9—分段剪；10—测长测速辊；11—后分片；12—收卷机；13—双刀座

（2）圆盘刀精度。该精度主要有四点：1）平行度和平面度必须小于 0.2 μm，它影响被剪切铝管坯边部的毛刺；2）厚度公差不能超过±0.1 μm，过大则增大积累误差，增加组刀难度，扩大同条差，影响铝管坯宽度精度；3）粗糙度要小于 0.1 μm，它决定铝管坯剪切面的光滑程度和圆盘刀使用寿命；4）要求刀片热处理实现"内柔外刚"效果，内柔是确保刀片不崩刃的前提，外刚则是刀刃锋利的保证，它们共同决定圆盘刀的使用寿命。

（3）隔套精度。它与圆盘刀精度的前三项一致。

（4）张力控制。铝管坯纵剪机用张力控制装置的模式大致有压板式张力装置、分段式气动张力辊装置、真空张力辊装置和旋转涡流张力装置四种，它们根据纵剪机组剪切铝管坯的厚薄不同有的单一配置、有的混合配置，如以剪切 1.0 mm 厚度以上为主的纵剪机，选用压板式即可。

（5）组刀精度。对高精度铝管坯纵剪机来说，组刀精度十分重要，事关侧间隙、积累误差、剪切精度和刀具寿命等方面，通常由刀具生产厂家专门提供的组刀程序进行计算机组刀，确保上下刀轴实现最佳组合与同条差最小。

2.4.3　几个纵剪主要工艺参数

决定铝管坯剪切质量的关键工艺参数分别是圆盘刀的侧间隙、重叠量、张力、隔套长度和退料圈壁厚。

2.4.3.1　刀刃侧间隙

刀刃侧间隙是剪切工艺的重要参数之一，是指上下圆盘刀两相邻面之间的间隙，如图 2-9 中的 Δ，它关系到剪切质量和刀具寿命。侧间隙由被剪切铝管坯的厚度 t 和所剪切铝管坯的状态、强度决定。确定侧间隙工艺参数的方法有经验法和公式法两种。

（1）经验法：即侧间隙 Δ 为铝管坯厚度的 3%～8%，铝管坯越厚越硬取值越大，反之取小值。

（2）公式法：侧间隙按式（2-19）设置。

$$\Delta = 0.06t + k \tag{2-19}$$

式中，t 为厚度，mm；k 为与铝管坯状态和强度关系密切的系数，见表 2-14。

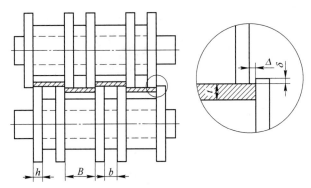

图 2-9　圆盘剪剪切示意图

B—长隔套长度；b—短隔套长度；Δ—上下刀片侧间隙；h—刀片厚度；

δ—上下刀片重叠量；t—管坯厚度

表 2-14　侧间隙 k 值

σ_b/MPa	100	200	300	400	500
k/mm	-0.04	-0.02	0	0.01	0.02

　　侧间隙过小，不但圆盘刀刀刃磨损大、"啃刀"，而且易崩刃，并反过来损伤剪切面；侧间隙过大，如图 2-10 所示的管坯边缘剪切区变短，撕裂区变长，边部翻边垂头严重，毛刺大。通过大量观察铝管坯剪切面的低倍形貌发现，当剪切区长度大于管坯厚度的 60% 时，切面形态整齐、上下变形区小、毛刺手感不明显（≤0.03 mm），如图 2-11（a）所示；当剪切区长度小于管坯厚度的 50% 时，切面形态就失规整，上下变形区减薄有的高达 10% 以上，毛刺也大，如图 2-11（b）所示，该切面管坯影响随后的焊缝平行对接，易形成氧化物夹杂、焊缝微裂纹等缺陷。

图 2-10　剪切面切痕、撕裂痕与垂头低倍形貌

　　因此，铝管坯纵向边缘的剪切区长度，应当而且必须列入管坯质量检查项目。可借助 5 倍目镜与 10 倍物镜进行观察，并作出相应测量结果与判断。

2.4.3.2　刀刃重叠量

　　刀刃重叠量系指上下圆盘刀刃之间的垂直距离，如图 2-9 中所示的 δ。刀刃重叠量对铝管坯的切面质量、刀具寿命、退料阻力和设备负载等都有重要影响，高精度铝管坯纵剪机组用刀刃重叠量 δ 由式（2-20）确定。

$$\delta = \begin{cases} 0.46t + 0.004 & (0.1 \leqslant t \leqslant 1.5) \\ -0.27t + 1.029 & (1.5 < t \leqslant 3.8) \end{cases} \tag{2-20}$$

　　需要指出，在数字化自动组刀系统中，在设定重叠量时要对相关参数注意进行补偿和限制，否则将影响实际重叠量。

2.4.3.3 卷取张力

张力控制的基本原则有以下五条：

（1）板形好则张力小，板形差则张力大；

（2）剪切窄管坯取较大张力，剪切宽管坯取较小张力；

（3）O状态比H状态管坯的张力要小；

（4）厚管坯的卷取张力比薄管坯的大；

（5）发现错层苗头要适当添加张力。

2.4.3.4 隔套长度

剪切用隔套有长短之分，如图2-9所示。长短套的关系是：

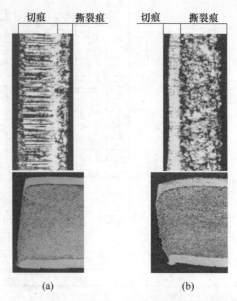

图 2-11　切痕深度与切面整齐程度的关系
（a）切面整齐；（b）切面凌乱

$$B = b + 2h + 2\Delta \qquad (2-21)$$

式中，B 为长隔套长度或管坯宽度，mm；b 为短隔套长度，mm；h 为圆盘刀厚度，mm；Δ 为刀刃侧间隙，mm。

当隔套长度无法满足侧间隙时，就不得不依靠垫铜皮或纸片来解决。铜皮或纸片必须平整，否则影响剪切精度。需要强调指出，隔套长度精度要与刀片厚度精度等量齐观，不应被忽视；没有隔套精度，刀片精度再高也显不出英雄本色。

2.4.3.5 退料圈壁厚

退料用工装的种类有O形圈和硬质木条。O形退料圈又分为同质和复合两种：同质退料圈常用橡胶、PU、丙腈等制作，橡胶成本低廉，但易变形、寿命短；PU、丙腈价格虽高，但不易变形，寿命长。复合退料圈是以钢质圈为骨架，外覆PU、丙腈等，精度高、不易变形，使用寿命长，但是成本高。

退料圈影响剪切管坯的板形、边缘毛刺，甚至尺寸精度。退料圈壁厚由式（2-22）确定。

$$H = \frac{D - d}{2} - \mu \qquad (2-22)$$

式中，H 为退料圈壁厚，mm；D 为刀片外径，mm；d 为隔套外径，mm；μ 为退料圈硬度补偿量，mm，取值大小见表2-15。

表 2-15　退料圈硬度补偿量 μ

t/mm		0.5~0.8	0.85~1.2	1.25~1.8	1.85~2.1	2.15~2.5
μ/mm	胶圈	0.25	0.45	0.75	1.4	1.6
	复合圈	0.35	0.6	0.85	1.5	1.7

如果剪切更薄、边缘毛刺要求更小、尺寸精度更高的管坯，就需要用包覆环氧树脂的硬质木条来退料。

2.4.4 铝管坯的标注

这里特别强调覆层标注，单覆铝管坯的覆层必须在卷的外面，标注在上面，如4343/3000 表示覆层/基板；异质双覆铝管坯 4045/3003/7072 的外表面覆层合金是 4045，内表面覆层材料为 7072 合金，中间为芯层。

2.5 铝管坯的基本要求

有研究指出，在诸多影响铝焊管品质的因素中管坯占 64.74%~76.18%，见表 2-16。然而包括我国在内，目前并没有针对高频直缝铝焊管用管坯标准，这说明制定满足铝焊管生产工艺要求的铝管坯标准十分必要。

表 2-16 影响高频直缝焊接铝管质量的因素

影响因素	占比/%	
	机组、高频、轧辊进口	机组、高频、轧辊国产
管坯	76.18	64.74
焊接工艺	10.85	11.06
操作调整	8.72	9.34
设备精度	2.06	7.08
轧辊精度	1.08	5.89
生产环境	0.66	1.02
其他	0.45	0.87

因此，本节涉及的铝管坯主要以图 2-12 所示汽车热交换器用复合铝合金冷凝器集流圆管、中冷器矩形管、散热器及油冷却器椭圆管为例，依据高频直缝铝焊管生产工艺的需要，结合铝板、带、箔材生产技术现状，尝试从共性和特性两个方面提出高频直缝焊接铝管用管坯的基本要求。

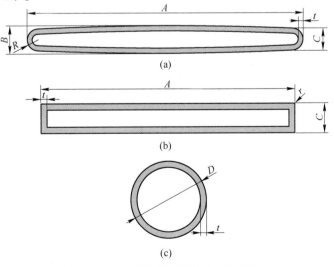

图 2-12 汽车热交换器用复合铝合金焊管

(a) 同质双覆散热器及油冷却器椭圆管；(b) 异质双覆中冷器矩形管；(c) 单覆冷凝器集流圆管

2.5.1 铝管坯的共性要求

铝管坯的共性要求是指无论生产什么品种的铝焊管，作为原材料的铝管坯都必须达到的一些指标要求，包括宽度、厚度、切口形貌、毛刺高度、表面及外观等。

2.5.1.1 宽度

宽度包含公称宽度和宽度允差两个方面，冷凝器集流圆管公称宽度和中冷器矩形管公称宽度分别按式（2-15）和式（2-17）确定。

管坯宽度允差与焊管规格、焊管精度、成型方式等密切相关。管径大、管壁厚、管径允差大、先成圆后变异的焊管，宽度允差可大些；反之，管径小、管壁薄、管径允差小、直接成异的焊管，管坯宽度允差要严些。汽车常用普（高）精级冷凝器集流圆管与散热器、油冷却器及中冷器管的管坯宽度允差分别见表 2-17 ～表 2-19。

表 2-17　普精级冷凝器集流圆管用管坯宽度允差　　　　　（mm）

宽度	厚　度					
	1.0～1.2	1.3～1.5	1.6～1.8	1.9～2.3	2.4～3.0	3.1～3.5
45～65	±0.20	±0.20				
66～80	±0.20	±0.20	±0.20			
81～100		±0.30	±0.30	±0.30		
101～125			±0.30	±0.30	±0.40	
126～160				±0.40	±0.50	±0.50

表 2-18　高精级冷凝器集流圆管管坯宽度公允差　　　　　（mm）

宽度	厚　度					
	1.0～1.2	1.3～1.5	1.6～1.8	1.9～2.3	2.4～3.0	3.1～3.5
45～65	±0.12	±0.12				
66～80	±0.12	±0.12	±0.15			
81～100		±0.20	±0.20	±0.20		
101～125			±0.20	±0.20	±0.25	
126～160				±0.25	±0.30	±0.35

表 2-19　汽车散热器、油冷却器及中冷器管的管坯宽度允差　　　　　（mm）

宽度	厚　度			
	0.20～0.25		0.26～0.40	
	普精级	高精级	普精级	高精级
40～100	±0.08	±0.06	±0.10	±0.06
101～150	±0.10	±0.08	±0.12	±0.08

2.5.1.2 厚度允差

厚度允差分常规管坯厚度允差和复合管坯厚度允差两大类。所谓常规管坯是指管坯由单一合金构成；复合管坯是指以一种合金为基板，以另一种或两种合金覆盖在基板上构成的管坯，如图 2-13 所示。

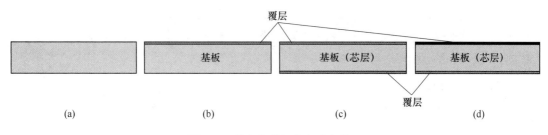

图 2-13　常规铝管坯与复合铝管坯

（a）常规管坯；（b）单覆管坯；（c）同质双覆管坯；（d）异质双覆管坯

（1）常规铝管坯的厚度允差，见表 2-20。

表 2-20　常规铝管坯的厚度允差　　　　　　　　（mm）

厚度	普精级	高精级	备　注
0.20~0.25	+ 0.015	± 0.010	单向允差为单向偏差的 2 倍
>0.25~0.40	± 0.02	± 0.02	
>0.40~0.80	± 0.04	± 0.03	
>0.80~1.50	± 0.06	± 0.04	
>1.50~2.00	± 0.08	± 0.06	
>2.00~3.00	± 0.10	± 0.07	
>3.00~4.00	± 0.12	± 0.10	

（2）复合铝管坯的厚度允差分为复合铝管坯的全厚度允差与覆层允差，前者见表 2-20，而覆层允差常用包覆率表示，详见表 2-21。

表 2-21　复合铝管坯的包覆率与包覆率允差　　　　　　（%）

包覆率	包覆率允差
5~6	± 1
> 6~8	± 1.5
> 8~13	± 2
> 13~20	± 3

2.5.1.3　切口形貌

铝板带材在剪切成管坯过程中，管坯边缘要经历弹性变形、塑性变形和最终断裂三个阶段，由此依次形成圆角带（俗称塌角）、光亮带（又称切痕深度）、断裂带（又称撕裂深度）和毛刺等特征，如图 2-14 所示。它们彼此关联，在同一个剪切场景中，当光亮带深度小于或等于 $t/2$ 时，塌角和撕裂深度明显、毛刺大，说明圆盘剪刀片侧间隙偏大、刀刃不锋利；当光亮带深度大于 $t/2$ 后，塌角与撕裂深度较浅、毛刺小，说明圆盘剪刀片侧间隙适当、刀刃锋利。这些反映管坯切口形貌特征的指标对高频直缝焊接铝管的焊接工艺参数设计和焊缝质量都有很大影响，必须加以限制，见表 2-22。

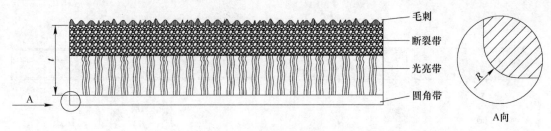

图 2-14 纵剪铝管坯边缘形貌

表 2-22 管坯切口形貌指标允差

| 厚度 t | 切口形貌 | | | | | | | | 备注 |
| | 光亮带长度/t | | 断裂带长度/t | | 圆角曲率 R/mm | | 毛刺高度/mm | | |
	普精级	高精级	普精级	高精级	普精级	高精级	普精级	高精级	
0.20~0.40	≥0.65	≥0.75	<0.35	<0.25	≥1.5D[①]	>2D	0.06	0.04	
>0.40~1.0	≥0.60	≥0.70	<0.40	<0.30	≥1.5D	>2D	0.08	0.06	
>1.0~2.0	≥0.55	≥0.65	<0.45	<0.35	≥1.2D	>1.5D	0.10	0.08	H 态
>2.0~3.0	≥0.50	≥0.60	<0.50	<0.40	≥D	>1.2D	0.30	0.12	
>3.0~4.0							0.30	0.15	

①D 为焊管直径。

2.5.1.4 管坯表面

管坯表面要求如下：

（1）常规铝管坯表面划伤深度不得超过壁厚下偏差；复合铝管坯作为防腐层的表面划伤深度不得超过包覆率的 30%，用于钎焊的覆层表面不允许存在超过 $(B/5)^2$ 面积的脱落。

（2）剪切面损伤深度不得超过宽度允差的下偏差。

（3）管坯表面不允许存在密集成块的氧化斑点，不允许存在气泡、气孔、金属及非金属压入、油迹、擦伤、印痕及条纹等缺陷。

2.5.1.5 外观

外观包括镰刀弯、荷叶边、错层与塔形，具体要求列于表 2-23 中。此外，若是复合管坯，则芯层或基板与覆层必须结合牢固、不允许存在覆层分层与未完全包覆等缺陷。

表 2-23 镰刀弯、荷叶边、错层和塔形允许值

| 厚度/mm | 镰刀弯/‰ | | 荷叶边高宽比 λ | | 错层/mm | | 塔形/mm | |
	普精级	高精级	普精级	高精级	普精级	高精级	普精级	高精级
0.20~0.40	1.5	1	0.1	0.06	≤0.5	≤0.3		
>0.40~1.0	2	1	0.1	0.08	≤1	≤0.5		
>1.0~2.0	2.5	1.5	0.15	0.10	≤1.5	≤1.0	≤8	≤4
>2.0~3.0	2.5	1.5	0.2	0.15	≤2	≤1.5		
>3.0~4.0	2.5	1.5	0.2	0.15	≤2.5	≤1.5		

表 2-23 中的荷叶边高宽比 λ 计算公式为：

$$\lambda = \frac{h}{l} \tag{2-23}$$

式中，h 为荷叶边高度；l 为荷叶边长度。

2.5.1.6 标识与包装

标识与包装有以下要求：

（1）铝管坯的标识：必须至少包含产品名称、牌号、状态、批号、卷号、规格、精度等级、质量、生产日期、质检印章、采用标准等信息。譬如，牌号为 4045/3003/7072、状态为 H14、厚度 1.5 mm、宽度 78 mm 的管坯，可以标识为：GB/T×××-4045/3003/7072H14-1.5×78。

（2）铝管坯的包装：1）无论是卧式包装还是立式包装，都必须在管坯外包一层中性或弱酸性防潮纸或其他防潮材料以及一层塑料薄膜，同时在卷心内放置干燥剂并用黏胶带将塑料薄膜封口。2）所有用于包装的箱、架、托盘等都必须保证足够强度，不能因其损坏而使管坯受损。3）包装箱、架、托盘必须规整、清洁、干燥，符合环保要求。

2.5.2 铝管坯的特性要求

铝管坯的特性要求系指为了满足铝焊管使用性能而要求铝管坯在化学成分、力学性能、状态、覆层合金、包覆率等方面的特殊要求。

2.5.2.1 化学成分

常用铝焊管的管坯大致有两类合金，一是铝锰合金和铝锌合金，二是分别以这两种为基板合金、以铝硅合金或铝锌合金为覆层的单覆或双覆管坯。常用基板合金与覆层合金的化学成分见表 2-24。铝管坯的牌号特别多，有些牌号只是个别合金元素含量存在微小差别（如 3003 与 3A11），这一点必须引起高度重视。

表 2-24 常用铝合金管坯的牌号与化学成分 （%）

合金牌号	Si	Fe	Cu	Mn	Mg	Cr	Zn	Ti	其他		Al余量
									单个	合计	
3003	0.60	0.70	0.05~0.20	1.0~1.50	—	—	0.10		0.05	0.15	余量
3A11	0.60	0.70	0.05~0.20	1.0~1.50	—	—	0.50~1.50		0.05	0.15	余量
4004	9.0~10.5	0.80	0.25	0.10	1.0~2.0	—	0.20		0.05	0.15	余量
4343	4.50~6.0	0.8	0.25	0.10	0.05	—	0.10	0.10	0.05	0.15	余量
4045	9.0~11.0	0.8	0.3	0.05	0.05	—	0.10		0.05	0.15	余量
7A11	0.6	0.7	0.05~0.20	1.0~1.50	—	—	1.2~2.0		0.05	0.15	余量
7072	0.35	0.40	0.20	0.05~0.50	1.0~1.40	0.10~0.35	4.0~5.0		0.05	0.15	余量

2.5.2.2 管坯状态与力学性能

铝管坯的力学性能既由化学成分决定，更由管坯状态决定。在表 2-25 中，同为 4343/7A11/4343 管坯，H22 与 H26 比，前者抗拉强度仅为后者的 70.6%~74.0%，而断后伸长率约是后者的 2.7 倍。

表 2-25　汽车冷却类铝合金管用管坯牌号、状态的力学性能

牌　　号	状态	厚度/mm	抗拉强度 R_m/N·mm^{-2}	断后伸长率 $A_{50\,mm}$/%
4343/3003/4343 4045/3003	H14	0.2~4.0	150~200	≥4
4343/3003/7072 4045/3A11/4045	H12	0.2~4.0	120~170	≥4
4343/7A11/4343 4A43/7A11/4A43	H22	1.3~4.0	120~170	≥8
4343/7A11/4343 4A43/7A11/4A43	H26	1.3~4.0	170~230	≥3

2.5.2.3　覆层

根据覆层的作用不同,目前常用覆层材料大致有铝硅合金和铝锌合金两类,前者是为焊管后续加工之钎焊准备的,后者是为焊管防腐准备的。无论哪种覆层,对复合铝合金管的使用性能都至关重要,以铝锌覆层合金 7072 为例,若覆层厚度偏薄或覆层破损,则复合铝合金管的防腐性能就会打折扣,缩短使用寿命。因此,对复合铝管坯之覆层要求是:

(1) 可以提供经由双方协商一致的包覆率。

(2) 覆层不能有破损或分层,尤其是铝锌覆层。

(3) 必须确保成卷复合铝管坯如 4045/3003/7072 的外表面覆层合金是 4045,内表面覆层材料为 7072 合金;单覆铝管坯的覆层在卷的外面。

之所以要强调覆层标识,是因为复合铝管坯的使用者无法凭借人眼直接识别,只能通过火焰炙烤方法或实验判别覆层合金牌号。常用覆层合金与基板合金的固相线温度、液相线温度和钎焊温度见表 2-26。若覆层标识错误,在制管时将用于钎焊的铝硅覆层卷制到管内,将用于防腐的铝锌覆层卷制在管外,那么所生产的铝管就会报废。

表 2-26　常用覆层合金与基板合金的固相线温度、液相线温度和钎焊温度　　　　　(℃)

基板（芯层）			覆　　层			
合金	固相线温度	液相线温度	合金	固相线温度	液相线温度	钎焊温度
3003	643	654	4343	577	615	600~620
3A11	641	653	4A43	576	609	600~620
7A11	641	653	4045	577	590	590~605
3005	638	654	4A45	576	588	590~605
—			4004	559	591	590~605
—			7072	646	657	—（非钎焊）

2.6　铝管坯的智能仓储管理

基于铝易氧化、怕潮湿的特点,对铝管坯与铝焊管的仓储流程、仓储环境等都提出要求,必须引起铝焊管人高度重视。例如,为了缩短铝管坯在库氧化时间,贯彻先进先出、后进后出原则是极其必要的,而铝管坯与铝焊管智能仓储系统能使该原则很好落地。

2.6.1　铝管坯与成品智能仓储系统架构

铝管坯与成品智能仓储系统架构由权限管理、基础资料、盘点调拨入库管理、出库管理、堵漏查询等构成,如图 2-15 所示。

2.6.2 铝管坯智能仓储系统的技术支撑

铝管坯智能仓储系统的技术支撑有：

（1）RFID 技术。RFID 是射频识别（Radio Frequency Identification）的英文缩写，俗称电子标签。RFID 射频识别是一种非接触式自动识别技术，可同时对多个标签操作，快捷方便。通过射频信号能够远距离自动识别，获取相关数据，完成数据信息的自动采集。只要在库中的铝管坯卷带和铝焊管贴上电子标签，铝管坯的宽度、厚度、芯层合金牌号、覆层合金牌号、状态、供应商等信息以及铝焊管的规格、支数、质量、合金牌号、覆层、状态、客户便一览无余地呈现在管理者眼前，从而实现对铝管坯与铝焊管高效、灵活、终身的管理。

图 2-15　铝管坯与铝焊管智能仓储系统

（2）条形码技术。条形码技术包括一维条形码和二维码两种。前者只包含字母和数字，存放 30 个字符；一维条形码，尺寸相对较大，若被污损可读性差。二维码可显示中英文、数字、图形等信息，即使污损 50% 仍可读取完整信息。

（3）无线传输技术。在 30 m 范围内通讯无阻，既减轻仓管人员劳动强度，又确保仓管人员在安全距离之外进行操作，非常适合在工厂环境中使用。

2.6.3 铝管坯智能仓储系统的优点

铝管坯智能仓储系统的优点如下：

（1）人过留名，雁过留声，管坯留痕。一旦管坯履行了入库手续，其前世今生一清二楚，可实现对库存的长期追溯。

（2）高效便捷，实时掌握库存情况，仓位精确、状态全面监控，管坯信息查询、仓储报表、采购决策等一键完成。

（3）节省沟通成本和人力成本，避免压库，提高工厂运行效率。

（4）智能环境检测系统能够对仓储环境进行实时监控，当温度传感器、潮湿传感器等感知到温度高、湿度大等异常情况时，就会及时自主启动通风除湿设备，这对铝管坯和铝焊管不被氧化、保持表面光泽都是十分必要的。

2.7 纵剪铝管坯常见缺陷对焊管生产工艺的影响

常见的铝管坯剪切缺陷有宽度超差、毛刺大、翻边、撕裂、镰刀弯、错层、塔形、表面划伤等。

2.7.1 宽度超差

宽度超差主要有超上差和公差波动两种表现形式。

（1）宽度超上差的原因：一是长隔套选择偏长；二是刀轴并帽松动；三是退料圈厚度偏厚，引起剪切的管坯凸起，当管坯离开退料圈后回复到平直状态，出现超宽。以 $\phi 32$ mm×1.0 mm 焊管的开料为 100 mm 计算，设定公差范围是+0.05~0 mm，若退料圈凸出圆盘剪 1.5 mm，如图 2-16 所示，则由此会引起管坯宽度产生 0.06 mm 的增加量，导致管坯宽度超上差。

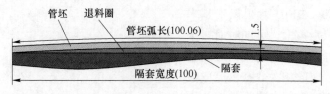

管坯弧长(100.06)

1.5

管坯   退料圈

隔套宽度(100)   隔套

图 2-16   管坯宽度凸起与宽度增宽量示意

（2）公差波动大的原因：第一，在圆盘刀平面与隔套平面间的某处夹杂着铝屑等，导致圆盘刀平面跳动；第二，刀轴并帽松动；第三，剪切后管坯板形的回复，尤其是对于宽度超过 200 mm 的管坯，板形越差波动越大。

从焊管生产工艺角度看，宽度在 ±0.05 mm 以内的波动不会对铝管品质造成实质性影响，这是其一；其二，如果批量性超上差，那么通过修正焊管生产工艺参数，如适当增大挤压力或定径轧制力，就可以忽视对焊管生产的不利影响；其三，焊管生产最怕的就是管坯宽度宽窄不一，它让焊管生产工艺参数无所适从，考虑到宽就考虑不到窄，引起焊接热量忽高忽低，突出的现象就是飞溅的铝焊珠忽多忽少，反映的是焊缝强度波动。

2.7.2   边缘毛刺与翻边

边缘毛刺与翻边，二者是一对孪生兄弟，且呈正相关关系，毛刺大则翻边严重，毛刺小则翻边轻微。毛刺与翻边，不变的是与纵剪铝管坯如影随形，变化的是严重程度不同。通过对管坯边缘毛刺低倍形貌［见图 2-11（b）］的观察和比较认为，当毛刺高度超过 0.03 mm 后，触摸手感就比较明显，而圆盘刀刃磨钝、侧间隙偏大、侧面粗糙、管坯偏软等则是形成边缘毛刺大的主要原因。

倘若仅从管坯边缘毛刺的角度看，其对焊管生产工艺的影响不大。但问题是，毛刺大小是表面现象，所反映的实质是管坯纵切面状态。通常认为，毛刺大则管坯纵切面撕裂严重、翻边明显，边缘变形区显著减薄；研究证明：有些 O 态的管坯边缘减薄高达 10%~16%，H 状态的管坯有的也超过 10%。这些既影响焊缝平行对接，又易造成焊缝夹杂，甚至微裂纹，最终影响焊缝强度。

2.7.3   撕裂

撕裂是一个容易被忽视的缺陷，对焊管生产工艺的影响见第 7 章第 10 节。

2.7.4   镰刀弯

镰刀弯有时也称 S 弯，成因有三个方面：

（1）原板板形存在浪边、龟背等纵向应力分布差异大的状况，纵剪成窄管坯后，这些应力得到相应释放、回复。若窄管坯两边的纵向应力回复不一致，就形成镰刀弯；如果有的往右弯、有的往左弯，就是所谓 S 弯。

（2）原板、圆盘剪与收料卷上的管坯在剪切时不对中，如原板与圆盘剪不对中，就需要频繁地借助圆盘剪前面的、具有导向功能的侧立辊进行适时纠偏，而纠偏的过程就是镰刀弯产生的过程。

（3）卷取张力不稳定。从生产铝焊管的实际工况看，镰刀弯不超过表 2-27 中的数值，对焊管生产的影响不大；过大的镰刀弯不仅影响管坯稳定运行，导致焊接热量波动，严重的会妨碍去除内外毛刺与焊缝表面光滑。

表 2-27　镰刀弯允许值

管坯宽度/mm	镰刀弯/mm·m^{-1}
≥50~100	3~4
>100~200	2~3
>200~300	3
>300	3

2.7.5　错层

错层主要有以下四种原因：

（1）分离片隔套偏长，铝管坯左右游动空间大；

（2）铝管坯镰刀弯；

（3）卷取张力偏小，铝管坯较难固定；

（4）剪切中途停机，张力丢失，再次剪切时建立张力需要有一个过程，难以迅速达到峰值，在峰值之前的张力理论上都偏小。

其实，错层本身对焊管生产工艺倒没什么影响，关键是存在错层的铝管坯在运输、吊装过程中的凸出部分容易被碰坏，继而影响焊管品质。

2.7.6　塔形

造成铝管坯卷塔形的主要原因是卷取张力不足、原板板形差或分离片并帽松动等，对焊管品质的影响与错层类似。

2.7.7　划伤

铝管坯在纵剪过程中被划伤的原因大致有三个：

（1）使用压板式张力装置时，毛毡上黏有铝屑等异物。

（2）由于分离隔套用轴的转动是依靠与铝管坯的摩擦，二者之间存在速度差，当分离隔套上嵌入了较硬的异物后就会划伤管坯面。

（3）吊离收卷机及打包过程中不慎划伤管坯面，集中体现在最外圈。

此外，运输过程、吊装过程、入库出库操作过程也易造成管坯面划伤。

合格的铝管坯是生产出合格铝焊管的基本前提，也只有合格的管坯才能投入到下一阶段的铝焊管生产过程中，才能一窥铝焊管生产工艺的奥秘。

3 铝焊管生产工艺流程概述

高频直缝铝焊管种类繁多，根据产品用途与要求不同，生产工艺路径不尽相同，代表性的生产工艺有：金属家具用铝焊管生产工艺流程、汽车空调冷凝器用复合铝合金集流管生产工艺流程和复合铝合金散热管生产工艺流程。

3.1 金属家具用铝焊管生产工艺流程

金属家具用铝焊管生产工艺流程从大的方向上讲，可以分为圆管生产工艺流程和异形管生产工艺流程两类。其中，异形铝焊管又可分为先成圆后变异和直接成异两种。

3.1.1 金属家具用圆铝焊管生产工艺流程

金属家具用圆铝焊管生产工艺流程，及其与普通焊接钢管生产工艺的异同如下：

（1）圆铝焊管生产工艺流程是普通铝焊管生产工艺流程的代表与基础，具有中低档铝焊管生产工艺流程的所有特征，如图 3-1 所示。

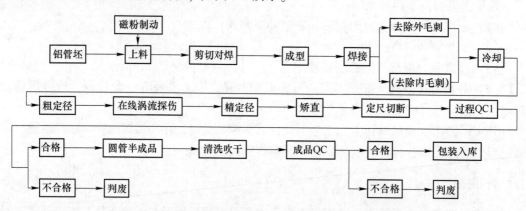

图 3-1 高频直缝焊接金属家具用圆铝管生产工艺流程

（2）与普通焊接钢管生产工艺的异同。从图 3-1 可以看出，金属家具用圆铝焊管生产工艺流程与普通焊接钢管生产工艺流程图 3-2 比，除上料工序的磁粉制动、定径部位的粗定径、在线涡流探伤（少数焊接钢管机组亦配有在线涡流探伤）和清洗吹干工序外，其余都与焊接钢管的基本相同，由此也说明它与焊接钢管的渊源。

3.1.2 金属家具用"先成圆后变异"铝合金异形管生产工艺流程

所谓先成圆后变异是指在同一条生产线上，将平直管坯先成型为开口圆管筒并焊接成圆管，然后整形为异形管，工艺流程如图 3-3 所示。其优点是：利用同一套成型轧辊和焊接轧辊可以生产不同外形的异形管，节省轧辊投入费用，而且变换规格品种快捷；缺点是：管壁厚度变化大，增厚倾向明显，角部增厚现象尤其明显。

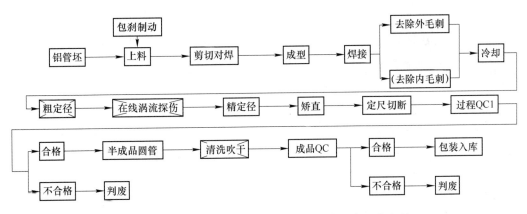

图 3-2 高频焊接钢管之金属家具用圆管生产工艺流程

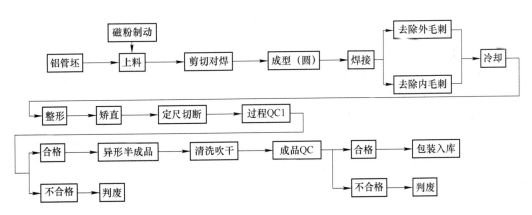

图 3-3 金属家具用异形铝管之"先成圆后变异"生产工艺流程

3.1.3 金属家具用"直接成异"异形铝焊管生产工艺流程

直接成异工艺流程系指直接将平直铝管坯变形为外形与成品异形管相似的开口异形管筒，然后焊接，最后精整形为成品异形管，工艺流程如图 3-4 所示。该工艺的优点是成品管棱角清晰、横断面变形小；缺点是需要为每一种规格的异形管配置一整套轧辊，轧辊投入多，不同规格异形管之间变换慢。

3.1.4 三种工艺流程的主要区别

首先要说明定径与整形的异同，定径侧重于焊管横截面尺寸，整形侧重于焊管横截面形状。而实际工艺要求是，定径圆管，既有尺寸精度要求，也有椭圆度（整形）的要求；对于整形异形管，不仅有横截面形状的要求，更有尺寸精度的要求。同样，对于定径异形管或者整形圆管，都是尺寸精度要求与形状规整并举。因此，流程中的定径与整形并没有本质区别，严格意义上讲，这两个名词均不足以表达工艺内涵。

（1）流程图 3-1 与图 3-3 的主要区别是：前者定径的对象是圆管，定径的结果也是圆管；后者整形的对象是圆管，整形的结果是异形管。

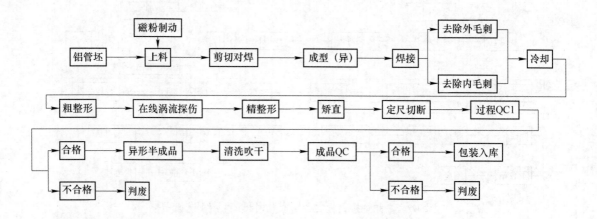

图 3-4 金属家具用异形铝焊管之"直接成异"生产工艺流程

（2）流程图 3-1 与图 3-4 的主要区别有两点：一是成型的结果不同，前者成型的结果是开口圆管筒，后者成型的结果是开口异形管筒。二是定径或整形的对象与成果不同，前者是不规整的圆管，成果是规整的圆管；后者整形的对象是不规整的异形管，工艺成果则是规整的异形管。

（3）流程图 3-3 与图 3-4 的主要区别在于：第一，与上述（2）之一相同；第二，虽然它们整形作用的对象不同，前者作用的对象是圆管并且使圆管变形为异形管，后者作用的对象无论在形状上还是在尺寸上都与成品异形管十分接近，但是它们的工艺成果却相同。

此外，金属家具用铝焊管生产工艺流程的出发点是平直管坯，这一点与部分汽车空调冷凝器用复合铝合金集流管的生产工艺流程不完全相同。

3.2 复合铝合金冷凝器集流管生产工艺流程

冷凝器用复合铝合金集流管（以下简称"集流管"），顾名思义是指收集通过冷凝器散热后变为低温高压、液态冷媒的管子。从 20 世纪七八十年代开始，人们研究用铝合金管替代铜管，并随着铝合金板带材复合技术和高频焊接技术的进步而逐渐成熟。到目前为止，复合铝合金集流管样式已从最初的圆管发展到现在的方、矩、D 形等形状，规格品种更是繁多，常用铝合金集流管的规格和品种见表 3-1，复合类型也从单覆发展到双覆，如图 3-5 所示；产品精度更从普精级拓展至高精级，并由此派生出既相互关联又各具特点的铝合金集流管生产工艺路线。

3.2.1 集流管生产工艺路线的分类

集流管生产工艺路线的种类有以下几种：

（1）根据管的横截面形状、精度和覆层分类。图 3-5 仅进行了 3 级分类，其实还可以继续分，如同质双覆的工艺路线又可分为同质双覆普精级与高精级，而同质双覆普精级还可以细分成同质双覆普精级圆形和异形两种。

表3-1 常用冷凝器集流管的样式、规格、材料一览表 （mm）

圆 管	异 形 管			铝合金材质	
	方管	矩管	D 形管	复合铝合金牌号	状态
φ16×(1.0~2.0) φ19×(1.0~2.5) φ20×(1.0~1.5) φ25×(1.15~2.1) φ32×(1.25~2.5) φ35×(1.25~2.5) φ38×(1.3~2.5) φ40×(1.5~2.5)	□9.9×9.9×1.2 □20×20×1.2 □25×25×1.3	□14×29×1.2 □14×32×1.2 □14×49×1.2 □18×32×1.0 □19×38×1.5 □19×44×1.0 □22×27×1.2 □22×29×1.2 □22×49×1.2 □23×29.4×1.6	D15×14.3×1.2 D21.4×19.4×1.2 D22×18.5×1.0 D22×19×1.0 D23.35×22.4×1.6 D29×20×1.2 D32×20×1.5 D32×23×1.2 D38×27×1.2	4045/3003 4343/3003 4343+Zn/3003 4343/3003/4343 4045/3003/7072 ⋮	H12 H14 H16 H24 ⋮

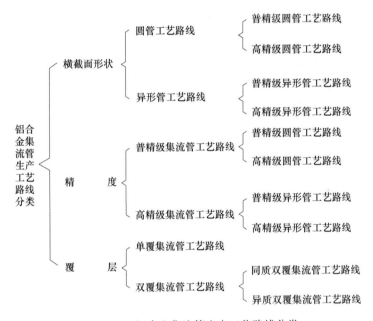

图 3-5 铝合金集流管生产工艺路线分类

之所以将覆层也列为铝合金集流管的分类标志，是因为覆层对铝合金集流管有着非同寻常的意义，在某种意义上讲决定铝合金集流管生产的成败。以异质双覆铝合金集流管4045/3003/7072 为例，覆层 4045 属铝硅合金，熔点是 591 ℃，比芯层 3003 铝锰合金的熔点低 44~63 ℃，是专为钎焊用的，必须卷制在管外；而 7072 属于铝锌系列合金，作为覆层的主要功能是强化铝合金集流管的管内防腐，延长使用寿命，其熔点也比 4045 的约高30 ℃，因此在上料工序，与同质双覆管相比，异质双覆管多一个检测不同覆层材料的工步；同时，这也是同质双覆与异质双覆两条工艺路线的唯一差异，若在上料时异质双覆管坯被装反，便意味着生产的铝合金集流管报废。

（2）综合分类。铝合金集流管生产工艺若以精度等级为标志，结合横截面形状和覆层进行分类，则可以归纳出五条高精级、两条普精级工艺路线，见表3-2。

表 3-2　高精级和普精级铝合金集流管工艺路线总汇

精度等级	工艺路线序号	出发点	工艺目标	备 注
高 精 级	（1）	复合铝管坯	高精度成品圆管	单/双覆层
	（2）	复合铝管坯	高精度成品异形管	
	（3）	半成品圆管	高精度成品圆管	
	（4）	半成品圆管	高精度成品异形管	
	（5）	半成品异形管	高精度成品异形管	
普 精 级	（6）	复合铝管坯	普精级成品圆管	单/双覆层
	（7）	复合铝管坯	普精级成品异形管	（无冷拔工艺）

3.2.2　高精级铝合金集流管生产工艺路线

需要指出的是，这里的高精级并非 GB/T 10571—1989 铝及铝合金焊接管标准所指精度等级，而是基于用户根据产品使用要求提出的精度要求。以表 3-1 所列圆管为例，通常外径和壁厚公差带均不超过表 1-6 中的示值。在五条高精级铝合金集流管生产工艺路线中，生产高精度成品圆管的工艺路线最具一般性。

（1）复合铝管坯→高精度成品圆管工艺路线。如图 3-6 所示的工艺路线是高精级铝合金集流管生产工艺的基础，其他铝合金集流管生产工艺路线都是由它演变而成。依据工艺路线中工序功能及关联程度不同，表 3-2 中的路线（1）可分为三部分：第一部分从复合铝管坯开始至冷却工序，第二部分从粗定径开始至一次清洗吹干工序，第三部分从轧头工序开始至装箱结束，由该工艺路线生产的圆集流管精度能够达到（$\phi \pm$ 0.02）mm×（$t \pm 0.02$）mm。

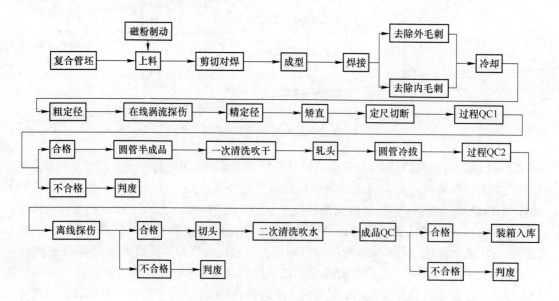

图 3-6　管坯-圆形（高精级）冷凝器集流管工艺路线

（2）复合铝管坯→高精度异形集流管工艺路线。这条工艺路线既是典型高精级异形集流管生产工艺路线，同时也与表 3-2 中的工艺路线（1）十分相似。比较工艺路线图 3-6 和图 3-7，差异仅表现在"粗定径→粗整形""精定径→精整形""圆管半成品→异形半成品"和"圆管冷拔→异形管冷拔"这四道工序以及 QC 的部分内容，而冷却工序之前的工序从名称到内涵则完全相同。经该工艺产出的异形集流管公称尺寸精度可达到（$A±$ 0.03）mm×（$B±0.03$）mm×（$t±0.03$）mm，r 角尺寸误差一般不大于 0.1 mm。

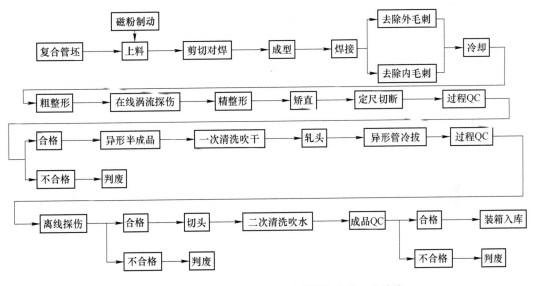

图 3-7　管坯-异形（高精级）冷凝器集流管工艺路线

（3）半成品圆管→高精度成品圆管工艺路线。如图 3-8 所示，其实它是表 3-2 中的工艺路线（1）第三部分的复制，区别在于工艺路线（1）中的圆管半成品与工艺路线（3）中的圆管半成品内涵不同，前者的圆管半成品是特指某一种规格，与成品的关系是公称尺寸相同、上偏差大于成品上偏差、且下偏差小于成品下偏差；后者除了包括前者外，在公称尺寸方面宽泛得多，如成品为 ϕ（25±0.02）mm×（1.2±0.02）mm，那么圆管半成品可以是 ϕ（25+0.12）mm×（1.2+0.05）mm，更多的是 ϕ25 mm×（1.25～2.1）mm、ϕ28 mm×（1.2～2.1）mm 这类管。因此，表 3-2 中工艺路线（3）的实质是一个完整的铝合金圆形集流管冷拔工艺。

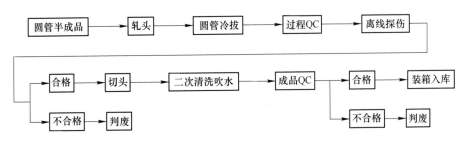

图 3-8　半成品圆管-成品圆形（高精级）冷凝器集流管工艺路线

（4）半成品圆管→高精度成品异形管工艺路线。图 3-9 所示的工艺路线与上述（3）类似，主要差别是表 3-2 中工艺路线（4）的冷拔模为异形，经冷拔工序出来的是异形管而非圆管，它反映了一个完整的冷拔铝合金异形集流管工艺流程。

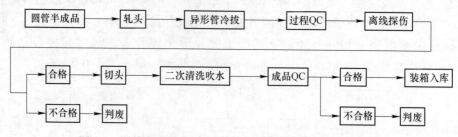

图 3-9　圆管半成品-异形（高精级）冷凝器集流管工艺路线

（5）半成品异形管→高精度成品异形管工艺路线。它与工艺路线（3）也类似，如图 3-10 所示，区别在于它的拔制对象是与成品异形管相似的异形管，如□（19.2+0.20）mm ×（33+0.20）mm×（1.0+0.05）mm 冷拔至□（19±0.03）mm×（33±0.03）mm×（1.0± 0.03）mm。

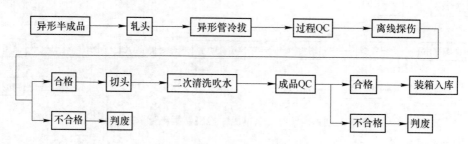

图 3-10　异形半成品-异形（高精级）冷凝器集流管工艺路线

从图 3-6~图 3-10 所示的五条高精级铝合金集流管生产工艺路线看，它们之间既存在交集关系，也存在并集关系，更有子集关系。无论是何种关系，它们都有两个显著特征：一是标配拔管机，而且几乎都是抽芯拔，因为只有抽芯拔，才能确保管子的外尺寸精度和壁厚精度；二是管子的内外尺寸精度高，公差带一般不超过 0.06 mm，该精度是现有高频直缝焊管机组及其生产工艺难以达成的。目前高频直缝焊管机组及其生产工艺只能生产精度较低的普精级集流管。

3.2.3　普精级集流管生产工艺路线

所谓普精级是指那些外径公差带达不到 0~0.06 mm 的集流管；尽管如此，它仍然比 GB 10571—1989 标准规定的高精级公差带要窄许多。普精级集流管利用现有高频直缝铝焊管机组及其生产工艺技术就能直接获得，无需借助冷拔工艺。因此，它的两条圆、异工艺路线实质上分别是高精级铝合金集流管工艺路线之（1）（2）的两个"子集"，即：工艺路线出发点都是复合铝管坯，目标都是一次清洗吹干；只不过清洗吹干的不再是半成品圆管与半成品异形管，而是普精级的成品圆管（工艺路线图略）和异形管，它们的工艺路线参见图 3-1 和图 3-3。

同时，比较普精级集流管工艺路线与金属家具用铝焊管生产工艺流程不难发现，它们之间除了管坯材料和相应的 QC 内涵不同，其余工序完全相同。这说明它们的生产线没有本质区别，用同一条铝焊管生产线既可生产金属家具用铝焊管，也能生产普精级集流管。

3.2.4 铝合金集流管工艺路线的几点说明

针对铝合金集流管工艺路线有以下需要说明的问题：

（1）集流管工艺路线总构成。从集流管实现精度的角度看，工艺路线实际上由普精级铝合金集流管和冷拔高精级铝合金集流管两部分构成，它们既相互独立又融为一体，其中的轧头工序是分界点。

（2）工艺路线（1）是其他工艺路线的基础。尤其是工艺路线（1）中冷却工序之前（含冷却工序）更是基础的基础，这为多品种铝合金集流管共用部分工模夹具提供了可能，如在生产 $\phi 32$ mm 圆管时需要生产高精级□25 mm 方管，只需将工艺线路（1）中 $\phi 32$ mm 的粗定径辊和精定径辊（含矫直辊）换成工艺线路（2）中□25 mm 方管（控制管子尺寸为正偏差）的粗整形辊和精整形辊（含矫直辊）；同时将工艺线路（1）中冷拔工序的 $\phi 32$ mm 冷拔圆模换为□25 mm 方管冷拔模，即可实现两种铝合金集流管的变换，既能减少不必要的工模夹具投入，同时也能节省更换工模夹具的时间。

（3）同一工序名称内涵不尽相同。例如，同样的圆管半成品工序，在工艺路线（1）中，它与成品的关系仅局限于精度范畴，其横截面面积一般不会大于成品的1%；而在工艺路线（3）和（4）中，它的横截面面积比成品大得多，且壁厚至少等于成品壁厚，如果生产成品规格为 D32 mm×23 mm×1.2 mm 的 D 形管，那么圆管半成品的规格可以是 $\phi 36.5$ mm×1.2 mm、$\phi 36.5$ mm×1.3 mm、$\phi 35$ mm×1.3 mm 等。

（4）实现工艺目标的充分必要条件。不管是高精级还是普精级集流管工艺路线，从它们所消耗的材料看，必须满足式（3-1）的要求。

$$\begin{cases} S_b = S_c + kS_c \\ t_b \geq t \end{cases} \tag{3-1}$$

式中，S_b 为出发点铝管坯或半成品管横截面面积，mm^2；S_c 为成品管横截面面积，mm^2；t_b 为出发点铝管坯或半成品管壁厚，mm；t 为成品管壁厚，mm；k 为工艺余量系数，根据不同的工艺路线取值，见表3-3。

表 3-3　$\phi 16 \sim 40$ mm 铝合金冷凝器集流管不同生产工艺路线用工艺余量系数 k 的参考值[1]

t/mm	工艺路线						
	(1)[2]	(2)[2]	(3)	(4)	(5)	(6)	(7)
1.00~1.50	0.032~0.064	0.035~0.070	0.005~0.25	0.08~0.25	0.01~0.15	0.024~0.056	0.028~0.062
1.55~2.50	0.035~0.072	0.045~0.080				0.030~0.064	0.037~0.073

①冷拔工序均为抽芯拔。
②管径越大，取值越小；反之，管径越小，取值越大。

实际上，式（3-1）不仅适用于高频直缝焊接铝管，而且也适用于高频直缝焊接钢管，是生产所有高频直缝焊管都必须遵循的一个基本规律，差别在于 k 值。

（5）实现工艺目标的路径多样。在工艺线路（1）和（3）或（2）和（4）（5）中，虽然出发点不同，但是结果却分别相同。铝合金集流管生产工艺路线的多样化，为多品种、小批量、快交货的经营模式和多品种、大批量、快交货的经营模式相互兼容提供了可能。

进一步观察发现，无论是何种工艺路线，如果将铝焊管生产工艺看作一个大系统，那么，可以把这个大系统按近似功能与作业内容，分成备料系统、成型系统、焊接系统、整形（定径）系统、切断系统、后处理系统、质保系统等7个子系统和外挂1个冷拔子系统，如图3-11所示。前7个子系统以焊管机组为中心协调运转，专司普精级铝焊管生产；后一个外挂系统以冷拔机为中心相对独立运行，专司高精级铝焊管的生产。它们之间联系紧密，各有侧重，共同构成一个完整的、能够生产各种精度高频直缝铝焊管的工艺路线。

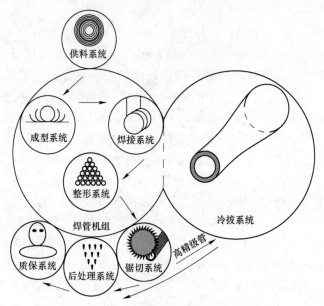

图 3-11   铝焊管生产系统的相互关系

3.3   复合铝合金散热管生产工艺流程

3.3.1   散热管特征

汽车用散热管的主要作用是将发动机、空调工作时产生的热量迅速散发掉，其中发动机用中冷器的作用是降低增压后的空气温度、提高空气密度，进而增加发动机进气量，提高效率；有数据证明，增压空气温度每降低10℃，发动机的效率就能增加3%~5%，因其安装在增压器与发动机之间而得名，如图3-12所示。它由主片、护芯板、散热带和散热管组成，其中的散热管就是中冷器散热管，简称中冷器管。尽管中冷器管的规格、品种和形状较多，但是，它们有两个共同特征：一是都属于特薄壁管，通常壁厚在0.2~0.4 mm之间，壁径比小，只有1%左右。二是长宽比高达4~14，如图3-13（a）所示大扁方管的规格为64 mm×8 mm×0.4 mm，宽高比为8；而图3-13（b）的扁椭圆管，规格为32 mm×2.3 mm×0.26 mm，长短轴比接近14，有的长短轴比更高达20。

中冷器管的这两个特征基本满足了发动机中冷器在有限空间和有限质量制约下，尽可能增大散热效果的要求。但是，从制管角度看，这两点无疑增大了焊管成型难度。无论是按照"先成圆后变异"工艺路线，还是按照"直接成异"工艺路线，在普通焊管机上生产这类管子的合理性都值得商榷。

图 3-12 汽车发动机用中冷器

(a)　　　　(b)

图 3-13 中冷器管
（a）扁方管；（b）扁椭圆管

3.3.2 中冷器散热管的生产难点

由于中冷器管存在以上两个特征，使该管的生产难度尤其是成型难度倍增，主要表现在五个方面：

（1）根据焊管成型原理，在普通焊管成型机上成型径壁比为 1% 左右的薄壁焊管时，管坯边缘因容易产生较多的纵向延伸，导致成型管坯边部易失稳，出现成型鼓包，使得两对焊面无法始终如一地高低对齐，焊接无法正常进行，焊缝质量无法保证。

（2）从绝对厚度角度看，中冷器管的壁厚一般不超过 0.4 mm，且几乎都是状态为 H14、H16、抗拉强度 R_m = 145~210 MPa 之间的冷硬铝薄管坯，一旦这种管坯边缘发生了纵向塑性延伸，当成型管坯进入回复阶段时，管坯刚性不足以保证其在受到纵向压缩时不失稳。而成型管坯边缘纵向是否失稳，是判定焊管成型成功与否的首要标准，因为纵向失稳便无法实现高频焊接。

（3）即使劳心费力地调整好了，生产一定量后必然要更换规格品种，在这个生产周期中，可能会出现这么一种尴尬状况：调整时间比正常生产时间长许多、废次品废料比正品还要多；而下一次生产时几乎会碰到同样的问题，面临同样的烦恼。显然，用普通焊管机组生产中冷器管并不经济。

（4）铝焊与铁焊比较。由于铝的熔点大大低于铁（Fe：1535 ℃），只有铁的 43% 左右，因而焊接温度区间相较铁要窄很多，需要更加稳定的焊缝对接状态，由此需要中冷器管的成型过程和成型结果比钢管成型更稳定、更优异；同时，对焊管机组的运行精度、高频焊接机输出的电流电压等都提出更加严苛的要求。以最能反映高频焊接机输出功率稳定性的纹波系数为例，某国内固态高频生产者自荐的纹波系数小于 1%；国际水平已达到 0.2% 以下，更有资料介绍某品牌开发的此类电源纹波系数低至 0.04%。纹波系数大，说明直流成分中叠加的交流峰值高，焊接电流不稳定、波动大，极易导致焊缝出现针孔缺陷。尤其是高频铝焊，对焊接电流的波动更为敏感，焊缝产生针孔缺陷的概率更高。

（5）高频直缝焊铝合金中冷器管的绝对厚度一般超过 0.4 mm。以壁厚分别为 0.2 mm 中冷器管和 1.0 mm 的集流管为例，若集流管两对接边缘焊接时因设备精度问题发生

0.1 mm焊缝高低错位，则焊缝剩余强度为90%；可是，当壁厚为0.2 mm中冷器管两对接边缘焊接时同样因设备发生0.1 mm焊缝高低错位，则焊缝剩余强度只有50%。如果说焊缝剩余强度在90%尚可接受，那么焊缝剩余强度只有50%则完全不能接受。因此，生产铝合金中冷器管的焊管机组之精度不可与生产铝合金集流管的焊管机组之精度相提并论。

于是，人们在20世纪90年代中后期开发出了一种全新的、方便快捷、优质高效生产中冷器管的生产工艺。该工艺的核心是一套高精度专用成型机构（牌坊和立辊架）、焊接机构（机械部分）和整形机构（牌坊和立辊架）及其上的专用轧辊，如图3-14所示，专门生产一种特定的中冷器管；当需要生产另一种中冷器管时，只需要移走原有机构与轧辊，并保持这些机构与轧辊状态不发生变化，换上相应的成型机构、焊接机构、整形机构及上面的专用轧辊，稍加整机协调调整后即可迅速进入正常生产阶段。这种工艺路线虽然初期投入大，但是与优质高效低耗的高附加值产品带来的丰厚利润比，仍然是值得的。

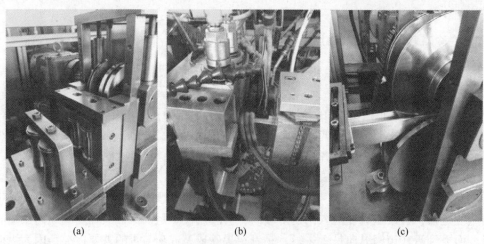

(a)　　　　　　　　　(b)　　　　　　　　　(c)

图3-14　中冷器扁方管专用成型、焊接和整形机构

(a) 整形机构；(b) 焊接机构；(c) 成型机构

3.3.3　中冷器管的生产工艺流程与特点

中冷器管的生产流程与特点如下：

（1）中冷器管的生产工艺流程，如图3-15所示。

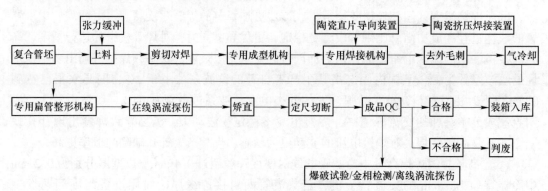

图3-15　中冷器管工艺路线

（2）中冷器管生产工艺流程的特点。比较铝合金家具管和集流管的生产工艺流程，中冷器管生产工艺流程中使用了一系列专用机构，这些机构可以根据需要随时安装与撤除；而且在定位系统的帮助下能够确保机构准确定位，实现工艺状态精准"复制"，图 3-16 真实反映了这种精准"复制"。图中的线能量为某企业在近一个月时间内、经过三次轮换成型机构、焊接机构及整形机构后，使用相同材料、由同一操作者生产 64 mm×8 mm×0.40 mm 扁方管过程中记录的工艺数据。从综合反映机构轮换后工艺状态稳定性的指标焊接线能量看，相对于线能量平均值的最大波动不超过 0.16 J/mm，波动幅度不超过 2.3%，说明按图 3-15 所示工艺流程的确能够精准"复制"中冷器管的生产工艺状态。

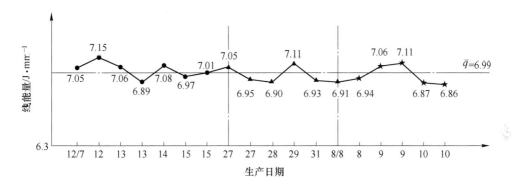

图 3-16　64 mm 机组 7 月 12 日至 8 月 10 日期间 3 次 1 轮换机构生产

64 mm×8 mm×0.4 mm 中冷器管所用线能量折线图

可是，普通焊管机组在每次更换规格后只是做到了形式上"复制"，最重要的工艺状态"复制"误差较大，如图 3-17 记录了某企业 50 机组在约一个月内 3 次换辊生产 ϕ25 mm×1.3 mm 集流管时所用焊接线能量，不仅相对于线能量平均值的最大波动高达 17.95%，而且 3 次换辊后所用线能量的平均值相差高达 13.86%，不同生产周期使用的线能量波动最大相差 25.90%。这充分说明，虽然使用了相同的材料和相同的轧辊（磨损极小，可以忽略不计），以及同一个操作者，由于更换规格的工艺路线与设备精度不同，使得每次换辊后机组的工艺状态差异大。为了确保焊缝质量，操作者不得不依赖线能量在一个较宽泛范围内进行强制匹配，精准"复制"无从谈起。

3.3.4　中冷器管焊管机组的特点

与普通铝焊管机组比，中冷器管焊管机组的生产工艺之所以能实现工艺状态精准"复制"，得益于机组和轧辊的高精度，体现在以下六个方面。

（1）所有牌坊导柱、滑块、轴承座等配合精度都控制在 3 级以内，并使用精密数控机床加工，确保所有机构定位精准，确保每一道牌坊与立辊架都成为标准件，无论怎样互换都不会影响轧辊对轧制线的相对位置，否则精准"复制"就不可能实现。

（2）平、立辊孔型面对孔的径向跳动和轴向跳动均小于 0.005 mm，粗糙度 R_a < 0.2 μm。

（3）平辊轴承和挤压辊轴承精度等级采用 P2 级，立辊轴承精度等级不低于 P4 级，并且只要生产到一定数量焊管后，不论轴承磨损程度如何，都必须依据工艺规定主动更换，这对工艺状态的持久维持至关重要。

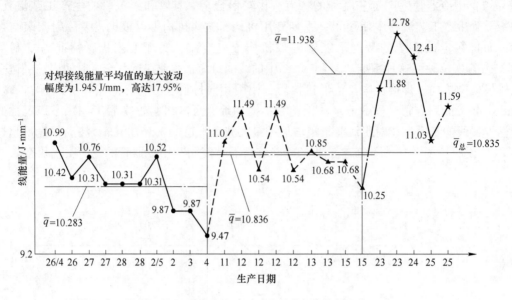

图 3-17   50 机组 4 月 26 日至 5 月 25 日一个月内 3 次换辊生产 ϕ25 mm×1.3 mm
集流管所用线能量的折线图

（4）平辊轴、立辊轴、轧辊孔的配合公差都在 0.01 mm 以内，R_a < 0.2 μm，这样就能确保轴上轧辊积累的径向跳动不超过 0.01 mm，这一点对壁厚只有 0.2~0.4 mm 的管坯而言十分重要。因为若积累到开口孔型轧辊孔型面上的径向跳动达到 0.02 mm，就意味着变形过程中管坯局部厚度会发生 10%~5% 的塑性变形，这种塑性变形对中冷器管的成型影响是致命的。

（5）螺杆与螺套、蜗杆与涡轮的配合精度和进给量都是参照量具级，有示值，这样就能保证轧辊收放"随心所欲"，操作者心中有数，有利于根据生产实际需要精准地增减工艺参数。而普通焊管机组由于螺纹间隙偏大，在需要微量增大轧辊缝隙时往往会失去基准，甚至需要反复多次尝试才能达成工艺目标。

（6）焊管机组动力传输采用同步带轮。同步带轮传动综合了皮带传动、链条传动和齿轮传动各自的优点，对中冷器管用焊管机组的稳定运行优势明显，作用突出：

1）传动准确，无滑差，具有恒定的传动比，不存在传动间隙，管坯运行速度均衡，有利于薄壁管的焊接和预防焊缝针孔缺陷；

2）传动平稳，具有缓冲、减振功能，管坯运行安定，焊接稳定；

3）传动效率高，可达 98%~99%，节能效果明显；

4）速比范围大，一般可达 1:10，且适用长距离、多轴同步传动，既能满足中冷器管粗成型平辊上下速比大（上辊切入管坯腹腔深度深）的同步需要 ［见图 3-14（c）］，又能同时满足成型机组和定径机组的传动需要；

5）维护保养方便，不需润滑，不存在齿轮箱漏油的烦恼，不但维护费用低，而且实现铝合金管的清洁生产，并因此可以省略铝管清洗工序和节省清洗费用。

在对铝和铝合金、铝焊管坯及铝焊管生产工艺流程有大致了解之后，映入眼帘的首先是上料工序。

4 铝焊管上料生产工艺与智能活套

上料段包括管坯再确认、头尾焊接、智能活套和开卷机与张力控制等工艺内涵。

4.1 管坯再确认

管坯再确认是指对从库房领出、即将投产的铝焊管坯依据生产指令进行相关检查与复核，内容包括质量、几何尺寸、牌号、状态、表面、覆层、纵切面形态等方面。

4.1.1 管坯质量

由于铝管坯的价格是钢管坯的 4 倍左右，必须更加注重铝焊管生产的材料管理与成品率。在确保完成订单交货量的前提下，申领最少的管坯。另外，从管理的角度看，也必须严格控制生产者申领数量，因为当生产者根据企业规定的材料利用率未能达到既定产量时，必然要再次申领一定量的管坯来弥补，这样管理层就能及时发现问题并进行纠偏。

需要领取的管坯质量由式（4-1）确定。

$$W = \lambda w \tag{4-1}$$

式中，W 为领取材料质量，t；w 为订单焊管需要量，t；λ 为管坯利用系数，家具管按 1.01~1.03 取值，集流管按 1.03~1.05 取值。设备好、材料好、易成型，λ 取值可小一点；反之，取值要偏大，这样才能确保所产出的焊管吨位数大于或等于订单需要量。但是，当领取管坯质量 W 不是整数卷质量时，按大于 W 的整数卷发货。

4.1.2 管坯基本性状

管坯的基本性状包括：

（1）普通铝管坯。普通铝管坯主要复核管坯供货商、卷号、合金牌号、状态、尺寸公差、表面等基本信息，必须与生产指令单完全一致。

（2）复合铝管坯。除了上面的检查项目外，必须格外注重复核铝管坯的覆层与基板的合金牌号、覆层厚度与允差等内容，其中双覆异质的覆层还要复核覆层 1 和覆层 2（单覆不标注）。

由于复合铝管坯有单覆与双覆之分，这就要求从覆层开始那一刻起，必须明确标注覆层面与覆层材料，通常约定俗成单覆复合层 1 在管坯卷的外层。

尤其是双覆异质铝管坯更应注意：不同覆层材料的功能和性能差异较大，加工至复合铝管坯的中间环节较多，因此在复合铝管坯投产前必须进行覆层面确认（双覆同质除外）。以双覆异质 4045/3003/7072 铝管坯为例，覆层 1 的合金牌号是 4045，其熔点为 590 ℃，主要功能是作为钎焊时的钎料用，故通常要求放置在管外壁；覆层 2 的合金金牌号是 7072，熔点在 620 ℃左右，其主要功能侧重于防腐，在制管时一般要求制作在管内壁。由此可见，两种不同铝合金覆层的功能与熔点各不相同，一旦出错便意味着焊管报废。

4.1.3　覆层检查

覆层检查包括：

（1）单覆。剪切约 25 cm² 的铝管坯，用带有丁烷气瓶的户外卡式喷火枪的火焰前端对准铝管坯面某一点进行烘烤加热，直至管坯面上出现一点凸起，则凸起面就是覆层面。需要指出的是，由于丁烷燃烧温度可达 1300 ℃，远高于铝的熔点，所以在烘烤加热时火焰不能太靠近板面，加热速度也不宜快。

（2）双覆异质合金。有条件的企业必须借助显微镜，通过观察不同覆层组织加以确认，或者借助能谱仪进行确认；没有条件的企业必须与供应商达成一致，确保覆层 1 在管坯卷外面，覆层 2 在管坯卷内面；亦可根据覆层材料不同熔点按上述方法加热识别，最先凸起面为低熔点合金覆层。

（3）同质双覆合金免检。

4.1.4　管坯纵切面形态

铝管坯纵切面的形态是剪切过程烙在管坯切面上的工艺印迹，可从纵切面和横截面两个方向加以观察它们的特征，这些特征共同构成判定铝管坯切面形态优劣的依据，也是纵剪机刀片锋利程度、侧间隙大小、重叠量多少、管坯状态，甚至包括设备精度等纵剪工艺参数综合作用的结果。尽管纵剪管坯边缘有的规整，有的不规整，有的一侧规整一侧不规整，有的两侧都规整或都不规整，但是归纳起来不外乎三种类型，即规整型、基本规整型和模糊型，它们的成因各不相同。

4.1.4.1　规整型

（1）规整型横截面的特征，如图 4-1 所示。

①边缘线整齐，棱角清晰。

②边缘厚度方向减薄区不明显，也就是绝对减薄量 Δ 较小，相对减薄量一般不超过 8%。

③边缘无明显翘曲（翻边），毛刺手感不明显，如图 4-1 所示是铝焊管生产工艺追求的形态。

（2）规整型纵切面的特征。衡量

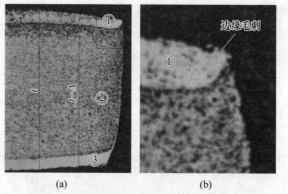

图 4-1　规整型铝管坯横截面边缘与边缘毛刺
（a）横截面边缘；（b）边缘毛刺

纵剪铝管坯纵切面特征的指标是切痕深度和撕裂深度，二者是此消彼长的关系，如图 4-2 所示，规整型纵切面的切痕深度通常都不小于 $\frac{3}{4}t$，而撕裂深度一般小于 $\frac{1}{4}t$。

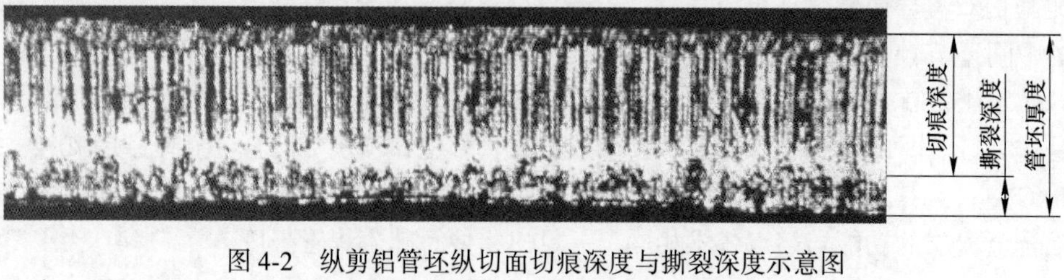

图 4-2　纵剪铝管坯纵切面切痕深度与撕裂深度示意图

（3）规整型纵剪面的成因。一是圆盘刀剪刃锋利、侧面光洁，多为新刀或剪切量不大、磨损较少的圆盘刀；二是侧间隙偏小；三是刀刃重叠量合理；四是管坯多为 H 状态的冷硬料。

规整型铝管坯边缘是焊管生产工艺所期望的，有利于实现焊接对焊面的平行对接，有利于焊接热量在对焊面上均匀分布，对预防焊缝微裂纹、夹杂、局部过烧或冷焊等缺陷有利。

4.1.4.2 模糊型

A 模糊型横截面边缘的特征

比较图 4-1，图 4-3 所示的管坯横截面边缘特征恰好与规整型相反，不仅 Δ 值比图 4-1 大，而且边缘毛刺也高大许多，边缘不成线。

（1）大部分边缘线呈现撕裂特点，凹凸不齐，杂乱，上下角部塌成圆角，棱角模糊。

（2）边缘翘曲严重，低倍金相可见毛刺且手感毛刺明显。

（3）厚度方向存在明显的减薄区，减薄率有的高达 20% 以上。统计发现，横截面形态规整程度或者说切痕深度与减薄率之间存在较强的负相关关系，见图 4-4 和表 4-1。

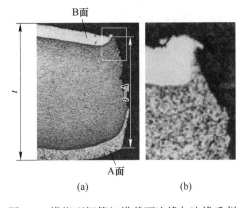

图 4-3 模糊型铝管坯横截面边缘与边缘毛刺

（a）横截面边缘模糊；（b）边缘毛刺高

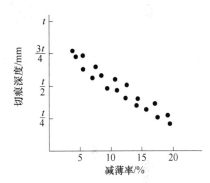

图 4-4 纵剪铝管坯（3003-H14）边缘减薄率与管边缘切痕深度的相关关系

表 4-1 双覆铝管坯纵剪切面与横截面状态统计表

边部	切面	16-07-005						16-07-003					合格率/%
		1	2	3	4	5	6	1	2	3	4	5	
		4045/3003/7072，H14，79 mm×1.2 mm						4045/3003/7072，H14，68 mm×1.2 mm					
A 边	横截面	×	×	×	√	×	×	×	×	×	√	×	18.1
	切痕深/%	$\frac{t}{3}$	$\frac{t}{5}$	$\frac{t}{4}$	$\frac{2t}{3}$	$\frac{t}{3}$	$\frac{t}{2}$	$\frac{t}{3}$	$\frac{t}{4}$	$\frac{t}{2}$	$\frac{3t}{4}$	$\frac{t}{4}$	
	减薄率[①]/%	14	19	15	11	12	12	14	16	10	8	17	
B 边	横截面	√	√	√	×	√	×	×	√	√	×	×	55.5
	切痕深	$\frac{3t}{4}$	$\frac{2t}{3}$	$\frac{3t}{4}$	$\frac{t}{2}$	$\frac{2t}{3}$	$\frac{t}{3}$	$\frac{t}{4}$	$\frac{2t}{3}$	$\frac{2t}{3}$	$\frac{t}{3}$	$\frac{t}{3}$	
	减薄率[①]/%	9	11	10	14	9	14	18	8	10	14	17	
合格判定		×	×	×	×	×	×	×	×	×	×	×	36.4

①减薄率未计入合格考核。

B 模糊型纵切面的特征

模糊型纵切面是低倍金相表现为撕裂深度大于切痕深度，如图4-5所示，并且切痕深度越浅，管坯切面形貌越不规整。表4-1记录了某铝热传输材料企业对11条纵剪双覆铝管坯切面的形态。若按切痕深度大于或等于$\frac{2}{3}t$为合格标准，则检测结果令人担忧，说明纵切面形态之品质并未引起业内人士应有的重视，而这恰恰是许多铝焊管焊接缺陷的重要成因之一。同时，边部切痕单边合格率在36.4%的事实说明，提高铝管坯纵切面切痕深度至$\frac{2}{3}t$以上并非不可能。虽然根据剪切原理，管坯纵切面上的撕裂不可避免，但是必须严格控制撕裂深度不超过$\frac{t}{3}$，而且这个问题必须引起铝焊管工作者及其纵剪工序的足够重视。

图4-5 切痕模糊撕裂明显的纵切面

C 模糊型纵剪面的成因

模糊型纵剪面的成因主要有三点：

(1) 刀刃磨损变钝；

(2) 侧间隙偏大；

(3) 刀轴存在轴向间隙。

4.1.4.3 基本规整型

基本规整型在切痕深度、边缘线整齐程度以及横截面减薄程度等方面均介于规整型与模糊型之间。

4.1.5 研究铝管坯纵切面的意义

研究纵剪面形态及其低倍金相图的意义有两个：

(1) 我们要让每一张金相图都说真话，都能反映真实信息，而且要透过相图看到本质，必须与具体的生产工艺相联系，并对生产工艺有指导作用，对产品质量有提升改善，这也是企业实验室的价值所在。

(2) 由于铝焊管的生产历史不长，人们对纵切面形态与焊缝质量的关系认识不清，甚至被忽视，希望借此能够逐步将铝管坯纵切面形态作为检验铝管坯质量的指标之一，以补上这方面的短板。

通过铝管坯纵切面形态分析可见，由纵剪生产工艺决定的所有纵剪管坯（包括钢管坯）其实都有两面性，或者用业内术语表述为正反料问题，并因之需要由不同的高频直缝焊管生产工艺进行调节。

4.2 正进料与反进料

4.2.1 正反料的由来

正反料是基于纵剪管坯两个切面在边缘形态上的诸多差异，及其在焊管成型机中的表现而提出的概念。

根据剪切原理，纵剪管坯边缘在厚度方向上多少都会出现如图4-1和图4-2所示的翻边和毛刺。在焊管成型时，除非管坯边缘厚度方向上被轧辊轧至减薄的塑性变形，否则翻边将一直伴随至焊接处。于是，当翻边圆弧线与变形管坯圆弧线呈现内切即A面在管外、B面在管内变形时，成型管坯内边缘就容易形成如图4-6（a）所示"Λ"形对接，人们习惯上将此种成型状态时的进料方式称为正进料。

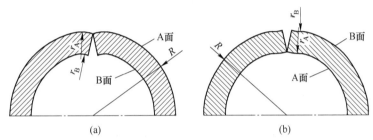

图4-6 正反进料时管坯边缘的弯卷对成型管坯边缘对接状态的影响

（a）正进料，R 与 r 内切；（b）反进料，R 与 r 外切

反过来，当翻边圆弧线与变形管坯圆弧线呈现外切时，即A面在管内、B面在管外变形时，成型管坯两边缘就形成如图4-6（b）所示"V"形对接，人们习惯上将此种成型状态时的进料方式称为反进料。

其实，无论是正进料时的"Λ"形对接，还是反进料时的"V"形对接，都不是焊管成型所追求的"I"形平行对接之工艺目标。

4.2.2 正反料对焊接质量的影响

4.2.2.1 正反进料对焊管成型的影响机理

从管坯实际变形效果看，由于越接近管坯边缘，由成型轧辊轧制力产生的弯矩越小。在图4-7（a）中，弯矩 M_A 最大，M_C 最小，相应地，变形管坯边部的实际曲率半径 R_C 就比中部的 R_A 大，而且越靠边部越大。这样，当正进料时，大出的圆弧半径恰好"中和"了翻边的部分影响，使弯曲的翻边部位向上凸起，如图4-7（b）所示，从而使管坯边缘对接形态由"Λ"形转变为接近"I"形；或者说，正进料比反进料更容易达成对焊面"I"形对接的工艺目标，实现对焊面平行对接。同理，当反进料时，势必加剧管坯边缘的"V"形对接。因此，在焊管生产过程中，除非某种特殊需要，如单覆或异质双覆铝管坯必须将某一面向内或外弯曲，否则一般不主张反进料。

严格地讲，不论成型管坯边缘呈现"Λ"形对接还是"V"形对接，它们都容易产生

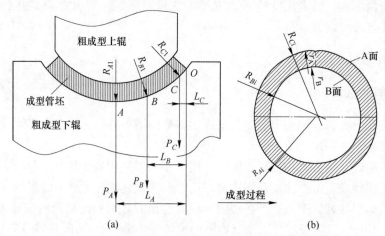

图 4-7 弯矩和翻边与成型管坯实际变形效果的关系

O—支点；A，B，C—轧制力施力点；P—轧制力；L—与支点的距离；

M—弯矩，$M_A > M_B > M_C$；R—变形效果，$R_A < R_B < R_C$

焊接缺陷。

4.2.2.2 "Λ"形对接的焊接缺陷

"Λ"形对接的焊接缺陷最主要有三个：

（1）对焊面上的焊接热量不均等。由于"Λ"形对接使得管坯对焊面间的距离内层大于外层，基于高频电流邻近效应的影响，待焊管坯边缘外壁的热量高于内壁，外壁易过烧，内壁易冷焊，焊缝内壁附近出现微裂纹甚至宏观裂纹。

（2）对焊面接受到的挤压力不均等。外壁挤压力大于内壁，对焊面上、靠近内壁的氧化物难以被全部挤出，形成氧化物夹杂。

（3）误导焊接热量输入。"Λ"形对接时，焊缝在厚度方向上并不是同时焊接，而是管筒外壁先焊接、内壁后焊接；这样，操作者会根据外壁铝焊珠的喷发量输入焊接热量，此时若认定该输入热量恰好，那么，管筒内壁的焊接热量必然偏低，正向压扁（焊缝和施力点同在 12 点位置）时焊缝内侧易开裂。

4.2.2.3 "V"形对接的焊接缺陷

"V"形对接的焊接缺陷主要有：

（1）对焊面上的焊接热量内壁高于外壁，容易形成焊缝外壁的虚焊或冷焊。

（2）挤压力在厚度方向上呈不均匀分布，侧向压扁（焊缝与力的夹角为 90°）时，焊缝外壁易开裂。

4.2.3 焊管品种与正反进料的关系

普通或同质双覆铝合金金属家具管与正反进料，因其没有覆层制约，所以上料只要保证成型管坯处于正进料状态即可，这样焊缝强度最高。可是，如果客户对焊缝强度没有特别要求，同时希望内毛刺越小越好，在这种情况下可执行反进料工艺。反进料工艺是获得小内毛刺的有效途径之一。

需要强调一点，不管执行正进料还是反进料工艺，一旦决定执行某种工艺后，切忌在同一产品生产周期内交替正反进料，这是因为正进料时焊管机组的工艺状态不一定能满足反进料时的需要。

4.2.4 单覆和双覆异质铝合金管与正反进料

受管坯覆层面的制约，如果该管坯是以宽卷板为原料纵剪而来，那么为了确保覆层面始终在管的外面或里面，就会形成在同一产品生产周期内出现一条正进料与一条反进料交替进入焊管机组的尴尬境况。摆脱这种境况的工艺途径是：首先将生产周期分为上半周和下半周；然后按毛刺方向将管坯分成正反两类，先组织正进料生产，并将焊管机组的有关工艺参数调整到与正进料相匹配的状态，完成上半周期的生产；之后将焊管机组的有关工艺参数调整到与反进料相匹配的状态，完成下半周反进料的生产。

当然，也可要求纵剪分条工序以管坯边缘毛刺为标志给予分类。按此工艺组织单覆铝合金管的生产，看似麻烦，费时费力，然而，产品质量至少在工艺层面上得到了保障。

总之，在没有确定正或反进料的情况下，不得将管坯吊上开卷机，更不得实施头尾焊接，操作者必须严格执行这条工艺纪律。

4.3 铝管坯头尾焊接工艺

4.3.1 头尾焊接的必要性

头尾焊接的必要性主要表现在以下几个方面。

（1）铝焊管生产工艺的主要特点：是凭借 50~80 只既各自独立又相互关联的轧辊对同一条焊管坯、在同一时刻、不同空间进行不同工艺目标的轧制，在轧制过程中，每一道轧辊除了要完成各自的工艺任务外，其另一个功能就是引导管坯顺利进入下一道轧辊，当生产正常进行时，这个功能常常被忽视；可是，一旦发生断接头事故时，该功能就凸显出来。由于机组精度、轧辊精度、轧制力、调整误差、管坯性能差异、回弹量差异以及操作技能高低等原因，使得管坯头往往难以顺利进入下一道轧辊。例如，在图 4-8 中的 2 号立辊低于轧制线 Δ mm，那么，根据力的作用原理，出 3 号平辊后的管头必然会上翘，此时若要管头顺利进入 4 号立辊，就需要人工干预，在管头的上面施加一个向下的外力。否则，轻则导致管坯头部部分管坯轧入 4 号立辊上辊缝中，无法继续轧制；重则造成整个管头完全窜出 4 号立辊孔型，形成跑偏，严重的甚至发生"堆钢"事故。倘若要让每一卷管坯的头部都能顺利地从焊管机组中快速穿过，即使机组、管坯和调整等都达到理想状态，也不能确保诸多因素匹配后还是理想状态，上述跑偏现象就会随时发生，因而需要将前一卷管坯的尾与后一卷管坯的头连接（焊接）起来，免去人工干预的麻烦。

（2）管坯卷长度有限性的需要：再大的管坯卷其长度总是有限的，这就与焊管生产要求管坯卷的长度越长越好相矛盾，解决这个矛盾的最好方法就是将管坯卷头尾焊接起来，形成一个无限长的管坯。

（3）优质高效生产的需要：如果不能将管坯卷头尾焊接起来，就只能采取断续生产的模式，不仅生产效率无法与连续生产模式比，而且产品质量也不稳定。因为在机组加速阶段和降速阶段管坯打滑最严重、焊接热量匹配最差，焊缝质量最不稳定。而管坯头尾焊接起来后，机组就能以"恒速"生产，管坯以"恒速"运行，焊接线能量"恒定"输入，

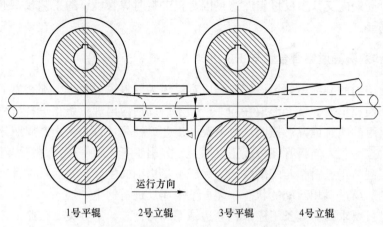

运行方向

1号平辊　　　　2号立辊　　　　3号平辊　　　　4号立辊

图4-8 接头断裂的危害性与头尾连接的必要性

质量稳定，并且理论上讲可以借助活套实现连续不间断生产。

但是，使用活套实现连续生产的模式并未在铝焊管生产线上得到复制，目前大多数汽车空调、水箱及中冷器用铝焊管生产线几乎都采用停机焊接头尾的断续生产工艺，原因见4.4节。

4.3.2 头尾焊接工艺

4.3.2.1 自动TIG的设备构成与焊接要领

目前，铝焊管生产线上头尾焊接大多采用钨极惰性气体保护电弧焊，使用纯钨或活化钨（钍钨、铈钨等）作为电极的惰性气体保护电弧焊，简称TIG。有手动焊接和自动焊接两种，应用最多的是自动焊。它由切头切尾机构、焊枪自动行走机构、控制系统、供气供电系统、压紧机构和焊接平台等组成，如图4-9所示。

A 切头（尾）工序的注意点

(1) 增大接头拉拽力。管坯切口有正切和斜切之分，考虑到25以下小直径机组用焊管坯都较窄，为了确保焊接接头能够经受住焊管机组上不同线速度轧辊的拉拽，通常在带宽小于80 mm时采用斜切的方法以增长焊缝，增加焊缝的抗拉能力。斜切角度即焊缝斜角 α 过小，抗拉拽作用不明显；斜切角度过大，焊接时间延长，降低生产效率。通常取 $\alpha = 100° \sim 110°$，如图4-10所示，这样接头增大的抗拉能力由式（4-2）确定。

$$\Delta T = \frac{B}{\cos(\alpha - 90°)} - B \tag{4-2}$$

式中，ΔT 为接头增大的抗拽力；α 为管坯头（尾）斜切角，$\alpha \geq 90°$；B 为管坯宽度。

(2) 斜切角必须相对固定。一旦斜切角确定之后，不宜频繁变动，因为该角度必须与焊枪行走角度一致；而且要求准确，否则就不能保证待焊缝与焊枪行走角度一致，产生焊偏缺陷。为此，在切头（尾）时，必须将管坯一侧紧贴焊接平台一侧的靠山。

(3) 切口必须平直。针对铝管坯切变模量低（27000 MPa）的特点，剪切机构都是采用双切口模式，目的是确保管坯切口平直、不垂头。

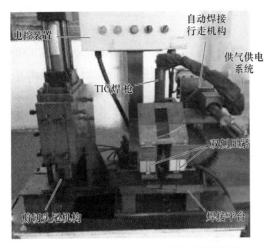

图 4-9 25 机组用 TIG 铝焊接头接尾装置

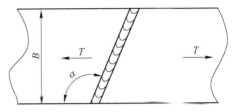

图 4-10 焊缝倾斜角度与拉拽力的关系
B—管坯宽度；α—焊缝斜角；T—拉拽力

B 头尾对接与限位

（1）管坯头尾对接形式有两种：一是平接，二是搭接，如图 4-11 所示。平接多用于焊接厚度 $t>1.0$ mm 的管坯，搭接则用于焊接厚度 $t \leqslant 1.0$ mm 的薄管坯。

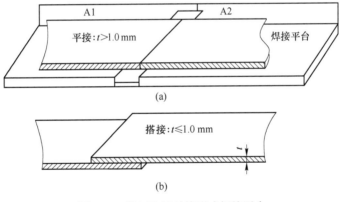

图 4-11 管坯头尾对接形式焊接平台
（a）平接；（b）搭接

（2）侧边限位。如图 4-11 所示，管坯头尾分别被在同一平面上的 A1 面和 A2 面限位后，头尾对接时就不会发生左右错位。

C 焊枪行走机构

焊枪行走机构由伺服电机、滚珠丝杠、直线导轨、焊枪固定套、保护气体及焊枪上下、左右调节系统组成，高精度的动力配置和传导系统确保了焊枪行走匀速、平稳，焊接过程被氩气保护，焊缝不会被氧化，接头强度高。

4.3.2.2 TIG 的基本原理

焊接铝管坯头尾用钨极惰性气体保护焊，他是在惰性气体（Ar）保护下，利用钨极与铝管坯接头之间产生电弧热融化铝管坯的一种焊接方法。焊接时，氩气从焊枪喷嘴中连续喷出，在电弧周围形成气体保护层，隔绝空气，以防止钨极、熔融铝合金及热影响区被氧化。

主要特点是：（1）焊接热输入易控制，焊缝成型好；（2）自熔焊接，不用担心焊丝匹配问题，焊缝品质高；（3）焊接过程中钨极不融化，电弧长度稳定，焊接电流和焊接过程稳定，便于自动焊，且焊缝平滑；（4）焊接电流范围宽泛，可在 5~500 A 间变化，即使电流低于 10 A 仍能正常焊接，故特别适合焊接铝材和镁材及其合金。

4.3.2.3　TIG 铝焊的主要工艺参数

TIG 铝焊的主要工艺参数有焊接电流种类与极性、焊接电流大小、钨极直径与端部形状、焊接速度、喷嘴参数与气体流量等。

A　焊接电流种类与极性

TIG 有直流反接、直流正接和交流电源三种，其中，最适合铝材焊接的是交流电源。

B　焊接电流

衡量焊接电流恰当与否的指标有焊接热量 Q 和焊接线能量 q 两种：前者由焊接电流 I、焊接电弧等效电阻 R 和施加焊接电流的时间 t 决定，见式（4-3）。

$$Q = I^2 Rt \tag{4-3}$$

后者则由焊接电流 I、焊接电压 U 和焊接速度 v 决定，见式（4-4）。

$$q = \frac{IU}{v} \tag{4-4}$$

比较而言，后者是用单位焊缝长度需要的焊接热能（J/mm）来定义的，更有利于定量焊接热量及其控制。选择 Q 或 q 的依据是管坯厚度、材质（不同铝合金的熔点差异较大）、接头形式和需要的焊接速度等。焊接电流大小主要影响焊缝熔深，其次影响焊缝宽度。电流大则熔深深，焊缝较宽；反之，熔深浅，焊缝窄。而焊接电压则主要影响焊缝宽度，电弧电压高，焊缝宽度增大，熔深稍浅；电弧电压低则相反。有研究显示，TIG 的电流与电压呈式（4-5）的关系比较恰当。

$$U = 10 + 0.04I \tag{4-5}$$

另外，电弧长度对焊接效果的影响也十分显著，通常目测电弧长度约等于钨极直径比较适宜。电弧增长，既不利于气体保护，也不利于焊缝成型，熔深变浅，焊缝增宽；电弧过短，容易短路，焊穿、钨夹杂等缺陷，同时影响焊接速度。

C　焊接速度

选择焊接速度主要根据管坯厚度、结合焊接电流等因素，以确保焊缝获得足够的熔深与熔宽。增大焊接速度，焊缝变窄、熔深变浅、易出现焊不透缺陷，这是一方面；另一方面，焊速过快，会导致保护气体偏后，可能使弧柱、熔池暴露在空气中，这对铝焊极为不利。焊接速度减慢，焊缝变宽、熔深增加，在焊接较薄的铝管坯时易焊穿。

D　钨极直径与端部形状

钨极直径与端部形状包括钨极直径、钨极端部形状以及与焊接电流的关系等方面。

（1）钨极种类。交流 TIG 钨极种类与颜色标记见表 4-2。在使用交流电时，纯钨极承载电流能力较差，目前已很少采用。钍钨极是在纯钨中加入 1%~2% 的氧化钍（ThO_2）而成，钍钨极电子发射率高，许用电流范围大，空载电流低，对引弧和稳弧有利；但是，存在微量放射性，在磨削钍钨极端部时应保持通风，做好必要的口腔防护。铈钨极是在纯钨中加入 2%的氧化铈（CeO）而成，铈钨极比钍钨极更容易引弧，使用寿命长，放射性极低，是目前推荐使用的钨极材料。

表 4-2　常用钨极种类、颜色标记与牌号

钨极种类	颜色标记	常用牌号
2%氧化钍钨	红色	WTh-10、WTh-15
2%氧化铈钨	灰色	WCe-20
99.85%纯钨	绿色	W1、W2

（2）钨极端部形状。钨极端部形状对许用电流大小、电弧燃烧稳定性和焊缝成型等都有重要影响，常用钨极端部形状和适用范围见表 4-3。

表 4-3　常用钨极端部形状和适用范围

钨极端部名称	适　用　范　围
圆锥形（20°~30°）	焊接薄板和焊接电流小的材料，如 2.5 mm 厚度以下的铝管坯
圆台形（90°~100°）	焊接厚板和焊接电流大的材料，如焊接厚度大于 3 mm 的铝管坯
半球形	适用于交流焊接厚铝材

（3）钨极直径与焊接电流。选择钨极直径的依据是焊接电流，ϕ2.5 mm 以下焊接铝管坯用钨极（交流）直径与载流量见表 4-4。

表 4-4　焊接铝焊管坯用钨极直径和载流量

钨极直径/mm	交流焊接电流/A	
	纯　钨	加入氧化物的钨极
0.5	2~15	2~15
1.0	15~55	15~70
1.6	45~90	60~125
2.0	65~125	85~160
2.5	80~140	120~210

E　喷嘴参数与气体流量

决定 TIG 保护效果的因素有气体类型、气体流量、喷嘴孔径、喷嘴高度与钨极伸出长度等。

（1）气体类型。适合 TIG 焊接铝合金管坯接头的保护气体分别为氩气、氦气和氩氦混合气体三种。其中，氩气（Ar）应用最多；氦气（He）的电离电压比氩气高，为 24.5 V，热传导性能也比氩气好，导热率约是氩气的 8.8 倍，能实现更快的焊接速度，熔深较深；氩氦混合气体集中了两种气体的优点，大量实验证实，氩气和氦气的比例在（1:1）~（1:3）之间保护效果较好，X 射线探伤显示，氦气不断增多时，焊缝气孔逐渐减少，单纯氩气保护的气孔最多。

可是，氩气依然成为 TIG 保护气体的原因：一是比空气重 25%，有利于形成保护气幕，而 He 气太轻；二是燃烧稳定性好，电弧稳定；三是不与焊缝中的金属元素和非金属元素发生反应，元素无烧损；四是空气中含量较多，为 1%左右，价格相对便宜。

（2）气体流量与喷嘴孔径。这二者是对立统一的关系，流量小则孔径也要相应小，否则保护效果差；流量既要与喷嘴孔径相适应，也要与焊接电流相匹配。交流 TIG 铝管坯用喷嘴直径、氩气流量和焊接电流耦合较好的工艺参数见表 4-5。

表 4-5   交流 TIG 铝管坯用喷嘴直径、氩气流量和焊接电流工艺参数

焊接电流/A	喷嘴孔径/mm	氩气流量/L·min^{-1}
10~100	8~9.5	6~8
10~150	9.5~11	7~10

（3）喷嘴高度。喷嘴高度是指喷嘴出口与焊管坯面的距离，以 8~12 mm 为宜。它不仅影响气体保护的效果，同时也影响操作者观察焊接过程与实时调控。

F   TIG 焊接铝管坯头尾工艺参数的整合

TIG 焊接铝管坯头尾工艺参数，见表 4-6。

表 4-6   厚度 1.0~3.0 mm TIG 焊接铝管坯头尾（自熔）工艺参数

板厚/mm	对接形式	焊接电流（交流）/A	电弧长度/mm	焊速/mm·min^{-1}	钨极直径/mm	氩气量/L·min^{-1}	喷嘴内径/mm	喷嘴高度/mm
1	搭接	50~65	1~2	200~300	1.6~2.0	5~8	8~9.5	8~12
3	平接	135~165	2~3	200~320	2.4~3.2	7~10	9.5~11	9~14

4.3.3   TIG 铝管坯头尾的主要焊接缺陷

TIG 铝管坯头尾的主要焊接缺陷如下。

4.3.3.1   气孔

气孔产生的原因众多，主要有：

（1）铝管坯头尾上有油、潮湿的氧化铝、污垢等，这些污物在电离高温下分解释放的氢原子进入焊缝。

（2）保护气体达不到 99.99% 的纯度、焊炬气路漏气、焊炬长期未使用，气管内进入水气等，导致气体保护效果差。

（3）焊接参数选择不当，如果喷嘴太高、钨极伸出超长、电弧太长、焊接速度太快等，都会将空气带入熔池。

（4）环境湿度大。空气湿度大，说明空气中含水多，而一般认为 TIG 时，焊接区域很难做到绝对不被空气侵入。

预防措施包括：确保管坯头尾清洁、适当降低喷嘴高度和焊速、采用合格的保护气体、及时更换送气管路以及选择合理的焊接参数等，当空气湿度较大时应注意抽风除湿。

4.3.3.2   未焊透

未焊透产生的原因有：

（1）焊接电流太小，电压偏低；

（2）电弧弧长过长，熔深浅；

（3）焊接速度过快。

预防措施是：要注重操作者的技能培训，根据管坯厚度选择焊接参数。

4.3.3.3 裂纹

自熔焊接管坯头尾产生的裂纹大都集中在焊缝起弧段和收弧段,原因有四:

(1) 起弧后停滞时间过长,熔池过热,合金元素烧损较多。

(2) 焊偏,导致焊缝两边收缩应力不等,拉裂焊缝。

(3) 焊速过快,焊缝实际处于未焊透状态,随后在热应力作用下开裂。

(4) 焊枪行走不稳,焊速慢的位置发生过烧,形成弧坑,强度低,应力集中引起开裂。

预防措施:应从加强操作者的技能培训和优化焊接工艺参数两方面入手。

4.3.3.4 咬边

咬边产生的原因:

(1) 焊接电流过大,焊接电压过高;

(2) 焊接速度过快;

(3) 氩气流量过大;

(4) 电弧太长;

(5) 钨极端过尖。

防止咬边的措施包括:选择合适的焊接电流、适当减慢焊接速度、压低电弧、减少氩气流量和修磨钨极或更换钨极等方面。

4.3.3.5 夹钨

夹钨产生的原因:

(1) 钨极端部和熔化金属接触;

(2) 电流过大,超过了电极规格和型号的限制;

(3) 电极伸出夹头过长,超过了正常的距离,导致电极过热;

(4) 保护气体流量不当或电极有缺陷,如开裂、裂纹;

(5) 钨极端部打磨过尖。

防止焊缝夹钨的措施:一要根据选用的焊接电流,采用合适的钨极端部形状;二要控制钨极伸出长度至合理范围;三要适当增大钨极与管坯的距离;四要增大保护气体流量。

4.3.3.6 烧穿

烧穿产生的原因:

(1) 焊接电流过大;

(2) 焊接速度过慢;

(3) 对接缝隙大,焊接操作技术不熟练。

防止焊缝烧穿的措施是:适当降低焊接电流、适当提高焊接速度和较厚的管坯头尾实行无缝对接、较薄的管坯实行搭接焊。

将管坯头尾焊接在一起的目的是实现焊管连续生产,在这方面,钢管生产采用活套进行储料、为焊接管坯头尾储蓄时间的方式,已经完全实现了高频直缝焊接钢管生产的连续进行。而目前绝大多数高频直缝铝焊管生产线虽然实施了头尾连接,但是因为没有使用活套,必须停机焊接头尾,实际上还是断续生产。即使生产线配置了活套,倘若活套不具备智能功能,则还是会因为出料过程中产生的拉拽力差异导致机组焊接速度波动而无法正常使用。于是,尽快实现活套智能化便成为铝焊管生产的迫切需求。

4.4 智能活套

4.4.1 活套结构原理介绍

活套（accumulator），系指积聚储蓄带状焊管坯的存储器，是确保焊管生产线连续不间断生产的必备辅助设备，主要有笼式活套和螺旋活套两种。

4.4.1.1 笼式活套的工作原理

笼式活套因外形酷似笼子而得名，如图4-12所示为立式笼式活套。它由固定框架、移动栅栏、充料辊、解节辊、出料辊及宽度调节丝杆等组成。

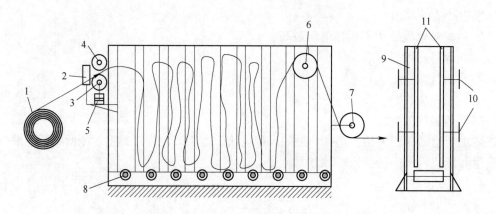

图4-12 立式笼式活套

1—管坯；2—侧立辊；3—充料下辊；4—充料上辊；5—充料气缸；6—解节辊；7—出料辊；
8—防划伤辊；9—外框；10—宽度调节丝杆；11—移动栅栏

工作原理是：操作者根据机组运行状况和经验，认为需要向活套内充料时，首先将充料用交流调速电机调至0，启动该电机按钮，使充料上辊4（提供充料动力）处于待命状态；由于该电机与充料气缸5和开卷机即管坯1的气刹电磁阀联动，所以充料气缸便推顶充料下辊3（被动辊）与上辊一起夹持管坯，同时开卷机气刹松开；然后旋转调速电位器，由慢到快，逐渐增加充料速度，至接近管坯尾部时再逐渐减速并点刹开卷机；其间，管坯一直在机组的拉拽下经解节辊6和出料辊7源源不断地被拉进焊管机。如果活套内所储存管坯足够机组在上料工序实施切头尾和焊接这段时间内的用料，那么就能实现机组连续作业。

主要缺点是：充料过程中管坯边缘易变形、易起折、噪声大、拉拽力大小差异特别大，无法满足铝焊管生产工艺的要求。

近来，有企业尝试采用卧式笼式活套，设备主要构成为"进料翻转机构+卧式笼式活套+出料翻转机构"，但是实践证明，卧式笼式活套继承了立式笼式活套的主要缺陷。

4.4.1.2 螺旋活套的工作原理

A 螺旋活套的种类

螺旋活套种类较多，大致分为卧式和立式两大类，见表4-7和图4-13~图4-16，其中可以作为铝焊管生产线的螺旋活套是卧式→变圈→转盘式。

表 4-7 螺旋活套分类表

名称	大类	粗分	细分	备注
螺旋活套	立式	—	—	应用较少
	卧式	变圈式	转盘式	薄管坯
			转辊式	较厚管坯
		定圈式	转盘式	较薄管坯
			转辊式	厚管坯

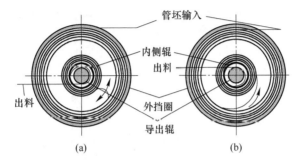

图 4-13 变圈与定圈螺旋活套状况示意图
（a）变圈式；（b）定圈式

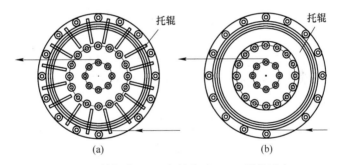

图 4-14 转辊式（a）与转盘式（b）螺旋活塞

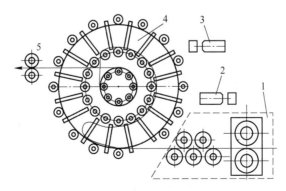

图 4-15 立式螺旋活套设备组成
1—充料装置；2，3—动力；4—活套本体；5—出料辊

B 变圈式螺旋活套的工作原理

变圈式螺旋活套的工作原理是：在变圈式活套内分别存放旋向相反的 n 圈大外圈管坯和 n 圈小内圈管坯，并且外、内圈直径比至少大于 2 倍，在活套充料过程中，管坯在充料装置和料盘驱动下，外圈管坯沿充料方向进入活套，并依靠内外圈之间的"U"字形连接，将外圈内层管坯送入内圈外层，"U"字形逆时针旋转，如图 4-13（a）所示，在外圈圈数增加的同时，内圈数也同步增加，二者不存在相互抵消的问题；当小圈内层出料时，"U"

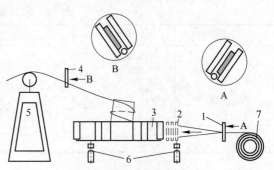

图 4-16 卧式螺旋活套设备组成
1—进料翻料辊；2—充料装置；3—活套本体；
4—出料翻料辊；5—引导架；6—动力传动；7—管坯卷

字形连接做顺时针移动，小圈外层通过"U"字形连接与外圈内层管坯一同减少，直至再次充料。

变圈式螺旋活套实际可净储存最大管坯长度由式（4-6）确定。

$$L_{\text{变max}} = \frac{\pi (D_{\max} + d_{\min})^2}{8(t + \Delta T)} \tag{4-6}$$

式中，$L_{\text{变max}}$ 为变圈式螺旋活套最大净储料长度，mm；$D_{\max}$ 为变圈式螺旋活套储料外圈内径最大值，mm；$d_{\min}$ 为变圈式螺旋活套储料内圈外径最小值，mm；t 为管坯厚度，mm；ΔT 为变圈式螺旋活套内料与料间的间隙，mm。

从钢管生产实际应用看，当 $D_{\max}$ = 5000 mm 时，净储料长度可达 500~600 m，这些管坯足以保证操作者在焊接头尾期间，焊管机组不停顿地正常用料。

C 定圈式螺旋活套的工作原理

由于在定圈式活套内分别存在旋向相同的 n_1 圈外圈管坯和 n_2 圈内圈管坯，并且（n_1 + n_2）= n 在一个工作周期内 n 不变；同时，外、内圈直径之比至少大于 2 倍，这样在活套充料过程中，管坯在充料装置和料盘的驱动下，外圈管坯沿充料方向转动，并依靠内外圈之间的"丿"字形连接，带动内料圈，使内料圈的外层管坯逐圈向外料圈靠近，直致使料盘的内料圈全部靠向外圈，形成大圈，活套被充满；而在出料过程中，料盘中的内料圈被机组拉出，靠在外料圈内层的管坯被逐渐拉向内料圈，全部移动到内料圈时，活套内没有净储料，必须在内圈管坯收紧过程完成之前再次进行充料，如图 4-13（b）所示。在管坯从大料圈变成小料圈时，必定会多出一段，产生一个差值；若干个大小圈差值的总和，就是可供机组使用的净储料量。

定圈式螺旋活套实际可净储存最长管坯 $L_{\text{定max}}$ 由式（4-7）确定。

$$L_{\text{定max}} = \frac{\pi (D'_{\max} - d'_{\min})^2}{8(t + \Delta t)} \tag{4-7}$$

式中，$L_{\text{定max}}$ 为定圈式螺旋活套最大净储料长度，mm；$D'_{\max}$ 为定圈式螺旋活套储料外圈内径最大值，mm；$d'_{\min}$ 为定圈式螺旋活套储料内圈外径最小值，mm；t 为管坯厚度，mm；Δt 为定圈式螺旋活套内料与料间的间隙，mm。

从钢管生产应用实践看，当 $D'_{max}=5000\ mm$ 时，净储料长度可达 $200\sim300\ m$，这些管坯基本保证操作者在焊接头尾期间焊管机组不停顿地正常用料。

尽管活套有不停机连续生产的优点，然而，纵观许多高频直缝铝焊管机组生产线并没有配置活套，原因耐人寻味。

4.4.2 暂未使用活套的原因

高频直缝铝焊管生产线未配置活套的主要原因是：基于铝管坯较钢管坯软得多、储料过程中铝管坯易变形和出料时的拉拽造成焊接速度不稳定。下面分析"软弱"的铝焊管坯对焊管生产的影响。

4.4.2.1 铝管坯的特点

这里指铝管坯力学性能，以应用最广泛的3003铝合金焊管坯为例，其强度和硬度参见表4-8，而与同样应用最广泛的SPCC-SB冷轧钢管坯之力学性能（见表4-9）相比，前者（O态）抗拉强度只有后者的 $35.2\%\sim42.2\%$，硬度只是后者的 $38.5\%\sim42.1\%$；即使是较硬的H14，抗拉强度和硬度分别也只相当于后者的 $53.7\%\sim60.9\%$、$57.7\%\sim68.4\%$，可见，与钢管坯比，用"软弱"来形容这类铝管坯的力学性能最为恰当。显然，笼式活套的缺点决定了其不能用作生产铝管的储料设备。

表4-8　不同状态3003铝管坯的强度与硬度

状态	厚度/mm	抗拉强度 R_m/MPa	硬度（HV）
O、H111		$95\sim135$	$40\sim50$
H12	$>0.20\sim0.50$、	$120\sim160$	$50\sim60$
H22	$>0.50\sim1.50$、	$120\sim160$	$45\sim55$
H14	$>1.50\sim3.0$	$145\sim195$	$65\sim75$
H24		$145\sim195$	$60\sim70$

表4-9　SPCC-SB冷轧钢管坯的强度和硬度

热处理状态	抗拉强度 σ_b/MPa	硬度（HV）
退火+精整+拉矫	$270\sim320$	$95\sim130$

4.4.2.2 影响铝管坯匀速运行

目前的卧式螺旋活套或立式螺旋活套，其出料方式都是依靠机组拉拽管坯。可是，人们基于铝管坯"软弱"的特点，在施加轧制力时，从成型到焊接直至定径阶段自始至终以轻柔为指导思想，成型平辊遵循"避而远之"的原则，定径辊以"点到为止"为原则，在充分考虑到轧辊孔型面与轧辊孔的同心度、平辊轴的径向与轴向跳动、平辊轴承与平辊轴配合精度等因素可能对铝管坯厚度 t 的影响之后，轧制时轧辊辊缝（δ_{KP}、δ_{BP}、δ_{JP}、δ_{DP}）的工艺参数通常与设计辊缝 δ_S 不一致，实际辊缝按式（4-8）给予。

$$\delta_{铝}=\begin{cases}\delta_{KP}=t+(0.03\sim0.05) & （开口孔型平辊）\\ \delta_{BP}=\delta_S+(0.20\sim0.40) & （闭口孔型平辊）\\ \delta_{JP}=\delta_S-(0.03\sim0.18) & （挤压辊）\\ \delta_{DP}=\delta_S-(0.02\sim0.08) & （定径平辊）\end{cases} \tag{4-8}$$

这样，轧辊实际作用到铝管坯上的轧制力比较轻柔，由此产生的纵向拉拽力不大，在拉拽活套中的管坯时极易发生打滑，导致焊接速度不稳，甚至发生过烧、产生针孔缺陷。于是，人们在权衡利弊后大多选择弃用活套，同时翘首期待适合生产铝焊管用的活套。

4.4.3 铝焊管生产用智能螺旋活套

以上铝管坯在笼式活套和螺旋活套中的工况分析说明，笼式活套根本不适用于铝焊管生产线，而螺旋活套中的管坯不存在"死折"与局部横断面塑性变形问题。如果能解决螺旋活套被动出料、避免焊管机组因管坯上的拉拽力时大时小变化的问题，那么使用螺旋活套实现铝焊管连续生产还是可行的。

4.4.3.1 定圈式与变圈式螺旋活套的比较

定圈式与变圈式螺旋活套有以下不同点：

(1) 活套内管坯总圈数的变与不变。定圈式活套在一个充料周期内，活套内管坯的总圈数是不变的，变的只是大圈变成小圈或者小圈变回大圈，这也是定圈式名称的由来；而变圈式活套在一个充料周期内，活套内管坯的总圈数不是增（充料速度大于出料速度）就是减（未充料或充料速度小于出料速度），不断变化，故得名变圈式活套。

(2) 活套内大小圈的圈数不同。定圈式活套内大小圈上的管坯圈数多数时候是不等的，充料时外圈增内圈减，未充料或出料速度大于充料速度时外圈减内圈增；而变圈式活套内大小圈上的管坯圈数始终相等，充料时与用料时一样、充料速度与用料速度不同步时也一样。

(3) 储料质量的差异。定圈式活套内外圈之间的连接是采用"𝖩"字形，管坯在大小圈间过渡自然、顺势移动，不存在管坯变形与表面起皱；可是，变圈式活套大小圈的连接是采用"U"字形，管坯在活套内被对折回转，因而管坯横断面存在塑性变形的可能性与表面容易产生皱纹的问题，这种皱纹有的会影响焊管表面质量。

(4) 净储料长度不同。比较实际净储料长度的计算式 (4-6) 和式 (4-7)，有

$$\lambda = \frac{L_{定\max}}{L_{变\max}} = \frac{(\delta + \Delta T)(D_{\max} - d_{\min})^2}{(\delta + \Delta t)(D_{\max} + d_{\min})^2} \times 100\% \tag{4-9}$$

储存同种规格管坯，定圈式活套的净储料量只有变圈式活套的 25%~50%；当定圈式螺旋活套设计得足够大时，就不存在管坯断供之忧。

因此，选择定圈式螺旋活套并在此基础上进行改进，使之能够自主智能地向焊管机组供料，即可满足铝焊管连续生产的要求。

4.4.3.2 智能定圈卧式螺旋活套 (ZDWH)

A 智能定圈式卧式螺旋活套的设备构成

智能定圈式螺旋活套（以下简称智能活套）的构成，由 19 辊牵引矫平装置、进料翻转辊、充料装置、活套本体、出料翻转辊、缓冲井、测速传感器、盈亏量控制传感器、拉拽力控制传感器、动力传动和电控部分等组成，如图 4-17 所示，下面介绍其功能原理。

(1) 19 辊牵引矫平装置：主要功能，一是利用上下矫平辊压住管坯时所产生的摩擦力和自身的动力，自主地根据测速传感器采集的速度信息将铝管坯以与焊管机组相同的速度牵引出活套至缓冲井中，确保焊管机组正常用料，避免焊管机组直接从活套中拉拽管坯、导致机组打滑、焊速不稳的一系列影响；二是矫平，确保被牵引出的铝管坯平整，无浪边。

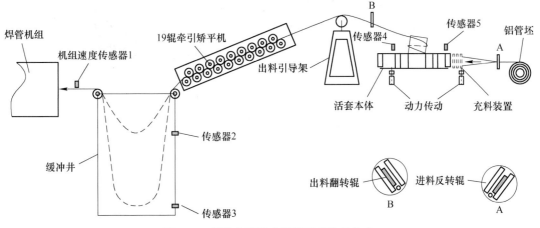

图 4-17　智能定圈卧式螺旋活套设备构成

（2）缓冲井：首要功能是"隔离"，即将焊管机组与活套间由管坯形成的硬连接（指机组直接拉拽活套中的管坯）隔开，变为软连接，既不影响机组正常运转，又使机组的最大拉拽力仅剩缓冲井中最长管坯质量，而且通过调节缓冲井中位移传感器的位置，能最大程度地减少缓冲井中管坯自重，减小机组的拉拽力；其次，根据管坯在缓冲井中的位置信息适时增（上位移传感器位置）减（下位移传感器位置）矫平机出料速度，确保机组与活套在软连接状态下的用料需求；第三，预防牵引矫平机可能出现瞬间打滑对机组焊接速度的影响。

（3）盈亏量控制传感器：主要是控制活套中管坯的存储量。当传感器检测到充满管坯的信号后即通知停止充料；反之，当传感器检测到活套中管坯处于亏欠状态信号时充料装置自动充料，直至活套中管坯回复到充盈状态而停止充料。

至于智能定圈卧式螺旋活套的其他装置与机构，因与定圈式螺旋活套类似，故不赘述。然而，通过智能活套能够解决铝焊管不能连续生产的问题启迪人们：要用智能的眼光和智能的思维重新审视焊管生产线，有时稍加改进就能实现一个小范围的智能闭环运转；然后对这些分散的智能系统进行整合，就能最终实现整条铝焊管生产线的智能制造。

B　智能螺旋活套的优点

（1）焊接速度不再受拉拽力影响。使用智能活套后，管坯上的拉拽力由缓冲井中管坯自重决定，见式（4-10）。

$$P_{\max} \approx 0.098\left[2(H - h_x) - (C - \phi)\left(1 - \frac{\pi}{2}\right)\right]Btd \tag{4-10}$$

式中，$P_{\max}$ 为机组与缓冲井间管坯上的最大纵向张力，N；H 为缓冲井深，cm；C 为缓冲井长，cm；h_x 为减速放料下止点，cm；B 为铝管坯宽度，cm；t 为铝管坯厚度，cm；d 为铝的密度，g/cm³；ϕ 为缓冲井进出托辊直径，cm。

50 机组常见厚壁铝焊管的最大拉拽力见表 4-10。计算结果说明，由缓冲井中管坯自重形成的最大拉拽力在 24.6~114.7 N 之间，与机组直接从活套中拉拽管坯的拉拽力动则数千牛顿比，完全可以忽略不计，这就为实现铝焊管的连续生产提供了前提条件。

表 4-10　50 机组常见厚壁铝焊管的最大拉拽力

焊管规格/mm×mm	管坯宽度 B/cm	拉拽力 P_{max}/N
ϕ16×2.0	5.0	24.6
ϕ19×2.0	5.95	29.2
ϕ20×2.0	6.3	31.0
ϕ25×2.1	7.85	40.5
ϕ32×2.5	10.0	61.4
ϕ35×2.5	10.95	53.9
ϕ38×2.5	11.9	73.1
ϕ40×2.5	12.5	76.8
ϕ50×3.0	15.6	114.7

注：缓冲井参数：$C=300$ cm，$H=400$ cm，ϕ10 cm，$h=20$ cm，$d=2.71$ g/cm³。

另外，管坯越宽越厚，其与轧辊间的摩擦力 P_M 便越大，这样，不同规格铝管坯的最大拉拽力 P_{max} 与摩擦力 P_M 之比值并不会因绝对拉拽力增大而产生太大变化；或者说，管坯上最大相对拉拽力 P_X 变化不大，即：

$$P_X = \frac{P_{max(\phi16)}}{P_{M(\phi16)}} \approx \frac{P_{max(\phi19)}}{P_{M(\phi19)}} \approx \cdots \approx \frac{P_{max(\phi50)}}{P_{M(\phi50)}} \tag{4-11}$$

式（4-11）说明，虽然生产的焊管规格不尽相同，但是理论上存在一个大致相等的相对拉拽力，并因此成为智能活套能够应用于铝焊管生产线的理论依据。

其实，拉拽力的波动同样影响焊接钢管的焊接质量，只不过铝焊对拉拽力引发的焊接速度波动更敏感、问题更突出罢了。

（2）实现进料智能。通过设置牵引矫平装置、缓冲井、管坯盈亏量控制传感器、测速传感器、位移传感器及信号接收与传递，实现活套供料的闭环运转和拉拽力的智能控制，从根本上消除因拉拽力变化大而导致焊接速度不稳所引发的一系列质量问题。

（3）管坯平整。通过 19 辊矫平后的管坯将更加平整，对镰刀弯亦有一定改善作用，有利于随后的成型与焊接。

（4）显著提高焊缝品质。众所周知，焊接质量最不稳定的两个阶段分别是减速停机阶段和启动加速阶段。使用智能活套后，从理论上讲一个班次焊管机组只有一次启动和一次停机。

（5）增加经济效益。减少废次品管和开口管，至少可以提高 1% 的成材率，仅此一项每吨就可增加净收益数千元。

（6）提高生产效率。实现连续生产后，可提高生产效率 10%~25%，管坯越厚，效率提升越高。

C　智能活套控制框图

智能活套控制如图 4-18 所示。不过，放眼目前的高频直缝铝焊管生产线，其供料装置仍以使用开卷机——张力控制方式为主。

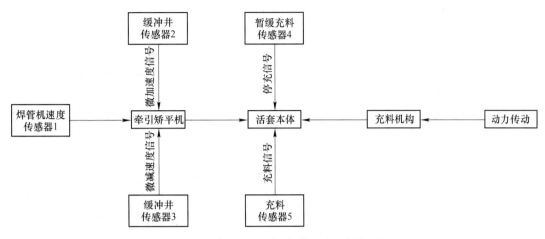

图 4-18 智能定圈卧式螺旋活套电控框图

4.5 开卷机张力控制

对开卷机进行张力控制的目的有两个：一是防止在过大拉拽力作用下导致开卷机上的管坯在惯性力作用下过度放料，造成散卷；二是防止开卷机与机组之间的管坯从松弛转为紧张状态的瞬间产生过大拉拽力，致使焊接速度波动。铝焊管机组用开卷机如图 4-19 所示。

4.5.1 张力控制的必要性

由于开卷机的转动惯量较大，在卷径由大到小变化时，当机组操控人员进行加速、减速、停机、再启动等操作时，就很容易出现松卷，并因拉拽力近乎消失而导致在机组中的管坯骤然变快；可是，

图 4-19 铝焊管机组用开卷机

如果对转动惯量控制过度，则易造成管坯在开卷机与焊管机组之间短暂"蹦跳"，进而直接导致管坯在焊管机组中或打滑或减速，引发焊接速度发生非人为因素的波动。

为了尽可能减少这类波动对铝焊管焊接速度的消极影响，人们在开卷机上加装了制动装置。

4.5.2 制动的种类

根据放料过程中对管坯纵向张力控制方式不同，制动分为机械制动和磁粉制动两类。

4.5.2.1 机械制动式

机械制动式就是在轴上加装一个液压制动装置，工作原理是：根据使用经验，预先将液压缸制动位置调节到使运行中的管坯（大卷径时）呈现微张力状态，然后视卷径由大到小的变化和操作者依据经验判断的管坯即时纵向张力，适时增减制动力，从而最大限度地减少管坯拉拽对焊接速度的影响。

机械制动开卷机的优点是投资少、操作方便；缺点是管坯纵向拉拽力的控制凭经验、精度差，对机组焊接速度与焊缝质量的影响不可避免。

4.5.2.2 磁粉制动式

磁粉制动式，又称磁粉制动器（magnetic powder brake），如图 4-20 所示为 50 铝焊管机组配置的转矩 400 N·m 的磁粉制动器，它的定子固定在开卷机支架上，转子与开卷机转轴连接，达到控制开卷机转盘转速、控制管坯在开卷机与成型机之间张力之目的，张力控制器有全自动、半自动和手动三种。

（1）全自动张力控制器：具有液晶显示、全张力控制与卷径张力控制、电位器精确设定张力和选择 RS485 或 RS232 通讯接口与 PLC/PCD 等组成集散系统的特点。

恒张力控制系统在自动模式下的工作原理是：当张力检测到的实际张力（液晶显示器上的测量张力）与人为设定的张力（液晶显示器上的设定张力）相比较，如果两个张力不等时，控制器将相应调整输出的比例，使磁粉制动器或伺服电机等改变力矩；当设定张力与测量值相等时，控制器将保持现有输出比例，使管坯上测量与设定张力保持平衡，在实现恒张力的同时，焊管机组的实际焊接速度得已"恒速"，如图 4-21 所示为铝焊管生产线开卷机用全自动张力控制器。

磁粉制动器   开卷机转轴

图 4-20 磁粉制动器与开卷机转轴   图 4-21 全自动张力控制器

（2）半自动张力控制器：是通过编码器或接近开关来演算管坯卷径的变化，自动调整张力输出值，对管坯进行恒张力控制。卷径变化规律见式（4-12）。

$$D_i = \phi - 2ti \tag{4-12}$$

式中，D_i 为即时卷径；ϕ 为原始卷径；t 为管坯厚度；i 为减少的圈数。

半自动张力控制器的基本原理是：事先对开卷机上管坯的原始直径和管坯厚度等数据进行采集，当开卷机每旋转一圈时，就从原始直径减掉管坯厚度，并计算当前卷径，然后向执行机构磁粉制动器输出计算结果，调节转矩，达到控制张力的目的。

（3）手动张力控制器：可按恒功率、恒电流和电压三种模式进行工作。

手动张力控制器的工作原理是：由于磁粉制动器有输出轴、输入轴之分，其中输出轴与开卷机轴连接。当磁粉制动器的线圈不通电时，输入轴旋转，磁粉在离心力作用下压附于夹环内壁，此时输出轴与输入轴没有接触，即磁粉制动器为空转状态。当线圈通电时，磁粉在磁力线作用下产生磁链，迫使输出轴与输入轴成为"一体"而旋转，并在超载时产生滑差，从而达到传递扭矩和阻滞开卷机的转动之目的。

在焊管生产实践中，因管坯卷宽窄、大小以及焊管机组的速度每时每刻都处于变化状态，所产生的惯性也是变化不定的，很难用某一个力矩参数来精准规范磁粉制动器。事实上关于磁粉制动器的力矩施加参数多以经验值为主，50 铝焊管机组用转矩 400 N·m 的磁粉制动器常用力矩范围见表 4-11。

表 4-11　50 机组用 400 N·m 磁粉制动器力矩调整工艺参数

管径 φ/mm	力矩调整范围/%
16~20	18~22
25~35	25~30
38~50	28~35

实际上，不管被动式开卷机采用何种制动方式，对管坯上纵向拉拽力的影响都是滞后的反应，不能完全消除管坯上纵向拉拽力对机组焊接速度的影响，唯有包括开卷机在内的智能螺旋活套系统才能够从根本上解决焊管机用料过程中铝管坯上纵向拉拽力不一致的问题，对铝焊管成型焊接的影响也才能降到最低。

5 铝圆管成型工艺与智能成型

铝管坯在力学性能如硬度、强度、延伸与压缩、弹性与弹性变形、塑性与塑性变形等方面都与钢管坯相似，一些关于钢管成型的基本方法、基本原则和基本结论也大致适用于铝焊管成型。然而，毕竟铝管坯的许多特质与钢管坯不同，因此，本章在涉及钢、铝共性的基本理论方面通常只讲所以然，之所以然部分可参见作者的《高频直缝焊管理论与实践》一书，而将关注重点放在与铝管坯特质有关的成型工艺方面，以及近年来关于铝焊管成型的最新理论研究成果和实践成果方面。

5.1 焊管成型方法论

铝焊管成型的基本理论包括能量法、CAD 法、有限元法和距离法等。

5.1.1 能量法

能量法的代表方法有全能量法和增量型能量法。

（1）全能量法。该法是由 Г. А. 斯米尔诺夫·阿拉耶夫和 Г. Я. 古恩等人于 1962 前后提出，其理论精髓是成型管坯厚度变形场函数，见式（5-1）。

$$J = \iiint_V \left[\int_{\varepsilon_{ij}=0}^{\varepsilon_{ij}} \sigma_{ij} \mathrm{d}\varepsilon_{ij} \right] \mathrm{d}X\mathrm{d}Y\mathrm{d}H \qquad (i = j = 1,\ 2,\ 3) \tag{5-1}$$

式中，σ_{ij} 为应力张量分量；ε_{ij} 为变形张量分量。

Г. А. 斯米尔诺夫·阿拉耶夫和 Г. Я. 古恩的这种分析方法属于全能量法，但没有考虑管坯变形历史的影响。而日本学者木内学等人开发的增量型能量法数学模型则更直观、简明、实用。

（2）增量型能量法。木内学等人首先采用平断面假设，假设相邻两个断面可以整体地沿纵向伸缩，以使断面上纵向合力为零，则相邻两机架间变形管坯的构形可借助形状函数 $S(X)$ 描述：

$$S(X) = \sin \frac{\pi}{2} \left(\frac{L}{X} \right)^n \tag{5-2}$$

式中，L 为相邻机架间距；n 为待定幂指数。

$S(X)$ 描述了管坯上一点 P 由 i 号轧辊孔型上的点 $P_1(X_1,\ Y_1,\ Z_1)$ 向 $i+1$ 号轧辊孔型上的点 $P_2(X_2,\ Y_2,\ Z_2)$ 流动时的空间轨迹：

$$\begin{cases} X = X \\ Y = Y_1 + (Y_2 - Y_1)S(X) \\ Z = Z_1 + (Z_2 - Z_1)S^*(X) \end{cases} \tag{5-3}$$

式中，$S^*(X)$ 为依赖于形状函数 $S(X)$ 的非独立形状函数。

然后将成型前的管坯沿长度方向分割成具有初始长度 ΔL_0 的宽度带状单元，沿带状要素的宽度方向再分成若干等份，并且假设中性层与中央层一致，τ_{xy}、γ_{xy} 沿厚度方向均布及 $\gamma_{xy} = \tau_{xy} = \tau_{zy} = 0$。

这样，使用增量法可得到每个要素的应力和变形功表达式，从而获得整段管坯的总变形功之数学模型为：

$$W = \frac{1}{\Delta T} \sum_k \sum_j \sum_m \left\{ \Delta V_{k-1,j,m} \left[(dW^p)_{k,j,m} + (dW^e)_{k,j,m} \right] \right\} \tag{5-4}$$

式中，m 为厚度方向的分层；$(dW^p)_{k,j,m}$ 为塑性变形功增量；$(dW^e)_{k,j,m}$ 为弹性变形功增量。

通过对 W 求极小化确定 n，这时的应力应变就是所求的解，由此时节点坐标给出的变形曲面即为最佳变形曲面，并认为该曲面是真实变形曲面。

这一模型属于增量型能量法，既能反应变形的历史，更能反映塑性变形的本质，也适合于计算机辅助设计。

5.1.2 CAD 法

随着科学技术的进步，计算机辅助设计得到了广泛应用，也为焊管成型研究提供了有效方法，像奥纳·艾特·沃提出用三次多项式表示的边缘变形高度；日本的 HiroshiOna 通过收集几个公司的轧辊图和数据，并研究了管截面形状因子和轧辊孔型之间的关系，开发了交互的计算机图形系统，基于轧辊弯曲角调整的假设，即水平面上每一截面边缘的轨迹可用三次曲线表示：

$$\begin{cases} Y = AX^3 + BX^2 + CX + D \\ X = 0, \ X = N, \ \dfrac{dy}{dx} = 0 \\ X = N, \ Y = H(1 - \cos\theta_0) \end{cases} \tag{5-5}$$

其中，任意阶段 i，轧辊的弯曲角 θ_i 由方程式（5-6）给出：

$$\cos\theta_i = 1 + (1 - \cos\theta_0)\left(\frac{2i^3}{N} - \frac{3i^2}{N}\right) \tag{5-6}$$

引入浮动因子 R 后，就能实现轧辊设计者与计算机进行人机对话：

$$\cos\theta_i = 1 + (1 - \cos\theta_0)\left[\frac{2i^{3(1+R)}}{N} - \frac{3i^{2(1+R)}}{N}\right] \tag{5-7}$$

通过式（5-7），形成一个简单通道截面并将其用于管截面。

5.1.3 有限元法

有限元方法及弹塑性大变形有限元理论的基本原理是：将管坯成型过程抽象成一个力学过程，刚性轧辊以恒定的转速旋转，坯料以一恒定的初速度向辊缝运动，直至进入辊缝后，靠摩擦力带动坯料运动，完成弯曲过程。而凭借有限元仿真，可以将管坯的大位移大转动大应变条件下的弹塑性变形的描述与计算、管坯与轧辊接触面间摩擦的描述及摩擦力计算以及刚性轧辊的几何描述与转动计算等问题，转化成用计算机计算求解含有很多线性与非线性的微积分方程和代数方程等耦合方程组的问题。利用大型结构有限元分析软件来求解这些方程的过程，就是管坯成型的有限元数值模拟过程，并通过不断的模拟逐步接近真实。

5.1.4 距离法

距离法又称曹氏法（CS），其思想发端于 20 世纪 80 年代，模型成型于 21 世纪初，是指根据焊管成型过程中的特殊点（如平立辊位置），确定穿过其间的成型管坯边缘各点三维坐标，如图 5-1 所示，计算各点间（$N = 0, 1, \cdots, i$）的直线距离并求和；然后根据采用的变形方法和由其确定的几何关系，推导出变形管坯的曲率半径 R_i，并以管坯边缘各点距离之和 l_{min} 最短为目标函数对第 i 道曲率半径 R_i 进行

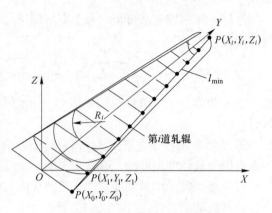

图 5-1 成型管坯的距离法计算图

反复优化，由此归纳出的变形规律更能满足焊管生产工艺需要，即成型管坯边部纵向被动（采用上山成型时管坯边部增加的纵向延伸为主动延伸）延伸最少。

$$\begin{cases} R_i^2 = (R_i - Z_i)^2 + X_i^2 & \text{（圆周变形法，} R_i > Z_i） \\ R_i^2 = (Z_i - R_i)^2 + X_i^2 & \text{（圆周变形法，} R_i < Z_i） \end{cases} \tag{5-8}$$

$$l_{min} = \sum_{i=0}^{i=N} \left[\sqrt{(x_1 - x_0)^2 + (y_1 - y_0)^2 + (z_1 - z_0)^2} + \cdots + \sqrt{(x_N - x_{N-1})^2 + (y_N - y_{N-1})^2 + (z_N - z_{N-1})^2} \right]$$

$$= \sqrt{(x_N - x_0)^2 + (y_N - y_0)^2 + (z_N - z_0)^2} \tag{5-9}$$

曹氏法的优点在于，以管坯变形最具代表性的边缘为研究对象，突出重点，抓住管坯变形这头牛的牛鼻子，用最简单的方法解决最复杂的问题，效果显见，应用性极强。

这些方法构成研究焊管成型的基本方法。然而，不管采用何种方法，由于直缝焊管成型过程理论上属于弹塑性大变形和接触非线性多重非线性耦合问题，影响因素众多，导致这些方法都不能真实、完美地反映焊管变形过程，与生产实践存在或多或少差异，有待进一步探索。其中，对焊管生产工艺影响较大的莫过于焊管机组用轧制底线与轧制中线，即"二线"。

5.2 焊管机组轧制底线与轧制中线

焊管机组的轧制底线和轧制中线统称轧制线，是一个命题的两个视角。焊管机上所有轧辊包括矫平辊、成型平立辊、导向辊、挤压辊、去毛刺托辊、压光辊、定径平立辊、随机矫直辊等的校调基准线，也是与其配套的相关设备（如开卷机、飞锯机、输送辊道等）安装调校的基准线，是铝焊管生产的"生命线"。

5.2.1 轧制底线的作用与特点

5.2.1.1 轧制底线的作用

轧制底线的作用如下：

（1）全部轧辊校调的参照系。它尤其是所有下平辊孔型底径和所有立辊孔型完整弧

线最外缘点的安装基准，如图5-2所示。需要特别指出的是，立辊完整孔型弧线的最低点与实物孔型弧线最低点的位置只要存在辊缝就各不相同，二者高度相差 Δh_i，见式（5-10）。所要校正的是立辊完整孔型弧线的最低点，而非实物孔型弧线最低点。

$$\Delta h_i = R_i - \sqrt{R_i^2 - \left(\frac{\delta_i}{2}\right)^2} \tag{5-10}$$

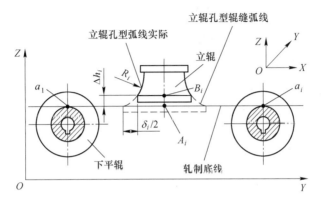

图 5-2　焊管机组轧制底线

a_1，…，a_i—i道下平辊孔型底径点；A_i—i道立辊完整孔型最外缘点；B_i—i道立辊实物孔型最外缘点

（2）焊管生产正常进行的根本保障。轧制底线对管坯成型、边缘延伸、成型鼓包、焊接稳定、焊管弯曲、焊管压伤、管坯上下跑偏等影响都是源头性的，必须给予高度重视。

（3）对轧制底线标高不可调的焊管机组而言，它是设计下平辊底径与立辊环厚度的重要依据。

（4）它是与焊管机组配套的开卷机、活套、管坯头尾对焊机、飞锯机、输送辊道等设备和辅机的安装基准。

5.2.1.2　轧制底线的特点

轧制底线具有唯一性与多样性特点。唯一性是针对每一次具体换辊及其生产周期，它是唯一的校调基准；多样性则主要体现在成型段，适合铝焊管成型的轧制底线有水平成型底线和上山成型底线，如图5-3所示。

5.2.2　轧制底线的分类

轧制底线由成型轧制底线、焊接轧制底线和定径轧制底线组成。其中，成型轧制底线的作用最突出，内涵最丰富。

5.2.2.1　成型轧制底线

成型轧制底线大致有水平、上山和下山三类，适合铝焊管成型的底线为前两类。在图5-3中，这两种成型轧制底线的区分依据是看它们在空间直角坐标中的位置，即 β、γ 和 H 值。

A　水平成型轧制底线

水平成型轧制底线是指成型管坯底部纵向纤维与水平线平行的成型轧制底线。在所有

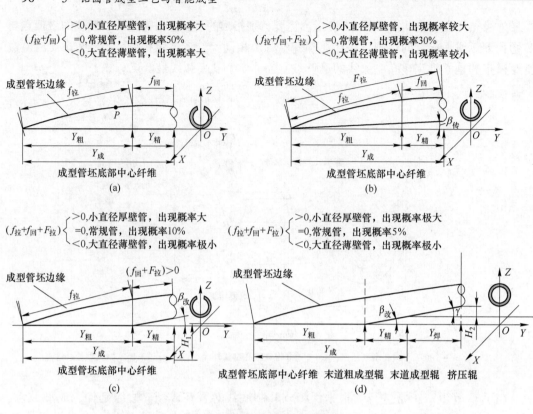

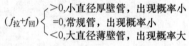

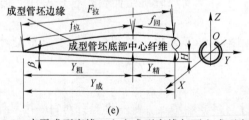

图 5-3 水平成型底线、上山成型底线与下山成型底线

(a) $\beta=0°$，水平成型底线；(b) $\beta>0°$，传统上山成型底线；(c) $\beta>0°$，$H_1>0$，改进型上山成型底线；

(d) $\beta>0°$，$H_1>0$，$H_2>0$，拓展型上山成型底线；(e) $\beta<0°$，$H<0$，下山成型底线

成型底线中，水平轧制底线最早被广泛应用，至今仍显示强大生命力，在小直径焊管机组上应用最多。水平成型底线管坯底部纵向纤维的表达式为：

$$\begin{cases} Z = kY + b \\ k = \tan\beta \qquad (\beta = 0°，H = 0) \\ b = 常数 \qquad (轧制底线标高) \end{cases} \tag{5-11}$$

式中，Z 为平行于 Y 轴的成型管坯底部中心纤维；Y 为成型区域长度；k 为直线方程的斜率；β 为管坯底部纵向纤维与 Y 轴的夹角，在图 5-3（a）中 $\beta=0°$；H 为底线爬升高度。

水平成型底线是建立在成型管坯纵向边缘仅发生弹性延伸这一理论假设中，但是在实际成型过程中，管坯边缘不可避免或多或少地都会发生纵向塑性延伸，只不过这种塑性延

伸在成型标准壁厚和超厚壁管的情况下，被在精成型段发生的塑性压缩中吸收并被掩盖了而已。一旦成型薄壁管作业，由于在相同管径条件下管壁越薄强度越低，在精成型段塑性压缩时管坯强度不足以支承压应力，见式（5-12）。

$$P_{lj} = \frac{\pi E J_{min}}{(\mu l)^2} \tag{5-12}$$

式中，P_{lj} 为轴向压应力，kg；E 为材料弹性模量，2×10^6 kg/cm^2；l 为压杆长度，cm；μ 为与压杆两端固定方式有关长度系数；J_{min} 为压杆横截面的最小轴惯性矩，cm^4，该值与壁厚关系密切，并且与压应力成正比；也就是说，在相同纵向压应力作用下，薄壁管比厚壁管更容易失稳，即成型管坯产生成型鼓包，成型失败。长期以来，这种理论假设统治了焊管成型，并且认为上山成型底线因边缘延伸多，所以以最不利于焊管成型。

然而，实践结果恰恰相反，上山成型底线不仅最适合薄壁管成型，更被生产操作工当作消除成型鼓包的"利器"：当成型薄壁管时，若成型管坯出第 n 道轧辊后边缘出现成型鼓包，就适当抬高第 $n+1$ 道成型轧辊，鼓包随即消失。实践是检验理论的唯一标准，成功的实践必然蕴含其内在规律和理论根源。

B 上山成型轧制底线

上山成型轧制底线有传统上山成型底线、改进型上山成型底线和拓展型上山成型底线之分。

（1）传统上山成型底线。它的特征是：在焊管成型时，成型管坯底部纵向纤维从成型开始沿着斜率为 k 直线不断爬升，直至成型结束，其运动轨迹由式（5-13）确定。

$$\begin{cases} Z_{传上} = k_{传}Y + b \\ k_{传} = \tan\beta_{传} & (\beta_{传} > 0°, \ H > 0) \\ b = 常数 & (轧制底线起点的标高) \end{cases} \tag{5-13}$$

实际上，即使是成型底线不可调的焊管机组，由于成型下平辊底径必须递增的缘故，所以其轧制底线就是传统上山成型底线。只不过上山量微小，通常 50 机组第 i 道与第 $i+1$ 道成型下辊底径约大 0.5 mm，并因之认为它是水平底线。

（2）改进型上山成型底线。其基本特征是：管坯成型底线在粗成型段为水平（准确地讲是微上山成型底线），与 Y 轴平行；在精成型段底线为上山状，与 Y 轴的夹角为 $\beta_{改}$。管坯底部纵向纤维的运动轨迹见图 5-3（c）和式（5-14）。

$$\begin{cases} Z_{改上} = Y_{粗} + k_{改}Y_{精} + b \\ k_{改} = \tan\beta_{改} & (\beta_{改} > 0°, \ H > 0) \\ b = 常数 & (轧制底线起点的标高) \end{cases} \tag{5-14}$$

（3）拓展型上山成型底线。它的基本特征是：管坯成型底线在粗成型段为水平线（准确地讲是微上山成型底线），与 Y 轴平行；在精成型段底线为上山状，以 $\beta_{改}$ 为爬升角；在焊接段底线仍呈上山状，以 γ 为爬升角。管坯底部纵向纤维的运动轨迹见图 5-3（d）和式（5-15）。

$$\begin{cases} Z_{拓上} = Y_{粗} + k_{改}Y_{精} + k_{拓}Y_{焊} + b \\ k_{改} = \tan\beta_{改} & (\beta_{改} > 0°, \ H_1 > 0) \\ k_{拓} = \tan\gamma & (\gamma > 0°, \ H_2 > 0) \\ b = 常数 & (轧制底线起点的标高) \end{cases} \tag{5-15}$$

在式（5-15）中，$\beta_{改}$与γ的关系依管坯边缘的横向稳定程度即鼓包大小而定，当精成型段的鼓包较小时，$\beta_{改}$可小些。当出精成型后成型管坯边缘仍然存在较大鼓包时，γ取值可大于$\beta_{改}$；反之，若出精成型后成型管坯边缘的鼓包较小、较轻微时，γ取值应小于$\beta_{改}$。特别地，出精成型后成型管坯边缘没有鼓包，γ取值可为 0°，此时它与式（5-14）完全一样。

C　上山法消除成型鼓包的机理

简单地说，鼓包形成的原因是管坯在成型过程中边缘产生的纵向延伸大于回复阶段所能吸收的量。这个量在弹性延伸假说理论下无法消除，但是倘若用辩证的眼光看，既然该量无法回避，就应坦然接受，另辟蹊径加以解决。

第一，受式（5-12）中压杆失稳原理的启迪，在细长直杆受到较大轴向压力作用时，若杆件不受横向力作用，则杆件仍能保持直线状态；但如有轻微横向力施加其上，则直杆立即发生弯曲变形。该轴向压应力又称临界截荷，它从力学角度解释了薄壁管成型时管坯边缘为什么失稳（鼓包），其中 EJ 表示成型管坯纵向刚度，并与轴向压应力成正比。与厚壁管比，薄壁管的纵向刚性要低许多，在管坯纵向纤维不可能绝对直和轧辊不可能完全按理论孔型进行调整的条件下，成型管坯必定受到若干个横向力作用，一旦管坯边缘存在纵向压应力 P_{lj} 就可能导致其失稳。

与此同时，式（5-12）也给人们预防和消除薄壁管成型失稳以有益启迪：当焊管规格和焊管机组道次间距即刚性确定之后，通过减小轴向压应力，最好是变轴向压应力为轴向拉应力，就能保证薄壁成型管坯边缘不会失稳。而上山法的管坯边缘在精成型段非但没有纵向回复阶段，反而能自始至终确保成型管坯边缘在纵向上存在拉应力。

第二，三种上山成型底线的比较。比较图 5-3（b）和（c）以及式（5-13）和式（5-14），在爬升总高度相同的情况下，改进型上山法在精成型段的斜率 $k_{精} > k_{传}$，改进型上山法突然在精成型段形成的纵向拉应力 $F_{改} \gg F_{传}$，这样，管坯边缘在特别需要拉应力阶段获得了足够大的拉应力，管坯边缘因之更加不会失稳。而由于传统上山成型底线的斜率较小，管坯边缘所增加的拉应力可能不足以抗衡压应力，在成型特别薄的管子时依然会失稳。

此外，比较图 5-3（c）和（d）以及式（5-14）和式（5-15），在焊接段也给予一个爬升量 H_2，它是辩证思维的延续，目的是确保管坯边缘在焊接段仍然处于拉应力控制之下。因为有时实际工况是，管坯在精成型段没有失稳，但是到焊接段会失稳；而在焊接段增加一个纵向拉应力 $F_{拓}$ 后，确保了管坯边缘在 $F_{拓}$ 作用下稳稳地进入挤压辊实施焊接。另外，观察管坯失稳位置发现，成型鼓包大多出现在精成型段的平辊→立辊之间而不是立辊→平辊之间，这说明成型管坯边缘在平辊→立辊间是受到压应力作用；同理，导向辊和挤压辊与成型立辊相似都是被动辊，有必要在焊接段人为地施加一个拉应力 $F_{拓}$ 以防边缘失稳。

拓展型上山成型底线的优点是，能根据实际成型需要管控边缘延伸与拉应力，在原本就存在拉应力的粗成型段，按水平法布辊，以减少因采用上山法而增加的边缘纵向延伸；在需要提供拉应力的精成型段和焊接段，边缘纵向拉应力增大明显，边缘失稳现象随上山量增大而随即消除。

D　上山量的确定

上山量的确定方法有两种：

（1）总量法，即首先确定总上山量 H，一般 $H < \phi/2$，管径 ϕ 越大管壁越薄取值越大，但是要兼顾外毛刺刀架处的通过能力；然后依据式（5-16）精确计算每一道轧辊的上山量 H_i。

$$H_n = \frac{n-1}{N-1} \times H \tag{5-16}$$

式中，H_n 为第 n 道次的上山量，mm；H 为总上山量，$H < \phi/2$；n 为上山辊道次；N 为上山辊总道次。

（2）尝试法又称经验法，就是不预先确定总上山量，根据管坯边缘失稳程度给予相应道次轧辊的上山量，经验丰富的调整工一般经过一两次尝试就能达成工艺目标，效果更好，操作者更愿意使用。

E　下山成型底线

下山成型底线如图 5-3（e）所示，其底部纵向纤维的数学表达式见式（5-17）；底部与边缘纵向纤维如图 5-4 所示，边缘纵向延伸小于底部延伸，于是，有人据此认为下山成型底线适合薄壁管成型。这种理论随着人们认知能力和实践能力的提高，管中窥豹之嫌暴露无遗，该理论片面地只看到边缘纵向延伸少有利于成型这一面，没有看到无论采用何种变形方式，成型时管坯边缘都要发生纵向塑性延伸的事实，且个别道次产生的塑性延伸量是弹性延伸量的数十倍，管坯纵向边缘在这种工况下几乎没有拉应力，而保持成型管坯边缘具有足够拉应力是成型管坯稳定的根本保证。实践也证明，在实际焊管成型中鲜见下山成型底线的应用。

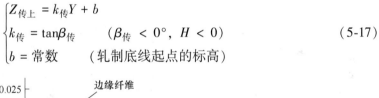

$$\begin{cases} Z_{传上} = k_{传}Y + b \\ k_{传} = \tan\beta_{传} \quad (\beta_{传} < 0°, \ H < 0) \\ b = 常数 \quad (轧制底线起点的标高) \end{cases} \tag{5-17}$$

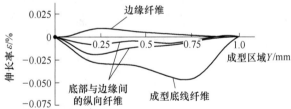

图 5-4　下山（边缘水平）成型底线时管坯纵向变形状态

5.2.2.2　焊接和定径轧制底线

焊接和定径轧制底线详见表 5-1。

表 5-1　焊接和定径轧制底线汇总表

轧制区段	轧制底线名称	底线形式	起止点	应用场景
焊接轧制底线	上山+水平轧制底线		末道成型→定径首道	薄壁管
	水平轧制底线		末道成型→挤压辊	非薄壁管

轧制区段	轧制底线名称	底线形式	起止点	应用场景
定径轧制底线	水平轧制底线	——————	定径首道→定径末道	普通管
	上凸弧轧制底线	⌒		非对称异形管
	水平+次末道上凸底线	～		难矫直管

5.2.3　选择轧制底线的原则

选择何种轧制底线，要根据焊管规格、机组状况、管坯状态以及焊管机组正常生产速度等因素而定，遵循四条基本原则。

（1）细长比原则。实质是强调成型管筒的刚度问题，以 $\phi25$ mm×0.5 mm 和 $\phi50$ mm×1.0 mm 同种径壁比的管坯成型为例，虽然 t/D 均为 2%，但是，它们的长细比 λ 相差较大，即成型机架区间长度 l 与变形管坯截面的回转半径 i 之比值 $\lambda = \dfrac{l}{i}$，λ 越小，表示成型管坯在该成型区间刚度越大，成型管坯抗失稳的能力亦大；反之，刚度越小，成型管坯易失稳。显然，后者的 i 约是前者的两倍，也就是说，在同一台机组上如果选择相同的轧制底线，那么，成型 $\phi25$ mm×0.5 mm 的更易失稳，$\phi50$ mm×1.0 mm 的则相对稳定。

细长比的另一个潜台词是：焊管成型稳定的充分必要条件，一是成型管筒具有足够刚性，即管壁足够厚；二是确保成型管坯边缘纵向拉应力足够大，二者至少必居其一。这两个充分必要条件的优先级不同，前者具有自然性，操作者努力的空间不大；后者凸显人为性，与实操关系密切。铝焊管成型，应优先考虑后一个充分必要条件。

（2）机组原则。有些焊管机组的下轴标高是不可调的，故通常只能按水平（实际上是上山量极小的微上山）轧制底线布辊。此外，对下轴标高不可调的机组，当必须应用上山成型底线时，可整体垫高精成型段的牌坊，但必须保证牌坊稳固。

（3）管坯材质原则。它有两层含义：一是相同状态、不同合金牌号的强度差异较大，见表 5-2，要求根据管坯强度高低选择轧制底线；二是牌号相同、状态不同的合金强度差异大，见表 5-3。当生产高强度铝焊管时，定径段提倡选用"水平+上凸"轧制底线，这样矫直就会少走弯路、顺利许多。

表 5-2　铝管坯 3003/H14 与 1015A/H14 的强度对比

强　　度	合金牌号与状态		3003/1015A 强度比较
	3003/H14	1050A/A14	
抗拉强度 R_m/MPa	145~195	105~145	1.38~1.34
非比例延伸强度 $R_{p0.2}$/MPa	125	85	1.47

（4）速度原则。正常生产时，焊接速度较快的机组，定径轧制底线上凸要比速度慢的机组大一点，反之要小一点。因为速度慢的机组，焊管在机组中的冷却时间更长，在定径机中受到矫直力作用的时间相对速度快的要长，应力平衡更充分，焊管直度会更好。

表 5-3　合金 3003、状态 H12 与 H18 铝管坯的强度比较

强　度	合金牌号与状态		H18/H12 强度比较
	3003/H12	3003/H18	
抗拉强度 R_m/MPa	120~160	190	1.58~1.19
非比例延伸强度 $R_{p0.2}$/MPa	90	170	1.89

其实，焊管机组上并不存在实物形态的轧制底线，它只在换辊时才被人们用细钢丝或尼龙线表示出来，是操作者从机组侧面平视时所见到的线。但是，当这条线撤掉之后，操作者必须将这条线深深烙在脑海中，在调整操作时心中必须时刻想着这条线，因为这条线还是轧制中线，它对焊管生产的影响同样不容小觑。

5.2.4　轧制中线

5.2.4.1　轧制底线与轧制中线的关系

从焊管机组上面俯视轧制底线，它叫轧制中线，是所有平辊、立辊、导向辊、挤压辊、毛刺托辊、矫直辊、定径辊以及冷却水槽、飞锯机、开卷机、活套、辊道等的对称线，其对焊管产生运行的重要性不言而喻。铝焊管生产中的许多故障和焊管缺陷如成型管坯跑偏、焊缝扭转、侧压伤，甚至轧辊局部磨损严重等都与轧制中线不直有直接或间接关系。

特别地，当采用水平轧制底线时，轧制中线的投影与之重合，就成为人们常说的轧制线。可见，轧制线包括轧制底线和轧制中线，轧制底线与轧制中线的关系是轧制底线可以作为轧制中线使用，这也是在日常换辊操作中，只拉轧制底线而不拉轧制中线的缘故，但二者不可逆。

5.2.4.2　轧制中线的特点

(1) 唯一性。每个焊管机组只有一条轧制中线，通常以成型第一道和定径末道内外牌坊内侧距离的中间值为轧制中线，一旦确定之后非必要不更改。

(2) 线性。它可以不水平，但是必须直。

轧制线的选择与校调恰当与否，对焊管坯的横向变形、断面变形和纵向变形影响较大。

5.3　成型管坯纵向变形特征

平直铝管坯经焊管机组轧制成铝焊管，在这个过程中管坯不可避免地要发生纵向变形、横向变形和断面变形，而了解纵向变形是洞悉铝焊管成型奥秘的第一密钥。

5.3.1　成型管坯纵向变形的特征

成型管坯纵向延伸的复杂性体现在以下多个方面。

5.3.1.1　延伸与回复区间明显

A　粗成型与精成型区间

如图 5-5 所示，分别在成型管坯边缘、距边缘 $B/4$ 左右处和管坯中底部粘贴应变传感

器。利用应变传感器检测成型管坯纵向应变的原理是：根据金属的电阻应变效应，长度为 L、面积为 S、电阻率为 ρ 金属丝的电阻为 R，公式如下：

$$R = \rho \frac{L}{S} \tag{5-18}$$

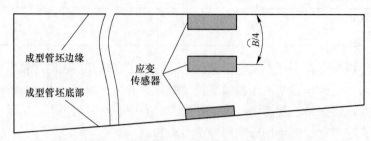

图 5-5 成型管坯纵向应变与应变传感器

当金属丝长度 L 在拉力作用下产生 ΔL 变化后，金属丝的面积 S 和电阻率 ρ 分别发生 ΔS 和 $\Delta\rho$ 的变化，即对式（5-18）作全微分得：

$$\mathrm{d}R = \frac{\rho}{S}\mathrm{d}L - \frac{\rho L}{S}\mathrm{d}S + \frac{L}{S}\mathrm{d}\rho \tag{5-19}$$

式中，$\mathrm{d}L = \Delta L$，$\mathrm{d}S = \Delta S$，$\mathrm{d}\rho = \Delta\rho$，用式（5-19）除以式（5-18）得：

$$\frac{\mathrm{d}R}{R} = \frac{\mathrm{d}L}{L} - \frac{\mathrm{d}S}{S} + \frac{\mathrm{d}\rho}{\rho} \tag{5-20}$$

式（5-20）的几何意义是：由金属丝长度变化引起面积、电阻率变化，最终引起电阻发生变化（$\mathrm{d}R$）；实际意义是：当成型管坯发生拉伸或压缩应变时会引起应变传感器的电阻产生变化，通过转换电路变为能够反映成型管坯纵向应变的电信号，并据此判断应变量与应变性质。在图 5-6 中，应变变化最剧烈阶段在管坯与成型第一道下辊孔型边缘开始接触的部位和孔型中，电信号强烈且圆周变形与 W 变形表现趋势相同，都是拉应变；应变比较平缓的阶段在粗成型第 2~5 道，电信号平稳且同样表现为拉应变；而在精成型第 6~7 道，边缘应变变化也平缓，但是应变性质为压应变。拉应变说明管坯边缘在粗成型段发生了延伸，精成型段出现的压应变信号说明管坯边缘在此区间发生了回复。

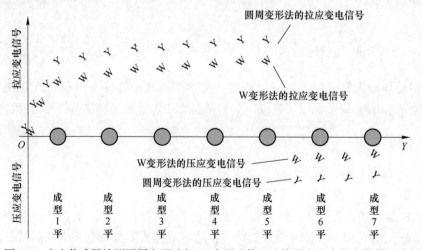

图 5-6 应变传感器检测圆周变形法与 W 变形法管坯边缘纵向应变的电信号示意图

B 立辊→平辊与平辊→立辊

成型管坯在立辊→平辊间是被平辊拉着前进的，此时管坯边缘的内应力至少在粗成型段是以拉应力为主导，管坯被拉伸；管坯在平辊→立辊间是被平辊推着前进的，立辊阻滞作用凸显，管坯边缘应力状态以压应力为主，管坯处于回复状态。一个最直接的例证是，成型鼓包绝大多数出现在平辊→立辊区间而非立辊→平辊区间。

5.3.1.2 纵向延伸与回复是焊管成型的需要

纵向延伸与回复是焊管成型的需要，体现在两个方面：

（1）纵向延伸是焊管成型的必然产物。管坯从平直状态成型为待焊开口管筒，其边缘一点的运动轨迹投影到 YOZ 面上，如图 5-7（a）所示，图中，线段 AB 既是 $\triangle ABC$ 的斜边，又是轨迹投影 $\widehat{l_1}$ 的弦，根据勾股定理和弦与弧长的关系有：$\overline{AB} > \sum L_1$，但 $\overline{AB} < l_1$ 和 $l_1 > \sum L_1$。假如管坯没有弹塑性延伸，那么管坯边缘就会被张力 F_1 和 F_2 撕裂，直至底边，如图 5-7（b）所示，同时也就不可能有后来的待焊管筒。

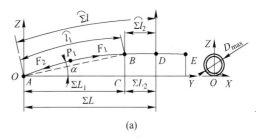

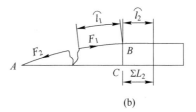

（2）纵向回复是获得高质量成型管坯的前提。在水平成型底线条件下，根据管坯横向变形的规律，当成型管坯 P_i 点运动到第一道闭口孔型 B 处逐渐归圆后，P_i 点的高度逐渐降低，而此时在边缘最高点 B 处既没有向上的拉拽力，又没有向前的拉拽力；这样，前面积累在管坯边缘内、导致管坯边缘发生弹塑性延伸的张力就会在过 B 点后逐渐减小直至消失，转而以压应力的形态出现。所以，成型管坯纵向边缘在过 B 点后必然且必

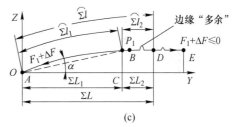

图 5-7 成型管坯边缘纵向延伸与受力状况

须发生回复应变，以吸收先前的延伸；否则，纵向边缘将出现图 5-7（c）所示的"多余管坯"，即成型鼓包，这是焊管成型工艺绝对不允许存在的成型缺陷。

5.3.1.3 纵向延伸具有自然属性

所谓自然属性是指在该成型区域内，边缘延伸量和延伸性质随成型管径变化，并不会因为采用哪种变形方式或在哪台机组上成型或由哪个调试工操作而不发生。在图 5-8 中，同一机组上不论管径多大，成型结束后的开口大小变化在成型最大与最小规格时只有 1 mm 左右，与管坯宽度呈 $\phi\pi$ 的变化相比完全可以忽略不计。在这种工况下，$L_{50} > L_{25} > L$ 就是焊管成型过程自然的结果，是不以人的意志为转移的客观规律。

5.3.1.4 纵向延伸与回复服从梯形变化规律

由图 5-7（a）和（c）可知，管坯边缘纵向延伸与回复均服从如图 5-9 所示的等腰梯形变化规律，即在 YOZ 投影面内的粗成型段，从管坯边缘至管坯底部延伸逐渐减少，而

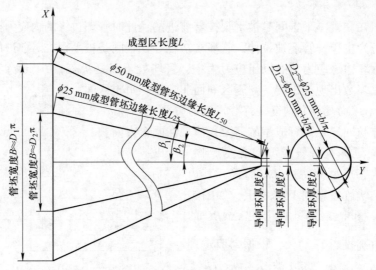

图 5-8　焊管直径、管坯宽度与收拢角及成型管坯边缘长度的关系

在精成型段，从管坯边缘至管坯底部回复逐渐减少，图 5-9 中箭线多、密、长表示成型管坯纵向应变多、应力大、信号强。拉应变与压应变的区别在于：等腰梯形底角大小，反映延伸的等腰梯形底角 α 总是大于回复的底角 β，这是因为粗成型段所产生的延伸不可能在精成型段全部回复掉，管壁较厚时这一结论不明显，管壁越薄越明显，发生质变的现象便是成型管坯边缘出现图 5-7（c）所示的边缘"多余"。

图 5-9　应变传感器所测成型管坯纵向延伸与回复反馈信号强弱的梯形变化规律
（a）纵向拉伸；（b）纵向回复

5.3.2　影响成型管坯边缘纵向延伸与回复的因素

　　影响成型管坯边缘纵向延伸和回复的因素主要有焊管规格、材质、变形区长度、轧辊底径、管坯进入孔型的角度、横向变形方式、成型底线、操作等方面。

5.3.2.1　焊管规格

（1）管坯宽度。对纵向延伸与回复的影响见图 5-8 和马场计算式（5-21）。

$$\Delta l = \frac{1}{2}\ln\left[(x - x_0)^2 + (y - y_0)^2 + (kz)^2\right] - \ln(kz) \tag{5-21}$$

式中，Δl 为圆周变形孔型的边缘延伸量；x 为轧辊中心处至边缘的水平距离；x_0 为轧辊孔型中的管坯中心至一侧边缘的水平距离；y 为轧辊中心至边缘的高度；y_0 为轧辊孔型中管坯底部中点至管坯边缘的垂直距离；z 为变形区长度；k 为修正系数。

在式（5-21）中，x_0 的实质是管坯宽度。

（2）焊管外径。同样是在式（5-21）中，y_0 的本质是焊管直径，其影响如图 5-7（a）所示。

5.3.2.2 管坯材质

与钢质管坯相比，铝管坯强度低，在相同纵向拉应力作用下更易发生纵向延伸，而回复并不一定比钢质管坯多；因为铝管坯刚性低，更容易失稳。

5.3.2.3 变形区长度

由图 5-7（a）知，在管径相同的前提下，变形区越长，管坯边缘一点的爬升角 α 越小，$\overset{\frown}{AD}$ 十分接近 $\sum L$；实际意义是，成型区域越长，边缘延伸相对越少。但是这并不是说成型区域越长越好，成型区域过长，会降低成型管筒抵抗纵向压缩变形的能力。

5.3.2.4 轧辊底径

轧辊底径 d 与边缘纵向延伸的关系可借助图 5-10 加以说明。在工作孔型即变形管坯边缘高度 H_1 确定之后，决定管坯边缘纵向延伸量的重要因素就是轧辊有效直径 D 和轧辊底径 d。当平直管坯水平进入第一道成型孔型后，管坯边缘与轧辊孔型便形成如图 5-10 所示的三角关系：在 $Rt\triangle ACP_0$ 和 $Rt\triangle P_1CP_0$ 中，管坯边缘 P_0 至 P_1 投影到 YOZ 平面上的长度 l' 由式（5-22）决定。

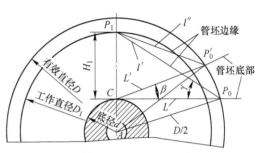

图 5-10　D、d 和 β 与管坯边缘延伸量和伸长率的关系

$$l' = \sqrt{\left(\frac{D}{2}\right)^2 - \left(\frac{d}{2}\right)^2 + (H_1)^2} \tag{5-22}$$

在式（5-22）中，令 D 为定值，则增大轧辊底径 d，管坯边缘长度 l' 变小。

5.3.2.5 管坯进入轧辊孔型的喂入角

在图 5-10 中，如果将管坯以高于轧辊底径的方式进入孔型，则管坯底部与轧辊底径的水平线之间就存在一个喂入角 β。显然，当 $\beta > 0°$ 后，则 $l' < l''$ 成立，说明管坯喂入角大于零，可有效降低管坯边缘延伸。注意，$\beta > 0°$ 的效果仅针对第一道成型平辊。

但并不是说喂入角越大越好，从有利于管坯成型的角度出发，β 的最小值为 $0°$，最大值应该这样确定：在有效直径 D 上移动 P_0' 至如图 5-10 所示的等腰三角形 $\triangle P_1 P_0' C$ 且 P_0' 为等腰三角形顶点，此时，$L' = l''$，则 β 取值见式（5-23）。

$$0 < \beta \leqslant \arctan\frac{H_1}{\sqrt{D^2 - (H_1 + d)^2}} \tag{5-23}$$

这样取值，既能最大限度地减小管坯边缘延伸，又不会造成 $L' > l''$。如果

$L' > l''$，那么成型管坯边缘将因之失去必要的纵向张应力，管坯边缘会失稳，产生鼓包。

特别地，成型强度较低的铝管坯时，小喂入角更容易引起铝管坯边缘发生纵向延伸。关于喂入角与管坯边缘纵向延伸的命题之前从未有人涉足，这里仅仅起抛砖作用，需要人们共同努力研究。

5.3.2.6 横向变形方式

A 不同孔型的比较

所谓横向变形方式是指用什么样的孔型变形管坯，不同的孔型系统边缘纵向延伸差异较大。表 5-4 分别记录了 $\phi25$ mm 和 $\phi50$ mm 圆周变形和 W 变形第一道成型管坯边缘延伸的状况。

表 5-4 $\phi25$ mm、$\phi50$ mm 第一道成型管坯边缘延伸状况

公称尺寸 /mm	变形方式 O/W	下平辊底径 ($d/2$) /mm	下平辊外径 ($D/2$) /mm	边缘变形半径 (R_1) /mm	横向宽度差 (B_1-B_0) /mm	边缘变形高度 (H_1) /mm	Y轴投影距离 (L_1-L_0) /mm	边缘长度 (E) /mm	伸长率 (ε)/%
$\phi25$	圆周变形	70	84.53	83.5	2.93	14.53	47.38	49.64	4.48
	W 变形		81.16	17	5.08	11.16	41.07	42.86	4.36
$\phi50$	圆周变形	75	104.85	159	6.26	29.85	73.27	79.36	8.32
	W 变形		98.05	32	11.11	23.05	63.16	68.15	7.89

表 5-4 中数据至少说明三点：

第一，W 变形的边缘纵向延伸少于圆周变形的，就这点而言，W 变形要优于圆周变形。研究证明，因第一道成型管坯边缘陡然升高和向中间移动所产生的纵向弹塑性延伸占总延伸的 50%~70%。

第二，发生在第一道成型管坯边缘的延伸率都大大超出铝材的弹性延伸极限，同时说明管坯边缘的纵向塑性延伸不可避免，操作者对此要有心理准备，客观对待。

第三，通过降低管坯边缘高度 H_1［见式（5-22）］能够显著减少管坯边缘的纵向延伸，这种横向变形与纵向延伸的关系，需要引起孔型设计师的高度重视。

B 管坯在同一孔型中的表现

总的来说，在轧辊孔型迫使管坯横向变形时，管坯必然要抵抗这种变形。在这种施压与抵抗的过程中，管坯一方面发生横向变形，从平直管坯逐步变形为开口管筒；另一方面迫使管坯产生纵向弹塑性变形。

以管坯在平辊孔型中的纵向变形为例，在图 5-11 中，管坯边缘 P_0 首先与下平辊孔型边缘接触，继而在 P_1 点被上下平辊压靠，管坯边缘一点在逐渐升高的同时还逐渐向中间移动，以最具代表性的第一道平辊为例，则 P_0 到 P_1 两点间管坯边缘长度 $l_{\overline{P_0P_1}}$ 为：

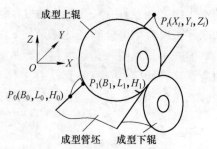

图 5-11 管坯在平辊中横向变形引起的纵向延伸

$$l_{\overline{P_0P_1}} = \sqrt{(B_1 - B_0)^2 + (L_1 - L_0)^2 + (H_1 - H_0)^2} \qquad (5\text{-}24)$$

式中，B_0、B_1 为平直管坯宽度和第一道成型管坯开口宽度之半；L_0、L_1 为 P_0、P_1 两点投影在 Y 轴上的管坯底部对应点；H_0、H_1 为管坯边缘分别在 P_0、P_1 点的高度。

由于管坯底部纤维度在该道变形过程中没有发生纵向延伸，故可以选择（$L_1 - L_0$）段作参照，并与式（5-24）进行比较，以了解成型管坯边缘的绝对延伸量 E 和相对延伸量 ε，见式（5-25）。

$$\begin{cases} E_{P_0P_1} = \sqrt{(B_1 - B_0)^2 + (L_1 - L_0)^2 + (H_1 - H_0)^2} - (L_1 - L_0) > 0 \\ \varepsilon_{P_0P_1} = \dfrac{\sqrt{(B_1 - B_0)^2 + (L_1 - L_0)^2 + (H_1 - H_0)^2} - (L_1 - L_0)}{L_1 - L_0} \times 100\% > 0 \end{cases}$$
$$(5\text{-}25)$$

C　管坯纵向变形总量

根据式（5-24）的思路和方法，容易得到成型管坯边缘在整个变形区间内的长度增加量 $l_{P_0P_i}$ 和总延伸率 $\varepsilon_{P_0P_i}$ 的计算式（5-26）。

$$\begin{cases} l_{P_0P_i} = \sum\sqrt{(B_i - B_{i-1})^2 + (L_i - L_{i-1})^2 + (H_i - H_{i-1})^2} - \sum(L_i - L_{i-1}) > 0 \\ \varepsilon_{P_0P_i} = \dfrac{\sum\sqrt{(B_i - B_{i-1})^2 + (L_i - L_{i-1})^2 + (H_i - H_{i-1})^2} - \sum(L_i - L_{i-1})}{\sum(L_i - L_{i-1})} \times 100\% > 0 \end{cases}$$
$$(5\text{-}26)$$

这样就能从整体上掌控管坯边缘纵向延伸情况。在式（5-25）和式（5-26）中，无论延伸量还是延伸率都大于 0 说明，成型管坯横向变形的确引起管坯边缘发生了纵向延伸；而且管坯边缘实际长度和延伸率要比式（5-26）稍多。因为横向变形后的管坯在各道次之间存在或多或少横向回弹，管坯边缘在道次间的微观表现实际为大曲率半径弧线而非直线。

5.3.2.7　管坯纵向变形与成型底线的关系

成型底线不同，管坯纵向变形量与状态也各不相同。

A　水平成型底线状态下的纵向变形

如图 5-12 所示是通过应变传感器测绘的、水平成型底线时管坯的纵向变形。在管坯一半宽度上，距底部 2/3 以内的纵向纤维呈压缩状态，其余均呈现拉伸状态，且边缘拉伸最多。水平成型底线时，成型管坯的纵向变形表达式见式（5-27）。

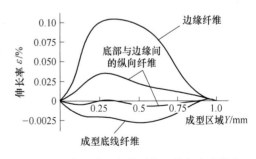

图 5-12　水平成型底线时管坯纵向变形状态

$$\varepsilon = \ln\sqrt{1 + (R')^2\left[1 - \cos(\alpha/R)\right]^2} \qquad (5\text{-}27)$$

式中，R 为管坯中性面弯曲半径；R' 为沿成型区弯曲半径变化函数的导数；α 为管坯中性面弯曲变形角度。

B　边缘水平成型底线状态下的纵向变形

与图 5-12 相比，图 5-4 中的边缘纵向延伸明显小许多，而底部纵向纤维则要长许多，其纵向变形的表达式见式（5-28）。

$$\varepsilon = \ln \sqrt{1 + (R')^2 \left\{ \left[1 - \cos\frac{\alpha}{R} \left(\cos\frac{b}{R} + \frac{b}{R} \right) \right]^2 + \left[\sin\frac{\alpha}{R} \left(\cos\frac{b}{R} + \frac{b}{R}\sin\frac{b}{R} \right) - \frac{\alpha}{R} \right]^2 \right\}}$$

(5-28)

式中，b 为管坯宽度之半；其余符号意义同上。

边缘水平成型底线实际上是下山量为 $-H = D$ 的下山成型底线，如图 5-3（e）所示。

C 成型管坯弯曲半径中心连线

成型管坯弯曲半径中心连线为水平直线的管坯纵向变形表达式，见式（5-29）以及图 5-13。

$$\varepsilon = \ln \sqrt{1 + (R')^2}$$

(5-29)

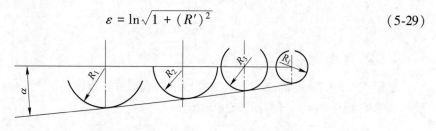

图 5-13 成型管坯弯曲半径中心连线为直线的变形

从图 5-13 反映的底线看，它实际上是一种上山角度为 α 的上山成型底线。进一步观察式（5-27）~式（5-29）发现，它们都含有 $1 + (R')^2$ 因子，说明它们之间存在某种内在联系：

（1）以末道成型为轴，当底线 L 顺时针旋转 α 角度后，它是水平成型底线；

（2）以末道成型为轴，当底线 L 顺时针旋转大于 α 角度后，它是下山成型底线。

5.3.2.8 操作因素

（1）轧制线不直。直线距离最短，相应地，与弯曲的轧制线对应的管坯边缘一定比直线轧制底线的管坯边缘长，延伸多。轧制线不直包括轧制底线不直和轧制中线不直，如图 5-14 所示。

（2）实轧的上下平辊左右不对称，辊缝小的一侧易将管坯轧薄，导致被轧薄的一侧管坯纵向长度长于另一侧。

（3）立辊上辊缝偏小。管坯边缘在立辊中出现比较明显的凹弧并与回弹凸弧构成连续弯曲弧线，形成总的 $\sum L > \sum \overline{L}$ 。

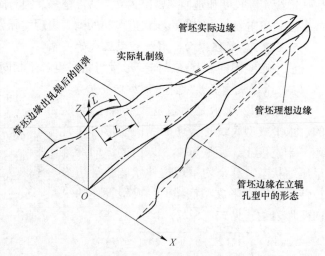

图 5-14 成型管坯理想与实际轧制底线、中线、
边缘轨迹线的差异及立辊收缩过多对边缘纵向延伸的影响

（4）实轧辊的辊缝偏小。基于铝管坯强度不高，如实轧辊辊缝偏小，极易轧薄管坯中底部，成型管坯出现上翘，说明成型管坯底部纵向延伸较多。

5.3.3 研究成型管坯纵向变形的意义

第一，为选择合适的成型底线提供理论依据。例如，薄壁管在换辊时就要确定选用拓展型上山成型底线。

第二，为获得优质成型管坯奠定理论基础。成型管坯纵向受力的区间分析要求合理分配成型轧制力，在铝管成型时，应该适当减小成型立辊的轧制力，尤其成型薄壁管更应该遵循这一调整原则。

第三，为铝焊管现场操作调整提供理论指导。

第四，为合理设计轧辊孔型（横向变形）指明方向。通过适当降低第一道成型管坯边缘高度和适当增大孔型宽度，可显著减少第一道成型管坯边缘的延伸量，这对控制成型管坯纵向边缘总延伸量至关重要。

由此可见，研究成型管坯纵向延伸离不开对成型管坯横向变形的研究。

5.4 成型管坯横向变形特征

铝管坯纵向变形主要是研究成型管坯在空间直角坐标 YOZ 投影平面内的变化状况，而管坯横向变形研究的对象是成型铝管坯在 XOZ 平面内的变化状况，实质是探究怎样让轧辊孔型更有利于管坯变形。所谓轧辊孔型是指轧辊面上，按人们意志加工出的、具有特定形状可供管坯通过的空间；管坯一旦从中经过（轧制）后，便在管坯面上留下与孔型高度吻合的印迹、形状和尺寸，在管坯上克隆出孔型形状和尺寸是设计孔型的目的。

5.4.1 高频直缝铝焊管用孔型分类

横向变形侧重于管坯在空间直角坐标系 XOZ 平面中的变化，是指管坯沿 Y 轴方向、经由按一定规律变化的特定轧辊孔型轧制、断面形状从平直状态逐步弯曲变化成开口管筒直至成品焊管的工艺过程。通俗地讲，就是利用特定孔型的轧辊对管坯进行轧制，迫使其横断面形状发生改变。孔型种类多样，见表5-5和图5-15～图5-20。

表 5-5 铝焊管用轧辊孔型

一级孔型	二级孔型	三级孔型	四级孔型	基本孔型形状	备注
成型轧辊孔型	圆管成型孔型	粗成型孔型	平辊孔型	图5-15（a）（b）	上/下
			立辊孔型	图5-15（c）	
		精成型孔型	平辊孔型	图5-15（d）（e）	上/下
			立辊孔型	图5-15（f）	
	直接成异孔型	粗成型孔型	平辊孔型	图5-16（a）	上/下
			立辊孔型	图5-16（b）	
		精成型孔型	平辊孔型	图5-16（c）（d）	上/下
			立辊孔型	图5-16（e）	
	异圆复合成型孔型③	粗成型孔型	平辊孔型	图5-17(a)(b)	上/下
			立辊孔型	图5-17（c）	
		精成型孔型	平辊孔型	图5-17（d）	上/下[①]
			立辊孔型	图5-17（e）	[①]

续表5-5

一级孔型	二级孔型	三级孔型	四级孔型	基本孔型形状	备注
焊接轧辊孔型	导向辊孔型	导向上辊孔型		图5-15（d）	无动力
		导向下辊孔型		图5-15（e）	无动力
	挤压辊孔型	两棍挤压辊孔型		图5-15（f）	50%D
		三辊挤压辊孔型	上挤压辊孔型	图5-18 上	
			左右挤压辊孔型	图5-18 下	
	毛刺托辊孔型			图5-15（e）	无动力 圆管
	毛刺压光辊孔型	上压光辊孔型			
		压光托辊孔型			
定径整形辊孔型	定径圆管孔型	平辊圆孔型			与图5-15（e）（f）相似
		立辊圆孔型			
	整形异形管孔型	平辊异形孔型			②
		立辊异形孔型		图5-19	
	整形异圆异形孔型	异圆异形平辊孔型		图5-20（a）	
		异圆异形立辊孔型		图5-20（b）	
矫直辊孔型	圆形矫直辊孔型			图5-15（e）	相似，无动力
	异形矫直辊孔型			图5-19、图5-20	

① 图5-17（d下）（e）中避空槽上角的水平线与下角的竖直线之交点必须在槽外，否则孔型与成型管坯上的凸筋就会发生干涉。

② 当高宽比大于3后，对直接成异工艺，若管形立出，因孔型轧辊底径与外圆速度差大，实轧成型上辊一般使用不完全平辊孔型；若平出，同样的原因一般少用立辊，亦可使用不完全立辊孔型。

③ 异圆成型孔型，是在全新成型思想指导下产生的一种新成型方法，应用该方法能够轧制出过去无法轧制的小凸筋、小凹槽，且筋或槽的形状可以是三角形、半圆形、方矩形，最终的管形亦可以是异形方矩管、异形圆管、异形三角管。此处系指把冷轧直接成异的成型方法与圆管成型方法相结合，将直接成异轧辊孔型上、用于轧槽或轧筋的部分镶嵌在成型圆孔型第一（二）道上，按圆管成型工艺成型，同时对相关道次的孔型作必要的避空处理。

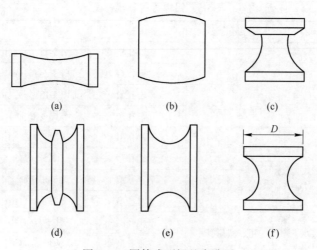

图5-15 圆管成型辊基本孔型

（a）粗成型下辊孔型；（b）粗成型上辊孔型；（c）粗成型立辊孔型；

（d）精成型上辊孔型；（e）精成型下辊孔型；（f）精成型立辊孔型

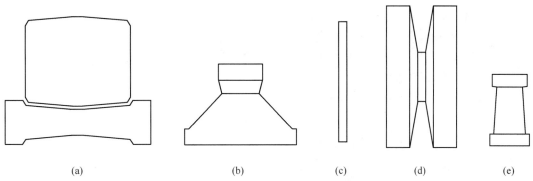

(a)　　　　　　(b)　　　　(c)　　　(d)　　　(e)

图 5-16　水箱用铝合金扁方管直接成异成型辊基本孔型

（a）直接粗成型上、下辊孔型；（b）直接粗成型立辊孔型；
（c）直接精成型上辊孔型；（d）直接精成型下辊孔型；（e）直接精成型立辊

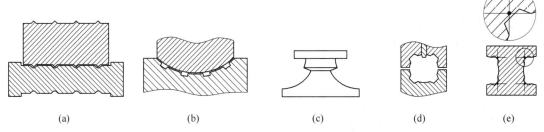

(a)　　　　　(b)　　　　(c)　　　(d)　　　(e)

图 5-17　25 mm×25 mm×(1~4) mm 凸筋先成异圆成型辊基本孔型

（a）异圆粗成型上辊 1、下辊 1；（b）异圆粗成型上辊 2、下辊 2；（c）异圆粗成型立辊；
（d）异圆精成型上辊、下辊；（e）异圆精成型立辊

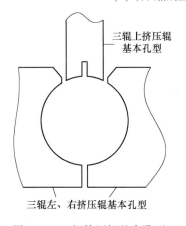

图 5-18　三辊挤压辊基本孔型

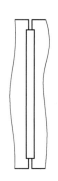

图 5-19　水箱用直接成型
扁方管的定径立辊孔型

5.4.2　轧辊孔型的作用

5.4.2.1　成型孔型的作用

成型孔型的作用有：

（1）将平直管坯轧制成横断面具有一定形状的开口管筒，如果生产圆管，那么就成型为开口圆管筒。如果生产异形管，若按"先成圆后成异"工艺，则仍然成型为开口圆管筒；若按"直接成异"工艺，则成型为开口异形管筒；若按异圆复合成型工艺，则成型为异形开口圆管筒。

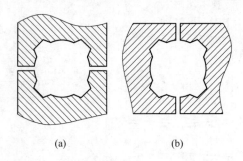

图 5-20　25 mm×25 mm×（1~4）mm 凸筋方管
定径辊基本孔型
（a）平辊；（b）立辊

（2）平辊起主要成型作用，同时提供管坯前行的动力。

（3）立辊辅助成型，在成型的同时阻碍管坯运行。要求焊管调试工要处理好成型需要与确保管坯顺畅运行的关系；既要防止成型阻力过大引起管坯打滑、速度波动，又要尽可能使管坯变形充分。

5.4.2.2　焊接孔型的作用

焊接孔型的作用有：

（1）挤压辊的作用是将铝管坯两边缘的高温熔融金属挤压成一条焊缝，同时确保出挤压辊后的焊管周长有可供后续定径整形用的余量。

（2）导向辊的作用是控制开口管筒的开口方向、开口角大小、焊接热量及管缝方向。

（3）毛刺托辊为稳定去除焊缝外毛刺提供稳定支撑。

（4）毛刺压光辊的作用，顾名思义，是在焊缝尚处于高温时压光去除毛刺后的焊缝。

5.4.2.3　定径整形辊的作用

定径整形辊的作用有：

（1）控制焊管尺寸公差和形位公差。焊接后管子几何尺寸和形状都达不到标准规定的要求，必须利用定径辊孔型对待定径管进行轧制，使定径后焊管的尺寸公差符合标准要求，横截面形状达到标准要求，必要情况下还必须满足客户特殊要求，如单向公差。

（2）对圆管以及异形管平出孔型或45°斜出孔型，平辊起主要定径整形作用并提供管子前进的动力；对立出孔型，尤其是宽高比大的管子，平辊仅起辅助成型作用。

（3）定径整形立辊起辅助整形作用并阻碍焊管运行。要求焊管调试工要处理好定径整形需要与确保管坯顺畅运行的关系；既要防止定径整形阻力过大引起铝管打滑、焊接速度波动，又要避免焊管形状与尺寸不到位。

（4）消减焊管在成型和焊接过程中积累的纵向和径向内应力，辅助矫直，或者说是粗矫直，为下一步的矫直辊精矫直提供基本直度的管子。

5.4.2.4　矫直辊的作用

矫直辊的孔型基本与成品一致，其作用是使出定径机后的焊管直度达到规定要求。此外，轧辊孔型除了按功能分类，还可以按区域、按在设备中放置方式等标志进行分类。

尽管孔型分类方式较多，但是，每一个孔型都是根据人们的需要、遵循一定规律设计出来的，用以满足管坯横向变形的需要。

5.4.3　圆管横向变形的特征

圆管变形方法有中心变形法、椭圆变形法、圆周变形法、边缘变形法、W 变形法、边缘双半径变形法及改进型 W 孔型等，其中，比较适合铝合金圆管横向变形的有椭圆变形法、圆周变形法、边缘变形法、W 变形法、边缘双半径变形法、改进型 W 孔型，这里仅对这些孔型优劣进行比较，而将具体的孔型设计留在第 9 章专门介绍。

5.4.3.1 圆周变形法的特征

圆周变形法又称周长变形法，是指弯曲变形在管坯全宽上从变形开始至成型结束，孔型曲线由一个逐架变小的曲率半径 R_i 和逐架增大的变形角 θ_i 决定，变形过程如图 5-21 所示。

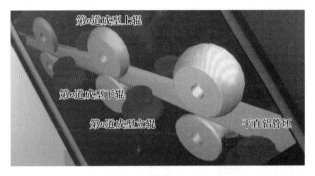

图 5-21　铝焊管成型过程

圆周变形的特征是从成型第一道开始至成型结束，每一道变形的管坯都是一条圆弧线，圆弧曲率半径 R_i 的变化规律是，$R_i : \infty \rightarrow [R_{成品} + (1 \sim 1.5)\,\text{mm}]$，$R_{成品} < 25\,\text{mm}$，变形花如图 5-22 所示。

各个道次的变形半径 R_i、变形角度 θ_i 与管坯宽度 B 的关系由式（5-30）确定。

$$B = \frac{\pi R_i \theta_i}{90} \qquad (5\text{-}30)$$

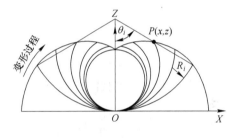

图 5-22　圆周变形法的变形花

根据式（5-30）和图 5-22 知，不管 R_i 如何变化，都可以将管坯变形过程作如下描述：

（1）当 $0° < \theta_i \leqslant 90°$ 时，管坯全宽与上下孔型曲线全接触。这一变形阶段的最小变形半径 $R_i \approx D$（开口圆管筒直径），R_i 在 $\infty \rightarrow D$ 的区间内变化。也就是说，圆周变形法在全宽实轧阶段只能将管坯边缘变形到最小为 D 的尺寸，剩余 $D \rightarrow \dfrac{D}{2}$ 的变形只能依靠局部实轧与空轧孔型完成，而空轧孔型需要借助导向环才能实现管坯变形，这种变形模式对钢管坯没有问题；但是对强度不足钢管坯 44.44% ~ 46.64% 的铝管坯（3003H24Y 与退火 Q195）来说，倘若边缘变形不充分的铝管坯进入闭口孔型辊后，边缘与钢质导向环挤压摩擦不可避免，如图 5-23 所示。那么，管坯边缘的对焊面形态必将受到影响，甚至被破坏，这是其一；其二是由于管坯边部变形不充分，在挤压辊中管坯对焊面极易形成 "V" 对接，这些势必影响随后的焊接，因此圆周变形法较少用于铝管坯成型。

（2）当 $90° < \theta_i < 135°$ 时，$R_i < D$，考虑到顺利脱模，若仍然选择实轧孔型，那么，平辊孔型只能改变管坯中部的形状，中部以外的管坯变形只能由立辊完成。当然，也可选

择空腹轧制方式，利用闭口孔型进行全宽段轧制。

（3）当 $135° \leqslant \theta_i < 175°$ 时，管坯又进入全宽轧制阶段，通过闭口孔型辊将管坯轧成开口宽度为 b（末道精成型辊导向环厚度）的管筒，如图 5-23 所示，完成管坯成型。

在整个管坯成型过程中，管坯边缘一点 $P(x, z)$ 的运动轨迹投影是一条螺旋线，其运动方程是：

$$\begin{cases} x = R_i\sin\theta_i \\ z = R_i(1 - \cos\theta_i) \\ l = \pi R_i \int_0^\pi \left(\dfrac{1}{\theta_i}\sqrt{1 + \dfrac{2}{\theta_i^2} - \dfrac{2\sin\theta_i}{\theta_i} - \dfrac{2\cos\theta_i}{\theta_i}} \right) \mathrm{d}\theta = 4.44R \end{cases}$$

$$(5-31)$$

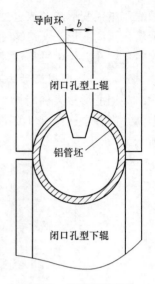

图 5-23　铝管坯边缘与
导向环摩擦示意图

圆周变形法是所有变形法的基础，优点集中体现在变形比较均匀，轧辊设计、加工简单，轧辊具有一定的共用性。但是，边部横向变形在粗成型段没有双半径变形法、边缘双半径变形法和 W 变形法充分，并影响精成型段的变形。

5.4.3.2　边缘变形法的特征

边缘变形法又称单半径变形法，其变形过程是：首先以相当于挤压辊孔型的半径对管坯边部一定宽度进行轧制，将第一道成型管坯边部变形为弯曲半径为 r、弯曲角度为 θ_1 的弯曲弧，而中部仍保持平直，即第一道平辊孔型仅改变管坯边缘形貌，并保持该弯曲弧在随后的变形中基本不变；尔后从第二道开始仍然以 r 为弯曲半径，逐道增大弯曲角 θ_i，对剩下的平直段进行轧制，直至平直段消失成型为开口圆管筒，变形花如图 5-24 所示。

边缘变形法最显著的特征是弯曲半径不变；最大优点是当边缘以接近成品管的尺寸弯曲变形后，在边部形成一个最小曲率半径的拱形，该拱形使管坯边缘抵抗纵向变形的能力倍增，对薄壁管成型极为有利。

在边缘变形法与圆周变形法轨迹投影和边缘最大升高的对比图 5-24 中，边缘变形法管坯边缘一点的运动轨迹投影长度和边缘最大升高均小于圆周变形法，这从一个侧面说明边缘变形孔型优于圆周变形孔型。

5.4.3.3　W 变形法的特征

W 变形法实际上是从边缘变形法演变而来，因其第一道变形平辊孔型的中间和两边都凸起，与 W 的形状相似而得名。在孔型方面，除第一道与圆周变形不同，其余各道孔型的中部变形都与圆周变形法相似。W 变形法的变形花如图 5-25 所示。

W 变形法的特点集中体现在第一道的 W 孔型上，在以约等于挤压辊孔型半径 r 和弯曲角 α 的轧辊孔型对管坯边部进行正向弯曲的同时，用弯曲半径为 R_i 和弯曲角度为 θ_i 的孔型对管坯中部实施反向弯曲变形；目的是既使管坯边部得到充分变形，又不致因边缘突然抬升过高而产生过多边缘纵向延伸，既继承了单半径变形法的优点，又克服了边缘变形过急导致边缘纵向塑性延伸过多的缺陷，对获得稳定、优质的开口成型管筒，确保实现焊缝平行对接等优点明显。现仅以边部变形效果最好和延伸较少的边缘变形法之第一道为参照，与 W 变形法的第一道加以比较说明。

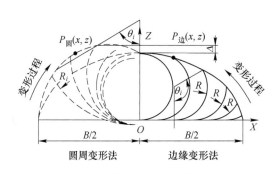

图 5-24 边缘变形法与圆周变形法
轨道投影和边缘最大升高的比较

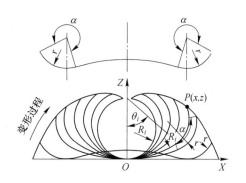

图 5-25 W 变形法的变形花

首先，从管坯边缘升高引发管坯纵向变形方面看，在弯曲半径、弯曲角度、成型管坯、轧辊底径等相同的情况下，边缘变形法管坯边缘升高和型宽分别比 W 变形法高出 Δh 和 ΔB，在图 5-26 中，根据 P 点坐标，有式（5-32）。

$$
\begin{cases}
\Delta h = h_{边} - h_{\mathrm{w}} = r\left[\cos\left(\alpha - \dfrac{\theta_1}{2}\right) - \cos\alpha\right] > 0 \\[2ex]
\Delta B = B_{边} - B_{\mathrm{w}} = 2\left\{\left[r\sin\dfrac{\theta_1}{2} + r\sin\left(\alpha - \dfrac{\theta_1}{2}\right) + R_1\sin\dfrac{\theta_1}{2}\right] - \left[r(\pi - \alpha) + r\sin\alpha\right] > 0\right.
\end{cases}
$$

$$(5-32)$$

式中，Δh 为第一道边缘变形与 W 变形管坯边缘的高度差；ΔB 为第一道边缘变形与 W 变形管坯边缘的宽度差；α 为管坯边缘弯曲弧度；r 为管坯边缘弯曲半径；θ_1 为管坯中部凸起角度；R_1 为管坯中部凸弧的弯曲半径。

由图 5-26 和式(5-32)有：$l_{边缘变形法,0\to1} > l_{\mathrm{W}变形法,0\to1}$，这对后续成型极为有利。

其次，变形管坯边部在 W 孔型中接受到的变形力比边缘变形法的大，管坯在 W 孔型中变形更充分。在图 5-27 中，F 是轧制力，根据力的合成与分解，可将 F 分解为管坯成型的压应力 f_1 和切应力 f_2；成型压应力 f_1 与管坯弯曲弧的法线方向一

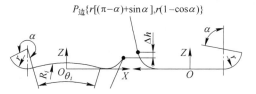

$P_{边}\{r[(\pi-\alpha)+\sin\alpha], r(1-\cos\alpha)\}$

$P_{\mathrm{W}}\{r[\sin\theta_1/2 + \sin(\alpha-\theta_1/2)] + R_1\sin\theta_1/2, r[1-\cos(\alpha-\theta_1/2)]\}$

图 5-26 第一道边缘变形与 W 变形的孔型对比

致，是轧制力中迫使管坯发生横向变形的力，由上下轧辊的孔型共同完成；该力越大，管坯成型效果越好，反之越差。在 F 既定的情况下，根据式（5-33）~式（5-36），管坯边部在边缘变形法（上）下辊孔型和 W 变形法（上）下辊孔型中，各自的成型力 f_{A1}、f_{a1} 和 f_{1A}、f_{1a} 随着 β 或 γ 的增大而减小，并且在各自的最边缘 A、a 点和 A_1、a_1 点处达到各自的最小值。

$$\begin{cases} F = f_{A1} + f_{A2} \\ f_{A1} = F\cos\beta \\ f_{A2} = F\sin\beta \end{cases} \tag{5-33}$$

$$\begin{cases} F = f_{1A} + f_{2A} \\ f_{1A} = F\cos\gamma \\ f_{2A} = F\sin\gamma \end{cases} \tag{5-34}$$

$$\begin{cases} F = f_{a1} + f_{a2} \\ f_{a1} = F\cos\beta \\ f_{a2} = F\sin\beta \end{cases} \tag{5-35}$$

$$\begin{cases} F = f_{1a} + f_{2a} \\ f_{1a} = F\cos\gamma \\ f_{2a} = F\sin\gamma \end{cases} \tag{5-36}$$

由于变形方式不同，使得虽然管坯边部的弯曲变形半径 r、弯曲区弧长 $\overset{\frown}{AC} = \overset{\frown}{A_1C_1}$、轧制力 F 等都相同，但是，管坯受到的成型力和成型效果却不同。在图 5-27 和式（5-33）~式（5-36）中，最边缘 A、a 点的 β 小于 A_1、a_1 点的 γ，使函数 $F\cos\beta > F\cos\gamma$，这样，W 变形法管坯边缘 A 点受到的成型力 f_1 就比边缘变形法管坯边缘 A_1 的大。因此，W 变形法管坯边部的变形效果好于边缘变形法，该孔型轧辊被广泛应用于冷凝器集流管的生产。

5.4.3.4 椭圆变形法

椭圆变形法主要适用于大高宽比、薄壁管如水箱用扁椭圆管的成型，很少用于成型圆管，属于直接成型的范畴，变形花如图 5-28 所示。

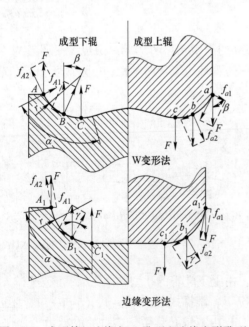

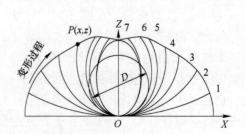

图 5-27 成型管坯边缘在 W 孔型和边缘变形孔型
第一道成型平辊中的受力分析

图 5-28 椭圆变形法的变形花

　　椭圆变形法充满了辩证思维，是基于利用变形过程中管坯边缘存在的纵向拉应力确保管坯边缘不失稳，与上山成型有异曲同工之妙，如图5-29所示。

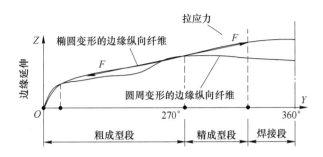

图5-29　椭圆变形法与圆周变形法管坯边缘纵向变形曲线

5.4.3.5　边缘双半径变形

　　边缘双半径变形是针对高强度厚壁管变形难点，于近年新研发的变形方法。它的指导思想是：依据回弹理论和变形管坯都会或多或少地发生回弹的客观存在，找到克服变形管坯回弹的方法。

　　A　边缘双半径孔型的内涵

　　所谓边缘双半径变形是指：在第一道成型平辊孔型中，用大小不等的两个弯曲变形半径 R_1 和 R_2 同时对管坯边部约四分之一管坯实施轧制，并在后续轧制过程中保持成型管坯边缘双曲率变形不变，直至成型为开口圆管筒。边缘双半径变形与其他变形方式最本质的区别在于，成型管坯边缘由两段不同曲率半径的弧线组成，如图5-30所示。

　　图5-30中，将管坯边部约四分之一管坯宽度分为最

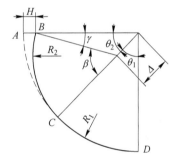

图5-30　边缘双半径孔型

边缘 $\overset{\frown}{BC}(\overset{\frown}{AC})$ 和次边缘 $\overset{\frown}{CD}$ 两部分。其中，次边缘弯曲变形半径 $R_1 = R$（成品管半径或挤压辊孔型半径），与 R_1 对应的弧度为 θ_1；最边缘弯曲变形半径 R_2 是整个边缘双半径孔型的重要参数，它决定成型后的管坯两边缘能否实现工艺要求的平行对接。根据所要成型管坯的规格和需要达成的工艺目标等确定相应的 R_2 值，但 R_2 必须小于 R_1，这也是边缘双半径孔型的设计初衷。R_2 由式（5-37）确定。

$$R_2 = R_1 - \Delta \tag{5-37}$$

式中，Δ 为专门针对高强度难变形管和小直径厚壁管成型后，管坯边缘因回弹上翘而需要消除上翘高度之调节因子，Δ 的数值因管坯性能而定。

　　B　边缘双半径变形法的设计动因

　　管坯从平直状态成型至待焊圆管筒时，待焊管坯对接面都存在不同程度的壁厚V形口，如图5-31（a）所示，管壁越厚，管径越小，管材强度越高，壁厚V形口越明显，对焊缝强度的负面影响就越大。

　　从图5-31（b）可以看出，在待焊管筒两对接面之间存在上下两个开口距离不等的Y形，这让对焊接温度十分敏感的铝焊接工艺陷入两难：根据高频电流的邻近效应原理，若

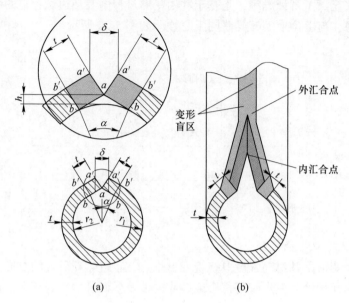

图 5-31   变形盲区与焊接 V 形口内外 Y 形示意图
（a）焊接 V 形口；（b）内外 Y 形

按开口距离大的外 Y 处确定焊接温度，那么开口距离小的内 Y 处势必偏高，导致焊缝受正压力后出现内侧开裂；若按开口距离小的内 Y 处给定焊接热量，则开口距离大的外 Y 处必然焊接温度偏低，形成焊缝"夹生饭"，焊缝受侧压力后易出现外侧开裂。而形成待焊管坯对焊面上下两个开口距离不一致的根本原因是：成型管坯边缘在变形过程中存在不可避免的变形盲区，即在管坯边缘宽度尺寸相当于管坯厚度的部位无法发生弯曲变形，仍是直线。在图 5-31（a）中，变形盲区直线段 ab 和 $a'b'$ 分别在 b 和 b' 处与内外圆相切，这样，在管坯横截面上，两对焊面 aa' 便形成夹角 α，出现壁厚 V 形口；并且管坯相对厚度和绝对厚度越厚，管坯强度越高，实际变形盲区 T、壁厚 V 形口及盲区开口 δ 就越宽，进而对焊缝强度的危害越大。

需要指出，受变形管坯壁径比、强度、变形方式的影响，实际变形盲区远大于理论盲区。仅就变形方式而言，同种规格成型管坯、不同变形方式下的实际变形盲区宽度 T 呈现式（5-38）所示的关系。

$$T_{中} > T_{圆} = T_{椭} > T_{综} = T_{边} > T_W > T_{边双} \tag{5-38}$$

大量测量数据发现，实际变形盲区宽度 T 在 $1.5t \sim 3t$ 之间波动，由此易得成型管坯上变形盲区的开口宽度为：

$$\delta = 2t\sin\left(\arctan\frac{T}{r_2}\right) \tag{5-39}$$

式（5-39）的意义在于提醒孔型设计师注意，当待焊管坯 V 形口下部内圆两边距离为 0 时，V 形口上部仍存在 δ 宽度的缝口。以 $\phi32$ mm×2.5 mm 焊管成型至待焊管筒为例，仅理论缝口宽度最小也有 1.34 mm、最大值达到 2.43 mm，不仅影响焊接热量输入，也影响实际挤压力输入、焊缝强度和清除内毛刺；而最大值则是铝焊管生产工艺完全不能接受的，这种情况下必须重新审视焊管成型方式与成型工艺。

因此，应重视成型孔型的研究与改进，变形盲区虽然无法消除，但运用边缘双半径孔型消除壁厚 V 形口还是可行的，且是最经济的方法。

C　边缘双半径变形法"消除"变形盲区的原理

在图 5-30 中，将 $\overset{\frown}{AC}$ 弧最边缘一点 A 以 C 为支点移至 B 点，形成半径为 R_2、弧度为 β 的 $\overset{\frown}{BC}$，移动距离 AB，则相当于图 5-31 中的 h。这里，为了便于区别记作 H，对应地称 H 为壁厚 V 形口压下高度。

倘若能够让 V 形口压下高度 H 略大于 V 形口上翘高度 h，那么就会与设计思路相吻合，二者必须满足式（5-40）。

$$H - h = 0.01 \sim 0.1 \text{ mm} \tag{5-40}$$

其中：

$$h = \begin{cases} \sqrt{r_2^2 + t^2} - r_2 & \text{（理论计算）} \\ \sqrt{r_2^2 + T^2} - r_2 & \text{（实际应用）} \end{cases} \tag{5-41}$$

而式（5-40）中的 H 为：

$$H = R_1 - R_2 \times \frac{\sin\beta}{\sin\theta_2} \tag{5-42}$$

若按式（5-42）来确定 H 值并体现在孔型上，就能解决因变形盲区而产生的一些成型和焊接隐患。

另外，通过大量计算发现，当小直径厚壁管壁厚 V 形口上翘高度为 h 时，首次试算取 $\Delta \approx 3h$，可使图 5-30 中的 H 比较接近图 5-31 中的 h，有时并不需要多次反复试算，即可满足式（5-40）。届时，图 5-31 中的 δ 和 h 不复存在，壁厚 V 形口消失，管坯边缘两对焊面平行对接，从而实现边缘双半径变形孔型的工艺目标。

特别地，由于精成型辊不能对成型铝管坯施加过大成型力（原因参见 5.4.3.1（1））的缘故，使得边缘双半径变形孔型在成型状态 H16~H19 厚壁铝管时的效果十分显著，且管坯越厚越硬，效果越明显。

D　边缘双半径变形孔型的组合应用

将边缘双半径变形的思想运用到其他变形方法上，能够改良出一系列新的变形方式，如边缘双半径-综合变形法、边缘双半径-W 变形法等。

E　改进型 W 孔型

详见 5.11 节。

5.4.4　成型圆孔型的共同特征及意义

尽管成型待焊圆管筒的方式多种多样，形式不同，尺寸各异，但是，都可以将它们分成粗成型和精成型两类。我们通常所讲的某种变形方式，主要体现在粗成型段，甚至只体现在第一道成型平辊上。

5.4.4.1　粗成型平辊孔型的特征与意义

（1）变形角度。变形角度通常在 0°~270° 之间，这意味着大约 3/4 的变形在这一阶段完成，要合理分配变形道数。

（2）实腹轧制。在粗成型阶段，不论成型管坯厚薄、宽窄，平辊孔型对管坯都是进行实腹轧制；至于是全宽实腹轧制还是局部实腹轧制，则要看变形方式与变形角度。局部实腹轧制要防止管坯局部被过度轧薄，影响成品性能。

（3）下凹上凸。每一道开口成型平辊孔型都是一对下凹上凸孔型，上辊切入弯曲管坯腹腔内。这就要求在设计上辊宽度和直径时，需要注意防止与管坯边缘发生干涉。

（4）孔型不闭合。轧辊孔型是一个开放的空间，上下孔型曲线不闭合，孔型曲线呈同心圆的关系，这就使得共用部分粗成型孔型轧辊成为可能。

5.4.4.2　精成型平辊孔型（闭口孔型）的特征与意义

（1）变形角。精成型孔型的变形角一般在270°~350°之间，而末道精成型的变形角基本在340°~350°，这实际上给出了末道导向环厚度的两种计算式，见图5-32、式（5-43）和式（5-44）。

$$\hat{b} = B \times \left(\frac{360}{\theta_M} - 1 \right) \text{ 或 } \hat{b} = (0.029 \sim 0.059)B \qquad (\theta_M = 340° \sim 350°) \qquad (5\text{-}43)$$

$$\bar{b} = 2R_M \sin \frac{360 - \theta_M}{2} \text{ 或简化为 } \bar{b} = (0.17 \sim 0.35)R_M \qquad (\theta_M = 340° \sim 350°)$$
$$(5\text{-}44)$$

而 $\hat{b} \approx \bar{b}$，所以，式（5-43）与式（5-44）可任意选用。

（2）空腹轧制。不管有多少种变形方法，一旦管坯进入闭口孔型，成型管坯就在全宽上接受空腹轧制。在这个过程中，既要防止成型管坯因轧制力过大导致管坯周向过多缩短问题；更要防止因轧制力大造成导向环对管坯两对焊面的"啃食"，被"啃食"的待焊成型管筒对焊面的典型样式如图5-33所示，箭头所指部位为开口铝管筒对焊面被导向环"啃食"后的形貌。

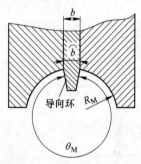

图5-32　导向环厚度计算图

（3）不变的闭口孔型。所有变形方法的变化，大多显示在粗成型段，精成型段的孔型都十分相似，各种变形方式之间的关系见表5-6。

图5-33　开口铝管筒内外圆边缘被"啃食"与对焊面上的凹凸槽

表 5-6　不同变形孔型之间的区别与联系（7 平 7 立）

变形方式		变形方式代号	粗成型段				精成型段			
			第1道		第2~4道		第5道		第6~7道	
			H	V	H	V	H	V	H	V
圆周变形		Y	Y		Y		Y			
边缘变形		B	B		B		Y			
W 变形		W	W	B	S		Y			
边缘双半径	边缘变形	B—B	B—B		B		Y			
	双半径变形	B—S	B—S		S		Y			
	W 变形	B—W	B—W				Y			

5.4.4.3　成型立辊孔型的特征与意义

（1）孔型尺寸方面。以圆管为例，立辊孔型半径约等于其前后平辊孔型半径之和的平均值。

（2）粗成型立辊辊缝大多较大，这对减轻辊重、降低辊耗、节省投资等都有意义。

（3）全部从变形管坯外围实施空腹轧制，所有的轧制力都会演变成阻碍管坯运行的阻力，这就要求调整工必须正确处理立辊变形量与管坯平稳运行的关系，以确保管坯平稳运行为基本原则，不能顾此失彼。

5.4.5　选择横向变形孔型的原则

按何种孔型方式变形管坯，不仅事关成型管坯的成型质量、焊接质量、表面质量及最终产品质量，还影响孔型使用寿命、焊管生产效率等一系列经济指标，而且这种影响是长期的、不可逆的。因此，在孔型选择时要慎之又慎，并遵守以下基本原则。

（1）成型机组原则：要求结合成型机组的规格、型号、布辊方式等选择孔型。

（2）产品原则：不同产品对成型后的开口圆管筒有不同特殊要求，像成型厚壁管、特厚壁管，首先要求管坯边缘变形充分，不出现 V 形对接，消除变形盲区对随后焊接的影响，为此应该选用边缘双半径孔型。反之，如果成型薄壁管、汽车水箱管，则首要任务是尽可能增大成型管坯边缘的纵向拉应力，预防成型失稳，为此就要选用纵向延伸较小的 W 孔型。

（3）管坯材质原则：是指依据要成型的主打材料选择与之相适应的孔型。如孔型将来的主打产品是高强度厚壁冷凝器集流管，首要考虑的是管坯横向变形能否充分、能否确保变形管坯两边缘实现平行对接的问题，为此选择边缘双半径-W 变形的组合孔型比较适宜。

不管采用何种横向变形方式，在实施管坯横向变形过程中都要注意预防轧制力过大导致管坯断面发生变形。

5.5　圆管断面变形特征

圆管断面变形是指因管坯成型、焊接和定径过程致使管壁厚度发生的变化。从平直管坯到圆管，要经历三个工艺内容完全不同的阶段，每个阶段的断面变形特征各异。

5.5.1　成型段管坯横断面变形

研究成型段管坯的横断面变形，至少可以分为粗成型段横断面变形和精成型段横断面变形两部分。

5.5.1.1　粗成型段管坯的横断面变形

根据描述管坯边缘一点纵向运动轨迹的图 5-34 所示，管坯边部的纵向延伸主要发生在粗成型段，而且知道边部相对管坯底部纤维绝对伸长了。那么，由金属塑性变形体积不变原理可知，用于伸长的管坯体积为：

$$V_C = \iint_D \frac{B\mathrm{d}t\mathrm{d}l}{2} = \frac{B}{2} \int_0^{\Delta l} \mathrm{d}l \int_0^{\Delta t} \mathrm{d}t \tag{5-45}$$

式中，V_C 为粗成型段因长度增长而导致厚度减薄的体积；B 为管坯宽度；$\mathrm{d}t$ 为厚度减薄的变化量；$\mathrm{d}l$ 为长度增长的变化量；Δt 为壁厚最大减薄量；Δl 为长度增长量。

而与式（5-45）对应的粗成型段管坯的横断面变形如图 5-35 所示。从图 5-35 可以看出，随着变形角 θ_i 的增大，也就是管坯不断地沿成型区前进，边缘逐渐升高，壁厚减薄量增大，至粗成型结束，管坯壁厚最大减薄量达到 Δt。

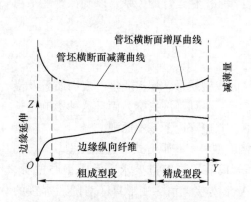

图 5-34　成型管坯边部纵向变形曲线与横断面减薄/增厚曲线关联图

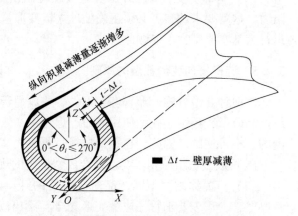

图 5-35　粗成型段管坯断面减薄规律示意图

如果进一步细分会发现，其实这种减薄在整个成型区域内，既不是均匀地在道次间进行，也不是在某截面内均匀分布。总的来说，呈现 $\Delta t_i > \Delta t_{i+1}$ 和 $\Delta t_边 > \Delta t_中$ 的特征，并与反映管坯边缘纵向延伸变形的图 5-34 相吻合。其中，成型管坯第一道边部减薄最多，中底部几乎没有变化；而后几道断面的减薄在道次间则显得相对均匀，没有明显峰值。

5.5.1.2　精成型段管坯的横断面变形

管坯进入精成型区域后，横断面的减薄随着成型管坯纵向延伸的停止、边缘升高越过峰值后的回复变形以及精成型辊孔型的归圆成型，使得管壁厚度在精成段得到不同程度增厚。该段壁厚的变化特点是：在前面减薄的基础上管壁有所增厚，如图 5-36 所示，至于最终管壁表现为大于原始厚度还是小于原始厚度，既要看孔型设计的情况，更要看现场调试的情况，这种不确定性正是焊管工艺的奥妙所在。

5.5.1.3 影响管坯横断面变形的因素

影响管坯横断面变形的因素包括变形方式、成型底线、管坯性能、操作、设备等。

（1）横向变形方式，即孔型。不同孔型系统，在同一成型区域的孔型高度、孔型宽度、成型管坯边缘一点的运动轨迹不同，产生的边缘纵向延伸与断面变形差异较大。

（2）成型底线对成型管坯横断面变形的影响。如前所述，成型底线不同，边缘延伸各异，由此关联的横断面变形必定不同。

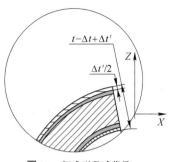

■ Δt —粗成型段减薄量
▤ $\Delta t'$ —精成型段增厚与回复量

图 5-36　精成型管坯断面增厚示意图

（3）管坯力学性能与状态对横断面变形的影响。管坯强度高、硬度高，塑性和伸长率必低，相对难变形，断面减薄或增厚程度轻微，以管坯状态为例，H12…H19 变形逐渐减小；反之，变形大。

（4）操作对成型管坯横断面变形的影响，主要表现在辊缝控制、轧制力施加及孔型对称性调整等方面。如果局部实腹轧制时，轧制力过大，则中底部管壁减薄严重；实腹轧制段上下轧辊孔型不对称，则辊缝偏小一侧的管坯减薄多于另一侧。

（5）设备精度。平辊轴径向跳动与轴向跳动、孔型面径向跳动与轴向跳动等都可能导致成型铝管坯横断面出现周期性减薄变形。

5.5.2　焊接段管坯的横断面变形

焊接段管坯的横断面变形突出表现在焊缝区域。由于焊缝是在高温和挤压力下完成的，高温导致热影响区的管材变软，部分熔化，而挤压力使软化、熔化的管坯边缘相互结晶与堆积，形成焊缝、内外毛刺及增厚层。这就使得所有焊接铝管横断面在焊缝处的变形都有一个共同点，即在焊缝中心线两侧一定范围内，都存在或多或少的增厚变形，如图5-37（a）和（b）所示，这部分变形一般不影响焊管性能与实际使用。在焊缝外侧，未去除外毛刺之前也存在壁厚增厚层，只不过在刨削外毛刺时被去除了而已。如果内毛刺也被去除了，那同样看不出增厚。反之，若内外毛刺去除过深，还会产生变薄的假象。

焊接段横断面除了焊缝区域明显变化外，还发生两个方面的变化：一是在挤压力作用下，挤压辊孔型迫使管坯周向缩短，断面微量增厚，详见图5-37（c）中的 A 向；增厚过程发生在进入挤压辊孔型段，在两挤压辊中心连线处达到峰值。二是在挤压阻力和定径轧制力拉拽下焊管被拉伸长，断面减薄，参见图5-37（c）中的 B 向，减薄过程发生在出挤压辊段。可见，增厚与减薄并不在同一个时序上，增厚在前，减薄在后，至于最终表现为增厚还是减薄，则要看周向缩短量的体积 $V_{前}$ 与拉拽伸长量的体积 $V_{后}$：

$$\begin{cases} V_{前} > V_{后}，管壁增厚 \\ V_{前} = V_{后}，管壁增厚与减薄抵消 \\ V_{前} < V_{后}，管壁减薄 \end{cases}$$

5.5.3　定径圆管横断面变形解析

影响焊管在定径段横断面增厚或减薄的因素，在工艺层面首推定径余量，其次是定径

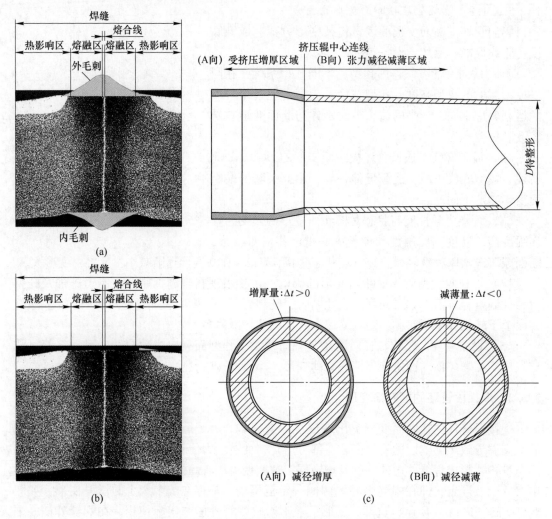

图 5-37 焊缝区域壁厚增厚与焊接段壁厚增量变化示意图

（a）内外毛刺未去除前焊缝部位横断面全貌；（b）内外毛刺去除后焊缝部位横断面全貌；（c）焊接段壁厚增量变化

平辊底径递增量。定径余量和定径平辊底径递增量对壁厚增量就像一对孪生兄弟，关系密切，相互作用，影响深远。

根据金属塑性变形体积不变原理，待定径圆管径向被减小与周向被缩短后，其减小和缩短的量有三种表现形态：一是转化为厚度；二是转化为长度；三是既有增长又有增厚。更多的是大部分转化为长度，极少部分转化为厚度，因为根据范德华力（分子力），当分子间距离增大（拉伸）时，分子力表现为引力并存在一个极大值，该值相对无限大而言很小；当分子间距离减小（压缩）时，分子力表现为斥力，这个斥力随着分子间距的减小迅速趋于无限大。也就是说，拉伸比压缩更容易实现。

设计定径平辊底径递增量的根本目的之一就是吸收这部分长度转化量，以确保焊管在定径机各道次之间具有足够纵向张力，否则无法顺利轧出焊管。至于向哪个方面转得多些或少些，则要看定径辊产生的周向压缩力 P 和纵向拉拽力 T 之大小，T 与 P 有三种配匹方式，从而形成三种不同的管壁厚度增量，作用机理如图 5-38 所示。

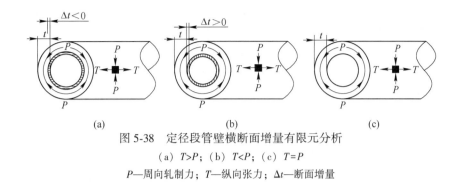

图 5-38 定径段管壁横断面增量有限元分析

（a）$T>P$；（b）$T<P$；（c）$T=P$

P—周向轧制力；T—纵向张力；Δt—断面增量

其中，$T=P$ 则是一种理想的定径工艺状态，实践中难以掌控。于是，人们便退而求其次，将 T 略大于 P 作为定径工艺追求的状态；而 $T<P$ 则是定径工艺需要避免发生的状况。

5.5.4 研究焊管横断面增量的意义与预防措施

5.5.4.1 研究焊管横断面增量的意义

由于焊管外壁受定径辊孔型制约，在不考虑公差的前提下，最终的增量都体现在管子内腔，即内径由理论上的 $d=D-2t$ 变为实际上的 $d=(D-2t)\pm\Delta t$，这对有内配要求的铝焊管而言需要引起人们重视。过往，人们对焊管壁厚增量问题研究不多，重视不够，总认为它对焊管品质影响不大。但是，对一些要求进行内钎焊的管子，若增厚过多，在实施插入钎焊时会破坏插入件表层的钎料层，影响钎焊效果；若减薄过多则会增大钎件之间的间隙，造成漏钎。另外，若按理论质量交货，如果增厚较多，则不利于企业赢利。

5.5.4.2 预防管壁过度变化的措施

预防管壁过度变化的措施主要有孔型方面、开料方面和操作方面。

（1）孔型方面。如精成型孔型设计偏小，焊管进入时周向被挤压较多，继而形成管壁增厚；反之，孔型设计偏大一点，焊管不容易减径，壁厚也不容易增厚。

（2）开料方面。管坯偏宽，若成型余量和焊接余量都用得恰到好处，则宽出的部分势必要以定径余量之增量形态出现，并因之增大定径余量，进而引起管壁增厚，这一点在圆变异工艺中角部的表现尤为突出。

（3）操作方面。以焊接挤压力偏大为例，极易引起焊管周长缩短，以及随之而来的管壁增厚和焊缝部位增厚。

在某种意义上讲，操作对壁厚的影响更大。仍然以料开宽了为例，宽出的部分既可以选择在成型、焊接或定径段独自消耗掉，也可以选择共同分担消耗掉。而在独自消耗状态下，焊接消耗所产生的管壁增厚最少，因为红热状态下铝合金特软，多余的宽度很容易以毛刺的形态被挤掉，对管壁增厚影响最小。

同样，操作不仅影响定径焊管的壁厚与长度变化，对焊管成型、焊接的影响也必须引起人们高度重视。然而，实践证明，仅靠高度重视依然不能彻底解决操作对焊管生产、产品质量的影响；在人工智能的时代背景下，唯有实现铝焊管的智能制造才是根本解决之道。

5.6 铝焊管智能成型

铝焊管智能成型是指围绕铝焊管机组，利用综合布线技术、网络通信技术、自动控制技术、音视频技术、计算机技术、智能算法等，将与铝焊管成型相关的设备集中起来，通盘考虑，着眼于解决铝焊管成型所遇到的问题，提升铝焊管成品质量并且能自主地优化成型过程，获得优质的待焊成型管筒，使之满足随后的焊接需要。它具有自感知、自比较、自预测、自适应能力，能够发现、解决或避免成型过程中可见与不可见的问题，是生产高品质、高附加值铝焊管的必由之路。

5.6.1 铝焊管智能成型的必要性

铝焊管智能成型的必要性主要体现在 5 个方面：

（1）焊管智能成型是生产高附加值、高品质铝焊管的需要。高附加值铝焊管的标志是高品质，获得高品质铝焊管的重要前提是要有一个高质量的成型管坯，可是，由于铝管坯存在硬软厚薄宽窄变化、成型机状态变化以及操作调整误差，其中有些变化较细微，在成型管坯高速运行状态下凭借人力难以被及时发现，它们有的形成显著质量缺陷，有的形成隐性质量缺陷；特别是后者常常在焊管服役过程中会由隐性缺陷逐渐变成显性缺陷。显性缺陷也好，隐性缺陷也罢，都是高品质焊管不能接受的。

（2）个体经验具有不确定性。调整工的经验丰欠，也可能过时，且个体差异大，一言以蔽之，不是最优化的经验。一个现实是，目前尚没有针对铝焊管生产工艺研究的专著，从事铝焊管工作的人之经验大多是借鉴焊接钢管和实践中摸索，但是铝管坯成型与钢管坯成型既有相似之处，更有迥异之别；调整钢管的经验有许多并不适用于铝焊管成型调整，这是其一。其二是在完全相同的场景下，有的师傅三下五除二很快就能处理某类成型缺陷，有些师傅可能花费数小时，甚至以调整失败告终，说明个体经验具有不确定性与不可靠性。

（3）依靠人的监控难以准确及时发现问题。在管坯以 60~100 m/min 或者说以 1~1.667 m/s 速度成型的条件下，仅仅依靠人的视觉、听觉、触觉很难对成型过程中管坯的一些细微变化做出精准判断。如在生产材质为 3003H14、管子规格为 $\phi32$ mm×2.5 mm 集流管时，中间有一段管坯的强度突然从 140~200 MPa（数据库已有）变到 160~230 MPa、硬度（HB）突然从 35~45（数据库已有）变化到 40~55，这些变化必然与既有工艺参数不相适应，对制管有负面影响；但是这种变化在动态状态下无法被操作者看出来，更不用说进行处理了。

（4）人的精力有限。在焊管机组高速运行状态下，即使调整工的经验很丰富，也很尽责，但是工作时不可能始终保持专注，而问题最容易发生在人们精力不集中的时候。

（5）设备故障预测不准确。特别对于平辊轴承磨损失效之类看不见的故障只能用"大概""可能""说不定"等不确定词汇来描述，而平辊轴承磨损失效对焊管成型、管坯稳定运行等影响极大。这些问题在传统作业模式下无法从根本上解决，而在"两化"深度融合与智能制造的大背景下，通过智能感知与智能控制模式，运用仿真建模、需求预测、决策优化和健康管理等方法能够做到过去想做而做不到的事。

5.6.2 铝焊管智能成型方案

5.6.2.1 仿真建模

仿真建模包括以下四个步骤。

（1）收集数据。收集数据包括铝管坯材料理化性能与参数、设备性能与参数、轧辊孔型类型与参数、成品铝焊管与每个道次成型平立辊对应的工艺参数等，主要通过统计调查方式收集整理获取。

（2）采集数据。这里主要指实时数据采集，就是对成型过程中的动态和静态变形管坯的变化进行实时监控与数据采集，需要通过由各类传感器构成的感知层得到数据。

（3）建模。当这些数据收集与采集完成后，就能够建立关于铝焊管成型过程的三维仿真模型，仿真图如图 5-39 所示，并且应用 FEM（Finite Element Method）等分析软件进行计算、分析、模拟。

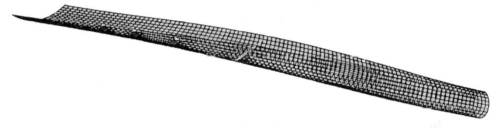

图 5-39　铝焊管成型的三维仿真

（4）模型验证。模型的输入可以是焊管规格、管坯强度，也可以是管坯状态、冷却液流量变动参数；输出则是成型管坯实时变形状态与运行状态参数，如因冷却液泵发生故障致使流量减少 20% 后，轧辊温度会因之上升 X ℃，轧辊外径会随之膨胀 Δ mm，而膨胀后上下平辊辊缝会减小 δ mm，进而增大轧辊与管坯间的摩擦力，焊管实际运行速度会增加 v m/s，相应地焊接线能量必须增大 x J/mm，以满足焊接速度变快后所需要的焊接线能量。这正是人们期望的仿真模型，模仿一个真实的、冷却液流量减少后的铝焊管成型过程及其成型环境。需要指出，这个过程除了流量变化可能被人察觉，其他变化都是细微的，相对人的感观而言都是"无形"的，可是对成型成果的影响却是有形的，即管筒运行速度变快或者管筒开口变小。

验证的目的就是将仿真模型与实际情况进行比较，检验模型与真实场景的拟合程度，并且对模型进行修正，理论建模与验证过程如图 5-40 所示。

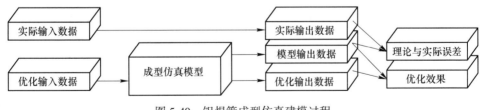

图 5-40　铝焊管成型仿真建模过程

5.6.2.2　需求预测算法

仅有铝焊管成型的仿真模型是远远不够的，还需要有相关的子模型配合。通过这些子模型对铝焊管成型过程进行动态监控与预测，目的是知道当发生 A 事件时，会产生 B、C、D 等几种结果，以及决策措施。尤其是，实现精准预测和前瞻预测是铝焊管智能成型的主要诉求；但是，这些诉求需要将机器学习和理论建模结合起来才能实现。因为铝焊管的成型是一个牵一发而动全身的流程作业，影响因素众多，是典型的线性系统和非线性系统的混合体。一因多果、一果多因、多因多果、多果多因现象在铝焊管成型中得到淋漓尽致的体现，如在5.6.2.1节（4）中，起因是不起眼的冷却液流量减少，结果则多达6个，若再进一步细分，则果更多。欲对这么多因果关系进行预测分析，达到最佳的自主成型效果，就必须依靠诸如时间序列预测、多项式回归预测、神经网络预测、微分方程预测等模型对铝管坯成型实施动态预测、实时干预。

（1）时间序列预测模型。该模型由自回归模型（Auto-Regressive）和滑动平均模型（Moving Average）构成，时间序列预测模型在预测中长期变化趋势方面有优势，如预测成型平辊轴承磨损对焊管成型的影响，在图 5-41 所示的轴承磨损中，对焊管成型影响比较大的为磨合期和剧烈磨损期，磨合期轴承磨损量大、温度升高快，影响轧辊孔型面与铝管坯的摩擦力；剧烈磨损期的轴承处于风雨飘摇中，对焊管成型的影响显而易见，而什么时间后剧

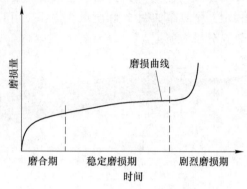

图 5-41　平辊轴承磨损曲线

烈影响成型，每个道次是不相同的，可以交由时间序列预测模型去完成，见式（5-46）和式（5-47）。

1）AR(p)（p 阶自回归模型），当前值只是过去值的加权求和。

$$x_t = \delta + \phi_1 x_{t-1} + \phi_2 x_{t-2} + \cdots + \phi_p x_{t-p} + u_t \tag{5-46}$$

式中，δ 为常数，表示序列数据没有 0 均值化；ϕ_p 为权重；u_t 为白噪声序列。

2）MA(q)（q 阶移动平均模型）表示过去白噪声的移动平均值。

$$x_t = \mu + u_1 + \theta_1 u_{t-1} + \theta_2 u_{t-2} + \cdots + \theta_q u_{t-q} \tag{5-47}$$

式中，μ 为常数；θ_q 为权重；$\{u_t\}$ 为白噪声过程。

（2）多项式回归预测模型 [见式（5-48）]。该模型的优点：一是建模迅速，对于小数据量且关系不复杂的事件预测非常有效；二是回归模型容易解释。缺点是对非线性数据或者数据特征间具有相关性时建模比较难，而且难以很好地表达高度复杂的数据。

$$f(x) = a_n x^n + a_{n-1} x^{(n-1)} + \cdots + a_2 x^2 + a_1 x + a_0 \tag{5-48}$$

（3）人工神经网络（Artificial Neural Network，ANN）简称神经网络。它是由大量简单、高度互连的神经元组成的复杂网络计算系统，是智能控制技术的主要分支，如过程控制、生产控制、模式识别、决策支持等，具有函数逼近能力、自学习能力、复杂分类功能、联想记忆功能、快速优化计算能力，以及高度并行分布信息存贮方式带来的强鲁棒性和容错性等优点。将神经网络与模型预测控制相结合，为复杂工业过程中非线性问题的预测控制提供了强有力工具，神经网络结构如图 5-42 所示。图中的神经网络结构只是数十种神经网络中的一种，实际应用时要依据数据大小、问题性质恰当选择。

（4）微分方程预测模型。该模型是基于相关原理的因果预测法，既能反映事物内部规律，反映事物的内在关系，也能分析两个因素的相关关系，精度比较高。例如，建立管坯硬度变化与成型管坯回弹量关系的微分方程模型，通过监控成型管坯的实时回弹量便能

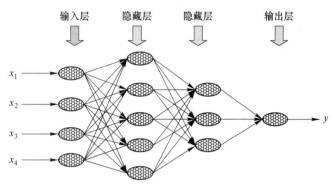

图 5-42 神经网络

知晓管坯硬度的变化值，当变化值超过模型设定的阈值后，模型就会自主地向相关执行器发出动作指令，进而自主地完成相应的调整。需要指出，由于微分方程预测模型的建立是以局部规律的独立性假定为基础，故做中长期预测时，偏差有点大，而且微分方程的解比较难以得到。

当然，远不止这些模型可以对铝焊管成型过程进行预测，当这些预测模型经过验证、修正后，就能够作为预测铝焊管成型趋势的工具，对在铝焊管智能成型中可能出现的缺陷做出精准且具有前瞻性、但不一定是最优的决策。

5.6.2.3　决策优化算法

在铝焊管成型中会遇到各种各样的问题，如硬度变化、宽度和厚度公差变化、轴承润滑变化、螺帽松动、速度波动、轧辊磨损、轧制力变化等。决策优化的功能就是将这些变化按程度细分并进行排列组合，作为变量条件输入到已经建立的模型中，模型就会输出一个自认为的优化结果；而且可以反复多次地进行优化，最终就会形成比较有利于铝焊管成型的输出结果。这样，在实际成型过程中当感知层感知到上述变量出现时，就会依据优化结果自主决策，让执行层予以实时执行。

优化的算法有线性规划、遗传算法、粒子群算法等。

5.6.2.4　管坯运行状态评估

管坯运行状态评估的专业术语是故障预测与健康管理（PHM）预测，在对铝焊管成型状态进行智能监测的基础上，通过焊管机组运行的电流、电压、转速、轧制力、平辊轴承温度、管坯性能、轧辊状态、冷却液流量等信号的分析，并与实操人员协商一致，最后给出一整套评判成型管坯的工艺参数，以此为标准，系统和人员都必须严格执行。

5.6.3　铝焊管智能成型方案的优点

铝焊管智能成型方案的优点如下：

（1）最大程度地降低人为因素的影响，将依靠人的观察、监控、经验、滞后调整变成系统智能地、前瞻地、自主地决策执行。

（2）最大程度地提高监控效能。由各类传感器构成的感知层能不知疲倦、事无巨细地监测管坯运行状态，将调整工看得见和不可见的变化影响尽收眼底，让调整工无法预见的变动趋势通过人机交互平台做到成竹在胸，早有预案。

（3）预测性调整。在非智能时代，调整工所做的调整，绝大部分都是被动应付的滞后动作，而铝焊管智能成型系统的革命性在于预测前瞻、决策前瞻、执行实时。

5.7 焊管成型调整

成型调整，是焊管调整的基础；如果说焊管调整是一门艺术，那么，成型调整就是艺术殿堂中的奇葩。有人穷尽一生终不得其要领，用充满玄机和水无常形来形容一点都不为过，集中体现在调整过程与结果因人而异、因机组而异、因孔型而异、因材料而异，甚至因环境而异。尽管如此，还是有一些带有共性的成型调整基本原则、基本操作方法和基本要求。

5.7.1 成型调整的基本原则

5.7.1.1 横平竖直原则

横平竖直是成型调整的首要原则。横平有三个要求，如图 5-43 所示。

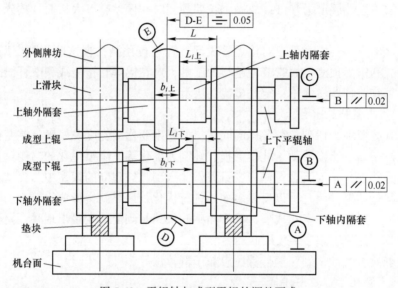

图 5-43 平辊轴与成型平辊的调整要求

（1）上下平辊轴要与机台平面平行，不能一头高一头低。

（2）两平辊轴之间要平行，不平行度不允许超过 0.02 mm。

（3）不仅空载要平行，更要在有负载后平行，防止虚假平行。

竖直主要要求立辊轴与焊管机组工作台面垂直，包括 XOZ 平面和 YOZ 平面两个维度，如图 5-44 所示。XOZ 平面内的垂直事关管坯变形效果与轧制力施加，YOZ 平面内的垂直事关管坯稳定运行。

5.7.1.2 按轧制线校正轧辊的原则

按轧制线校正轧辊有两个方面的内涵：

（1）必须按轧制底线校正成型下辊和立辊高度，这样才能够确保下辊孔型和立辊孔型与轧制底线的标高一致。需要特别强调的是，立辊孔型高度是指立辊完整孔型，而不是实物孔型最低点；完整孔型最低点比实物孔型最低点要低些。

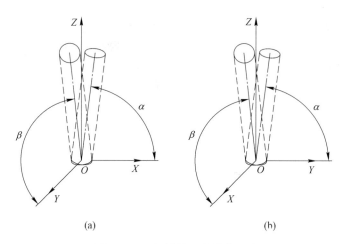

图 5-44 立辊轴的两个维度垂直

（a）立辊轴横向垂直；（b）立辊轴纵向垂直

（2）必须按轧制中线校对成型下辊和立辊孔型对称性，焊管生产中发生的许多问题、缺陷都与下辊不对中、立辊偏离轧制中线关系极大。

5.7.1.3 平立辊分工明确的原则

成型平辊承担动力传输与主要的横向变形任务；立辊则主要负责控制管坯出平辊孔型后的回弹，同时负责引导成型管坯顺利进入下一道平辊孔型。从成型理论发展趋势看，应逐步淡化成型立辊的成型功能，通过改进成型立辊孔型的设计，进一步强化成型立辊对成型管坯边缘的控制功能与导入功能。

这是因为出立辊后的成型管坯与其即将要进入的平辊孔型在变形半径和孔型横向尺寸方面存在设计与工艺要求的固有矛盾。从经典孔型设计理论看，它存在一个悖论：成型立辊孔型的变形半径通常是其前、后平辊孔型变形半径的中值，即

$$R_i = \frac{R_{i-1} + R_{i+1}}{2} \quad 或 \quad R_{i-1} > R_i > R_{i+1} \tag{5-49}$$

式中，R_i 为第 i 道成型立辊孔型半径；R_{i-1} 为第 i 道成型立辊之前的平辊孔型半径；R_{i+1} 为第 i 道成型立辊之后的平辊孔型半径。

也就是说，立辊孔型变形半径总是大于下一道平辊孔型的变形半径，这样，出第 i 道成型立辊孔型的管坯横向宽度必然比即将要进入的平辊孔型宽，管坯一旦进入，势必会被平辊孔型轧伤，或者导致平辊孔型边缘过快磨损。实际操作中，为了避免管坯被轧伤，只能采用非规范调整方法，将出成型立辊的管坯横向宽度调整到小于或等于下一道平辊孔型横向宽度，但这样调出的管坯形状肯定与理论设计孔型不符，而且还容易轧伤成型管坯底面、破坏成型管坯纵切面的形态。

为了改变这种理论与实践的窘境，发展出了偏心成型立辊孔型，见本书 5.9.6 节。

另外，过度依赖立辊成型，必然会增大轧制阻力，进而可能导致成型管坯打滑、运行不稳，并由此引发一系列不良后果。

5.7.1.4 设备精度保障原则

这是确保成型调整顺利进行、成型调整成果持久、智能化实施以及产品质量长期稳定的基本前提。由于铝材质地软、易损伤、易畸变、易氧化、导热率高，生产铝焊管时对工艺设备稳定性更敏感、要求更高。可以肯定地说，低精度的铝焊管机组和纹波系数大的高频焊机是不可能生产出高品质铝焊管的，甚至无法生产铝焊管；俗话说，人硬不抵家伙什儿强，说的就是这个道理。以轧辊跳动为例，若轧辊孔型面对轧辊一侧跳动 0.05 mm、对壁厚只有 0.2 mm 的汽车水箱管而言，会导致铝管坯一边周期性地至少被轧薄 25%，从而无法保证焊缝对接与焊缝强度。

5.7.1.5 调整成果及时固化的原则

调整成果及时固化是指成型调整动作完成并经过试运转正常后，要对所调整部位作相应紧定处理，防止螺纹再次松动、位置再次变动，导致前功尽弃。

5.7.1.6 无效复位原则

焊管调整，尤其是成型调整，牵涉到孔型设计、管坯性能、几何尺寸、设备精度以及调试工的操作习惯、经验丰欠、人机互认等方方面面，千变万化，牵一发而动全身，况且仍有许多方面至今仍无法精确定量描述与"规范作业"，是一种典型的经验和理论参半的作业。因此，在焊管调整过程中，试错法仍然是最常用的调试方法。试错法要求，当一个调整措施实施后，如果没有得到预想的结果，或者相反的结果，那就说明措施不正确，必须将成型状态及时回复到原样；否则，会将小问题调成大问题，引起连锁反应。

5.7.1.7 两害相权取其轻的原则

焊管调整，应尽可能做到精益求精，好中求好；但有时很无奈，左右为难，权衡利弊，只能坏中求好。

5.7.1.8 系统性原则

系统性原则是指将焊管机组、高频焊机等看成一个系统，在调整成型时，要考虑可能对焊接部位、定径部位的影响；或者反过来，考量焊接段和定径段对成型的影响。如成型余量消耗过多，在焊接余量不变的前提下，势必导致定径余量偏小，继而增大定径调整难度。

由此可见，包括成型调整在内的焊管调整是一个复杂的系统工程，只有遵循这些最基本的调整原则，才不会走弯路。这些基本原则，不仅适用于成型调整，其中许多原则对焊接调整、定径调整都有指导作用。

5.7.2 成型调整的基本作业

基本的成型调整包括平辊调整、立辊调整、换辊调整和生产过程中的前瞻性调整等四个方面。

5.7.2.1 成型平辊调整

平辊调整可以归纳为调标高、上提下压和左移右挪三个方面。

（1）调标高：指的是依据轧制底线对下平辊高度进行调整。下平辊轧制底线的控制方法有：螺纹调节法、垫块法和平辊底径法。前两个容易理解，平辊底径法是指一些小型铝焊管机组的下轴高度不可调，控制轧制底线高度的措施只能借助下平辊底径，对于这类焊管机组，必须严格控制下平辊底径，尤其是返修下平辊时更应注意底径尺寸的控制；还要注意上平辊、定径平辊的尺寸控制；同理，在返修定径平辊时，也要兼顾成型平辊的尺寸。

（2）上提下压：主要指上平辊调整，实质是平辊辊缝控制，包括实腹轧制和空腹轧制上下辊间的辊缝两方面，二者的工艺目标不同，不恰当调整对铝焊管生产的影响不同，在调整时要区别对待。调整过程中需要特别注意消除螺纹间隙及轴两端等量升降，必要时可借助测量工具。

（3）左移右挪：通过拧动平辊轴上两端约束平辊移动的螺母，按先松后紧的顺序移动平辊轴上的平辊。其优点是对隔套长度精度要求不高；缺点是随着平辊轴高速旋转，锁紧螺母易或多或少跑位，导致平辊对称性发生不为人知的变化。

于是，控制平辊对称性的另一种方法是用"死隔套"。根据图 5-43 上下平辊轴内隔套长度为：

$$
\begin{cases}
L_{i\text{上}} = \left(L - \dfrac{b_{i\text{上}}}{2} \right)^{0 \sim 0.01} \\[3mm]
L_{i\text{下}} = \left(L - \dfrac{b_{i\text{下}}}{2} \right)^{0 \sim 0.01}
\end{cases}
\tag{5-50}
$$

式（5-50）实际上同时对内隔套提出四点要求：第一，套的长度精度必须控制在 0.01 mm 以内，为此必须进行精磨加工；第二，套的硬度必须高于 CHR50，否则套的长度精度难以长期保持；第三，尽可能避免多个隔套叠加使用，防止积累误差大于 0.01 mm；第四，0.01 mm 的长度精度要求套与套、套与辊之间绝对不能有异物夹杂。

可见，内隔套的作用有两个：一是定位上下辊，确保孔型对称于轧制中线；二是确保上下辊孔型对称。注意，这里强调的是孔型对称，应用" $\dfrac{b_{i\text{下}}}{2}$ "的前提条件是孔型两边的辊环厚度相等。

对于外隔套的长度精度一般不作严格限制。

5.7.2.2 成型立辊调整

成型立辊调整作业内容要点有三个方面：两立辊高低调节、对称调整和缝隙调整。

（1）立辊高低调整，是指立辊孔型对轧制底线的调校。

（2）立辊对称调节，实质是调节两立辊对轧制中线的对称。

（3）辊缝调整。立辊孔型与管坯的匹配不一定非要像平辊那样压靠，辊缝依据实际情况可大于、等于或小于设计辊缝。衡量匹配度的标准：一是管坯无压伤，二是不破坏管坯纵切面形态，三是管坯运行稳定，四是管坯出平辊后表面无明显擦伤。

5.7.3 换辊后的成型调整

以"死隔套"为例，成型底线调整大致可分为五个步骤：

第一步，擦拭平辊轴基准"靠山"部位，确保清洁。

第二步，擦拭上下平辊、立辊和内侧隔套端面，尤其要保证轧辊基准面清洁。

第三步，将配置好的标准内隔套与轧辊基准面放在同一侧套入平辊轴。

第四步，检查立辊轴承装入立辊进行高度调节与对中调整。

第五步，全面检查复核所有下辊与立辊的轧制中线和轧制底线。

（1）成型平辊辊缝的调整。成型平辊辊缝调整的前提是尽可能使上辊孔型与下辊孔型对称，然后才谈得上辊缝控制；而且不同成型阶段的轧辊，调校步骤与要求、重点差异较大，下面以图 5-43 所示的机型为例说明调整工艺。

理论上讲，只要图 5-43 所示机型平辊上轴两端的滑块是同步升降，就不存在孔型不对称问题，这也是之所以在式（5-50）中对平辊轴内隔套长度作严格要求的原因之一。

在粗成型段，如图 5-45 所示，不对称的实轧孔型很容易使成型铝管坯一边被轧薄；在精成型段，不对称的空腹孔型轧辊易将成型管筒两侧压伤，对复合铝管坯而言则会破坏覆层，甚至影响后道工序的钎焊。

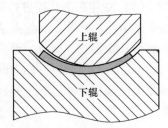

图 5-45 辊粗成型孔型不对称
对铝管坯成型的危害

（2）辊缝控制。控制辊缝的实质是控制轧制力，基于铝材力学性能有别于钢材的特殊性，如铝合金集流管常用铝管坯（3003、3005、H14）的屈服强度只有普通钢管坯（Q195、SPCC）的 60%~70%，稍不注意就会改变铝管坯的几何尺寸，成型铝管坯遭到破坏。因此在制定铝焊管成型工艺，尤其在控制成型轧辊辊缝时，既要遵守焊管成型的一般规律和要求，更要特别重视铝管坯成型的特殊性。铝焊管辊缝控制的特殊性集中体现为"轧制力要轻柔"，而体现轻柔轧制力的辊缝工艺参数可参考第 4 章中式（4-8）。

由此可见，铝焊管成型轧制力的特点是：实腹轧制的轧制力不一定比空腹轧制力大。因为在大家都"轻柔"的轧制力状态下，虽然铝管坯在粗成型的实腹轧制和精成型的空腹轧制阶段所受到的轧制力均比较小；但是，相对而言，实腹的更小。在图 5-46（a）中，铝管坯与粗成型轧辊孔型上辊只有中间一点接触，与下平辊孔型也只有两点接触，轧辊施加给管坯的轧制力 f 不可能大；反观图 5-46（b），铝管坯外面全部与轧辊孔型全接触，相较而言，精成型辊施加的轧制力 F 比粗成型辊的大，这是铝管成型轧制力的一个特点。

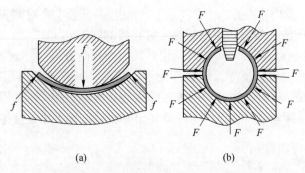

(a) (b)

图 5-46 铝管坯空、实腹轧制力的比较
（a）实腹轧制、点接触；（b）空腹轧制、全接触

总之，在铝管成型过程中，需要通过量化控制手段，确保管坯仅发生横向变形和必要的纵向变形，不发生工艺因素以外的横断面变形，才能实现成型工艺目标所要求的开口圆管筒和规整的对焊面几何形状。

5.7.4　进料过程的调整

5.7.4.1　成型1平管坯的调整

第1道成型管坯的变形，对整个管坯成型具有举足轻重的作用，对随后的焊接、去内外毛刺、尺寸精整等都有不同程度的影响，必须给予足够重视。当点动机组使变形后的管坯头前进至1平与1立之间，仔细观察变形管坯形态，作出初步判断，尔后形成进一步调整方案的腹稿。

A　观察变形管坯形态

观察变形管坯形态包括形状、外貌和变形程度等方面。

（1）形状规整对称。如果发现变形管坯不对称，如出现图5-47所示的不对称，可以先行判断为左边压得深、右边压得浅。至于真实原因，还必须凭经验或通过排除法找查。可从压下深度、上下辊孔型对称、压下螺杆的螺纹间隙、上下平辊轴轴向窜位等几个方面入手检查判断，然后进行针对性调整。

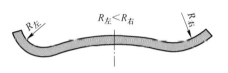

图5-47　第一道成型管坯形状
不对称示意图

（2）管坯外貌。这是指成型管坯上有无局部过轧痕迹，具体表现为管坯面局部明显减薄、存在棱角以及呈现新鲜金属光泽。这些都反映轧制力过大，必须适当减小轧制力。同时观察管坯表面有无压伤痕，中高档管绝对不允许存在表面压伤与划伤缺陷。

（3）管坯边缘变形程度。当感觉不是很充分时，可试着适当加大压下量。

B　观察管坯边缘高度

将直尺搁放在管坯边缘上以判断进料对中情况，很小的高低可以暂时不理会，待其进入下道平辊后再说。还可以从进料方向目测管坯边缘与孔型边缘的位置，判断管坯对中性。

第一道的咬入调整要注意两点：一是确保压板中铝管坯上下的去污布不能有硬尖异物，防止铝管坯表面被划伤；二是提升和压下的圈数必须相同，指针必须回位，并注意消除调节丝杆螺纹的间隙。

5.7.4.2　成型2（含1立）~5道管坯的调整

（1）成型第一道立辊的调整。其作用不在于成型，应侧重于管坯方向的控制。轧辊孔型施力不宜大，仅需维持轧辊能够转动的力即可；且管越薄，施加的力要越小，甚至可以让管坯与孔型处于似接触非接触状态，留出立辊孔型1~3 mm的游动空间。当成型管坯头部已经出了1立辊、尚未进入2平孔型时，要停下观察成型管坯与第二道平辊孔型的对中状态，并进行相应调整。

特别提醒，切不可用立辊硬性挤推铝管坯实现对中目的。

（2）第二、三道平辊的调整。第二、三道的轧制与第一道相同，也是孔型对管坯全宽进行实轧，是管坯横向变形较明显的阶段。调整方法和注意事项大致与第一道相同。

（3）第四、五道平辊的调整。第四、五道平辊孔型对管虽然也是实轧，但仅仅对管坯中底部进行局部实轧，上辊孔型与管坯的接触只剩下20%~30%，接触部位极易被轧薄。因此，除成型工艺特殊需要的情况外，多数时候要注意防止成型管坯局部在不知不觉中被轧薄。同时，要特别注意成型管坯与上辊孔型对称，防止管坯边缘与上辊侧面发生干涉，如图 5-48 所示。

(4) 成型立辊调整注意点。由铝管坯力学性能决定，在铝焊管成型时，立辊调整不能强制地将管坯往某一方向推，因为立辊施加的这种横向且是单向的力，有时非但不能把管坯推过去，反而会导致管坯边部发生畸变，这是其一。其二是要防止成型第一~三道立辊孔型上止口与管坯纵切面接触，如图 5-49 中的放大图所示，以免损伤对焊面的规整型态。三是要保证成型管坯的开口宽度略大于即将进入闭口孔型之导向环厚度，既要确保管坯顺利地进入闭口孔型平辊，又不能轧坏对焊面，要把握好这个度。

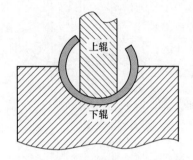

图 5-48 成型管坯与上辊干涉图

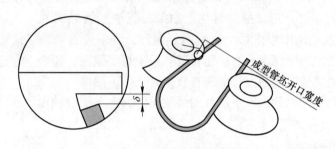

图 5-49 管坯在立辊中的形态

5.7.4.3 闭口孔型段的调整

闭口孔型段轧辊和管坯的调整要围绕控制管坯边缘、控制管坯回弹、控制管坯成型余量和控制管筒形状这四个"控制"进行。

A 控制管筒形状

成型管坯在未进入闭口孔型前，因采用的成型方式不同致使形状差异很大，只有经闭口孔型辊轧制后，成型管坯形状才能统一为基本圆筒形，而一个基本圆筒形的成型管坯，正是人们努力的方向和阶段性目标。应按以下步骤逐道校调闭口孔型辊。

第一步，确认进入闭口孔型前的管坯没有压痕、划伤，管形基本规整。

第二步，根据式 (4-8) 控制辊缝，点动机组，移动管筒，观察管筒。

第三步，按图 5-50 中的箭头所示方向徒手沿管坯外表面任意一侧，先从上往下滑过辊缝，然后顺着原路从下往上滑过辊缝，如此重复 1~2 次，并对手感进行判断：若从上往下滑过辊缝时无隔手感觉，且从下往上滑到接近辊缝附近时有隔手感觉；同时在成型管筒的另一侧重复上述动作，若从上往下滑到辊缝处时有隔手感觉，从下往上滑过辊缝时无隔手感觉，则说明上辊偏左侧或下辊偏右。

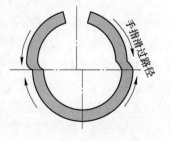

图 5-50 闭口孔型上辊偏左轧出的成型管坯

第四步，查找上辊偏左侧或下辊偏右的原因，恢复应有精度。

第五步，重新压下闭口孔型上辊至原位，并重复第二、第三和第四步，直至无论从哪个方向滑过成型管坯表面均圆滑无手感为止，说明孔型已经校正，管坯也被校正为基本圆筒形，从而全面完成了成型轧辊校调与管坯成型。

B 控制管坯回弹

对一些状态为 H16 以上的高强度、高硬度管，控制其变形后的回弹，以利于随后顺利焊接，就成为变形这类管坯需要解决的首要问题。控制回弹的途径有四条：一是适当增大第一、二两道平辊的轧制力；二是适当加大闭口孔型平辊的压下量；三是适当收紧闭口孔型立辊；四是根据高强度高硬度管坯的特点改进第一道成型平辊孔型设计参数，适当加大孔型边部变形量。

C 控制管坯余量

就圆变方矩管来说，在开料宽度既定的情况下，如果要求生产 r 角较大的方矩管，那么，可以加大闭口孔型上辊的压下量，通过闭口孔型辊多消耗一些余量，即除了将本分的成型余量消耗掉以外，还需要多消耗一些整形余量（假定焊接余量不变），圆变方矩之圆周长便相对短了，变方矩时往管角部位跑的料就少，r 角就比较圆（r 较大）；反之，闭口孔型辊压下轻一点，相应地，r 角就比较尖。同理，也可通过适当加大或减小焊接余量达到控制 r 角的工艺目标。

D 控制管坯边缘

控制管坯边缘主要指预防成型管坯边缘产生"鼓包"和管坯边缘在随后的焊接中能够实现平行对接，而且这也是焊管成型的终极目标。显然，如果出现了成型鼓包、焊缝错位、V 形对接、Λ 形对接、搭焊等缺陷，都与管坯边缘在开口孔型和闭口孔型中的受力变形、对称性调整等存在直接和间接关系。

然而，"四控"在试生产时应各有侧重，要根据焊管生产现场的实际情况，抓住主要问题和主要矛盾实施调整。例如，高强度厚壁管成型，首要解决的应该是怎样对管坯实施有效的变形、维持已经变形的成果，防止回弹，实现焊缝平行对接；汽车水箱管成型，则首要解决的问题变成如何有效防止变形管坯边缘失稳，防止出现成型鼓包；成型冷凝器集流管，确保管坯对焊面形状不被破坏就成为成型时需要特别注意的问题。哪怕这些问题同时存在，也要有针对性地明确优先解决什么问题、延缓调整什么问题，分清轻重缓急。

5.7.5 成型段的联调

轧辊孔型和管坯被逐道调整好后，并不能因此说成型就一定调好了。焊管调整，要有整体观念、全局观念和系统观念，要将局部调整与整体调整有机结合，体现在以下四个方面。

（1）变形量在道次间的协调。通过观察管坯边缘在前后道次间的开口大小、自然程度等，对个别立辊和上平辊进行微调，使变形管坯看上去自然流畅，没有突变点。

（2）底线规整有致。通过个别轧辊的微调，使成型立辊和成型平辊实际高度与成型底线一致，没有明显的忽高忽低；管坯边缘攀升走势有规律，不存在明显凹凸。

（3）管坯表面质量关怀。特别是变形管坯中底部和内侧的轻微压伤、压痕、暗线等，都应该通过整体协调予以解决，实在消除不了的也要尽可能地减轻。

（4）成型机组负载的平衡。观察研判平辊压下量和立辊收缩量，可通过倒车法观察管坯上的痕迹并结合操作经验进行判断与微调，消除个别道次管坯上的明显勒痕。另外，要留意立辊的变形量，真正做到让平辊主变形，尤其是成型高强度厚壁管，更要注重平辊主变形的作用。如果让立辊承担了较多变形，成型管坯运行将不平稳，严重时会打滑。要根据焊管成型工艺的要求，协调整机纵向张力，使整个成型段的管坯被"拉着跑"，即在压下上辊和调整立辊时，应使成型各段之间的张力符合式（5-51）的要求。

$$f_{1\sim2} < f_{2\sim3} < f_{3\sim4} < f_{4\sim5} < f_{5\sim6} < f_{6\sim7} < f_{焊接段} < f_{定径段} \tag{5-51}$$

式（5-51）是确保成型管坯平稳运行的基本保证。

这些调整方法、措施以及思想不仅适用于成型调整，其中许多对焊接和定径的校调也适用，具有普适性。

5.7.6　待焊开口管筒的评判标准

平直管坯经过十几道特定孔型轧辊轧制后，变形成为开口圆管筒。该管筒变形程度、质量状况对随后的高频焊接、定径精度和成品质量都有深远影响。因此，必须对已经完成变形的待焊管筒之优劣进行评价，基本标准有9个。

（1）几何形状呈现基本对称开口管筒形，具体表现为：管筒手感圆滑，边缘变形充分，实际变形盲区小，管筒规整，没有明显歪斜。

（2）几何尺寸基本达到设计要求，开口管筒各处尺寸达标。

（3）边缘两边基本等高。

（4）开口管筒不扭转，管坯运行稳定，既无左右晃动，也无上下波动，更无顿挫。

（5）边缘无波浪与鼓包。成型管坯边缘产生波浪和鼓包是成型不稳的主要标志，它们既有区别又有联系。首先，波浪的波长比鼓包长得多，小直径焊管的成型鼓包波长一般不超过20 mm，而波浪的波长通常是鼓包波长的若干倍，如图5-51所示。其次，波浪通常比较柔和，没有明显凸起；而鼓包要么没有，要有就是边缘突变、突然隆起；波浪的峰值比鼓包小，鼓包的峰值少则几毫米，多则十几毫米，甚至更高。第三，从危害性看，波浪通常表现为边缘小幅度上下晃动，有时不明显，属于解决了更好，暂时没解决亦无大碍的软缺陷，它通常导致焊缝错位、内外毛刺难刮削，产品仍然可以勉强属于合格范畴；而每一个鼓包，哪怕是小鼓包都会造成焊缝搭焊、漏焊，产品属于废次品范畴，不容忽视，必须解决。

当然，波浪与鼓包关系密切，存在着前后逻辑关系。总是先有波浪，后有鼓包；波浪是发生鼓包的前兆，孕育着鼓包。可是，波浪不一定都会形成鼓包，鼓包是波浪发展到一定程度的必然产物；反过来，只要出现鼓包，则一定存在波浪。波浪与鼓包的这种"血缘"关系告诉人们：预防和消除鼓包，应该从预防、消除波浪入手。同时，一旦发现成型管坯边缘有波浪，就要及早采取措施，不要等到鼓包出现后才调整。

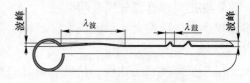

图 5-51　波浪与鼓包的区别

（6）横断面变形均匀，表现在：

1）确保壁厚减薄与增厚不得大于壁厚偏差的1/2；2）确保横断面无突变痕迹，因为管材突变部位的塑性变差，在后续弯管、扩口、试爆时极易从突变部位开始破坏。

（7）回弹小。过大的回弹，说明成型管坯变形不充分、内应力大，焊接后可能自动炸开、弯曲开裂、胀管开裂等。

（8）表面无明显压伤、划伤、压痕、辊印、错位等痕迹。对有些需要冷拔的管如冷凝器集流管而言，允许存在轻微的表面缺陷；对焊接后直接使用的管如高精度家具管、灯饰管来说则不允许存在。

（9）对焊面不允许存在如图 5-33 所示的缺内角、缺外角、凹凸槽等缺陷。

5.8 厚壁铝焊管成型

在焊管行业内，一般将壁厚与焊管外径之比 $t/D \geqslant 8\%$ 的焊管称为厚壁管。针对厚壁管的成型难点，提出边缘双半径成型孔型等解决方案。

5.8.1 厚壁管变形的工艺难点

高频直缝厚壁铝管坯，尤其是状态为 H16 以上的厚壁铝管坯成型，工艺难点：一是弯曲回弹大，二是实际变形盲区宽，三是内外周长差大。

5.8.1.1 弯曲回弹大

管坯从平直状态经轧辊轧弯成圆筒形过程中，管坯要发生弹性变形和塑性变形，同时不可避免地要发生回弹。厚壁管变形抗力大，回弹多，导致管坯变形不充分。

受管坯力学性能、壁径比（t/D）、孔型参数、设备性能、操作误差等影响，使得回弹量大相径庭，由此较难对回弹量进行准确预测与给定准确的回弹补偿。回弹量表征方法大致有两种：

（1）实际测量表征。通过实测变形管坯边缘同一点回弹前后的弦长差 Δb 以及弯曲部位回弹前后的半径差 ΔR 这两个指标来表征，见图 5-52 和式（5-52），实际测量表征值比较直观，一目了然，应用最广。

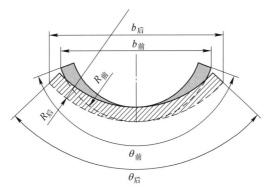

■ 回弹前的管坯　☒ 回弹后的管坯

图 5-52　变形管坯回弹量表征示意图

$$\begin{cases} \Delta b = b_{前} - b_{后} \\ \Delta R = R_{后} - R_{前} \end{cases} \qquad (5-52)$$

式中，Δb 为管坯边缘一点回弹前后的弦长差；$b_{前}$ 为管坯边缘一点回弹前的弦长；$b_{后}$ 为管坯边缘一点回弹后的弦长；ΔR 为同一横断面管坯回弹前后的半径差；$R_前$ 为同一横断面管坯回弹前的半径；$R_后$ 为同一横断面管坯回弹后的半径。

（2）函数表征。根据弯曲中性层理论和金属弹塑性变形理论，可以推导出变形管坯回弹前后变形半径之间的关系，见式（5-53）。

$$
\begin{cases}
R_前 = \dfrac{\sqrt[3]{A}}{m} \sin \dfrac{\theta}{3} \\[2mm]
A = \sqrt{1 + \dfrac{1}{mR_后} + \dfrac{1}{3m^2 R_后^2} + \dfrac{1}{27m^3 R_后^3}} \\[2mm]
\theta = \arccos \sqrt{1 + \dfrac{1}{mR_后} + \dfrac{1}{3m^2 R_后^2} + \dfrac{1}{27m^3 R_后^3}} \\[2mm]
m = \dfrac{\sigma_s}{Et}
\end{cases}
\tag{5-53}
$$

式中，σ_s 为管坯屈服强度；E 为金属材料弹性模量；t 为管坯厚度；θ 为回弹角度，$\theta_前 - \theta_后$；$R_前$ 为管坯边缘一点回弹前的半径；$R_后$ 为管坯边缘一点回弹后的半径。

式（5-53）的理论意义是，通过回弹后的管坯变形半径、管坯屈服强度、管坯厚度、回弹角和金属模量，能够直接计算出需要的孔型弯曲变形半径 $R_前$，从而消除回弹对成型管坯的负面影响。但是，该式缺少反映操作因素的因子，所以其理论意义大于实际意义。

5.8.1.2 变形盲区宽

变形盲区，又称变形死区，是指在管坯变形过程中，无论怎样变形，管坯边缘、宽度相当于管坯厚度的区域都无法变形。实际上，与理论变形盲区相邻的部分区段也属于变形盲区范畴，如图 5-53 所示。变形盲区的存在，有其必然性。

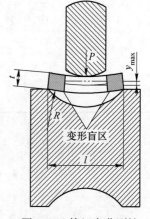

图 5-53 管坯弯曲刚性

A 变形盲区的必然性

管坯边缘抗弯与变形，可借鉴弯曲刚度理论进行分析研究。当厚度为 t 的管坯，在成型轧制力 P 作用下需要弯曲变形长度为 l 的管坯时，管坯截面中心点必然会产生垂直位移 y，即管坯发生弯曲，并由此推导出管坯弯曲变形半径。在图 5-53 中，管坯中点最大弯曲位移为：

$$
y_{max} = \frac{Pl^3}{48EI}
\tag{5-54}
$$

式中，y_{max} 为管坯最大弯曲位移，cm；P 为成型轧制力，kg；E 为管坯材料弹性模量，工业纯铝为 72 GPa；I 为截面惯性矩，cm^4；l 为弯曲支点的距离，cm。

同理，在式（5-54）中，若令 $l = t$，且要使厚度为 t 的管坯产生 $y_{max} = 0.001$ cm 的弯曲变形，则需要的成型力（MN）为：

$$P = \frac{48EIy_{max}}{l^3} \tag{5-55}$$

其中，立方体的惯性矩 $I = \frac{t^4}{12}$，当成型壁厚为 0.3 cm 的铝管时，计算结果表明，欲在宽度为厚度的区域（0.3 cm）上，仅发生 0.001 cm 的弯曲变形，就需要 8.5 kN 的成型力，这对焊管成型设备来说是无法提供的。此外，根据焊管成型工艺，越接近管坯边缘，作用到管坯上的实际成型力越小，从而导致实际变形盲区更宽。

另外，从实际形变效果看，若要在 0.3 cm 长度上，实现 0.001 cm 的弯曲变形，其弯曲半径 R 相当于 11.2 cm，则 0.3 cm 的弧长在半径为 11.2 cm 的弧线上与直线无异。

也就是说，不管是厚壁管还是薄壁管，都存在变形盲区，只是厚壁管变形盲区所占管坯宽度的比率更大。

B 变形盲区的比较

以 ϕ43 mm×1.5 mm 和 ϕ43 mm×2.5 mm 焊管为例，它们的盲区宽比 $2t/B$（%）分别为 2.22% 和 3.79%，由此根据式（5-39）计算得出管壁外侧沟槽宽度分别为：

$$\delta(t = 1.5) = \begin{cases} 0.34 & (T = 1.5t) \\ 0.66 & (T = 3t) \end{cases}$$

$$\delta(t = 2.5) = \begin{cases} 0.99 & (T = 1.5t) \\ 1.84 & (T = 3t) \end{cases}$$

如图 5-54 所示，厚壁管上如此宽的沟槽若不进行恰当处理，必然影响焊缝强度。

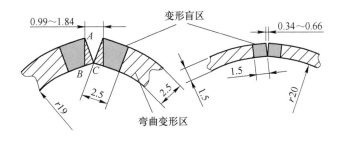

图 5-54 变形死区与外侧开缝的比较

5.8.1.3 内外周长差大

仍以 ϕ43 mm×2.5 mm 厚壁管为例，其内外周长差是 15.7 mm，而 ϕ43 mm×1.5 mm 壁厚管的内外周长差仅为 9.42 mm。周长差大的管子，意味着成型管坯中积累的周向内应力多，在内层压缩、外层拉伸的过程中需要消耗大量变形功，以及因之增大的变形抗力对机组拖动功率和机组刚性都有特殊要求。当焊接后，管子中性层内侧积累的大量压应力每时每刻都试图撑开焊缝；与此同时，中性层外侧积累的大量拉应力则时刻都在拉拽焊缝，试图挣脱焊缝的束缚；同时，这两种应力对焊缝的破坏作用效果又都是一致的，具有叠加效应。厚壁焊管中积累的这些应力对焊缝形成应力腐蚀破坏，潜在隐患大，是焊管成型工艺必须要解决的问题。

5.8.2　厚壁管成型难点的解决方案

5.8.2.1　粗成型孔型解决方案

应用边缘双半径 W 孔型解决厚壁管成型难的基本思路是：尊重厚壁管变形盲区宽、回弹大和内外周长差大的变形特点，对数倍于变形盲区范围内的管坯实施过量变形；也就是说，假如不存在变形盲区和回弹，成型结束后的管坯边缘将呈现 Λ 形对接状态；当变形管坯边部出现变形盲区和回弹后，恰好达到平行对接状态。如此一来，虽然无法消除变形盲区，但可以消除图 5-54 所示的边缘 V 形对接，实现焊缝平行对接和消减管体中部分周向应力的工艺目标。图 5-55 正是根据这个思路设计的 $\phi16$ mm×2.5 mm 厚壁管边缘双半径孔型，表 5-7 是 $\phi16$ mm×2.5 mm 边缘双半径变形的 W 孔型参数。

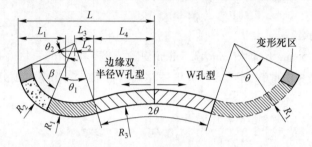

图 5-55　边缘双半径 W 孔型与 W 孔型

表 5-7　$\phi16$ mm×2.5 mm 边缘双半径变形的 W 孔型参数

孔型各部位名称	计算公式	参 数	备 注
孔型曲线长度	$L = 2\pi r$	54.20 mm	r 为闭口待焊管半径
次边缘弯曲变形半径	$R_1 = r = r' + 0.6t$	8.63 mm	r' 为闭口待焊管中性层半径
次边缘对应变形角度	$\theta_1 = \theta_2$	45°	
V 形口压下调节因子	$\Delta = 0.5 \sim 4$ 或 $\Delta = 3h$	1.5 mm	参见本章式（5-37）
最边缘歪曲变形半径	$R_2 = R_1 - \Delta$	7.13 mm	
最边缘对应变形角度	$\beta = \arcsin(\Delta\cos\theta_2/R_2) + \theta_2$	53.55°	
中部弯曲变形半径	$R_3 = 6R_1$	51.78 mm	给定
中部变形角度之半	$\theta_3 = [R_1(180° - \theta_1) - R_2\beta]/R_3$	15.13°	
β 角圆弧投影长度	$L_1 = R_2\sin(\beta + 45° - \theta_3)$	7.08 mm	
Δ 的投影长度	$L_2 = \Delta\sin(\theta_1 - \theta_3)$	0.75 mm	参见本章
中心距	$2(L_3 + L_4) = 2(R_1 + R_3)\sin\theta_3$	31.54 mm	
孔型宽度	$L = 2(L_1 + L_2 + L_3 + L_4)$	47.2 mm	

边缘双半径 W 孔型，能够在变形盲区依然存在的情况下，消除厚壁管变形盲区 V 形口及其回弹对焊接的影响，实现焊缝平行对接，从变形工艺方面保证厚壁管以及高强度管的成型质量，为获得高质量的焊缝打下坚实基础。

5.8.2.2　精成型孔型解决方案。

在圆形精成型闭口孔型工况下，既要加大管坯边缘的变形量，又要兼顾不过度地减径、不破坏管坯边缘形态，很难。但是，采用平椭圆精成型闭口孔型，却能达成这一工艺目标。平椭圆闭口孔型的成型思想是：平椭圆+回弹量=圆，让厚壁管坯在平椭圆闭口孔型中得到充分变形。同时有利于管坯顺利进入孔型，降低操作难度。

A 平椭圆闭口孔型的内涵

平椭圆闭口孔型是指，闭口孔型辊的孔型曲线是一个长轴在水平方向上、短轴在竖直方向上，且长短轴相差不太大的椭圆。它的内涵有两点：

(1) 微观椭圆宏观圆。由于该椭圆的椭圆度不大，故可以粗略地把这个椭圆看成一个直径为"ϕ"的圆，如图 5-56 中的虚线所示，而这个虚线圆便是圆形闭口孔型辊的孔型轮廓，它们统一于式(5-56) 之中。

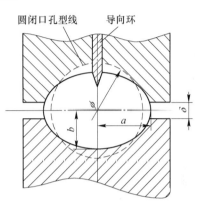

图 5-56 平椭圆闭口孔型辊

$$\begin{cases} a - b = \Delta \\ a + b = \phi \\ \dfrac{(B + b_{\mathrm{f}})}{\pi} = \phi \end{cases} \quad (5\text{-}56)$$

式中，a 为椭圆长半轴；b 为椭圆短半轴；Δ 为长短半轴之差，具体依据壁径比参照表 5-8 取值；ϕ 为闭口圆孔型直径；b_{f} 为导向环厚度与弧长的修正值；B 为管坯宽度。

表 5-8 Δ 取值表

壁径比 t/D	$t/D \leqslant 2\%$	$2\% < t/D \leqslant 10\%$	$t/D > 10\%$
硬 度	低 ⟹ 高		
Δ/mm	1~1.5	1.6~3	3.1~4

式 (5-56) 既道出了平椭圆孔型与圆形闭口孔型之间的内在联系，同时也对平椭圆闭口孔型的关键尺寸作出规定，是设计平椭圆闭口孔型的重要依据。

(2) 孔型弧长相等。从焊管生产实际出发，平椭圆闭口孔型辊的孔型弧长 C' 必须等于圆形闭口孔型弧长 C，或者等于管坯宽度与其修正值之和，即

$$\begin{cases} C = \phi\pi & \text{圆周长} \\ C' = B + b_{\mathrm{f}} & \text{椭圆周长} \end{cases} \quad (5\text{-}57)$$

式 (5-57) 是设计平椭圆闭口孔型辊应遵守的一条基本原则。

B 平椭圆闭口孔型的作用

平椭圆闭口孔型除了具备闭口孔型的一切功能外，其突出作用表现在能强制高强度厚壁管边部变形。

(1) 强制管坯边部充分变形。比较图 5-56 中的虚、实线孔型容易看出，平椭圆短轴比长轴短 2Δ、比圆形闭口孔型直径 ϕ 长 Δ，所以，平椭圆孔型开口比圆孔型开口长许多；当厚壁管坯运行至平椭圆孔型中，最先受力变形的是管坯边缘及底部，管坯边缘外侧到其底部的距离必然比到圆形闭口孔型的距离短 S，横向比圆孔型长 S，公式如下：

$$S = \begin{cases} \phi - 2b \\ 2a - \phi \end{cases} \quad (5\text{-}58)$$

联解式（5-56）和式（5-58），得 $S=\Delta$。从表5-8中知，Δ 之值在 $1\sim4$ mm。这些说明三点：第一，管坯在平椭圆孔型中首先受力变形的是管坯边缘，边缘受到的变形力最直接，效果最显著；第二，由于平椭圆孔型宽度在水平方向上比圆孔型大 Δ，因而无需担忧管坯被大量减径；第三，不用担心成型铝管坯边缘之切面被挤坏。

（2）变形管坯离开轧辊孔型约束后都会发生回弹，厚壁管的回弹更大。回弹使管坯变形程度达不到人们的预期，因而控制并"消除"回弹一直是制管人追求的目标。由式（5-56）知，平椭圆管坯上下方向的尺寸比圆形闭口孔型直径小，于是，可以凭借二者差值来抵消管坯离开平椭圆孔型后的回弹。这样，与圆孔型回弹后的管坯相比，就可以视平椭圆管坯的回弹为零。

（3）利用辊缝人为控制回弹量。

C 平椭圆闭口孔型的设计原则

（1）周长相等原则：要求二者误差不超过 1 mm。

（2）长短轴相差不大的原则：这是为了确保管坯离开平椭圆闭口孔型加上回弹后能成为基本圆筒形，式（5-56）和式（5-58）是该原则的体现。

（3）长、短半轴之和等于对应圆闭口孔型直径的原则：图5-57（$B=62$ mm，导向环厚度为6 mm，$\Delta=4$ mm）就是根据这些原则，按"四心法"设计的厚壁管用平椭圆闭口孔型。

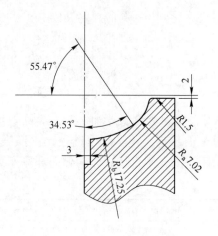

图5-57 $\phi21.3$ mm×2.75 mm 第1道平椭圆闭口孔型上辊

5.8.2.3 粗、精成型孔型组合解决方案

将粗成型段的边缘双半径 W 孔与精成型段的平椭圆闭口孔型综合应用在一套厚壁管孔型中，充分发挥各自在各个成型阶段的优点，共同解决厚壁管成形盲区与回弹的成型难点，效果会更好。同时，厚壁管内外周长差大的危害因之减轻。

5.8.3 厚壁管成型调整要领

厚壁管成型调整要领如下：

（1）特别重视第一道平辊的变形，包括压下量与对称两个方面。因为从孔型设计和轧制力的角度看，像 W 变形、双半径变形等对管坯边缘进行实轧，第一道平辊孔型的施力效果最好。以 W 变形的第一、二道平辊孔型为例，在图5-58中，由于 $\beta>\alpha$，易证当 $R_1\leqslant R_2\leqslant\infty$ 时，$f_1>f_2(\cos\alpha>\cos\beta)$，说明管坯边缘变形效果在 W 孔型中第一道比第二道好；通常情况下，从第三道起成型平辊的实轧便与管坯边缘无关，有的更从第二道开始，所以说，第一道成型平辊的轧制，对成型管坯的品质形成及最终品质具有举足轻重的作用。其实，特别重视第一道平辊的变形是除圆周变形法以外所有变形方式的共同要求。

（2）闭口孔型平辊压下量应偏大，以不妨碍焊接和定径为原则。

（3）严格控制闭口孔型导向环的角度，使之略大于由管坯两边缘厚度方向形成的角度，这样不会压坏管坯边缘纵切面。

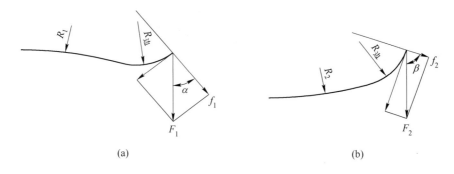

图 5-58 成型 1、2 平管坯边缘受力比较

(a) 成型一平；(b) 成型二平

（4）调整好表面质量。厚壁管回弹大，进入孔型较困难，易产生压伤、压痕与辊印，要注意这些缺陷的处理与调整。

与厚壁管成型难点形成鲜明区别，薄壁管成型的难点在于：管坯成型过程中边缘产生过多的纵向延伸，易产生成型鼓包。

5.9 薄壁铝焊管成型

薄壁管，公认为壁径比不大于 2% 的一类焊管；实践中，也将壁厚小于 0.6 mm 的铝焊管叫做绝对薄壁管。薄壁管成型的难点是：管坯刚性低，边部易失稳，导致成型失败。

5.9.1 成型失稳的表现形态

如前所述，薄壁管成型失稳主要有两种表现形态，一种是波浪，一种是鼓包，如图 5-51 所示。基于鼓包极易出现在薄壁铝焊管成型管筒上的事实，不夸张地讲，薄壁管成型的过程，就是抑制鼓包形成的过程。

不过，一般情况下，即使是薄壁管，也不一定会出现鼓包。以调整操作为例，同样的薄壁管，在同一台焊管机组上，使用同一套成型轧辊和相同的管坯，不同的操作人员，调整结果有时差异极大。这至少说明两点：一是焊管调试操作在抑制鼓包方面具有惟妙惟肖的作用，应给予高度重视；二是鼓包产生的原因较多，但是形成机理并不复杂。

5.9.2 鼓包形成机理

5.9.2.1 边缘塑性延伸过多

根据焊管成型理论，平直管坯在成型为待焊开口管筒的过程中，边缘上一点 P（见图 5-59）随管坯前进而逐渐升高，同时向轧制中心面靠拢。该点运动轨迹在理论上存在一个最小值，即

$$\begin{cases} l(x, y, z) = 0 \\ l(x, y, z) \Rightarrow l_{min} \end{cases} \quad (5\text{-}59)$$

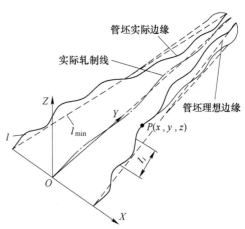

图 5-59 成型管坯理想与实际轧制底线、中线、边缘轨迹线曲线

l_{min} 在成型的某一区域内只能比管坯底部暂时长 Δl，Δl 随着成型的结束而回复到与管坯底部相配匹的长度。可是，由轧辊孔型构成的成型底线和轧制中线事实上不可能绝对是直线，以及管坯回弹、轧辊孔型、操作调整等因素的影响，导致 P 点的实际运动轨迹如图 5-59 所示，由若干段弧线 $\widehat{l_i}$ 构成，用线积分表示为：

$$\int_l l(x, y, z) \mathrm{d}s = \sum_{i=1}^{i=N} \widehat{l_i} \tag{5-60}$$

在图 5-59 中，管坯边缘实际轨迹线呈曲线，既有管坯离开孔型约束后的回弹因素造成，也有人为操作因素所致。不管哪种原因，结果就是成型管坯边缘不可避免地发生了塑性延伸。

5.9.2.2　成型后期管坯边缘张力骤减

从图 5-3（a）所示管坯边缘上 P 点的运动轨迹在 YOZ 坐标平面上的投影可以看出，P 点在运动过程中其 Z 坐标从 0 逐渐升高，在 B 处达到最大值；B 处之后，其值又逐渐降低。可是，管坯边缘在 B 处没有支撑点，这样，B 点就成为管坯纵向应力的拐点，即在纵向从 $Y_0 \rightarrow Y_B$ 时，Z 坐标值从 Z_0 升高到 Z_{max}，该段管坯边缘受拉力作用；过 B 点后，随着 Z 值的降低，管坯边缘内原来积累的纵向拉力转变成沿管坯纵向边缘的回复力。那么，管坯纵向边缘的状态便由拉力和回复力的性质决定：当之前的拉力在弹性极限内时，则回复力是之前拉力的转化形式，并与拉力构成一对成型所必需的平衡力，边缘亦在这对平衡力作用下不会轻易晃动和跳动，即不会出现波浪或鼓包；当之前的拉力超过管坯纵向延伸所需要的拉力或其他工艺原因、操作原因、材料原因等导致拉力超过弹性极限时，边缘就会发生塑性变形，而且过 B 点后若没有新的纵向拉力加入作用，回复力的性质实质上已经转变为纵向压应力，管坯边缘就会在纵向压应力作用下失稳，边缘发生波浪，甚至形成鼓包。

由此可见，鼓包形成机理是：管坯在成型过程中，边缘受多种因素影响而发生弹塑性延伸，并且边缘在没有足够纵向拉力时，就会产生鼓包；纵向塑性延伸与失去纵向拉应力是鼓包生成的内因和外因，或者说是鼓包生成的充分必要条件，二者缺一不可。如果发生了塑性延伸，但是，边缘存在足够大的纵向拉应力，是不会产生鼓包的；反之，如果边缘没有产生纵向塑性延伸，即使没有足够大的拉应力，同样不会形成鼓包。这种认识是对焊管成型理论的重要贡献，也是各种先进成型设备、先进成型工艺和先进成型调整方法的理论依据。

5.9.3　成型鼓包的特征

成型鼓包的特征有：

（1）形貌特征。成型鼓包不论大小，一个共同特征是，鼓包总是向外凸，如图 5-51 所示。鼓包之所以只向外凸、不向内凹，是由成型管坯横向变形弯曲拱的方向与横向弯曲变形后存在的回弹趋势共同决定的。

（2）发生段特征。绝大多数鼓包都发生在精成型段，这与成型管坯进入精成型段后，其边缘纵向延伸会大幅度减少，甚至转为压缩有关，以致粗成型段产生并积累的边缘纵向延伸在精成型段无法全部吸收，纵向边缘相比中下部多余的部分就会在精成型段的强制等长过程中"多余"出来。可见，虽然鼓包表现在精成型段，但根源却在粗成型。

鼓包的这些特征，为消除、抑制鼓包指明了方向：

(1) 要着眼于粗成型段，从孔型、材料和调整入手，尽可能让管坯边缘少延伸。

(2) 应想方设法加强精成型段（建议从变形角大于180°起）管坯边缘外侧的控制力，这也是每每谈到薄壁管成型与鼓包预防，总是强调要加大闭口孔型上辊压下量的原因之一。因为闭口孔型上辊导向环附近的孔型，是从管坯边缘外侧对管坯边缘施加最直接的轧制力，正是这个力起到部分消除和抑制鼓包的作用。

(3) 应用偏心成型立辊增强对管坯边缘的控制力。

5.9.4　薄壁管成型的调整

薄壁管成型调整，不能仅仅局限于成型机，要有整体观和全局观，这里提出一个广义成型调整的概念。成型调整不仅是对成型机部分的调整，它还牵涉到焊接机、定径机、材料等，这些都与薄壁管成型质量息息相关，如板形平整、无波浪、无S弯、无皱纹的薄壁管坯，就是获得优质薄壁成型管筒的前提。就像一个顶级的厨师、基于顶级的食材、才有可能做出顶级的美味佳肴一样，三者缺一不可。

5.9.4.1　薄壁管坯料

(1) 板形。由于冷轧、纵剪、捆扎、吊装、运输等原因，使得管坯形成镰刀弯、S弯、塔形卷、荷叶边等缺陷，这类管坯展开后自身两边就不等长。换句话说，在成型前，管坯局部已经发生了单边、双边不等量、不规则的塑性延伸，在随后的成型强制等长过程中，这些局部塑性延伸一般很难消除与吸收，极易形成鼓包。生产实践中有时会发生这样的调整乌龙事件：调整工虽经一番努力处理鼓包，终不见成效，蓦然回首，发现是板形作怪，更换材料后，一切问题迎刃而解。

(2) 性能。针对薄壁管用料，在焊管质量允许范围内，适当增加管坯的强度、硬度，能提高薄壁管坯边缘抵抗纵向塑性延伸变形和纵向失稳的抗力；或者说，提高管坯的强度、硬度后，原先的拉力将难以使管坯边缘发生纵向塑性延伸，从而起到预防鼓包的作用。

(3) 厚度公差。管坯厚度越厚，纵向延伸变形的难度就越大，抵抗横向失稳的能力就越强，越利于薄壁管成型。例如，厚度为0.2mm的汽车水箱管，壁厚+0.02mm与-0.02mm，调整难度截然不同。

5.9.4.2　操作调整

薄壁管成型及孔型调整，是在现有轧辊孔型和机组上进行的，调整方法与调整手段限制很多，就像"戴着镣铐跳舞"，要想舞跳得好，唯有舞技精湛。

(1) 矫平辊调整。薄壁管坯极易形成横向皱折，且较难通过矫平辊彻底消除。这种皱折管坯进入成型机后，就相当于边缘存在或明或暗的小鼓包，到成型后期，这些小鼓包、隐性鼓包就容易发展成为显性大鼓包。因此应适当加大矫平辊压下量，确保进入成型机的薄管坯无皱折；生产换热器用汽车水箱管的铝箔料（$t = 0.18 \sim 0.40$mm），不允许存在皱纹，必要时应放弃储料和矫平工序。

(2) 强化成型辊对轧制底线和轧制中线位置的调整。严格按底线规律布置轧辊，既要避免轧辊的实际轧制底线出现不规则波浪，又要防止轧辊偏离中线，力求对称。

（3）纵向张力控制。薄壁成型管坯的纵向张力控制体现在两个方面：一是由轧辊底径递增量形成的纵向张力，要确保第 $i+1$ 道的张力略大于第 i 道，让第 $i+1$ 道的管坯拉着第 i 道的管坯跑；二是整机调整要实现定径拉着成型跑，确保薄壁管坯在成型段有足够纵向张力。

（4）加大闭口孔型上辊压下量，至少起三个作用：1）增大成型管坯纵向张应力；2）增强管坯边部圆度，从而增强管坯边部刚性，抑制鼓包形成；3）加大孔型对管坯边缘的径向控制力，预防鼓包。同时，可适当降低闭口孔型立辊，以增强立辊孔型上部对管坯边缘的控制能力。

（5）选择恰当成型底线，比较适合薄壁管成型的轧制底线为拓展型上山成型底线。

不过，消除鼓包最根本、最直接、同时也是最有效的措施，当数符合薄壁管变形规律内在要求的孔型。

5.9.5　薄壁管用 W 成型孔型的研究

合适的孔型，既要使管坯成型稳定，又要成型管坯边缘升高小、延伸少、纵向拉力较大。目前，W 成型孔型比较接近这些要求。可是，大量生产实践证明，有些用于薄壁管成型的 W 孔型应用效果并不尽如人意，甚至还不如圆周变形法的孔型好用。究其原因，不外乎孔型参数问题。

5.9.5.1　现有 W 孔型的主要缺陷

W 孔型的设计不能"千管一律"，必须根据焊管规格、管坯材质、合金状态等确定孔型参数，如成型外径相同、状态为 H12 和 H19 的薄壁管，它们的内在要求完全不同。所以，虽然同为 W 孔型且管径相同，但是并不宜采用同一设计原则与参数。

进一步研究显示，用经典参数设计的 W 孔型轧辊，在成型薄壁管时同样问题很多，同样面临成型鼓包的烦恼，这是因为仅一道 W 孔型辊所产生的边缘纵向延伸有时就占整个成型延伸量的 50%～70%。以状态为 H14 的工业纯铝材为例，其弹性延伸率只有 0.2%，见式（5-61）。

$$\varepsilon = \frac{\sigma}{E} \tag{5-61}$$

式中，ε 为应变延伸率，%；σ 为应力，工业纯铝（H4）取 140 MPa；E 为弹性模量，工业纯铝（H14）取 70000 MPa。

这样，根据金属材料的变形性质可知，管坯边缘延伸量中，99.8%都是塑性延伸。因此，有必要对影响成型管坯边缘纵向延伸的 W 孔型作深入探讨，以便优化出适合薄壁管成型的 W 孔型设计参数。

5.9.5.2　W 孔型的优化设计

可以从 W 孔型开口宽度和孔型高度（为了更直接地反映管坯边缘纵向延伸状况，这里以 W 形管坯开口宽度和管坯高度表示）、轧辊底径、有效直径以及有效直径上的切入点等方面入手，管坯开口宽度和边缘高度是影响成型管坯边缘长度及其延伸的主要因素。

A　W 形变形管坯边缘长度

如前式（5-32）可知，在空间直角坐标系中，孔型宽度 B_1 和变形区长度 L_1 越大，管

坯边缘相对升高 H_1 越小,则管坯边缘纵向延伸越少。而在表 5-4 中的圆周变形与 W 变形,后者横向变形量明显大于前者;但是,由 W 孔型确定的 W 形成型管坯边缘在 $P_0 \sim P_1$ 区间内,边缘向中收窄与升起高度反而小,这对降低薄壁成型管坯边缘的延伸量和延伸率意义重大。

B W 形管坯开口宽度 $2B_1$

需要指出,W 孔型开口宽度与 W 形管坯开口宽度是有差别的,只有当轧辊有效直径和工作直径二者相等时才相同。在图 5-60 中,W 形管坯开口宽度 $2B_1$ 由式 (5-62) 确定。

$$2B_1 = 2\left[r\sin(\alpha - \theta) + (r + R)\sin\theta\right] \tag{5-62}$$

式中,r,α 分别为 W 形孔型边部弯曲变形半径与弯曲角度,通常 $r = R_t$(成品管半径)、α 取 $80° \sim 90°$;R,θ 分别为 W 形孔型中间凸起弧段的变形半径与角度之半,通常 $R = 6R_t$、θ 取 $13° \sim 14°$。

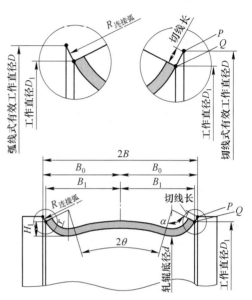

图 5-60 W 形孔型有效直径与工作直径

然而,当成品管壁径比 $\dfrac{t}{D_t} \leqslant 2\%$,属于薄壁管时,根据式 (5-25),若要 ε 和 E 都较小,建议按式 (5-63) 给出的一组参数进行设计。

$$\begin{cases} r = 1.05 \sim 1.30 & R_t \text{ 越小,取值越大} \\ a = 50° \sim 75° & t/D_t \text{ 越小,取值越小} \\ R = 6.1 \sim 7.5 & R_t \text{ 结合 } \theta \text{ 取值,较小时取值宜偏大} \\ \theta = 14° \sim 17.5° & \end{cases} \tag{5-63}$$

那么,运用式 (5-25) 比较式 (5-62) 和式 (5-63) 中两组参数的设计结果有:式 (5-63) 条件下的边缘延伸量和延伸率都小于式 (5-62) 的结果。不过,由于开口宽度和孔型高度是一对相互影响的参数,所以在选择开口宽度的参数时,还必须结合孔型高度,只有这样,才能使绝对延伸量和相对延伸量更小,同时又不会过多加重后续变形的负担。

C W 形管坯边缘高度 H_1

在 W 形孔型中,管坯边缘高度 H_1 由式 (5-64) 定义。

$$H_1 = r\left[1 - \cos(\alpha - \theta)\right] \tag{5-64}$$

考虑到余弦函数在 $0° \sim 90°$ 区间是减函数以及薄壁管成型对孔型高度的内在要求,α 应取较小值,θ 应偏大选取。也就是说,在设计薄壁管用 W 形孔型时,α 取值必须小于经典参数,这有利于降低管坯边缘高度,进而减少边缘延伸。

D　B_1 和 H_1 的理想值域

根据薄壁管成型的要求，在满足总变形要求的前提下，B_1 和 H_1 理想值域由式(5-65)界定。

$$\begin{cases} 2B_1 = kB \\ H_1 = \lambda R_t \end{cases} \tag{5-65}$$

式中，B 为平直管坯宽度；k 为 W 形薄壁成型管坯开口宽度控制系数，$k = 0.96 \sim 0.98$；λ 为 W 形薄壁成型管坯边缘高度控制系数，$\lambda = 0.35 \sim 0.50$。

在式 (5-65) 中，焊管外径越大、壁厚越薄，则成型管坯开口宽度控制系数 k 取较大值，管坯边缘高度控制系数 λ 取较小值。这样，管坯边缘纵向延伸量和延伸率都趋于较小，对薄壁管成型较为有利。

此外，这样设计还有利于后续精成型辊孔型对薄壁成型管坯边缘的施压与控制，对预防成型鼓包作用明显。

综上所述，这些减少管坯边缘纵向延伸的措施，既适用于 W 形孔型，也适用于其他成型孔型；既可以单独运用，也可以综合运用，且综合运用对薄壁管成型更有利。然而，要想稳定地变形出薄壁管，以及变形壁径比更小的薄壁管，仅靠一道 W 形孔型是不够的，更无法彻底消除鼓包对成型的影响，还必须有其他孔型辊的配合，如偏心成型立辊对控制薄壁管坯边缘就特别有效。

5.9.6　薄壁管用偏心成型立辊孔型

5.9.6.1　现有成型立辊孔型的弊端与根源

A　弊端

成型立辊除具有克服管坯回弹、参与两平辊间辅助变形、限制管坯边缘在轧辊孔型中游动并起导向作用外，其诸多潜在作用，特别是在薄壁管成型方面得天独厚的作用正被逐步挖掘出来。因此，从有利于薄壁管成型的意义上讲，立辊调试要比平辊更为重要，要求更高、作用更大。可是，由于目前设计的成型立辊孔型普遍存在孔型与管坯呈图 5-61 所示的两点接触，并由此引发图 5-62 所示畸形调整立辊，导致成型管坯"顶天立地"。"顶天"是指成型管坯纵切面与立辊孔型上止口发生摩擦，破坏管坯纵切面形态，进而影响焊接质量；"立地"是指成型管坯底部与立辊孔型下边缘紧密接触，形成"噘嘴"缺陷。

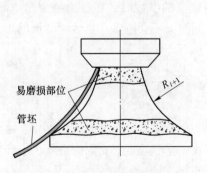

图 5-61　传统成型立辊易磨损部位

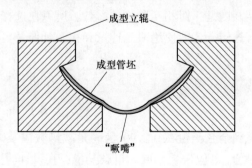

图 5-62　成型管坯在立辊中的"噘嘴"

B 追根溯源

图 5-61 所示管坯与孔型不能全接触是一个表象，本质原因是目前的成型孔型与管坯变形规律及实际操作之间，存在着一个尴尬的矛盾，见式（5-66）。

$$\begin{cases} R_i > R_{i+1} & （孔型半径） \\ r_i > r_{i+1} & （管坯半径） \\ r_i > R_{i+1} & （实际工况） \\ r_{i+1} = R_{i+1} & （理论要求） \\ r_i \rightarrow R_{i+1} & （工艺要求） \end{cases} \tag{5-66}$$

式（5-66）说明，一方面，按现行变形规律，轧辊孔型半径沿轧制方向是一个道次比一个道次小，而管坯变形半径即使不计回弹恰恰相反，比其即将要进入的孔型半径大。要确保管坯顺利地进入下一道平辊孔型，就必须对立辊实施畸形调整，使出立辊后的变形管坯最大宽度基本等于下一道平辊孔型宽度，但是，受立辊孔型上止口和下边缘制约，又不得不按图 5-62 所示调整立辊。另一方面，小的立辊孔型在上下两点制约下也难以"亲密无间地拥抱"管坯，孔型不仅对管坯上部管控能力不足、对薄壁管变形不利，管坯也无法达到预期的横向变形效果，而且还容易损伤管坯纵切面、影响焊缝强度。

这样，要想消除式（5-62）所示的尴尬与矛盾，就需要一种新立辊孔型取代传统立辊孔型，既能确保管坯按原有变形规律充分变形，又能保证管坯变形不发生畸变。受立辊畸形调整后果的启迪，偏心成型立辊孔型就具备这些功能。

5.9.6.2 偏心成型立辊

A 偏心成型立辊孔型的特点

所谓偏心成型立辊，是指在不改变原成型立辊孔型半径 R 和变形角 θ 的大小、不改变原成型立辊孔型上止口位置 A 和基本外形的前提下，仅通过改变孔型圆心位置来改变孔型弧线位置的成型立辊，如图 5-63 所示，图中的虚线为原立辊孔型。

与原成型立辊孔型相比，偏心成型立辊孔型有以下四个特征：

（1）孔型更"直立"。两种同规格、同道次、同变形半径与变形角的立辊，以轧制底线和三维

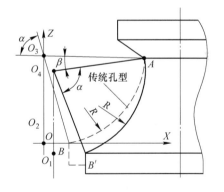

图 5-63 偏心成型立辊

坐标中 XOZ 平面为参照，偏心成型立辊孔型的弧线更"直立"。在没有改变立辊孔型上止点位置、变形半径与弧长的前提下，孔型下部便远离轧制底线与管坯底部，这就为孔型有效地管控薄壁管的管坯边缘与管坯充分变形预留了足够空间。

（2）不改变孔型半径。之所以要保持孔型半径 R 的大小不变，是因为要与平辊孔型变形规律保持一致，不增加孔型设计工作量；同时，要保证管坯横向变形的连续性。

（3）不改变孔型变形角。在弧长（管坯）一定时，若半径 R 不变，则变形角 θ 为常数，即，$\theta = 57.3B/(\pi R)$。

（4）不改变孔型上止口位置。立辊孔型上止口位置关乎管坯边缘的运动轨迹，位置 A

是由变形规律决定的，既然孔型变形规律没有变，那么孔型上止口位置 A 也不应轻易改变。

因此，偏心成型立辊孔型的实质是，以传统成型立辊孔型 A 为支点，将原孔型旋转 β 角度而得到的。通过这一旋转，极大地提升了成型立辊孔型控制薄壁管的边缘变形与稳定薄壁管成型等方面的能力。

B　偏心成型立辊的作用

偏心成型立辊在强化管坯边缘的控制、确保管坯充分变形、控制管坯回弹、方便调整等方面作用独特。

a　强化对薄壁成型管坯边缘的控制

在图 5-63 中，虚线为传统成型立辊孔型，我们也可以将该虚线孔型当作刚刚进入、但未完全进入偏心成型立辊孔型的被成型管坯，其管坯边缘首先受力并横向受控，随着管坯不断进入，管坯受力范围逐步从最边缘扩展至管坯上部，并通过管坯的传递扩展到整个管坯发生横向变形。在这个过程中，管坯边缘外侧始终处于受力的最前沿，无论是横向还是径向，都是最直接与最先的受力点，这对防止薄壁成型管坯边缘失稳、产生成型鼓包提供了有力保证。因为鼓包具有向外鼓的特征，而偏心成型立辊孔型 A 点恰好能在不受孔型其他部位制约的情况下，最大限度、最直接地从管坯边缘外面对管坯边缘施力，从而抑制鼓包发生。

b　增大管坯变形量

传统成型立辊至多只能把管坯变形到该立辊孔型尺寸，如果加上回弹量，则管坯实际变形量必然小于所在道次立辊的孔型半径，这说明传统成型立辊无法使管坯充分变形。

但是，只要将图 5-63 所示偏心成型立辊孔型的下边缘在传统成型立辊下边缘 B 的位置向上微调 Δ，使偏心成型立辊孔型完整弧线之底径 O_1 点略低于轧制底线 O_2，此时，孔型上止口位比传统立辊孔型上止口高 Δ。这样，就可以在传统立辊位置基础上继续收缩两立辊间的距离，进而迫使管坯自上而下充分变形，同时不必担心成型管坯"顶天立地"的问题。

在偏心成型立辊辊缝收缩的过程中，管坯边缘首先被孔型上止口 A 向 OZ 轴推挤，继而变形力借助管坯从边缘向中底部传递，管坯则以其底部为支点逐渐向 OZ 轴靠拢变形。待到管坯中底部接近偏心立辊下边缘 B' 后，管坯两边缘间的距离已小于传统成型立辊正常使用条件下的距离。而管坯两边缘距离的缩短，便意味着回弹与弯曲半径的减小，可用式（5-67）表示。

$$S = \sqrt{2}R_i \sqrt{1 - \cos\frac{57.3B}{R_i}} \qquad (5\text{-}67)$$

式中，S 为弦长；R_i 为弯曲半径；B 为弧长（管坯宽度）。

式（5-67）的实际意义在于：当管坯宽度一定时，若弦长变短，那么，管坯的弯曲半径必然减小。也就是说，偏心成型立辊对管坯变形的作用较大，并能够成型出弯曲半径比孔型半径更小的成型管坯。这里的更小，指的是变形管坯横向宽度变窄，横向变形较充分。同时，由于仅仅是对管坯边缘施力，所以并不会增大立辊的变形阻力。

c　有利于控制管坯回弹

在相同变形半径下，偏心成型立辊孔型下边缘远离轧制底线，这样就可以将立辊孔型半径设计得比传统立辊的小些。与原回弹的管坯相比，出偏心立辊的管坯就相当于没有回弹，从而实现"消除"管坯回弹的目的。或者说，要获得符合设计要求的管坯，只需运用偏心成型立辊的设计方法，使孔型尺寸满足式（5-68）的要求，即可通过辊缝间隙，实现管控管坯回弹。

$$R_i = R'_i - r \tag{5-68}$$

式中，R_i 为管坯在偏心成型立辊孔型中的变形半径，即孔型半径；R'_i 为管坯离开孔型束缚后的变形半径；r 为控制回弹而设的预减量，取决于合金状态 H、屈服强度 σ_s、焊管外径 D、壁径比 t/D 及成型机刚性 λ 等因素，在式（5-69）中，当硬度和强度较低、D 较小、t/D 反映为薄壁管、机组刚性不高时，r 取较小值；反之，在较大范围内取值。

$$r(H,\ \sigma_s,\ D,\ t/D,\ \lambda) = 1 \sim 5 \tag{5-69}$$

d 调整方便

焊管调试过程中，经常碰到这样的难题：按管坯成型现状，需要收调立辊，但却不能收，因为一旦收缩后，传统成型立辊孔型下边缘便顶到管坯中底部并轧伤管坯。可是，偏心成型立辊孔型弧线下缘远离管坯中底部，调试时，就能根据变形管坯实际需要，得心应手地调整，且无需像过去那样既担忧管坯中底部被轧伤，又忧虑管坯边缘形状被破坏。

其实，从偏心成型立辊的内涵和作用看，它不仅适用于薄壁管成型，同样适用于厚壁管成型。

C 偏性成型立辊孔型偏心的确定

偏性成型立辊孔型偏心的确定分三步：

（1）偏心成型立辊的种类。偏心位置根据变形角 θ 的大小而定，它分为左下偏心和右下偏心两种。建立直角坐标系 XOZ，则在图 5-64 中，左下偏心位于 Z 轴左侧、X 轴下方，简称左偏心；右下偏心位于 Z 轴右侧、X 轴下方，简称右偏心。当管坯变形角度 $\theta < 180°$ 时，取左偏心；当管坯变形角度 $\theta \geqslant 180°$ 时，取右偏心。

（2）偏心位置的确定。偏心，乃偏心成型立辊孔型曲线之圆心，确定偏心的步骤是：第一步，以坐标原点

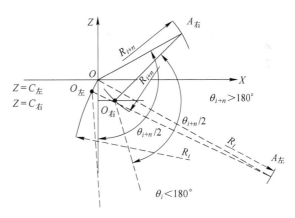

图 5-64 偏心成型立辊左、右偏心示意图

O 为圆心，以弯曲半径 R 为半径画弧并与变形角 θ 的一边相交，交点即为孔型上止口位 A 点；第二步，以 A 点为圆心，以相同的弯曲半径 R 为半径，向坐标原点的左（右）下方画弧线；第三步，作直线方程 $Z = -C(C > 0)$ 并与第二步的弧线相交，其交点就是左偏心。同理，可得右偏心。

（3）偏心距 C 的确定。从确定偏心位置的步骤看，当弯曲半径 R 和 A 点以及 C 值确定之后，偏心位置也就确定了。而 R 和 A 点自有其规律性，不宜轻易变动，所以，C 值就成为偏心距的特征值。影响偏心距的因素大致有：焊管外径、管坯厚度、壁径比、管材硬

度、屈服强度、机组型号等，根据这些影响因素，结合孔型变化规律，建议偏心距按表5-9选取。

表5-9 偏心成型立辊偏心距 C 的取值表

机 型	偏心距 C 值/mm	
	$C_左$	$C_右$
≤50 mm	1.0~3.0	2.5~1.0
76~114 mm	3.2~4.8	3.5~1.5
≥165 mm	5.0~6.0	5.0~2.0

5.10 常见铝焊管成型缺陷

铝焊管的常见成型缺陷主要有：成型鼓包、底部皱折、管型不对称、管面折线、管面伤痕、运行不稳、管筒尺寸过大或过小、"36°现象"等。关于成型鼓包，已在前面专题探讨过，故这里从底部皱折开始，并且除非特别指明，一般均假设孔型设计没有问题。

5.10.1 管面皱折

5.10.1.1 皱折类型

皱折多发生于薄壁管、特薄壁管、绝对薄壁管以及O态管坯上，表现形式主要是管面存在木纹状凹凸和鱼鳞状波纹，位置以焊管底部居多，少数发生在管侧面。

木纹状凹凸大多存在于成型管坯中底部，可以清楚地看到一个套着一个，而且能触摸到，如图5-65（a）所示。鱼鳞状波纹没有显现凹凸感，需要对着光线才能看到，轻微的需要隔着一层布才能感觉到，如图5-65（b）所示。

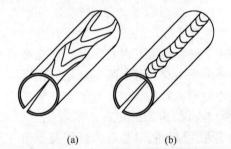

(a)　　　　　(b)

图5-65 管坯皱折形态示意图

（a）管坯底部严重皱折；（b）管坯底部鱼鳞状波纹

5.10.1.2 形成机理

皱折一般孕育在粗成型段，表现在精成型段、焊接段，甚至定径段。因为成型管坯进入精成型段、焊接段和定径段后，在轧辊孔型作用下，纵向应力会在整个横断面内进行重新分布，管坯纵向纤维在这个过程中被强制等长。如果粗成型段，特别是变形角大于180°的粗成型平辊，对管坯中底部实施了过度轧制，导致管坯中底部纵向纤维产生较多塑性延伸，这些过多延伸出的纵向纤维在随后强制等长过程中无法全部压缩回去，但又必须等长，于是，就以"委曲求全"的形式实现了宏观"等长"，形成微观凹凸，如图5-66所示。管坯一旦发生冷轧轧薄，被轧薄部位的管坯硬度增高，塑性变差，纵向纤维回复的量更少，更容易形成皱折。

5.10.1.3 危害

皱折也好，波纹也罢，尤其是不被人察觉的波纹，没有则已，要有就是一批，而且往往都是用户首先发现问题，在信息反馈回工厂才知道。如存在波纹的自行车架用铝管，波

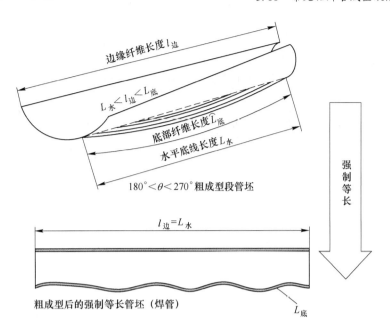

图 5-66 焊管底部皱折形成机理

光粼粼的波纹部位用户难以接受。因此，必须将管面波纹作为必须检查的项目。

5.10.1.4 预防措施

要重视对管面波纹缺陷的检查，特别要注意粗成型局部实轧辊轧制力的施加，注意检查平辊轴平行与轧制力平行施加。

5.10.2 开口管筒不对称

开口管筒不对称的表现形式多种多样，常见有四类，如图 5-67 所示。形状不同，产生的原因也各不相同。

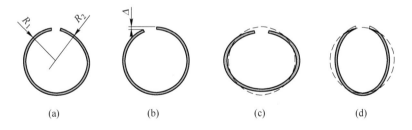

图 5-67 不对称管筒的种类

（a）边缘圆弧不对称；（b）边缘不等高；（c）平椭圆对圆不对称；（d）立椭圆对圆不对称

5.10.2.1 边缘弯曲弧不对称

（1）成因与影响如下：

1）对 W 变形孔型和双半径变形孔型，多数原因是成型第一道平辊操作不当，管筒上曲率半径大的一侧压下不足，或上辊偏向了曲率半径小的一边。

2）对圆周变形孔型，问题可能出在闭口孔型段某道上辊轴不平行，致使辊缝大的一侧管坯变形不充分。

3）闭口孔型上辊偏位，孔型施加到管坯两边缘的力不一样大，导致两边变形程度不同。

4）进料偏中，管坯总是偏向曲率半径大的一侧。

（2）边缘弯曲弧不对称的危害主要表现在妨碍焊缝平行对接，易形成高低口、焊缝错位、搭焊、焊缝难对中等，进而降低焊缝强度、影响内外毛刺去除及焊缝表面质量。

（3）调整措施。简单地讲，就是纠偏。纠正孔型压下量的不对等、纠正进料的不对中、纠正轧制力的不均施加等。

5.10.2.2 管坯边缘不等高

（1）成因与危害：一是末道闭口孔型上辊压下量不足，同时该道之前的立辊又偏离轧制中线；二是末道闭口孔型上下平辊轴不水平。

（2）调整措施：按工艺要求，重新调整闭口孔型辊并找正精成型立辊。

5.10.2.3 管筒对圆不对称

成型管筒呈现平椭圆状或呈立椭圆状，它们的共同特征是：管形自身对称，只是相对于圆不对称，如图5-67（c）和（d）所示。

（1）形成管筒呈平椭圆的基本成因是：闭口孔型平辊边缘磨损严重，压下越多，横椭圆越明显。需要指出，壁厚较厚的管筒，呈现极少量的平椭圆，不算缺陷，甚至还是成型追求的目标，这对实现厚壁管焊缝平行对接是利好。可是，对薄壁管而言，则绝对是必须处理的缺陷。从生产实践看，过平的对接边缘，将增加去除外毛刺的难度。

调整处理措施主要有三条：

1）适当抬升闭口孔型上辊，不要压下过多。

2）适当收紧闭口孔型前立辊，以减小进入闭口孔型辊的管坯宽度。

3）修复孔型，这是焊管现场调整的最后手段，也是迫不得已的手段。

（2）形成立椭圆管筒的成因主要在于：管筒"9点钟"方向和"3点钟"方向在粗成型辊中变形不足，形成该部位管坯的曲率半径较大，进入闭口孔型辊后就会形成立椭圆管筒。

其实，立椭圆管筒对薄壁管成型不算什么缺陷，对焊接的影响倒不太明显，只是由于其在竖直方向的尺寸相对于挤压辊孔型开口尺寸过大，管坯进入挤压辊孔型时，易被挤压辊孔型上下边缘咬伤。

调整处理的方法是：强化粗成型管筒"9点钟"方向和"3点钟"方向的轧制，同时适当加大闭口孔型辊的压下量。对薄壁管来说，可以不作为缺陷对待，或只要处理到挤压辊孔型不"咬管"即可，或干脆适当打开挤压辊孔型的开口。对厚壁管而言，则要尽量处理至圆—平椭圆状。

通过对平椭圆状与立椭圆状管筒的成因分析及其处理过程看，焊管成型的一些"缺陷"是相对的，要有辩证思维。同一种管筒形状，对一些管种来说是必须处理的缺陷，对另一些管种而言却是工艺追求的目标。同时，在焊管原因分析与对策措施中，多采用"可能""也许""可以""大致"等一些不确定性词汇，这些既表示焊管缺陷成因的复杂性、不唯一性，更表示焊管调整的多样性与灵活性。焊管调整的灵活性是焊管调整的灵魂，"一因多果"与"一果多因"的哲学现象在焊管调整中无处不在。

5.10.3 成型管坯对焊面缺陷

管坯纵切面成型缺陷如图 5-33 所示，缺陷部位有内、外边缘塌角和中间凹凸三种，缺陷成因由于部位不同而复杂多样。

5.10.3.1 缺陷成因

A 外边缘塌角成因

从成型管坯边缘外角缺损的情况看，导致该缺陷的最大可能是成型第 1、2 道下辊 [见图 5-68（a）] 和第 2 道粗成型立辊 [见图 5-68（b）]。在管坯变形过程中，无论是粗成型平辊还是粗成型立辊，它们都有一个共同特征，就是在成型轧制力作用下，处于粗成型段的管坯总是管坯边缘下角首先与轧辊孔型接触；在此情况下，当较软铝管坯如冷凝器集流管用管坯（3003H14、HV48~55、厚度为 1.2~3.5 mm），进入硬度 HV 为 740 左右的轧辊并受到轧制力作用后，首先接触的下角部位便被压塌。管越厚塌角越严重，这也是如前明确指出厚壁管孔型不设计有效直径的缘故。

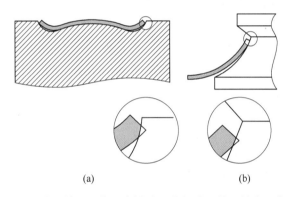

图 5-68 成型管坯边缘下角被成型轧辊孔型轧压缺失示意图

(a) 第 1 道成型下辊；(b) 粗成型立辊

边缘下角坍塌的程度与管坯硬度、径壁比、轧辊孔型、轧制力、绝对厚度、操作调整等因素密切相关，以绝对厚度为例，根据金属材料抗弯刚度原理有式（5-70）。

$$K = \frac{Ebt^3}{12} \tag{5-70}$$

式中，K 为抗弯刚度，N/mm^2；E 为弹性模量，MPa；b 为弯曲宽度，mm；t 为厚度，mm。

显然，在式（5-70）中，厚度 t 越厚，抗弯刚度越大。也就是说，在同等弯曲宽度 b 或弯曲半径下，弯曲厚度越厚的管坯，需要的成型轧制力越大，则轧辊孔型对成型管坯边缘下角的反作用力就会越大，很容易导致铝管坯下（外）角坍塌；反之，下角坍塌程度较轻微，像汽车水箱管这类绝对薄壁管，其下角坍塌程度可以忽略不计。

B 内边缘塌角成因

内边缘塌角成因主要有成型管坯腰部变形不充分、管坯左右摆动、铝管坯与粗成型局部实轧上辊剐碰等方面。

（1）成型管坯腰部变形不充分。这将使得进入精成型平辊时的开口管筒之对焊面间的角度 β 远大于该道次导向环的倒角角度 α，如图 5-69（a）所示，而变形充分的管坯根据设计要求 β 只是略大于 α；这样，当腰部变形不充分的管坯进入精成型孔型时，该开口管筒内圆角部就会与导向环发生剐蹭。剐蹭的结果必然是材质软的铝管坯内圆角部被硬质的导向环剐蹭掉，形成图 5-69（b）所示的缺内角。

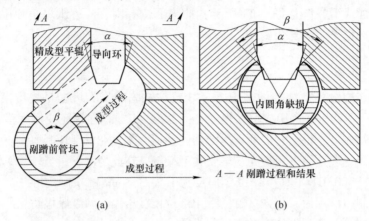

图 5-69　管筒腰部变形不充分与内圆角剐蹭的关系
(a) 腰部变形不充分的管坯；(b) 开口管筒内圆角被剐蹭

（2）管坯左右摆动。根据铝焊管成型工艺的要求，在精成型孔型中的管筒开口与导向环之间的单面间隙只有 0.5~1 mm，当管坯左右晃动幅度超过 1 mm 后，开口管筒较低一侧的内圆角部就会与导向环剐蹭，形成缺内角。

（3）管坯与粗成型上辊剐蹭。由于成型管坯在粗成型局部实轧辊中的总变形角超过 270°，变形管坯开口会随着变形角的增大而骤然减小，尤其是末道所形成的管坯开口特别小，若孔型设计师基于尽可能增宽管坯底部变形的需要将上辊设计得较宽，这样，管坯开口与上辊宽度之间的间隙便很小，一旦管坯运行不稳，发生左右摆动，开口管筒内圆角部极易与上辊发生单侧剐蹭，导致管坯单侧内圆角部缺失。或者，末道初成型平辊前的立辊收拢过多，致使开口偏小，也容易出现管坯内圆角部与上辊干涉的现象，甚至造成管坯内圆角部双侧缺损，如图 5-70 所示。

C　对焊面凹凸

在导向环长期使用的情况下，导向环环面难免不会黏着一些铝屑，因为根据磨损原理，总是软金属铝屑黏着在硬金属导向环上；当成型管坯对焊面触碰到这些黏有铝屑的导向环后就会划伤管坯对焊面，形成对焊面凹凸。

5.10.3.2　危害

成型管坯对焊面缺陷的主要危害：一是焊缝面积骤降，二是易形成焊缝夹杂，三是出现焊缝融合线甩尾（见图 5-71），四是由挤压力过大引起的低温焊接。

5.10.3.3　措施

（1）优化轧辊孔型设计。指导思想是根据铝合金管坯力学性能的特点，在不影响变形效果的前提下，有针对性地改进轧辊孔型局部的设计。包括第 1、2 道成型下辊辊径、粗成型立辊孔型弧长以及导向环角度等方面。

（2）严格遵守操作调整规范。包括进入平辊的管坯开口宽度、轧制力、轧辊关于轧制线对称等方面。

（3）每次换辊和生产间隙都要注意清洁导向环环面。

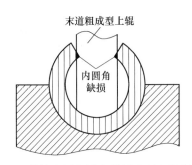

图 5-70 开口管筒内圆角被末道粗成型上辊刷蹭示意图

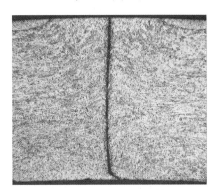

图 5-71 熔合线右甩尾

5.10.4 管面伤痕

管面伤痕是焊管常见缺陷，表现形式多种多样，如压痕、划伤、暗线和压伤等。

5.10.4.1 压伤

压伤，是指轧辊孔型对管坯表面的破坏，压伤种类繁多，但是产生的原因不外乎以下几个方面：

(1) 立辊孔型高于轧制底线，立辊偏离轧制中线。

(2) 立辊收得过紧，或立辊轴存在仰角。

(3) 新孔型有可能是孔型边缘倒角偏小，或倒角角度不符合要求。

(4) 高强度管坯回弹大，变形阻力大，孔型边缘易将管坯"咬伤"。

(5) 平辊前的立辊对管坯横向施力不足，致使较宽的管坯进入了固定宽度的平辊孔型，成型管坯腰部被孔型"剪伤"。

消除压伤的关键在于原因查找，然后采取"兵来将挡，水来土掩"的措施即可。

5.10.4.2 压痕与暗线

压痕与暗线其实都是前述压伤的产物，形成机理也大致相同，只是表现更加隐蔽，不仔细看看不出问题，手感也不明显；但是，它们对焊管表面质量的影响又都实实在在。

压痕通常表现为一条宽为 5~10 mm 的反光带，对光看尤为明显，压痕处的光折射率与其他部位不同，是表面质量要求较高铝管的大忌。

暗线的本质是前面发生的线形伤痕没有被及时发现，并被随后的轧制轧"平"了。粗略看，也看不出毛病；但是仔细检查，用指甲沿管面周向划，还是可以看到或感觉到暗线的存在。暗线比压痕更隐蔽，更难发现，因而危害更大。

5.10.4.3 划伤

划伤主要是指不运动或相对运动速度差大的轧辊对运行中的管坯产生的破坏，特点是与速度差有关。例如，立辊轴承破损，致使立辊转动受阻而划伤管面；孔型上滚动直径位置的线速度与其他部位线速度不同，速度差较大的位置与运动着的成型管坯相比，之间存在一定的相对运动，并且在摩擦力达到一定程度后，就会划伤管面。前者的划伤特征是，管面上存在纵向较直的划线；后者的特征是，管面上存在一个连一个像"指甲痕"的不规则圆弧，如图 5-72 所示。"指甲痕"多发生在成型管坯两边缘、底部和腰部两侧，

图 5-72 管面"指甲痕"划伤

因为管坯边缘和腰部分别对应于成型平辊孔型速度差最大的位置，而底部则对应于成型立辊孔型速度差最大的位置。

去除"指甲痕"的总思路：从孔型设计的角度看，在不影响总体变形效果的前提下，对孔型进行大胆去除。事实上，当我们进行孔型分析时会发现，孔型上有些部分其实是累赘，去除这部分累赘后，不仅对成型无害，而且可以永绝划伤的后患。当然，也可以采取扩大孔型开口的措施。从调整的角度看，措施是一降二收放三校中：一降是指若出立辊管坯下面有压痕则降低该立辊；二收放是指若出平辊管坯两侧有压痕则收紧该道平辊之前的立辊或适当放松该平辊；三校中是说，如果出平辊后管坯单侧有压痕则应校正该道平辊前的立辊轧制中线。

5.10.5　运行不稳

成型管坯运行不稳的特征是：管坯左右晃动与前后耸动，严重的出现打滑。

5.10.5.1　管坯左右晃动

侧看运行中的成型管坯，两边缘忽高忽低像波浪一样上下波动；俯视管坯，管坯左右摆动，是一个问题的两个方面。成型管坯两边缘来回摆动与波动，主要影响焊缝强度的一致性与内外毛刺去除。

（1）成因。其大致有以下几个方面：

1）成型立辊孔型对管坯边缘管控不到位，与管坯边缘间存在较大自由空间。

2）至少有一两道实轧平辊两边压下不平行，管坯在实轧平辊道次中只受到局部孔型轧制，导致成型管坯横向漂移；同时，管坯又受纵向张力与驱动力作用向前运行，并试图使管坯保持直线运动，于是，管坯就在不断的横向漂移与不断的纵向纠正之间来回摆动。

3）轧辊偏离轧制中线，包括左右偏离和上小偏离。

4）设备精度低、轴承磨损间隙大、孔型精度低等，导致轧辊对管坯施力不稳定。

5）成型平辊施力不足，辊缝较大，尤其是精成型孔型没有管住管坯。

6）管坯存在镰刀弯、S弯、荷叶边等缺陷。

（2）调整措施。重新校调找正轧制中线和辊缝间隙，平辊要做到平行压下、平行施力，立辊施力要到位并在施力的过程中防止立辊跑单边、偏离中线，同时要适当增大平辊压下量和管坯上的纵向张力。

5.10.5.2　成型管坯前后耸动

观察运行中的成型管坯和速度表，管坯有极短暂的"停顿"现象，速度表针左右摆动，即管坯一会儿走得快、一会儿走得慢；最明显的特征是挤压辊处的铝焊珠忽多忽少，外毛刺忽大忽小，影响焊缝强度和内毛刺高度。

A　成型管坯前后耸动的主要形成机理

成型管坯前后耸动的主要机理是：成型平辊总体压下偏轻，成型立辊阻力偏大；或者焊接挤压力过大、定径机阻力偏大、进料拉力变化不定等，导致管坯正常运行所需要的纵向张力在 $(F_牵 - F_阻 < 0) \sim (F_牵 - F_阻 > 0)$ 区间波动。管坯在源源不断驱动力作用下，当纵向张力性质短暂表现为前者时，管坯被阻，前进速度减慢，甚至相对停止；在这个速度减慢过程中，管坯上纵向张力得到正向积累并转为加速前进状态；但是，两类张力所表现的时间长短差距较大，前者极短，有时只是瞬间。成型管坯前后耸动的速度曲线与张力保持时间的关系如图 5-73 所示。运用高速摄影机对管坯运行状况的研究证明，无论怎样调整焊管机组，也不管成型什么管坯，其运行速度都是波动的，并与图 5-73 所描绘的曲线相似，区别在于波动幅度和频率。

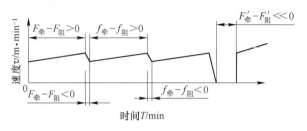

图 5-73　成型管坯运行速度与纵向张力性质的关系

作为成型管坯前后耸动的极端表现，就是人们俗称的"打滑"，此时，$F_牵 - F_阻 < 0$。而一旦发生"打滑"，管坯运行速度趋于零，这是铝焊管生产工艺需要尽力避免的状况。特别地，由于适合铝焊的焊接温度范围很窄，如图 5-74 所示。图中 3003 铝管焊接温度允许波动的范围只有 20 ℃左右，仅是 Q195 钢管的九分之一，焊接温度更难把控，对焊接速度波动尤为敏感，对焊接速度波动问题必须高度重视。

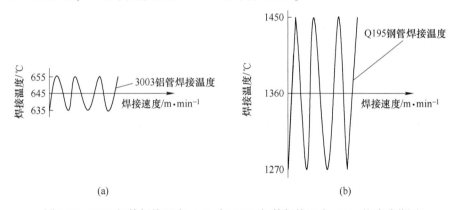

图 5-74　3003 铝管焊接温度（a）与 Q195 钢管焊接温度（b）的波动范围

此外，由开卷机产生的拉拽力波动造成成型管坯打滑也是一个重要原因。

B　减缓成型管坯前后耸动的调整措施

减缓成型管坯前后耸动的调整措施可以从 5 个方面入手：

（1）在纵向张力布局时，不仅要考虑成型机，还要兼顾焊接机、定径机，总的调整原则是定径拉着成型跑。

（2）不断优化配置定径平辊底径递增量，从设计方面满足（1）的要求。

（3）从操作层面看，平辊施力要适当大一点，而立辊的施力则要相对小一点、柔一点。这里的立辊泛指无动力辊，包括导向辊、挤压辊、毛刺压光辊、定径立辊等，甚至包括去毛刺刀的阻力。

（4）适当减小进料矫平力，特别是生产薄壁管时，更要正确处理矫平折皱与纵向张力的矛盾，防止矫平辊拽停管坯。

（5）精心调整磁粉制动器，尽可能缩小开卷机拉拽力波动范围。

5.10.6 管筒尺寸缺陷

管筒尺寸缺陷主要是指出末道闭口孔型辊后的开口管筒尺寸偏大或偏小，而偏大或偏小的开口管筒对随后的焊接、定径都会产生一定影响。过大，一会导致焊接用料量增多，将大部分原本用于焊接的高温熔融金属挤出焊缝，形成焊缝的反而是低温熔融金属，焊缝强度不高；二会导致管坯上下部位易被挤压辊孔型边缘咬伤，影响焊管表面质量；三会妨碍定径尺寸的调整。过小，焊接用料量变少，不仅影响焊缝强度，甚至影响定径尺寸的精度与直度。

管筒尺寸偏大或偏小的成因：(1) 闭口孔型平辊压下过少或过多；(2) 管坯硬软影响开口管筒大小，在轧制力相同的前提下，O 态管坯易被压小，H 态管坯不容易压小，这也是 H 态的开料宽度比 O 态窄、H18 比 H12 开料窄的重要原因；(3) 厚度公差变化大；(4) 开料宽度。因此，必须根据工艺要求和管坯硬度、宽度等，适当调整闭口孔型平辊压下量和立辊收缩量，以便控制待焊管筒尺寸。

5.10.7 "36°现象"

由于该部分内容较多，故详细表述见下一节。

5.11 "36°现象"与成型孔型共有缺陷

随着管坯精度、轧辊精度、机组精度和调整水平不断提高，以及用户对焊管尺寸精度的要求越来越高，以往因这些精度不够高而被掩盖的一些焊管缺陷正逐渐显现，如"36°现象"已成为制约高精度气筒管、冷凝器集流管等钢铝焊管生产的重要因素。

所谓"36°现象"是指在图 5-75 所示高频直缝圆焊管焊缝两侧 36°左右位置的尺寸 ϕ_3、ϕ_4 总是比水平或竖直方向的尺寸 ϕ_1、ϕ_2 小，而且这一现象不仅普遍存在于成品焊管上，也表现在调整过程中的焊管上。

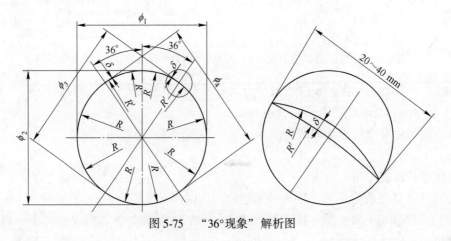

图 5-75 "36°现象"解析图

"36°现象"的数学表达式为式 (5-71) 和式 (5-72)：

$$\begin{cases} \phi_{3i} = \phi_{1i}(\phi_{2i}) - \overleftarrow{\delta}_i \\ \phi_{4i} = \phi_{1i}(\phi_{2i}) - \overleftarrow{\delta'}_i \\ \alpha = 36° \pm (10° \sim 20°) \end{cases} \tag{5-71}$$

$$\begin{cases} \phi_3 = \phi_1(\phi_2) - \overleftarrow{\delta} \\ \phi_4 = \phi_1(\phi_2) - \overleftarrow{\delta'} \\ \alpha = 36° \pm (10° \sim 20°) \\ R = \dfrac{\phi_1}{2} = \dfrac{\phi_2}{2} \\ R' = R + \overleftarrow{\delta} \text{ 或 } \overleftarrow{\delta'} \end{cases} \tag{5-72}$$

在式（5-71）和式（5-72）中的箭线"←"表示圆弧向内平坦，不妨称式（5-71）为过程"36°现象"，称式（5-72）为结果"36°现象"，且结果"36°现象"更具代表性，故以下仅就结果"36°现象"进行分析。

5.11.1 "36°现象"探秘

5.11.1.1 "36°现象"的特征

"36°现象"具有局部性、普遍性、误导性和伴随性特征。

（1）局部性。运用测量投影仪对"36°现象"的焊管进行检测发现，式（5-71）和式（5-72）中的 $\overleftarrow{\delta_i}(\overleftarrow{\delta_i'})$、$\overleftarrow{\delta}(\overleftarrow{\delta'})$ 只与"36°现象"涉及的范围有关。局部性表现在两个方面：径向表现为 $R' = R + \overleftarrow{\delta}$（或 $\overleftarrow{\delta'}$）；周向表现在 R' 的范围局限在焊缝两侧 $36° \pm (10° \sim 20°)$，与其他部位的 R 尺寸没有关系。

（2）普遍性。长期跟踪研究发现，不是某种焊管存在"36°现象"，铝管铜管钢管、大管小管、厚壁管和薄壁管无一例外；也不是某个调整工操作不当，天南地北的调整工都为之伤透脑筋且还在继续伤脑筋。

（3）误导性。在式（5-72）中，$\overleftarrow{\delta}(\overleftarrow{\delta'})$ 的具体数值依焊管规格、品种、材料、孔型、轧辊磨损、操作不同存在差异，少则几微米，多则几十微米；严重时表现为 ϕ_1、ϕ_2 或 ϕ_1 和 ϕ_2 已经逼近最大极限尺寸时，ϕ_3、ϕ_4 或 ϕ_3 和 ϕ_4 也接近最小极限尺寸，每每此时，操作者甚是痛苦，目前是通过修磨定径轧辊孔型勉强减小 δ 值，有时虽然修了轧辊也收效甚微。但是，按照轧辊修磨工艺参数，这些轧辊孔型均不应该修磨，这种看似对症的操作极易误导人们认为"36°现象"是定径轧辊孔型磨损所致。

（4）伴随性。伴随性，或者叫长期性，系指"36°现象"不是某种孔型生产的管子所独有的缺陷，用圆周变形法、单半径变形法、W变形法等生产的管子全都存在"36°现象"，差别在于严重程度不同。毫不夸张地说，自从高频焊管生产工艺诞生以来就一直存在，只是在粗放生产的年代没有被看作缺陷而已。

这些特征既说明"36°现象"是焊管行业的顽症，已经成为高精度焊管的严重缺陷，需要研究加以解决；同时也启示人们："36°现象"与目前的焊管生产工艺一定存在某种尚不为人知的系统性关系。

5.11.1.2 "36°现象"的本质

A 材料

无数事实表明，无论是铝管、钢管、铜管，还是铝材的O态、H态和T态，均存在"36°现象"，区别在于 δ 值大小不同。从材料视角看，"36°现象"表现的总趋势见式（5-73）。

$$\begin{cases} \delta_钢 > \delta_铜 > \delta_铝 > 0 \\ \delta_Y > \delta_T > 0 \qquad （冷轧硬料与退火料） \\ \delta_H \approx \delta_T > \delta_0 > 0 \quad （不同状态的铝管坯焊管） \end{cases} \tag{5-73}$$

式（5-73）说明，焊管上是否存在"36°现象"与管坯材质没有必然关系，但是其表现程度与管材有关。

B 焊管规格

"36°现象"在大直径管、中直径管和小直径管上均存在，δ 值体现的规律是：管径越大 δ 值越大，管壁越厚 δ 值越大，管壁越薄 δ 值越大，见表 5-10。这个规律揭示了"36°现象"的严重程度与焊管规格之间存在一定关系，但是与具体焊管规格无关。

表 5-10 随机检测焊管市场几种焊管"36°现象"的数据统计表

机组型号	焊管规格/mm×mm	抽检支数	δ 平均值/mm	成型孔型
273	$\phi219×6$（钢）	100	0.273	W
165	$\phi114×4.5$（钢）	100	0.195	边缘变形
50	$\phi50×1.2$（铝）	120	0.138	W
20	$\phi19×1.2$（铝）	120	0.062	圆周变形

C 操作

调查发现，焊管上存在"36°现象"的现象并非只有个别操作者为之烦恼，或者一个企业的一群操作者为之烦恼，而是业内操作者的共同心声，这就可以基本排除人为操作不当导致"36°现象"。

D 焊管机组

"36°现象"的普遍性还体现在不同机组上，不管是大型机组、中型机组还是数量繁多的小焊管机组，也不管是平立辊交替布置还是带立辊组的焊管机组，只要生产圆管，就会出现"36°现象"，这从一个侧面说明"36°现象"的产生与焊管机组无关。

E 轧辊孔型

轧辊孔型包括定径轧辊、焊接辊和成型辊孔型。

第一，定径孔型。跟踪焊管生产过程发现，新孔型虽然也有"36°现象"，但是相对较轻；定径辊孔型磨损严重后"36°现象"尤为突出；孔型修复后"36°现象"又有所缓解，这些表明"36°现象"与定径轧辊孔型磨损有一定关系，但显然不是根本原因。

第二，焊接孔型。挤压辊主要功能：一是为焊接提供挤压力，二是为焊管定径预留足够的定径余量，特别是后一个功能，只要定径余量足够多，其余便与它没有直接关系。通过生产过程追溯发现，其实"36°现象"在闭口孔型中的开口圆管筒上就有表现，说明"36°现象"在成型段已经出现。

第三，成型轧辊。根据成型辊的功能，可将成型辊分为三类：第一类为全宽实轧，第二类是局部实轧，第三类是全宽空轧。全宽空轧又称闭口孔型，从功能方面看，它是对前面的变形管坯进行归圆轧制，使之成为开口圆管筒，理论上讲它只会弱化"36°现象"而不会产生"36°现象"。局部实轧的轧辊又几乎轧不到管坯上"36°现象"的部位，因此，根据排除法可以断定，导致"36°现象"的根本原因在于全宽实轧孔型。

5.11.2 "36°现象"的形成机理

5.11.2.1 "36°现象"在管坯宽度上的定位

由36°与圆周360°的关系可知，"36°现象"约在距管坯边缘 $L/10$ 处，如图5-76所示。但是在不同变形方式和不同变形量条件下的具体位置不同，如图5-77所示。

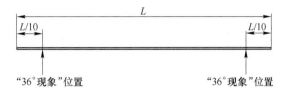

图5-76 "36°现象"在管坯宽度上的位置

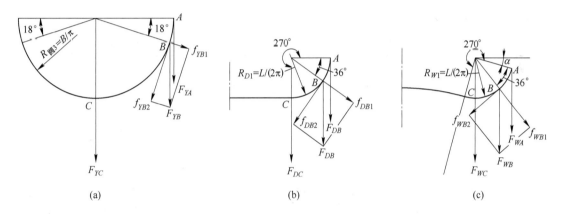

图5-77 不同变形方法下"36°现象"在成型孔型上的位置与受力分析
(a) "36°现象"在圆周变形第3道孔型中的位置与受力状态；(b) "36°现象"在单半径变形第1道孔型中的位置与受力状态；(c) "36°现象"在W变形第1道孔型中的位置与受力状况

(1) 圆周变形。根据轧辊孔型图5-77 (a) 知，管坯边部约 $L/10$ 处轧制效果最好、变形半径最接近成品管尺寸的全宽实轧孔型为第3道，R_{Y3} 理论最大变形量为：

$$R_{Y3} = \frac{L}{\pi} \tag{5-74}$$

圆周变形法全宽实轧孔型第1~3道的变形规律为：$R_{Y1} > R_{Y2} > R_{Y3}$，管面上"36°现象"对应的成型管坯位置约距管边18°。

(2) 单半径变形。距管坯边部约 $L/10$ 处轧制效果最好、变形量最大的全宽实轧孔型为第1道，理论变形量为：

$$R_{D1} = \frac{L}{2\pi} \tag{5-75}$$

其中，轧辊孔型 R_{D1} 等于成品半径。这样，管面上"36°现象"对应的成型管坯位置约距管边36°，如图5-77 (b) 所示。

(3) W变形。同理，W变形边部变形量与单半径边部变形量相等，但是由于管坯中间凸起且凸起段圆弧半径和圆心角约为 $6R$ 与30°，导致管面上"36°现象"对应的成型管坯位置虽然也在距管边约36°处，可是管坯边缘与水平线之间恰存在一个角度 α。正是因

为存在 α 角，使得 W 变形管坯上的 "36°现象" 比单半径变形管坯的顺时针（另一侧为逆时针）多旋转了 α 角，如图 5-77（c）所示，并因之改变了管坯受力状态。

5.11.2.2 "36°现象" 之成型管坯部位受力与变形效果分析

"36°现象" 在不同的变形方式下受力不同，变形效果差异大。

（1）圆周变形的受力分析与变形效果。在图 5-77（a）中，$\overrightarrow{F_{YA}}$、$\overrightarrow{F_{YB}}$、$\overrightarrow{F_{YC}}$ 分别为轧辊孔型在 A、B、C 处对管坯施加的轧制力，且 $\overrightarrow{F_{YA}} = \overrightarrow{F_{YB}} = \overrightarrow{F_{YC}}$。但是，由于轧制力施力点作用在圆弧的不同位置，导致管坯受到的变形力 $\overrightarrow{f_{YC1}} > \overrightarrow{f_{YB1}} > \overrightarrow{f_{YA1}}$；变形成果也不同，形成在同一曲率半径（$R_{Y3}$）轧辊孔型作用下管坯上的实际曲率半径 $R_{Y3A} > R_{Y3B} > R_{Y3C}$。通过测量投影仪对材质为 3003H19、圆周变形 $\phi50$ mm×1.2 mm 第 3 道成型管坯测量发现，在无孔型束缚下，成型管坯圆弧尺寸极不规则；相对而言，变形管坯底部曲率半径与轧辊孔型较为接近，越靠管坯边缘半径越大，A、B、C 三点附近的曲率半径、回弹率和变形力见表 5-11。

表 5-11 圆周变形（材质 3003H19）$\phi50$ mm×1.2 mm 第 3 道成型管坯测量值与变形力

测量点位	$\overline{R_Y}$[①]/mm	回弹率/%	弧长/mm	变形力/N
A	75.4	50.8	20	$\overrightarrow{f_{圆A1}} = \overrightarrow{F_{圆A}}\cos90°$
B	67.2	34.4	25	$\overrightarrow{f_{圆B1}} = \overrightarrow{F_{圆B}}\cos(90° - 18°)$
C	56.5	13	30	$\overrightarrow{f_{圆C1}} = \overrightarrow{F_{圆C}}\cos0°$

①因管坯两边变形存在差异取的平均值，每个点 10 个样本。

（2）单半径变形的受力分析与变形效果比较。在图 5-77（b）中，$\overrightarrow{F_{DA}}$、$\overrightarrow{F_{DB}}$、$\overrightarrow{F_{DC}}$ 分别为轧辊孔型在 A、B、C 处对管坯施加的轧制力，且 $\overrightarrow{F_{DA}} = \overrightarrow{F_{DB}} = \overrightarrow{F_{DC}}$。然而，由于轧制力作用在管坯圆弧上的作用点位置不同，使得管坯实际接受到的变形力 $\overrightarrow{f_{DC1}} > \overrightarrow{f_{DB1}} > \overrightarrow{f_{DA1}}$；变形成果也不同，管坯上的实际曲率半径 $R_{Y3A} > R_{Y3B} > R_{Y3C}$。通过测量投影仪对材质为 3003H19、单半径变形 $\phi50$ mm×1.2 mm 第 1 道成型管坯测量发现，在无孔型约束下，成型管坯圆弧尺寸也不规则，变形管坯上 A、B、C 三点附近的曲率半径、回弹率和变形力见表 5-12。比较表 5-11 和表 5-12 及图 5-77（a）和（b）发现，变形管坯在 B 点受到的变形力 $\overrightarrow{f_{YB1}}$、$\overrightarrow{f_{DB1}}$ 角度不同，由于余弦函数是减函数，所以有 $\overrightarrow{f_{DB1}} > \overrightarrow{f_{YB1}}$ 和 $\overrightarrow{f_{DA1}} > \overrightarrow{f_{YA1}}$，由此也说明单半径变形的变形效果至少在孔型层面上比圆周变形的要好些，这与实际测量结果一致。

表 5-12 单半径变形（材质 3003H19）$\phi50$ mm×1.2 mm 第 1 道成型管坯边缘的测量值与变形力

测量点位	$\overline{R_D}$[①]/mm	回弹率/%	弧长/mm	变形力/N
A	36.2	44.8	10	$\overrightarrow{f_{DA1}} = \overrightarrow{F_{DA}}\cos90°$
B	31.4	25.6	15	$\overrightarrow{f_{DB1}} = \overrightarrow{F_{DB}}\cos(90° - 36°)$
C	27.4	9.6	13	$\overrightarrow{f_{DC1}} = \overrightarrow{F_{DC}}\cos0°$

①因管坯两边变形存在差异取的平均值，每个点 10 个样本。

（3）W 变形的受力分析与变形效果比较。在图 5-77（c）中，虽然 W 变形第 1 道管坯边部的变形半径和轧制力与单半径的相同，但是由于孔型中部凸起，使得管坯在 A、B 两点的受力呈现 $\overrightarrow{f_{WA1}} > \overrightarrow{f_{DA1}}$、$\overrightarrow{f_{WB1}} > \overrightarrow{f_{DB1}}$；对第 1 道成型管坯实际测量的结果也证实，W 变形管坯的变形效果优于单半径孔型，详细测量结果见表 5-13。然而，就 W 孔型而言，管坯在 A、B、C 三点受到的变形力依然存在圆周变形和单半径变形所表现的规律。

表 5-13　W 变形（材质 3003H19）$\phi50\ mm×1.2\ mm$ 第 1 道成型管坯边缘的测量值与变形力

测量点位	$\overline{R_W}^{①}$/mm	回弹率/%	弧长/mm	变形力
A	34.3	37.2	10	$\overrightarrow{f_{WA1}} > \overrightarrow{f_{WC}}\cos(90° - \alpha)$
B	29.9	19.6	15	$\overrightarrow{f_{WB1}} > \overrightarrow{F_{WC}}\cos(90° - \alpha - 36°)$
C	26.4	5.6	13	$\overrightarrow{f_{WC1}} > \overrightarrow{F_{WC}}\cos0°$

①因管坯两边变形存在差异取的平均值，每个点 10 个样本。

（4）综合比较。综合比较图 5-77 和表 5-11~表 5-13，以下结论成立：

第一，三种变形方式中，在"36°现象"之 B 点处成型管坯受到的变形力呈现 $\overrightarrow{f_{WB1}} > \overrightarrow{f_{DB1}} > \overrightarrow{f_{YB1}}$；

第二，B 点处成型管坯的曲率半径 $\overline{R_{YB}} > \overline{R_{DB}} > \overline{R_{WB}}$，且均分别对应大于轧辊孔型的 R_{Y3}、R_{D1}、R_{W1}；

第三，由于这三种变形方式在目前所有变形方式中具有代表性，说明目前所有变形方式生产的高频直缝焊管均存在不同程度的"36°现象"，其中 W 孔型的较轻微。

5.11.2.3　形成"36°现象"的根本原因

抽象地看"36°现象"，就是一个"不怎么规则的圆"在与垂直方向呈 36°夹角附近的曲线弧比其他部位更平坦，圆弧曲率半径更大，见图 5-75 中的放大图。可是，如果说成型管坯圆弧曲率半径大就导致焊管上出现"36°现象"显然有失偏颇，因为靠近成型管坯边部 $\overset{\frown}{A}$ 段的圆弧曲率半径比 $\overset{\frown}{B}$ 段的更大、更平坦，但是 $\overset{\frown}{A}$ 段并没有出现"36°现象"，这说明圆弧曲率半径大不是形成"36°现象"的唯一原因。

考虑到修磨定径轧辊孔型可以弱化"36°现象"的事实，研究后认为：当焊管进入定径轧辊孔型后，焊缝左右 20°范围（更大圆弧曲率半径的成型管坯边部）内的管子在上辊孔型内受到的变形力最大，该部位的管子弧线更容易被轧制到与孔型尺寸一致，故不会出现"36°现象"。与此同时，圆弧曲率半径次大的 36°部位（ϕ_3、ϕ_4）无论在定径平辊孔型中还是在定径立辊孔型中受到的变形力均较小，使得成型管坯上 36°处的较大圆弧曲率始终得不到矫正，这是其一。其二，从孔型磨损的角度看，磨损较大较快的部位集中在上下平辊孔型底部、上下辊孔型边缘及立辊孔型边缘与孔型底径处，这样管子 ϕ_1 和 ϕ_2 部位变大的速率快于包括 ϕ_3 和 ϕ_4 位置在内的其他部位，在这样的磨损规律支配下，孔型上 36°部位相对更加向圆心方向"凹陷"，管面 36°处日渐平坦，式（5-72）中的 $\overrightarrow{\delta}(\overrightarrow{\delta'})$ 不断扩大，从而加剧焊管上的"36°现象"。

由此可见，"36°现象"是某一道实腹全宽轧制成型辊与定径辊共同作用的结果，如果将成型管坯 36°左右部位的圆弧曲率半径大看作是形成"36°现象"的内因或根本原因，那么，定径辊的施力方式与磨损就是外因，对"36°现象"起强化或弱化作用。所以，消除"36°现象"当从实腹全宽轧制成型孔型入手。

5.11.3 改进型 W 孔型

既然造成"36°现象"的根本原因是成型轧辊孔型，那么消除"36°现象"的方法也应该在孔型变化中寻找。其中，改进型 W 孔型在兼顾孔型设计合理性、消除"36°现象"及满足管坯边部变形需要的前提下，大胆突破传统 W 孔型设计规范，具有针对性强，可从根本上消除"36°现象"。

5.11.3.1 孔型设计合理性

孔型设计合理性主要体现在三个层面：

（1）反变形不宜过大，如图 5-78（a）是按"传统 W 孔型设计方法+36°"的设计思想设计的孔型，该孔型虽然可以强化管坯在"36°现象"处的变形及孔型弧线平滑连接，但是中部凸起过高会引起管坯反变形过大，不利于后续变形；而改进型 W 孔型严格控制反变形凸起高度，较好地处理了变形需要与反变形过大的矛盾，如图 5-78（b）所示的改进型 W 孔型反变形高度仅是图 5-78（a）的 67.5%左右。

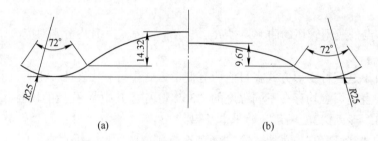

图 5-78 ϕ50 mm 管传统 W 孔型设计思路+36°设计的孔型与改进型 W 孔型反变形高度的比较
（a）传统 W 孔型设计思路+36°设计的孔型；（b）改进型 W 孔型

（2）合理分配变形量。管坯变形包括变形角度与变形半径，在变形半径相同时，边部变形充分与否看变形角度，改进型 W 孔型将管坯边部 36°处置于最大轧制下，使管坯边部 36°部位得到充分变形，同时确保边部有效变形角度不低于 72°，而将边部剩余 18°的变形交由第 2 道传统 W 孔型或单半径孔型去完成。

（3）确保正反孔型连接处为相切而非相接。

5.11.3.2 改进型 W 孔型的特点

改进型 W 孔型的特点如下：

（1）针对性强。它主要指针对"36°现象"所在部位变形不足的问题，将其置于改进型 W 孔型轧辊的最大变形力处，比较图 5-77（c）和图 5-79 中的变形力，$\overrightarrow{f_{GWB1}} = \overrightarrow{F_{GW}}\cos 0°$ 是所有变形力中的最大值，变形效果也最好，能迫使管坯 36°部位充分变形，管坯弧线由改进前比较平坦变成较为凸出，从而为后续定径提供了一个尽可能圆的待定径焊管。

（2）增强管坯 A、B 点的变形力。用改进型 W 孔型轧制管坯时，管坯在 A、B、C 三点受到的变形力与"36°现象"最轻微的传统 W 成型之变形力 ［见图 5-77（c）］ 比较，结果见式（5-76）。

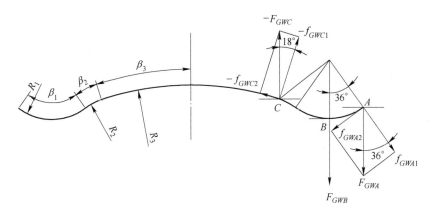

图 5-79 改进型 W 孔型受力分析图

$$\begin{cases} \overrightarrow{f_{GWA1}} = \overrightarrow{f_{WB1}} > \overrightarrow{f_{WA1}} \\ \overrightarrow{f_{GWB1}} = \overrightarrow{f_{WC1}} > \overrightarrow{f_{WB1}} \\ -\overleftarrow{f_{GWC1}} = -\overleftarrow{F_{GWC}}\cos(90° - 36°) < \overrightarrow{f_{WC1}} \end{cases} \quad (5-76)$$

式（5-76）说明，改进型 W 孔型不仅让成型管坯在 36°处的受力最大，同时也增大了 $\widehat{A}$ 段的变形力，至于 C 点处变形力的方向问题，基于孔型分工完全没必要担心。

（3）改进型 W 孔型的变形效果显著。表 5-14 中 A、B 两点的 $\overline{R}_{GW}$ 值和变形管坯回弹率均小于表 5-13 中的 A、B 点值说明：改进型 W 孔型既改善了 36°处 $\widehat{B}$ 段管坯的变形质量，管坯变形更充分，从 $\overline{R}_{WB} = 29.9$ mm 减小至 $\overline{R}_{GWB} = 25.9$ mm，管坯弧线因比传统 W 孔型向外凸了 0.25 mm，即 $\left.\dfrac{\overrightarrow{\delta_1}}{\overrightarrow{\delta_1'}}\right\} = 0.25$ mm，（箭线"→"表示管坯弧线向外凸），这样就从根本上消除了形成"36°现象"的内因，为最终消除"36°现象"创造了极为有利的条件。同时，$\overline{R}_{WA}$ 也从 34.3 mm 减小到 $\overline{R}_{GWA} = 30.2$ mm，管坯边缘 $\widehat{A}$ 段的变形质量也明显改善了，$\widehat{A}$ 段管坯弧线也比传统 W 孔型的外凸了 0.13 mm，这些变化说明管坯总体变形更充分了，达到了孔型设计的初衷，既不影响管坯总体变形效果，又能消除焊管上的"36°现象"。

表 5-14 改进型 W 变形（材质 3003H19）$\phi50$ mm×1.2 mm 第 1 道成型管坯边缘的测量值与变形力

测量点位	$\overline{R}_{GW}$[①]/mm	回弹率/%	弧长/mm	变形力/N
A（段）	30.2	20.8	10	$\overrightarrow{f_{GWA1}} = \overrightarrow{F_{GWA}}\cos36°$
B	25.9	3.6	10	$\overrightarrow{f_{GWB1}} = \overrightarrow{F_{GWB}}\cos0°$
C	反变形	—	—	$-\overleftarrow{f_{GWC1}} = -\overleftarrow{F_{GWC}}\cos(90° - 36°)$

①因管坯两边变形存在差异取的平均值，每个点 10 个样本。

此外，据多个工厂的多位调整工反馈，自使用改进型 W 孔型后，管面上再也没有出现"36°现象"，气筒管、集流管等高精度钢铝焊管的实际公差范围比之前平均缩小了 30%~40%。

5.11.3.3 改进型 W 孔型设计

设计改进型 W 孔型的指导思想是：针对现有高频直缝焊管用成型孔型在管坯边部 $L/10$ 处变形不足以至最终形成"36°现象"的缺陷，在确保管坯总体变形需要的前提下，改进现有 W 孔型，将管坯边部 $L/10$ 处置于孔型的最大变形力作用下，如图 5-79 所示，使该部位的管坯弧线充分凸起，实现消除"36°现象"。

（1）改进型 W 孔型的两个主要参数。其中，一是考虑到回弹等因素，将管坯边部变形半径 R_1 设定为成品管半径；二是确定边部变形角度为 β_1，并由此派生出孔型的其他参数，如图 5-80 所示。

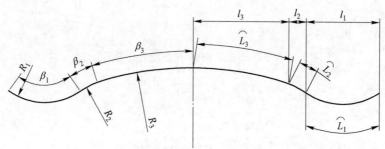

图 5-80 改进型 W 孔型计算图

（2）孔型弧长 L 与孔型宽 l。这两个参数分别见式（5-77）和式（5-78），式中字母含义如图 5-80 所示。

$$\begin{cases} L = 2(L_1 + L_2 + L_3) \\ L_1 = \dfrac{\beta_1}{360} \times 2R_1\pi \\ L_2 = \dfrac{\beta_2}{360} \times 2R_2\pi, \ \beta_2 = \dfrac{\beta_1}{5}, \ R_2 = R_1 \\ L_3 = \dfrac{\beta_3}{360} \times 2R_3\pi, \ \beta_3 = \dfrac{\beta_1}{5}, \ R_3 = 5R_1 \end{cases} \tag{5-77}$$

$$\begin{cases} l = 2(l_1 + l_2 + l_3) \\ l_1 = 2R_1\sin\dfrac{\beta_1}{2} \\ l_2 = R_2(\sin2\beta_2 - \sin\beta_2), \ R_2 = R_1 \\ l_3 = R_3\sin\beta_3, \ R_3 = 5R_1 \end{cases} \tag{5-78}$$

诚然，由圆管成型引起的"36°现象"已经解决，但是由此应该引起人们深思：异形管成型工艺是否也存在类似"36°现象"的现象，焊接工艺呢？广义"36°现象"的发现与解决需要更多焊管工作者孜孜不倦地努力。

6 异形铝管成型工艺

高频直缝焊接异形铝管的方法包括"直接成异""先成圆后变异""先成异圆后变异"和"圆/异+冷拔"四种。四种不同的工艺路径，各具特色，既有区别，又有联系。后一种工艺路径由焊管生产工艺加冷拔工艺共同完成；而前三种工艺路径则完全凭借焊管机组获得异形管，是本章介绍的重点。

6.1 异形管生产工艺路径

6.1.1 异形管四种生产工艺路径

异形管四种生产工艺路径如下：

（1）"直接成异"工艺，又称"先成异后焊接"工艺：是指平直管坯经过一系列带有特殊孔型的平辊和立辊连续弯曲轧制，变为断面形状除圆形以外的开口异形管筒，且该异形管筒的形状与成品管十分相似，随后经焊接、整形为异形管。工艺路径分为三个阶段，图6-1所示为汽车水箱扁方管的工艺路径。

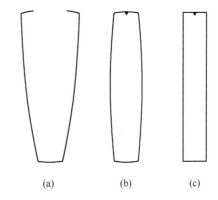

图6-1 高频直缝铝焊管"直接成异"工艺路径
（a）第一阶段：成型至开口异形管筒；（b）第二阶段：焊接至闭口异形管筒；（c）第三阶段：整形至成品扁方管

（2）"先成圆后变异"工艺：系指先将平直管坯在成型机中成型为开口圆管筒并焊接为闭口圆管，然后在定径机中利用异形轧辊孔型把圆管整形为异形管。先成圆后变异的工艺路径分三步，如图6-2所示。

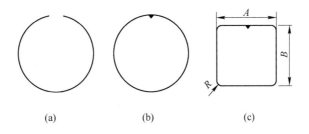

图6-2 高频直缝铝焊管"先成圆后变异"工艺路径
（a）第一步：成型至开口圆管筒；（b）第二步：焊接至闭口圆管；（c）第三步：整形至成品异形管

（3）"先成异圆后变异"工艺：是一种全新的异形管生产方式，即通过成型机先将平直管坯成型为异形开口圆管筒，然后焊接成异形闭口圆管，再经定径机的异形孔型轧辊把异形圆管整形为异形管，工艺路径如图6-3所示。这里前后两个"异"的内涵不同，前一个异定义成型与焊接，成型过程和焊接过程大体依据成型焊接圆管工艺进行，所获得的"在制品"总体上看是一个开口圆管筒；但是在圆弧局部，呈现的可能是小V形凹槽、U形凹槽、平底凹槽，或小Λ凸筋、R形凸筋以及Π形凸筋等，如图6-3（a）所示。后一个异则定义定径整形过程，将前者得到的"在制品"，即异形闭口圆管连续不间断地变形精整为带槽或筋的方管、矩管、三角管、椭圆管等异形管，如图6-3（c）所示。

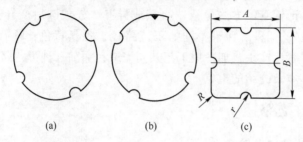

图6-3 "先成异圆后变异"工艺路径

（a）第一步：成型至开口异形圆管筒；（b）第二步：焊接至闭口异形圆管；（c）第三步：整形至异形管

（4）"圆/异+冷拔"工艺：是生产高精度圆/异形铝焊管或小批量异形铝焊管的一种基本方法，它首先通过焊管生产工艺获得普精级高频直缝铝焊圆形/异形管，离线后经冷拔机冷拔成高精级圆形/异形管，如图6-4所示。

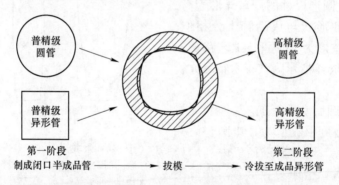

图6-4 高频直缝铝焊管"圆/异+冷拔成异"工艺路径

需要说明的是，之所以在图6-4中称第一阶段的管为闭口半成品管，是相对冷拔成品而言。这里的闭口半成品管内涵丰富，既包括普通精度成品圆管，也包括专门为冷拔准备的圆管，还包括准备通过冷拔达到高精度异形管的普通精度异形管。

由此拓展后，该工艺路径不仅是生产异形管的一种方法，同时也是生产高精密度圆管、高精密度异形管的一种基本工艺方法。

显然，四条工艺路径各不相同，各有特点，却殊途同归。看似大相径庭，实则存在千丝万缕的联系。

6.1.2 四种工艺的同异

四种工艺路径，既有相同点，又有不同点，见表6-1。

表 6-1　4 种工艺的同异比较

路径代码	工艺路径	出发点	中点	归宿	工 艺 内 涵			
					成型	焊接	定径	冷拔
1	直接成异	平直管坯	开口异形管	异形管成品	开口异形管	闭口异形管	成品异形管	—
2	先成圆后变异	平直管坯	开口圆管筒	异形管成品	开口圆管	闭口圆管	变形为成品异形管	—
3	先成异圆后变异	平直管坯	开口异圆管筒	带槽/筋异形管成品	开口异圆管	异形圆管	变形为带槽/筋成品异形管	—
4	异形/圆管+冷拔	平直管坯	在制品异形管、圆管	高精度圆管/异形管	开口异形管、圆管	闭口异形管/闭口圆管	半成品异形管/圆管	冷拔高精度圆管/异形管

6.1.3　各工艺路径的优缺点

（1）工艺 1 的优点：能够生产出具有复杂断面和棱角比较清晰的异形管，尤其是凹凸交汇处交际线显示得比较清晰，异形管感官好；设备能耗低，通常成型段只需要对角部进行轧制，定径段也以整形为主；管材力学性能与坯料相比变化不大，不像圆变异那样，先从直面变为曲面，再从曲面变回直面，反复折腾，力学性能相较原料差异较大；大中规格的异形方矩管轧辊有 50% 左右可以共用。

工艺 1 的缺点：除方矩异形管外，一套轧辊模具、一种规格管坯只能生产一种特定的异形管，投入大、成本高，换辊周期长、效率低，适应大批量生产，从而极大地限制了直接成异工艺的应用。

（2）工艺 2 的优点：一套成型模具、一种规格管坯，可以与若干套异形定径轧辊配套，生产多种异形管，如共用一套 ϕ38 mm 成型模具和 119mm×1.2mm 的管坯，与相应的定径轧辊配套，至少能够生产见表 6-2 的多种异形管，投入少，换辊快，大规模生产与小批量生产皆可，品种亦可灵活多变。

工艺 2 的缺点：无法生产出如图 6-3 所示的具有细小凹槽/凸筋等复杂断面的异形管。

表 6-2　ϕ38 mm 成型辊和 119 mm×1.2 mm 管坯可生产的管子种类

成型模具规格/mm	焊管坯规格/mm×mm	可生产异形管品种/mm×mm×mm	
ϕ38	119×1.2	30×30×1.2 方管	27.5×40×1.2 面包管
		20×40×1.2 矩管	38×35.5×1.2 D 形管
		25×35×1.2 矩管	26×46×1.2 橄榄管
		10×50×1.2 矩管	19.5×50×1.2 平椭圆管
		12×48×1.2 矩管	ϕ38×1.2 圆管
		45×28×1.2 椭圆管	

（3）工艺 3 吸取了工艺 1 和工艺 2 的所有优点，同时又克服了它们的缺点；只需极少量模具投入，利用部分原有成型辊和异形定径辊以及添加少量异形成型辊，就可生产出凹槽或凸筋（需另配定径辊）的异形管以及其他一些复杂断面的异形管。这些轮廓线条清晰的凹槽/凸筋，在该工艺发明前几乎不可能凭借高频直缝焊管工艺生产出来，是一种全

新、快捷、优质、低成本生产异形管的新工艺。

（4）工艺 4 的突出优点是产品精度高，尺寸精度可达±0.02 mm，这是焊管机组难以企及的；缺点是效率低、成品率低。

从以上 4 条工艺路径的过程看，需要关注的重点不同：工艺 1 在成型阶段，工艺 2 在整形阶段，工艺 3 在成型和整形阶段，工艺 4 若不计冷拔则与工艺 2、3 的重复。

6.2 直接成型异形管工艺

6.2.1 直接成异机理

在辊式直接成异过程中，成型管坯同样要经受横向变形、纵向变形和断面变形。其中，横向变形内涵最丰富，是工艺目标的主要内容，而纵向变形和断面变形皆因横向变形而起，属于需要利用和抑制的范畴，如图 6-5 所示。

在图 6-5（a）中，当成型管坯进入孔型时，前端边缘 P 点首先与成型下辊孔型接触并被稍微抬起，在抬升并继续前进中逐渐被上辊压入下辊孔型中。在此过程中，管坯发生了看得见与看不见的三个变化：看得见的变化是平直管坯在 A、A' 处被折弯，形成两角三面，这就是所谓横向变形；看不见的变化有两个方面：一是管坯在纵向从底角开始直至边缘发生了纵向延伸，二是管坯角部在成角过程中断面减薄了。

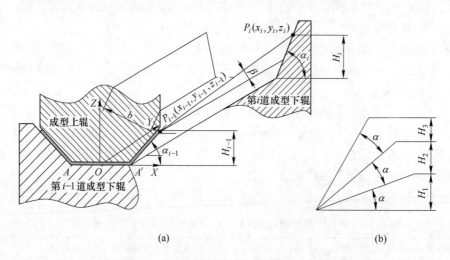

图 6-5 铝管坯直接成异变形过程与边缘抬升高度示意图
（a）直接成异变形过程；（b）变形角与边缘抬升高度

6.2.2 成型管坯纵向延伸

对于管坯边缘的纵向延伸，要认识到它是管坯变形的重要组成部分，尽管不需要却是必然的，其必然性与圆管成型相似，甚至危害性也与圆管成型相似，需要通过一些孔型设计加以抑制。影响纵向延伸的孔型因素有变形道次、变形角度、孔型系统等。

6.2.2.1 变形道次的确定

平直坯料变形为冷弯异形开口管筒是一个渐变的过程，在变形过程中，边缘会不断升高，同时逐渐向 *YOZ* 平面接近，若道次少，则每一道次的坯料边缘绝对升高就多，极有可能导致边缘延伸过多、成型扭曲并失稳；反之，如果成型道次过多，不仅增加成型轧辊投入，也会增加调整时间，影响效率。

（1）公式法确定变形道次。首先取决于异形的奇异形状和坯料材质性能，如强度、硬度、弹性模量等；其次与坯料宽度、厚度、机架间距等有关。变形道次的实质是控制成型角的变化与分配，使每一道次的边缘升角 $\alpha \leqslant 1.25°$（见图6-5）。这样，根据管坯弯曲高度、机架间距与边缘升角的关系，易得总变形道次为：

$$N = \frac{H}{L}\cot\beta \qquad (6\text{-}1)$$

式中，N 为平辊总成型道次；β 为成型管坯边缘升角的极限，$\beta = 1.25°$；H 为弯曲高度；L 为机架间距。

公式法从理论上为选择变形道次提供了依据，实践中"傻瓜"法应用更多。

（2）"傻瓜"法。它是指由于现有焊管成型机组的机架间距、成型区长度、变形道次等是在充分考虑了该机最大规格成型管坯边缘升角在 $1.25°$ 左右设置的，在孔型设计时只需按成型机总架次设计。事实上在既有机组上人们能够有所作为的只有成型立辊孔型，即让成型立辊参与主变形（孔型尺寸与前1道平辊不同），还是辅助变形（孔型尺寸与前1道相同），而与成型变形道次密切相关的是变形角度。

6.2.2.2 变形角度的分配

在图6-5中，管坯横向变形角度（$\alpha_i - \alpha_{i-1}$）的分配是获得稳定成型管坯的前提，必须按照初小、中大、后微原则进行合理分配。

（1）初小原则：系指成型初期弯曲角不宜大，以便咬入顺利，避免因强迫咬入导致边缘产生过多纵向附加延伸。另外，变形角度相同时，第1道管坯边缘的绝对抬升高度最大，翼缘纵向延伸最多，越往后越小，在图6-5（b）中，$H_1 > H_2 > H_3 > \cdots$，这也是规定初小原则必要性的重要方面。

（2）中大原则：是指变形管坯在成型机的中段变形量可适当加大，但应均匀分配成型角，防止不均匀变形导致坯料局部异常变形与表面划伤。另外，从轧制力转化为成型力的作用效果看，这一阶段较好，应该充分发挥成型机组在该段的力能。

（3）后微原则：是指成型后期成型角要小。因为愈往后，孔型愈深，过大的变形既不利于减少孔型磨损，又不利于精确控制尺寸和预防回弹。同时，对有些异形管如方矩管的最后几道成型只能依靠立辊进行空腹轧制，空腹轧制的效果与轧制阻力也决定了后几道的变形角度不宜大。

体现初小、中大与后微原则的成型角分配方法如图6-6和式（6-2）所示的余弦法。

$$\alpha_i = \frac{\alpha}{2}\left(1 - \cos\frac{180i}{N}\right) \qquad (6\text{-}2)$$

式中，α_i 为第 i 道次的成型角；α 为总成型角；i 为成型道次；N 为总成型道次。

（4）平均分配原则：对于一些翼缘不高、变形角度不大和精度要求低的异形管，

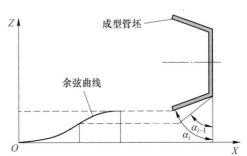

图6-6 弯曲角余弦法分配示意图

也可按平均法分配成型角，见式（6-3）。

$$\alpha_i = \frac{i\alpha}{N} \tag{6-3}$$

6.2.2.3　孔型系统的选择

孔型系统所要解决的问题是坯料横断面的变形顺序，实质还是抑制边缘纵向延伸，常用的孔型系统有 3 种基本类型。

（1）同时型：是指在坯料横断面上同时成型，在图 6-7 中，成型边缘圆弧与成型 4 个凹槽在一个道次中同时完成。

（2）顺序型：是指先成型边缘部位、后成型中心部位，或相反，如图 6-8 所示就是先成型两边部 a 段，待 a 段完成成型后再成型 b 段。

（3）组合型：先分别在各个部位顺序成型，尔后同时在各部位成型，或相反。选择孔型系统要以有利于控制管坯边部纵向延伸，有利于管坯横向变形为原则。

6.2.3　成型管坯横向变形

异形管横向变形过程变化最大的当数管坯角部，并与角部的断面变形密不可分。

6.2.3.1　角部弯曲半径与最小弯曲半径

一般情况下，成型管坯角部弯曲半径都具有小曲率半径的特点，即弯曲部位的中性层半径不在几何中心，而是偏向圆心方向。

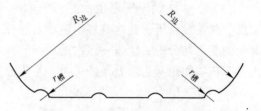

图 6-7　异圆管第 1 道成型示意图

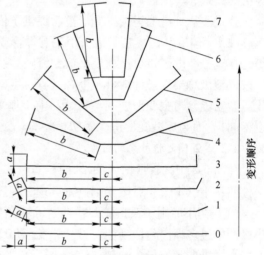

图 6-8　汽车水箱用矩形管变形花
1~7—第 1 道~第 7 道

也就是弯曲因子 $k<0.5$，与 k 对应的角部中性层曲率半径 ρ，公式如下：

$$\begin{cases} \rho = r + kt \\ R_{\min} \geqslant \dfrac{1}{2}\left(\dfrac{1}{\delta} - 1\right) + (1 - \eta)t & \text{（理论）} \\ R_{\min}(\alpha_i,\ N,\ R_a,\ F,\ \delta) \leqslant 1.5 & \text{（实际）} \end{cases} \tag{6-4}$$

式中，r 为弯曲角内半径；t 为坯料厚度；k 为弯曲因子，取值见表 6-3；δ 为管坯延伸率；$R_{\min}$ 为弯曲角外层最小半径；α_i 为弯曲角；N 为成角道次；R_a 为管坯粗糙度；F 为铝带材的轧制方向；η 为壁厚减薄系数。

表 6-3　弯曲因子 k 值（特李舍斯基经验系数）

r/t	0.10	0.20	0.30	0.40	0.45	0.50	0.60	0.70
k	0.23	0.29	0.32	0.35	0.36	0.37	0.38	0.39
r/t	0.80	1.00	1.20	1.30	1.50	2.00	3.00	4.00
k	0.40	041	0.42	0.43	0.44	0.45	0.47	0.50

由此引出最小弯曲半径问题。根据管坯延伸率 δ 和中性层理论,当坯料外层相对中性层的延伸率大于坯料的延伸率 δ 时,管坯外层就存在因弯曲而开裂的风险,进而得到管坯弯曲角外层允许的最小弯曲半径 R_{min}。

然而,生产实践证明,有的 R_{min} 可以小于 $1.5t$,接近 t 都不开裂。进一步研究发现,其实影响最小弯曲半径的因素除延伸率外,还与弯曲角、成角次数、坯料表面粗糙程度、角部表面允许的粗糙度、铝带材轧制方向性等有关。

(1)弯曲半径相同时,锐角比直角、钝角开裂风险高,锐角外层的应力更集中、更大,减薄明显。

(2)成角次数少比成角次数多的开裂风险高,成角次数多,应变集中度小,壁厚减薄量少,有利于减小圆角半径。

(3)管坯表面粗糙,相当于表面存在原始微裂纹,弯曲时容易产生裂纹,圆角半径不宜小。

(4)成品圆角表面允许存在轻微"橘皮",圆角半径可小些。

(5)弯曲方向不宜发生在与带材轧制方向垂直的横向纤维上,但实际弯曲工况恰恰发生在横向纤维上,这不利于通过冷轧强化的铝管坯变形。

6.2.3.2 角部弯曲段弧长 C_j

由最终弯曲角度 α 的大小和中性层曲率半径 ρ 确定,见式(6-5)。

$$C_j = \begin{cases} \rho\alpha & (\text{rad}) \\ \dfrac{\pi\alpha\rho}{180} & (°) \end{cases} \tag{6-5}$$

特别地,弯曲角内径 $r=0$ 时,弯曲角分别为 90° 和 180°(折叠)时,其对应的弧长分别是 $t/3$ 和 $2t/3$,这对计算折叠弯曲部位的弧长很重要。

6.2.3.3 直接成异的开口成型管坯展开宽度

准确确定直接成异的管坯宽度是保证异形管断面尺寸精度、减少成型缺陷的基本前提。任何异形管,不论其横截面多么复杂或简单,分解后不外乎由直线与弧线两种线段构成,因此,开口成型管坯展开宽度的计算通式为:

$$B_k = \sum_{n=1}^{N=n} b_n + \sum_{m=1}^{M=m} c_m \tag{6-6}$$

式中,B_k 为开口成型管坯的展开宽度;$\sum_{n=1}^{N=n} b_n$ 为 N 条直线长度之和;$\sum_{m=1}^{M=m} c_m$ 为 M 条中性层弧长之和。

6.2.3.4 角的变形方式

在铝管坯直接成异过程中,通常认为横截面上各直线段都是随弯曲弧的变化而在 XOZ 坐标平面内位移,因此,如何使平直管坯变形为所需要的弯曲段就成为直接成异的关键。常见的弯曲方法有五种,如图6-9所示。

(1)弯曲圆心固定法:是指弯曲中心和弯曲半径不变,弯曲成型过程中逐架增大弯曲角和相应的弯曲弧长,变形花如图6-9(a)所示。该方法与圆管成型中的中心变形法相似,适用于弯曲半径和弧长较大的异形管。

(2)弯曲圆心内移法:是指弯曲变形半径和圆心高度不变,弯曲成型过程中逐架将

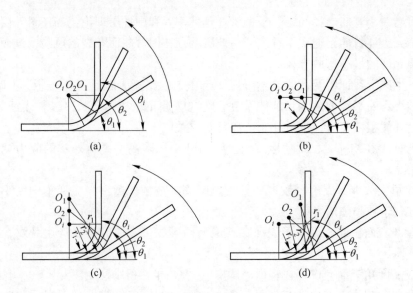

图 6-9　冷弯型钢弯曲变形方法

（a）弯曲圆心固定法；（b）弯曲圆心内移法；（c）弯曲圆心下移法；（d）弯曲圆心直角坐标系移动法

弯曲圆心内移和逐架增大弯曲角，实现弯曲弧长的增宽，变形花如图 6-9（b）所示。弯曲圆心内移法与圆管成型方法中的单半径变形法雷同。

（3）弯曲圆心下移法：该方法弧长不变，随弯曲角逐架增大而弯曲半径逐架减小，圆心在一条竖直线上移动，变形花如图 6-9（c）所示，它与圆管成型中的圆周变形法相同。

（4）弯曲圆心直角坐标系移动法：是指弯曲圆角时，弯曲角增大，弯曲半径减小，弯曲弧长增长，变形花如图 6-9（d）所示。此法适宜成型宽薄壁异形管。

（5）弯曲圆心移动与半径变化成函数关系法。随弯曲弧长的增加，弯曲半径按指数关系减小，变形花与图 6-9（d）相似。该法应用面较窄，实际应用不多。

6.2.3.5　反向轧制

反向轧制是指面对一些复杂孔型，经常遇到轧制需要与脱模困难的矛盾，此时就需要采用反向轧制方法进行轧制，见第 5 章 W 孔型辊的设计思路。

6.2.3.6　角的形态与释角轧制

（1）角的形态。不管横断面多么复杂的异形管，其角部形态万变不离其宗，不外乎 90°弯曲、任意角弯曲和折叠弯三种，如图 6-10 所示。特别地，当壁厚较厚而又要内角为零时，就必须进行释角轧制。

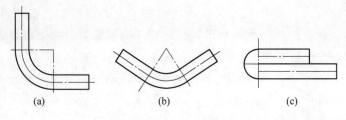

图 6-10　角的三种形态

（a）90°弯角；（b）任意弯角；（c）折叠弯

（2）释角轧制。所谓释角是指轧辊孔型面与被轧管坯分离的角度，如图 6-11（a）所示。实行释角轧制有 4 个目的：一是减小机组轧制负载，使轧制更加轻快，在轧制厚壁小圆角时效果特别显著。二是有利于轻松地进行角部压棱与轧出厚壁小圆角，如图 6-11（b）和（c）所示。三是有利于减轻轧辊孔型面的磨损，延长轧辊使用寿命。四是消除因为要获得小圆角而可能导致其他部位发生不必要塑性延伸的现象。

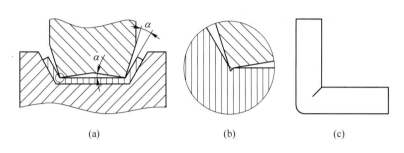

图 6-11　释角、压棱与小圆角
（a）释角 α；（b）压棱；（c）厚壁小圆角

但是，释角轧制会引起成型管坯角部横断面发生减薄变化。

6.2.4　成型管坯横断面变形

成型管坯横断面变形主要体现在角部，角部一旦发生横断面变形，就意味着管坯宽度发生了变化，严重时影响焊接、成品精度、表面质量等。因此，研究成型管坯角部横断面变形的意义在于更好地确定管坯宽度。

6.2.4.1　展开宽度

公式（6-6）只是定性地给出开口异形管展开宽度的计算方法，没有做深入探讨。事实上，不同弯曲半径和弯曲角度对弯曲弧线长度以及对展开长度的影响很大，这种影响会妨碍异形管的尺寸和形状。因为异形铝管的直边没有拱，不能承受大的横断面压缩载荷，否则会失稳，故管坯周向可缩短的量很小，这是其一；其二是，一旦角形成后，角便将各段尤其是直线段尺寸固定下来，此时若出现某段管坯多余或者不足便很难在段与段之间重新分配，这就对直接成异的管坯展开宽度提出更高要求。

A　管坯冷弯变形分析

在轧辊成型过程中，管坯在被轧压的初始阶段，孔型施加的弯曲力矩不大，内应力小于管坯的屈服极限 σ_s，只能引起角部发生弹性变形，如图 6-12（a）所示；当继续弯曲时，弯曲力矩增大，导致内应力超过屈服极限，角部变形区内的变形便由弹性弯曲过渡到弹塑性弯曲，如图 6-12（b）所示；再弯曲时，角部变形区就进入纯塑性弯曲阶段，如图6-12（c）所示。从图 6-12（c）中可见，角部弯曲断面层上的应力由外层拉应力逐渐过渡到内层压应力，中间必然有一层金属的切向应力为零，称为应力中性层，其曲率半径用 ρ'_z 表示；同时，应变的分布也由外层拉应变过渡到内层的压应变，其间也必有一层金属的应变为零，称为应变中性层，即弯曲变形时，长度不变化，等于未变形前的长度，曲率半径为 ρ_z，这是计算管坯弯曲部位展开尺寸的基本依据。由于应力中性层与应变中性层重合，所以有以下公式：

$$\rho'_z = \rho_z = r + \lambda t \tag{6-7}$$

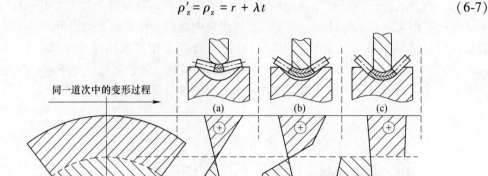

（一）压缩 （＋）延伸

图 6-12 开口型钢角部弯曲过程应力与应变示意图

式（6-7）与式（6-4）的意义相同，但是，中性层系数 λ 按表 6-4 取值。比较表 6-4 与表 6-3，二者差距较大，用它算得的展开宽度自然不同，并影响异形开口管筒尺寸，从而妨碍成品异形管品质。不过，相较而言，变形管坯展开宽度的补偿值法更切合生产实际。

表 6-4 中性层系数 λ 的经验取值

r/t	0.1	0.2	0.3	0.4	0.5	0.6	0.7	0.8	1.0	1.2
λ	0.21	0.22	0.23	0.24	0.25	0.26	0.28	0.3	0.32	0.33
r/t	1.3	1.5	2.0	2.5	3.0	5	6	7	≥8	
λ	0.34	0.36	0.38	0.39	0.4	0.44	0.46	0.48	0.5	

B 变形管坯展开宽度的补偿值法

将变形管坯展开宽度 B 用通式（6-8）来表示为：

$$B = a + b + V \tag{6-8}$$

式中，a、b 为成型后的基本尺寸，如图 6-13 所示；V 为弥补基本尺寸与弯曲弧长之间因弯曲变形角度、管坯厚度及弯曲内角不同而进行补偿的值，它既可以是正值，也可以是负值，补偿值 V 根据弯曲变形角度 θ 的四种典型情况而有所差别。

（1）$0° < \theta \leq 90°$，$r \neq 0$，其弯曲变形样式和展开长度如图 6-13（a）所示，补偿值 V 见式（6-9）。

$$\begin{cases} V = \dfrac{\pi(180° - \theta)}{180°}\left(r + \dfrac{tk}{2}\right) - 2(r + t) & (0 < \theta \leq 90°) \\ k = 0.63 + \dfrac{1}{2}\lg\left(\dfrac{r}{t}\right) & \left(\dfrac{r}{t} \leq 5\right) \\ k = 1 & \left(\dfrac{r}{t} > 5\right) \end{cases} \tag{6-9}$$

式中，θ 为弯曲变形角；r 为弯曲变形内角半径；t 为管坯厚度；k 为修正系数，可圆整至十分位。

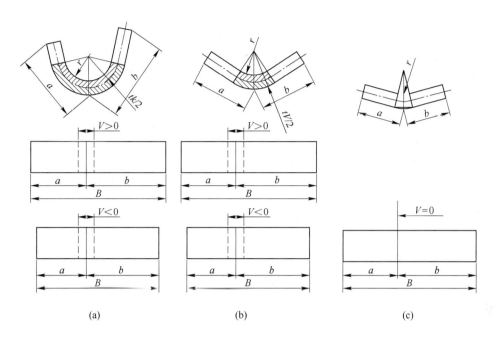

图 6-13 弯曲变形展开宽度

(a) $0° < \theta \le 90°$; (b) $90° < \theta \le 165°$; (c) $165° < \theta \le 180°$; $r \neq 0$

(2) $90° < \theta \le 165°$, $r \neq 0$, 其弯曲变形样式和展开长度如图 6-13 (b) 所示, 补偿值 V 见式 (6-10)。

$$V = \frac{\pi(180° - \theta)}{180°}\left(r + \frac{tk}{2}\right) - 2(r + t)\tan\frac{180° - \theta}{2} \quad (90° < \theta \le 165°) \quad (6\text{-}10)$$

(3) $165° < \theta \le 180°$, $r \neq 0$, 其弯曲变形样式和展开长度如图 6-13 (c) 所示, 补偿值 V 见式 (6-11)。

$$165° < \theta \le 180° \quad (V = 0) \quad (6\text{-}11)$$

(4) $\theta = 0°$, $r = 0$, 即为折叠状, 其弯曲变形样式和展开长度如图 6-14 所示, 补偿值 V 见式 (6-12)。

$$V = -kt \quad (\theta = 0) \quad (6\text{-}12)$$

式中, t 为管坯厚度; k 为折叠系数, 一般取 0.43~0.45。

C 宽度增量法。

在冷轧成角 (90°) 过程中, 当外角半径与壁厚之比小于 5 时, 若角部管坯厚度减薄 Δt, 则管坯将增宽 Δb, 公式如下:

$$\begin{cases} \Delta b = \dfrac{tb}{(t - \Delta t)} - b \\ b = 2\pi\left(\dfrac{R - r}{2} - e\right) \end{cases} \quad (6\text{-}13)$$

式中, $\Delta t = 0.04 \sim 0.25$ mm, $t \le 3.5$ mm, 壁厚越厚取值越大; e 为中性层偏移量, $e = 0.02 \sim 0.15$ mm, t 越大取

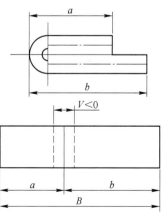

图 6-14 变形角 $\theta = 0°$, $r = 0$
(折叠) 弯曲变形展开宽度

值越大。

这些补偿值的计算方法，是确定直接成异之成型管坯展开宽度的基础。同时，作为开口异形管，还必须为后续工序考虑相关"余量"。

D 成型余量

与成型圆管坯不同，成型异形管坯一般不设正的成型余量，原因有三个：

(1) 促使管坯横向变形的力只是从垂直方向（平辊）和水平方向（立辊）对管坯内外表面施力，管坯周向不受力，除角部变形外，其余不存在周长变化问题。

(2) 一旦变形角成型后，各段长度均已确定，即使有余量，也无法在各段之间像圆管那样周向自然调节，余量势必集中在管坯的两自由端，从而影响焊管品质。

(3) 管坯在冷轧成角过程中，角部断面会或多或少地减薄并因之增加宽度，这样，应当给予成型管坯适当的负余量，推荐按式（6-13）取值。

E 焊接余量

焊接异形管需要的焊接余量可参考圆管焊接余量，但比圆管用的焊接余量要稍微少些，因为焊接异形管时有的面不受周向挤压作用，所用焊接挤压力通常也比焊接圆管的要小，取值见表6-5。

表 6-5 异形管用焊接余量 ΔB_2 (mm)

t	0.20~0.30	0.31~0.40	0.41~0.60	0.61~0.90	0.91~2.30	2.31~3.50
ΔB_2	1.4t	1.25t	1.1t	t	$\dfrac{5}{6}t$	$\dfrac{2}{3}t$

需要指出，实际操作中对焊接余量 ΔB_2 要有两边平均分的意识，最要注重进料时的对中对称；否则，可能造成焊接困难、整形麻烦。

F 定径余量

焊接后的闭口异形铝焊管在定径孔型中一般只整形、不减径；即使有减，充其量也属于公差调节的范畴。这是因为，在闭口异形铝焊管的角轧出之后，角与角之间的线段长短便无法调节；如果有余量，则该余量通常集中在待焊面，以直接成方管为例，由于 A' 面宽度大于定径孔型底宽，那么，A' 面在孔型上压力和侧压力作用下，虽然实现了强制等宽，但是其多余出的宽度只能以下凹形态存在，如图6-15所示，从而影响异形管管形。

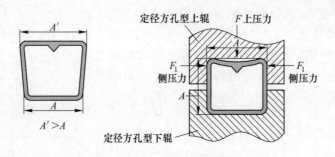

图 6-15 直接成方管工艺中多余的后果

6.2.4.2 开料宽度

基于以上分析，直接成异形管用开料宽度可按式（6-14）或式（6-15）计算。

$$B = \sum_{n=1}^{N=n} b_n + \sum_{m=1}^{M=m} c_m + \Delta B_1 + \Delta B_2 \qquad (6\text{-}14)$$

式中，$\sum_{n=1}^{N=n} b_n$ 为异形管上 N 条直线长度之和；$\sum_{m=1}^{M=m} c_m$ 为异形管上 M 条中性层弧长之和；ΔB_1 为成型余量，见式（6-13）中的 Δb；ΔB_2 为焊接余量，见表 6-5。

$$B = a + b + V + \Delta B_2 \qquad (6\text{-}15)$$

必须指出，由于异形闭口铝焊管的成型规律异常复杂，至今仍存在有待探索的领域，以及理论假设与实际操作之间存在差距，导致理论开料宽度与实际用料宽度经常不一致，因此建议在批量生产前，先开少量的料进行试轧，再根据试轧结果对开料宽度进行修正。

6.2.4.3 直接成异的变形原则

虽然铝合金异形管的规格品种十分丰富，但是人们对铝合金管坯变形规律的认知却远远落后于生产实践，许多问题还只能作定性描述，因而在直接成型新品种异形管时必须遵循以下原则。

（1）最小延伸原则：包括边缘纵向延伸和横向变形延伸最短两方面。这是冷弯成型的首要原则，它关系到冷弯成型的成败，同时也是冷弯成型的出发点与归宿。出发点是指在孔型设计前分析孔型时，就要考虑这个问题并将这个理念贯穿于孔型设计全过程；归宿则指成品，要把最小延伸原则体现到每一次的操作调整与尺寸控制之中。

最小延伸原则还体现在管坯横向变形过程中的轧制道次和轧制顺序。恰当的轧制道次与轧制顺序，能够避免成型管坯产生过大的横向延伸和横向积累延伸，有利于外形和尺寸精度的控制。如图 6-16 所示的空腹十字管，若按图 6-16（a）的同时型孔型系统轧制，在同时轧出角 1~6 的过程中，6 个点同时被约束，必然导致 2→3、3→4、4→5 段发生拉拽，进而产生横向延伸；1→2 段和 5→6 段因各自接近一个自由端，所产生的横向延伸要比 2→3、3→4、4→5 段少得多，这些横向延伸最终都会反映到异形铝焊管成品尺寸上。与圆管成型不同的是，这些延伸在

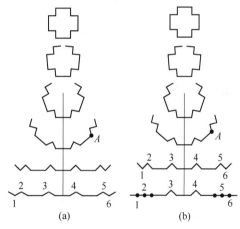

图 6-16 空腹十字管不同孔型系统的比较
（a）同时型孔型系统；（b）顺序型孔型系统

后续工序中一般很难再压缩回去。而若按图 6-16（b）所示的顺序型孔型系统轧制，在相同轧制道次下，轧制角 3、4 时，因它们都靠近各自的自由端，故除 3→4 之间有少量拉拽外，其余各段都属于自由端，不存在拉拽延伸；而在轧制角 1、2、5、6 时，因各自靠近自由端，故仅发生极少拉拽延伸，其中，角 1 和角 6 几乎不发生拉拽延伸，这样角与角之间以及积累的横向延伸便很少，不会影响成品精度，或者说对成品精度的影响较小。

（2）设计基准一致性原则：所有孔型的设计基准都必须唯一，中间不能改变，否则将导致扭曲、局部畸形、应力分布不均、焊接不稳、难矫直等缺陷。该原则为设置孔型参数指明了方向，同时对成型机平辊轴水平状况和立辊轴垂直状况提出了远比圆管成型高得多的要求。

（3）避免空轧原则：所谓空轧是相对实轧而言的，是指轧辊孔型从管坯的外面进行轧制。空轧的主要弊端：一是使部分原本不需要参与轧制的坯料参与了轧制，消耗大量能量；二是曲率半径越小、厚度越厚，轧制精度越差，如空轧角部，则其角部 R 值必然比实轧的大许多，棱角线条也不及实轧的清晰。因此，在直接成异工艺中，要争取尽可能多的实轧道次或尽可能大的实轧角；如果在直线状态下无法实行大角度实轧，那么可以对直线段进行适当反变形，以增大实轧角度。

（4）变形角分配按初小、中大、后微原则。

（5）恰当选择变形道次原则：生产实践证明，不是成型道次越多越好，要根据异形管断面复杂程度而定。成型道次过多，既增大轧辊投入，也增加换辊时间和调整难度。建议用尽所有平辊成型道次，立辊则要看断面复杂程度、厚度、合金状态等。

（6）预防干涉原则：在设计孔型时，要充分考虑到实际变形时管坯可能存在的不对称、横向窜动，要留有充分余地，防止变形管坯边缘与轧辊孔型侧面、辊环等相互干涉，影响成型。

6.3　先成圆后变异形管工艺

"先成圆后变异"工艺之成圆工艺已在第 5 章讲过，这里着重介绍圆变异工艺。

6.3.1　圆变异的基本规律

圆变异的基本原理是：在圆变异之圆曲率半径的基础上，通过曲率半径逐道次增大或减小的异形轧辊轧制，使圆管逐渐逼近形状各异的异形管，圆变方、圆变平椭圆、圆变 D 形管、圆变缺角管的变形花，如图 6-17 所示。

透过各种变形花不难发现，圆变异的实质是：不断变化的曲率半径，且朝着逐步逼近成品管对应部位曲率半径的方向变化，如图 6-18 所示。例如，圆变平椭圆管，其曲率变化规律是：初始圆上对应弧线的曲率半径（R_0）按规律逐渐增大至曲率半径为无穷大（R_i）的平面；与此同时，初始圆上另一段对应弧线的曲率半径（$r_0 = R_0$）依一定规律逐步缩小到与成品平椭圆上的曲率半径（r_i）一致。

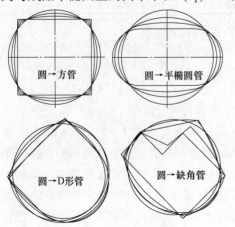

图 6-17　圆变异变形花示意

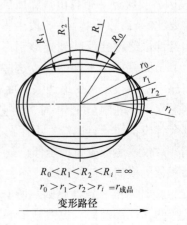

$$R_0 < R_1 < R_2 < R_i = \infty$$
$$r_0 > r_1 > r_2 > r_i = r_{成品}$$

变形路径

图 6-18　圆变异形管的曲率半径变化规律

6.3.2 圆变异的基本变形

尽管圆管可以变化出若干异形管，但是任何圆变异，都离不开弧线变直线和弧线变弧线这两种基本变形；也就是说，不论多复杂的异形管，都是由基本变形中的一种或两种组合而成。例如，圆变方之平面是由弧线变成的直线，r 角则是由大曲率弧线变为小曲率弧线。因此，熟悉这两种基本变形方法并结合不同异形管的特点灵活运用，是打开圆变异工艺之门的密钥。

6.3.2.1 弧线变直线

弧线变直线的实质是曲率半径从有限大变为无限大，关键是变形量的确定与分配。

A 绝对变形法

绝对变形法是指将变形前的圆直径与成品方管边长之差作为总变形量的方法，见图 6-19 和式 (6-16)。

$$H = \frac{D - A}{2} \tag{6-16}$$

变形过程中，随着变形道次增加，总变形量 H 不断减小，变形曲率半径不断增大，并由此确定变形管体的高度与宽度，直至达到成品尺寸。如果是圆变矩形管、缺角管等，那么就有两个或两个以上的总变形量。

B 弓形高法

弓形高法是指在圆变方之对应初始圆上，截取相当于某边长的弧长，然后根据弧长所对应圆心角及圆半径计算弓形高，并以该弓形高作为对应边长的总变形量，见图 6-20 和式 (6-17)。

$$\begin{cases} H_A = R\left(1 - \cos\dfrac{90A}{\pi R}\right) \\ H_B = R\left(1 - \cos\dfrac{90B}{\pi R}\right) \end{cases} \tag{6-17}$$

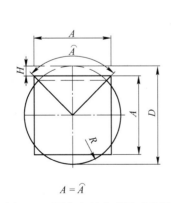

$A = \widehat{A}$

图 6-19　圆变方总变形量示意图

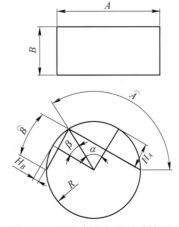

图 6-20　弓形高法变形量计算图

与绝对变形法相比，弓形高法更真实反映初始圆弧线的变化，变形量也比绝对变形法的大些，如图 6-21 所示。同时从另一个侧面说明，弓形高法的变形比绝对变形法的变形更充分，变形效果更好。

C　对角线法

对角线法主要针对圆变方矩管，基本原理是：任意一个圆内都可以内接一个与成品矩形管相似的矩形 abcd，如图 6-22 所示。在圆变矩过程中，两两相邻弧线交点内，也有一个内接矩形，那么，当矩形的对角线 ac 从圆直径 ac（初始圆内接矩形的对角线）开始按一定比例增长时，根据勾股定理知，与之对应的两条直角边也必然同比例增长，由这两条直角边决定的相关弧线的半径不断变大；当对角线增大至成品管对角线 AC 时，弧线曲率半径无限大，曲线与直角边重合，完成曲线变直线。若总变形量仍然用 H 表示，则有

$$H = \overline{AC} - \overline{ac} = \sqrt{(AB)^2 + (BC)^2} - D \tag{6-18}$$

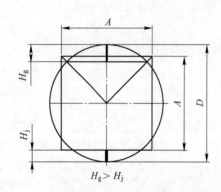

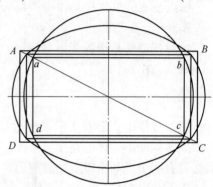

图 6-21　绝对变形法与弓形高法变形量的比较　　　图 6-22　圆变方矩管的对角线法变形示意图

D　系数法

系数法是受圆变方孔型之圆与方之间的尺寸存在着固定函数关系和替代关系的启迪，将圆变方孔型各道次、各部位曲线变直线的函数表达式都以一个对应固定的系数 μ_i（λ_i）或一个关于 $\mu_i(\lambda_i)$ 的表达式与方管边长 a 相运算的形式来表示，即：

$$\begin{cases} a_i(a) = \lambda_i a & (i = 1, 2, 3, \cdots, N) \\ R_i(a) = \mu_i a \end{cases} \tag{6-19}$$

式中，$a_i(a)$ 为圆变方孔型第 i 道次内接正方形边长的函数；$R_i(a)$ 为圆变方孔型第 i 道次变形半径的函数；λ_i 为关于函数 a_i 的各道次孔型设计系数；μ_i 为关于函数 R_i 的各道次孔型设计系数；i 为变形道次；N 为总变形道数。

当系数 λ_i 从小于 1 逐道变化到 1、μ_i 变化到无穷大时，弧线完成由曲线变为直线。

E　角度法

在初始圆上截取异形管某段长度对应弧长 C，以该弧长对应的圆心角 β_0 为总变形量的方法称为角度法。其理论依据如式（6-20）所示。

$$\beta_i = \frac{180C}{\pi R_i} \tag{6-20}$$

式中，C 为弧长，在特定条件下为定值；圆心角 β_i 与变形半径 R_i 成反比，当 β_i 从初始值逐渐变为 0 时，变形半径 R_i 变成无穷大，从而完成圆弧到直线的演变。

6.3.2.2　曲线变曲线

(1) 增、减径法。圆变异过程中，从初始圆曲率半径变化至成品上某一段半径圆弧，

可以初始圆半径为起点，按一定规律增大或减小变形半径，使之逐渐与成品圆弧曲率一致，如图 6-23 所示。总增、减径量为

$$r = \begin{cases} r_0 - r_i \\ \quad (\text{初始圆半径大于成品弧线半径}) \\ r_i - r_0 \\ \quad (\text{初始圆半径小于成品弧线半径}) \end{cases} \quad (6\text{-}21)$$

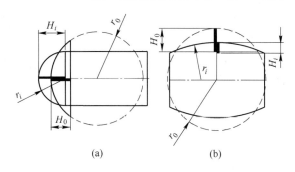

图 6-23 曲线变曲线变形量示意图

(a) $r_i < r_0$, $H_i > H_0$ 圆变梭子管；
(b) $r_i > r_0$, $H_i < H_0$ 圆变腰鼓管

（2）弓形高变化法。由于弓形高与圆弧半径、弧长、弦长等存在内在规律，因此，在弧长长度一定的情况下，通过改变相应的弓形高，达到改变弧线半径的目的。获得总减径的方法如式（6-22）和图 6-23 所示。

$$H = \begin{cases} H_i - H_0 & (\text{初始圆半径大于成品上弧线半径}) \\ H_0 - H_i & (\text{初始圆半径小于成品上圆弧半径}) \end{cases} \quad (6\text{-}22)$$

（3）角度法。原理与上面 6.3.2.1 节的 E 相同。

6.3.2.3 圆变异的角部变形

圆变异形管角部变形有自然变形、强制变形和组合变形三种模式。

（1）自然变形模式：是指在孔型设计和加工时，r 角尺寸与几何形状在轧辊孔型上都不体现出来，而是通过与之关联的两个面变形时将管坯自然弯曲成角。一个完整的圆变方孔型只由四条 R_i 弧线（最后一道 $R_i = \infty$）首尾相连，孔型弧线与弧线采用相接形式而非相切形式，孔型交角处是尖角，这样，变形管坯实际上没有完全充满孔型，在尖角处存在空隙，如图 6-24（a）中黑色涂层所示，这也是自然变形模式孔型的一大特点。正是这个空隙，为控制 r 角大小变化留出了空间；当然，也为 4 个 r 角不均等留下隐患。

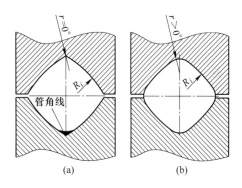

图 6-24 r 角变形孔型模式
(a) r 角自然成型孔型；(b) r 角强制成型孔型

r 角自然变形模式的优点显著，只要操作调整得当，无需担忧 r 角不相等的问题。通过开料宽度和压下量的调节，一套异形孔型轧辊可以生产出多种公称尺寸相同但 r 角不同的异形管，适应不同客户的需求；同时孔型设计简单快捷，计算量少，设计效率高，轧辊投入少。其缺点是对操作调试人员的技术素质要求较高，对开料宽度也有一定要求。

（2）r 角强制变形模式：是指在孔型设计、孔型加工时，就按圆周变形法或中心变形法的方法，将 r 角体现在孔型上，一个完整的圆变方孔型由 4 条 R_i 弧线和 4 条 r 角弧线（最后一道是 4 条 r 角弧线和 4 条直线）两两相切围成，如图 6-24（b）所示。实际变形中，希望管坯能够充满全部孔型，但事实上至少前几道做不到强迫管坯角部充满孔型。

强制变形模式的优点是：4 个 r 角不均等程度比自然变形法要小，调整难度低；缺点是一套模具只能生产一种 r 角尺寸的异形管，若要生产小于孔型设计的 r 角焊管，就必须重新设计模具，投入多、生产周期长，不能适应变化多端的市场和客户需求。实践中，除非客户对 r 角有特别要求，一般不建议采用这种孔型。

（3）组合变形模式：顾名思义，就是在一套孔型辊的基础上，再配置 1~2 道（末道起）另一种孔型的轧辊，这样，花较少的投入，就能克服各自在变形 r 角方面的不足，使用时根据需要组合搭配。其理论依据是：一般情况下，无论何种孔型，焊管在前几道孔型中的 r 角都比成品管上的 r 角大，这样后几道的变化还有余地。例如，4 平 3 立辊系可采用 3 平 2 立+1 平 1 立组合模式，5 平 4 立辊系则可采用 4 平 3 立+1 平 1 立组合模式。

6.3.3 变形道次

变形道次选择恰当与否，关系到变形效果、轧辊投入、设备负荷、操作调整等方面，要遵守以下设计原则。

（1）道次数减 1 原则。变异道次的安排，须在设备限定的道次范围内减去 1 个道次。例如，5 平 5 立模式，则变异道次按 9 道配辊，第一道按圆孔型设计。

（2）断面复杂程度原则。像小型方矩管、蛋形管、D 形管等简单断面的异形管，如果宽高比不大，有 5~7 个道次的变异孔型就足够了；若是带内凹的异形管，就需要多安排几个道次参与变形，如图 6-17 中的缺角管，多几个变形道次，有利于安排凹槽处内角和平面的变形，如定径机组为 5 平 5 立，选择 9 道变异孔型设计；必要时还可借助一组矫直用土耳其头辅助变形。但是，也不是变形道次越多越好，同样是缺角管，安排过多的道次变形凹槽的角，则凹陷角部会因受力小反而不利于内 r 角成型。另外，从投入计，在满足变形需要的前提下，应该尽量用少轧辊。

（3）异形管规格原则：

首先，圆变异形管的规格越大，绝对变形量越大，需要完成的变形任务越重，必须多一些变形道次分摊变形量。在绝对减径量大而变形道次已定的情况下，意味着每一道的变形量增大；过大变形量的实质是变形速度快、孔型变形半径大；大圆弧孔型与半径为 R 的管面接触，会减小孔型与管面瞬间的接触面积，导致管面局部受力大，严重的会导致管面弓形失稳凹陷。在图 6-25（b）中，其接触弧长比图 6-25（a）中的短许多，相当于"点接触"，而图 6-25（a）为面接触，根据压力与面积成反比的关系，虽然轧制力相同，但 B 处受到的压力远大于 A 处，这也是变形过快、B 处圆弧管面容易下凹的理论根源。

其次，厚壁管变异需要消耗较多变形功率，为了减轻轧辊孔型和机组负荷，必须适当增加一些变形道次以分摊轧辊、辊轴、轴承等的负荷，同时也有利于减轻孔型磨损。

（4）管坯材质原则。合金状态为 H12 与 H18 的两种材质管坯，为了使 H18 的异形管变形更充分、孔型受力与 H12 相当，就应该适当增加 1~2 个变形道次。实践中，对方矩管等常规管型，可采用多配少用的方式，当生产较软材质的异形管时可少用中间的 1~2 道。

（5）生产方式原则。如果模具使用频率不高，每次生产量又不多，那么从投入成本、换辊效率、调试时间与生产时间之比等方面考量，应尽可能地用少道次，反之需要多道次。

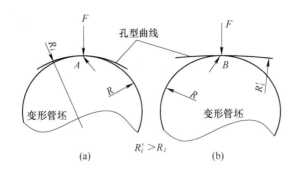

图6-25 圆变异孔型变形量大小与变形管坯接触面积的比较

F—轧制力

(6) 宽高比原则。当宽高比 $i \leqslant 2$ 时，安排5~7个变形道次即可；$2 < i \leqslant 3$ 时，应安排7~9个变形道次；$i > 3$ 时，必须用尽变形道次，如果是双土耳其头，还可以外加一道土耳其头。

6.3.4 分配变形量

变形量，行业术语是指整形余量，俗称定径余量。所要解决的问题是，用什么方法将圆管与异形管在形状、尺寸方面的总差异，即需要变形的量，以何种方式体现到各道轧辊孔型上，实现"优质、顺利、轻快"地从圆管变为异形管，包括整形余量的确定、分配要求、分配方法等。

6.3.4.1 确定整形余量与整形系数

受材料、工艺、设备、操作、孔型放置、焊管规格等因素影响，且其中许多影响因素都是非线性的、又交织在一起，准确定量很难。目前，业内比较认可的圆变异之总压下系数 λ 计算公式为：

$$\lambda = 1 + \frac{\Delta D}{D} = 1.02 \sim 1.04 \tag{6-23}$$

式中，ΔD 为整形余量，与整形前的圆管关系密切；λ 为整形系数，是整形余量的另一表达形式，管小、管厚、较软取较大值，反之取值可小些。

6.3.4.2 整形余量分配三原则

整形余量分配按照以下三原则。

(1) 优质。分配整形余量时，首要考虑的是变形效果，使异形管的感官形状、尺寸精度、表面光泽等尽可能符合设计要求，满足用户需求。异形管的感官形状是异形管的灵魂，应将这一理念贯穿于孔型设计、轧辊加工与现场调试全过程。

(2) 顺利。顺利系指整形余量的分配，要有利于变形管坯进出孔型。若前道次变形量过小，后道次变形量过大，则变异管较难顺利进入下一道孔型。

(3) 轻快。圆变异过程的轻快，表现在设备负荷、孔型磨损和成品直度方面。以成品直度为例，一个体现变形规律客观要求的变形量分配方案，其轧出的异形管直度好，不扭转，易矫直。

6.3.4.3 整形余量的分配方法

整形余量的分配方法如下：

（1）算术平均法。根据参与变形的道次对整形余量进行简单平均，分配给各道孔型，即

$$\bar{H} = \frac{H}{N} \tag{6-24}$$

式中，$\bar{H}$ 为每一道的平均变形量；H 为圆与异之间的总变形量；N 为所有参与变形的道次。

（2）等比数列法。令等比为 q，则在总变形道次 N 一定的情况下，第 i 道次变形量的等比数列见式（6-25）。

$$H_i = q^i H \tag{6-25}$$

表 6-6 列出了三种常见布辊方式下的比值，其中 i 为平辊序号，以平辊变形为主，立辊为控制回弹，不参与变形量分配。

表 6-6　常见布辊方式的等比值 q^i

整形辊布辊方式	等比（q）	q^i				
		$i=1$	$i=2$	$i=3$	$i=4$	$i=5$
3 平 2 立	0.5437	0.5437	0.2956	0.1607	—	—
4 平 3 立	0.5188	0.5188	0.2692	0.1396	0.0724	—
5 平 4 立	0.5086	0.5086	0.2587	0.1316	0.0669	0.0340

（3）系数法。在圆变异时，从形状改变看，往往第 1、第 2 道改变最大，从而导致这部分的周向压缩量相较随后的道次要大些，应该给予第 1~2 道孔型长度相应多一点的裕量。而满足这一要求的分配方法可以按式（6-26）的思路进行分配。

$$\sum_{i=1}^{N}\left(\frac{1}{2^i}+\frac{1}{C}\right)+\left(\frac{1}{2}+\frac{1}{C}\right)+\left(\frac{1}{4}+\frac{1}{C}\right)+\left(\frac{1}{8}+\frac{1}{C}\right)=\cdots=1 \tag{6-26}$$

式中，N 为平辊变形道数；i 为平辊变形道次；C 为常数。常用整形系数配置见表 6-7，仅供参考。

表 6-7　常用整形系数配置表

整形辊布辊方式	N	λ_i				
		i_1	i_2	i_3	i_4	i_5
3 平 2 立	3	$\frac{1}{2}+\frac{1}{24}$	$\frac{1}{4}+\frac{1}{24}$	$\frac{1}{8}+\frac{1}{24}$	—	—
4 平 3 立	4	$\frac{1}{2}+\frac{1}{64}$	$\frac{1}{4}+\frac{1}{64}$	$\frac{1}{8}+\frac{1}{64}$	$\frac{1}{16}+\frac{1}{64}$	—
5 平 4 立	5	$\frac{1}{2}+\frac{1}{160}$	$\frac{1}{4}+\frac{1}{160}$	$\frac{1}{8}+\frac{1}{160}$	$\frac{1}{16}+\frac{1}{160}$	$\frac{1}{32}+\frac{1}{160}$

若以平辊为主变形配置整形余量，则各道次的整形余量 λ_i 和压缩量 ΔD_i 为：

$$\begin{cases} \lambda_i = \left(\dfrac{1}{2^i}+\dfrac{1}{C}\right) \\ \Delta D_i = \lambda_i \Delta D \end{cases} \tag{6-27}$$

关于道次整形系数，是否有必要具体分配到每一道孔型上，是值得商榷的。图 6-24 (a) 模拟了变形铝焊管在轧辊孔型中的真实状态，也就是说，不论圆变异的轧辊孔型如何设计，变形中的铝焊管都无法完全充满轧辊孔型；而实操差异更使孔型充满程度充满不确定性。

6.3.4.4　细分整形余量的非必要性

细分整形余量的非必要性有：

(1) 设计道次整形系数的原因。在传统圆变异工艺中，异形轧辊孔型长度都比成品尺寸长一点，即赋予每一道异形孔型一个整形系数，用以容纳管坯变形前的余量，并据此作为设计各道各段孔型弧长或边长的依据。这个理论有两个假设：一是金属管坯无回弹，即出轧辊孔型后的管坯几何形状和尺寸与孔型完全一致；二是孔型工况与理论设计完全相同。但是，实际上管坯不仅存在回弹，而且回弹量随管坯性能、设备精度及现场操作等不同而变化；实操工况也与理想状态相去甚远，使得圆变异管坯的实际变化值常常背离由道次整形系数所代表的量，导致整形系数形同虚设。

(2) 设计初衷与实际效果存在较大差距。以整形系数作为设计孔型弧长的依据，其初衷是，试图通过精确计算、精确设计以提高异形管精度。然而，从实际工况看，用道次整形系数设计的孔型所生产的异形管精度未必就高；而直接以成品管公称尺寸设计的孔型所产异形管，精度未必就低。这是因为，以中小直径圆管为例，由道次整形系数决定的各段孔型收缩量，通常只有几微米至十几微米，而在圆变异过程中，影响成品异形管精度的因素又太多，如材料、工艺、操作等，只要这些因素中的任意一个没有达到理论设计要求，采用整形系数设计异形管孔型就显得没有必要。以 25 mm×25 mm×1 mm 方管 ($r = 1.5t$) 为例，其展开宽度为 $C_1 = 97.42$ mm；当总整形系数取 $\lambda = 1.025$ 时，易得变异前圆管的展开宽度 $C_0 = 99.86$ mm。由 C_0、C_1 之差可知，总压下系数所代表的整形余量为 2.44 mm。如果按 4 平 3 立布置孔型，以算术平均方法将它们均分到 7 道孔型上，则道次整形系数的表征量 $\Delta C = 0.406$ mm；再把 $\Delta C = 0.406$ mm 均分到每一段孔型上，每段孔型弧线所代表的压缩系数表征量仅为 0.101 mm，与每一段弧线长度相比，仅占 4‰左右，微不足道。

(3) 管坯硬度的影响。根据金属材料的力学性能可知，冷轧强化程度越高的铝管坯，抵抗变形的能力越强。以合金状态 H18 和 H12、3003H19 的管坯生产 25mm 方管为例，生产实践证明，前者用料宽度 98.5 mm 即可，后者 102 mm 也行。虽然二者相差 3.5 mm，并且比总整形系数表征量还多 1.06 mm，但所生产方管的几何形状和尺寸却几乎相同。这是因为 H18 的周向压缩和纵向延伸都很小，需要的整形余量理所当然就小；同理，H12 的周向压缩和纵向延伸都很大，需要的整形余量就多。

另外，即使是宽度和厚度都相同的 H18 与 H12 管坯，由于两者在成型和焊接过程中消耗的余量不同，可导致圆变异之圆管直径相差 1 mm 左右。这样，周向 3 mm 左右的管坯便落到异形辊孔型上，其结果或者与理论整形系数表征量抵消，或与理论整形系数表征量叠加，成倍地增大理论整形量。

(4) 实操管形与设计孔型相左。除了图 6-24 所示管形与孔型"不匹配"外，还因为根据实操需要，为了保证出平辊后的异形管坯能够顺利进入立辊，往往将出平辊的异形管坯之上下尺寸调至小于左右尺寸，如图 6-26 (a) 所示；同理，将出立辊的异形管坯之左右尺寸压成小于上下尺寸，如图6-26（b）所示。这样，管坯实际周向收缩量与设定的道次整形量就不相等，从而说明设置道次整形系数的意义不大。

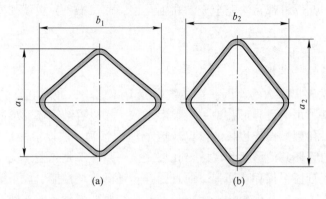

图 6-26　出平、立辊的异形管坯实际形状：
（a）出平辊：$b_1 > a_1$；（b）出立辊：$b_2 < a_2$

注意：这里否定的是设计孔型每段弧长时道次整形系数（余量）的必要性，其实道次整形系数对设计轧辊孔型的底径具有重要指导意义。

6.3.4.5　整形余量的作用

整形余量属于横向变形的范畴，是指由管坯横向变形引发的管坯周向缩短量，并认为在周向缩短过程中厚度不变化。这样，根据冷轧变形体积不变的金属秒流量原理式（6-28），管子的周向缩短量必然以纵向长度变长的方式表现出来。

$$t_1 b_1 l_1 v_1 = t_2 b_2 l_2 v_2 \tag{6-28}$$

式中，t_1、t_2 为变形前后铝焊管的厚度，且 $t_1 = t_2$；b_1、b_2 为变形前后焊管的周长，轧前轧后相差 $\Delta D_i \pi$，$b_1 > b_2$；l_1、l_2 为冷轧前后管子的长度，由于周长变短，形成 $l_1 < l_2$，并将 $l_2 : l_1$ 称作延伸系数（率）；v_1、v_2 为变形前后轧辊孔型的线速度。这样，通过 $v_2 > v_1$，吸收 $l_2 - l_1$ 的差值，确保焊管平稳顺利运行；否则，焊管在机组中将呈现"浪涌"状前进，甚至打滑。于是，在整形轧辊速比相同的情况下，周向整形余量在此转化为纵向的轧辊底径递增量，并成为设计轧辊孔型的重要参数。

6.3.5　圆变异孔型放置方位

孔型放置的合理与否，影响生产效率、操作难易、孔型磨损、轧辊加工、单位辊耗等。

6.3.5.1　圆变异孔型放置形式

孔型放置形式分为箱式和斜出两大类。

A　箱式孔型

箱式孔型是一种形象化叫法，如图6-27所示，箱式孔型又分为箱式平出孔型和箱式立出孔型。平出孔型平辊通常为主变形，管子受到的成型力大，成型效果好，管面不易压花；立出孔型，立辊承担主变形，故变形阻力大而拖拽动力相对不足，易打滑，除了焊缝位置特别需要，一般不选用。

B　斜出孔型

斜出孔型一般是指孔型的一条对角线或对称线与水平面成一夹角，斜出孔型又分为斜平出孔型、斜立平出孔型、45°斜出孔型和任意角斜出孔型四种。斜出孔型可以利用焊管角部在辊缝位置的特点，有利于角部成型，也有利于变形出小圆角。

（1）斜平出孔型：是指像矩形管类的孔型，它的一条对角线与水平面的夹角为 0°。斜平出孔型轧辊的特征是：平辊两边的辊环一样大，立辊辊环有大小头，如图 6-28 所示。该孔型的优点是主动辊两辊环之间没有速度差，同时缩小了平辊孔型最外端与底径间的速

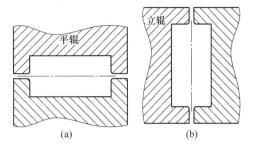

图 6-27 异形轧辊箱式孔型
（a）箱式平出孔型；（b）箱式立出孔型

度差，有利于减少孔型磨损；缺点是立辊单向受力大，而立辊轴及轴承相对于平辊的偏小，导致立辊轴承易损。

（2）斜立出孔型：是指矩形管的一条对角线与水平面垂直的孔型。斜立出孔型轧辊的主要特征是，立辊无大小头而平辊有大小头，如图 6-29 所示。斜立出孔型平辊的速度差大，孔型外缘易摩擦变花，影响焊管表面质量，建议慎用。

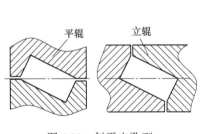

图 6-28 斜平出孔型

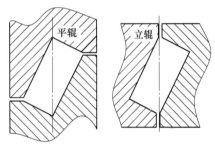

图 6-29 斜立出孔型

（3）45°斜出孔型：是指孔型中至少有一个相对较长的面或是一条对称线与水平面成45°。45°斜出孔型轧辊的特征是平立辊都有大小头，这实际上是斜平出孔型与斜立出孔型的折中，兼具上述两种孔型的优点，如图6-30 所示。此种孔型，在实际生产中应用最多。

（4）任意角斜出孔型。除上面三种角度

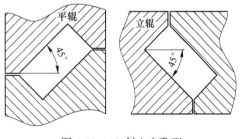

图 6-30 45°斜立出孔型

以外的斜出孔型，特征是孔型上相对较长面既不与水平面垂直或不平行，也不成45°，角度介于平出与45°出之间，平立辊均有大小头。孔型主要用于宽高比大于 3 的异形管。这类孔型需要兼顾孔型速度差、变形力、打滑、磨损等因素，并在这些因素中寻找最有利的方面，同时最大限度地避免不利方面。

孔型放置方位的重要性在圆变异的孔型设计中位居首位，是衡量孔型设计优劣的重要标准，对焊管生产影响深远。在孔型设计前必须认真分析管型，了解客户需求如 r 角大小、焊缝位置等，研判各种利弊，并且遵循一定的放置原则。

6.3.5.2 圆变异孔型放置原则

圆变异孔型放置原则如下：

(1) 有利于顺利咬入焊管的原则。这是异形孔型放置的首要原则，即变形管坯进入孔型的阻力小，孔型开口要大。

(2) 有利于焊管顺利脱模的原则。这是孔型设计的基本原则，系指变形焊管能无障碍、不受干扰地离开模具孔型。比较箱式孔型与斜出孔型，半个箱式孔型围成了一个 U 区间，其孔型开放程度显然不如斜出孔型那样呈 V 形敞开。这样，焊管离开斜出孔型要比箱式的顺利得多。

(3) 有利于控制焊缝位置的原则。怎样放置孔型，有时并不完全依设计者的意愿。如果要求 D 形管的焊缝在管尾中间或管头 S 是中间位置，那么就应优先选择箱式立出孔型或 45°斜出孔型。因此，在这个意义上说，孔型摆放位置具有一定的客观必然性。

(4) 有利于稳定产品质量的原则。其中，一方面，由于箱式孔型外缘不可避免地要受到管坯回弹作用，导致孔型外缘易磨损，继而压花焊管表面的概率比斜出孔型大得多；另一方面，通常情况下，箱式孔型所成的角，在同等受力情况下比斜出的要大。比较而言，斜出异形管的棱角更清晰、外形感官更好。

(5) 有利于孔型加工修复的原则。从加工角度看，箱式孔型比斜出孔型多一个加工面，相对难加工。从修复角度看，比较箱式孔型与斜出孔型，前者孔型两侧一旦磨损，恢复孔型精度的修复量比斜出的大许多；有的如箱式末道轧辊孔型便无修复的可能（指一体孔型），只能报废，这些都是孔型设计师必须考虑的问题。

6.3.6 圆变异的断面变形

6.3.6.1 圆变异壁厚增厚现象

这里的断面变形，仅指圆变异过程中定径整形阶段导致管坯横断面厚度发生的变化。大量检测数据证明，先成圆后变异管壁变形呈现增厚趋势，不同圆变异的管壁增厚具有普遍性和差异性特征，增厚量和增厚比例因异形管规格、变异孔型、变异道次、所用材质、实际操作等不同而存在较大差别。

6.3.6.2 方矩管管壁增厚的特征

方矩管管壁增厚的特征如下：

(1) r 角部增量大于边部增量。

(2) 变形道次与壁厚增量存在负相关。变形道次多，管壁增厚少；反之，管壁增厚多。这就要求在孔型设计时，既要考虑道次与成本、道次与操作的关系，更要注意道次与焊管品质的关系，不可顾此失彼。

(3) 增厚量的不确定性。此处是指即使同种管坯、在同一台焊管机组上生产同一种规格的异形管，由于生产批次不同（中间换辊），它们的平均壁厚增量存在 0.01 ~ 0.03 mm 的波动，说明管壁增厚与现场操作调整关系密切。

(4) 壁厚增厚的不均匀性。在数据采集过程中还反映，断面增厚除角部多于边部外，在方矩管任一边，其断面变形同样具有不均匀性，表现为中间增厚少、两边增厚多的现象。

6.3.6.3 方矩管管壁增厚特征的工艺解析

A 管壁增厚的材料主要来源于整形余量

由于成型的结果是开口圆管筒，除边缘存在局部回复性"增厚"（可能还比原材料薄）外，其余部位绝对不会增厚；在焊接段，焊接时管坯边缘因高温会致使局部金属软化，挤压辊根据工艺要求施加的挤压力除焊缝部位外一般不会导致待定径焊管管壁增厚。由此可见，管壁增厚的材料主要来源于整形余量。

B 管壁增量源于焊管周长缩短

根据整形原理，当外周长为 πd 的圆管进入周长比自己小、曲率半径比自己大、线速度一道比一道快的方矩管孔型后，管坯发生三个方面的变化，如图 6-31 所示。

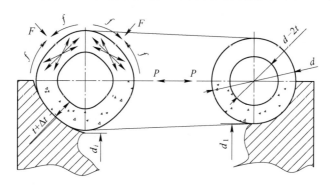

图 6-31 圆变方横向变形、纵向延伸、周向缩短及缩短方向

F—径向变形力；P—纵向张力；f—周向缩短力及缩短方向；

d_i，d_1—整形平辊底径且 $d_i > d_1$； ◁▷◁▷—金属流动方向

（1）截面形状由圆逐渐趋于方（矩），管面曲率半径随成型道次的增加而数倍地增大，直至无穷，成为方矩管。

（2）变形管坯在轧辊纵向张力 P 作用下，发生纵向延伸。由于管坯纵向延伸只会造成管壁减薄而不会使管壁增厚，这说明，在管坯由圆变方矩的过程中，管壁发生的厚度增量比事后测量到的还要多。

（3）管坯在径向变形力 F 作用下，当该力大于管材自身的变形抗力与抗压强度时，管坯周长被压短，见图 6-31 中的 $f \rightarrow \leftarrow f$ 箭线所示；同时，在周向长度被压短的过程中必然会发生金属流动，其中一部分流向焊管断面并拓展到内外壁，见图 6-31 中的星形箭线；只不过受轧辊孔型制约，外壁增厚的事实被掩盖且最终以内壁增厚表现出来而已，这是形成壁厚增量最根本的原因。

C 双金属流动导致角部增厚最多

（1）双金属流动的主导作用。在图 6-31 中，星形箭线有多重含义。首先，表示管坯周向压缩力，它的大小由径向变形力 F 决定。单道次 F 越大，如果轧制道次较少，那么单道次产生的周向压缩力就大，壁厚增厚就多；反之，所产生的壁厚增量就少。其次，表示金属流动方向与时序，总是从对应于焊管上每一段中部开始向该段弧线两端流动；时序体现在金属流动首先从中部开始，然后逐渐向角部扩展并结束于管角。第三，表示壁厚增量在管壁上的分布规律，箭尾较少，越往箭头增厚量越多。这样，在圆变异过程中，r 角部位处于两段周向收缩的拐点处，它同时受两个对向周向压缩力挤压，同时接纳来自两个

不同方向的金属流，两股金属流汇聚的结果就是角部的壁厚增量幅度比其他部位大，并且 r 角越小，角部变形需要的挤压力就越大，从而引起的金属流动和壁厚增量就大。

（2）角部位不受径向变形力作用。在圆变异孔型中，管角部位受不到直接来自轧辊孔型施加的径向变形力作用，即使是采用带 r 角的轧辊孔型，管角部位在变形的前几道，同样受不到直接来自轧辊孔型施加的径向变形力作用（只在最末道有部分接触）。这是因为，孔型 r 角处的曲率半径，总是永远小于即将进入孔型的焊管曲率半径，这样，在变形管坯角部与孔型交角处之间必然存在一个空隙，如图 6-32 中黑色涂层所示位置，异形管角部内、外面均没有受到孔型直接制约。而根据最小阻力原理，由周向压缩力产生的金属流必然首先向不受制约的、阻力最小的管角处流动，导致管角处大量增厚，图中管坯上阴影密集的区域表示增厚幅度大。

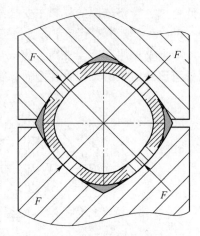

图 6-32 管坯外角部位与孔型角部之间空隙示意图

对于采用带 r 角的孔型，那也只是倒数一两个道次的孔型对管角有极小制约。然而，从解析轧制变形时序上看，发生在管角的变形依然是大曲率半径的管坯进入小曲率半径的孔型，图 6-32 中孔型角部的空隙区域依然存在，在这个过程中，最小阻力原理在此依然发挥作用，并不会妨碍变形金属流向管角；只有当焊管通过轧辊孔型中心线后，孔型上的 r 角才会对管坯角部有所制约。可是，这种制约是发生在金属流动已经完成之后，对管角内的金属流动没有实质性影响。

D 变形道次与管壁增厚的关系

总变形道次 N 的选择，本质上是选择道次变形量。以圆变方为例，分别采用 3 平 2 立和 5 平 4 立布辊模式，整形圆变方管时，如图 6-33 所示，那么，整形辊孔型平均道次变形量 $\bar{H}$ 由式（6-29）决定。

$$\bar{H} = \frac{D-a}{2N} \quad (6\text{-}29)$$

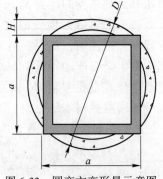

图 6-33 圆变方变形量示意图
H—圆变方单边总变形量

当 N 分别为 5 和 9 时，$\overline{H_5}:\overline{H_9}=1.8$，说明 3 平 2 立孔型的道次平均变形量是 5 平 4 立孔型的 1.8 倍。设圆变方总的径向变形力为恒定，那么 3 平 2 立孔型辊平均每一道施加到管坯上的径向变形力也是 5 平 4 立的 1.8 倍。这样，无论从道次变形力或道次变形量的角度看，3 平 2 立孔型中的管坯周向收缩和径向增厚都大于 5 平 4 立的孔型。

E 孔型放置形式对管壁增量的影响

孔型放置的代表模式为斜出孔型和箱式孔型，不同的孔型放置模式，管坯受力不同，由此引起的管壁增量各异。

（1）箱式孔型管壁增厚最多。这是由箱式孔型成角机理和弯曲变形方式决定的，弯曲变形的方式主要有：折弯、压弯、滚弯和推挤弯等几种。根据弯曲变形原理，只有推挤弯曲变形才会对未直接参与变形段的壁厚产生增厚影响。推挤弯曲变形的原理是：以不直接参与弯曲变形段的材料为介质，将待弯曲变形段的材料向特定的圆弧孔型里面推挤，当推挤力大于材料抗弯强度和抗压强度后，待变形段材料逐渐弯曲成预先设定的圆弧。在这个过程中，一方面，被推挤金属的另一端在弯曲孔型阻力作用下，不仅迫使需要变形的区域发生明显弯曲变形；同时引起该区域金属不断向阻力最小端流动，发生增厚塑性变形，厚度从 t 变化为（$t+\Delta t$），如图 6-34 所示。另一方面，在坯料被推挤过程中，尚未进入弯曲变形模具的坯料，在强大推挤力作用下长度被压短、厚度变厚。

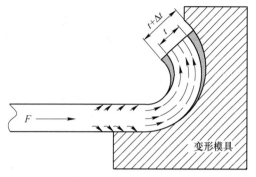

图 6-34 推挤变形原理与坯料增厚过程示意图
F—推挤力；$\longrightarrow$金属流动路径

其实，在箱式孔型中的焊管角部变形与推挤变形异曲同工。在图 6-35 中，管坯上四个 r 角均在箱式孔型的盲点（空隙）处，其成角机理是：焊管在正压力 F_1 和侧压力 F_2 的反作用力$-F_1$ 和$-F_2$ 共同推挤作用下，借助非弯角变形部分 AB 段将管坯待弯曲变形段 $C'D'$ 往既定的弯曲孔型盲点 CD 段里面推填、挤压，挤压力越大，推填的料越多，管角曲率半径就越接近孔型上的 r 角，管角越尖；与此同时，非弯曲变形段 AB 则在上述助推过程中被压短，厚度被"镦粗"。

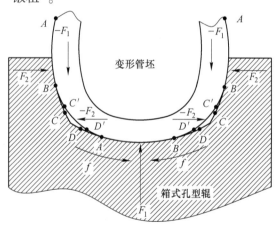

图 6-35 箱式孔型与管壁增厚的关系
F_1—正压力；$-F_1$—正压力的反作用力；F_2—侧压力；$-F_2$—侧压力的反作用力

（2）斜出孔型管壁增厚量较少。不论斜出孔型出管角度如何变化，它们都有一对角（方矩管）交替在轧辊辊缝中和孔型盲角处，如图 6-36 所示。不妨称辊缝处的角为辊缝角，称盲点处的角为盲点角。焊管在斜出孔型中的成角机理与箱式孔型不尽相同。当变形焊管进入斜置方矩管变形孔型后，在轧制力作用下，焊管一边往孔型盲点处填充，一边往辊缝处运动。由于焊管在辊缝处被来自孔型的正压力 F_1 直接压弯成辊缝角，焊管只存在轻微的被推挤；而在盲点角处，正压力无法直接作用到管角上，与推填挤压、间接成角的盲点角相比，盲点角的角部变形阻力远大于辊缝角的变形阻力，焊管便往成角阻力小的辊缝空隙跑。于是，方矩焊管在平辊孔型中易被直接轧出两个横向辊缝角；同理，在立辊孔型中易被轧出两个竖直方向的辊缝角。这样，斜出孔型施加到管坯上的变形力比箱式的小许多；相应地，斜出变形方矩管受到的周向压缩力也小，由此焊管产生的周向缩短和横截面增厚便少，这也是圆变异之箱式孔型的开料宽度要比斜出的稍宽些的主要原因。

F 非同时接触至单边壁厚分布不均

圆变方矩工艺是将焊管上的圆弧各段曲率半径不断增大，直至无穷的过程，在此过程中，都是曲率半径较大的孔型迎接曲率半径较小的管面圆弧，这样孔型圆弧与管面圆弧之间便呈现图 6-37 所示的非同时接触。管面 A 点最先触碰孔型并受到变形力 F 作用，焊管弧长开始缩短，壁厚开始增厚。可是，在孔型 A 处正压力约束下，焊管 A 处增厚阻力大，而此时 A 到 B 段和 A 到 C 段却尚未与孔型接触，长度缩短导致这两段自由增厚；随后，触点开始由 A 点逐渐向 B 和 C 扩展，直到全接触。这样，在任一边，越往边角处，管坯壁厚获得的增厚机会、增厚空间和增厚积累就越多（图 6-37 中箭头表示增厚逐渐增多及增厚方向），最终形成增厚量在方矩管边长上的不均匀分布现象。

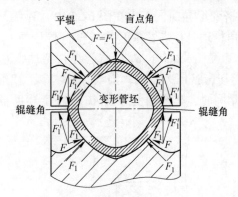

图 6-36 斜出孔型中辊缝角与盲点角的受力状况
F—轧制力；F_1—正压力；F_1'—摩擦力

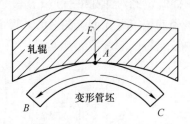

图 6-37 孔型与管坯非同时接触示意图

G 管坯性能、相对厚度与管壁增厚的关联

这里讲的性能主要是指管坯的抗压强度、屈服强度、硬度、状态等方面。管坯强度高、硬度高，则塑性差，受压后周向收缩小，管坯增厚的内阻力大，难增厚；反之，管坯增厚的内阻力小，易增厚，增量大。这也是 H18 铝管坯的实际开料宽度比 H12 偏窄的重要原因，反映管坯强度的还有一个相对厚度问题。

所谓相对厚度是指焊管展开宽度与厚度的比。当同样的增厚量平均到较宽管面上时，管壁增厚绝对值势必比较窄管面的要小。同理，管面宽度一定时，壁厚愈薄，壁厚增厚的原料来源愈少。因此，薄壁圆管变异形管时的壁厚增量小于厚壁管。

H 操作对壁厚增量的影响

焊管生产过程中的操作调整，是焊管制造中最玄妙的环节，到目前为止，仍有许多还只能依靠现场调试工的经验，有许多还只能依靠现场"试错"找到正解。不用讳言，现场操作调试对管壁增厚影响明显，主要表现在对成型、焊接和整形余量的操控和孔型调控等方面，而且基于人为操作的原因，使得每一次的现场调试状态不可完全复制，这也是迄今为止尚无定量描述圆变异形管管壁增厚数学模型的主要原因。但是，圆变异形管管壁增厚的事实，仍然不失对焊管生产的指导意义。

6.3.7 研究圆变异壁厚增量对焊管生产经营的意义

圆变异形管管壁增厚最直接的结果是焊管内腔变小，米重增加，对后续使用和生产经营都会产生一定影响。因此，研究它并加以控制就显得十分重要。

（1）使用方面。管壁增厚内腔缩小后，必然影响芯模顺利进入与退出以及钎焊的间隙，若能预先采取一些恰当措施，如按正偏差控制钎焊外管，或按负偏差控制钎焊内管的外径，就可减轻或消除壁厚增厚带来的不利影响。

（2）指导用料厚度。其基本思想可以用式（6-30）来表述。

$$T = t + \Delta t \tag{6-30}$$

式中，T 为异形管的实际壁厚。T 应该这样来确定：首先对某种特定异形管的壁厚增量进行数理统计，找出壁厚增量的一般规律；然后有针对性地预先减薄原始坯料厚度，使实际投料厚度 t 与数理统计出的平均壁厚增量 Δt 之和十分接近异形管公称厚度，这样就能从根本上解决异形管壁厚增厚问题。该思想的积极意义是：尊重圆变异形管管壁增厚这一客观事实，通过逆向思维，以预先减薄管坯厚度的方式解决管壁增厚问题，有一定推广价值。

（3）配合销售。企业销售焊管的计量模式通常有两种，一是按实际磅重交货，一是按理论质量交货。由于理论质量计重的依据是公称尺寸，那么壁厚增厚的异形管米重必然比理论质量重，这时可建议按实磅销售，或者按式（6-30）组织生产。

6.4 先成异圆后成异形管工艺

之前，焊管行业生产图 6-3 所示管面有 V 形槽、R 形槽、U 形槽或突筋的异形管其难度无法想象；即使如图 6-17 所示的缺角管，管形都不尽如人意。可是，自从先成异圆后变异工艺方法诞生后，不仅能够生产管面有凹槽凸筋的异形管，而且生产变得轻而易举了。

6.4.1 现行工艺方法的启迪

在现有异形管生产工艺中，在平直管坯上轧出小凹槽或小凸筋并不难，难的是有时槽或筋或焊缝位置与直接成异工艺成型异形管有冲突；而以圆变异工艺欲在空腹管面上轧出小凹槽或凸筋几乎不可能。

但是，倘若将直接成异工艺中轧槽、筋的实轧孔型移植到先成圆后变异工艺之成圆孔型上，使轧槽、轧筋与圆成型同步进行，并按先成圆后变异工艺流程操作，那么当凹槽/凸筋基本成型后，只要在成型开口"槽圆"过程和焊接后的闭口"槽圆"变异过程中的焊缝位置、变形量及公差控制得当，就能确保最终的槽/筋管形、焊缝强度和生产效率与先成圆后变异工艺无异，图 6-38 所示变形花的演变过程就是这一思路的完整演绎。图 6-38（b）表示直接成异工艺变形花，实线部分代表被取用的部分孔型，虚线部分代表被舍弃的孔型；图 6-38（a）表示先成圆后变异工艺变形花，其中虚、实线代表的含义与图 6-38（b）相同；图 6-38（c）表示先成异圆再变异工艺变形花，该变形花完整形象地描述了先成异圆后变异的工艺流程和内涵。

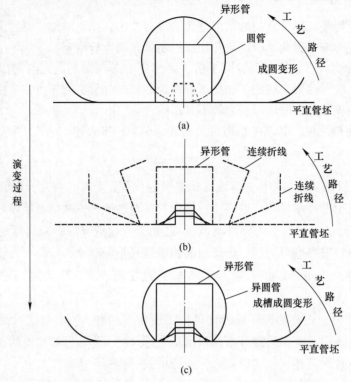

图 6-38   直接成异工艺与先成圆后变异工艺合二为一工艺的变形示意图
（a）先成圆后变异工艺变形花；（b）直接成异工艺变形花；（c）先成异圆再变异工艺变形花

6.4.2 先成异圆再变异工艺

6.4.2.1 先成异圆再变异工艺的内涵

先成异圆再变异工艺是以"先成圆后变异"工艺为载体，将"直接成异"工艺中的实轧凹槽/凸筋孔型与先成圆后变异工艺中的成圆孔型作适当取舍、合二为一，让直接成异工艺中轧槽/筋部分的孔型附着到第 1 道（通常较小的槽只需要一道即可）成圆孔型上，使管坯在成圆的同时轧出槽/筋的基本尺寸和形状，然后焊接成槽/筋圆管（见图6-3），并利用现有或新开的异形轧辊，把有槽/筋圆管变形为各种槽/筋异形管。其主要工艺流程如图 6-39 所示。

图 6-39   先成异圆后变异工艺流程图

6.4.2.2 先成异圆后变异工艺的特征

比较图 6-38 中的三朵变形花和三条工艺路径不难看出，先成异圆再变异工艺最显著特征是一轧定终身。主要体现在对槽/筋的轧制上，表现在三个方面：

（1）合二为一。将直接成异孔型与圆管成型工艺有机结合，一般只用一两道孔型在轧槽的同时进行成圆变形，其余孔型除需要避空外均与轧槽无直接关系，而最终成品上槽的宽窄、深浅与长短、盲孔型部位 R 角之大小、槽边之曲直等，都由最初轧槽孔型决定，其他道次的孔型仅对槽底宽产生轻微影响。如果对槽底开口宽度预先控制得当，这种影响就不会反映到成品上。

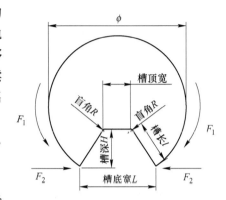

图 6-40 槽圆管各部分的名称
F_1—周向压缩力；F_2—横向变形力

（2）充分利用上下辊凹凸部位可以相互切入的孔型，对管坯实施实轧，不仅从一开始就能精准地轧出槽顶宽、槽长、盲角以及凹槽平面，而且能够从一开始就将槽的位置精准定位，并且不会在后续成圆变异过程中发生大的改变。槽圆管各部位的名称如图 6-40 所示。

（3）轧槽与成圆同步进行，且一旦槽成型后，便与继续成圆变异的管坯并行不悖、相伴一身。

6.4.2.3 先成异圆后变异工艺的独特作用

在该工艺没有发明前，要想生产如图 6-38 所示截面形状为方凹槽方管、具有 6 个外角和两个内角且内角尖小（$r_内 \to 0$）、凹槽三面两两垂直的异形管绝非易事，因为"先成圆后变异"和"直接成异"工艺在生产这类凹槽异形管时会遇到三个棘手的问题。

一是形不成轧小角所需要的大轧制力。在圆变异过程中，异形轧辊孔型与圆管外壁接触，属于空腹变形。要在圆管面上变形出图 6-38 所示的方凹槽，且确保方凹槽 4 个角尖小，尤其是要轧出两个尖小的内角，对空腹变形工艺而言，工艺目标无法达成。因为轧这两个内角时既没有上下模具的轧压，也没有"9 点钟或 3 点钟"方向的侧向轧制力加持，只有"12 点钟"方向的轧制力，而仅靠该轧制力是没有办法在具有较高弹塑性的空腹铝焊管上轧出小而尖内角的。在图 6-41 中，当孔型凸台轧压管面过程中，受管面整体性和铝材抗压强度、屈服强度共同作用，在凹陷两侧一定范围内的管面势必随孔型上凸台逐渐切入而下凹，从而形不成轧出小尖内角所需要的轧制力。

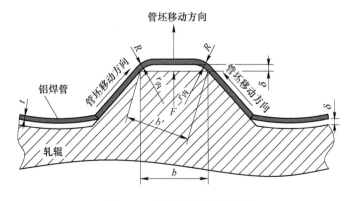

图 6-41 空腹轧内角示意图
b—轧辊凸台宽；b'—管坯凹槽内尺寸宽；δ—轧辊凸台与管坯间的间隙；F—轧制力

二是空腹轧制时，轧辊凸台宽度、管坯凹槽内尺寸宽度和凹槽深度三者难以统一。在如图 6-41 所示空轧工艺条件下，轧辊凸台的尖角对应凹槽的内角是 $r_内 = R - t$ 的圆角，在这种情况下，若要 $\delta = 0$，即保证凹槽深与孔型凸台一样长，就必须削减轧辊凸台宽度 b，导致轧辊凸台宽度 $b < b'$，这样既不能实现凹槽内角小尖（$r_内 \to 0$）的工艺目标，又为凹槽两侧面与槽底不垂直、与两槽顶不垂直留下隐患。反之，若要 $b = b'$，则 δ 不可能为 0；或者说，如果要 $b = b'$ 且 $\delta = 0$，就必须将轧辊凸台上的尖角（$r = 0$）变为 $r_辊 = r_内 = R - t \gg 0$，但是这样一来，$r_内 \to 0$ 的工艺目标就无法实现。

此外，凹槽外侧的两个角和两个边均会因为 $\delta > 0$ 而成角较大，面不平且难以与凹槽侧面垂直，管形很难满足使用要求。

三是若完全采用直接成方工艺，它虽然可以在直接成方的过程中轧出比较理想的 $r_内$ 角，但是较宽的平直翼缘在成型和焊接过程中易失稳，焊接稳定性差和焊缝强度低。

因而，先成异圆后变异工艺此时就可以充分发挥其在轧槽、变方和焊接方面的独特作用，解决这些难题，生产出类似挤压成型工艺才能达到的异形铝合金管的管形效果。

6.4.3　先成异圆再变异工艺的优点

先成异圆再变异工艺，是现有变形槽类管生产工艺及其产品均无法与之相提并论的，它在管形槽型、焊缝强度、模具共用、生产成本等方面优点显著。

（1）管形槽型规整。用该工艺方法生产的槽类异形管整体视觉效果好，棱角分明、线条清晰、槽型规整、平面平直，是先成圆后变异工艺无法达到的。

（2）焊缝强度高。该工艺除了成槽方法类似直接成异工艺而外，其余流程都视同先成圆后变异之工艺，在焊缝强度、生产效率等方面是直接成异工艺所望尘莫及的。

（3）模具共用率高。与先成圆后变异工艺相比，先成槽圆再变异工艺的模具共用有的管形可达 90% 左右（已有异形辊），更是直接成异工艺无法比拟的，从而使槽类管的开发成本和生产成本大为节省，产品更具竞争力。

（4）管壁与角部增厚不明显。因为有凹槽或凸筋的面，在异圆变异过程中不能承受较大的周向压缩力作用，否则导致已经成型的凹槽或凸筋发生畸变。

总之，先成异圆再变异工艺方法，集先成圆后变异工艺与直接成异工艺的优点于一身，将各自优点有机结合，融为一体，丰富了圆变异工艺理论，为优质高效低耗地生产槽/筋异形管开辟了一条新途径，使槽/筋管品质产生了质的飞跃，生产效率成倍提高，生产成本显著降低，更为随后的焊接提供了一个优质的开口异形圆管筒。

7 铝焊管焊接工艺与智能焊接系统

焊缝是焊管的生命，焊接工艺孕育焊缝，焊缝品质是衡量焊接工艺恰当与否的唯一标准，人们围绕制造高频直缝铝焊管做出的所有努力，最高目标是为了获得一条高品质的铝焊缝。因此，本章将围绕高频铝焊原理、铝材焊接特性、焊接速度、焊接热量、焊接压力、焊接开口角、焊缝对接状态、挤压辊孔型、导向辊孔型和去除焊缝毛刺、感应圈、磁棒等方面探讨相关原理与工艺参数对铝焊缝品质的影响。同时借助金相分析手段，找寻焊缝融合线、金属流线和热影响区、金相图特征等与焊接工艺的因果关系；在此基础上勾画出高频铝焊管的智能焊接控制系统。

7.1 高频铝焊接原理

7.1.1 高频焊接原理

高频焊接原理是建立在电磁学理论中的焦耳-楞次定律基础之上，并充分利用了电流的邻近效应、集肤效应和环流效应特点。它的基本原理是：当交变电流 i 通入感应圈时，在感应圈所围面积内就会产生随时间变化的交变磁通量，该磁通量使通过其中的待焊管筒受到电磁感应，产生感应电势和感应电流；电流的方向总是使得它所产生的磁场来阻碍引起感应电流的磁通量之变化，而这种阻碍、对抗作用的结果便是把感应圈中的电能量转化为感应电流在待焊管筒回路中的电能，继而待焊管筒回路中的电能又转化为焦耳热能形式；特别当感应圈中通入的是高频电流时，待焊管筒中的感应电流及其焦耳热能量的绝大部分就会汇聚到待焊管筒表面和待焊管筒两相邻边缘，并且首先使管筒两边缘的金属持续升温，在达到金属熔融温度时受外部挤压力作用实现焊接。

7.1.1.1 电磁感应定律

当金属物体（待焊管筒）穿过任何闭合回路（感应圈）所围面积的磁通量 Φ 随时间 t 发生变化时，穿过其间的金属物体上就会产生感应电势 ε 和感应电流 I，如图 7-1 所示。高频电流 i 流过感应圈后在待焊管筒上产生的感应电势由式（7-1）确定。

$$\begin{cases} \varepsilon = -N_2 \dfrac{\mathrm{d}\Phi}{\mathrm{d}t} \\ E = 4.44 f N_2 \Phi_{\mathrm{M}} \end{cases} \quad (7\text{-}1)$$

式中，"–"为表示感应电势的方向与 $\dfrac{\mathrm{d}\Phi}{\mathrm{d}t}$ 的变化方向相反；ε 为感应电势，V；N_2 为待焊管筒的等效

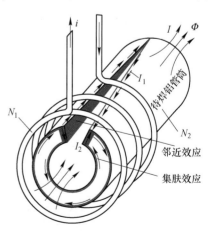

图 7-1 高频感应加热待焊铝管筒的原理
i—高频电流；I—待焊铝管筒中的感应流；
N_1—感应圈匝数；N_2—待焊铝管筒的等效
匝数；Φ—通电感应圈产生的交变磁通量

匝数；Φ 为管筒上感应电流回路所包围面积的总磁通，Wb；$\dfrac{\mathrm{d}\Phi}{\mathrm{d}t}$ 为磁通变化率；E 为感应电势的有效值，V；Φ_M 为有效磁通，Wb；f 为电流频率。

感应电势 ε（或 E）在待焊管筒上所产生的感应电流 I（又称涡流）由式（7-2）确定。

$$I = \frac{\varepsilon}{\sqrt{R^2 + X^2}} \tag{7-2}$$

式中，R、X 分别为待焊管筒的电阻与阻抗；$\sqrt{R^2 + X^2}$ 为管筒自感电抗。$\sqrt{R^2 + X^2}$ 通常很小，所以感应电流或涡流电流 I 很大，高达几百安到数千安。该电流在待焊管筒上形成两个回路：一路是图 7-1 中所示的 V 形回路，沿着 V 形回路流过的电流在高频焊管工艺中叫做焊接电流 I_1，即有用电流；另一路是沿待焊管筒内外表面流动的循环电流 I_2，见图 7-1 中管筒横截面上的箭线，电流 I_2 使管体发热，对焊接有害无益，导致能量以无用功的形式耗损。为了强化电磁感应，增大管筒表面感抗，减少 I_2 的损耗，需要在待焊管筒内放置阻抗器。根据能量守恒定律，有

$$I = I_1 + I_2 \tag{7-3}$$

从式（7-3）可知，当无功电流 I_2 减少时，必然会相应增大有功电流 I_1。

7.1.1.2 焦耳-楞次定律

焦耳-楞次定律是电磁感应现象中用来判断感应电流方向的基本定律：感应电流激发的磁场方向总是与引起感应电流的原磁场方向相反，并阻碍其磁通量的变化，阻碍的结果使通过其间的导体产生感应电流，该电流使导体——待焊管筒发热，实现电能向焦耳热能的转换，见式（7-4）。

$$Q = 0.24I^2Rt \tag{7-4}$$

式中，Q 为热能，J；I 为涡流（感应）电流强度，A；R 为待焊管筒电阻，Ω；t 为加热时间，s。

式（7-4）对焊管生产有重要指导意义，为提高焊接效率指明了方向。在焊管规格既定的前提下，要提高焊接热量，途径有三条：

（1）提高高频设备的实际输出功率和整机效率，从源头上提高感应圈上的电流 i，继而相应增大焊接电流 I_1。

（2）在感应电流 I_1 和 I_2 中，I_1 与 I_2 是此消彼长的关系，要通过降低无用电流 I_2 来增加有用电流 I_1，并且这应该是高频焊管行业未来要继续攻克的课题。

（3）延长加热时间 t，也能提高焊接热量，但这意味着要降低焊接速度，焊接厚壁管常常采用这种工艺。

由此可见，感应加热过程是电磁感应过程与热传导过程的综合体现，电磁感应过程具有主导作用，它影响并在一定程度上决定热传导的效率；热传导过程中所表现出的热能是由电磁感应中所产生的涡流功率提供的。

7.1.2 高频电流的特征

高频电流具有集肤效应、邻近效应、环流效应和尖角效应四个特征，高频焊接主要利用并强化了其中的邻近效应与集肤效应。

7.1.2.1 高频电流的集肤效应

A 集肤效应的内涵

集肤效应又称趋肤效应（skin effect），是指导体中有交流电或交变电磁场时，导体内部电流呈不均匀分布的现象；随着与导体表面的距离逐渐增加，导体内部的电流密度呈指数递减，参见式（7-5）。

$$J_r = J_0 e^{-r/\delta} \tag{7-5}$$

式中，J_r 为距导体表面 r 处的电流密度，A/mm^2；J_0 为导体表面的电流密度，A/mm^2；r 为电流与导体表面的距离，mm；e 为自然对数的底；δ 为趋肤深度，mm。

随着电流频率不断提高，导体内的电流会逐渐集中到导体表面。从与电流方向垂直的横截面图7-2（b）看，导体中心部位几乎没有电流流过，只在导体外缘部分有电流流过，就像集中在导体的"皮肤"上而得名。如果导体中通过的是高频电流，那么由于分布电感的作用，外部电感阻挡了外加电压的大部分，只是在接近表面的电阻才流过较大电流（全部电流的 85%~90%），同时因分布电感压降，表面压降最大，并且由表面到中心压降逐渐减少，这样，由表面到中心电流也越来越小，甚至没有电流，高频电流的集肤效应便越发明显，绝大部分电流都汇聚到导体"皮肤"处，如图7-2（c）所示。

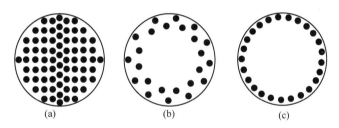

图 7-2 电流的集肤效应示意
（a）理想中的电子在导体中的分布；（b）低频电流电子在导体上的分布；
（c）高频电流电子在导体上的分布

B 集肤深度

集肤效应的强弱用集肤深度来表示，与高频电流的频率、导体的磁导率、电阻系数等关系密切，集肤深度由式（7-6）确定。

$$\Delta = 50.30 \sqrt{\frac{\rho}{\mu f}} \tag{7-6}$$

式中，Δ 为集肤深度或电流渗透深度，mm；ρ 为电阻系数，$\Omega \cdot cm$；μ 为磁导率，H/m；f 为频率，Hz。

在式（7-5）中，当材料确定之后，ρ 和 μ 就是定值，因此真正影响电流渗透深度的因素是电流频率 f；只要是交变电流，都会产生集肤效应，频率愈高，集肤效应愈强烈，电流渗透深度愈浅。表7-1列出了铝/铁焊管生产中常用频率时的电流渗透深度，以供参考。从表7-1所列电流渗透深度看，由于铝是非导磁体或者更准确地说是弱导磁体，其 $\mu_{Al} \ll \mu_{Fe}$，根据高频电流集肤深度 Δ 与磁导率 μ 的关系式（7-6）有，在同一频率下 $\Delta_{Al} > \Delta_{Fe}$，铝的电流平均渗透深度约是铁的 1.4275 倍。

表 7-1　铝/铁常用高频电流频率 f 与电流渗透深度 Δ 的关系

f/kHz	200	300	350	400	450	500	550	600	备注
Δ_{Al}/mm	0.060	0.049	0.045	0.042	0.040	0.038	0.036	0.035	没有居里点
Δ_{Fe}/mm	0.042	0.034	0.032	0.030	0.028	0.027	0.025	0.024	居里点以下
$\Delta_{Al} : \Delta_{Fe}$	1.43	1.44	1.41	1.40	1.43	1.41	1.44	1.46	$\overline{i} = 1.4275$

C　集肤效应对焊管生产的意义

集肤效应对焊管生产的意义表现在以下几个方面:

(1) 它是高频焊接的前提之一, 如果没有集肤效应, 电流就会均布在管筒横截面内而无法集中, 继而不可能实现高速高效焊接。

(2) 衡量汇聚电流能力强弱。若电流渗透深度达到管壁厚度一半时, 集肤效应对焊管生产便失去意义, 集肤深度越深, 即 Δ 越大, 电流汇聚效果越差, 这也是为什么管壁越薄选择频率越高的缘由。

(3) 指导频率选择。由于集肤电流渗透深度与频率的平方根成反比, 也就是说, 频率越高, 电流渗透深度越浅。当生产薄壁管时, 要求选择较高的电流频率, 因为薄壁管焊接边缘加热、传热的路径都短, 整个边缘一定范围内的金属易被均热; 反过来, 如果生产厚壁管, 那么就需要适当降低焊接电流的频率, 以弱化集肤效应, 使流过待焊管筒边缘的电流稍微深一些, 将由表层单向传热至某一深度变为在某深度范围内直接发热, 这实际上缩短了厚壁管筒边缘的传热路径。在图 7-3 中需要加热的区域内, 显然, 频率 f_2 在

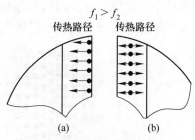

图 7-3　不同频率的集肤效应 (a) 与传热路径 (b) 的比较
加热路径 →; 热源 —●; f_1, f_2—频率

相同时间内的传热路径比频率 f_1 短许多, 热传导效率显著提高, 从而提高厚壁管的焊接效率。

(4) 与焊接钢管比, 在相同频率下, 见式 (7-6) 和表 7-1, 焊接铝管的平均电流渗透深度约是钢管的 1.4 倍, 说明高频铝焊传热路径短, 加热更快。

7.1.2.2　高频电流的邻近效应

高频电流的邻近效应 (proximate effect) 是指相邻两导体通以大小相等、方向相反的交流电时, 电流就会在两导体相邻的内侧表面层流过, 如图 7-4 (a) 所示; 当两导体通过大小相等、方向相同的交流电时, 电流就会在两导体外侧表面层流过, 如图 7-4 (b) 所示。邻近效应使导体内电流分布进一步不均匀, 正是这种不均匀成就了高频焊接。

A　影响邻近效应的因素

邻近效应强弱与距离和频率两个因素密切相关。

(1) 距离: 即两导体相邻距离愈近、邻近效应愈强, 特别当两导体之间的距离趋于 0 时, 导

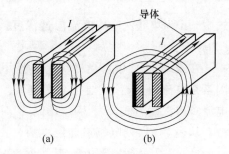

图 7-4　高频电流的邻近效应示意
(a) 异向电流; (b) 同向电流

体中的电流便几乎全部汇聚到相邻面上，使相邻面上的电流急剧增大并由此导致相邻面快速发热。这个性质对高频焊接工艺有重要意义，如前图 7-1 所示的待焊管筒焊接 V 形口，其上面回路流过的就是大小相等、方向相反的高频电流，随着待焊管筒的前进，V 形口两边缘就像图 7-4（a）所示的两个不断接近的平板汇流条，越接近 V 形口的顶点，两边缘间的距离越近，因而邻近效应越强烈，边缘温度也越高，直至高达金属熔点，并在随后的挤压力作用下实现焊接。因此，邻近效应要求焊管工艺必须重视 V 形口之开口，即开口角的大小，它事关焊接热量高低、焊接速度快慢以及焊接质量优劣。

（2）频率：频率越高，基于集肤效应基础上的邻近效应越强。

B 邻近效应对高频铝焊管生产的意义

邻近效应对高频铝焊管生产的意义表现在 3 个方面：

（1）利用邻近效应控制高频电流流动路径、位置与范围的特性，指导焊管生产，制定焊接工艺。要针对不同规格铝焊管选择相应的频率和开口角，如生产厚壁铝管，为了克服管筒传热路径长和热传导快的问题，就需要适当降低电流频率，减小开口角，以缩短待焊管筒两边缘的邻近距离和增加直接加热深度，达到缩短加热时间、减少热损、提高焊接效率的目的；反之，薄壁管要适当提高电流频率和增大开口角，预防过烧。

（2）感应圈上的高频电流与待焊管筒上感应电流都是高频电流，它们之间也存在邻近效应，如对称放置，则待焊管筒上的电流均匀分布；若不对称放置，则待焊管筒上的电流将呈现不均匀分布。受此启发，应将感应圈与待焊管筒间的间隙按上小下大安装，以便待焊管筒边缘聚集更多电流。同时，为了强化邻近效应，还应该在工艺允许范围内尽可能减小感应圈内径与待焊管筒外径之间的间隙。

（3）厚壁管要避免内外开口角顶点不重合的问题。厚壁管易形成图 5-31（b）所示的内外两个开口角，且形成顺序是内开口角先于外开口角；特点是大小相等，但顶点不重合。这样在待焊区域内的同一横截面上，管筒内壁边缘的邻近距离小于外缘边缘，内壁的邻近效应强于外壁，这是焊接工艺需要避免并加以解决的。

7.1.2.3 圆环效应

圆环效应又称环流效应，是指当交流电通过导体绕制的环形线圈时，最大电流出现在线圈导体的内侧，如图 7-5 所示，而且频率越高越显著。它确保了集肤电流在管筒四周环状流动，同时，受邻近效应影响，感应圈与管筒间的间隙越小，趋肤电流越大，这也是不宜将感应圈内径做大的理论依据。

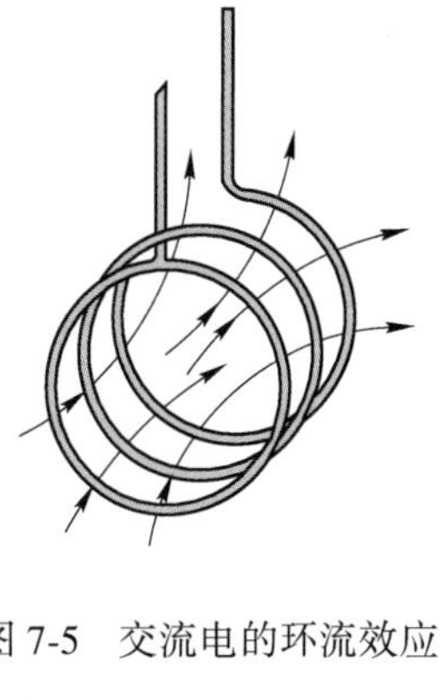

7.1.2.4 尖角效应

当感应圈上通过高频电流时，在感应圈与管筒间隙总体相等时，其间若某个部位存在尖凸角如感应圈上的碰伤刮伤，则伤痕处的尖角电流密度会骤然增大，易发生打火放电。尖角效应对焊接工艺有害，应尽力避免。

图 7-5 交流电的环流效应

7.1.2.5 邻近效应与集肤效应的强化与弱化的原则

高频电流的邻近效应与集肤效应是一对孪生兄弟，它们同时对待焊管筒发生作用，要根据生产实际有选择地发挥它们的作用。强化与弱化的原则是：针对主要矛盾，适当取舍，各有侧重。例如，焊接薄壁管时，就需要在强化集肤效应的同时，适当弱化邻近效应，即适当加大开口角，以防焊接过程中发生"过烧"。生产实践证明，防"过烧"就是焊接薄壁铝管的主要矛盾；当焊接厚壁管时，需要适当弱化集肤效应而相应强化邻近效应，通过减小开口角增强焊接热量，因为焊接厚壁管的主要矛盾是焊不透，易形成焊缝"夹生饭"。

7.1.3 高频铝焊机功率的选择

铝焊管用固态高频焊机的功率从 50 kW 起步至 300 kW 以内都是按50 kW 倍增，300 kW 后基本按 100 kW 倍增。高频焊机功率的选择原则有机组最大生产规格原则、满足需求原则和热效率原则。

（1）最大生产规格原则，又称经验选择原则，就是根据焊管机组所能生产最大成品管的规格结合实际应用经验来选择高频功率。表 7-2 是业内一些小型铝焊管机组与高频焊机功率配置的基本情况。

表 7-2 小型铝焊管机组与高频功率配置参考表

机组型号	最大管径/mm	最大壁厚/mm	焊机功率/kW	生产管种
25 mm	φ25	2.0	100	集流管、家具管、装饰管等
32 mm	φ38	2.5	100	
40 mm	φ48	3.0	100～150	
50 mm	φ60	3.5	150～200	
64 mm	高 80	0.4	50	汽车水箱扁管、中冷器管

（2）满足需求的原则，是说从企业产品定位和企业需求出发，根据需要参考式（7-7）选择高频功率；或者，由已知功率，推算某厚度时的焊接速度。

$$\begin{cases} P = k_1 k_2 tbv \\ v = \dfrac{P}{k_1 k_2 tb} \end{cases} \tag{7-7}$$

式中，P 为高频焊机功率，kW；k_1 为管坯材质系数，铝材取 0.35～0.45；k_2 为焊管尺寸系数，取值见表 7-3；t 为管壁厚度，取该机组最大允许壁厚，mm；b 为待焊管筒边缘加热宽度，取 0.2～0.8mm，厚壁管取较大值，薄壁管取较小值；v 为预想的焊接速度，m/min。

表 7-3 管材尺寸系数 k_2 的选取

外径 φ 尺寸/mm	k_2
≤25	0.95
26～32	1.00
33～48	1.05
49～60	1.10

7.2 高频铝焊接的特点

高频铝焊是指以成型为待焊开口铝管筒为焊接对象、以高频电流为焊接热源，在高速动态和焊接能量最密集处施加连续不断的挤压力实现自熔焊接的过程，它有以下 7 个特点。

7.2.1　焊接对象高速动态移动

7.2.1.1　焊接对象动态变化

焊接对象动态变化是指将特定宽度的平直铝管坯经数个道次具有特殊孔型的轧辊轧制，成为待焊开口管筒，如图 7-6（a）所示，然后实施焊接，如图 7-6（b）所示。该开口管筒可以是开口圆环，也可以是除开口圆环以外的开口方矩环等异形开口环。同时，这个开口大小自始至终处于动态变化中，若以成型起点至焊接终点为一个周期，则其动态变化规律遵从式（7-8）。

$$
\begin{cases}
B \Rightarrow b^{+} \Rightarrow b \Rightarrow 0 \\
B = \begin{cases}
3.153D - 1.098t + 1.607 & (D \leqslant 50) \\
3.153D - 1.098t + 1.687 & (50 < D \leqslant 100)
\end{cases} \\
b^{+} = b + (0.5 \sim 1.5) \\
b = \dfrac{2 \times 57.3(B + c)}{\theta}\sin\dfrac{\theta}{2},\ \theta = 330° \sim 340° \Rightarrow 360°
\end{cases}
\tag{7-8}
$$

式中，B 为铝焊管用料宽度，mm；D 为成品管直径，mm；t 为管壁厚度，mm；b^{+} 为进入焊接机前的成型管筒开口宽度，mm；b 为形成开口角前的待焊管筒开口宽度，mm；c 为开口宽度为 b 时的弧长补偿值，mm；θ 为变形角。

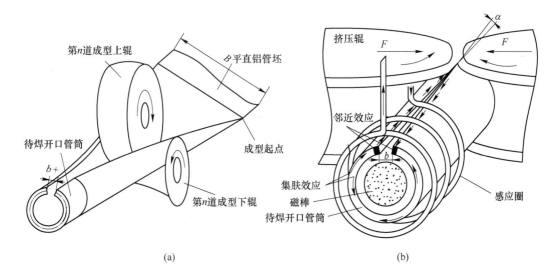

图 7-6　铝焊管成型和焊接过程
（a）铝管坯成型过程；（b）高频感应焊接过程

7.2.1.2　纵横高速移动焊接

在图 7-6 中，开口首先从用料宽度 B 经过成型轧制，逐渐变化到 b^{+} 的宽度，然后开口宽度从 b^{+} 变化到 b，直至当 θ 从 330° ~ 340° 变化到 360° 时，$b = 0$，表示管坯两边缘相遇，实现焊接。由此可见，铝焊缝的生成，是由管坯的高速纵向移动速度和管坯两边缘的高速接近速度合成而来。目前管坯的纵向移动速度即通常所说的焊接速度可高达 200 m/min，若按 80 m/min 焊速生产 ϕ25 mm×1.3 mm 集流管，当 $b^+ \Rightarrow b \rightarrow 0$ 时，结合表 7-4 可知，管筒两边缘的接近速度达到 232.6 mm/s。

表 7-4　50 mm 机组铝焊/铁焊感应加热用时参考值

机　型	铝/铁	熔点/℃	S/mm	焊接速度 v/m·min^{-1}			
				40	60	80	100
				完成焊接用时 t/ms			
50 mm	Al	660	80	51.6	34.4	25.8	20.6
	Fe	1535		120	80	60	48

焊接对象的这种动态变化规律对高频焊接功率输出的稳定性、机组高速运转时的安定性、待焊管筒运行的稳定性，即工艺过程的稳定性提出极高要求。

7.2.2　焊接连续不断

焊接连续不断有以下两层含义：

（1）连续生产的可行性。假如铝管坯无限长，那么焊接就会连续不断进行下去。但是，目前业内普遍实行断续生产，影响生产效率、成材率、产品质量，而实现高频铝焊管的连续生产就成为今后努力的方向。

（2）影响产品质量的二重性。焊接连续不断，当工艺状态稳定时，高品质焊缝会连续生成；相反，如果工艺状态不佳，那么焊缝缺陷也会连续不断产生。这就要求人们必须高度重视焊管机组运行的稳定性、工艺参数的合理性，高度重视管坯品质、成型质量；否则，一个小疏忽就可能造成一批管子质量有问题。

7.2.3　高能量密度的焊接

高能量密度的焊接表现在：

（1）焊缝能量密度高。铝焊缝的焊接热源是能量密度极高的高频电流，如果焊接 ϕ25 mm×1.3 mm 的冷凝器集流管，在焊接速度 80 m/min 时的焊接功率为 17 kW，按加热区长度 50 mm、单边加热区宽度 0.7 mm 计算，那么焊接的单边平均能量密度高达 6.8×10^5 kJ/mm^3，而在邻近效应作用下，焊接点的能量密度更是呈几何倍数增长。

（2）焊接时间短。将金属加热到焊接温度用时极短，从表 7-4 中反映的加热焊接时间看，都在毫秒级。由于铝的熔点约是铁的 43%，所以从加热开始到完成焊接的工艺时间铝比铁约短 57%。

（3）氧化反应剧烈。由铝的亲氧性决定，在焊接时铝与空气中的氧会发生剧烈氧化反应，要求高频铝焊必须在尽可能短的时间内完成焊接，否则焊缝难以成形，并容易产生复熔组织、气孔，甚至烧穿等焊接缺陷。

7.2.4　加热与挤压同时进行

焊缝是在待焊管筒两边缘被加热到熔融温度的同时，被挤压辊施加的挤压力 F 挤压形成的，如图 7-6 （b） 所示。从微观的角度看，加热是一个连续不断且渐进的、由低到高的过程，并在热量最高处、挤压力最大处实施焊接；同时，挤压力的施加也是一个渐进的、由小到大直至最大的过程。这实际上提出了高频铝焊的充分必要条件，即焊接必须在两个最高（大）点同时进行焊接的工艺要求，该充分必要条件的数学表述参见式（7-9）。

$$
\begin{cases}
\lim\limits_{\substack{a \to 0 \\ f \to (++)}} F(a,\ f) = F_{\max} \\
\lim\limits_{\substack{b \to 0 \\ t \to (++)}} T(b,\ t) = T_{\max}
\end{cases}
\tag{7-9}
$$

式中，a 为挤压力起始施力点至最大施力点间的距离；f 为逐渐增大的挤压力；b 为待焊管筒两边缘间的距离；t 为逐渐增高的焊接热量；$F_{\max}$ 为最大挤压力；$T_{\max}$ 为最高焊接热量。

如果因挤压辊过大或对焊面呈内外两个 Y 形，则两对焊面边缘的汇合点（最高温度点）必定先于两挤压辊中心连线之中点即挤压力最高处，两个最高点没有在时间上和空间上重合，不符合焊接工艺要求，焊缝存在过烧、气孔或冷焊等缺陷的风险，焊缝强度的置信度不高。

7.2.5 自熔焊接

自熔焊接的特点如下：

（1）焊缝材质构成单一。焊缝 100% 是由管坯自身熔接而成，使铝焊缝在材质方面的构成相对单一，不存在焊丝填充与母材匹配问题。

（2）焊接温度容错范围窄。铝焊缝自我熔接的温度区间很窄，允差只有 25 ℃（3003）左右，而钢管（Q195）焊接温度的允差为 275 ℃左右。这一方面说明高频铝焊对温度极为敏感，对温度的控制必须极其严格；另一方面对管坯实际运行速度的波动也极为敏感，速度上的微小波动都会导致焊缝不是过烧就是冷焊，从而告诉操作者，焊接速度稳定与否对焊缝强度的影响极大。

7.2.6 焊接后存在内外毛刺

被加热至熔融状态的待焊铝管筒两边缘，在挤压辊施加的挤压力作用下被挤压结晶在一起，在此过程中，管坯边缘的氧化物及部分熔融合金被挤出，形成内外毛刺。外毛刺必须去除，内毛刺则依据铝焊管用途，有的保留，有的需要去除。

7.2.7 无色铝焊珠多

与高频焊接钢管比，高频铝焊管焊接过程中喷发的铝焊珠在数量上要多得多；特别地，当生产小直径厚壁管如 $\phi16\ \text{mm} \times (1.2 \sim 2.0)\ \text{mm}$ 且需要去除内毛刺时，这些铝焊珠极易淤塞在内刮刀处，阻碍磁棒冷却液顺利通过，导致冷却液回流至焊接 V 形口，轻则形成夹杂，重则无法完成焊接。同时，这种高温铝焊珠没有明显颜色，不像焊接钢管那样喷发耀眼的橙黄色焊珠。可见，高频铝焊接的这些特点与铝管坯自身的焊接特性息息相关。

7.3 铝管坯焊接特性与铝焊管焊接

在人类生产实践的历史长河中,有些实践活动是在具体理论指导下进行的,有些是通过类比、借助某种理论"照猫画虎"进行的,如高频直缝铝焊管就是在高频直缝焊接钢管的理论指导下发展起来的。然而,由铝管坯的特性决定,许多焊接钢管理论并不适用于铝焊管生产,故本节结合铝和铝合金的力学性能、化学性能、热学性能、电学性能、磁学性能和光学性能,系统介绍铝管坯焊接特性对高频铝焊管焊接的影响与对应措施,丰富铝焊管焊接的理论体系,以便更好地从理论上指导铝焊管生产实践。

7.3.1 与焊接有关的铝管坯特性

与焊接有关的铝管坯特性系指铝和铝合金的热学性能、化学性能、电学性能、磁学性能和光学性能等,见表7-5。这些铝管坯特性与高频焊接原理共同决定高频直缝铝焊管的焊接工艺,并从不同方面、不同程度地影响高频直缝铝焊管的焊接。

表 7-5 与焊接有关的铝(钢)管坯特性

特 性		管 坯 材 质		备 注
		Al	Fe	
热学性能	热导率 $\lambda/W \cdot (m \cdot K)^{-1}$	237	80	
	熔解热 $L_f/J \cdot kg^{-1}$	418	450000	
	比热容 $c/J \cdot (kg \cdot \text{℃})^{-1}$	0.88×103	0.46×103	
	熔点 $T_m/\text{℃}$	660.37	1539	
	热阻 $R/K \cdot W^{-1}$	Fe:Al=2.98		
	高温强度/MPa	9.81×10⁻⁶(370℃)	216(840℃,Q235)	与熔点比例相同
化学性能	亲氧性	强	弱	
电学性能	电流渗透深度 Δ/mm	$\Delta_{铝} > \Delta_{铁}$		同频率
磁学性能	相对磁导率 μ_r	1	4000	Fe-Q235
光学性能	高温色泽变化	无	明显	可见光范围

7.3.2 铝管坯焊接特性对高频铝焊的影响

7.3.2.1 熔点

铝管坯的熔点有以下特点。

(1)铝管坯熔点低。由于铝的熔点约是铁的43%,所以从加热开始到完成焊接的工艺时间铝比铁约短57%;也就是说,若仅根据铝和铁的熔点,则在焊接相同规格铝管和钢管时,当焊接速度和加热距离相同时,如果以焊接钢管的时间来焊接铝管,铝焊缝必定被烧熔掉,从而要求铝管的焊接必须在更短时间内完成。

(2)适合铝材焊接的温度范围窄。表7-6是常用铝合金复合管3003/4032(4043)和3004/4032(4043)的液相线、固相线、过烧温度以及焊接温度可以调节的范围。由于覆层合金的液相线温度和固相线温度均低于芯层,且对焊缝强度的影响甚微,所以焊缝实际上是由芯层构成。而芯层焊接温度可调节范围最大仅为 25 ℃，最小只有 11 ℃，与 Q195 钢的焊接可调节温度为 275 ℃（Q195 钢的液相线温度为 1525 ℃，固相线温度为 1250 ℃）相比，后者是前者的数十倍，这就要求必须对高频铝焊缝的焊接温度进行更为精准的控制，否则焊缝不是过烧就是冷焊。

表 7-6　常用铝合金复合管的液相线温度、固相线温度、过烧温度及焊接温度可调范围

合金	液相线/℃	固相线/℃	过烧温度/℃	焊接温度可控范围/℃	备注
3003	654	643	640	11	芯层
3004	654	629	630	25	
4032	571	532	530	39	覆层
4043	630	575	575	55	

另外，从控制学原理看，一方面，焊接温度允差越小，控制难度越大，需要的控制手段更精细，对设备精度、高频纹波系数等都提出更高要求；另一方面，高频加热路径（加热焊接区长度）越长，出现偏差的概率越高。焊接区长度与焊接温度的关系见式(7-10)。

$$T = \frac{I^2 R}{AF} \sqrt{\frac{L}{v}} \tag{7-10}$$

式中，T 为焊接温度，℃；I 为焊接电流，A；R 为管坯电阻，Ω；A 为金属物理系数；F 为焊接断面面积，mm²；L 为焊接区长度，mm；v 为焊接速度，mm/s；

在式（7-10）中，当焊管规格和焊接速度 v 与焊接电流 I 确定之后，管坯电阻 R、金属物理系数 A、焊接断面面积 F 都是定值，真正影响焊接温度的是焊接区长度 L。具体到铝焊管生产，由于铝的熔点较低，需要的焊接区长度较短，根据图 7-6 所示，缩短焊接区长度唯一的途径是减小挤压辊外径。

缩短焊接区长度对铝焊管的焊接至少意味以下三点：

（1）温度控制更精准。焊接区长度缩短后，加热区域变短，使待焊管筒两边缘在较为精准的温度下进行焊接，便于对焊接温度进行精准控制，这对铝管的焊接极为有利。

（2）从焊接理论视角看，较短的加热焊接区长度可以使高温热传导宽度变窄，焊缝热影响区的组织受到影响程度低，焊缝组织就更接近母材。

（3）氧化时间短。待焊管筒两边缘被氧化的时间变短，焊缝内在质量得到提高。这也是高频焊接理论中经常提到的一个观点，即在确保焊缝质量的前提下，焊接速度越快焊缝品质越好的理论依据。

7.3.2.2　热导率

铝合金的热导率是钢材（铁）的 3 倍左右，这样与高频焊接钢管比，在相同条件下，焊接铝管意味着加热焊接区域因传热快而增宽，热损亦多。焊接时为了弥补铝材传热快、散热多导致边缘焊接热量由直接加热区域迅速向热影响区直至整个管体传导，继而导致焊接区温度降低，就需要输入更高的焊接热量。然而，受铝管坯只能在较窄温度范围内实施焊接的限制，工艺上不允许输入更高焊接热量，只有尽可能地缩短焊接区长度 L，将相同

的热量集中到更短的区间内，即提高能量密度是克服热传导快的有效方法。

同理，由于铝的传热系数大，热阻小，只相当于焊接钢管的 1/3，降温更快；焊接区长度越长，降温梯度越大，降温越明显，甚至降低到焊接温度以下，形成冷焊。

7.3.2.3 比热容

铝材的比热容见表 7-5，约是钢材的 2 倍，表示升高或降低相同温度铝吸收或释放的热量比铁多将近 1 倍，说明在相同的焊接环境中，一方面，焊接铝管需要的相对热量比焊接钢管多；另一方面，由于允许高频铝焊的焊接温度变化范围很窄，如 AA3003 铝管坯的焊接温度在 660~640 ℃ 之间，焊接温度允许调节范围只有 20 ℃ 左右，这给焊接热量的施加提出更高要求。加之铝在高温焊接时，在可见光范围内看不到颜色变化，对焊接区温度波动的判断与调节不像焊接钢管那样清晰，极易造成焊缝冷焊或过烧，甚至烧熔。因此，试图通过增加或降低焊接热量来调节焊接温度对高频铝焊而言并非上策。

7.3.2.4 熔解热

（1）低熔解热易熔化。根据熔解热的定义有：

$$Q = L_f m \tag{7-11}$$

式中，Q 为热量，J；L_f 为熔解热，J/kg；m 为物质质量，kg。

比较表 7-5 中铝和铁的熔解热，后者是前者的 1000 多倍，表示在加热焊接铝管过程中，管筒边缘由熔点时的固态到熔化所吸收的热量比铁少得多，用时更短，熔化更快，待焊铝管筒边缘被熔化烧损的风险也更高。

（2）低熔解热承载热能能力低。铝管坯的熔解热低，体现到焊接工艺的内涵是：待焊铝管筒边缘承载热能的容量比待焊钢管筒少得多，达到熔点后仍然呈晶体状态的待焊铝管坯边缘极易在瞬间熔化、烧熔掉。

因此，在这个意义上讲，预防铝焊缝过烧和烧熔是铝焊管工艺永恒的命题，比预防冷焊更紧迫。某企业对 217 个复合铝合金冷凝器集流管焊缝缺陷样本的分析结果也证明，焊缝存在复熔球组织的占 58.99%，而反映冷焊特征的裂纹和微裂纹则仅占 11.98%，见表7-7。该统计结果是大多数操作者"轻过烧、重冷焊"思维惯性的必然，由于铝焊管焊接的经验源自焊接钢管，钢管的熔解热大且大大高于铝管，待焊钢管筒边缘承载热能的能力远高于铝管坯，不易形成焊缝过烧，反倒是冷焊缺陷常见。

表 7-7 焊缝金相缺陷样本分类表

焊 缝 缺 陷	数量/个	占比/%
复熔组织	128	58.99
熔合线不规则	33	15.21
夹杂	25	11.52
外侧微裂纹	11	
内侧微裂纹	9	11.98
裂纹	6	
其他	5	2.30
合计	217	100

7.3.2.5 磁导率

磁导率的性能不仅关乎高频电流的集肤深度，还关乎管坯在磁场中磁感应强度的强弱；弱磁导率的铝管坯，对高频直缝铝焊管的影响正是表现在这两个方面。

（1）高频电流集肤深度 Δ。由于铝是非导磁体或者更准确地说是弱导磁体，其 $\mu_{Al} \ll \mu_{Fe}$，根据高频电流集肤深度 Δ 与磁导率 μ 的关系，在同一频率下有 $\Delta_{Al} > \Delta_{Fe}$，对 $\Delta_{Al} > \Delta_{Fe}$ 要具体情况具体分析。

1）对高频焊接厚壁铝管来说，电流渗透深度深，意味着由通电感应圈提供的热能相对分散，不利于将更多热能集中到待焊管筒边缘用于焊接；同时由于热传导快，在加热焊接过程中还会造成大量热量从厚壁铝管体周身散失。然而，从缩短厚壁管传热路径的角度看，还是希望电流渗透深度稍微深一点，这样可以减少热损。因此，选择焊接工艺时，需要辩证思维，找到平衡点。

2）对薄壁铝管的焊接则较为有利，如焊接汽车水箱和发动机中冷器用超薄壁（0.2~0.4 mm）管，可在不使用阻抗器的情况下，利用较深的电流渗透深度实现"全壁厚"加热。同时，既无需担忧因"全壁厚"加热而导致热损过多问题，又不用考虑弱导磁体铝管坯在磁场中较弱的磁感应强度问题，仍然能够实现高速焊接。

（2）铝管坯上的磁感应强度弱。依据高频焊接原理，弱导磁体铝管坯在磁场中的磁感应强度较弱，从而对肩负集中磁场功能的磁棒或阻抗器的性能提出更高要求，使之在弥补弱导磁体铝管筒较弱磁感应强度的同时，又能提高待焊铝管筒边缘的热功率密度。

7.3.2.6 高温强度低

铝合金的高温强度极低，在 370 ℃时的强度仅有 9.81×10^{-6} MPa。若加热焊接区过长，会导致处于高温熔融状态区域内的待焊铝管筒边缘在重力作用下失去原始形貌，无法满足焊接工艺所要求的待焊管筒两边缘平行对接；而确保高温熔融状态的待焊管筒两边缘原始几何形貌不发生坍塌，是确保待焊管筒两边缘平行对接的前提，也是获得规整焊缝熔合线的基本前提，更是焊缝品质的基本保证。

7.3.2.7 高温色泽变化

金属被加热到一定温度后都会有颜色变化，因为这些原子的核外电子受到激发，由低能级跃迁到高能级（吸热），然后因电子在高能级不稳定，又回到低能级（放热），这时就将多余的能量以光的形式释放出来，并且由于原子结构和所吸收的能量不同，会在能级跃迁过程中释放出含有特定波长的光线，这些不同波长的光线表现在光谱上就是不同的颜色。区别在于有些波长在可见光范围内，如铁在 600 ℃时会呈暗红色，800 ℃时会呈橙红色，900 ℃以上则会呈现橙黄色；有些则不在可见光范围内，如铝被加热后看不到颜色变化，这倒不是说没有发生颜色变化，而是铝在加热过程中所释放的光线波长不在可见光范围内。当人眼看不到被加热的待焊铝管筒边缘颜色变化时，就很难判断待焊管筒边缘的温度状况，由此增加了焊缝质量控制难度。

同时，由于在形成铝焊珠之前和形成过程中管筒边缘实际上已经或多或少地被氧化，主要成分是 Al_2O_3。而 Al_2O_3 在 600~700 ℃时会发出微弱的、浅黄白色的颜色，操作者需要全神贯注方能看见并根据浅黄白色铝焊珠的多少和飞溅高度间接判断焊接温度。

7.3.2.8 亲氧性

铝在金属元素周期表中位于第 3 周期Ⅲ族，比第 4 周期Ⅳ族的铁更活泼，具有强亲氧性特征，常温下数小时就被氧化，生成厚度为 $0.1 \sim 0.2\ \mu m$ 的高熔点（2050 ℃）、大密度（$3.783\ g/cm^3$）、致密难熔的 Al_2O_3 薄膜，高温时瞬间氧化。焊接过程中氧化铝薄膜浮升速度慢，常以夹杂的形式存在于焊缝中，形成焊缝缺陷，因而需要用比焊接钢管更短的时间完成铝管的加热和焊接，以减少被氧化的量，降低氧化膜对铝焊缝的不利影响。同时也向焊管工作者提出了一个新课题——关于高频铝焊缝的惰性气体保护焊问题。

在高频直缝焊接铝管的工况下，管筒边缘从室温被加热到焊接温度，其间管筒边缘没有任何保护，完全裸露在空气中，这就不可避免地与空气中的氧、氮等发生激烈反应，使焊缝中的氮、氧化物显著增加，据测定，焊缝中的氮含量因之提高 20~45 倍。因此，从铝管的焊接过程看，在满足基本焊接条件的前提下，焊接速度越快，焊缝质量越好。

因此，铝管坯这些与焊接有关的特性，对高频焊接都有一个共同诉求，就是尽可能缩短加热焊接时间，进而既缩短高温待焊管筒边缘被熔化、被氧化的时间，又降低因热传导快、热损多造成焊接温度波动的风险。

7.3.3 缩短高频铝焊时间的途径

缩短高频铝焊时间的途径如下：

（1）尽可能减小焊接挤压辊外径。需要指出，无需担忧因焊接区长度 L 缩短而导致焊接温度不足，这是因为，第一，铝管坯的熔点低，由室温达到熔点的时间本来就短，没有长加热焊接路径的需求；第二，根据式（7-12），当焊接相同铝焊管时，若焊接区长度缩短（$L-L_1$），要保持焊接温度不变，只要依据式（7-12）恰当增大焊接电流即可。

$$I_1 = I \left(\frac{L}{L_1} \right)^{-\frac{1}{4}} \qquad (7\text{-}12)$$

式中，I_1 为焊接区长度缩短后的焊接电流，A；I 为焊接区长度缩短前的焊接电流，A；L_1 为焊接区缩短后的长度，mm；L 为焊接区缩短前的长度，mm。

（2）适当提高电流频率。通过提高焊接电流频率能够显著减小电流渗透深度，进而提高铝管筒表层及两对焊面的电流密度和能量密度，达成集中更多焊接热量、用更短时间完成焊接的目的。

（3）提高焊接速度。当焊接区长度 L 确定之后，时间 t 与焊接速度 v 成反比，见式（7-13）。研究表明，在保证焊接可靠的前提下，焊接速度越快，氧化时间越短，焊缝内在质量越好。

$$t = \frac{L}{v} \qquad (7\text{-}13)$$

（4）强化磁棒功效。可从磁棒的磁导率、磁棒外径、磁棒面积、磁棒长度、磁棒冷却等方面入手提高磁棒使用效率。

当然，还有一些工艺参数可以间接缩短焊接时间，如焊接开口角、挤压力等。

7.4 焊接开口角与挤压力

高频铝焊接工艺中有六个重要工艺参数，分别是开口角、挤压力、焊接温度、焊接速度、焊接电流和焊接电压，它们决定铝焊缝质量和铝焊管的生产效率。

7.4.1 开口角与导向辊

导向辊是焊接段最重要的轧辊之一,在影响焊缝质量的诸多因素中,导向辊因素不容小觑。

7.4.1.1 导向辊总成

导向辊总成如图 7-7 所示,工作原理是:导向环 2 套装(分体式)在导向上辊 1 的凸台上,凸台与另一半凹台导向辊配合(见图 7-8),由导向轴 4、轴承 8 连接并被紧定帽 9 紧定,旋(直接套上开口滑块 11)上导向轴横向移动内螺纹滑块 5 后,将总成上的 5、11 卡装在导向架 3 中;当需要作轴向调节时,只需转动轴端的四方头 10 即可;当需要下压(上提)时,拧紧或拧松导向架的调节丝杆 12。

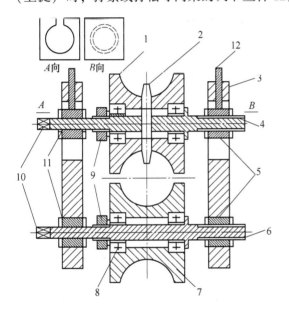

图 7-7 导向辊总成构造

1,7—导向上、下辊;2—导向环;3—导向架;4,6—导向上、下轴;5—内螺纹滑块;8—轴承;9—上、下辊紧定帽;10—四方头;11—开口滑块;12—调节丝杆

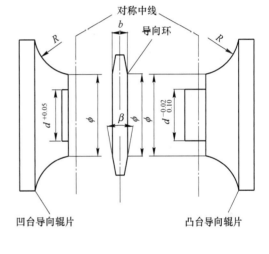

图 7-8 分体式导向上辊结构

7.4.1.2 导向辊孔型

导向辊孔型有单半径和双半径两种,后者又称平(立)椭圆(四心)孔型。双半径导向辊孔型的设计方法及其功能参见第 5 章,这里着重介绍单半径导向辊孔型。

A 单半径导向辊孔型半径 R 的确定

根据管坯宽度、导向环厚度与圆半径的关系,易得导向辊孔型 R 的计算公式为:

$$R = \frac{B - \Delta B_1 + kb}{2\pi} \qquad (k = 1.005 \sim 1.01) \qquad (7\text{-}14)$$

式中,B 为管坯宽度;b 为导向环厚度;k 为弦长与弧长的近似修正值,$b < 5$ mm 取较小值,$b > 5$ mm 取较大值;ΔB_1 为成型余量,理论上讲,进入导向辊的开口管筒已经没有成型余量了。

　　B　导向环主要尺寸的确定

（1）导向环厚度 b。导向环厚度是决定开口角大小的主要因素，常用机组导向环的厚度列于表 7-8。选择依据主要是保证焊接开口角在 3°~6° 之间，表 7-8 中导向环的厚度对应于 6° 左右。

表 7-8　常规机组导向环厚度的参考值

常用机组型号	导向环厚度 b/mm
25 mm	2.5~3.5
32 mm	3~5
50 mm	4~6

　　（2）导向环斜面角度 β。与管坯宽度、成型余量、导向环厚度等有关，由式（7-15）确定。

$$\beta = 2\arcsin \frac{b\pi}{B - \Delta B_1 + b} + (5° ~ 8°) \qquad (7\text{-}15)$$

式中　β——导向环角度；

　　　　其余符号意义同式（7-14）。

　　在式（7-15）中，之所以要加 5°~8°，是因为要确保导向环首先与成型管筒外圆边缘接触，这样不会对管筒内外圆边缘产生破坏，图 7-9（a）为环与管坯边缘的理想接触状态，此时环的斜面恰好等于式（7-15）的前半部分，管坯厚度恰好与环斜面贴合。然而，受管坯回弹、轧制力施加、操作等因素影响，绝大多数情况下二者均不是理想接触状态，且表现为管筒边缘内角首先与导向环接触，这种情况下只能退而求其次，避空管坯内边

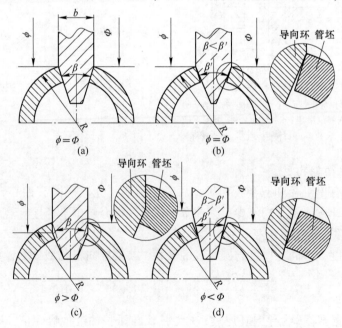

图 7-9　导向环 β 角及倒角线直径与管坯边缘接触的几种情况
（a）理想接触状态；（b）设计的接触状态；（c）倒角线直径大于孔型底径；（d）倒角线直径小于孔型底径

缘，确保导向环与最先成型管筒外圆边缘接触，图 7-9 （b） 至少能够满足工艺要求。如果

$$\beta' < 2\arcsin\frac{b\pi}{B - \Delta B_1 + b} \tag{7-16}$$

那么，导向环将最先触碰成型管筒内圆边缘，并会挤溃待焊铝管筒对焊面内圆边缘，如图 7-9 （d） 所示。对于绝对薄壁管而言，导向环角度的影响可以忽略不计。

（3） 导向环倒角线直径 ϕ。根据图 7-9 示的几何关系，有导向环倒角线直径 ϕ 与导向上辊孔型底径 Φ 必须一样大。若 ϕ 大于 Φ，则环上的倒角线便在管筒对焊面之间，如图 7-9 （c） 所示，破坏管坯对接面的平整，形成 "<>" 畸形对接，导致焊缝融合线中间宽、内外窄。

7.4.1.3 开口角

开口角是指管坯两边缘在挤压辊挤压力及其与导向坯厚度有相关关系的弹复应力作用下，以挤压辊连心线的中点为极点、以待焊管筒两边缘为射线所形成的角，如图 7-10 所示。这是决定高频电流邻近效应强弱的重要工艺参数，突出作用是调节焊接热量。

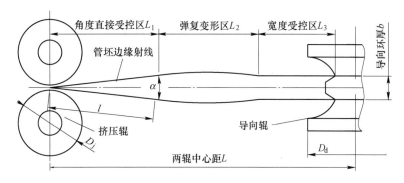

图 7-10 开口角 α 形成图

A 开口角的形成过程

与挤压辊、管坯边缘、导向环厚度、挤压辊与导向辊间的距离及管坯材质等密切相关，其中任何一个方面发生变化，都会影响开口角。例如，在其他条件相同的情况下，合金状态 H18 的开口角大于 H12。

B 开口角的有效控制长度

从开口角的定义和图 7-10 可以看出，开口角形成区间只在由管坯边缘射线所决定的范围内，即开口角的有效长度为 L_1，而不应该以两辊中心距 L 为计算依据；或者说，只有当 $L_2 \to 0$ 时，才会有 $L_1 = L_3 = L$。只有这个时候，开口角和管筒边缘才受导向辊（实质是导向环厚度）直接控制，L_1 与导向环厚度 b、开口角 α 呈式 （7-17） 中的函数关系。

$$L_1 = \frac{b}{2\tan\dfrac{\alpha}{2}} \qquad (3° \leqslant \alpha \leqslant 6°) \tag{7-17}$$

如果 $b = 6$ mm，则 57.24 mm $\leqslant L_1 \leqslant$ 171.81 mm，它表示开口角的直接受控区间只在 57.24~171.81 mm 之间变化，由此通过式 （7-18）

$$l = \sqrt{\left(\frac{b}{2}\right)^2 + L_1^2} \tag{7-18}$$

可得受控管坯边缘射线的最大长度 l 为 171.84 mm，且 $l \approx L_1$ 的最大值。但是，这一数值通常都小于式（7-19）确定挤压辊与导向辊两辊中心距以及感应圈、工装等工艺要求的距离。

$$L = \frac{D_j}{2} + D_d + L_g \tag{7-19}$$

式中，L_g 为感应圈宽度；其余参见图 7-10。比较而言，式（7-19）更实用，见表 7-9。

表 7-9　开口角 $3° \leqslant \alpha \leqslant 6°$ 的 l、L_1 和常规机组的 L 值　　　　（mm）

导向环厚度（b）	对应机组	$l_{min} \leqslant l \leqslant l_{max}$	$L_{1min} \leqslant L_1 \leqslant L_{1max}$	L
3	25	28.66 ~ 85.95	28.62 ~ 85.94	250
4	32	38.21 ~ 114.60	38.16 ~ 114.58	280
5	50	47.77 ~ 143.25	47.70 ~ 143.23	350
6	76	57.32 ~ 171.84	57.24 ~ 171.81	380

C　影响开口角的因素

开口角在众多焊接要素中是最为敏感的要素之一。开口角大小，直接影响焊接热量、焊接速度和焊缝强度，牵涉面广。从图 7-11 可知，影响开口角的直接因素至少有五个方面：

（1）挤压辊孔型半径。根据焊管生产工艺，挤压辊孔型半径总是小于待焊开口圆管筒的半径 R，这样，不同挤压辊孔型（$R_1 \neq R_2$）对管坯边缘产生上压力的第一施力点不同，从而影响管坯边缘汇合点的位置与开口角大小。图 7-11 中，挤压辊孔型半径越小，孔型施力点 B 就越提前对管坯施加横向挤压力，单边提前量 S 由 R、R_1 和 R_2 决定。

$$S = \sqrt{R^2 - R_2^2} - \sqrt{R^2 - R_1^2} \tag{7-20}$$

同时，由于挤压辊孔型 R_2 的施力点提前了 S mm，这有可能增加管坯边缘熔融液体过梁的长度，易产生过烧、焊缝穿孔等缺陷。

（2）挤压辊外径。挤压辊外径大，孔型对管筒的第一施力点提前，导致汇合点的位置也前移了，进而相当于增大了开口角，同时使液体过梁长度变长，焊缝过烧风险大增，这也是要求铝焊管用挤压辊应尽可能小的重要理论依据。

（3）导向环厚度 b。导向环厚度 b 与开口角 α 的正切成正比，环越厚，

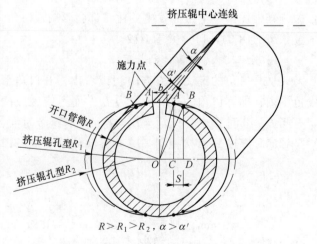

图 7-11　孔型半径对管坯施力点及开口角的影响

开口角越大；反之，环越薄，开口角越小。

（4）管坯回弹。根据图7-10，管坯强度高、硬度高，在弹复变形区内管坯边缘回弹大，管坯开口会在挤压辊和导向辊这两个约束力之间的中部超过导向辊环厚度，形成实际开口角比理论开口角大。

（5）管筒进入挤压辊的高度。由于开口管筒尺寸大于挤压辊孔型尺寸，当按水平轧制底线校调导向辊和挤压辊时，管筒边缘高于挤压辊孔型上边缘（$D_导 - D_挤$）mm，导致挤压辊孔型上压力点提前压到管筒边缘，并因此改变开口角。

特别地，可将此作为人为控制开口角的措施之一。若新换导向环后的开口角大，就适当整体提高导向辊；反之，当导向环严重磨损后的开口角小时，可适当整体降低导向辊。

D　开口角调整方法

调整开口角的方法大致有四种：

（1）辊缝调节法。通过增大或减小（慎用，防止破坏对焊面的形态）导向辊辊缝间隙控制开口角。

（2）补偿孔型磨损法。当孔型和导向环磨损后，适量压下导向上辊，可减小开口角。

（3）导向辊孔型调节法。该法就是为每种外径的焊管配置2~3种不同厚度的导向环及不同孔型尺寸的导向辊，供焊管生产需要时选用。

（4）相对高度调节法。这是指以挤压辊中心为基准，整体适当调高或调低导向辊，达到减小或增大开口角的目的。

E　开口角调整原则

开口角调整基本原则有以下三条。

（1）壁厚原则：是指生产厚壁管时可调小开口角，生产薄壁管时应增大开口角。

（2）自然原则：就是随导向环和孔型自然磨损后，阶段性地适量压下导向辊，这样，开口角便随之减小；待更换新导向环后，开口角应恢复到初始状态。

（3）效率原则：为了提高电能利用效率和生产效率，在工艺条件允许的情况下，必须尽可能将开口角调得比较小。

7.4.2　挤压力与挤压辊

挤压辊是焊管生产用辊中最重要的轧辊之一，是焊接三要素中挤压力的施力体，施力效果由孔型决定。孔型可分为两辊（三）单半径、椭圆、槽型和异形等种类。其中，两辊单半径挤压辊孔型最具代表性。

7.4.2.1　两辊单半径挤压辊孔型

两辊单半径挤压辊孔型，俗称单半径孔型，由单一半径和两支挤压辊构成。单半径挤压辊孔型在铝焊管行业应用最广，使用经验最丰富。

A　两辊式挤压辊的工作原理

当成型圆管筒进入挤压辊孔型后，一方面管筒边缘被高频电流迅速加热至638~660℃（3003合金），同时又受到强大挤压力 F 作用，促使处于熔融状态，且被挤压到一起的管筒边缘相互结晶，形成焊缝、内毛刺与外毛刺。另一方面，管筒边缘在强大挤压力作用下，时刻都要往辊缝处跑，挤压力越大管筒边缘往辊缝处跑得越多。解析挤压力后发现，其实挤压力由侧压力和上压力构成，控制管筒边缘往辊缝跑的力只有较小的上压力 f_1，如图7-12所示。

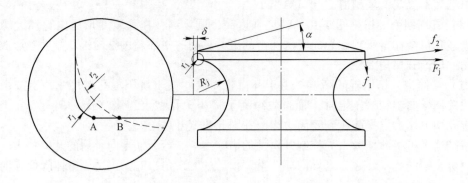

图 7-12　挤压力分解与孔型上缘倒角图

F_j—挤压力；f_1—上压力；f_2—侧压力；α—焊花飞角；δ—辊缝；

r_1—改进后孔型上缘倒角；r_2—改进前孔型上缘倒角；R_j—挤压辊孔型半径

所谓上压力，是指源自挤压力 F 派生出的、位于挤压辊孔型上最边缘处、对管筒边缘形成的径向力，如图 7-12 所示。该力对实现管筒边缘平行对接与焊缝质量至关重要。上压力 f_1 大，则对管筒边缘控制能力强，能有效抑制管筒边缘往辊缝处跑，确保焊缝平行对接；反之，上压力 f_1 小，控制能力则弱，管筒边缘易往辊缝处跑，形成尖桃形，进而影响焊缝强度。长期以来，挤压辊孔型上压力的作用并没有真正引起人们足够重视，可以毫不夸张说，虽然上压力由挤压力派生，但是，就对焊接质量的影响而言，其作用甚至超过挤压力本身。

B　挤压力与上压力的关系

在使用两辊挤压辊施加挤压力时，经常遇到这么一种尴尬：明明知道焊缝外毛刺已经很大了，不能再增大挤压力，可是，基于焊缝强度的原因，又不得不继续增大挤压力。然而，每每这种时候，焊缝强度检测结果往往事与愿违；增强焊缝强度所需要的其实并不是挤压力中的侧压力而是上压力。或者说，两辊挤压辊孔型的上压力先天欠缺，在挤压力 F_j 中只有极少数转变成上压力 f_1，见式（7-21）。

$$\begin{cases} f_1 = \dfrac{\delta}{R_j} F_j \\ F_j = f_1 + f_2 \end{cases} \tag{7-21}$$

以 $\phi 50\ mm \times 2\ mm$ 焊管为例，令 $R_j = 25.3\ mm$，单边辊缝间隙 δ 取 1.2 mm，那么，上压力只有挤压力的4.74%。同时，因 δ 通常只在 0.5～3 mm 间取值，故管径越大，上压力越小。要想增大上压力，只能另辟蹊径。

C　增强单半径挤压辊孔型上压力的措施

增强两辊挤压辊孔型的上压力，可以从四个方面入手。

（1）尽可能减小孔型上缘倒角 r_1，使挤压辊孔型上压力对管筒边缘的施力点进一步向边缘移。一般地，当 r_1 减小 1 mm 时，可相应地约增加对管筒边缘弧长 1 mm 的管控；也就是在不减小辊缝的前提下，孔型边缘距管筒边缘更近，在图 7-12 中，f_1 的施力点从 B 前移至 A，管筒边缘的自由度因而更小。虽然增加的 $\overset{\frown}{AB}$ 长仅为 1 mm 左右，但是在辊缝只有 2～3 mm 的前提下，其控制待焊管筒边缘不让其向辊缝逃逸的能力却成倍地提高，即增强了上压力。

（2）适当减小挤压辊辊缝 δ，减小辊缝直接使上压力施力点向管筒边缘移动，但是减小量极其有限。

（3）正确调整挤压辊，挤压辊实际辊缝有上下相同、上大下小和上小下大三种状况，后一种辊缝状况有利于增强挤压辊孔型上压力。

（4）选择恰当的挤压辊孔型半径，孔型大，则上压力弱；反之，则上压力强。

然而，客观地说，这些措施都不是增大孔型上压力的根本之道，一种简易三辊孔型能将侧压力和上压力分别施加，分工明确。

7.4.2.2 三辊槽型单半径挤压辊

A 三辊槽型单半径挤压辊的特征

三辊槽型单半径挤压辊简称三辊挤压辊，孔型主要特征是：辊缝与焊缝错开，只让孔型上的槽对着焊缝，以便外毛刺能够顺利挤出，铝焊珠顺利飞出。其孔型曲线可以是圆形，也可以是椭圆形，若是直接成异工艺的，还可以是异形。在图 7-13 中，上挤压辊从垂直于管筒边缘外侧的上面直接施加上挤压力或者叫做上压力，左右挤压辊负责施加名副其实的挤（侧）压力，互不干涉。

B 槽型挤压辊孔型参数

槽型挤压辊孔型参数包括孔型半径、槽宽、槽深、孔型弧长等。

（1）孔型半径 R_j 确定方法与单半径挤压辊孔型的相同，有理论确定方法和经验确定方法两种。

一是理论确定法：是指在焊接完成后，理论上讲闭口管筒中的成型余量 ΔB_1 和焊接余量 ΔB_2 已经被全部消耗，只剩下定径余量，所以确定挤压辊孔型半径 R_j 的理论依据是式（7-22）。

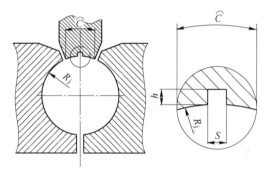

图 7-13 三辊槽型单半径挤压辊

$$R_j = \frac{B - \Delta B_1 - \Delta B_2}{2\pi} \tag{7-22}$$

二是经验确定法，见式（7-23）。

$$R_j = \frac{D_T}{2} + \Delta R \tag{7-23}$$

式中，D_T 为成品管直径；ΔR 为定径余量，经验取值见表 7-10。

表 7-10 设计挤压辊用定径余量经验值 （mm）

D_T	ΔR
$D_T \leqslant 40$	0.35~0.45
$40 < D_T \leqslant 76$	0.46~0.85
$D_T > 76$	0.86~1.20

（2）槽宽 S 和槽深 h：确定的主要依据为管壁厚度，管壁厚则槽的宽和深都要相对大一点。管壁厚、焊缝加热区宽，因之产生的毛刺量相对较多，具体取值见表 7-11。

表 7-11 挤压辊槽深和槽宽参数 （mm）

管壁厚度 t	槽宽 S	槽深 h
$t < 2.0$	2.0~2.2	8.0~10.0
$2.0 \leqslant t < 3.5$	2.2~3.0	12.0~16.0

槽过宽，对管坯边缘控制能力弱；过窄，槽易烧损。槽过浅，不利于外毛刺顺利通过和铝焊珠的飞溅，并易造成堵塞；过深，难加工，且易形成应力集中，导致轧辊破坏。

（3）三辊挤压上辊孔型弧长 $\overset{\frown}{C}$。通常，受安装位置的制约，三辊挤压机架的强度及上辊轴承强度相对较薄弱，故上辊不宜承受总量过多的挤压力；但是，其所施加的单位挤压力不能降低。满足这种要求的工艺措施是：让上辊孔型弧长不超过管坯周长的 15%。或者可将上挤压辊孔型半径设计得比侧挤压辊孔型半径大 2~4 mm。

C 槽型挤压辊孔型的优点

槽型挤压辊孔型的优点如下：

（1）使挤压力与上压力既分工明确，各负其责，又有机统一。例如，在增加侧压力的同时，实际上上压力也在增大，几乎不打折，从根本上改变了挤压辊孔型上压力的施加方式，强化了孔型对管筒边缘的有效控制。

（2）从根本上消除了许多焊接缺陷。几乎是尖角的槽外角和有限的槽宽，彻底堵住了管筒边缘试图外逃的去路，焊缝错位、搭焊、尖桃形等焊接缺陷遁形。

（3）提高成材率。槽型挤压辊并不需要过大的挤压力，外毛刺因之减少 30%~50%。这从一个侧面说明，在两辊挤压辊所施加的挤压力中有相当一部分做的是无用功，甚至起了反作用。

7.4.2.3 挤压辊外径

焊接用挤压辊外径尺寸，对焊接钢管没有严格要求，也鲜见这方面的研究。可是，实践证明，对铝焊管而言，外径过大的挤压辊甚至会导致铝管无法完成焊接，挤压辊外径大小对铝焊管焊接的影响由此可见一斑。

挤压辊外径大小对铝焊管焊接的影响机理集中体现在高频铝焊特点和铝材特性两个方面，而挤压辊外径大小的实质是高频加热焊接区的长短。

A 挤压辊外径与焊接区长度的关系

在图 7-14 中，加热焊接区长度 L 由式（7-24）定义。

$$\begin{cases} L = S' + b \\ S' = S + a \\ S = \sqrt{R_{挤}^2 - \left(R_{挤} - \sqrt{R_{圈}^2 - R_{孔}^2} \right)^2} \end{cases} \quad (7\text{-}24)$$

式中，L 为加热焊接区长度，mm；S 为挤压辊中心连线与感应圈前面的最短距离，mm；S' 为挤压辊中心连线与感应圈前面的工艺距离，mm；$R_{挤}$ 为挤压辊外圆半径，mm；$R_{圈}$ 为感应圈外圆半径，mm；$R_{孔}$ 为挤压辊孔型半径，mm；a 为挤压辊与感应圈前面的工艺间隙，$a = 2 \sim 4$ mm；b 为感应加热前影响区长度，既定焊管时为定值，mm。

在式（7-24）中，a、b 均可视为定值，$R_{圈}$ 与 $R_{孔}$ 的尺寸受制于焊管规格，所以对焊接区长度 L 起决定作用的是 $R_{挤}$，即挤压辊外径。这样，挤压辊外径与焊接区长度在式（7-24）中得到统一，焊接区长度长，意味着挤压辊外径大；同时，减小挤压辊外径就是相应地缩短焊接区长度。而且从图 7-14 可知，减小挤压辊外径几乎是缩短焊接区长度的唯一途径。

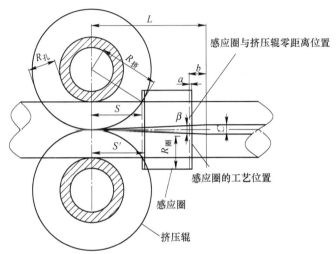

图 7-14 感应圈前面与挤压辊中心连线的距离

B 减小挤压辊外径是高频铝焊特点的内在要求

高频铝焊的邻近效应和集肤效应都对由挤压辊外径大小决定的焊接区长度提出要求。

（1）将铝管坯边缘加热到焊接温度的时间比铁的短 57%，要求必须尽可能缩短高频铝焊加热焊接区长度，即图 7-14 中挤压辊中心连线与感应圈前面之间的距离 S（S'）越短越好，以期在尽可能短的时间内完成焊接。

（2）加热焊接区域窄且温度分布不均。在高频电流邻近效应和集肤效应作用下，管筒上的感应电流高度集中在待焊管筒两边缘（周向），该电流的集肤深度经热传导后通常只有几十微米；而由邻近效应决定的、汇聚到待焊管筒边缘的高频电流区域 δ 也仅有几十微米至数百微米宽，频率越高，区域越窄。由该电流引起的焦耳热能在整个加热焊接区段温差很大，如图 7-15 所示，最高焊接温度则由式（7-10）确定。

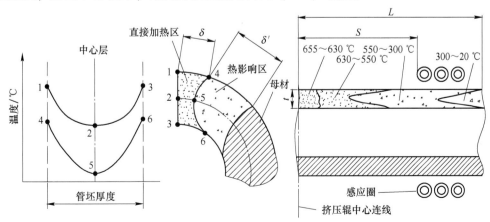

图 7-15 AA3003 待焊铝管坯边缘焊接区热量分布曲线

（3）挤压辊外径小，焊接区长度短。焊接区长度与邻近效应关系密切，见式(7-25)。

$$C = 2L\tan\frac{\beta}{2} \tag{7-25}$$

式中，$\beta = 3° \sim 6°$，为焊接开口角，由导向环厚度和现场调整决定，在一定时段内为常量；C 为邻近效应强弱的邻近距离，C 值越小，说明邻近效应越强；L 是焊接区长度并与邻近距离 C 成正比。因此，邻近效应好的前提是邻近距离短，由此要求缩短焊接区长度；而在焊接区域内，唯一可以减小的是挤压辊外径。

C 减小挤压辊外径的方案

根据图 7-16 所示现行铝焊管用挤压辊形貌和表 7-12 所列外径尺寸，欲在现有挤压辊上明显减小挤压辊外径几乎不可能，只能另谋他图。

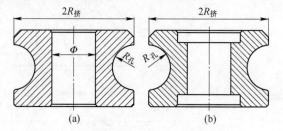

图 7-16 铝焊管用现有挤压辊设计方案
（a）转轴式挤压辊；（b）转辊式挤压辊

表 7-12 40 mm 铝焊管机组常用挤压辊外径、孔型半径、感应圈半径及 S 值

焊管规格 φ/mm	$2R_{挤}$/mm	$R_{孔}$/mm	$R_{圈}$/mm	a/mm	S/mm
20 ~ 22	2×41	10.3 ~ 11.3	29 ~ 31		38.58 ~ 39.16
25	2×44	12.8	34		42.19
30	2×46	15.3	39	3	44.87
32	2×48	16.3	41		46.86
38 ~ 40	2×50	19.4 ~ 20.4	49 ~ 51		49.75 ~ 50.82

新挤压辊的设计方案如图 7-17 所示，与原设计比，新挤压辊外径减小了 44% ~ 55%，并因之使表 7-12 中的距离 S 相应缩短 51% ~ 61%，见表 7-13。这样，加热焊接区长度显著缩短，焊接时间也显著缩短，这对氧化极为敏感的高频铝焊十分有利。减小挤压辊外径的思想同样适用于三辊挤压辊，对小直径厚壁钢管的焊接亦有指导意义。

7.4.2.4 挤压辊设计原则

挤压辊设计原则如下：

（1）有利于挤压力、上压力施加原则；

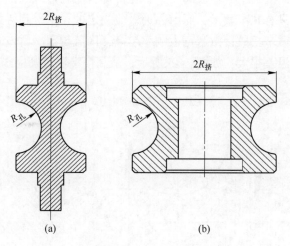

图 7-17 铝焊管用挤压辊新旧设计方案比较
（a）新转辊式挤压辊；（b）原转辊式挤压辊

表 7-13　40 mm 铝焊管机组用新型挤压辊外径、孔型半径、感应圈半径及 S 值

焊管规格 φ /mm	$2R_挤$/mm	$R_孔$/mm	$R_圈$/mm	a /mm	S/mm	
					改进前	改进后
20~22	2×20	10.3~11.3	29~31	3	38.58~39.16	18.69~17.93
25	2×20	12.8	34		42.19	16.36
30	2×23	15.3	39		44.87	19.06
32	2×24	16.3	41		46.86	19.76
38~40	2×28	19.4~20.4	49~51		49.75~49.89	22.25~20.80

（2）最小挤压辊外径原则；

（3）强度原则；

（4）便于安装拆卸原则。

挤压辊外径大小不仅关乎焊接时间长短，更与焊接三要素息息相关。

7.5　焊接三要素

焊接热量、焊接速度与焊接压力并称焊接三要素，它们直接决定焊缝质量优劣。

7.5.1　焊接热量

表征焊接热量的指标有功率法、线能量法、红外线法和毛刺法。

7.5.1.1　功率法

根据金属学原理，欲将开口待焊铝管筒两边缘焊接在一起，必须至少将待焊边缘加热到 643 ℃（3003）以上，再辅之一定的压力，这里的温度 643 ℃，就是焊接温度的起点。高频直缝铝焊管用焊接热量由一定功率、频率在 300~500 kHz 的高频电流提供，并且以电流 I 和电压 U 的形式展现在人们眼前，以电流做功的形态来表示，即焊接热量可以用振荡器输入功率 W 来表示，见式（7-26）。

$$W = IU \tag{7-26}$$

式（7-26）仅从输入热量的角度反映焊接热量，并不能真实反映管筒边缘实际接收到的焊接热量，因为没有将与焊接功率息息相关的焊接速度考虑进去。能综合反映焊接电流、焊接电压与焊接速度关系密切的指标是焊接线能量，下面将重点介绍。

7.5.1.2　线能量法

A　高频铝焊用焊接线能量的内涵

高频铝焊用焊接线能量的内涵是指由高频电功率转换的、供焊接单位长度铝合金管焊缝的热量，它由式（7-27）定义。

$$q = \eta \frac{UI}{v} \tag{7-27}$$

式中，I 为高频电流，A；U 为与高频电流相匹配的电压，V；v 为焊接速度，mm/s；q 为焊接线能量，标准国际单位是 J/mm（为了与无量纲线能量相区别，以下称单位"J/mm"

的线能量为标准线能量）；η 为电能转换成焊接热能的效率，当铝焊管规格、磁棒、感应卷、焊接压力等工艺参数确定之后，认为 η 不再变化，通常取 1。

由式（7-27）可知，高频铝焊线能量综合反映了高频电流、电压和焊接速度这三个主要焊接工艺参数对铝焊管焊缝性能的影响。基于铝合金焊接接头易软化、强度系数低的特点，若焊接线能量过高，轻则造成焊缝晶粒粗大、出现复熔组织，重则导致焊缝难成型、易穿孔，甚至泄漏；另外，由于铝合金热导率大，若焊接线能量不足，焊缝极易产生冷焊、氧化物夹杂、微裂纹等焊接缺陷。

B　用线能量稳定铝管焊接的可行性

理论上讲，当成型管筒状态和焊接压力等确定之后，焊接单位长度焊管所需要的焊接热量为定值，而且只有为定值，焊缝强度才有保障。表 7-14～表 7-19 记录了某企业 $\phi25$ mm×（1.15～2.1）mm 冷凝器集流管的实际焊接工艺参数，统计结果显示，相同规格的冷凝器集流管，尽管焊接速度有别，尽管操作者不同，但是，实际施加的焊接线能量差别却不大，说明以下三点：

第一，两种线能量反映的趋势完全一致。图 7-18 是根据表 7-14 中的标准焊接线能量和无量纲焊接线能量绘制而成，虽然它们的计算口径不同、数值不同，但是两条折线所反映的工艺参数变动规律高度一致；不仅如此，其实根据表 7-15～表 7-19 中线能量与焊接速度所绘制的关系图，它们的特征都与图 7-18 十分相似（图略）。证明两种计算线能量的方法都可行，区别在于：前者的计算口径与公式（7-27）完全一致，数值接近真实，适合理论研究用；后者只是套用，数值并不反映真实，比较适合生产现场快速比较用，但是由于计算数据可直接从设备显示屏上获得，不需要繁琐换算，方法简便，因而更适合操作者即时检查与纠偏，对生产的实时指导意义更大，也更适合将无量纲的线能量规制为工艺参数。

第二，相同外径不同壁厚铝焊管线能量与壁厚存在强正相关关系。将表 7-14～表 7-19 中关于线能量的数值与对应壁厚绘制到图 7-19 上，则图 7-19 显示，无论是标准线能量点，还是无量纲线能量点，它们都分布在各自的"一条斜率为 a 的直线"周围，那么，倘若根据统计学原理、运用数学方法能够建立关于这条直线的模型，操作者就能依据模型对号入座，对同一外径、不同壁厚的待焊开口铝管筒施加相应的焊接线能量，达成"恒定"焊接线能量、稳定焊接的目的。

第三，相同规格铝焊管实用线能量波动小。纵观表 7-14～表 7-19 中的线能量，在焊管规格相同的情况下，虽然生产周期、操作者、焊接速度、管坯性能等不尽相同，可是反映的焊接线能量却都在一个较窄范围内波动，如图 7-18 所示。从生产实践看，这些小波动虽然不会对焊缝品质产生致命影响，但是严格意义上讲影响还是真实存在，只是程度问题。况且，表中数据只是出现频率最多的前 10 组，实际数值偏差远不止这些，有的甚至影响焊缝质量。

因此，通过对波动数据的分析、比较、理性干涉以及图表所反映的特征，结合相应的数理统计方法，有理由相信能找到一个适合焊接 $\phi25$ mm×（1.15～2.1）mm 冷凝器集流管用的线能量模型，并规范成工艺文件，进而避免焊接线能量因个人经验、情绪、癖好不同所引起的波动，操作者只需按线能量模型输入焊接热量即可。

表 7-14 φ25 mm×1.15 mm 高频焊铝合金冷凝器集流管①

序号	复合铝合金管坯 铝合金牌号	状态	显示电压/V	显示电流/A	显示功率/kW	实际功率/W	频率/kHz	焊接速度 mm·s⁻¹	m·min⁻¹	爆破压力/MPa 实际值	内控值	焊接线能量 J·mm⁻¹	无量纲②
1	AA4045/AA3003	H14	560	29	16	16240	395	1533.3	92	17.1		10.59	17.65
2	AA4343/AA3003	H14	500	26	13	13000	402	1283.3	77	18.6		10.13	16.88
3	AA4045/AA3003	H14	480	29	14	13920	388	1250.0	75	16.3		11.14	18.56
4	AA4045/AA3003	H14	570	28	16	15960	390	1466.6	83	17.2		10.88	18.14
5	AA4343/AA3003	H14	560	28	15	15680	387	1433.3	85	17.1	≥14	10.94	18.23
6	AA4045/AA3003	H14	570	28	16	15950	394	1483.3	89	17.4		10.76	17.93
7	AA4045/AA3003	H14	550	29	16	15950	391	1416.6	85	16.6		11.26	18.76
8	AA4045/AA3003	H14	530	27	14	14310	389	1300	78	16.1		11.01	18.35
9	AA4343/AA3003	H14	540	28	15	15120	390	1450	87	16.7		10.43	17.38
10	AA4045/AA3003	H14	490	26	12	12740	395	1216.6	73	17.2		10.47	17.45

线能量平均值 $\bar{q}_b = 10.76$ $\bar{q}_w = 17.93$

①表 7-14～表 7-19 中除实际功率、焊接速度（mm/s）和焊接线能量指标由运算得到外，其余均来自原始生产日报表；这些工艺参数均在在生产状态处于正常阶段，焊缝金相优良时采集；统计时长为 6 个月，每种规格的 10 组数据为出现频率最高的前 10 组，汇聚了三位操作者的操作习惯。

②直接用高频焊机上显示的电流×电压/速度（m/min），适合生产现场快速验算，比较适用。

表 7-15 φ25 mm×1.25 mm 高频焊铝合金冷凝器集流管

序号	复合铝合金管坯		显示电压/V	显示电流/A	显示功率/kW	实际功率/W	频率/kHz	焊接速度		爆破压力/MPa		焊接线能量	
	铝合金牌号	状态						$mm \cdot s^{-1}$	$m \cdot min^{-1}$	实际值	企标值	$J \cdot mm^{-1}$	无量纲
1	AA4045/AA3003	H14	550	29	16	15950	399	1366.6	82	18.9		11.67	19.45
2	AA4045/AA3003	H14	560	29	16	16240	396	1366.6	82	17.6		11.88	19.80
3	AA4045/AA3003	H14	550	28	14	15400	398	1350	81	18.1		11.41	19.01
4	AA4343/AA3003	H14	580	31	18	17980	398	1483.3	89	17.8	≥15.2	12.12	20.20
5	AA4045/AA3003	H14	510	26	13	13260	391	1150	69	17.5		11.53	19.22
6	AA4045/AA3003	H14	550	29	16	15950	390	1333.3	80	17.2		11.96	19.94
7	AA4343/AA3003	H14	540	30	16	16200	386	1366.6	82	18.4		11.85	19.76
8	AA4045/AA3003	H14	570	29	16	16530	385	1316.6	79	18.4		12.55	20.92
9	AA4045/AA3003	H14	530	27	14	14310	398	1266.6	76	17.2		11.30	18.83
10	AA4045/AA3003	H14	560	28	15	15680	400	1400	84	16.8		11.20	18.67
线能量平均值												$\overline{q_b} = 11.75$	$\overline{q_w}$ 19.58

表 7-16 φ25 mm×1.3 mm 高频焊铝合金冷凝器集流管

序号	复合铝合金管坯 铝合金牌号	状态	显示电压/V	显示电流/A	显示功率/kW	实际功率/W	频率/kHz	焊接速度 mm·s⁻¹	焊接速度 m·min⁻¹	爆破压力/MPa 实际值	爆破压力/MPa 企标值	焊接线能量 J·mm⁻¹	焊接线能量 无量纲
1	AA4343/AA3003	H14	480	33	15	15840	394	1233.3	74	18.1		12.84	21.41
2	AA4343/AA3003	H14	510	33	16	16830	391	1433.3	86	18.8		11.74	19.57
3	AA4343/AA3003	H24	500	35	17	17500	394	1333.3	80	18.8		13.13	21.88
4	AA4045/AA3003	H14	500	34	17	17000	394	1333.3	80	19.1		12.75	21.25
5	AA4343/AA3003	H24	460	31	14	14260	397	1083.3	65	16.8	≥15.8	13.16	21.93
6	AA4343/AA3003	H14	500	35	17	17500	396	1433.3	86	17.9		12.21	20.35
7	AA4045/AA3003	H14	490	34	16	16660	404	1400	84	17.9		11.90	19.83
8	AA4343/AA3003	H14	480	32	15	15360	398	1333.3	80	17.3		11.52	19.20
9	AA4343/AA3003	H14	470	31	14	14570	394	1166.6	70	16.8		12.49	20.81
10	AA4343/AA3003	H14	510	35	17	17850	393	1400	84	17.9		12.75	21.25
线能量平均值												$\overline{q}_b = 12.45$	$\overline{q}_w = 20.75$

表 7-17 $\phi25$ mm×1.5 mm 高频焊铝合金冷凝器集流管

序号	复合铝合金管坯 铝合金牌号	状态	显示电压/V	显示电流/A	显示功率/kW	实际功率/W	频率/kHz	焊接速度 mm·s⁻¹	焊接速度 m·min⁻¹	爆破压力/MPa 实际值	爆破压力/MPa 企标值	焊接线能量 J·mm⁻¹	焊接线能量 无量纲
1	AA4343/AA3003	H14	490	32	15	15680	395	1066.6	64	22.6		14.70	24.50
2	AA4045/AA3003	H14	480	30	14	14400	386	966.6	58	21.8		14.90	24.83
3	AA4045/AA3003	H14	500	35	17	17500	398	1216.6	73	21.1		14.38	23.97
4	AA4045/AA3003	H14	500	34	17	17000	402	1150	69	21.3		14.78	24.64
5	AA4045/AA3003	H24	550	36	19	19800	398	1266.6	76	22.0	≥18.2	15.63	26.05
6	AA4045/AA3003	H14	500	34	17	17680	394	1200	72	21.5		14.73	24.56
7	AA4343/AA3003	H14	510	35	17	17850	402	1183.3	71	21.6		15.08	25.14
8	AA4045/AA3003	H14	500	35	18	17500	400	1183.3	71	20.8		14.79	24.65
9	AA4045/AA3003	H14	520	33	17	17160	399	1133.3	68	20.8		15.14	25.24
10	AA4045/AA3003	H24	530	34	18	18020	392	1166.6	70	21.8		15.45	25.74
线能量平均值												$\overline{q}_b =14.96$	$\overline{q}_w =24.93$

表7-18　φ25 mm×1.8 mm 高频焊铝合金冷凝器集流管

序号	复合铝合金管坯 铝合金牌号	状态	显示电压 /V	显示电流 /A	显示功率 /kW	实际功率 /W	频率 /kHz	焊接速度 mm·s⁻¹	焊接速度 m·min⁻¹	爆破压力/MPa 实际值	爆破压力/MPa 企标值	焊接线能量 J·mm⁻¹	焊接线能量 无量纲
1	AA4045/AA3003	H24	610	37	22	22570	389	1200	72	24.0		18.81	31.35
2	AA4045/AA3003	H14	580	35	20	20300	386	1083.33	55	24.4		18.74	31.23
3	AA4045/AA3003	H14	620	37	22	22940	396	1183.3	71	24.8		19.39	32.31
4	AA4045/AA3003	H24	590	35	20	20650	389	1033.3	52	24.0		19.98	33.31
5	AA4045/AA3003	H14	550	34	18	18700	392	950	57	24.2	≥22	19.68	32.81
6	AA4045/AA3003	H24	520	35	18	18200	400	916.6	55	24.8		19.85	33.09
7	AA4343/AA3003	H14	600	38	22	22800	394	1250	75	23.9		18.24	30.40
8	AA4045/AA3003	H14	570	35	20	19950	396	1100	56	24.6		18.14	30.23
9	AA4045/AA3003	H14	540	35	18	18900	396	1016.6	61	23.6		18.59	30.98
10	AA4045/AA3003	H14	630	37	23	23310	386	1250	75	24.5		18.65	31.08

线能量平均值　$\overline{q}_b = 19.01$　$\overline{q}_w = 31.68$

表 7-19 φ25 mm×2.1 mm 高频焊铝合金冷凝器集流管

序号	铝合金管坯 复合铝合金牌号	状态	显示电压/V	显示电流/A	显示功率/kW	实际功率/W	频率/kHz	焊接速度 mm·s⁻¹	焊接速度 m·min⁻¹	爆破压力/MPa 实际值	爆破压力/MPa 标准值	焊接线能量 J·mm⁻¹	焊接线能量 无量纲
1	AA4045/AA3003	H24	660	38	25	25080	402	1033.3	62	29.7		24.27	40.45
2	AA4045/AA3003	H24	600	38	22	22800	398	1000.0	60	29.5		22.80	38.0
3	AA4343/AA3003	H24	550	39	21	21450	403	916.6	55	26.6		23.83	39.0
4	AA4045/AA3003	H24	570	40	22	22800	410	966.6	58	27.6	≥25.5	23.40	39.31
5	AA4045/AA3003	H24	570	40	22	22800	401	1000	60	28.0		22.80	38.0
6	AA4045/AA3003	H14	550	40	22	22000	402	950.0	57	27.6		23.16	38.60
7	AA4045/AA3003	H14	590	41	22	24190	400	1050.0	63	28.3		23.04	38.40
8	AA4045/AA3003	H24	580	39	22	22620	407	966.6	58	29.0		23.40	39.0
9	AA4045/AA3003	H24	600	37	22	22200	401	983.3	59	29.5		22.58	37.63
10	AA4045/AA3003	H14	610	39	23	23790	398	1033.3	62	27.8		23.02	38.37
线能量平均值												$\overline{q}_b = 23.23$	$\overline{q}_w = 38.68$

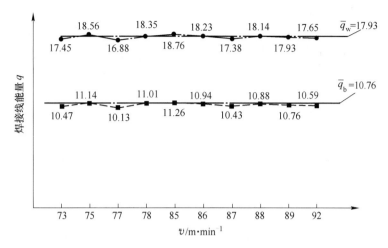

图 7-18 实录 ϕ25 mm×1.15 mm 焊接线能量与焊接速度图

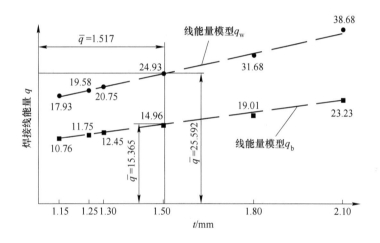

图 7-19 实录 ϕ25 mm×(1.15~2.1) mm 焊接线能量与管壁厚度相关图

C ϕ25 mm×(1.15~2.1) mm 冷凝器集流管用的线能量模型

从相关图 7-19 不难看出，ϕ25 mm×(1.15~2.1) mm 冷凝器集流管焊接线能量与管壁厚度的交点大致成线性关系，故可用直线回归方程式（7-28）来表示线能量依管壁厚度变化的函数关系。

$$q = at + b \tag{7-28}$$

式中，t 为管壁厚度，mm；q 为焊接线能量，J/mm 或无量纲；a、b 为待定系数，由式（7-29）定义。

$$\begin{cases} \sum_{i=1}^{n} t_i q_i = \left(\sum_{i=1}^{n} t_i^2 \right) a + \left(\sum_{i=1}^{n} t_i \right) b \\ \sum_{i=1}^{n} q_i = \left(\sum_{i=1}^{n} t_i \right) a + nb \end{cases} \tag{7-29}$$

在式（7-29）中，t_i、q_i 和 n 均已知，显然，待定系数 a、b 可解。于是，焊接线能量问题转变成求解二元函数的问题，那么式（7-30）就是 $\phi25$ mm×（1.15~2.1）mm 冷凝器集流管所要求解的线能量模型。

$$\begin{cases} q_w = (22.03t - 7.82)^{\pm0.48} & （无量纲） \\ q_b = (13.24t - 4.72)^{\pm0.3} & （\text{J/mm}） \end{cases} \tag{7-30}$$

D　验证模型

（1）与回归直线方程式特点相符。回归直线方程的一个重要特点是：直线必定穿过 $\overline{t}$ 和 $\overline{q}$ 的交点，即：

$$\begin{cases} \overline{t} = \dfrac{\sum\limits_{i=1}^{6} t_i}{6} = \dfrac{9.1}{6} = 1.517 \\ \overline{q_w} = \dfrac{\sum\limits_{i=1}^{6} q_{wi}}{6} = \dfrac{153.55}{6} = 25.592 \end{cases}$$

$$\begin{cases} \overline{t} = \dfrac{\sum\limits_{i=1}^{6} t_i}{6} = \dfrac{9.1}{6} = 1.517 \\ \overline{q_b} = \dfrac{\sum\limits_{i=1}^{6} q_{wi}}{6} = \dfrac{92.16}{6} = 15.36 \end{cases}$$

将 $\overline{t} = 1.517$ mm 代入式（7-30），解得：

$$\begin{cases} q_w = \overline{q_w(\overline{t})} = 25.59 & （无量纲） \\ q_b = \overline{q_b(\overline{t})} = 15.36 & （\text{J/mm}） \end{cases}$$

对照图 7-19，这两点均在各自的回归直线上。

（2）与实用线能量的比较。分别与无量纲线能量和标准线能量进行比较，见表 7-20 和表 7-21。

表 7-20　无量纲实用线能量 $\overline{q_w}$ 与模型线能量 q_w 的比较

t/mm	1.15	1.25	1.3	1.5	1.8	2.1
$\overline{q_w}$	17.93	19.58	20.75	24.93	31.68	38.68
q_w	17.51	19.72	20.82	25.23	31.83	38.44
$\lvert q_w - \overline{q_w}\rvert$	0.42	0.14	0.07	0.27	0.15	0.24
$\dfrac{\overline{q_w}}{\lvert q_w - \overline{q_w}\rvert} \times 100/\%$	2.3	0.7	0.3	1.1	0.5	0.6
$(q_w - \overline{q_w})^2$	0.1764	0.0196	0.0049	0.0729	0.0225	0.0576

表 7-21 标准实用线能量 $\overline{q_b}$ 与模型线能量 q_b 的比较表

t/mm	1.15	1.25	1.30	1.5	1.8	2.1
$\overline{q_b}/J \cdot mm^{-1}$	10.76	11.75	12.45	14.96	19.01	23.23
$q_b/J \cdot mm^{-1}$	10.51	11.83	12.49	15.14	19.11	23.08
$\lvert q_b - \overline{q_b} \rvert/J \cdot mm^{-1}$	0.25	0.08	0.04	0.18	0.1	0.15
$\dfrac{\overline{q_b}}{\lvert q_b - \overline{q_b} \rvert} \times 100/\%$	2.3	0.7	0.3	1.1	0.5	0.6

从表 7-20 和表 7-21 可知，模型给出的线能量与实际施加的线能量最大偏差不超过 2.3%，最小仅为 0.3%，焊接线能量这种小幅度波动不会引起冷凝器集流管焊缝质量问题；同时说明两种计量线能量的方法等价，生产现场完全可以用无量纲表示的焊接线能量指导焊管生产。

进一步研究发现，就 $\phi25$ mm 铝焊管而言，厚度每增加 0.05 mm，焊管线能量约增加 0.47~0.51 J，即，$\phi25$ mm 铝焊管的焊接线能量为 0.47~0.51 J/0.05 mm，管壁愈厚，焦耳热能取值愈大。推而广之，其他外径的铝焊管也应该存在类似的焊接线能量规律。

（3）模型允差。根据标准差原理和式（7-31）易得关于无量纲线能量和标准线能量的标准差 S_{qw}、S_{qb} 公式为：

$$\begin{cases} S_{qw} = \sqrt{\dfrac{\sum\limits_{i=1}^{n}(q_{wi} - \overline{q_w})^2}{n}} \\[3mm] S_{qb} = \sqrt{\dfrac{\sum\limits_{i=1}^{n}(q_{bi} - \overline{q_b})^2}{n}} \end{cases} \qquad (7-31)$$

解得：
$$\begin{cases} S_{qw} = \pm 0.24 \\ S_{qb} = \pm 0.15 \end{cases}$$

由统计学原理知，当模型线能量取值 $q \pm 2S_{qb}(S_{qw})$ 时，图 7-19 中 95% 的点都包括在这个范围内，表示模型置信度很高。因此，这里的 S_{qw} 和 S_{qb} 可以理解为模型线能量允许波动的范围。

E 建立线能量模型的意义

如此大费周章地建立该模型的意义有两个：

（1）焊管生产企业可依葫芦画瓢，建立本企业相关产品的线能量模型，绘制成焊接功率与焊接速度对照表 7-22，并固化成工艺文件，供操作者严格执行，从而更好地规范焊接工艺。

表 7-22 $\phi25$ mm×(1.15~2.1) mm 焊接热量（功率）与焊接速度对照表

$v/m \cdot min^{-1}$	t/mm							允差 /kW
	...	1.15	1.25	1.3	1.5	1.8	2.1	...	
	U/kW							
50	—	8.93	9.86	10.41	12.62	15.92	19.22	—	±0.25

$v/m \cdot min^{-1}$	t/mm								允差 /kW
	···	1.15	1.25	1.3	1.5	1.8	2.1	···	
	U/kW								
⋮	⋮	⋮	⋮	⋮	⋮	⋮	⋮	⋮	±0.25
95	—	16.63	18.14	19.78	23.97	30.24	91.30	—	

（2）为实现焊接要素的智能控制提供了模型与思路。

7.5.1.3 红外线法

红外线法就是利用红外线测温仪测量管筒边缘的温度，并以数值形式反映出来。其基本原理是：由于自然界一切温度高于绝对零度（−273.15 ℃）的物体在做分子热运动时，都在不停地向周围空间辐射包括红外波在内的电磁波，其辐射能量密度与物体本身的温度关系符合辐射定律，即

$$E = \sigma\varepsilon(T - T_0^4) \tag{7-32}$$

式中，E 为辐射出射度，W/m^3；σ 为斯蒂芬-玻耳兹曼常数，$5.67 \times 10^{-8} \ W/(m^2 \cdot K^4)$；$\varepsilon$ 为辐射率；T 为被测物体温度，K；T_0 为被测物体周围温度，K。

依据这一原理制成的红外线测温仪，可在非接触状态下，测量物体−50～3000 ℃的温度。因此，利用红外线测温仪能精确检测被加热管筒边缘温度的特性，不仅有利于控制焊接温度，同时也为焊接温度的智能控制提供了技术基础。特别提醒，在应用红外线测温仪时要注意排除生产现场环境的干扰。

7.5.1.4 焊珠法

管筒边缘被加热过程中，在开口角顶点处形成 V 形回路，同时受高频电流邻近效应作用，使得管筒边缘越接近汇合点，温度越高，图 7-15 为固熔焊接状态时管筒边缘的温度分布。在管筒边缘从常温被加热到焊接温度的过程中，体积急剧膨胀，内部产生具有一定压力的金属蒸汽，当与外部挤压力叠加时，金属蒸汽的压力就会大增，进而冲破已经融化金属液体的阻挡向外喷射金属铝焊珠。这样，铝焊珠喷射量就成为操作者了解实时焊接温度的重要判据。需要指出，虽然铝被加热后在可见光范围内看不到颜色变化，但是事实上操作者凭肉眼仍能看到一丝丝淡淡的浅黄白色铝焊珠，那是高温铝焊珠被氧化成高温氧化铝所发出的可见光，需要操作者仔细注意观察。

7.5.1.5 内外毛刺法

毛刺是焊接温度、焊缝质量的外在表现形式，毛刺形态大致分三种，如图 7-20 所示。外毛刺分叉 [见图 7-20（a）] 或者内毛刺分叉 [见图 7-21（a）]，说明焊接热量不足；外毛刺呈大丘陵状 [见图 7-20（b）]，内毛刺呈不整齐的大"蚯蚓"状 [见图 7-21（c）]，说明焊接温度偏高；外毛刺呈小丘陵状 [见图 7-20（c）]，内毛刺呈基本整齐线状 [见图 7-21（b）]，则表示焊接温度适宜。内外毛刺不仅能反映焊接热量，也是衡量挤压力大小与焊接速度的参照物。

7.5.2 焊接速度

焊接速度在这里有两重概念，一是指具体的速度值，如 80 m/min，是焊接热量、挤

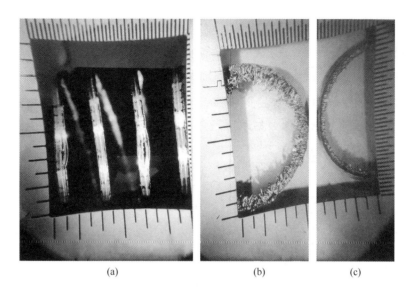

图 7-20　焊接热量与外毛刺形态
（a）不足；（b）偏高；（c）适宜

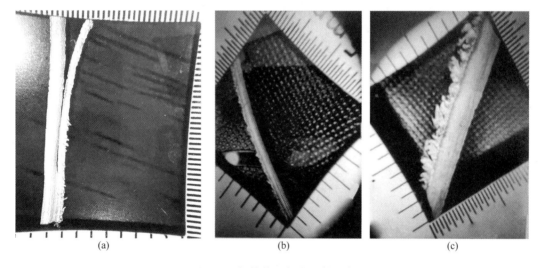

图 7-21　焊接热量与内毛刺形态
（a）不足；（b）适宜；（c）偏高

压力等的综合体现。二是指稳定的速度，只要速度稳定，线能量充足，80 m/min 或 90 m/min 都不是问题；反之，若速度不稳，40 m/min 或 50 m/min 瞬间都是问题。因此，焊管工程师和调试工更应该关心速度稳定问题和影响速度稳定的因素。

7.5.2.1　焊接速度与焊接热量的关系

在式（7-10）中，当焊管规格确定之后，真正影响焊接温度 T 的其实是焊接速度 v 与焊接电流 I。为了清晰表达焊接温度与焊接速度的物理关系，在式（7-10）中令 $\dfrac{R\sqrt{L}}{AF} = K$，则式（7-10）简化为：

$$T = KI^2 \sqrt{v^{-1}} \qquad \left(K = \frac{R\sqrt{L}}{AF} \right) \tag{7-33}$$

$$\frac{\mathrm{d}T}{\mathrm{d}v} = -\frac{1}{2}v^{-\frac{3}{2}} \tag{7-34}$$

式（7-33）说明，在焊接电流 I 和其他因素恒定的条件下，焊接温度与焊接速度的倒数呈平方根关系；对速度求导后发现（见式（7-34）），焊接速度的变化对焊接温度呈指数影响，稳定焊接速度的必要性可见一斑。

这里仅对三种典型焊接形态的焊接温度与焊接速度搭配加以说明。

（1）v_1 与 T_1 搭配（v_1 为熔融焊接的速度，T_1 为熔融焊接温度）。焊接速度为 v_1 时，整个加热段被明显地划分成液体过梁段 L_1 和加热段 L_2，如图 7-22 所示。此时，加热段 L_2 的温度从室温被加热至 650 ℃ 左右，而液体过梁区域的温度则在 660 ℃ 左右。也就是说，在高频焊接功率既定的情况下，当焊接某种铝管需要高热量输入时，就只能以牺牲速度换取更多单位时间内的焊接能量。

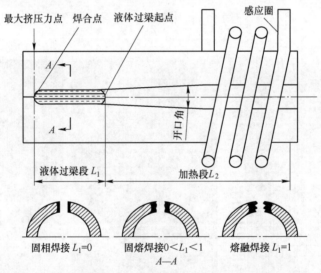

图 7-22 三种焊接形态与管筒边缘状态及液体过梁长度

（2）v_2 与 T_2 搭配（v_2 为固熔焊接的速度，T_2 为固熔焊接温度）。在高频功率既定的情况下，焊接速度从 v_1 加快到 v_2 时，加热焊接段内液体过梁长度 L_1 明显缩短，而加热段 L_2 增长；相应地，加热段 L_2 的温度从室温被加热至 638 ℃（3003 合金的固相线）左右，液体过梁区域的温度则下降到 639~650 ℃，该温度就是此时的焊接温度。

（3）v_3 与 t_3 搭配（v_3 为固相焊接的速度，T_3 为固相焊接温度）。在同等输入功率的前提下，若焊接速度从 v_2 加快到 v_3，则整个加热段内液体过梁消失、加热段 L_2 增长至 (L_1+L_2)；此时，加热段 (L_1+L_2) 的温度从室温被加热至 638 ℃ 左右，并在加热段的顶点完成焊接。

以上三种搭配可用式（7-35）表示。

$$\begin{cases} v_1 & < & v_2 & < & v_3 \\ \updownarrow & \leftrightarrow & \updownarrow & \leftrightarrow & \updownarrow \\ T_1 & > & T_2 & > & T_3 \end{cases} \tag{7-35}$$

式中，纵向箭头代表组别，横向箭线表示焊接过程的动态变化，组与组之间随着某些因素的变动而转变。操作者必须时刻注意这种隐形变化，如速度波动引起热量变化。就生产现场而言，式（7-35）比式（7-33）对焊管生产的指导意义更大，它为焊管操作人员搭配焊接速度与焊接热量指明了方向，更为实现高频直缝铝焊管的智能控制提供了模型。

7.5.2.2 焊接速度不稳定的因素

焊接速度不稳定的因素包括设备、材料、供料方式、轧辊、调试等方面。

（1）设备因素，如平辊轴承磨损导致轧辊横向窜动、轧制力波动，影响轧辊孔型与管筒的摩擦力，铝管筒运行中易出现耸动、打滑现象。

（2）材料硬软、厚薄、S弯等会影响管坯变形抗力，造成速度波动。

（3）开卷机供料与磁粉制动必然导致机组拉拽力波动，进而影响到速度，并且出现波动。

（4）轧辊与轴的配合精度、轧辊自身精度以及轧辊修复精度等都会影响管坯平稳运行。

（5）调整失当导致速度不稳的实例比比皆是，如平辊施力偏小而立辊施力偏大，管坯运行的阻力必然在忽大忽小之间波动。

可见，持续获得高质量铝焊缝的一个基本前提是焊接速度必须稳定。

7.5.2.3 稳定焊接速度的措施

稳定焊接速度的措施，不外乎有的放矢，恢复设备精度，严格控制管坯质量，减小机组拖拽管坯的力，合理设计轧辊底径递增量等，这里重点说明调试对速度波动的影响。

（1）要严格执行调整工艺，准确控制成型平立辊、定径平立辊的辊缝。

（2）要恰当分配成型区域、焊接区域和定径区域的轧制力，注意轧制力在这三个区域的协调，要求调试工要有全局观念、系统观念，原则是确保定径辊拉着成型辊跑，但是成型平辊又不能打滑。

（3）要确保实轧成型平辊既有足够的摩擦力又不至于轧薄管坯，立辊既起到辅助成型作用又不能产生过大的成型阻力；定径轧辊道次受力均匀，管面不能有明显勒痕等过多减径痕迹。

（4）要确保去毛刺刀锋利。内毛刺刀的切削角度要合理设计，兼顾好强度与锋利，不能因顾虑强度而增大契角，产生过大切削阻力；外毛刺刀切削要轻快，养成两把刀同时切削的习惯，避免一把刀切削阻力大影响管子顺畅通过。

（5）要结合管坯成型状态、边缘对接状态、挤压辊孔型、合金状态等合理施加焊接挤压力，不是越大越好，要结合内外毛刺形态及时调整焊接挤压力。

7.5.3 挤压力

7.5.3.1 挤压力的表征

挤压力的表征有以下三个方面。

（1）理论表征。挤压力 F_J 是指由挤压辊施加到正处于焊接状态管筒上的力，由两部分构成：一是将开口管筒挤压至两边缘接触所需要的力 f_K，二是将加热边缘焊接在一起时抵抗管筒变形所需要的力 f_D，即

$$\begin{cases} F_J = f_K + f_D \\ f_K = \dfrac{F_J}{4} \\ f_D = \dfrac{2.25\sigma_s tl}{\sqrt{3}} \end{cases} \tag{7-36}$$

由式（7-36）得

$$F_J = \sqrt{3}\,\sigma_s tl \tag{7-37}$$

式中，l 为管筒边缘汇合点即液体过梁起点到两挤压辊中心连线的距离；t 为管筒壁厚；σ_s 为管坯屈服极限；F_J 为挤压力，kN。式（7-37）对铝焊管生产工艺的指导意义在于：告诉操作者，挤压力除了与焊接热量、焊接形态等有关外，还与待焊管坯强度、厚度关系密切，且表现为正相关。

（2）测力计表征。通过测力计实际测量，比较适合铝焊管（$t \leqslant 3$ mm）的挤压力在 $15 \sim 25$ MPa。

然而，在缺少有效测量手段的情况下，通常都是凭感觉、凭经验。更重要的是，衡量挤压力是否恰当是有前提条件的，脱离了焊接热量、焊接速度、管筒边缘对接状况、焊接形态谈挤压力意义不大。

（3）毛刺表征。一般情况下，挤压力与毛刺大小呈正相关关系，挤压力大则内外毛刺大，挤压力小则内外毛刺小。其实图 7-20 和图 7-21 所示六种毛刺形态，不能孤立地认为仅反映焊接热量，也是挤压力大小、恰当与否的重要判据。

7.5.3.2 挤压力与焊接形态的关系

所谓焊接形态，系指管筒边缘被加热到焊接温度时管筒边缘所表现出的状态。温度不同，合金的金相组织不同，被加热管筒边缘保持的形态各异，需要的挤压力便不同。通常将铝焊管的焊接形态分为固相焊接、固熔焊接和熔融焊接，它们分别与相应的挤压力匹配，并可透过焊接时的一些现象如液体过梁长短（见图 7-22）、铝焊珠数量、飞溅高度、毛刺形态等及时判断挤压力的大小，见表 7-23。

表 7-23 焊接形态、焊接温度、边缘形貌、挤压力、焊后形貌及内外毛刺的关系

征候	焊接形态			备注
	固相焊接	固熔焊接	熔融焊接	
焊接温度/℃	630~638	639~650	651~660	（1）合金4343/3003；（2）挤压力适用于 $t>0.5$ mm；（3）固相焊接和熔融焊接不适用于特薄壁管
边缘形貌				
挤压力/MPa	25~22	21~18	17~15	
焊后形貌				

续表 7-23

征 候		焊 接 形 态			备 注
		固相焊接	固熔焊接	熔融焊接	
飞溅 铝 焊珠	大小	细小	较大	粗大	
	数量	量少	较多	量大	
	高度/mm	<40	40~80	>80	
液体过梁		无	时有时无	显见	
内/外毛刺		低细/细小	较粗/较大	粗高/粗大	

在实际生产过程中，三种焊接形态常常交织在一起，但是，固熔焊接形态更受操作者青睐，应用最广泛。固相焊接和熔融焊接两种形态的应用风险都很大，在诸多客观因素影响下，实际焊接温度难以严格恒定：在固相焊接状态，如果温度再偏低一点或速度正向波动一点，就会焊不透、形成冷焊；而熔融焊接状态，若温度再偏高一点或焊速负向波动一点，势必形成过烧缺陷。反观固熔焊接，焊接温度偏高一点或偏低一点，速度少许波动一点都不会产生上述问题，容易满足工艺需要。

特别地，第一，固相焊接和熔融焊接均不适合焊接壁厚小于 0.5 mm 的铝管，前者易挤溃边缘，后者的焊缝易出现气孔。第二，如果客户要求小内毛刺的直用管，则宜选用固相焊接；如要求小内毛刺弯用管，则宜选择固熔焊接形态。当然，如果焊接高强度厚壁管，那么建议采用熔融焊接。

7.5.3.3 辩证对待挤压力与焊接热量、焊接速度的关系

焊接铝管属于压力焊的一种，管筒两边缘被加热到焊接温度后，需要在一定外力作用下将两边缘压合在一起，挤出各自加热面上的氧化物并形成共同金属晶粒，实现焊接。这里的一定外力，就是挤压力，是焊管生产工艺中最重要的工艺参数。

挤压力并非越大越好，操作者应该辩证地看待挤压力与焊缝强度的关系，恰当的挤压力才是获得优质焊缝的保证。生产过程中经常遇到挤压力很大、焊接热量很高，但扩口试验就是过不了关的情况。这是因为当挤压力过大时，会把管筒最边缘、原本用于结晶的高温铝合金绝大部分挤出了焊缝，导致形成焊缝的铝合金晶体数量少，而真正形成焊缝结晶体的反倒是远离管坯边缘温度不高（见图 7-15）的合金，相当于焊缝在低温状态下进行固相焊接，结合强度低。

7.5.3.4 挤压力大小的判别

挤压力大小的判别方法如下：

（1）破坏性试验。通过弯管、扩口、压扁、试压等破坏性试验，检查焊缝强度，借以判断挤压力。破坏性试验是所有判断方法中最可靠、最有说服力的方法，也是最权威的检验方法。

（2）毛刺观察法。在焊管生产实践中，有着丰富经验积累的调整工，能够通过观察内外毛刺形态判断挤压力大小。

（3）倒车观察法。将管子从挤压辊中倒回 50~80 mm，观察管坯上有无明显的减径"勒痕"：若"勒痕"明显，则说明挤压力偏大；若"勒痕"轻微，则表示挤压力比较恰当；若不见"勒痕"，则说明挤压力不足。

（4）测量法。分别测量进、出挤压辊的管筒水平"直径"和竖直"直径"，然后将它们平均后与挤压辊孔型直径进行比较，前者略大于后者，则视为挤压力正常；若前者小于后者，则需要作相应的减力调整。

7.5.4　焊接压力、焊接温度与焊接速度的搭配

焊接压力、焊接温度与焊接速度三者关系密切，互相影响，合理的搭配参见表 7-24，可以将其中任意两个参数看成条件，则另一个参数便是结果。

表 7-24　焊接压力、焊接温度与焊接速度搭配表

焊接温度（W）$W\uparrow$——高，W——中，$W\downarrow$——低（638~660 ℃）				
焊接压力（F）：10 ~ 25 MPa $F\uparrow$——高 F——中 $F\downarrow$——低	$F\uparrow/W\downarrow/S\downarrow$	$F\uparrow/W/S$	$F\uparrow/W\uparrow/S\uparrow$	焊接速度（S）：40 ~ 100 m/min $S\uparrow$——高 S——中 $S\downarrow$——低
	$F/W\downarrow/S\downarrow$	$F/W/S$	$F/W\uparrow/S\uparrow$	
	$F\downarrow/W\downarrow/S\downarrow$	$F\downarrow/W/S\downarrow$	$F\downarrow/W\uparrow/S$	

如果说焊接三要素对铝焊管焊缝的影响是可视的、显性的，那么磁棒和感应卷圈对焊缝的影响就是看不见、隐性的。

7.6　磁棒与感应圈

感应圈与磁棒，前者时刻将待焊管筒抱在怀中给予焊接热量，后者则深藏不露，总是从焊管内心深处给予焊接能量，它们的工艺参数对高频直缝铝焊管的焊接有举足轻重的作用。

7.6.1　感应圈

7.6.1.1　感应圈的形式

感应圈，又称感应器，将高频电流以感应的方式传递到待焊开口管筒上是感应圈唯一的作用。结构形式有整体单匝和多匝 2 种，如图 7-23 所示。

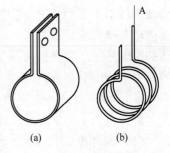

图 7-23　常用感应圈样式
（a）整体单匝；（b）多匝

从输送焊接能量的角度看，它们没有本质差别，但是多匝感应圈制作方便，用最广。多匝感应圈常用外径 $\phi12 ~ 6$ mm、内径 $\phi9~4$ mm 的空心纯铜管绕制而成，与机组用冷却水相连，实现感应圈的冷却。多匝感应圈主要参数包括宽度、匝数和内径等。

A　多匝感应圈宽度

感应圈宽度对输出效率的影响表现在：感应圈过宽，因电感减小而使其上的电压下降，继而传输给管子的实际功率下降；恰当宽度的感应圈使通过其间的管背电阻相对变小，有功损耗减少，对提高焊接效率有利。当然，过窄的感应圈，虽然传输给管子的功率增大了，但与此同时，管背的有功损耗也增大，同样使实际焊接功率下降。多匝感应圈的

宽度由铜管直径加匝间间隙构成，宽度参数见表7-25。

表7-25 多匝感应圈宽度选择与焊接管径的关系 （mm）

管径 D	≤φ50	φ51~114
宽度 B	(1.4~1.2)D	(1.2~0.8)D

B 感应圈匝数

感应圈匝数增多意味着电阻增大，根据电压 U 与电流 I、电阻 R 的关系式（7-38）知，当匝数（R）增大后，电压 U 相应变大，说明多匝感应圈比单匝感应圈上的电压高，进而传输给管子的功率大于单匝。因为在功率 P 尚有剩余的前提下，功率与感应圈上的电压平方成正比，见式（7-39）。

$$U = IR \tag{7-38}$$

$$P = \frac{U^2}{R} \tag{7-39}$$

但是，式（7-38）和式（7-39）同时也提醒我们，若匝数增加过多，会导致感应圈上的电流降低，反而使传输给管子的功率减少。需要指出的是，这里所说的多，其实是相对1匝而言的，一般也就2~4匝，用 φ6~12 mm 纯铜管（114 mm 以下的小型焊管机组）在相应圆柱体上绕制而成，方便快捷。至于究竟是2匝好，还是3匝、4匝好，不能一概而论，关键要看匹配，看设备功率、频率、阻抗器面积与长度、铜管直径与壁厚、焊管规格、感应圈内径与待焊管筒外径的间隙、感应圈匝间间隙以及冷却水量等因素，只要这些因素中任意一个发生改变，都将影响对匝数效率的评定。

C 感应圈内径

研究感应圈内径的实质是探讨与待焊管筒外径之间的间隙与焊接效率，感应圈传输给待焊管筒的功率与这个间隙（单边）的平方成反比，$\Delta = 2~4$ mm 为宜。

7.6.1.2 感应圈防护

感应圈防护重点在于防打火。焊管用感应圈传输的是 300~500 kHz 高频电流，受高频电流尖角效应影响，感应圈最易发生尖端放电、打火，类似局部短路，不仅消耗焊接能量、缩短感应圈寿命，严重时则无法焊接，甚至损伤高频设备。因此，应该对感应圈外表做必要包覆防护处理，尽量不让感应圈裸露，消除尖角效应。多匝感应圈建议穿套聚四氟乙烯（F4）管。聚四氟乙烯管可在 260 ℃ 高温下长期使用仍具有良好绝缘性能，抗击穿电压为 25~40 kV/mm。F4 管壁厚度与抗交流电击穿电压的关系见表7-26。

表7-26 F4管壁厚度与抗交流击穿电压的关系

壁厚/mm	0.2	0.3	0.4	0.5	1.0
击穿电压/kV	≥6	≥8	≥10	≥12	≥18

7.6.2 阻抗器

阻抗器又称磁棒、磁集中器，对焊接效率起至关重要的作用，在焊接厚壁管时，没有阻抗器就无法实现正常焊接。

7.6.2.1 阻抗器作用原理

根据电磁学理论，当感应圈中有高频电流通过时，感应圈所包围的空间将产生一个高频磁通量 Φ，方向与感应圈轴线平行；在感应圈内没有待焊管筒时，磁通量 Φ 呈现均匀分布，如图 7-24（a）中黑色圆点所示，同时感应圈中的磁通量可用式（7-40）表示。

$$\Phi = B_0 S \tag{7-40}$$

式中，Φ 为感应圈所包围的磁通量，Wb；B_0 为磁感应强度，T；S 为感应圈所围面积，m^2。

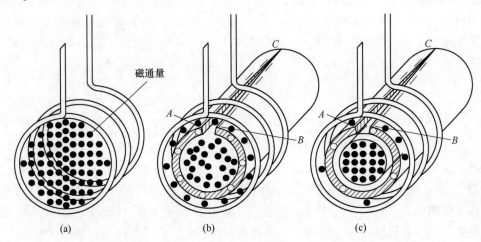

图 7-24 待焊管筒与磁棒置入感应圈磁场中磁通量的变化示意图
（a）感应圈的磁通量；（b）感应圈+管的磁通量；（c）感应圈+管+磁棒的磁通量

可是，当在感应圈中置入待焊管筒后，由于待焊铝管筒是弱导磁体，感应圈所产生的磁通量只有少部分集中到待焊铝管筒壁厚中，大部分磁通分布在面积为 $S-S_1$ 范围内。在图 7-24（b）中，面积 $S-S_1$ 所代表的磁通量圆点减少不明显。此时，待焊管筒中 S_1 的磁通量［图 7-24（b）中的白色圆点］和（$S-S_1$）区域内的磁通量分别为：

$$\begin{cases} \Phi_1 = \mu_{Al} B_0' S_1 \\ \Phi_2 = B_0'(S - S_1) \\ \Phi = \Phi_1 + \Phi_2 \end{cases} \tag{7-41}$$

式中，Φ_1 为待焊管筒中的磁通量，Wb；μ_{Al} 为待焊管筒的起始磁导率；B_0' 为置入待焊管筒后的真空磁感应强度；S_1 为待焊管筒的横截面积，m^2；Φ_2 为 $S-S_1$ 区域的磁通量，Wb。

根据电磁感应定律和高频电流的集肤效应与邻近效应，在图 7-24（b）所示的闭合交变磁通量回路中将产生感生电流，形成两个回路：一是 V 形 ACB 回路，二是待焊管筒内外壁上的回路。在这两个回路中，前者沿焊接 V 形口流动，形成有用的焊接电流并产生焊接热量；后者沿管壁流动，使待焊管筒发热，对焊管生产有害无益。

为了增加焊接 V 形口的焊接电流，同时减少管壁中的发热电流，需要在待焊管筒内增加尽可能多的阻抗（磁棒）即可达成双重目的，这是由磁棒本身的高电阻率、高磁导率（$\mu_{磁} \geqslant 800$，磁棒名称的由来）特性及由此使感应圈内的磁通量朝着减少管壁上的磁通和增强焊接 V 形区磁通的方向进行重新分布。在图 7-24（c）中，绝大部分磁通量都汇聚到了磁棒处，重新分布后的磁通量可用式（7-42）表示。

$$
\begin{cases}
\varPhi'_1 = \mu_{A1} B''_0 S_1 \\
\varPhi'_2 = \mu_c B''_0 S_2 \\
\varPhi_3 = B''_0 (S - S_1 - S_2) \\
\varPhi = \varPhi'_1 + \varPhi'_2 + \varPhi_3
\end{cases}
\tag{7-42}
$$

式中，B''_0 为在待焊管筒内放入磁棒后的真空磁感应强度；S_2 为磁棒横截面积；μ_c 为磁棒的磁导率；$\varPhi_3$ 为感应圈范围内除 S_1、S_2 以外的磁通量；$\varPhi'_1$ 为管筒横截面内且大部分已转移至磁棒中的磁通量（称之为磁集中器的缘故）；$\varPhi'_2$ 为磁棒中的磁通量，主要来源于 $\varPhi_1$ 中；μ_{A1}、$\varPhi_1$、S_1、$\varPhi$ 的意义同前。

在式（7-42）中，总磁通 $\varPhi$ 没有增减，只不过管内壁回路的磁通量和感应圈与管外壁间的磁通量大幅减少，并因此大幅减少了待焊管筒圆环回路中的感生电流；同时，集中在磁棒内的磁场 [图 7-24（c）中表示磁通量的点十分稠密] 受 V 形 ACB 回路磁场作用，不断向 V 形口部位转移，从而使 V 形口的磁通量及其感生电流明显增加，进而增加 V 形口焊接电流和焊接热量。在这个过程中，由于磁棒显著减小了待焊管筒回路中的感生电流，作用相当于在这个回路中加装了一个阻抗，由此顾名思义，磁棒又叫做阻抗器。

另外，式（7-42）和图 7-24（c）还给使用者一个有益启迪，就是在工况允许的情况下，要尽量选用横截面积大的磁棒；特别地，由于铝管坯是弱导磁体，磁棒的作用更加凸显，在无法增大磁棒面积的情况下，要尽可能选择高磁通量的磁棒。由此可见，磁棒有三个作用：

（1）集中感应圈中的磁场于待焊管筒 V 形区部位，增大 V 形区部位的焊接电流，提高焊接热量。

（2）增加管臂感抗，减少分流损失。

（3）增强电磁感应，加磁棒后就相当于空心变压器加铁芯，减少磁阻，增加磁通量，继而提高管筒两边缘之间的焊接电压。由此可知，磁棒的这些特殊作用源于磁棒材质。

7.6.2.2　阻抗器材质

我国高频焊管行业目前使用的磁棒材质大致有 Mn-Zn 铁氧体系列和 Ni-Zn 铁氧系列，衡量磁棒优劣有三个重要指标。

（1）起始磁导率 μ_0。磁棒材料的起始磁导率 μ_0 是温度的函数，它随温度升高而逐渐降低；当温度达到某一临界温度又称居里温度 T_c 时，μ_0 便急剧下降；若温度进一步升高或长时间在居里温度 T_c 点附近工作，磁棒将很快失去磁性，成为顺磁物质，不再起阻抗作用。

（2）磁棒居里点。磁棒居里点是指磁棒可以在铁磁体和顺磁体之间改变的温度，用 T_c 表示。也就是说，铁磁体的磁棒随着温度不断升高至一定温度后，就变成顺磁体物质，不再具有磁性，这一温度点便是磁棒的居里温度。显然，高居里点的磁棒在使用中不易被磁化。

预防磁棒磁化既要从磁棒制造工艺入手，如将横截面积较大的磁棒做成蜂窝煤状，使截面上的孔细而多，确保磁棒均匀地得到冷却；同时，使用者也要做好磁棒降温措施，尽可能让磁棒在远低于居里点以下工作。

（3）饱和磁感应强度 B_S。这是一个与磁导率和磁场强度有关的概念，用电磁学理论表述为：在一定磁场下，材料达到饱和磁化（特定磁场强度下的磁导率最大值），此时如果继续增加磁场，材料的磁感应强度不再增加。或者反过来，为了使磁棒在磁化饱和时能有更多磁通量通过，就要求材料的饱和磁感应强度尽可能地高。

7.6.2.3　磁棒的组合形式

基于磁棒冷却效果的考量，不可能将单支磁棒的横截面做得很大，这样在生产较大直径焊管时，就存在磁棒的组合使用问题。代表性的组合如图 7-25 所示，无论怎样组合，都应该遵循面积最大化与充分冷却的原则。

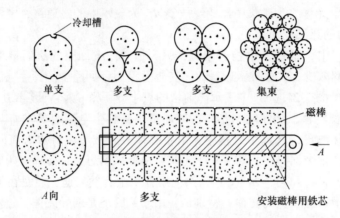

图 7-25　内阻抗器组合类型

需要提醒的是，在用单支磁棒进行组合时，应将甲支磁棒的冷却槽与乙支磁棒平面相对，这样每支磁棒都能得均匀冷却，提高磁棒散热效果。这个细节告诉焊管工作者一个浅显的道理，在坯料同质、技术装备相似、制造流程雷同的生产工艺条件下，细节决定成败，谁能把焊管生产中的细节做到极致，谁就能站在铝焊管制造工艺的制高点上。

7.6.2.4　阻抗器的使用

阻抗器可以裸体使用，也可包覆使用，还可以与去内毛刺装置组合使用。包覆使用可用 PU 管、胶木管等包覆，如图 7-26 所示，这种阻抗器从理论上讲只要冷却良好，就可长久重复使用，成本低廉。

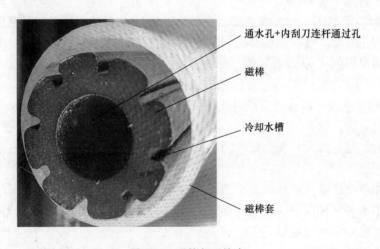

图 7-26　磁棒与磁棒套

7.6.2.5 磁棒的选用

磁棒的选用包括外径、长度与固定等方面。

A 选择磁棒外径

在选择磁棒外径时，要在确保冷却效果的前提下尽可能地大，如果磁棒的冷却液压力大于 0.15 MPa，可选得大一点；反之就要偏小一点，具体可参考下式：

$$d = k(D - 2t) \tag{7-43}$$

式中，d、D 分别为磁棒外径和焊管外径，当磁棒组合形式是裸体多支或裸体集束时它是一束磁棒的最大直径，当磁棒使用绝缘套管时它是绝缘套管的外径；k 为磁棒直径选用系数，$k = 0.8 \sim 0.9$，当冷却液压力较大时取大值，当冷却液压力较小时取小值，使用绝缘套时 k 取大值。

B 选择磁棒长度

影响磁棒长度选择的因素是：感应圈宽度、感应圈外径、挤压辊直径、挤压辊中心连线至感应圈最前端的距离以及磁棒散磁场的长度范围（厚壁管要长一点）等，如图 7-27 所示。理想的磁棒长度 L 为：

$$\begin{cases} L = L_1 + L_2 + B + L_3 \\ L_1 = 3 \sim 5 \text{ mm} \\ L_2 = \sqrt{2R_j\sqrt{R_g^2 + r_j^2} - R_g^2 + r_j^2} \\ L_3 = 15 \sim 40 \text{ mm} \\ B \text{ 值见表 7-25} \end{cases} \tag{7-44}$$

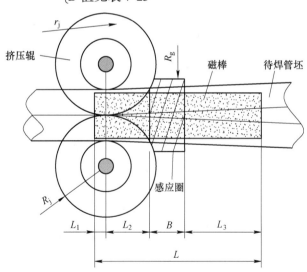

图 7-27 磁棒长度构成示意图

R_g—感应圈外圆半径；R_j—挤压辊外圆半径；r_j—挤压辊孔型半径；B—感应圈宽度；L_1—磁棒前出量；
L_2—感应圈前面与挤压辊中心连线的距离；L_3—预留散磁场长度；L—理想的磁棒长度

在图 7-27 和式（7-44）中，需要特别指出三点：

（1）磁棒散磁场，是指磁棒在待焊管筒内是一个开路元件，当它受感应圈磁场作用被磁化时，磁棒两端的磁场将不可避免地产生发散现象，后果是磁棒两端有效磁导率降低，并因之减弱磁棒增加内回路阻抗的能力。理论上和实践中，为了"消除"磁棒散磁场造成的焊接效率损失，常将磁棒长度选得偏长 15~40 mm，以预留出磁棒的散磁场长度。高频功率越大，管径越大，管壁越厚，L_1 和 L_3 取值越大；但也不是越长越好，过长不仅没有作用，而且也会增加放置磁棒的难度和使用成本。

（2）在计算 L_2 时要注意，从空间看，其实感应圈外圆与挤压辊孔型之间存在部分重合；利用 L_2 能精确计算出挤压辊中心连线与感应圈前面之间的最短距离。

（3）式（7-44）同时给出了磁棒放置位置，L_1 不宜过长，因为完成焊接后的焊管是一个不规则圆管，管腔加上内焊筋后更小，理论上至少比待焊管筒内径小 1 mm 左右；若磁棒前出过多，则拉跑磁棒的风险大。

C　固定磁棒

固定磁棒必须是刚性连接，将磁棒放在磁棒绝缘套内，套与固定在精成型段的空心铁杆螺纹连接，有的细小直径机组则采用强力胶让磁棒套与空心铁杆相连。刚性连接比较可靠，磁棒与待焊管筒之间不会发生前后相对运动，焊接电流稳定，焊缝质量有保证。

7.7　焊接准备

焊接准备包括开口管筒评价、磁棒、刀具、冷却液、人员就位等。

7.7.1　管筒评价

管筒评价实质是评价成型管筒状况，是否满足焊接条件。平直管坯经过十几道特定孔型轧辊轧制后，成型为开口管筒。该管筒变形程度、质量状况对高频焊接、定径精整和成品质量都有深远影响。因此，焊接前必须对待焊管筒进行评价，基本标准参见第 5 章的成型调整。

7.7.2　工序准备

工序准备如下：

（1）感应圈尺寸与焊管规格匹配，冷却液充足，无破损，与输出变压器链接紧固。

（2）磁棒冷却液充足，连接牢靠，位置恰当；若需要去除内毛刺，还要准备好安装内毛刺刀的连接器件。

（3）去内毛刺刀分专用和可调两种，专用内毛刺刀如图 7-28 所示，主要用于直径小于 20 mm 的小管。其优点是去内毛刺稳定，缺点是需要为相同外径不同壁

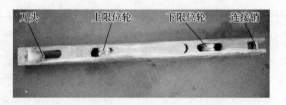

图 7-28　$\phi20$ mm×1.5 mm 专用内毛刺刀

厚的每一种管子配 1~2 把刀。可调式内毛刺刀的调节范围一般也仅局限于管子壁厚的变化，如图 7-29 所示，最大区别是将下限位轮安装在一个杠杆装置上，通过调节刀杆上的螺丝撬动杠杆，带动杠杆上的下限位轮移动，一般用于 $\phi25$ mm（含）以上的管子去除内毛刺。

去内毛刺刀的刀头位置应超过图 7-30 所示的后一道毛刺托辊之后。

（4）去外毛刺刀。安装在图 7-30 所示的去除外毛刺装置上，由刀牌和刀头焊合而成，

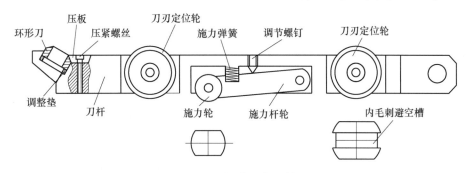

图 7-29 可调式去内毛刺刀

刀牌多用 45 号钢锻打成相应的长条状，要求强度高、耐冲击、不变形，要尽可能地厚实；刀头选用 YG、YT、YW 类硬质合金，刀头工艺参数要兼顾切削轻快与强度、耐磨损、不易崩刀，不可顾此失彼。

（5）检查高频焊机、冷却液水压、气压油压等。

当这些准备工作做好后，开机焊接是水到渠成的事，而获得高质量焊缝的前提是，操作者必须充分了解、全面理解高频铝焊缝与生产工艺的映射关系，达到"胸有焊缝"的境界。

图 7-30 去除外毛刺装置

7.8 高频铝焊缝解析与工艺映射

借助金相分析手段走进铝焊缝内部，深刻理解铝焊缝金相图与焊管生产工艺之间存在的因果映射关系，对典型的熔合线、金属流线和氧化物夹杂等金相图与生产工艺的映射关系从理论和实践两方面进行解读，利用映射关系靶向指导焊管现场调整，达到靶向改善生产工艺，提高铝焊缝自信度、防患于未然的目的。

7.8.1 原始铝焊缝构成

一条完整的原始铝焊缝由熔合线、熔融区和热影响区以及内外毛刺五个部分构成，如图 7-31 所示。

在图 7-31 中，从上下看去除了内外毛刺后的铝焊缝，焊缝外侧两边的白色条状斑块为覆层合金，其余部分是基板合金。从左右看，中间白色竖线为熔合

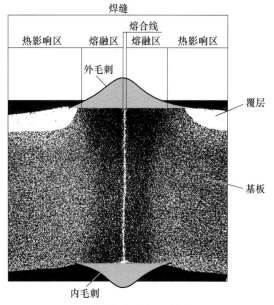

图 7-31 单覆铝焊管焊缝构成（50×）

线，熔合线两侧深黑色、呈腰鼓状的是高温熔融区，高温熔融区外侧的部位则是热影响区。它们都因焊接而生，并不同程度地影响铝焊缝品质，故有必要对它们逐一解析。

7.8.2 原始铝焊缝解析

7.8.2.1 解析铝焊缝熔合线

解析铝焊缝熔合线包括熔合线的化学成分、名称内涵和表观形态等方面。

A 熔合线化学成分

铝焊缝熔合线是铝管坯经高温焊接后遗留在焊缝中的烙印，其身上必然留有母材合金的"基因"——合金元素的种类相同，但由于高温氧化作用使其含量会发生变化。以4343/3003 和 4045/3005 复合铝焊管为例，因 4 系列 Al-Si 覆层合金的熔点比 3 系列基板Al-Mn 合金低 40~60 ℃，先于 3003、3005 合金熔化，所以熔合线中通常不会含有 4343 或4045 合金成分。或者说，熔合线的化学成分只与基板合金有关，表 7-27 中熔合线化学成分的数值来源于能谱分析，3003 合金中的 Si 降幅最大，3005 合金中的 Mg 降幅最大，而熔合线的命名便与合金中某种元素含量降幅最大有关。

表 7-27 4343/3003 和 4045/3005 复合铝合金基板与熔合线的主要合金元素成分

检材	合金牌号	化学成分（质量分数）/%							备注
		Si	Fe	Cu	Mn	Mg	Cr	Zn	
母材基板	3003	0.58	0.62	0.15	1.40	—	—	0.10	焊前检测
	3005	0.60	0.70	0.26	1.45	0.59	0.10	0.25	
熔合线	3003	0.21	0.60	0.13	1.35	—	—	0.05	焊后实测
	3005	0.51	0.66	0.23	1.41	0.17	0.09	0.18	

B 熔合线名称由来

铝焊管的熔合线名称呈现多样性；即使是同一系列合金，熔合线名称也可能不同。比较表 7-27 中 4343/3003 和 4045/3005 铝管坯和铝焊管，焊接后基板的主要合金元素含量虽然均有降低，但在 3003 合金的焊缝融合线中，Si 含量从 0.58% 猛降至 0.21%，降幅为63.79%；在 3005 合金的焊缝熔合线中，Mg 含量更是从 0.59% 骤降到 0.17%，降幅高达71.19%。于是，习惯上以降幅最大的合金元素为命名标志，分别称 3003 合金和 3005 合金的焊缝熔合线为脱硅层与脱镁层。

之所以会出现同为铝锰系合金但融合线名称不同的现象，是因为它们的主要合金元素不尽相同，前者主要为 Si、Fe、Cu、Mn、Zn，后者多一种 Mg。比较这些元素的熔点、沸点和引燃温度，以及它们在化学元素周期表中的位置发现，Mg 和 Si 相较其他元素都活泼，Mg 比 Si 更活泼，在高温时 Mg 和 Si 更易烧损，形成"脱×层"，见表 7-28。

表 7-28 铝管坯主要合金元素的高温特性

高温特性	合金元素						
	Zn	Mg	Cu	Mn	Si	Fe	Al
熔点/℃	420	648	1083	1244	1410	1535	660
沸点/℃	906	1107	2567	1900	2355	2750	2467
引燃温度/℃	480~510	550	在空气中不能燃烧				

在 3003 合金中，Mn 主要以化合物 $MnAl_6$ 的形态存在，而硅与氧的亲合力比 Fe 和 Cu 都强，焊接时硅更易氧化成 SiO_2 气体逸出，致使熔合线中硅含量明显减少；另一方面，虽然 Zn 的熔点和沸点比 Si 低，活性也比硅强，但是其在合金中的绝对含量有限，烧损的绝对量与 Si 比较可以忽略不计。而在 3005 合金中，Mn 依然以化合物 $MnAl_6$ 的形态存在，Si、Cu、Fe、Zn 在达到焊接温度时的氧化激烈程度都不及 Mg，合金中的 Mg 更易烧损，成为金属蒸汽逸出，造成焊缝中 Mg 含量急剧降低。

C 熔合线的表观形态

焊缝熔合线既是焊接过程遗留在焊缝中的印记，也是工艺环境的真实写照。焊管生产工艺状况不同，焊缝熔合线表现形态各异，正常熔合线呈图 7-32 所示的上下宽、中间窄形态。衡量熔合线形态的指标有清晰度、宽度、直度与夹杂物等方面。

（1）清晰度。正常生产工艺条件下的熔合线轮廓清晰，与熔融区"泾渭分明"，如图 7-31 所示；可是，当生产工艺条件异常如焊接挤压力过大或焊接温度过低时，前者的熔合线如图 7-33（a）所示模糊不清，后者的熔合线易出现图 7-33（b）所示微裂纹。

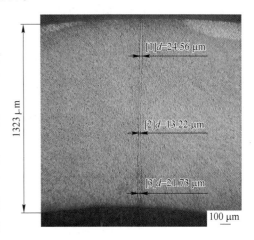

图 7-32 窄腰状熔合线（50×）

 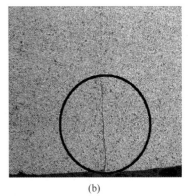

(a)   (b)

图 7-33 熔合线模糊与熔合线微裂纹

(a) 熔合线模糊（50×）；(b) 熔合线微裂纹（200×）

（2）宽度。熔合线宽度不仅与焊接热量、功率、速度、挤压力等工艺参数有关，还与管坯厚度、宽度及径壁比关系密切。大量统计数据分析发现，壁厚 1~3 mm 的熔合线平均宽度在 0.01~0.05 mm 之间、两头与腰部的比例为 1.5~1.8（见图 7-32）时焊缝强度高，泄漏率低；管坯愈厚该比例愈明显。

熔合线呈窄腰状的机理是：在高频电流集肤效应和邻近效应作用下，管筒上的感应电流几乎都汇集到待焊管筒边缘的内外层与对焊面处，在邻近效应和集肤效应的叠加效应作用下，待焊管筒边缘内外角处的电流密度骤增；这样根据焦耳定律，待焊管筒边缘内外角区域的焊接温度必然高于中性层部位，相应地，内外角区域的熔融合金宽度大于对焊面中性层部位，从而形成上下宽中间窄的熔合线形态。

（3）直度。理论上讲，熔合线应该垂直于管壁，若熔合线出现歪斜、"S"弯或"甩头""甩尾"等不规则形态，则说明焊管生产工艺出了问题。

（4）夹杂物。大量铝焊缝熔合线的金相检查表明，熔合线中有时会夹杂一些原始合金所没有的物质，经能谱分析证实，这些物质绝大部分为氧化物。

7.8.2.2　解析铝焊缝熔融区

A　焊缝熔融区的界定

铝焊缝熔融区是指待焊铝管筒两边缘被加热到固液共存状态的部分区域，焊合后它的一侧与熔合线毗邻，一侧与热影响区接壤。该区域有三个明显特征：一是该区域为高频电流直接加热的剩余区域（另一部分是挤压出去的毛刺）；二是该区域很窄，通过对 $\phi20\ mm\times1.2\ mm$、$\phi30\ mm\times1.5\ mm$ 和 $\phi43.5\ mm\times2.0\ mm$ 三种铝管各 50 个铝焊缝"细腰鼓"数据的统计，大头单边平均宽度为 0.416 mm，细腰单边平均宽度为 0.249 mm，见表 7-29；三是尽管三种管的壁厚不同，但是它们的大头及细腰单边平均宽度各自都十分接近，最大差值不超过 0.01 mm。

表 7-29　高频铝焊管焊缝"细腰鼓"熔融区参数统计表

焊管规格 /mm×mm	大头单边平均宽度 /mm	腰部单边平均宽度 /mm	大头：小头	备　注		
				焊接速度 /m·min^{-1}	焊接功率 /kW	频率 /kHz
$\phi20\times1.2$	0.417	0.253	1.648	75	15	450
$\phi30\times1.5$	0.412	0.241	1.710	72	21	420
$\phi43.5\times2.0$	0.420	0.254	1.654	57	25	400
平均值	0.416	0.249	1.671	—	—	—

B　"细腰鼓"熔融区形成机理

与窄腰状熔合线形成机理类似，都是高频电流集肤效应和邻近效应对铝管筒作用的结果：前者使绝大部分高频电流从待焊铝管筒的内外表层和对焊面表层流过，中性层处几乎没有电流，如图 7-34（a）所示；后者使沿待焊管坯 V 形口流动的、两股相向而行的高频电流随着两对焊面距离的不断接近并趋于 0，两对焊面上的电流密度不断增大。这样，在这两个效应共同作用下，上下角部聚集了比中部更密集的高频电流，如图 7-34（b）所示。根据电流热效应原理，对焊面上下角的温度必然比中性层高，如图 7-34（c）所示，相应地，熔融宽度亦比中部宽，于是形成"细腰鼓"熔融区。"细腰鼓"的冶金本质是，合金中第二相、杂质等在高温波及范围内的重新分布。

另外，由于待焊管筒与感应圈之间同样存在邻近效应，而管筒外层相较内层与感应圈的距离更近，使得外层的邻近效应强于内层，外层温度稍高于内层，这样，"细腰鼓"熔融区外层大头比内层大头略宽。

至于大头及细腰单边平均宽度各自都十分接近，最大差值不超过 0.01 mm，是因为当焊接表 7-29 中的焊管时，常用频率 f 为 400~450 kHz，电流渗透深度 Δ 的差值仅为 2 μm（见表 7-1），对熔融区宽度的影响微乎其微。

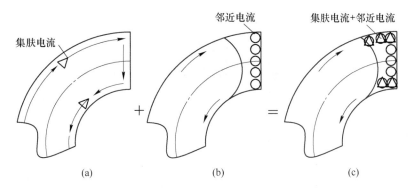

图7-34 集肤效应与邻近效应叠加后的边缘热量分布示意图
(a) 集肤效应;(b) 邻近效应;(c) 待焊管筒边缘热量分布曲线

C 熔融区的组织

对状态为H1的铝管坯,熔融区为完全再结晶组织。因为在高频焊接时,该部位的温度接近熔点,导致原先因冷轧强化的纤维状组织发生再结晶回复;若焊接温度稍高于熔点温度,再结晶组织中晶界会明显加粗变形,铝合金中的第二相析出数量增多,这时金相图上的"细腰鼓"熔融区就会更清晰;若焊接温度过度高于熔点温度,甚至会产生复熔球组织,越是靠近熔合线,存在复熔球组织的概率就越高。

同时,与铝焊缝熔融区并存的另一个金相现象是金属流线。

D 金属流线

高频焊接时,待焊管筒边缘铝合金发生相变,晶粒变粗,金属流线就是这些粗大晶粒在挤压力作用下,向挤压力最小的辊缝空隙方向流动过程中留下的痕迹。由于这些相变后的晶粒比母材晶粒粗大,在显微镜下能够清晰地看到由粗大晶粒构成的带状纤维组织。"标准"铝焊缝的金属流线形态有3个特征,如图7-35所示。

(1) 从上下看,两簇金属流线均呈"正态分布",但方向相反,因而可借助正态分布函数,用式(7-45)表示。

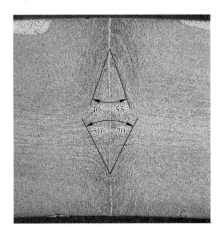

图7-35 上下金属流线顶角(50×)

$$f(x) = \begin{cases} f_{\text{上}}(x) = \dfrac{1}{\sqrt{2\pi}}\exp\left(-\dfrac{x^2}{2}\right) + A \\ f_{\text{下}}(x) = -\left[\dfrac{1}{\sqrt{2\pi}}\exp\left(-\dfrac{x^2}{2}\right) + A\right] + B \end{cases} \left(0 < B \leqslant \dfrac{1}{\sqrt{2\pi}}\exp\left(-\dfrac{x^2}{2}\right) + A\right)$$

(7-45)

其中,A表征上簇流线扁平程度,$A > 0$时表示上簇流线比标准正态分布图形要尖,说明挤压力偏大;$A < 0$时则要扁平些,说明挤压力偏小。B表征下簇流线扁平程度,B越接近于0表示下簇流线越尖,但始终比上簇金属流线扁平,即 $|f_{\text{下}}(x)| < f_{\text{上}}(x)$;特别地,当

$B = \dfrac{1}{\sqrt{2\pi}}\exp\left(-\dfrac{x^2}{2}\right) + A$ 时，表示没有下簇金属流线，说明焊接时管筒内层严重缺失挤压力。

（2）从横向看，上下两簇金属流线均以熔合线为对称轴，越接近熔合线爬升角度越大，与峰值段对应的上簇金属流线顶角在 40°~55° 之间，比下簇金属流线顶角小 20°~30°，如图 7-35 所示。

（3）从动态看，金属流线形貌的上下"正态分布"特征、左右对称特征及角度特征是高频直缝铝焊管焊接过程的动态写照：焊接时，熔融区的铝合金在挤压辊挤压下，迫使这些金属向压力最小处流动，这时，焊缝外壁的熔融铝合金受到来自挤压辊孔型上边缘的径向约束，熔融金属必然向没有约束力的辊缝处流动，在辊缝处产生外毛刺的同时形成了上簇流线，如图 7-36 所示。同时，焊管内壁熔融金属在径向向下方向非但没有任何约束，相反还受重力作用；当

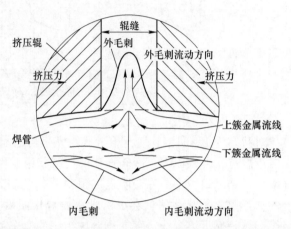

图 7-36 上下簇金属流线与内外毛刺形成过程的关系

受到横向挤压力挤压后，熔融铝合金就会自然向下流动，继而形成如图 7-36 所示的内毛刺与下簇金属流线。由于内壁熔融金属向下流动时没有额外阻力，也不需要从狭窄的辊缝通道挤出，故下簇流线顶角比上簇流线顶角大。

因此，可以视铝焊缝的金属流线为焊接挤压力、焊接温度、挤压辊孔型、管坯边缘对接状态等的"显示器"，并透过"显示器"反过来检视实际工况。

E 金属流线的流动规律

其表达式见式（7-46）。

$$
\begin{cases}
\overrightarrow{v_{上左}} = \overleftarrow{v_{上右}} \\
\overrightarrow{v_{下左}} = \overleftarrow{v_{下右}} \\
v_{上} > v_{下} \\
S_{上} > S_{下} \\
T_{上} = T_{下}
\end{cases}
\tag{7-46}
$$

式中，$\overrightarrow{v_{上左}}$ 和 $\overleftarrow{v_{上右}}$、$\overrightarrow{v_{下左}}$ 和 $\overleftarrow{v_{下右}}$ 分别为形成左右侧上簇、下簇金属流线时的速度；$v_{上}$、$v_{下}$ 分别为形成上下簇金属流线时的速度；$S_{上}$、$S_{下}$ 分别为上下簇金属流线中较长的那一条；$T_{上}$、$T_{下}$ 分别为上下簇金属流线的形成时间。

式（7-46）分别从流动时间、流动路程、流动速度和流动方向 4 个方面反映熔融金属的流动规律。首先是流动时间相等，在焊缝平行对接的前提下，不管流动速度和流动路程如何，形成上下金属流线的时间总是在同一时间段内开始与结束。其次是流动路程，根据式（7-45）和图 7-36，上簇流动路程大于下簇。再次是流动速度，在正常生产工艺条件下，左右侧应该相等，但上大于下，这可从同时段形成的内外毛刺量得到印证。第四，流

动方向是从热影响区高温侧向熔合线方向移动，汇聚在熔合线，起点是热影响区。

7.8.2.3 解析铝焊缝热影响区

解析铝焊缝热影响区包括热影响区的再结晶温度、影响热影响区宽度的因素和热影响区的力学性能等方面。

A 热影响区的再结晶温度

在高频焊接过程中，位于熔融区两侧外一定区域内的合金在焊接热传导作用下，其组织和性能都会发生一系列变化，金属学上称该区域为热影响区。由于合金的种类和状态繁多，组织和性能差异较大，这里仅针对状态为 H1 的冷轧不退火铝管坯，它们焊接前都呈现程度不等的纵向纤维组织。根据金属学原理，当这类合金的纵向纤维组织遇到高温时就会发生回复、再结晶与晶粒长大。与铝焊缝热影响区相匹配，状态为 H1 的铝锰系合金之再结晶温度见式（7-47）。

$$T_{再} = 0.4T_{熔} + k \qquad (7-47)$$

式中，$T_{再}$ 为铝焊管的焊缝再结晶温度，℃；$T_{熔}$ 为铝管坯的熔点，℃；k 为铝焊缝热影响区的再结晶补偿温度，$k = 80 \sim 100$ ℃，管壁薄取较大值，反之取较小值。

式（7-47）的意义在于：虽然铝管坯传热快，但是再结晶需要的温度也高，两者相抵，对热影响区宽度的影响不大。

B 影响热影响区宽度的因素

影响热影响区宽度的因素包括壁厚、磁棒、焊接功率、焊接速度、开口角等工艺参数。

（1）小直径厚壁管比大直径厚壁管的热影响区宽。根据高频焊接原理，管径小，用于聚集磁场的磁棒横截面面积便小，聚磁能力差，待焊管筒边缘邻近效应弱、电流密度低、达到焊接温度所需时间相对较长，与此对应的热传导时间增长，热影响区增宽。

（2）热影响区宽度与焊接功率、焊接速度的关系。焊接同种规格铝管，焊接功率高，则焊接速度快，热传导时间短，热影响区窄；反之，焊接功率低，焊接速度慢，热传导时间长，热影响区宽。

（3）热影响区宽度与焊接开口角的关系。在高频输入功率不变的前提下，减小开口角，邻近效应增强，需要加快焊接速度，这样热传导时间变短，热影响区域变窄。热影响区不仅有宽窄的变化、组织的变化（前面已经讲过），还有力学性能的变化。

C 热影响区力学性能的变化

（1）热影响区的硬度变化特征。以 $\phi 20 \text{ mm} \times 1.2 \text{ mm}$ 的 3003-H14 为例，铝焊缝热影响区硬度最大降幅为 14.15%。其中，在回复区间内的硬度变化很小，只有 0.8% 左右；再结晶开始阶段硬度虽有降低，但降幅也仅有 2.54%；最大降幅出现在再结晶完成区与晶粒长大区之间，为 10.93%；而在晶粒长大后直至熔融区间的硬度差别不大，但是降幅最明显，如图 7-37 所示。

（2）塑性。分别对表 7-29 中的三种焊管进行 60°扩口试验，试验结果显示：96% 以上的减薄点（见图 7-38）集中在熔合线两侧 0.2~1.8 mm 以内，且某一侧更显著，同一个样本，两端的减薄点并非总在焊缝同一侧，具有随机性；当继续扩口至开裂，起裂点位置与最大减薄点位置高度重合，说明熔合线两侧的熔融区和热影响区强度低，相较非焊缝部位，塑性变形首先在包括热影响区在内的焊接区域发生，破坏也首先从该区域开始。同时

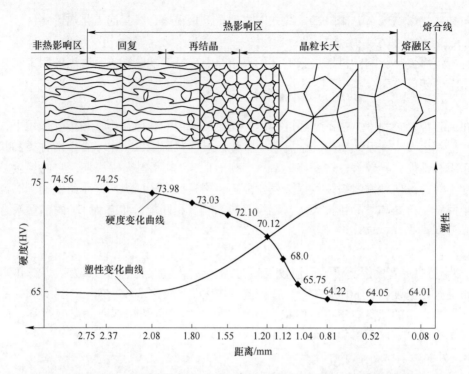

图 7-37　3003-H14 铝焊缝热影响区组织变化及硬度与塑性变化曲线的联系

也说明，在焊缝强度足够的前提下，起裂点并不在狭长的焊缝处，即熔合线处。

7.8.2.4　解析内外毛刺

内外毛刺是原始焊缝的重要组成部分，虽然被去除了，但是不应该被遗忘，更应该坚信其身上必定留存许多焊接工艺的基因信息。由于内外毛刺的形成机制、外观形貌以及与焊管生产工艺的关系联系紧密，这里仅以内毛刺为例进行解读。

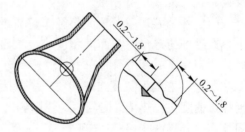

图 7-38　扩口减薄点位置示意图

（1）成分。铝焊缝的毛刺主要由氧化铝和基板合金构成，在图 7-39（a）所示的内毛刺上，黑线圈范围内的是基板合金，这部分在焊接过程中被外面的氧化铝裹在里面，没有机会被氧化，其余部分或多或少地要与空气接触并氧化，主要成分是 Al_2O_3。

（2）形貌特点。人们看到的去除下来的内毛刺无论是长度、宽度、高度都比真实的大得多，尤其是长度，经过挤压堆叠后的毛刺长度只有管长的 8%～15%，前角越大、锲角越小，去除越浅，毛刺较长较细，反之较短较粗。毛刺的长短、高低和宽窄除了焊接温度、焊接速度、毛刺去除深浅、刀头几何形状等因素有关外，很大程度上取决于挤压力大小：挤压力大，挤出量多，毛刺大；挤压力小，挤出量少，毛刺小。

1）横断面看，内毛刺可分为头、身和根部，这三个部分构成一个倒"丛"字形双峰，峰部为 Al_2O_3 熔滴，如图 7-39（a）所示。从熔滴开始至身的上部，中间有一条清晰的缝隙，该缝隙动画般展示了内毛刺的形成过程及其工艺状态：首先是被氧化的对焊面最内层触碰；尔后随着管坯前行挤压力逐渐增大，触碰的部位逐渐向上延伸，并且留下触碰痕迹——缝隙，缝隙两侧是刚刚被氧化的待焊管筒内缘边缘；当挤压力达到最大值时，两边缘被完全挤焊在一起，同时将对焊面上的氧化物向下（外毛刺向上）挤出，结晶出根部，由氧化物形成的缝隙消失，完成焊接。

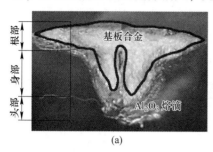 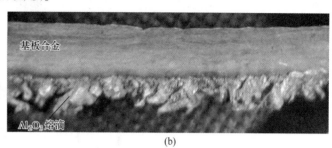

图7-39 铝焊缝内外毛刺形貌与成分

（a）内毛刺；（b）外毛刺

至此，不妨逆向思维，如果缝隙一直贯穿到毛刺根部之顶，那么所去除的毛刺就会开裂、分叉，说明挤压力或者焊接温度等工艺参数存在问题，并因之导致焊缝出现裂纹、氧化物夹杂等缺陷。

2）纵向看，内毛刺一般呈条状，这是由去内毛刺刀头前面为平面决定的，也是确保内毛刺顺利随管子退出的需要。

7.8.3 铝合金集流管焊缝金相与生产工艺的映射

反映焊缝形态的金相图繁多，形态各异，它们都是铝焊管在特定生产工艺条件下的产物；或者说，金相图与生产工艺存在因果关系，前者是果，后者为因，因果映射。以下仅就其中比较典型的熔合线、金属流线相图和焊缝非金属夹杂物作映射解读。

7.8.3.1 熔合线金相与生产工艺的映射解读

典型的铝焊缝熔合线缺陷主要有宽粗型、模糊型、锥型、甩尾（头）型、S弯型以及焊缝微裂纹和氧化物夹杂7类。

A 宽粗型

宽粗型又分为整体宽粗、内外（上下）粗宽、内粗宽和外粗宽四种，如图7-40所示。

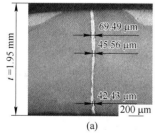 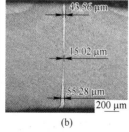 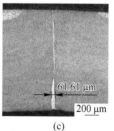 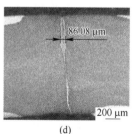

图7-40 3003H24铝焊缝粗宽型融合线

（a）融合线粗宽型；（b）融合线内外粗型；（c）融合线内粗型；（d）融合线外粗型

（1）整体粗宽型：是指熔合线整体宽度超过表7-30中参考值的上限，图7-40（a）

所示熔合线上中下的宽度均超过表7-30的参考值。整体粗宽型熔合线的工艺原因有：第一，焊接线能量超高。当线能量超高后，两对焊边缘熔深增宽、融化金属增多，脱硅范围增宽，主要成分为铝锰固熔体的熔合线变宽。第二，焊接挤压力偏小。对焊边缘熔融铝合金与形成的脱硅层（铝锰固溶体）挤出量相对不足，结晶后的铝锰固溶体粗宽。第三，焊接频率与壁厚不匹配。根据高频电流集肤效应原理，高频电流渗透深度与频率的平方根成反比。也就是说，在管壁厚度一定的情况下，如果频率选择较低，则管坯边缘加热区域增宽，由此形成的铝锰固溶体势必粗宽。

表7-30　常见集流管（4343/3003）熔合线宽度参考值

壁厚/mm	融合线上下宽度/μm	融合线中间宽度/μm
1.0~1.20	10~25	7~17
1.25~2.10	12~40	9~27
2.50~3.0	20~55	14~38

(2) 内外粗宽型：系指熔合线中间宽度与参考值相当，但是内外超宽，如图7-40 (b) 所示。基于集流管常用铝管坯（AA4343/AA3003、AA4045/AA3003、H14）的屈服强度只有普通钢管坯（Q195、SPCC）的60%~70%，当粗成型立辊收得过紧时，立辊孔型上止口容易将成型管坯外边缘"啃食"掉；随后，进入精成型段的管坯内边缘极易被精成型上平辊导向环"啃食"掉，导致对焊边缘呈"X"形对接，管坯内外边缘处的熔融金属挤出量偏少，熔合线内外粗宽。

同理，成型管坯有时仅仅是内圆边缘或外圆边缘被"啃食"掉，这样就会出现熔合线内侧粗宽或外侧粗宽的金相图，如图7-40 (c) 和 (d) 所示。

B　模糊型

熔合线模糊不清晰（见图7-41），与熔融区没有明显界线，是焊接挤压力过大的工艺"烙印"。其机理是：在高频电流集肤效应作用下，像 $\phi25$ mm×1.15 mm 待焊铝管筒边缘被直接加热达到熔融温度的宽度区域只有0.1 mm（$f\approx400$ kHz）左右，过大的挤压力几乎将这部分熔融铝合金全部挤出，真正焊合在一起的反而是那些在正常挤压力条件下熔合线与热影响区交界的区域，该区域的温度较低；而且越往母材方向温度越低、硅烧损越少，形成铝锰或铝镁固溶体"亮线"的条件就越不充分，这是其一。其二是纵剪铝管坯纵切面撕裂严重。如图7-42所示，这种犬牙交错的对焊面在高频电流集肤效应和邻近效应作用下，其

图7-41　熔合线模糊（50×）

上各点的焊接热量差异大，过高、恰好与不足并存，熔合区必然模糊不清。

C　锥型熔合线

锥型熔合线分正锥和倒锥两种，如图7-43所示。正锥型熔合线金相图显示上宽下窄，生产工艺成因：(1) 待焊管筒边缘呈V形对接；(2) 挤压辊轴受力后存在仰角；(3) 挤

压辊孔型上边缘磨损严重、上压力不足；（4）成型管坯外边缘被粗成型立辊孔型轧压"啃食"。无论是哪一个成因，最终都致使管筒外圆部分接受到的挤压力小于内圆。

图 7-42 管坯纵切面严重撕裂

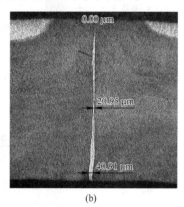

(a) (b)

图 7-43 锥型熔合线

（a）正锥型熔合线；（b）倒锥型熔合线

倒锥型熔合线的金相图表现则完全相反，呈上窄下宽。待焊管筒边缘呈 Λ 形对接、导向环损伤成型管坯内圆边缘以及管坯边缘翻边严重且毛刺面朝上成型等是其主要工艺原因。

D 甩尾型

所谓甩尾是指比较直的熔合线在接近焊管内壁时突兀拐向某一侧，有左甩尾和右甩尾之分，如图 7-44 所示为右甩尾。甩尾机理是：由于管筒内圆边缘在焊接过程中因材料缺失受不到或仅受到很小周向力制约，使得管筒内圆的焊接和内毛刺的形成具有"自然性"：即熔合线靠近内圆部位的形态基本上是由焊接前管坯内圆边缘的状态决定，若管筒右侧内圆边缘被"啃食"，而左侧边缘形态对较好，则熔合线就呈现右甩尾；反之，熔合线呈左甩尾。操作者可依据金相图提示的左甩尾或右甩尾查找甩尾原因。

此外，纵剪铝管坯边缘形态一侧规整，另一侧参差不齐，且最不整齐的部位被卷制在管筒内圆；当这两种边缘形态的管筒对焊时，熔合线甩尾就是这个过程的必然结果。

E S 弯型

S 弯型泛指在一条熔合线上至少有两个拐点弯。在图 7-45 所示的一侧待焊管筒对焊面上，既缺上角又缺下角，更有凹槽和凸棱，而高频电流是沿着这些"崎岖"路径和同一深度分布的，这样，与几乎不可能完全相同的另一面对焊时，该路径上各点的焊接温度必然迥异，由此形成的熔合线不可能直。

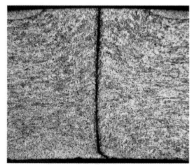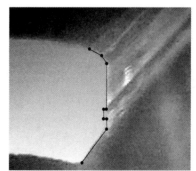

图 7-44 熔合线右甩尾　　　　　图 7-45 缺失与多棱的待焊管筒边缘

当然，导致 S 弯型熔合线的焊管生产工艺较为复杂，除了上面指出的情况外，粗成型立辊收得较紧、导向环磨损严重、挤压力过大、挤压辊孔型跳动、管坯运行波动和摆动等也是重要方面。

F　熔合线未完全熔合

熔合线未完全熔合也就是俗称的焊缝微裂纹，它因工艺条件不同，有的如图 7-46 所示单一地发生在焊缝外侧、焊缝内侧或焊缝中间，有的在焊缝内外侧或中间同时发生。特别地，当微裂纹发生在焊缝内外侧时，往往就伴随着图 7-47 所示的内外毛刺或开裂或裂缝。

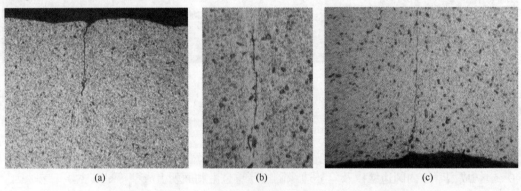

图 7-46　熔合线微裂纹

（a）外侧微裂纹（200×）；（b）中间微裂纹（400×）；（c）内侧微裂纹（200×）

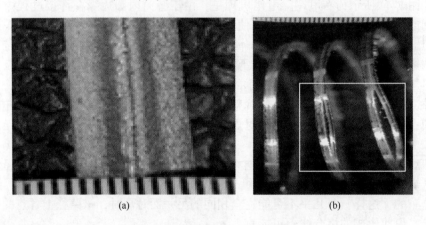

图 7-47　内毛刺裂缝和外毛刺开裂

（a）内毛刺裂缝；（b）外毛刺开裂

不管微裂纹出现在焊缝哪个部位，发生机理不外乎焊接线能量不足、挤压力偏低、待焊管筒边缘遭遇了类似图 7-45 所示的破坏及对焊面的对接类型等原因。区别在于：若对焊面内角部位缺损较多，对焊面又呈 Λ 形对接，加之线能量与挤压力不足，则焊缝内侧出现微裂纹的概率就大；反之，焊缝外侧存在微裂纹的机会就多，并且焊缝熔合线中还可能同时夹杂氧化物。

G　氧化物夹杂

在图 7-48（b）的熔合线中间，夹杂着一些黑色链状物；由图 7-48（a）的能谱分析证实，谱图1处的黑色链状物氧含量高，而其周边未见氧元素，该黑色链状物就是氧化物。铝焊缝熔合线中夹杂的氧化物可能来源于纵剪铝管坯的边缘，也可能来源焊接过程。由于 Al 和 O 具有很强的亲和力，铝管坯纵剪后在常温下放置数小时，剪切面就会被氧化并生成 $0.1\sim0.2\ \mu m$ 的高熔点（2050 ℃）、大密度（Al 的 1.4 倍）Al_2O_3 薄膜，焊接时难熔、难上浮、难挤出、易夹杂，而且铝的亲氧性特点在高温焊接时表现得尤为剧烈，如挤压辊和感应圈偏大、感应圈前面距挤压辊较远、开口角过大、潮湿环境等因素都会加剧焊接过程中铝的氧化。而在谱图 7-48（b）中，谱图 2 的能谱分析［见图 7-48（c）］证实，融合线为铝锰固溶体，见表 7-31。

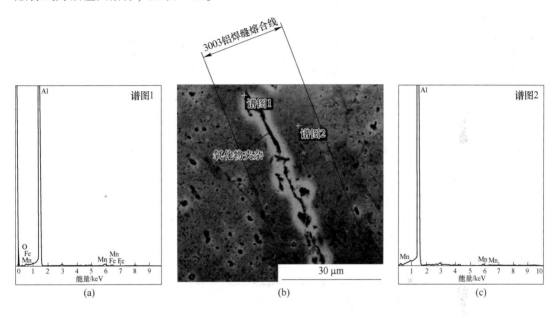

图 7-48　AA3003 焊缝熔合线与氧化物的能谱分析

（a）谱图 1 的能谱；（b）熔合线中夹杂的氧化物；（c）谱图 2 的能谱

表 7-31　AA3003 铝合金熔合线（谱图 2）能谱元素

元素	质量分数/%	原子分数/%
AlK	99.02	99.52
MnK	0.98	0.48
总量	100	

此外，挤压力不足，既难将焊缝中的氧化物全部挤出，更会影响焊缝金属流线的形态。

7.8.3.2　焊缝金属流线金相与生产工艺的映射解读

从大量压扁、试爆、胀管等试验数据看，上簇金属流线顶角在 $40°\sim55°$、左右比较对称，则焊缝强度高，试爆压力高；反之，那些扁平型、子弹头型、单峰型、一侧非正态型以及高低型金属流线的焊缝强度和试爆压力往往偏低。

（1）扁平型金属流线。其上簇流线顶角大于 $55°$，下簇流线顶角大于 $85°$，与之对应的生产工艺列于表 7-32。

表 7-32　缺陷型金属流线与焊管生产工艺缺陷的映射表

金属流线缺陷		工　艺　缺　陷
扁平型		(1) 挤压力不足，且流线越是扁平，挤压力越欠缺；(2) 挤压辊孔型上缘边部磨损严重，导致挤压辊上压力不足；(3) 精成型平辊压下过多，造成待焊开口圆管筒尺寸偏小，如果此时仍然按照常规刻度调整挤压量，势必形成事实上的挤压力不足；(4) 挤压辊辊缝偏大；(5) 边缘呈 V 形对接；(6) 焊接热量偏低，铝合金流动性差
子弹头型		基本与扁平型的相反
单峰型		(1) 对焊铝管坯边缘呈 Λ 形对接；(2) 精成型平辊导向环致使待焊圆管筒内圆严重缺失
一侧非正态型	左侧正态	(1) 左侧挤压辊比右侧的高；(2) 焊缝在挤压辊辊缝中偏向右侧
	右侧正态	(1) 右侧挤压辊比左侧的高；(2) 焊缝在挤压辊辊缝中偏向左侧
交替高低型		(1) 挤压辊并帽松动；(2) 挤压辊轴承磨损严重；(3) 挤压力过大；(4) 纵向张力调整不当，管坯左右晃动，上下波动；(5) 精成型辊压下偏松；(6) 导向环磨损严重；(7) 导向辊压下不足；(8) 管坯镰刀弯

(2) 子弹头型金属流线。通常指上簇流线顶角小于 40°或下簇流线顶角小于 60°的金属流线，其工艺缺陷恰好与扁平型的相反。

(3) 单峰型金属流线。常见的单峰型金属流线是指在金相上，上簇金属流线比较清晰，下簇金属流线模糊，甚至根本看不见，如图 7-49 所示。形成单峰型金属流线的原因参见表 7-32 中的扁平型。

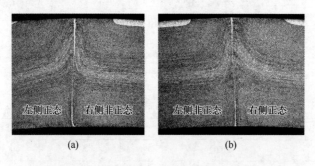

(a)　　　　　　　　　　(b)

图 7-49　单峰一侧非正态型金属流线（50×）

(4) 一侧非正态型。图 7-49 (a) 所示，熔合线左侧的金属流线为正态一叶，右侧非正态；图 7-49 (b) 则恰好相反。形成一侧非正态型金相图的原因列于表 7-32 中。

作为工艺映射的佐证之一，在图 7-49 中，熔合线到覆层起点的宽度均表现为正态一侧大于非正态一侧，这是因为当左挤压辊高于右挤压辊或者焊缝偏向右侧挤压辊时 [见图 7-49 (a)]，焊缝左侧就会被固定在同一位置的外毛刺刀多刮掉一些，被多刮掉的既有基板，更有覆层。这一独特的金相表现，只有在外覆铝合金管焊缝不正中或某一侧挤压辊偏高时才能看到。当然，也不排除外毛刺刀刃与焊缝位置不恰当的可能性。

(5) 交替高低型：是指在取样长度范围内且方向一致的样本金相图，既有左侧为正态一叶而右侧非正态型，又有右侧为正态一叶而左侧非正态型，只不过此时反映焊管真实状况的图（a）⇔图（b）是一个动态过程，成因见表 7-32。

7.8.4　解析高频直缝铝焊管焊缝的意义

解析高频直缝铝焊管焊缝的意义如下：

（1）铝焊缝熔合线、熔融区、热影响区及内外毛刺等金相图，反映的是铝焊缝之表象，这些表象的本质是铝焊管生产工艺。它们各自以独特的形态、成分、形成机理与焊缝质态形成映射，对准确认识焊缝、评价焊缝具有重要意义。

（2）借助金相显微镜、能谱分析仪等现代检测手段对铝焊缝进行解析，从微观角度准确、精细、全面了解铝焊缝，能够发现铝焊管生产工艺留下的诸多"基因信息"，通过解读这些"基因信息"，就能有的放矢地改善生产工艺，进而从根本上提高铝焊缝品质。

7.9　直接成异工艺的焊接

7.9.1　直接成异的挤压辊孔型

为了确保异形管筒（焊接面是直面）焊接面在挤压辊孔型横向挤压力和上压力作用下不发生下凹，必须将挤压辊孔型上边设计出一个如图 7-50 所示的仰角。其实该仰角在设计直接成型的轧辊孔型中已经预留了，即变形管坯两个边角的变形角度为（90°+α），这样的角度一直存在至焊接后，并称（90°+α）中的 α 为焊接仰角。

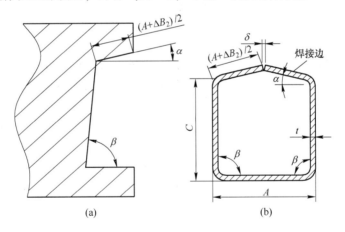

图 7-50　仰角挤压辊与影响仰角 α 的因素
（a）仰角挤压辊；（b）仰角待焊管筒

7.9.2　影响焊接仰角的因素

影响焊接仰角的因素有焊接面长短、管坯厚度和焊接余量等。

（1）焊接余量。焊接余量大小直接决定焊接仰角，在图 7-50 中，焊接仰角 α 由式（7-48）定义。

$$\alpha = \arccos \frac{A}{A + \Delta B_2} \tag{7-48}$$

式中，A 为定值。

所以，控制仰角的实质是控制焊接余量；反过来，确定了焊接余量，实际上也就决定了仰角大小。

（2）管坯厚度。管坯厚度和焊接仰角决定了厚度 V 形口 δ 的宽窄，见图 7-50（b）和式（7-49）。

$$\delta = 2t\sin\alpha \tag{7-49}$$

而焊接 V 形口的宽窄直接影响焊接强度和焊接效率。因此，在用直接成异工艺生产厚壁异形管时，要兼顾焊接仰角、壁厚以及焊接余量之间相互影响与制约的关系，在不妨碍焊缝强度的前提下，为了能够更好地去除外毛刺，可适当增大焊接仰角。

另外，应该给予薄壁管更大的焊接仰角，这有利于去除外毛刺。

（3）焊接平面长短。焊接平面长，焊接仰角要大一些，仰角才明显，有利于去除外毛刺。因为在式（7-48）中，A 增大后，焊接余量 ΔB_2 并不随 A 的增大而增大，或者说增加量极其微小。

（4）减 β 增 α。当 $A/2$ 边较大时，$\Delta B_2/2$ 相较 $A/2$ 很小，以至于仰角 α 不明显；此时可通过挤压辊孔型设计，适当减小方矩管下角 β，这样能够相应增大仰角。

7.9.3　焊接仰角的作用

焊接仰角有三大作用：

（1）从工艺层面消除了焊接面下凹的可能性。

（2）有利于去除外毛刺。

（3）保证焊缝强度。

有了焊接仰角后，管筒在挤压辊孔型上面及上压力约束下施加挤压力时，既不用担心焊接面向上溃，也不用担心焊接面向下凹，挤压力完全可以根据焊接工艺要求进行施加，确保焊缝强度，确保不发生或尽量少发生焊接缺陷。

7.10　焊接缺陷分析

焊接缺陷多种多样，由于有些焊接缺陷已经陆续讲过，故本节只针对几种经常发生的焊缝泄漏、冷焊、扩口开裂、试爆开裂、微裂纹、堵渣、夹渣、内毛刺去不净等焊接缺陷进行分析。

7.10.1　焊缝泄漏

7.10.1.1　泄漏形态

焊缝泄漏主要有气孔泄漏、显微裂纹泄漏和夹杂泄漏三种表现形态。

（1）气孔泄漏。气孔泄漏是指当试验压力尚未达到规定值时焊缝区域出现泄漏，其低倍形貌如图 7-51（a）所示。在图 7-51（b）所示的 400× 显微组织中可见晶粒边界局部变宽，在三个晶粒的交界处有复熔共晶三角形且部分晶间断裂，晶粒内有复熔共晶球；在图 7-51（c）所示 3003 基体中，强化相呈现明显富集长大现象。这些复熔共晶三角形、复熔共晶球和强化相富集长大等会导致焊缝组织疏松，遇到高压后易发生泄漏。

（2）显微裂纹泄漏。铝焊管焊缝的显微裂纹分为贯穿性微裂纹和局部微裂纹两大类，如图 7-52 所示。它们具有较强隐蔽性，通常在服役前都能通过水压试验，区别是：前者在服役不久后焊缝部位便会发生泄漏；后者是在长期服役过程中，局部微裂纹在各种应力作用下成为起裂源，并最终发展成宏观裂纹后产生的泄漏。

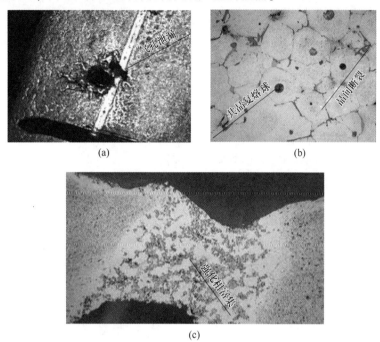

图 7-51　集流管气孔泄漏的金相形貌

（a）泄漏处的形貌（10×）；（b）缺陷处横截面组织的共晶复熔球与晶间断裂（100×）；

（c）3003 基体中缺陷处平面组织的强化相富集长大现象（400×）

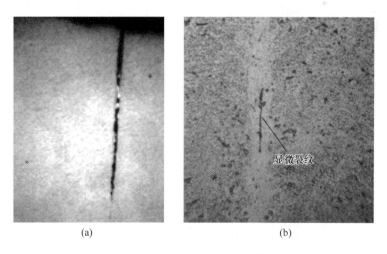

图 7-52　焊缝横截面显微裂纹的形貌（400×）

（a）贯穿管壁的焊缝微裂纹；（b）焊缝中间的微裂纹

（3）夹杂泄漏。夹杂泄漏是指在焊缝中存在与铝合金组织不相干的金属氧化物或非金属氧化物如 Al_2O_3、SiO_2 等，在焊接过程中，若挤压力偏小这些氧化物就不能被全部挤出，并残留在焊缝中形成夹杂，如图 7-53 所示。这些夹杂物既破坏了焊缝组织的连贯性，同时又成为起裂源与泄漏隐患。

无论铝焊管焊缝泄漏的形态如何，其成因大多与焊管生产工艺中的焊接工艺参数、轧辊孔型、操作调整以及铝带剪切缺陷等密不可分。

7.10.1.2 焊缝泄漏的成因

A 纵剪铝管坯切面不规整

根据对铝管坯边缘纵切面低倍金相形貌分析可知，管坯边缘的对接呈现三种基本匹配形态，并因之形成不同的焊缝品质。

（1）管坯两边缘切面规整。如图 7-54（a）所示，由这种管坯成型的待焊圆管筒容易实现管坯两

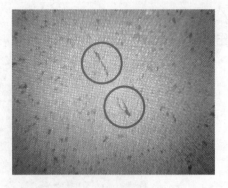

图 7-53 焊缝中氧化物夹杂

边缘的平行对接与焊接面上的温度一致，焊接热影响区对称，熔合线粗细均匀、笔直清晰，如图 7-54（b）所示。这种焊缝强度最高，缺陷最少，通常不会发生泄漏。

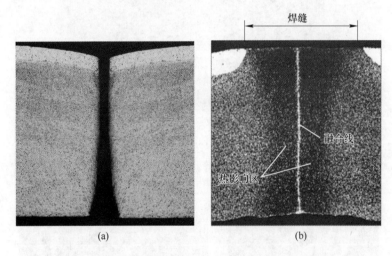

图 7-54 剪切面平整的两边缘对接状态与焊缝形貌
（a）剪切面平整的两对焊面；（b）融合线清晰的焊缝（50×）

（2）管坯边缘一面规整一面不规整。边缘不规整的切面呈现"撕裂"状，如图 7-55

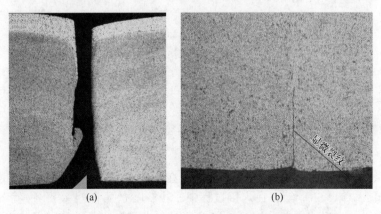

图 7-55 剪切面一边规整一边不规整的两对焊面与焊缝内侧显微裂纹形貌
（a）剪切面一边规整一边不规整的两对焊面；（b）焊缝内侧的显微裂纹形貌（400×）

（a）所示，由这种一面规整一面不规整的对焊面形成的焊缝，内侧易形成显微裂纹，如图 7-55（b）所示。这是因为在焊接挤压力、焊接热量和焊接速度等焊接要素相同的条件下，与边缘规整的两对焊面比较，"撕裂"处受到的挤压力相对要小，容易形成局部显微裂纹。

特别地，当要求覆层在管外且"撕裂"口卷制在管外壁（反向卷制）时，焊缝外侧易出现显微裂纹；当"撕裂"口卷制在管内壁（正向卷制）时，则焊缝内侧易生成显微裂纹。

焊缝存在显微裂纹的集流管，在随后的钎焊过程和冷凝器服役过程中，不断受到温度交变应力和高频率震动作用，焊缝中的显微裂纹会逐步扩展为小孔洞，然后这些小孔洞连接起来变成宏观裂口，直至发生泄漏。

（3）管坯两边缘均呈"撕裂"状，如图 7-56（a）所示；与这种管坯相对应的焊缝熔合线模糊不清，如图 7-56（b）所示。熔合线之所以模糊，是因为呈"撕裂"状的管坯两侧边缘各对应点（见图 7-57）在高频电流集肤效应和邻近效应共同作用下所形成的电流密度差异较大，由此根据焦耳-楞次定律式（7-50），易得管筒边缘各点的焊接温度。

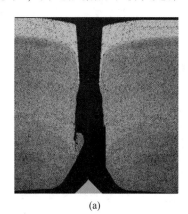

（a）　　　　　　　　　　　　　（b）

图 7-56　剪切面两边都不规整的对焊面与焊缝形貌
（a）两切面都不规整的对焊面；（b）融合线模糊的焊缝（50×）

$$\begin{cases} Q_A = 0.24I_A^2Rt \\ Q_a = 0.24I_a^2Rt \\ Q_B = 0.24I_B^2Rt \\ Q_b = 0.24I_b^2Rt \\ \vdots \end{cases} \quad (7\text{-}50)$$

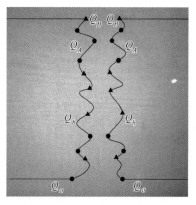

且 $Q_A \neq Q_a \neq Q_B \neq Q_b \neq \cdots$

式中，Q_A、Q_a、Q_B、Q_b 分别为管筒两侧边缘各点的焊接热量；I_A、I_a、I_B、I_b 分别为管筒两侧边缘各点的感应电流强度。

这样，焊缝内各点的焊接温度混乱、高低不等，当选择固相焊接制度时，焊缝局部就存在冷

图 7-57　纵切面不规整的对焊面在高频电流邻近效应作用下各个对应点的温度示意图

焊与微裂纹的风险；当选择熔融焊接制度时，焊缝局部就存在过烧与氧化物夹杂的概率；当选择固熔焊接制度时，则冷焊与显微裂纹的风险和过烧与氧化物夹杂的概率共存，这些都是焊缝潜在的起裂源与泄漏诱因。

B 未针对铝管坯特点设计成型轧辊用导向环

纵观当前高频铝焊管成型，无论是设计理念还是设计方法，尚没有专门针对铝焊管成型的轧辊孔型。以导向环的倒角为例，仍旧沿用钢管成型用导向环的倒角角度，见式（7-51）。

$$\beta = 2\arcsin\frac{b\pi}{B - \Delta B_1 + b} \tag{7-51}$$

式中，b 为导向环厚度；B 为铝管坯宽度；ΔB_1 为成型余量。

但是，与钢质管坯相比，铝管坯的突出特点是一个"软"字，如基板 AA3003、状态 H14 的铝管坯，其屈服强度仅是 SPCC 钢管坯的 64.1%、硬度仅是 33.3%，所以对铝管坯而言，倘若成型不充分，或者发生了回弹，那么，钢质导向环便会轻而易举地挤溃铝质成型管筒内圆边缘，图 7-58 就是被导向环挤溃的成型铝管筒之低倍形貌。由这种"缺内角"管筒所形成的焊缝，其内侧会因材料缺失导致该部位受不到挤压力作用，或者很小，极易产生微裂纹，甚至宏观裂纹，这应该也是图 7-40（b）所示缺陷的重要成因。

C 焊接工艺参数控制不当

焊接工艺参数控制的表现如下：

（1）焊接温度与泄漏。铝合金由固态转变为液态时没有明显的颜色变化与显示，这不利于操作者判断焊接温度以及对输入热量的把控，同时又更多地担心发生冷焊，故常常因焊接温度偏高甚至过高而不被察觉，导致过烧、烧穿。在图 7-51（b）和（c）中，不论是共晶复熔球的出现，还是晶间断裂，或者是强化相富集长大，这些都是铝合金过烧的基本特征。它

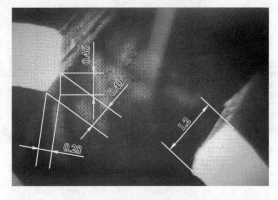

图 7-58 管筒两内角被导向环啃食掉的成型管坯

说明这种泄漏是焊接过程中局部温升过高引起铝管坯边缘熔化成液体，并在随后的快速冷却结晶过程中形成疏松的、具有铸造组织特点的结果；该疏松的焊缝在高压液体作用下焊缝局部发生渗（泄）漏。

（2）焊接挤压力与泄漏。对于焊接挤压力要辩证地理解，一方面，焊接挤压力过大，易将达到焊接温度的铝合金全部挤出，反而形成冷焊；另一方面，若焊接挤压力过小，则不仅形成共同晶体的数量少，焊缝强度低，而且也不利于挤出管筒边缘的氧化物。

（3）焊接开口角与泄漏。焊接开口角影响焊缝泄漏的机理是：在高频电流邻近效应作用下，管坯边缘被加热到 630~655 ℃（3000 系列）时，边缘部分金属处于熔融状态，物理形状部分失去规整，受热范围急剧增宽，在开口角较小的情况下，管坯前端两侧的熔融金属容易"流淌"在一起，形成液体过梁以及焊合点前移，如图 7-22 所示；而高频电流在过梁处密度骤然增大，致使液体过梁处的熔融铝合金局部发生气化，这种状态下仅需小小挤压力就能实现管坯两边缘的焊接，同时产生强烈的铝焊珠喷溅。此刻，若出现某种

偶然因素如管坯打滑导致焊速陡降，那么过梁处的熔融铝合金温度便会急剧升高和大面积气化，继而使得形成焊缝的铝合金过烧，甚至出现气孔。反过来，如果适当增大开口角，则能减短液体过梁长度，即使速度出现波动，焊缝过烧的风险也不会那么高。

因此，控制焊接开口角的实质是控制实际焊合点的位置和液体过梁的长度，进而控制焊接温度。适合高频焊接薄壁铝合金管的开口角 α 在 4°~8° 为宜，这对将实际焊合点控制在挤压辊中心连线附近、预防过烧、稳定焊接较为有利。

（4）焊接速度与泄漏。高频焊接的一个重要特点是高速动态焊接，到目前为止，高频焊接铝管有案可稽的焊接速度是 200 m/min。焊管在高速移动状态下实现焊接，对焊管机组稳定性、焊接电源稳定性、管筒尺寸精度与性能稳定性、阻抗器位置稳定性、冷却液稳定性、挤压力稳定性、轧辊精度等都提出较高要求，任何一个因素的轻微干扰，都会对焊缝质量带来不利影响。因为在某一焊接速度下，焊接电流和挤压力等在该时段内是定值，并且认为此时的焊接热量和挤压力与焊接速度恰好匹配，既没有过烧也没有冷焊，焊缝质量优良，不会发生泄漏。若焊接速度发生波动，则焊缝不是过烧便是冷焊。因此，衡量焊接速度的首要标准不是快与慢，而是稳定，这是其一。

其二，在现有高频焊接工况下，焊接速度越高，熔融金属与空气接触时间越短，表层被氧化得越浅，形成各种氧化物夹杂的概率越低，焊缝质量越好，这对铝合金焊缝来说尤为重要。因为裸露在空气中的高温待焊铝合金边缘特别容易氧化生成 Al_2O_3、SiO_2 等氧化物，若这些氧化物没有被完全挤出焊缝，就会形成泄漏的诱因——夹杂。

（5）操作调整与泄漏。仅以纵向轧制力调整为例，当纵向轧制力施加不恰当时，变形铝管坯的运行不是左右晃动、上下波动，就是前后顿挫、忽快忽慢，导致焊接过程不稳定，产生包括焊缝泄漏在内的诸多缺陷。

7.10.1.3　预防焊缝泄漏的工艺措施

根据以上对焊缝泄漏原因的分析，以原因为导向，从铝带纵剪分条和制管这两个工艺阶段入手。

A　优化铝带纵剪分条工艺

以提高分条铝带纵切面"切痕深度"和降低"撕裂深度"为工艺要求，达成管坯横截面规整的工艺目标。

（1）"切痕深度"工艺要求。管坯纵切面由"切痕深度"和"撕裂深度"两部分构成，如图 2-8 和图 2-9 所示，而且切痕深浅与管坯横截面边缘规整存在强正相关关系，"切痕深度"愈深，管坯横截面边缘越规整，焊缝融合线愈清晰，显微裂纹和夹杂愈少，焊缝泄漏的可能性较低。因此，必须重视铝管坯"切痕深度"这个过去鲜为人知的指标，确保"切痕深度"不少于铝管坯厚度的 2/3，并且通过修订企业内部的《铝合金带验收技术标准》予以固化，促进纵剪管坯纵切面质量提升。

（2）减小纵剪分条刀侧间隙。按式（7-52）确定分条刀侧间隙比较适宜，这样能最大限度地减小"撕裂深度"。

$$\Delta = (0.03 \sim 0.05)t \tag{7-52}$$

（3）增加分条刀修磨次数。该目的是提高圆盘剪刀片的锋利程度，减小切削阻力以增大切入深度，减小撕裂层，从而获得边缘规整的铝管坯。

另外，圆盘剪刀片的锋利程度还直接影响铝管坯边缘的减薄率。根据对管坯横截面边缘的低倍形貌测量发现，当切痕深度低于 1/2 铝管坯厚度后，圆盘剪刀便不锋利，管坯横截面边缘厚度就会明显变薄；当切痕深度小于 2/5 铝管坯厚度后，管坯横截面边缘厚度的减薄率高达 10% 以上。如果这种减薄仅在管坯一侧发生，那么就会导致待焊管筒两边缘的焊接温度不相等。因为根据反映管坯边缘焊接温度 T 的式（7-10），在焊接断面面积 F 不等的情况下，薄的一边温度更高，而这让高频焊接工艺无所适从，焊缝品质难以保障。

B 优化铝管成型轧辊用导向环的设计

适合铝管成型的导向环倒角角度 β' 必须按式（7-53）设计。

$$\beta' = 2\arcsin \frac{b\pi}{B - \Delta B_1 + b} + (15° \sim 20°) \tag{7-53}$$

同时，还必须探索出一套适合铝合金管坯成型的轧辊孔型设计方法，从根本上提高焊缝品质。

C 优化焊接工艺参数

高频焊接工艺参数众多，其中焊接温度、焊接压力、焊接速度和开口角对焊缝品质的形成既具有互补作用，同时又相互制约，单纯讲某要素大小和优劣对焊缝泄漏的影响并没有实际意义，焊接工艺参数之间的相互匹配才是关键所在，它们的关联度参见表 7-33 进行匹配。

表 7-33 开口角、焊接温度、焊接压力、焊接速度相互匹配与焊缝泄漏的关联度

开口角 /(°)	焊接温度 /℃	焊接压力 /MPa	焊接速度 /m·min⁻¹	表 征	泄漏概率
5~6	629~640	2.0~1.5	>120	几乎感觉不到铝焊珠飞溅；喷射范围局限在 V 形区尖角附近，高度一般不超过 10 mm	冷焊与夹杂概率高
6~7	635~650	1.5~1.0	120~60	较多，喷射范围超出 V 形区域，高度可达 50 mm 左右	冷焊与夹杂概率低
7~8	645~654	1.0~0.8	60~30	焊珠密集，喷射范围飞出挤压辊区域，甚至在横向飞出机组，铝焊珠高度超过 50 mm	过烧与夹杂概率较低

此外，利用线能量指标更能够综合反映焊接温度、焊接压力、焊接速度、焊管品种等方面对焊缝品质的影响。某企业按表 7-34 给出的 $\phi25$ mm×（1.15、1.25、1.30、1.50、1.80、2.10）mm、AA4343/AA3003、H14 冷凝器集流管的焊接线能量进行生产，效果显著，焊缝在线涡流探伤通过率从 99.47% 提高到 99.98%，离线探伤不通过率从 3.25‰ 下降到 1.06‰，客户投诉率也大幅减少了 63.5%。

表 7-34 $\phi25$ mm×（1.15、1.25、1.30、1.50、1.80、2.10）mm
AA4343/AA3003、H14 冷凝器集流管的焊接线能量

t/mm	1.15	1.25	1.30	1.50	1.80	2.10
q/J·mm⁻¹	10.76	11.75	12.45	14.96	19.01	23.23

D 优化焊管调整规范

以纵向轧制力调整为例，根据铝焊管生产工艺要求，至少要保证管坯在第一道成型平

辊与末道成型平辊之间以及定径与成型之间存在一定纵向张力，确保精成型辊拉着粗成型辊跑、定径辊拉着成型辊跑，使驱动力与阻力的合力 F_Z 满足式（7-54）之要求。

$$F_Z = (\sum F_D - \sum f_D) - [\sum F_K + \sum F_B - (\sum f_K + \sum f_B + \sum f_L + \sum f_H)] > 0 \quad (7\text{-}54)$$

式中，F_Z 为焊管机组的总张力，N；$\sum F_K$ 为全部开口孔型平辊对管坯的驱动力，N；$\sum F_B$ 为全部闭口孔型平辊的对管坯驱动力，N；$\sum f_K$ 为全部开口孔型平辊对管坯的阻力，N；$\sum f_B$ 为全部闭口孔型平辊对管坯的阻力，N；$\sum f_L$ 为全部成型立辊孔型对管坯的阻力，N；$\sum F_D$ 为全部定径平辊孔型平辊对管坯的驱动力，N；$\sum f_D$ 为全部定径立辊孔型对管坯的驱动力，N；$\sum f_H$ 为焊接段挤压辊、毛刺刀等形成的阻力，N。这样，管坯运行才能稳定。而管坯运行稳定是焊接稳定的前提，更是预防焊缝泄漏的前提。

7.10.2 破坏性试验开裂

这里的开裂是指未达到标准要求或用户要求时发生的开裂，如爆破压力超过理论计算值或用户要求值以后发生的开裂应视为合格。

7.10.2.1 压扁焊缝开裂形态与原因分析

压扁有正压和侧压之分，如图 7-59（a）和（b）所示。

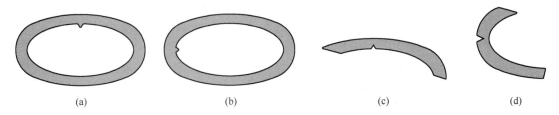

(a)　　　　　　　　(b)　　　　　　　　(c)　　　　　　　　(d)

图 7-59　焊缝正压扁与开裂、侧压扁与开裂

（a）正压扁；（b）侧压扁；（c）正压扁开裂；（d）侧压扁开裂

（1）正压扁开裂形态与原因。正压的目的在于检查焊缝内壁强度，焊缝内侧出现"∧"开裂，其所反映的工艺状态至少说明：第一，两对焊面没有在平行对接的状态完成焊接；第二，两对焊面呈"∧"形对接；第三，挤压力不足；第四，对焊面内壁角部缺损较多。

（2）侧压扁焊缝开裂与原因。侧压主要检验焊缝外壁的强度，以圆管为例，厚壁管正压下至 $D/2$ 后，不用借助放大镜就能看见焊缝外侧的裂纹，如图 7-60（a）所示。需要

(a)　　　　　　　　　　　　　　　　(b)

图 7-60　侧压扁焊缝裂纹的类型

（a）气孔裂纹；（b）橘皮裂纹

指出，当管壁完全压靠后在焊缝部位出现的橘皮纹［见图 7-60（b）］并不能作为判废的依据，因为大多数铝焊管用管坯都是经过冷轧强化的，纵向伸长率较低，横向伸长率更低。以 4045/3003H14 厚度在 1.3~4.0 mm 复合铝管坯为例，根据 YS/T 446—2011 标准规定，伸长率不低于 4%；换句话说，伸长率为 4% 也是合格的。而在焊管完全压靠的情况下，外侧延伸是中性层（弯曲因子取 0.21）的 4.7 倍，即管坯的伸长率至少要达到 18% 才能保证侧压时焊缝不开裂。

侧压焊缝开裂的原因主要有：1）挤压力偏低；2）焊接温度过高，形成过烧；3）焊接温度偏低；4）对焊面呈 V 形对接；5）管坯纵切面撕裂严重，导致对焊面温差大；6）焊接速度不稳定，致使焊接热量忽高忽低。

7.10.2.2 扩口焊缝开裂形态与原因分析

扩口（见图 7-61）合格的判定。确定扩口率的依据是管坯横向伸长率，见式（7-55）。

$$\eta_K = \frac{D_K - D}{D} \times 100\% \geqslant \delta_H \tag{7-55}$$

式中，η_K 为合格扩口率；δ_H 为管坯横向伸长率；D 为原始直径；D_K 为扩口后的直径。

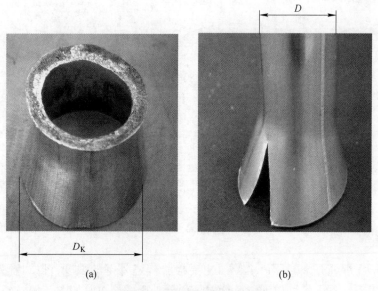

图 7-61 扩口与焊缝开裂
(a) 扩口合格；(b) 扩口焊缝开裂

实际扩口率大于 η_K 后的焊缝开裂应视为合格，扩口开裂的原因与压扁开裂基本相同。

7.10.2.3 爆破试验

（1）爆破焊缝开裂。判断焊缝合格的依据有两个：一是破口呈现明显"凸"字形，且破口宽、长度短、破边较凸出，如图 7-62 所示；二是爆破压力 P 超过式（7-56）所示的要求。

$$P \geqslant \frac{2R_m \times t}{D - 0.8t} \tag{7-56}$$

式中，P 为爆破压力，MPa；R_m 为抗拉强度，MPa；D 为焊管直径，mm；t 为壁厚，mm。

（2）不合格爆破口的形貌与原因。爆破试验不达标的破口形貌如图 7-62 所示，破口凸起低、破口长而窄。试压不达标的主要原因与压扁开裂大致相同。

之所以压扁、扩口、爆破开裂的原因基本相同，从焊缝受力的角度看，这些试验的施力方向本质上全部与焊缝垂直。如果将压扁、扩口、爆破等破坏性试验才能发现的缺陷称为焊缝隐性缺陷，那么可以把肉眼能看见或经触摸就能判断的焊缝缺陷称为显性缺陷。

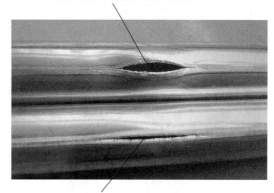

爆破压力大于规定值的爆口形貌

爆破压力小于规定值的爆口形貌

图 7-62　爆破试验与破口形貌

7.10.3　显性焊缝缺陷

显性焊缝缺陷包括焊缝裂纹、焊缝错位、未焊透、气孔等。

7.10.3.1　焊缝裂纹

焊缝裂纹是指在焊缝部位存在细小的发状裂纹，这些裂纹绝大部分发生在焊缝浅表处；有的可以一眼看出，有的则需要仔细辨认，甚至需要低倍放大才能发现。

（1）产生裂纹的原因如下：

1）焊接温度偏高引起的回流夹渣。

2）管坯偏薄偏窄且挤压力偏低，部分氧化物未被挤出焊缝，冷却后形成非金属夹杂。

3）焊缝"V"对接，浅表层融合组织疏松，冷收缩应力将疏松的组织拉裂。

4）管坯放置时间长、纵切面氧化层厚，焊接时高熔点 Al_2O_3 未被全部挤出焊缝，冷却后形成焊缝不连贯。

（2）消除措施。存在裂纹的焊管较难通过无损探伤、侧压扁试验，通常可以通过适当增大开口角、增大挤压力、提高焊接温度、改善边缘对接状态等措施予以消除。

7.10.3.2　焊缝错位

（1）焊缝错位类型与危害。焊缝错位是指两对焊面不在同一平面上进行焊接所形成的焊缝，焊缝错位分倾向性焊缝错位、偶发性焊缝错位和周期性焊缝错位三类。但是，它们却有一个共同的缺陷特征，就是正常去除外毛刺后，焊缝的某一侧仍然残留外毛刺。焊缝错位，不仅造成焊缝表面不光滑，影响表面质量；更减小焊接面积，降低焊缝强度。如图 7-63 所示，焊缝强度至少降低 $\frac{\Delta h}{t} \times 100\%$。

（2）焊缝错位的成因大致有：1）成型第 1、2 道平辊两边压下不对称（倾向性）；2）挤压辊、闭口孔型辊或导向辊不对称，跳动、不同心等（周期性）；3）成型平辊轴承、立辊轴承、导向辊轴承、挤压辊轴承等破损但尚未发现（偶发性）；4）管坯厚薄、宽窄公差较大，S弯、镰刀弯等（偶发性）；5）管坯运行不稳，左右摆动幅度大（非周期性）；6）成型管坯存在隐形鼓包（偶发性）；7）挤压辊、导向辊严重偏离轧制中线（倾向性）。导致焊缝错位的原因错综复杂，有可能是单个原因所致，也有可能是其中的几个原因共同作用的结果。具体查找时要本着先易后难的原则，从看得见摸得着的原因开始，逐个排除并采取对应的处理措施。

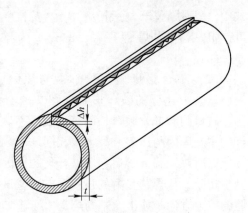

图 7-63   焊缝错位示意图

（3）焊缝错位的判别。在去除外毛刺后焊缝外表面比较圆滑的情况下，建议从内焊缝处进行判别，方法是"一看二摸"。摸，将手伸进管内焊缝位置，沿着管壁从左向右滑，再从右向左滑，若两边触碰隔手指的感觉不一样，则说明焊缝错位。

7.10.3.3   未焊透

（1）未焊透的显著特征：是焊缝上有一条明显（严重未焊透）的或不明显（轻微未焊透）的沟槽或暗线，大多存在于厚壁管外壁上，有时也存在于内壁。未焊透的冶金本质是：焊缝结晶行为只在管坯部分厚度上完成，另外部分虽然也被加热，但是没有达到金属结晶的条件，如图7-64所示。未焊透属于严重质量缺陷，检查未焊透的最好方法是压扁试验，正压检测内焊缝、侧压检查外焊缝。

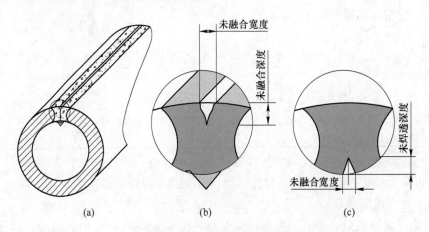

图 7-64   焊缝内壁外未焊透示意
(a) 焊缝；(b) 焊缝外壁未焊透；(c) 焊缝内壁未焊透

（2）未焊透产生的原因大致有：1）焊接温度过低；2）挤压力不足；3）焊接速度过快；4）磁棒退磁，焊接温度缓慢降低，操作者未及时察觉；5）成型管坯边缘变形、挤压辊上辊缝大于下辊缝，导致管坯边缘呈尖V对接；6）冷却液施加不当，直接浇到加热管坯边缘的V形回路上；7）堵渣回水。

需要指出的是，焊缝位置的暗线常常被误判成去除外毛刺留下的刮线痕迹。识别方法：一是用砂纸擦，擦掉表层后仍见刮线即是未焊透；二是做压扁试验。

（3）消除未焊透的措施：1）增大焊接线能量，适当降低焊接速度，增加焊接热量；2）增加挤压力；3）强化管坯边缘成型，实现对焊面平行对接；4）检查磁棒，确保没有退磁；5）避免冷却液直接浇洒到加热管筒边缘上，避免出现堵渣回水。

7.10.3.4 过烧与穿孔

过烧是穿孔的前奏，穿孔是严重过烧的产物，在金相组织中可见复熔共晶球。

（1）过烧和穿孔的主要原因：一是开口角过小导致液体过梁过长，烧化不稳；二是焊接速度较慢，焊接热量过高；三是焊接速度不稳定，管坯运行打滑，打滑的一瞬间易发生过烧；四是薄壁管焊接温度过高、开口角过小。

（2）预防过烧与穿孔的措施是：1）适当增大开口角，降低焊接热量输入；2）增大平辊轧制力同时减小立辊变形力，以消除机组打滑；3）薄壁管应选择高速度、低热量、中低挤压力、大开口角的焊接工艺参数。

7.10.4 内毛刺去不净

7.10.4.1 内毛刺去不净的种类

（1）内毛刺的余高大于 0.3 mm，其成因属于内刮刀高度调整范畴。

（2）"W"（俯视）或"M"（仰视）形缺陷：是指如图 7-65 所示 3003H18 焊管焊缝内壁内毛刺位置相对两侧凹槽而凸起的高度，该类内毛刺余高的特点有：第一，相对管壁厚度可以是 0，但是 $\Delta t>0$；当余高相对于管壁厚度大于 0 时，凹槽最深为 $h = H - (t - \Delta t)$，也就是说凹槽始终存在。第二，凹槽成双出现，但下凹弧深浅及宽度不一定相等，曲率由去内毛刺刀头的曲率决定；第三，绝对余高也许不高，但是 h 和 Δt 的存在使得观感与手感均不佳，严重时会影响钎料填充，用作气筒管时可能漏气。

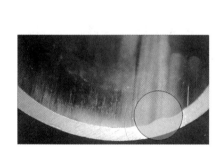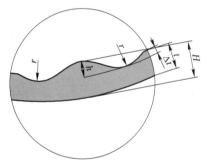

图 7-65 内毛刺呈"W"形缺陷示意图

7.10.4.2 "W"或"M"形缺陷形成机理与解决方案

A 形成机理

首先是管筒边部变形不充分，形成如图 7-66（a）所示的尖桃形焊接与尖桃形焊缝；当这种尖桃形内焊缝被圆弧形内毛刺刀刮削后，就会在内焊缝处形成图 7-66（c）所示的缺陷锥形，图 7-66（b）中的剖线部分表示被去掉的管壁；图 7-66（c）的尖桃形管经定径圆孔型轧制后，桃尖部位受力最大，被压下最多。

同时，由于在焊接过程中，融合线两侧、热影响区内的部分铝合金实际上经过了高温回火，状态变为 O 态，相较热影响区以外的铝合金要软；尤其是相较状态为 H18 的铝管坯，其热影响区内的合金更软，如 3003、O 态的硬度约为 H18 的 50%。当周向硬软不等

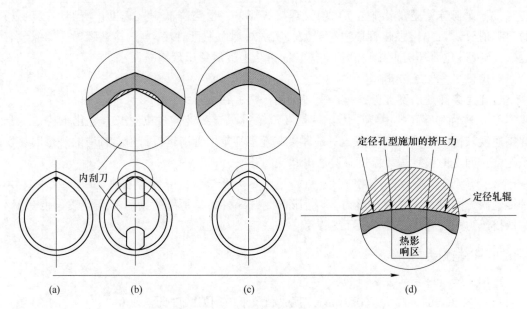

图 7-66　"M"或"W"形缺陷内焊缝形成过程

（a）尖桃形焊接；（b）内毛刺去除过程；（c）内毛刺去除后内焊缝形貌；（d）定径孔型周向挤压力推挤作用

的铝焊管受到定径轧辊孔型的周向挤压后，最软的熔融区和较软的热影响区部位首当其冲被挤压增厚且只能向管内壁增厚，发生凸起变形，最终形成图 7-66（d）所示的内焊缝表面"W"或"M"形缺陷。

此外，内毛刺去得越深、刀头越宽、刀头曲率半径越大，则该缺陷越严重。

B　解决方案

（1）适当加大成型第一道轧辊的轧制力，使管坯边部充分变形；

（2）改善第一道成型孔型设计尺寸，适当减小孔型边部 R，从根本上消除尖桃形焊接；

（3）合理设计定径余量，以减小定径的周向挤压力；

（4）要根据焊管内圆半径 r、管壁厚度 t 合理磨削内刮刀刀头圆弧半径 R 和刀头宽度 b，建议按式（7-57）磨削刀头：

$$\begin{cases} R = r - (3 \sim 5)\ \text{mm} \\ b = (2 \sim 3)t \end{cases} \tag{7-57}$$

（5）适当减小挤压辊上辊缝，以增大挤压辊上压力。

7.10.5　小直径凝器集流管堵渣回水

7.10.5.1　堵渣回水的内涵

为了减小冷凝器集流管中冷媒的阻力，要求必须去除内毛刺。但是，由于小直径冷凝器集流管内腔较小，如 $\phi 20\ \text{mm} \times 1.5\ \text{mm}$ 的集流管，出挤压辊后的内腔直径仅为 $\phi 17.6\ \text{mm}$ 左右，而内毛刺刀杆"直径"与长度在考虑刀杆强度的情况下通常设计为 $\phi 15.2\ \text{mm} \times (200 \sim 220)\ \text{mm}$，这样，除去下滚轮和刀头必须与焊管内腔同时接触的工况外，内腔单侧最大间隙只有 1.2 mm。同时，由于铝的亲氧特性，使得高频铝焊管在焊接过程中焊缝部位极易被氧化,生成大量氧化铝焊珠以及由铝焊珠衍生出的块状和片状铝焊渣,当这些块状或片状铝焊渣的尺寸大于 1.2 mm 后,就会堵塞在刀杆与管腔内壁之间,导致部分冷却磁棒用的冷却液无法全部从焊管出口方向流出,继而冷却液连同铝焊珠一起回流到焊接区域,形成堵渣回水。堵渣回水不仅造成焊接温度不稳定,更增大焊缝冷焊、微裂纹、夹渣等缺陷发生的概率,焊缝强度无法保证,严重时无法完成焊接。

可见,生产小直径高频铝焊冷凝器集流管的成败在于是否能够消除堵渣与回水,而前提是必须对铝焊渣类型和堵渣回水机理有深入了解。

7.10.5.2 铝焊渣的分类与堵渣机回水机理

A 焊管铝焊渣

焊管铝焊渣是指高频焊接铝管时,在形成焊缝和内外毛刺的过程中,管筒两边缘被高频电流加热后,在自身体积膨胀压力和外部挤压力共同作用下,会产生大量铝焊珠向管内、管外飞溅,人们习惯上将向管内飞溅的铝焊珠及其衍生物和去除下来的不规则内毛刺统称为铝焊渣。铝焊渣的主要成分是 Al_2O_3,铝焊珠是铝焊渣的主体。它有两个含义:一是除不规则内毛刺外,假如铝焊珠没有衍生出其他形态的铝焊渣,那么,铝焊珠就是铝焊渣;二是所有铝焊渣(不规则内毛刺除外)都是由铝焊珠演变而来,而且铝焊珠在一定条件下衍生出块状铝焊渣是高频铝焊的一大特点,倘若没有铝焊珠,则像不规则内毛刺这类铝焊渣对高频焊铝管的不利影响可以忽略不计。因此,以下未作特别交代时,所言铝焊渣均不包括去除下来的不规则内毛刺。

B 铝焊渣的分类

经过对堵渣回水的小直径高频铝焊集流管(以下简称"小直径集流管")解剖发现,铝焊渣有四种基本形态:一是"沙粒"状铝焊珠;二是"蚕虫"状铝焊渣;三是网状薄片铝焊渣;四是不规则内毛刺。

(1)"沙粒"状铝焊珠:顾名思义,呈沙粒状,颗粒大小在 0.1~1 mm 之间,如图 7-67 所示。铝焊珠的温度高达 660 ℃左右,即使它穿过冷却磁棒用的冷却液后仍然能够维持在铝合金的固熔温度范围内,这也为它衍生出"蚕虫"状和网状薄片形态的铝焊渣提供了条件。

(2)"蚕虫"状铝焊渣:由铝焊珠衍生而成,衍生前提是要有一个相对静止的"托盘",以供固熔铝焊珠堆积。衍生过程是:

第一步,高温铝焊珠高速喷射穿过冷却磁棒用的水柱,部分飞溅到黏有 AB 胶的磁棒套端部和内刮刀拉杆上;

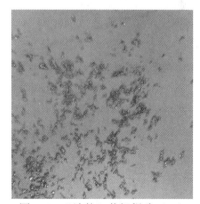

图 7-67 "沙粒"状铝焊珠(5×)

第二步,高温铝焊珠持续的堆积、长大,如图 7-68 所示;

第三步,当铝焊珠堆积长高到图 7-69 所示的"蚕虫"状时,其"头顶"触碰到内焊缝并被碰落在管腔内。图 7-69 中的"蚕虫"状铝焊渣,是在处理 $\phi20$ mm×1.5 mm 集流管堵渣回水时收集的,短的十几毫米、长的二十几毫米,"高度"达到 7~8 mm,不仅形状不规则、黏结成块、不易破碎、极易卡阻在内刮刀杆连接钩前,而且成长过程明显,在每一只"蚕虫"上均清晰可见"头、身、尾和连杆托盘"的痕迹。这里的头和尾是开始与结束的意思，表达的是衍生过程。

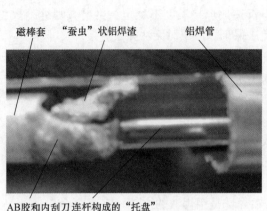

图 7-68　"蚕虫"状铝焊渣衍生过程示意图　　　图 7-69　φ20 mm×1.5 mm 管中"蚕虫"状铝焊渣

（3）网状薄片铝焊渣：是大量超高温（660 ℃以上）液态铝焊珠喷射到运动中的管壁上，并迅速结晶的产物，形状如图 7-70 所示，厚度一般不超过 0.15 mm，但是面积较大，足以被卡堵在内刮刀杆与管壁之间。

（4）不规则内毛刺：如图 7-71 所示不规则的内毛刺一侧容易卡在内刮刀退屑槽中，导致内毛刺出屑不畅，继而阻碍铝焊珠顺利通过，形成堵渣回水。

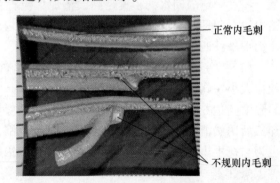

图 7-70　网状薄片铝焊渣　　　　　　图 7-71　不规则内毛刺与正常内毛刺示意图

C　堵渣回水机理

从铝焊渣的分类看，并不是所有的铝焊渣都会造成堵渣，因为在一定压力冷却液持续冲刷下，绝大部分铝焊珠都会被冲离焊接区间，并随管子高速前移，顺利通过内刮刀杆处；只有当铝焊珠衍生成"蚕虫"状、网状薄片铝焊渣以及遇到不规则内毛刺堵塞后才会发生堵渣回水。

堵渣回水机理有以下三种典型情况。

（1）铝焊珠与"蚕虫"状铝焊渣堵塞在内刮刀杆连接钩处。其基本过程是：从连杆"托盘"上掉落的"蚕虫"状铝焊渣随焊管移动到内刮刀杆连接钩处受阻，继而阻碍部分铝焊珠随焊管移动并越阻越多，逐渐堵塞，直至绝大部分冷却液无法从内刮刀处顺利排出，只能回流到开口管筒处，发生堵渣回水。

由"蚕虫"状铝焊渣和铝焊珠构成的堵渣特征是：焊渣主要堵在内刮刀杆连接钩前，这是因为像"蚕虫"这般大的铝焊渣根本无法通过内刮刀杆与管壁之间的狭小空间。

（2）铝焊珠与网状薄片铝焊渣的堵塞：过程与"蚕虫"状铝焊珠类似，区别在于堵渣位置主要发生在内刮刀杆上下限位轮与刀杆连接钩之间。

（3）铝焊珠与不规则内毛刺堵塞在内刮刀头前后位置。堵渣机理是：首先是不规则内毛刺卡在内刮刀出屑槽中，然后在不规则内毛刺干扰下使得部分正常的内毛刺也受阻，当这些内毛刺积累到一定程度时就开始阻滞铝焊珠随管移动，进而发展到堵塞管腔、跟着回水。

由此可见，无论是何种堵渣回水，都会见到铝焊珠的身影；而且回水是果，堵渣才是因。欲消除回水现象，必须先解决堵渣问题。

7.10.5.3　预防小直径集流管堵渣回水的措施

预防小直径集流管堵渣回水的措施应以减少焊管内腔铝焊珠为出发点，以预防"蚕虫"状和网状薄片铝焊渣为重点，具体措施包括优化成型和焊接工艺、合理配置焊接要素、提高铝管坯剪切质量、净化冷却液、减小内刮刀杆尺寸及精细处理与磁棒相关的方面等。

A　优化铝管成型工艺

优化铝管成型工艺包括成型孔型选择与成型轧辊调整两部分。

（1）选择合适的成型孔型。以管坯变型方式为例，相较边缘变形法和 W 变形法，圆周变形法更难实现管坯两边缘的平行对接；然而，正是这种"V"形对接，在开口圆管筒两边缘焊合点前形成上下两个开口角 α 和 α' 以及两个焊合点，如图 7-72 所示。下开口角部位首先实现焊合，当轮到上开口角部位焊合时，先焊合部位此时实际上起到了一个"托盘"作用，阻止铝焊珠向管腔飞，管腔内的铝焊珠量因之减少。所以，根据主要矛盾与次要矛盾的哲学原理，从减少堵渣回水的角度看，成型小直径集流管，用圆周变形法的成型轧辊变形铝管坯是一种不错选择。

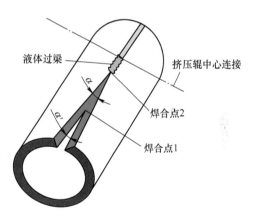

图 7-72　上开口角 α、下开口角 α' 焊合点与液体过梁示意图

（2）开口成型辊孔型的调整。若轧辊是按边缘变形法或 W 变形法配置的孔型，那么，可以按照 $(t+x)$ 的方式调整开口成型平辊辊缝。其中，t 为铝管坯厚度；$0<x\leqslant 0.3\ \mathrm{mm}$,可依据堵渣程度调节，轻微堵渣 x 取较小值，严重堵渣 x 取较大值。同理，堵渣较严重时，开口成型立辊不宜收得过紧。

（3）闭口孔型辊的调整。适当减小闭口孔型辊压下量，使管坯在挤压辊中成"尖桃形"对接，有助于减少铝焊珠向管腔内喷射。

此外，恰当的成型调整不仅能减少铝焊珠生成量，而且对铝管坯稳定运行意义重大，有助于消除不规则内毛刺。

B　合理配置焊接要素

高频焊接铝管的焊接要素是指焊接温度、焊接挤压力、焊接速度、开口角与焊合点位置等，它们共同影响铝焊珠数量与铝焊渣形态。

（1）焊接温度。焊接温度越高，铝管筒边缘由固态变为液态时体积膨胀越大，积蓄的膨胀压力便越高，向外喷射的铝焊珠就多。比如，在熔融焊接制度条件（640~660 ℃）下所飞溅的铝焊珠必定会多于固相焊接（629~640 ℃）的，同时容易产生网状薄片铝焊渣。

（2）焊接挤压力。大的焊接挤压力与高的体积膨胀压力叠加，必然促成较多铝焊珠的喷射；反之，即使焊接温度较高，如果挤压力不大，那么也不会产生过多铝焊珠。常用小直径集流管的焊接挤压力在10~25 MPa之间，生产现场大多借助内外毛刺大小、出挤压辊后焊管横向和竖向尺寸等进行间接控制。

（3）焊接速度。当其他条件一定时，提高焊接速度，就意味着焊接温度降低，由此产生的铝焊珠较少。

（4）开口角与焊合点。理论上讲，焊接开口角的顶点和焊合点应该与两挤压辊中心连线之中点三点重合；可是，受管坯变形程度、挤压辊孔型、材料弹塑性以及操作调整等因素影响，开口角的顶点实际上远离挤压辊中心连线，如图7-72所示。在图7-72中，管筒两边缘在高频电流邻近效应作用下，开口角越大，液体过梁长度越短，焊合点越接近挤压辊中心连线，产生的铝焊珠就越少；同理，当开口角较小时，液体过梁长度增长，实际焊合点远离挤压辊中心连线，则管筒边缘被挤压的熔融铝合金无论是长度还是宽度都比前者多，因而产生的铝焊珠必然多于前者，适合小直径集流管的开口角为5°~9°。

（5）高频频率。根据高频电流的集肤效应原理，当铝管坯确定之后，电阻率 ρ 和磁导率 μ 为定值，那么，频率 f 越高，电流渗透深度 Δ 越浅，这样管筒边缘熔融的铝合金区间较窄，挤压后产生的铝焊珠相对要少些，这也是高频焊铝管一般要求电流频率高于400 kHz（焊接钢管的电流频率实际在300 kHz左右）的原因之一。

一言以蔽之，注意焊接工艺参数之间的协调，如按表7-35搭配焊接要素，既能减少铝焊珠生成量，又可减小铝焊珠尺寸，降低堵渣回水发生概率。

表7-35　ϕ20 mm×1.5 mm 冷凝器集流管焊接要素匹配与铝焊渣发生量的关系

开口角 /(°)	焊接电流 /A	焊接电压 /V	焊接速度 /m·min⁻¹	挤压力 /MPa	铝焊珠数量
5~9	41	540	89	15~20	较少

需要强调指出，铝焊珠多与少是一定工艺状态的必然产物，决不能因堵渣回水而掣肘焊接要素合理匹配。

C　注重铝管坯剪切质量

这里主要是指铝管坯边缘的毛刺大小和翻边程度。基于小直径集流管需要钎焊的缘故，铝管坯的覆层必须卷制在管外，如此一来，复合铝管坯的进料方向以毛刺面为标志势必一正一反。当毛刺面卷制在管内并被加热焊接时，毛刺首当其冲成为铝焊珠喷射到管腔内；当毛刺面卷制在管外时，向管腔喷射的铝焊珠明显减少。因此，生产小直径集流管用成型第一道平辊建议实行"一夫多妻制"，即一个下辊配置多个适合不同管坯厚度的上辊，这样能最大限度地消除正反料因毛刺、翻边等对铝焊珠数量的影响。

D 提高冷却液纯净度与流速

（1）冷却液流量与流速。生产小直径集流管用冷却液，除了冷却磁棒外，还有两个功能：一是冷却内毛刺刮刀；二是冲走图 7-68 所示"托盘"上的铝焊珠，不让铝焊珠在此长成"蚕虫"状铝焊渣。尤其是后一个功能，对生产小直径集流管而言是一把双刃剑。趋利避害的前提是，必须确保从磁棒前端流出的冷却液体积流量（$v_C A_C$）与管腔和内刮刀杆间的体积流量（$v_G A_G$）符合式（7-58）要求。

$$v_C A_C < v_G A_G \tag{7-58}$$

式中，v_C 为磁棒出水口冷却液流速，m/min；A_C 为磁棒出水口截面积，m^2；v_G 为焊管速度，m/min；A_G 为焊管内腔截面积与内刮刀杆截面积之差，m^2。

否则，第一，从磁棒出口喷射的冷却液就会逐渐积累在磁棒与内刮刀杆之间，短则数秒、长则数分钟，冷却液就会从焊接区间溢出，形成回水。第二，为了既冲走铝焊珠，又确保从磁棒内喷射出的冷却液体积流量 $v_C A_C < v_G A_G$，应该遵守小流量、高流速的基本原则，在减小 A_C 的同时增大磁棒出口冷却液的流速 v_C。第三，提高焊接速度 v_G 也能延缓可能的堵渣与回水。第四，磁棒出水口的冷却液不能散，要成水杜，这样才有足够的压力冲走铝焊珠。

（2）提高冷却液纯净度。生产小直径流管用冷却液的主要成分是水和乳化油，但是，经过一段时间使用后，中间难免会混杂一些压板油、乳化油以及黏附在这些油上的杂质。当这些被污染的冷却液流经内刮刀杆时，部分油和杂质就会附着到刀杆上，同时流经刀杆处的铝焊珠也会逐渐附着其上，导致刀杆"直径"不断增粗，A_G 和 $v_G A_G$ 不断变小，形成回水。因此，必须重视冷却液的过滤和除油，保持纯净，消除回水隐患。

E 减小内刮刀杆尺寸与优化内刮刀位置

（1）减小内刮刀杆尺寸。如式（7-58）所示，预防堵渣回水既可从公式左边入手，亦可着眼于公式右边。由式（7-55）可知，当焊管规格和焊接速度 v_G 一定时，增大右边最有效途径是减小内刮刀杆横截面。以 $\phi16\ \mathrm{mm}\times1.15\ \mathrm{mm}$ 小直径集流管为例，出挤压辊后管内径在 $\phi14.3\sim14.5\ \mathrm{mm}$ 之间，比较"直径"分别为 12 mm 和 8 mm 的内刮刀杆，前者可通过最大铝焊渣之"直径"仅为 1.25 mm，后者为 3.25 mm，是前者的 2.6 倍，显然用"直径" 8 mm 的内刮刀杆更能减少堵渣回水。因此，在确保内刮刀杆强度的前提下，适当减小内刮刀杆横截面积，实际上增大了 A_G，不仅通过的冷却液流量多，同时还能通过更大更多的铝焊渣。不过，在减小刀杆直径的同时，必须相应缩短刀杆长度和选用更高强度材质的刀杆，这样既提高刀杆强度，又缩短铝焊渣通过内刮刀杆阻碍区间的长度，更有利于预防堵渣回水。

（2）优化内刮刀刀头位置。内刮刀刀头距磁棒出水口的距离，以确保刀头在水柱有效射程范围内为好，这样能将铝焊珠和小块铝焊渣直接冲走。该距离过远，超出冷却液水柱射程，水柱冲刷铝焊渣的作用不突出；过近，水柱击打到刀杆后易引起冷却液往回飞溅，甚至飞溅到焊合点之前，影响焊接。从实际应用效果看，生产 $\phi16\sim20\ \mathrm{mm}$ 集流管，该距离控制在 $550\sim650\ \mathrm{mm}$ 之间比较理想。

F 严格控制磁棒套头部位置

根据高频焊接铝管边缘易氧化、铝焊珠多且易堆积的特点，磁棒套头部非但不能像焊接钢管那样要超过两挤压辊中心连线，而且还必须远离挤压辊中心连线 $8\sim10\ \mathrm{mm}$，这样做的目的是：在不影响磁棒功效的前提下，尽可能使磁棒套头部远离铝焊珠爆发点；否则，磁棒套头部就像一个大"托盘"，承接铝焊珠爆发点产生的大量铝焊珠，形成大块铝焊渣，堵塞管腔，这是一方面。另一方面，由于焊缝实际焊合点总是"远离"挤压辊中心连线中点；或者说铝焊珠爆发点距挤压辊中心连线中点总是有一段距离，如图 7-73 所示。若磁棒套头部距挤压辊中心连线中点不够远，则由磁棒套和 AB 胶构成的"托盘"作用越发明显。第三，比较图 7-68 和图 7-73 所示磁棒套外面没有多余

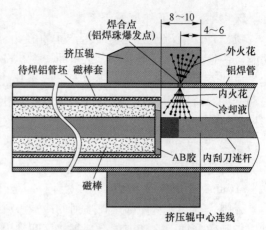

图 7-73 磁棒套头部位置与铝焊珠爆发点的关系

的 AB 胶，也就没有了块状铝焊渣生存的土壤。以上这些措施既是满足铝焊管生产工艺自身的需要，也是实施焊接智能控制的基础。

7.11 焊接智能控制系统

焊接智能控制系统是铝焊管智能制造的核心，它涉及到铝焊管生产线的诸多方面，纵向从开卷机到冷切锯，横向从人机交互平台到后台，平台面上从硬件到软件，牵一发动全身。然而，纵观目前铝焊管焊缝控制的现状，依然建立在调整工经验基础上，与工业已经进入 4.0 和"两化"深度融合的时代背景极不相符。

7.11.1 铝焊管焊接的控制现状

铝焊管焊接的控制现状是：一方面明知凭借调整工的经验进行控制弊端多而又不得不为之；另一方面也在不断探索替代焊接系统人工控制的新途径，但是由于影响焊接的因素众多，寻找新控制方法的努力在非智能时代均不成功。

7.11.1.1 焊接系统人工控制的弊端

A 控制效果受个体差异影响大

受调整工个人经验、熟练程度、精神状态、疲劳程度等影响，很难始终如一地确保单位焊缝长度的焊接线能量相等。焊接过程中的真实线能量 q_S 总是表现为式（7-59）所示状态，有时与理想状态的焊接线能量 q_L 式（7-60）相差较大。

$$q_S = \frac{UI}{v} + [\, q(\delta) \sim q(\Delta) \,] \tag{7-59}$$

$$q_L = \frac{UI}{v} \tag{7-60}$$

式（7-59）至少说明三点：

第一，影响焊接线能量的因素既有高频输入功率（电流 I、电压 U）的原因，也有机组焊接速度 v 的原因。

第二，从实际工况看，比较高频输入功率和焊接速度，前者比后者相对要稳定得多，后者更难驾驭；而调整工看到的热量波动是表象，焊接速度波动才是本质，调节焊接热量

只是被动地适应速度波动。

第三，线能量波动幅度在 $[q(\delta) \sim 0]$、0 和 $[0 \sim q(\Delta)]$ 之间，其中，0 表示焊接热量与焊接速度处于最佳匹配状态，是理想中的线能量控制目标，与式（7-60）一致；$[0 \sim q(\Delta)]$ 表示焊接处于过烧状态，需要降低焊接热量或增加焊接速度；$[q(\delta) \sim 0]$ 表示焊接处于冷焊状态，需要增加焊接热量或降低焊接速度。在正常生产中，波动的 $[0 \sim q(\Delta)]$ 和 $[0 \sim q(\delta)]$ 这部分焊接热量才是真正需要调整工调节的，并试图使它们接近 0。

问题的关键是否能调节到接近 0，全凭调整工个人经验、精力及责任心。无数事实证明，将焊接质量寄托在这些上面风险极大。

B 事后控制

调整工按式（7-59）无论怎样调节线能量都是滞后的控制，以焊接速度 80 m/min 和调整工从发现异常到采取调节措施，以人体最快反应时间为 0.7 s 计算，其中至少有 933 mm 长的焊缝在理论上存在程度不等的冷焊或过烧，这之后才会采取调节动作；而且事后调节还需要一定时间才能实现最佳匹配，因此在理论上存在焊缝缺陷的焊管长度远不止 933 mm。

7.11.1.2 焊接系统自动控制的尝试

焊管生产过程中的管坯变化、轧辊变动、磁棒退磁、设备异动等最终都会以焊接热量如铝焊珠喷发量、喷发高度等反馈给调整工并据此进行调节。于是，人们从人工操作中得到启迪，提出三种焊接系统自动控制模式。

（1）速度反馈型：固定输入热量基本不变，然后根据运行需要，适当增减焊接速度。其基本指导思想是：在诸多焊接要素中，比较而言，热量输入是一个相对稳定的值，以改变焊管运动速度来适应焊接温度，运用速度-温度闭环实现实时自动调节。

（2）温度反馈型：就是固定焊接速度基本不变，根据运行需要调节焊接热量。温度反馈型的初衷是：通过改变热量输入来满足焊接速度，运用温度-速度闭环实现实时自动调节。

（3）速度-温度反馈型：既改变焊接速度又改变焊接热量输入，使它们相互满足，在机组启动至正常生产阶段，就是采取速度与温度同步增加的调节模式。

然而，这些控制模式都带有非智能时代的烙印——事后调节；或者说，理想很丰满，现实很骨感，主要表现在两点。

第一，将铝焊生产过程过于理想化：忽视了铝管坯、焊管机组、环境、操作等因素或单独或组合对铝焊管生产的影响，且其中任意一个因素又可衍生出若干种影响因子。每个因子都会程度不等地直接或间接影响焊接热量和焊接速度。这些是不以人的意志为转移的，仅凭个体经验与肉眼识别做不到完全彻底驾驭它们，更别说实时调控。

第二，摆脱不了事后控制的事实：以速度—温度反馈型为例，在图 7-74 中，当焊接温度设定值 T_S 升高，拖动电机由于惯性其速度 v 及速度反馈值 v_f 都没有来得及改变，焊接温度及其温度反馈值 T_f 也未发生变化，则温度偏差 e_T 增大，温度调节输出器 T_R 同时增大，经倒数函数发生器 DFG 处理后，拖动电机速度设定值 v_S 下降，速度闭环使电机速度下降，焊接温度随之升高，其反馈值 T_f 稳定后，T_f 和 T_S 平衡，v_f 与 v_S 平衡，I_{Df} 与 I_S 平衡。若由于某种扰动，使焊接温度和其反馈值 T_f 降低，如果高频焊接电流 I 降低，那么温度偏差 e_T 增大，温度调节输出器 T_R 增大，DFG 处理后速度给定值 v_S 减小，则速度闭环迫使焊管速度降低，以维持焊管单位长度的焊接功率不致减小，这样，焊接温度及其反馈值回升，达到新的平衡。这个控制系统的主要弊端在于：所有的调控措施都是"在温度偏差 e_T 增大"之后进行的补救。就这个意义上讲，所谓的自动控制与人工控制没有本质区别，都没有逃脱事后控制的宿命。

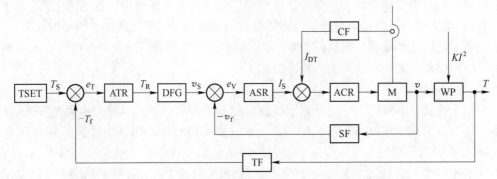

图 7-74　高频直缝焊管速度-温度闭环自动控制系统

TSET—温度设定器；ATR—温度调节器；DFG—倒数函数发生器；ASR—速度调节器；ACR—电机电流调节器；

M—拖动电机及驱动；WP—焊管机组；CF—电机电流反馈；TF—焊接温度反馈；SF—速度反馈；

T_S—温度设定值；e_T—温度偏差；e_V—速度偏差；T_R—温度调节值；v_S—速度设定值；

I_S—电流设定值；I_{DT}—电机电流值；T_f—温度反馈值；v_f—速度反馈值；KI^2—焊接电流

然而，如果将智能制造应用于铝焊管的焊接控制，就能在出现某种可能导致焊接缺陷的因素时，利用传感器对影响焊接的方方面面进行实时感知，运用合适算法和相关预测模型，将预测该因素出现后可能产生的结果反映到智能制造系统中和人机互动平台上，同时根据预测结果自主做出决策，自主发出执行指令，从而做到事前预防，这样就能将焊接缺陷扼杀在"可能发生的阶段"。

7.11.2　铝焊管焊接智能控制系统的构成与路径

（1）系统构成：由边缘端、感知信息处理系统、认知系统、规划与控制系统和人机交互平台五个部分组成，如图 7-75 所示。它们既相互独立又相互联系，内涵丰富。

（2）系统路径包括内部路径和外部路径，具体分析如下：

1）内部路径。铝焊管焊接智能控制系统内部路径的起点是焊接环境，包括铝焊管坯的种类特性数据、焊管机组静态特性与基本数据、动态特性与状态数据以及与铝焊管生产过程相关方面的数据等。其中，以焊管机组运行为中心，应用传感器采集成型管坯的变形状态、运行状态、机组运转状态、高频输出状态等信号数据，传输至感知信息处理单元。这一单元主要任务是对来自感知层的信号进行分辨，剔除无用信号，并运用傅里叶变换、小波变换、时域分析、频域分析等提取特征信号，以便更好地识别信号，建立预测预警模型。同时通过机器学习、模型训练使系统对铝焊管焊接过程具备一定的认知能力，对焊接过程中出现的某些异常现象、发展趋势进行判断，为规划、推理、决策、协调与控制提供依据。在此基础上，运用先进算法，建立自动规划系统，提供经济高效的规划资源，满足对焊缝智能控制的需要；将感知层所获得的信息转化为行动，在众多行动方案中做出最优决策，最终向布置在边缘端（焊接机组）的执行器发出增减焊接电流、电压、速度、挤

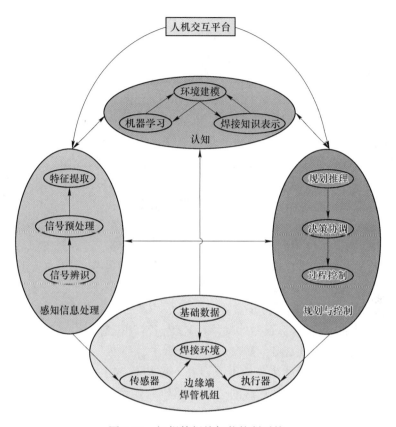

图 7-75 铝焊管焊接智能控制系统

压力等的指令；与此同时，部分指令显示在人机交互平台上供调整工参考，另一部分指令被发往后台用于储存、机器学习以及模型的进一步优化。

2）外部路径。系统的外部路径如图 7-76 所示。

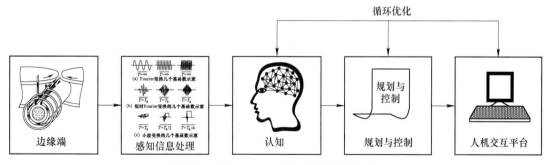

图 7-76 铝焊管智能焊接系统的外部路径

7.11.3 铝焊管焊接智能控制系统解析

7.11.3.1 边缘端的焊管机组

A 焊接环境

铝焊管焊接环境特征是影响铝焊管智能制造成功与否的关键因素，包括成型机组、焊接机组（机械部分）、定径机组、机组精度、变形方式、冷却液、高频设备、焊接电流电压、频率、磁棒、感应圈、机组拖动、焊接速度、成型平立辊、轧辊磨损、导向辊、挤压辊、轴承、管坯、操作者、开机时间等，涵盖铝焊管生产的方方面面，它们有的直接、有的间接影响铝焊管生产。这些关于焊接边缘端的环境，尽管它们种类繁多，性质状态作用也各不相同，但是它们具有以下五个特征：

第一，影响的确定性与非确定性并存。以平辊轴承磨损为例，人们都知道平辊轴承磨损必定影响轧制力施加、管坯变形效果、焊接速度、焊接热量、焊缝强度等，但是对实时磨损程度和磨损到什么程度对铝管焊接会产生实质性影响大多数情况下只能用可能与不可能、严重与不严重来描述，不能精确确定。也就是说，人们可能并不总是绝对确定其从焊接环境中所获得的观察和认知，并且做出确定性的决定。

第二，静态与动态并存。这里的静态与动态是哲学意义上的，系指事物是否随时间和条件而变化。如果随时间发生变化，且其状态没有保持恒定，这就是动态环境。最典型的事例是：有经验的调整工都有这样的体会，在单班生产环境下，第一天正常生产停机下班，第二天上班，人还是这班人，还是这条生产线，还是这卷管坯，总之几乎什么都没变，就是没法像第一天下班前那样正常生产。其原因就在于：焊管机组的环境温度变了：第一天下班前机组是"热机"，彼时的轴承、轧辊、冷却液等因温度较高，与管坯构成了一个和谐系统；而随着时间变化，第二天机组变成了"冷机"，轴承滚珠、轧辊等冷收缩导致因"热机"形成的和谐系统条件不复存在。要想正常生产，就需要进行调整，创造一个首先适合"冷机"生产，然后逐渐适合"热机"生产的和谐环境。

第三，完全可观察与部分可观察并存。前者指可以完整地了解焊接过程某一方面的所有信息，并且能够完整地感知；后者只能观察到部分环境，存在不被观察的盲区。如红外线测温仪所感知到的焊接温度其实只是加热焊接的表层温度，焊缝中心的真实温度是没法感知的，只能根据高频电流的邻近效应和集肤效应合理推测它比表层温度稍低。再比如一卷正在使用的铝管坯，我们可以知道它内外圈的厚度公差最大值最小值分别为 $+\Delta$、$-\delta$，但是具体到某一段的真实厚薄状况却并不清楚，需要借助测厚传感器方能全面掌握。

可依据目标任务来确定需要环境的程度，如根据高频电流的规律，我们知道焊缝中心的温度略低于表层温度，为了确保焊缝中心温度满足焊接要求，通常将表层温度控制到比需要的焊接温度稍高一点。在智能焊接系统中，由于厚度变化影响到焊接速度、焊接温度、挤压力施加等，仅仅知道内外圈的公差范围是不够的，必须通过传感器了解实时公差，这样能在管坯进入机组之际知道实际厚度，进而准备好实施方案，以便焊接该段时自主地按早已准备准备好的、经过优化后的工艺参数实施精准控制。

第四，离散与连续并存。在铝焊管焊接智能控制系统中，对于厚度变化的监测，虽然看似连续地在感知，但是所感知到的峰谷值在时间上并不连续，如图 7-77（a）所示；而监测平辊轴承温度变化，其变化规律是随开机时间逐渐上升至某一点后便与外部环境的冷却达成平衡，维持在该点不再继续上升，整个温度变化过程在一个时段内是连续的，相邻两个区间可无限分割，取无限个数据，如图 7-77（b）所示。

确定环境属性的意义在于：选择算法模型。常见的离散系统模型和连续系统模型见表7-36。

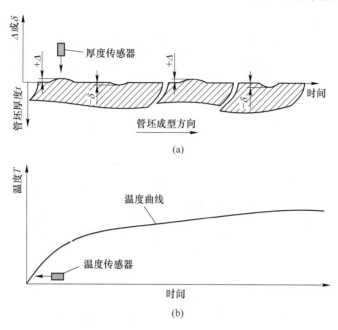

图 7-77 离散信息与连续信息示意图

（a）采集管坯厚度的离散信息；（b）运转中平辊轴承温度的连续信息

表 7-36 常见离散系统模型与连续系统模型

连续系统模型	离散系统模型
微分方程： $$a_0 \frac{\mathrm{d}^n y}{\mathrm{d}t^n} + a_1 \frac{\mathrm{d}^{n-1} y}{\mathrm{d}t^{n-1}} + \cdots + a_{n-1} \frac{\mathrm{d}y}{\mathrm{d}t} + a_n y$$	差分方程： $$y(n+k) + a_1 y(n+k-1) + \cdots + a_n y(k)$$ $$= b_1 u(n+k-1) + \cdots + b_n u(k)$$
传递函数： $$G_S = \frac{Y_{(S)}}{U_{(S)}} = \frac{C_1 S^{n-1} + C_2 S^{n-2} + \cdots + C_n}{S^n + a_1 S^{n-1} + a_2 S^{n-2} + a_n}$$	状态空间模型： $$\begin{cases} x(k+1) = Fx(k) + Hu(k) \\ y(k = Cx(k)) \end{cases}$$

　　第五，可及与不可及并存。此处是指对焊管环境控制力所能及和力不能及。比如，对于磁棒退磁现象，我们能做的是为其创造尽可能好的冷却环境以保持良好性能，但是在高温环境下并不能保证磁棒在使用一段时间后不退磁。无论怎样努力，我们只能迟滞磁棒退磁的速度，不能改变磁棒一定会退磁的事实。这一环境特点告诉调整工，在磁棒使用一段时间后要主动更换。

　　B　基础数据

　　基础数据包括拖动电机额定功率、高频额定功率、机组基本参数、轧辊基本参数，管坯力学、化学、物理、宽度、厚度等基本参数，机组状态（用数据表示的优良等级）和调整工的技能等级，这些但不局限于这些都属于焊接智能控制系统的基础数据收集范畴。

　　C　传感器

　　通过转速、位移、压力、温度、电流、测厚仪、测温仪等传感器能感知到机组运行状态和管坯变形状态，并能将它们感知到的信息按一定规律变换成为电信号或其他形式的输出信息，满足信息传输、处理存储、显示控制的需要，是感知信息处理的前提。

7.11.3.2 感知信息处理

感知信息处理包括信号辨识、信号预处理和信号特征提取3个方面。

(1) 信号辨识。受温度、湿度、振动、噪声等因素影响，传感器所感知到的信号中既有反映被测物体真实状态的正常信号、异常信号，也有无用信号、干扰信号。信号辨识的目的就是过滤掉无用信号、干扰信号，为信号处理创造一个好的环境，清除障碍。

(2) 信号预处理。由于智能焊接系统使用的传感器类型繁多，使得输出具有种类多（开关信号型、模拟信号型、数字信号型等）、信号弱（有的输出电压只有 $0.1~\mu V$）、易衰减、非线性、易受干扰等特点，需要采取不同的信号处理方法来抑制干扰信号，放大特征信号，使传感器的输出信号成为可测量、可控制以及计算机可读取的信号形式。

信号预处理的方法多达十余种，如抗变换电路、放大电路、电流电压转换电路、频率电压转换电路、电桥电路、电荷放大器、交-直流转换电路、滤波电路、非线性校正电路、对数压缩电路等。还可以通过提高信噪比、减少机组振动、保持传感器干燥、预防高频焊机产生的电磁噪声干扰等措施优化传感器的输出信号，只有经过预处理后输出的信号才具有鲜明的特征，也才可能将反映焊接环境变化的特征信号提取出来，使信号变为人们能够理解的信息，进而对焊接环境实施反向干预，而优质输出信号是焊管智能焊接控制系统的认知基础。

(3) 信号特征提取。这是指将传感器所采集到的信号经过 D/A 转换成图像后，利用计算机提取图像信息，区分每个图像的点是否属于一个图像特征，并把不同图像特征分为不同的子集，赋予这些子集特定内涵，确保同一场景、不同图像所提取的子集特征相同。

也就是说，让特定信号与特定信息建立必然联系，使特定信号表征特定信息，当传感器采集到特定信号后，便预示着发生了特定事件。如锁定测厚仪采集到管坯超厚的信号之图像区间后，一旦图像在该区间出现就说明管坯超厚了，而图像幅值则反映管坯超厚程度。

将铝焊管焊接过程中采集到的厚度、宽度、变形程度、成型管坯回弹、焊接温度、挤压力等信号转换成图像信息的算法很多，常用的有标准傅里叶变换、短时傅里叶变换、小波变换及其与之相应的重心频率、均方根频率、频率标准差、均值、均方值、方差、标准差等时域算法和频域算法。应针对不同传感器的特点、输出信号方式、信号采集场景等合理选择转换方法，比如采集焊接热量的信号属于非平稳信号，所以对焊接热量信号的处理更适合用小波变换，因为小波变换能更好地处理时变信号。只有信号处理好了，才可能提取到特征明显的信号；只有信号特征明显，才能被系统所认知。

7.11.3.3 焊接智能控制的认知系统

这里的认知不仅包括通过各类传感器获取焊接环境信息，也包括焊接智能控制系统本身具有一定程度的主动思考、理解、学习、推理和执行能力，并与调整工进行简单的人机交互。实现焊接系统智能认知，首先需要将焊接知识用计算机语言进行表示，其次要根据焊接环境建立相应的模型，三要对焊接模型进行训练、验证，实现焊接智能控制系统的自学习。

A 知识表示

焊接知识表示分为焊接知识界定和如何表示焊接知识。

(1) 焊接知识的界定。需要表示的焊接知识有三个层面：第一，与焊管成型焊接相关的变形方式、铝管坯、焊接热量、焊接电流电压、焊接频率、焊接温度、挤压力、焊接速度、平立辊、开口角、感应圈、磁棒、传感器、信号、模数转换等的内涵、概念。第二，不但要有机组、管坯等静态方面的知识、概念、参数，如传动齿轮齿数、模数、速比等，还应该包括焊管机组运转、管坯成型过程、焊接过程等动态变化的信息描述。第三，既要有机组运行、成型过程、焊接过程当前状态和行为的描述，更要有关于这些状态和行为的发展变化趋势、因果关系描述的知识，如对平辊轴承寿命周期的描述与健康预测。

（2）表示焊接知识。对焊接知识进行编程，以便计算机可以理解并利用这些知识来解决复杂的高频直缝铝焊管的焊接问题，当管坯强度这一焊接环境发生变化后，系统能像专家一样而不是个别调整工进行处理。计算机能够做出怎样程度的处理，完全取决于我们对焊接知识的表达及其赋予的推理能力。比如，表示焊接热量与焊接速度的关系，我们既可以将焊接热量与速度表示成一对一线性关系模型 Q_X，见式（7-61）；也可以表示成跳跃式的分段函数关系模型 Q_F，见式（7-62）。

$$\begin{cases} Q_X = a + \lambda v \\ Q_X(v + \Delta v) = Q_X + \Delta Q = a + \lambda(v + \Delta v) \end{cases} \tag{7-61}$$

$$\begin{cases} Q_F = a + \lambda v & (v_N \leq v < v_{N+1}) \\ Q_F = a + \lambda(v + \Delta v) & (v_N \leq v + \Delta v < v_{N+1}) \end{cases} \tag{7-62}$$

倘若用式（7-61）的表示方法，那么只要速度发生哪怕是细微的、$\Delta v \to 0$ 的变化，就会立刻有 ΔQ 的热量响应；倘若用式（7-62）方法进行表示，虽然同样发生了 Δv 的速度变化，但是不会立即有 ΔQ 的热量响应，而是要等到焊接速度从 v_{N-1} 跃迁到 v_N 后才会有 ΔQ_N 的热量响应。也就是说，即使速度在（$v_N \leq v < v_{N+1}$）范围内变化，焊接热量都不会有增减响应。这两种关于焊接热量与焊接速度关系的表示方法，代表了两种不同的控制模式与算法，它们的函数图像如图 7-78 所示。只有能够将焊接知识按照应用需求清晰地表示出来，才能为下一步的焊接环境建模打好基础。

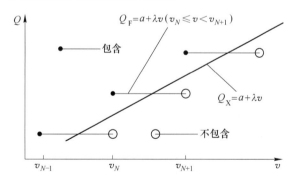

图 7-78 焊接热量随速度变化的线性表示和分段表示示意图

B 焊接环境建模

焊接环境建模主要是根据与焊接环境相关的一系列知识表示和描绘，建立相应的焊接电流电压、焊接热量、焊接速度、焊接挤压力模型，使铝焊管智能焊接系统能够从表示的知识和经验中进行学习、推理，从而可以像人一样智能地运行，并提供类似专家的建议。描述焊接环境的模型多种多样，这里仅列举 5 个与焊接直接相关的模型。

a 焊缝长度与焊接热量的线性模型

根据 7.5.1.2 节所述建模方法，$\phi25$ mm × t mm 铝合金集流管每毫米焊缝需要的焊接线能量（热量）由式（7-63）决定。

$$\begin{cases} Q_{\phi25 \times t} = (13.24t - 4.72) \pm 0.3 \\ Q_{D \times t} = (at + b) \pm \delta \end{cases} \tag{7-63}$$

式中，a、b 为待定系数。

式（7-63）模型说明，在焊管外径确定之后，焊接需要的热能由管壁厚度左右；由此类推，通过试验，运用最小二乘法易得直径为 D、厚度为 t 的所有铝焊管每毫米需要焊接热量的一般模型。

b 挤压力与焊接热量的偏导数模型

研究确认，焊接挤压力 F_J 与焊接热量 Q 成反比，与变形管坯强度 σ 成正比，见式（7-64）。

$$F_J = \frac{\sigma^\mu}{\lambda Q} \tag{7-64}$$

式中，λ、μ 均为系数。

需要特别强调的是，这里的变形管坯强度 σ 并非指狭义的铝管坯强度，而是包括狭义管坯强度在内，由成型管坯厚度、宽度、挤压辊孔型以及成型效果共同构成的待焊铝管坯抵抗挤压辊挤压变形的能力。

根据铝焊管生产实际，在正常生产中，焊接热量的变化若是因为变形管坯强度发生了变化。那么，设变形管坯强度微量变化后焊接热量不变，对式（7-64）中的 σ 求偏导数，易得挤压力 F_J 随 σ 变化的模型：

$$\frac{\partial F_J}{\partial \sigma} = \frac{\mu \sigma^{\mu-1}}{\lambda Q} \tag{7-65}$$

则式（7-65）就是在焊接热量不变、变形管坯强度变化时需要增减挤压力的模型。

c 焊接热量与焊接电流、焊接电压、焊接速度的全微分模型

式（7-60）实际上就是关于焊接线能量 q 与电流 I、电压 U 和焊接速度 v 的物理建模，它从宏观方面表述了 U、I、v 和 q 的关系。但是，铝焊管焊接智能控制系统最关心的是它们之间的小幅波动与相互影响，尤其是当焊接速度波动时，需要焊接电流电压怎样应变。对式（7-60）全微分，得式（7-66）。

$$dq = \frac{IdU}{v} + \frac{UdI}{v} - \frac{UIdv}{v^2} \tag{7-66}$$

用式（7-66）除以式（7-60），得式（7-67）：

$$\frac{dq}{q} = \frac{dU}{U} + \frac{dI}{I} - \frac{dv}{v} \tag{7-67}$$

考虑到焊管生产实际，除焊接处于启动状态外，正常生产中的高频焊接电流电压输出具有从属于速度波动的特点。

于是，对式（7-67）进行变换，得到关于速度波动（变化率）的三种状态及其焊接电流电压需要跟进量的模型式（7-68）~式（7-70）：

$$\frac{\mathrm{d}v}{v} > 0, \quad \left(\frac{\mathrm{d}U}{U} + \frac{\mathrm{d}I}{I}\right) > \frac{\mathrm{d}q}{q} \tag{7-68}$$

$$\frac{\mathrm{d}v}{v} = 0, \quad \left(\frac{\mathrm{d}U}{U} + \frac{\mathrm{d}I}{I}\right) = \frac{\mathrm{d}q}{q} \tag{7-69}$$

$$\frac{\mathrm{d}v}{v} < 0, \quad \left(\frac{\mathrm{d}U}{U} + \frac{\mathrm{d}I}{I}\right) < \frac{\mathrm{d}q}{q} \tag{7-70}$$

第一种状态，焊接速度变化率 $\frac{\mathrm{d}v}{v} > 0$，说明焊接速度波动方向是增速，速度变快了，需要焊接电流和电压相应增大；智能控制模型给予的增大幅度为：$\left(\frac{\mathrm{d}U}{U} + \frac{\mathrm{d}I}{I}\right) - \frac{\mathrm{d}q}{q} > 0$。

第二种状态，焊接速度变化率 $\frac{\mathrm{d}v}{v} = 0$，说明焊接速度没有波动，焊接过程稳定，不需要焊接电流和电压作变化。

第三种状态，焊接速度变化率 $\frac{\mathrm{d}v}{v} < 0$，说明焊接速度波动方向是减速，速度变慢了，需要焊接电流和电压相应减小；智能控制模型给予的减小幅度为：$\left|\left[-\frac{\mathrm{d}U}{U} + \left(-\frac{\mathrm{d}I}{I}\right)\right]\right| - \frac{\mathrm{d}q}{q} < 0$，其中绝对号内的负号表示减小。

这样，铝焊管焊接智能控制系统就可依据这三个模型对由速度波动引起的、需要电流电压跟进响应实施自主控制。

d 焊接热量与焊接速度微分方程模型

焊接热量与焊接速度微分方程模型是基于相关原理的因果法，该模型既能反映焊接热量与焊接速度的内在规律，又能反映事物因果内在联系，也能分析两个因素的相关关系，分析精度比较高，模型容易理解和实现。如已知焊接热量 Q 与焊接速度 v 存在函数关系如下：

$$Q = Q(v) \tag{7-71}$$

当焊接速度从 $v \to v + \Delta v$ 时，焊接热量增加 ΔQ，则

$$\begin{aligned}\Delta Q &= Q(v + \Delta v) - Q(v) \\ &= rQ(v)\Delta v\end{aligned} \tag{7-72}$$

令 $\Delta v \to 0$，得微分方程

$$\frac{\mathrm{d}Q}{\mathrm{d}v} = rQ \tag{7-73}$$

若记初始时刻 $(v = x)$ 的焊接热量为 Q_0，焊接热量增加率为 r，则有

$$\begin{cases}\dfrac{\mathrm{d}Q}{\mathrm{d}v} = rQ \\ Q\big|_{v=x} = Q_0\end{cases} \tag{7-74}$$

模型求解，得：

$$\begin{cases}Q(v) = Q_0 \mathrm{e}^{rv} \\ \lim\limits_{v \to X} Q(v) = P\end{cases} \tag{7-75}$$

式（7-75）说明，当焊接速度变化时，焊接热量将以指数规律增加或减少；$\lim\limits_{v \to X} Q(v) = P$ 作为模型的限制条件，P 是铝焊管生产线用高频焊机的额定功率。

e 待焊管筒边缘温度感知模型

待焊管筒边缘温度感知模型是利用红外线测温仪测量管筒边缘焊接时的即时温度，基本原理是：自然界一切温度高于绝对零度（-273.15 ℃）的物体在做分子热运动时，都在不停地向周围空间辐射包括红外波在内的电磁波，其辐射能量密度与物体本身的温度关系符合辐射定律，由此易得待焊管筒边缘焊接时的温度模型：

$$T = \left| \frac{E}{\varepsilon\sigma} \right|^{\frac{1}{4}} \tag{7-76}$$

式中，E 为总辐射度，W/m^3；σ 为斯蒂芬-玻耳兹曼常数，$5.67 \times 10^{-8} \ W/(m^2 \cdot K^4)$；$\varepsilon$ 为辐射率即物体的黑度，$0 < \varepsilon_{铝} < 1$；T 为待焊管筒边缘表面温度，K。

由于该模型具有非接触、测温范围广、测温快、测温准、灵敏度高等优点，因此是测量铝焊管焊接温度和实现焊接温度智能控制的理想模型。图 7-79 就是根据红外线测温仪所测开口铝管筒边缘焊接区域的温度场，图中密集布置的测温仪使精准控制焊接温度成为可能，为实现焊缝智能控制提供了技术支持。以②号传感器为例，若检测到温度高于550 ℃，系统便会立即自主地在以下方案中至少选择一项通知执行器付诸实施：降低热量输入、增加焊接速度、减小挤压力，这样确保了系统有充裕的反应时间，实施实时调整。

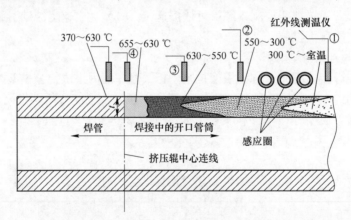

图 7-79 红外线温度传感器与 AA3003 待焊铝管筒边缘焊接区温度场

这些关于焊接环境模型的建立，为铝焊管智能焊接系统的预测、推理、学习创造了前提条件。

C 机器学习

铝焊管智能焊接系统的学习，是指利用计算机获取与铝焊管焊接直接相关和间接相关的知识来模拟人类学习，使该系统通过识别和运用现有数据、预测模型进行归纳推理，形成关于铝焊接的一系列新知识、新技能，促进铝焊管智能焊接系统在更高层次上满足焊接工艺的需要。

从铝焊管智能焊接系统学习模型图 7-80 可见，它是将外界的关于铝焊管生产焊接方面的信息加工为焊接知识的过程，首先从环境处获取外部信息，然后对这些信息运用算法进行分析推理形成能够更好地满足铝焊管焊接的新知识，并将这些新知识放入由冷数据、热数据和温数据构成的知识库中，作为驱动执行器的一般原则。

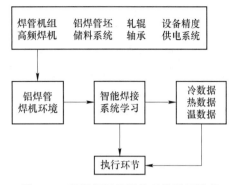

图7-80 铝焊管智能焊接系统学习模型

执行环节是根据知识库中的焊接知识向执行机构发出动作指令，以便优质地完成焊接工艺要求的焊接任务，同时将完成焊接过程中所获得的一系列与铝焊管焊接有关信息反馈给学习环节，进入下一个学习循环。这样，铝焊管智能焊接系统就能在"学习→提高→再学习"过程中其智能水平不断提高，"驾驭"焊接环境变化的能力不断增强。

7.11.3.4 规划与控制

规划与控制包括规划推理、决策协调和过程控制三个方面。

A 规划推理

铝焊管智能焊接系统中的规划与推理是一对孪生兄弟，规划是关于动作的推理，有助于智能算法的演化。其主要思想是首先对与铝焊管焊接相关的周围环境进行认识（感知）与分析，然后根据需要实现优质、高效、低耗的目标，对若干可供选择的动作及所提供的资源限制和相关约束进行分析推理，综合制定出实现目标的动作序列，该动作序列即称为一个规划。

因为铝焊管智能焊接系统需要执行的动作种类繁多，所以存在多种形式的规划，如感知规划、信息收集规划、通信规划、路径和运动规划、施力规划、焊接热量调节规划等。而推理的方法亦有很多，比如演绎推理、归纳推理、类比推理、分析推理、动机推理和机会推理。这些推理又因使用不同的逻辑方法还可以进一步细分，就机会推理而言，它有正向链接和反向链接之分，如正向链接推理：

（1）管坯运行速度 $v_1 \Rightarrow v_2$，且 $v_1 < v_2$，通常需要 $Q_1 \Rightarrow Q_2$，且 $Q_2 - Q_1 > 0$，即增加焊接热量；

（2）待焊管筒边缘测温模型反映管筒边缘的焊接温度变低了。

演绎：可能需要 $v\downarrow$，即降低焊接速度；或者可能需要 $F\uparrow$，即增加挤压力。

B 决策协调

焊接系统智能决策的本质是利用人类的知识，借助计算机和各种模型、算法所形成的人工智能方法来解决焊接过程中复杂问题的决策。焊接环境智能感知是智能决策的基础，不断地机器学习、模型训练、反复记忆、判断推理等过程则是智能焊接系统提高决策能力的有效途径。

同时，智能决策的另一个前提是针对一个事件有 N 个可供选择的方案。如根据式（7-67）中的模型，面对焊接能量波动，至少可在7个方案中进行选择，参见集合下式：

$$\frac{\mathrm{d}q}{q} = \{U, \ I, \ v, \ (U\leftrightarrow I), \ (U\leftrightarrow v), \ (I\leftrightarrow V), \ (U\leftrightarrow I\leftrightarrow v)\}$$

集合中的符号" $\leftrightarrow$ "表示同时响应。之所以说至少，是因为有些子集内还存在升降（ $\updownarrow$ ）关系，如子集（ $U\leftrightarrow I$ ）在同一环境中又有3种选择：

$$\{(U\uparrow,\,I\uparrow)\ 或(U\downarrow,\,I\downarrow),\,(U\uparrow,\,I\downarrow),\,(U\downarrow,\,I\uparrow)\}\in(U\leftrightarrow I)$$

对于可供选择方案的多寡要辩证地看，可供选择的方案多，选择余地大，调整措施灵活多样，异曲同工，条条大路通罗马。其缺点是算法复杂，计算量大，决策难度大；反之，可供选择的方案少，易受到现场环境因素制约，调整措施单一。其优点是算法简单，计算量小，决策难度小。由此可见，应根据实际需要和算力合理确定可供选择方案的数量，协调好它们之间的关系。

确定方案数量的原则：（1）能提供最优化决策方案；（2）最完美解决问题；（3）使用最少算力。

其实，无论是人做决策还是智能焊接系统做决策，都存在一个决策风险问题。因为它们都面临用过去的经验解决当前问题的尴尬。降低智能焊接系统决策风险的唯一方法是：收集尽可能多的关于过去的经验（数据），构建尽可能优化的模型，采用尽可能先进的算法。这就要求人工智能工程师和焊管工作者在日常生产过程中要多观察、多记录、勤思考，不断完善算法模型。

C　过程控制

过程控制系统是以先进网络通讯技术为基础的新型控制系统，通过控制与管理结合，使焊接智能控制系统更好地服务于高频焊接工艺过程，实现铝焊管焊缝品质无忧，它包括实时优化（RTO）、先进控制（APC）、集散控制（DCS）、安全仪表（SIS）、设备包控制（EPCS）、高级报警管理（AAS）、生产实时数据库（RTDB）、现场总线控制（FCS）等系统。下面以现场总线控制加以说明。

现场总线控制的内涵，是指由制管企业底层控制网络（各类智能设备、智能仪表、传感器、变送器、执行器、自主诊断、报警、记录）构造的新一代网络集成式全分布计算机控制系统，即现场总线控制系统。其实质是把铝焊管生产的各类现场设备变成网络节点并连接起来，集成在一起，构成现场网络自动化系统，实现自下而上的全数字通信和生产过程信息集成，把企业信息沟通覆盖范围延伸到焊管生产现场，是焊管设备的延伸，如图 7-81 所示。

7.11.3.5　执行器

在铝焊管焊接智能控制系统中，执行器通常由执行机构和自动调节机构两部分组成。后者通过执行元器件直接改变焊接工艺参数，使管坯的供料、成型、焊接等过程满足由专家系统制定的工艺要求；前者负责接收来自控制器的控制信号并把它转换成驱动调节机构的输出，如调节挤压力的调节丝杆角位移量、调节焊接速度的电位器角位移量、调节锯切精度的冷切锯直线位移量等。

铝焊管生产线所用执行器的驱动媒介主要有气动、液动和电动 3 种。气动动作可靠、输出力较大，但是输出力易受外部作用力变动影响；液动动作平稳可靠，输出力大，但是响应时间较长；电动电源方便，信号传递迅速，但是往往结构较复杂，防爆性能差。要根据实际需要合理选用，比如控制挤压辊上挤压力应选择液动方式，若使用气动来驱动，当管坯强度硬度突然增大时，其所产生的反作用力会导致气缸内空气的压缩比发生变化，进而引起挤压力波动，焊缝质量不稳定。

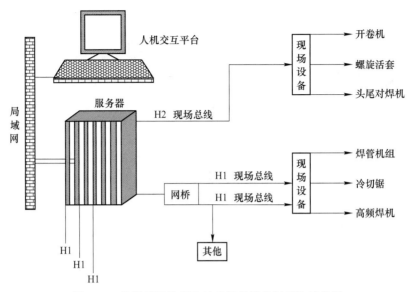

图 7-81　铝焊管智能制造的现场总线控制系统示意图

7.11.4　实现焊接智能控制的途径

　　总的指导思想是：激发行业有识之士的商业嗅觉和"吃螃蟹"精神，以焊接机组为中心、以焊管生产线为主轴向周围辐射，与设备供应商和人工智能团队联动，一手抓机器设备自动化、智能化改进，一手抓相关软件的开发设计，争取在最短时间内将二者深度融合，实现铝焊管焊接智能控制。

　　铝焊管焊接智能控制系统只是铝焊管智能制造系统中的一个分布式人工智能系统，另一个重要的分布式人工智能系统就是铝焊管定径智能控制系统。

8 铝焊管定径整形工艺与智能矫直系统

从焊管定径的基本功能与特点出发，对铝焊管定径整形工艺过程中的调整原则、调整方法及一系列焊管缺陷等，用系统论的思想分析、说明并指导铝焊管调整。以全新视角和丰富实例对传统定径圆孔型及圆变异之异形孔型提出改进方案，充实完善铝焊管定径整形工艺，包括对矫直系统进行前瞻性智能化谋划，以期条件成熟时实施。

8.1 铝焊管定径整形的内涵与工艺过程

8.1.1 定径与整形的内涵

8.1.1.1 定径与整形的区别

定径与整形的区别主要有：

（1）作用对象不同。定径，习惯上认为作用对象是圆管，侧重于径即圆尺寸精度调整；整形则指对除圆以外的焊管即异形管进行调整，主要工艺内容是力求形状规整和尺寸精度。

（2）轧辊孔型不同。定径圆管的孔型是按一定规律设计的一个个圆孔型；整形轧辊是一组与成品外廓相似的孔型，且孔型形状与尺寸越往后越接近成品。

（3）工艺目标不同。定径的成果是圆管，整形的成果是异形管。

8.1.1.2 定径与整形的联系

定径与整形的联系如下：

（1）作用区间相同。无论是圆管还是异形管，都是在焊管机组之定径机和矫直机区域将焊接后的不规整管变为达标产品，完成铝焊管华丽转身。

（2）它们的调整方法基本相同。

（3）在焊管纵向方向都需要存在足够的张力。

（4）孔型变化规律是由大逐渐变小，直至与成品相同。

8.1.2 焊管定径整形工艺过程

出焊接机的焊管在形状和尺寸方面几乎都不达标，必须通过特定孔型轧辊进行轧制，达到成品要求，该工艺过程有四类。

（1）◎→◎：即圆管到圆管的定径，通过对定径圆孔型轧辊的调整，将出挤压辊后不规整的待定径圆管调整为横断面形状和尺寸都达标的成品圆管，工艺过程如图 8-1 所示。

（2）◎→□：就是将圆管变为异形管，通过对异形孔型轧辊进行调整，将出挤压辊后横断面为圆的焊管，调整为横断面形状各异、尺寸各异的异形管，如图 8-2 所示。

（3）□→□：在直接成异工艺中，出挤压辊后的异形管尺寸与形状都不符合标准要求，通过调整异形轧辊，使形状与尺寸公差均达到如图 8-3 所示的要求。

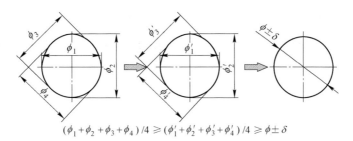

$$(\phi_1+\phi_2+\phi_3+\phi_4)/4 \geqslant (\phi_1'+\phi_2'+\phi_3'+\phi_4')/4 \geqslant \phi\pm\delta$$

图 8-1 圆管定径工艺过程示意图

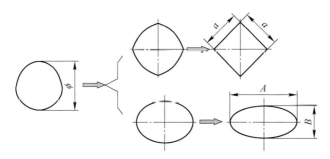

图 8-2 圆变异定径整形工艺示意图

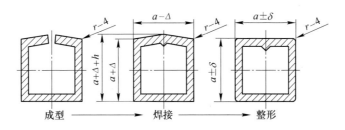

图 8-3 直接成异定径整形工艺过程示意图

（4）✚-✚：在先成异圆后变异工艺中，两个异的内涵不同：前一个"异"定义开口异圆和闭口异圆，后一个"异"定义管面带有凹槽或凸筋的异形管，工艺过程与（2）有异曲同工之处，如图 8-4 所示。

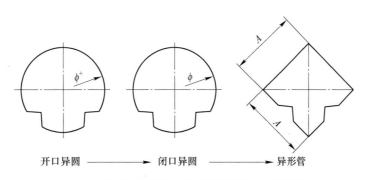

图 8-4 先成异圆再成异定径整形工艺过程示意图

8.1.3 定径整形的作用

定径整形的作用主要是确定尺寸精度与规整形状、削减应力、粗矫直和提高焊管表面质量。

(1) 削减应力。焊管经过成型、焊接和冷却后，管体中积累了大量纵向残余应力和横向残余应力，焊管呈现不规则弯曲。经过定径整形轧辊轧制后，管中残余应力绝大部分被消除，焊管可达到基本直度。

(2) 规整形状和尺寸。出挤压辊后的管子在形状和尺寸方面均达不到质量要求，圆管通常是上下尺寸大于左右尺寸，只有经过定径辊轧制才能完成铝焊管蜕变，不但上下左右尺寸十分接近，符合公差要求，而且形状规整、达到使用要求。

(3) 为精矫直做准备。在焊管生产实践中，对直度有两种理解：一是国标规定的直度，标准值小于或等于2‰；另一种是使用性直度，指标要求由供需双方商定。无论是哪种直度，只有经过定径辊的轧制才能平衡管内应力，使出定径辊后的焊管达到基本直度。

(4) 提高焊管表面质量。经过数道次定径辊轧制后，能消除去除外毛刺后在焊缝面上留下的棱角和浅刀痕，实现管面圆滑；同时，也能减轻焊管在成型段和焊接段形成的压痕与划伤，这个作用在圆管定径上尤为明显。

8.2 圆管定径

8.2.1 定径余量的分配

定径余量的分配方法有平均分配法和递减分配法两种。

8.2.1.1 平均分配法

将定径余量按定径轧辊总道次或定径平辊进行平均分配，每一道定径辊的减径量相等。平均分配定径余量的方法有理论法和测量法两种。

(1) 理论法。在确定辊坯时，工程师会根据不同规格焊管给出相应的定径余量 ΔB_3，而且会载入工艺文件，操作者只需依据本机组定径辊道数 N 对 ΔB_3 进行简单平均，即

$$\overline{\Delta B_3} = \frac{\Delta B_3}{N} \tag{8-1}$$

其中，$\overline{\Delta B_3}$ 为道次平均减径量，它由 N 确定。当 N 为定径平辊道数时，它是定径平辊以及末道立辊的道次减径量，定径立辊起辅助作用。这样确定定径余量的优点有：

1) 能够从工艺方面保证定径辊对管子有足够的拉拽力，便于成型、焊接、定径段的轧制力协调。

2) 调整相对容易，由于定径余量一般都很小，如 $\phi25$ mm 以下的管径，ΔB_3 只有 0.9 mm 左右，依 4 平 3 立布辊，N 取 4+，则每道平辊直径减径量仅为 0.072 mm，这在实际调整中需要精细而为才能做到；倘若平均分配到平立辊上，每道只有 0.041 mm，调整难度骤然增大。其实，N 的取值并不应该由操作者决定，而是由孔型设计师确定：

$$\begin{cases} R_{1平} > R_{1立} > R_{2平} > R_{2立} = \cdots = R_{成品}, & N = 平辊道数 + 立辊道数 \\ R_{1平} = R_{1立} > R_{2平} = R_{2立} = \cdots = R_{末立} = R_{成品}, & N = 平辊道数 \end{cases}$$

这同时说明作为一个优秀的调整工，首先要了解设计师的意图，调试过程中胸中有数。

（2）测量法。在不知道孔型尺寸的情况下，可通过现场测量计算。以焊缝位置作参照，测量出待定径圆管焊缝方向和与焊缝成90°方向的实际尺寸，取平均数后减去该管公称尺寸，见式（8-2）。

$$\phi_i = D + \frac{\frac{\phi_{A0} + \phi_{B0}}{2} - D}{N}(N - i) \tag{8-2}$$

式中，ϕ_i 为现场确定第 i 道焊管的调整尺寸；ϕ_{A0} 为待定径焊管竖直（焊缝）方向的"直径"；ϕ_{B0} 为待定径焊管水平方向（与焊缝垂直）的"直径"；D 为公称直径；N 为定径平辊道数+立辊道数；i 为平、立辊道次。

8.2.1.2 递减分配

按照先大后小、逐道递减的方法分配定径余量，若 $N = 4$，则可按式（8-3）的递减规律分配定径余量。

$$\frac{\Delta B_{3i}}{\pi}(0.28) = \sum_{i=1}^{N-4} \Delta\phi_i(0.11 + 0.08 + 0.06 + 0.03) \tag{8-3}$$

该分配方法的优点是先粗调后精调，也符合一般的调整精神。

8.2.2 精度调整

8.2.2.1 尺寸精度调整

首先要根据孔型设计理念选择调整方法，如孔型是按 $R_{1平} > R_{1立} > R_{2平} > R_{2立} = \cdots = R_{成品}$，$N$ = 平辊道数 + 立辊道数进行设计，建议按椭圆法实施调整。所谓椭圆法是指为了确保焊管能够顺利进入下一道定径孔型，而将焊管特意调成横椭圆状（进立辊孔型）或竖椭圆状（进平辊孔型），将椭圆短轴尺寸按式（8-4）进行调整。

$$B_i = \phi_{i+1} - \Delta \tag{8-4}$$

式中，B_i 为椭圆短轴尺寸；ϕ_{i+1} 为将要进入的定径圆孔型尺寸；Δ 为椭圆化参数，取值与管径密切相关，见表8-1。

表 8-1 定径圆管调整的椭圆化参数 Δ 值　　　　　（mm）

焊管外径	≤25	26~50	51~76	77~114	>114
Δ	0.05~0.10	0.10~0.20	0.20~0.30	0.30~0.50	0.50~0.70

比起具体计算数值，式（8-4）所表达的思想更具实用意义。

8.2.2.2 对称性调整

对称性调整系指在同一横截面，包括以焊缝为标志的上下与左右（椭圆法另当别论）、与焊缝两侧"±36°"位置的尺寸基本相等。前一个"相等"比较容易做到，后一个"相等"有一定难度（见图8-5），业内称此状况为"36°现象"，俗称 X 位尺寸偏小。原因及解决方案见5.11节。这里仅给出 X 位偏小的一般调整方法，X 位偏小有左右均偏小和左侧或右侧偏小三种表现。

（1）左右均偏小的调整方法：

1）检查 W 孔型辊的磨损状况，如磨损严重侧则修复。

2）检查轧制底线，看定径立辊是否存在某道整体偏高或偏低。

3）W 孔型辊辊缝是否偏大，稍许压下 W 孔型上辊。

（2）左（右）侧偏小的调整的方法：

1）察看 W 孔型辊缝，适当调小左（右）侧辊缝。

2）检查是否存在某道左侧立辊比右侧低，左侧被压小了。

3）按图 8-6 移动轧辊。

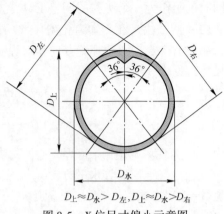

$D_上 \approx D_水 > D_左, D_上 \approx D_水 > D_右$

图 8-5 X 位尺寸偏小示意图

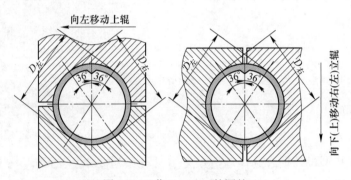

图 8-6 X 位 $D_左 < D_右$ 的调整

必须强调，这里的调整仅针对 X 位左右对称问题，而不是与上下左右相等的调整，后者相等调整的解决方案详见 5.11 节。

焊管调整，无论是成型调整还是定径调整，找寻到准确原因比采取调整措施更重要，也更困难。原因找不准，只能通过反复试错、反复恢复，不断逼近真实原因，但是在试错过程中极易调乱机组，这一点在异形管调整时更是如此。

8.3 圆变异形管调整

圆变异形管的调整内涵要比圆管丰富得多，更具艺术性，包括 r 角、对角线、角度、面凹凸与波浪、焊缝位置、管体扭转、直度调整及公差等方面。

8.3.1 r 角调整

在圆变异管的生产实践中，经常会出现四个 r 角不等的情况，或客户要求 $r<1.5t$ 或 $r>1.5t$，这就要求调整工能够根据工艺要求对 r 角实施有的放矢的调整。

8.3.1.1 r 角大小调整的理论依据与调整措施

（1）理论依据，见式（8-5）。

$$r = \left[\frac{2(A+B)+\Delta}{8-2\pi} + \frac{t}{2} \right] - \frac{C}{8-2\pi} \tag{8-5}$$

式中，r 为方矩管外圆角；A、B 分别为矩形管公称宽度与高度；Δ 为圆变方矩管的成型余量、焊接余量和定径余量；C 为圆变方矩管用料宽度。

（2）调整措施，$r>1.5t$（$r<1.5t$）的调整见表 8-2。

表 8-2　圆变方矩管 $r>1.5t$（$r<1.5t$）的调整

序号	调整措施	工艺目标	摘　要　说　明
1	$C\uparrow$	减小 r 角	A、B、t 和 Δ 为定值，欲使 r 变小，最直接的方法是增大 C。管坯宽度增宽后，成方矩管之前的圆管变大，就会有更多的料往方矩管孔型角处的空隙跑，跑的料越多，角越尖
2	$\Delta B_1\downarrow$、$\Delta B_2\downarrow$、$[\Delta B_3+(\tau_1+\tau_2)]\uparrow$		C 和 $A\times B\times t$ 不变的前提下，减小成型余量和焊接余量消耗，二者节余下来的量（$\tau_1+\tau_2$）与原整形余量 ΔB_3 叠加，增大圆变方矩之圆直径
3	合理分配 ΔB_3		从轧角原理看，前几道方矩管孔型成角能力弱；如果强制要变形出较小的角，势必加大变形力，周向缩短量大，会消耗掉许多 ΔB_3，待到后面孔型可以直接轧角时反而没料可用。要轧出较小的 r 角，需留足 ΔB_3 供后续轧角变形用
4	$A\downarrow$、$B\downarrow$、$r\downarrow$		$A^0-\delta$、$B^0-\delta$ 控制在负公差，相当于 $C\uparrow$
备注	反向调	增大 r 角	参照减小 r 角的调整措施进行反向调整

8.3.1.2　r 角的对称性

（1）圆变异轧辊孔型。在设计圆变异方矩管孔型时，r 角有三类五种设计方法，见表 8-3。

表 8-3　三类典型圆变异方矩管孔型与成角能力的比较

孔型名称与类型	孔型示例	成角能力	优缺点	机组
特定角 $r=C$ 孔型	斜出	较强	角容易对称相等，r 角精度高；模具通用性差	龙门牌坊
	箱式	弱	r 角容易对称相等，轧制阻力大，模具通用性差，修复难	龙门牌坊
尖角 $r\to0$ 孔型	斜出	较强	轧制阻力小，模具通用性好，磨损易修复；r 角精度差，有大小	龙门式
	箱式	弱	r 角大小具有随机性，轧制阻力大，模具通用性差，修复难	龙门式

孔型名称与类型	孔型示例	成角能力	优缺点	机组
无 R 角孔型	斜出/箱式	强	轧制阻力小，调整方便但对人员技术要求高	万能牌坊、土耳其头

（2）方矩管 r 角不合格的基本形态有四种，如图 8-7 所示。

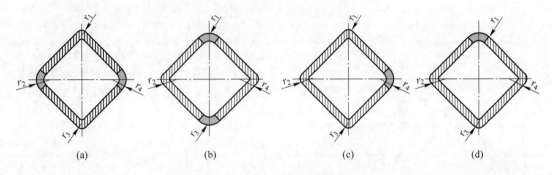

图 8-7　方矩 r 圆角不合格类型

（a）r_1、r_3 合格，r_2、$r_4 > r_1$、r_3；（b）r_2、r_4 合格，r_1、$r_3 > r_2$、r_4；

（c）r_1、r_2、r_3 合格，$r_4 > r_1$、r_2、r_3；（d）r_2、r_3、r_4 合格，$r_1 > r_2$、r_3、r_4

（3）方矩管四种 r 角不合格的调整，主要调整措施见表 8-4，调整原理如图 8-8 所示。

表 8-4　方矩管四种 r 角不合格的调整

部　位		调 整 措 施	备注
左右角	偏大	（1）适当松开立辊，同时适当压下平辊（是否也压末道平辊要看公差情况）；（2）在公差已经到位时，可少许放松前几道立辊，保持末道平辊基本不动；（3）单独压下经过平辊孔型后 r 角变化不大的平辊	关键是找准哪个偏大（小）角的道次
	偏小	进行反向调整	
上下角	偏大	（1）适当放松出该道的平辊；（2）收压辊缝较大的立辊	
	偏小	进行反向调整	
单个左（右）角	偏大	（1）适当压下左（右）侧平辊，亦可同时抬升右（左）侧平辊；（2）适当将该道次平辊前的立辊往左（右）移动；（3）适当放松立辊	
	偏小	进行反向调整	
单个上（下）角	偏大	（1）适当收小立辊上辊缝，同时增大下辊缝；（2）放松该立辊前的平辊；（3）必要时同步抬升该立辊前的上下平辊（适用尺寸已经调好的情况）	
	偏小	进行反向调整	

8.3.2 对角线调整

调整对角线相等的实质是调整方矩管正方，理论上讲，方矩管两对角线相等，则方矩管正方。可是受 r 角大小、测量角度等影响，实物形态的方矩管并不尽然。

（1）理论对角线长度。根据方矩管几何尺寸，易得 $r \geqslant 0$ 时方矩管理论对角线长度 C_F、C_J 为：

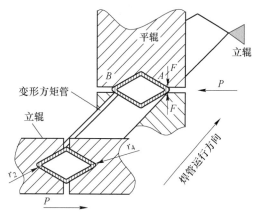

图 8-8 单向移动立辊轧小 r 角的原理

$$\begin{cases} C_{Fmax} = \sqrt{2\,(A-2r)^2} + 2r \\ C_{Jmax} = \sqrt{(A-2r)^2 + (B-2r)^2} + 2r \end{cases}$$

$$(8\text{-}6)$$

由式（8-6）知，正确测量方矩管对角线长度有两个前提：一是 4 个角的 r 值必须相等；二是测量角度，r 值不同，对角线与矩形管边的夹角不同。

（2）方矩管对角线测量值。显然，方管最长对角线的测量角度是 45°，稍偏 α 度所测对角线就不是最大值，方管实际对角线长度 $D_方$ 随 α 和 r 变化；而矩管最长对角线的测量角度 $\beta_矩$ 是随着 r 角大小变化的。这样，方管实际对角线长度 $D_方$ 和矩管最长对角线测量角度 $\beta_矩$ 的计算方法参见式（8-7）：

$$\begin{cases} D_方 = \dfrac{2r\sin\left[180° - \alpha - \arcsin\dfrac{\left(\dfrac{\sqrt{2}}{2}A - \sqrt{2r}\right)\sin\alpha}{r}\right]}{\sin\alpha} \\ \beta_矩 = \arctan\dfrac{B-2r}{A-2r},\ A \geqslant B \end{cases}$$

$$(8\text{-}7)$$

如矩管 40 mm×25 mm×1.5 mm，$r=1.5$ mm 时，正确的测量角度 $\beta=30.735°$、$C_{Jmax}=46.05$ mm，而非 $\arctan(25/40) = 32.005°$ 和 $C_{矩max}=45.88$ mm。

以上分析明白无误地告诉人们，通过测量对角线来判断方矩管正方的方法，可信度不高，只宜做参考。

（3）方矩管对角线 L 的调整方法：

1）斜出孔型 $L_{上下} > L_{左右}$：①适当放松末道立辊（其后还有一道平辊），此调整动作适用于生产过程中的微调；②适当压下末道平辊。这个调整动作的前提要看 A、B 两面的尺寸是否允许，适宜用在 A、B 两个面尺寸均偏上差的情况；反之，类推。

通过以上调整动作可知，异形管调整要特别注意调整动作之间的关联性、负面影响与正面影响。就上述第二点而言，若 A、B 面尺寸偏大，则上平辊压下后，既可达成减小上下方向对角线的目的，又可顺便减小 A、B 面的尺寸，一举两得，这就是正面影响，可作为首选调整动作；反之，就只能作为候选调整措施。

2）箱式孔型 $L_{左} \neq L_{右}$：主要调整孔型对称，必要时可通过适当"错位"轧辊的方法进行调整。

8.3.3　管面凹凸调整

管面凹凸不平有凸面、凹面和凹凸面三种基本形态。

8.3.3.1　凸面

凸面的力学本质是变形不充分。方矩管凸面有单面凸、两面凸、三面凸和四面凸四种。不同凸面形成机理不同，调整方法各异。

A　四面凸

产生四面凸的原因：

（1）开料宽度不够大，导致料不能充满孔型，方矩管开料宽度 C 由式（8-8）定义。

$$\begin{cases} C = 2(A + B) + (\Delta - 1.72r) \\ \Delta = \Delta B_1 + \Delta B_2 + \Delta B_3 \end{cases} \tag{8-8}$$

式（8-8）等号后为各类工艺余量和 r 角，在其他不变的情况下，C 值较小意味着方矩管边长要相应减小；若不减小，就只能依赖另两个面上的弓形高进行补偿，形成名义边长 A、B 足尺而实际边长 A'、B' 不足的状况，从而发挥不了平直孔型面压迫弧形管面并迫使弧型管面变直的作用，如图 8-9 所示。

（2）ΔB_1 和 ΔB_2 被超额消耗，导致进入定径的管子不够大。

（3）ΔB_3 分配不当，前多后少，后续变形无料可用。

（4）管材偏硬，圆弧变直线的应力未完全消除，离开孔型强制后，管面在回弹惯性作用下回弹成凸面。

（5）管壁薄，壁薄管更易出现凸面，这与薄壁管的中性层效应不明显有关系。

对四面凸的方矩管，必须针对具体原因，采取相应对策措施：

（1）适当增大开料宽度，尤其在试产新的异形管时，必须本着宁宽不窄的原则确定试轧用料宽度。合金状态 H12 比 H18 的开料宽度要宽些，要求 r 角较小时开料宽度要大些。特别提醒，这里的宽些和大些是在公式计算结果的基础上另外添加。

（2）留足定径余量。

（3）合理分配定径余量，必须至少确保后三道孔型有足够的料可用。

（4）末道变形辊可用反变形孔型，建议按式（8-9）和图 8-10 设计反变形量。

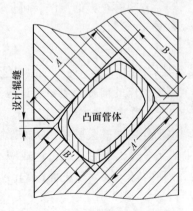

图 8-9　凸面方矩管在平面孔型中

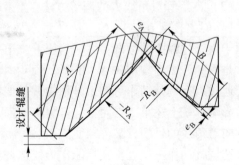

图 8-10　方矩管反变形孔型

$$\begin{cases} e_A = k\dfrac{A' - A}{2} \\ -R_A = \dfrac{e_A}{2} + \dfrac{A^2}{8e_A} \end{cases} \tag{8-9}$$

式中，e_A 为关于 A 边孔型反变形量；A 为方矩管公称尺寸；A' 为包括凸度在内的方矩管实际宽度；R_A 为关于 A 边的孔型变形半径；$-$ 表示反变形；k 为反变形系数，$k = 0.6 \sim 1.0$，管坯硬、薄、宽取较大值，反之取值要小。

（5）双平面孔型。末道立辊和平辊孔型均按 $R \to \infty$ 设计，此法在变形厚壁方矩管时效果较为显著，应用较多。

（6）负差法。对于已经开出的较窄料，式（8-8）给我们以启发，尽可能按负差调整，从而相当于增加了带宽。

B 三面凸

与四面凸的原因相似。

C 两面凸

两面凸分两类六种，一类是邻边凸，另一类是对边凸，如图 8-11 所示。在做两面凸调整之前，首先要厘清三个问题。

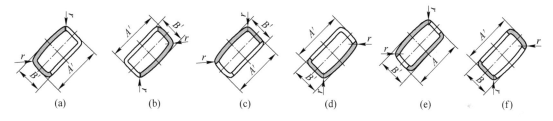

图 8-11 邻边凸起与对面凸起矩形管

（a）左邻边凸；（b）右邻边凸；（c）上邻边凸；（d）下邻边凸；（e）长对边凸；（f）短对边凸

（1）异形管"分料"的意义。所谓分料是指在圆变异工艺中，第 1 道圆变异孔型辊实际上对异形管各段长度初步分料作用；分料后，由于角的阻碍，各段料较难在后续变形中再分配。可见，第 1 道圆变异孔型辊对整个变异过程和结果具有重要作用，异形管存在的诸多问题都与分料不当有关，必须严格按照工艺要求调整第 1 道异形辊，而这一点在调整实践中恰恰经常被忽视。

（2）凸度测量。以邻边凸起为例，方矩管实际凸度参照图 8-12 由式（8-10）确定。

$$\begin{cases} E_A = A' - a \\ E_B = B' - b \end{cases} \tag{8-10}$$

式中，E_A、E_B 分别为矩形管 A、B 面的实际凸度；a、b 分别为长、短边切点到对面切点（图中的黑色三角）的距离，它们不等同于公称尺寸，可能大于、等于、小于公称尺寸。

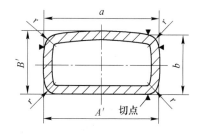

图 8-12 方矩管凸度的测定

（3）凸面尺寸（A'、B'）与公称尺寸（A、B）的关系。根据排列原理，它们共有 24

种组合类型，类型不同，产生的原因各异，调整措施亦不同。若将 A、B 再细分为 A_1、A_2、B_1、B_2，则组合类型与调整方法更多。因此说，异形管调整是一门高超艺术，这里仅列出具有代表性的邻边凸起的一些基本原因与调整措施，见表 8-5。

表 8-5 邻边凸起的主要成因和调整措施

凸面类别	凸面位置	原 因 分 析	调 整 措 施
相邻凸面	左邻边	(1) 第 1、2 道平辊右边辊缝大于左边，形成左边分料分得少； (2) 末道立辊偏左（孔型与末道平辊孔型相同）； (3) 末道立辊偏右（孔型与末道平辊孔型不同）； (4) A'、B'公差较大； (5) A'公差较大，B'公差恰当； (6) B'公差较大，A'公差恰当	(1) 增大第 1、2 道平辊左边同时减小右边辊缝，使之基本相等； (2) 将末道立辊整体向右推，并观察效果，必要时可适当推过轧制中线； (3) 将末道立辊整体向左拉，并观察效果，必要时可适当推过轧制中线； (4) 适当收紧末道立辊，也可下压末道平辊； (5) 下压末道平辊，同时适当左移末道平辊； (6) 收末道立辊，同时微微下调左侧立辊
	右邻边	与左邻边反向相似	与左邻边动作相反
	上邻边	(1) 第 1、2 道立辊上面收得过紧，下面较松，朝上的边获得较少分料； (2) 末道立辊偏下（孔型与末道平辊孔型相同）； (3) 末道立辊上面收得不到位； (4) A'、B'公差偏大	(1) 适当松开第 1、2 道立辊上部，同时稍微收紧下部，使各边所得到的管料与工艺要求相适应； (2) 适当抬升末道立辊（孔型与末道平辊孔型相同）； (3) 收紧末道立辊上部，同时可结合公差情况少许放松下部； (4) 结合公差下压末道平辊，也可与（2）一同动作
	下邻边	与上邻边反向相似	与上邻边动作相反
相对凸面	长边	(1) 材料偏硬回弹及边较长而发生回弹； (2) 变形量大，孔型受力大，长边磨损多； (3) 立辊辊缝偏大，施加的变形力不足，且末道左立辊偏上； (4) 定径第 1 道异型平辊压下较多，减径过多，致长边分料不足	(1) 运用反变形孔型； (2) 有选择地修整孔型； (3) 分别收紧立辊上下调节丝杆； (4) 适当升起定径第 1 道矩形平辊孔型，以增大长边的分料
	短边	第 1 道立辊压得过紧，短边分料不足	适当松开第 1 道立辊

从这些基本调整措施看，虽然各不相同，但是仔细分析，仍然能够找出规律性。所有的调整动作，归纳起来，无非是利用孔型轧制力和由不同孔型位置所形成的力系相互作用；在一定意义上讲，力系作用更大、运用更灵活、效果更明显。

D 单面凸

方矩管单面凸起的现象在斜出孔型中不常见，是一种被掩盖了的两面凸。单面凸起多发生在用箱式孔型和无角孔型生产的方矩管上。其形成机理有别于斜出孔型，如用无角孔型生产的方矩管左侧面凸,那么,可能的原因之一是,第 1 道上下辊左侧压得过多,导致分料时左边短了;不过,只要找准原因,无角孔型辊处理起来比较方便灵活,不像斜出孔型和箱式孔型调整时有许多掣肘。

8.3.3.2 凹面调整

凹面调整包括以下内容:

(1) 凹面分类。与凸面管相似,方矩管凹面也分为四面凹、三面凹、两面凹和单面凹。因凹面位置不同,产生的原因与消除凹面的措施各不相同。

(2) 凹面发生机理。力学本质是一种失稳现象,当较长的方矩管边进入较短(不是短边)的末道平直孔型后,管外侧受到孔型轧制力制约,比孔型长出的那一段在该段管子塑性变形吸收不了时只能向空腹管腔内失稳,从而形成管面凹陷。

(3) 调整凹面的措施。由于凹面发生机理与形成凸面的主要原因刚好相反,因此,许多处理凹面的调整措施都要围绕缩短凹面边用料进行。这样,一些调整凸面管的措施,只要反过来即可用于消除管面凹陷。

8.3.3.3 凹凸(波浪)面的调整

方矩管凹凸面的调整难度远大于单纯凹或凸面,判断方矩管面凹凸的方法如图 8-13 所示。

A 方矩管凹凸面的成因

大量实物观察发现,绝大部分存在凹凸的方矩管面,都是由长、短不等的直线(或极大曲率半径的弧线)段与大小不等的下凹弧线构成,据此判断凹凸面的成因有:

(1) 压痕。例如,挤压力过大或挤压辊偏高,管坯必然往辊缝跑,形成图 8-14 所示的上下"噘嘴"。"噘嘴"的几何本质是凸弧,在凸弧附近必定同时存在拐点即下凹弧起点,由此形成小凹弧;而在随后的空腹轧制过程中,在孔型将"噘嘴"轧平的同时,边缘小凹弧跟着"噘嘴"同步被压下,继而永远留在了方矩管管面上。

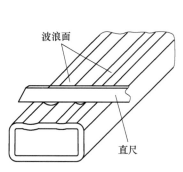

图 8-13 方矩管波浪面与检查方法

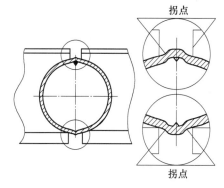

图 8-14 焊管被挤出的上下"噘嘴"

事实上,这样的"噘嘴",在定径平立辊和成型平立辊中都有可能产生,区别在于程度与位置。

(2) "转角"。根据圆变异形管的基本理论,在第 1 道异形孔型将管坯分料后,即焊管上各个角的雏形已经形成、角与角相对空间位置已经固定[见图 8-15 (a)];角部在后续变形中仅曲率半径发生变化,相互位置不能发生改变(各段微量减径除外)。可是,当焊管变异过程不稳定时，之前管子上变形出的角相对于后面孔型角的位置就会发生变动，由于四个角同时向一个方向变动［见图 8-15（b）］，故俗称"转角"。而此前形成的角此时相当于"噘嘴"，变形结束后表现为波浪管面，图 8-15（c）为"转角"在平直孔型中的状况。

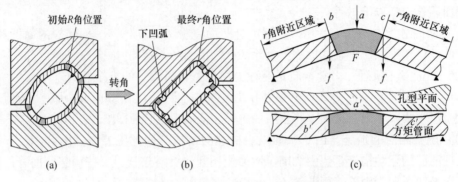

图 8-15　方矩管转角引起的管面凹弧示意

（a）第 1 道变形；（b）末道变形；（c）转角引发管面波浪机理

（3）孔型错位。孔型错位时管坯就会在辊缝处被轧出凹痕，此时相对凹痕必存在一个凸点，该对凹凸痕最终会或多或少在成品方矩管平面上留下凹凸痕，形成凹凸面。

（4）孔型磨损。仅以闭口孔型平辊磨损比较严重为例，出闭口孔型辊的成型管筒会失圆，成为如图 8-16 所示的"菱形"管筒。当"菱形"管筒上的四个角（算上开口处）与孔型上的角不能互相映射时，结果就与"转角"类似，形成方矩管面凹凸不平。

（5）壁厚。管壁薄，特别容易被压凹陷，一旦形成凹陷，便无法再回复到平整，需要引起调试工注意。

（6）待整形焊管大小。整形余量大，各段受到周向挤压多，从而加剧管面上既有凹弧的深度，使不明显凹弧变得明显；相反，整形余量较小，各凹弧能在孔型中"自由"伸展，至少不会加深凹弧。

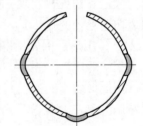

图 8-16　菱形管筒

B　方矩管凹凸面的调整

方矩管凹凸面的调整要重点预防孔型错位、压痕、"噘嘴"和"转缝-转角"，精心调整包括成型、焊接和定径轧辊，确保孔型对称；协调整机纵向张力和横向轧制力，确保焊管稳定运行，避免出现"转缝"；适时修复磨损严重的轧辊孔型。

8.3.4　异形管基本尺寸公差的调整

斜出方矩管尺寸调整，不像箱式孔型、无角孔型等直观与直接，在调整某一面尺寸时，要同时兼顾另三个面，牵一发动全身。

8.3.4.1　粗调基本尺寸

逐道测量每一道的 A_i 和 B_i，并与每一道工艺参数 a_i 和 b_i 进行比对，作出相应调整，直至 $A_i \approx a_i$、$B_i \approx b_i$，见表 8-6。

表 8-6　第 i 道平（立）辊实际尺寸组合与调整措施

实际尺寸组合	调整动作	第 i 道平辊焊管尺寸调整图
$A_i > a_i,\ B_i > b_i$	压下上辊	
$A_i > a_i,\ B_i < b_i$	左移上辊	
$A_i < a_i,\ B_i > b_i$	右移上辊	
$A_i < a_i,\ B_i < b_i$	抬升上辊	
$A_i = a_i,\ B_i = b_i$	不调整	
$A_i = a_i,\ B_i < b_i$	左移上辊+抬升上辊	
$A_i = a_i,\ B_i > b_i$	右移上辊+压下上辊	
$B_i = b_i,\ A_i < a$	右移上辊+抬升上辊	
$B_i = b_i,\ A_i > a_i$	左移上辊+压下上辊	

8.3.4.2　精调基本尺寸

精调基本尺寸分五步：

第一步，精确测量图 8-17 所示方矩管上所标部位尺寸，并判断这些尺寸与标准要求的差距。

第二步，分别按本节关于 r 角和凹、凸面的调整方法先行调整，直至 $r_1 \approx r_2 \approx r_3 \approx r_4$ 及与平面平整度均符合标准要求。

第三步，精调由公称尺寸 B 定义的 B 面尺寸。首先，按图 8-17 所示的方法分别测量 B 面两端尺寸，若 $B_{N1} < B_{N2}$，且 B_{N1} 更接近 B；然后稍稍压下上辊左侧，同时微微（比压下量更少）抬升上辊右侧，并且稍微左移上辊。这是因为在压下上辊左侧孔型时，孔型右侧也会被相应压下同时上辊孔型会产生右偏，其原理如图 8-18 所示：当孔型左侧压下 H 后，整个上辊孔型实际上绕右侧支点（滑块）逆时针转动，右侧孔型相应被压下 h，以及整个上辊向右偏移了 Δ。

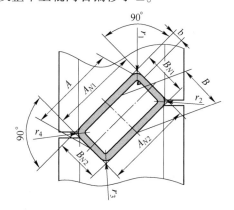

图 8-17　方矩管精调整尺寸示意图

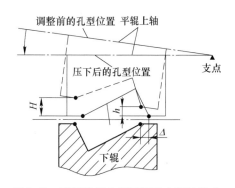

图 8-18　平辊孔型左侧下压对右侧的影响

不过，如果 B_{N1} 的尺寸也偏上差，那么，右侧可以不抬升，是否需要做左移，要视具体情况而定；如果是左侧微量压下，右侧也可以不抬升、不左移。上辊被压下和抬升后，转动 $1/4 \sim 1/3$ 周平辊，再次测量 B_{N2}、B_{N1} 尺寸，至 $B_{N1} \rightarrow B \leftarrow B_{N2}$。

当然，在 $B_{N1} < B_{N2}$，且 B_{N2} 更接近 B 时，也可以通过末道立辊来完成对 B_{N1} 的调整，即通过适当放松立辊上辊缝，让出立辊的管子尺寸 $B_{(N-1)1}$ 得以增大，使末道平辊孔型相应部位受到对应于管子 $B_{(N-1)1}$ 部位的反作用力增加，导致该部位的孔型空间变大，进而实现调大 B_{N1} 之目的。

特别地，当出末道平辊的方矩管正方比较好的情况下，应用此法进行调整，效果最好。

第四步，按照第三步的方法与思路调整 A 面尺寸，直至 $A_{N1} \rightarrow A \leftarrow A_{N2}$。

第五步，根据已经调出的方矩管，结合标准要求，综合确认管形正方、面平角尖、公差达标等。

需要指出，方矩管尺寸调整有两个前提：一是管面平；二是管形方正。

8.3.5　方矩管正方调整

8.3.5.1　方矩管正方的测量

调整方矩管正方的前提是正确测量与判断，检测正方的方法有三种：

(1) 对角线法，使之相等。但是，如前所述，受实际 r 角大小、测量位置等影响，使得其自信度并不高。

(2) 角尺测量法，有一个前提，就是测量面必须平整，强调宁凹勿凸，如图 8-19 所示。

(3) 孪生检查法。从同一支方矩管上截取两段，将它们相向或者相对（以焊缝为标志）放置在平台上，并根据相靠后的间隙位置判断管的正方与相应角的直角程度，如图 8-19 所示。

8.3.5.2　斜出方矩管正方调整

要将尺寸调整、管面调整与方正调整统一协调，在尺寸和管面已经调好的情况下，如果不直角，可利用末道立辊进行矫正。

(1) 若方矩管上下角度大于 90° 则收调立辊，让出末道立辊的方矩管上下角略小于 90°，经末道平辊轧制后可减小上下角。

(2) 若方矩管左右两个角大于 90°，可适当放松末道立辊，这样能增大出末道立辊孔型方矩管的上下角，减小左右角。

(3) 对孔型严重不均衡磨损造成管面不平、不直角的，则建议修整轧辊孔型。

(4) 单个角不方正时，调整关键是控制平立辊左（右）或上（下）单边辊缝。

8.3.6　异形管扭弯的调整

异形管扭弯包括扭而不曲（扭转）、弯而不扭（弯曲）和既扭又曲（扭曲）三类。

(1) 扭转异形管的调整：即扭而不曲，系指与异形管棱边或母线垂直的焊管两断面，其中任意一个面按几何对称中心投影。到另一面上后，对称中心重合且两个投影面之间存在夹角 α，如图 8-20 所示，α 称为异形管的扭转角，由式（8-11）定义。

$$\alpha = \arcsin \frac{H}{B}$$

(8-11)

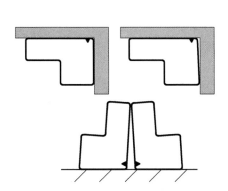

图 8-19　角尺测量与方矩管判别正方示意图

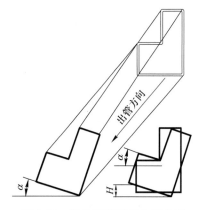

图 8-20　缺角管扭而不曲示意图

实践中，扭转角不如摆动值 H 有实用价值，并通过 H 值判定管体扭转程度，$H = 0$ 表示管子不扭。在线调整方法是：将矫直头逆时针（见图 8-20）扭转约 α 角度。粗调时，动作幅度可大一点，经过几次调整后，动作幅度要逐渐变小；每动作一次都需要检查一次，直至摆动管体时管子不再晃动，即 $H \rightarrow 0$ 为止。

（2）弯曲异形管的调整：弯而不扭的调整。弯曲异形管的特征是，与棱边或母线垂直的两横断面的几何中心仅发生横向或者竖直偏移，如图 8-21 所示，偏移值 a、b 越大管越弯。一般标准允许弯曲度小于 3‰。就缺角管而言，弯曲有 4 种形态，即向 A 或 B 或 C 或 D 面弯，图 8-21 反映了其中的两种，弯曲调整要领是往管头弯曲的反方向调。图 8-21 同时也给出了生产现场弯曲管的检查方法。

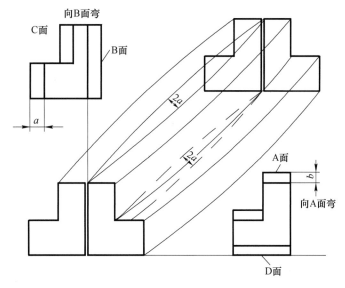

图 8-21　缺角管弯而不扭示意图

（3）扭曲异形管的调整：扭曲是指与母线垂直的两断面之投影面，它们的几何对称中心既不重合，也不在水平或垂直方向，而且两投影面存在夹角，说通俗一点就是异形管既扭又弯,如图 8-22 所示。调整扭曲的异形管,要先解决扭,后调整弯。

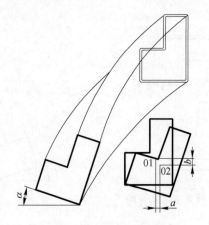

图 8-22   缺角管扭曲示意图

8.4   异圆变异形管的调整

将异形圆管变形为异形管的调整,其难点因管形、要求而异,如缺角管的调整难点为需要对 6 个角的角度和 6 个角的大小进行调整,要处理的相互关系多;而将如图 8-23 所示的 R 凹槽异圆管变形为 R 凹槽方管,调整关键点:一是对 4 个凹槽宽度的控制,控制不当则槽宽窄不一,影响美观;二是焊缝位置的控制,若不能将焊缝调整到距外边 0.8~2 mm 以内,槽与槽之间不能实现关于对称轴线的对称,工艺目标无法实现,焊管将报废。

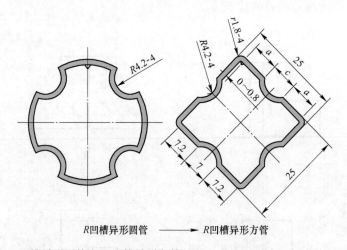

R 凹槽异形圆管 ———→ R 凹槽异形方管

图 8-23   R 凹槽异形圆管变 R 凹槽异形方管 25 mm×25 mm×1.2 mm×R4.2 mm 示意图

8.4.1   异形管焊缝位置控制方法

异形管焊缝位置控制包括成型辊法、导向辊法、定径辊法和预控法四种。

8.4.1.1   成型辊法

针对图 8-23 所示要求焊缝位置在上角右侧平面上,通过一两道实轧成型辊对成型管坯左边进行偏重一点的轧制，使成型管坯左侧的纵向延伸略大于右侧，使其在随后的焊接、冷却及强制等长过程中，形成多于另一侧的纵向应变和纵向张应力，焊缝就会出现右转趋势，实现控制焊缝位置的目的。位置偏移量与成型实轧辊左侧的偏重压下量正相关，缺点是控制精准性差。

8.4.1.2 导向辊法

导向辊法是指通过改变导向辊孔型与轧制中心线位置的方法，实现对定径段焊缝位置的控制，有偏移法和偏转法两种。

（1）偏转法。以轧制中心线为基准，将导向辊向左或向右偏转一定角度，从而迫使孔型中的管筒向左或向右偏转。偏转法的优点是控制灵敏度高，管越大壁越厚响应越积极，偏转量易控制；缺点在于有时影响焊缝对接状态及内外毛刺去除，并需要做相应调整。

（2）偏移法。控制定径焊缝位置的原理是：若将导向辊向轧制中线右侧偏移后，则焊管在挤压辊中便受到一个向左的推力 f_1 作用，推力与管筒上的牵引力 f_2 合成后，形成一个向左前方的力 F，如图 8-24 所示，该力强迫包括焊缝在内的管体向左偏转。偏移法的优点是动作响应快，缺点是易损伤管筒边缘，调整幅度较大时可能会影响焊缝对接状况。

8.4.1.3 定径辊法

一般在设计异形孔型辊时，通常都将定径第 1 道平辊（或立辊）的孔型设计成圆孔型。定径辊法就是人为将该道平辊（或立辊）孔型调整成以管面不产生压伤的少量错位，原理是：利用错位孔型形成一对力偶施加到管体上，使管体在定径段定向"旋转"，实现控制焊缝位置的目的。在图 8-25 中，上辊孔型被人为向左错位，孔型左侧"空着"，仅剩右侧与焊管右上部接触，焊管在孔型右侧作用力 $\overrightarrow{P'}$ 作用下产生顺时针旋转趋势；与此同时，下辊孔型右侧"空着"，仅剩左侧与焊管左下侧接触，焊管在孔型左侧作用力 $\overleftarrow{P}$ 作用下也产生顺时针旋转趋势。这样，焊管就在这一对力偶（ $\overrightarrow{P'}$、$\overleftarrow{P}$ ）作用下发生顺时针扭转，焊缝因之向右偏转；反之，焊管发生逆时针扭转，焊缝就向左扭转。

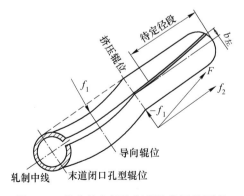

图 8-24 偏移导向辊控制焊缝位置的原理

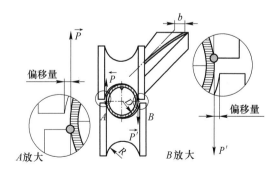

图 8-25 定径辊法控制焊缝位置原理

根据力学原理，控制焊缝扭转位置的灵敏度即力偶矩 m 取决于焊管直径 D 和力偶 $\overrightarrow{P}$ 的大小。

$$m = \pm \overrightarrow{P} \cdot \frac{D}{2} \qquad\qquad (8\text{-}12)$$

式中，正负号表示力偶使焊缝扭转的方向。定径辊错位法控制焊缝位置的主要优点是：在线通过调节辊缝大小可控制力偶增减，适时调节焊缝位置，但是对小直径管的灵敏度稍差（力偶矩较小）；缺点是要注意预防管面压伤。

8.4.1.4　预控法

以图 8-23 的异圆管变 R 槽方管为例，受"一轧定终身"的启发，在进料时将管坯横向中心预先向轧制中心线左（或右）侧人为偏移量 0.7 mm<e<1.5 mm，那么根据成型为焊管后的映射原理，焊缝必定落在距管内壁约 0.8 mm 以内；从外面看，焊缝位置在距上管角外侧不超过 2 mm 处。

按此生产，从工艺方面既保证了 R 形凹槽在方管平面上对称，又巧妙地使焊缝避开了管角外层的拉应力危险区域，减小了焊缝开裂风险。

这些控制焊缝位置的方法，可以单独运用，也可以组合使用；不仅对异形圆管变异形方矩管、缺角管等有意义，对圆变异形管同样具有指导意义。

8.4.2　异形圆管变异形方矩管管形控制原则

异形圆管变异形方矩管不等同于圆变异形管，前者未进入整形段时管面上已经具有了异形的一些特征，甚至已经是名副其实的异形管了，如图 8-23 的 R 凹槽异形圆管，而且管面上的 R 凹槽尺寸基本确定了，要求后续变异以不破坏既有 R 凹槽尺寸或角为前提，因此在变异这类管时必须遵守以下基本原则。

（1）精准设计管坯宽度。料宽了，异圆管"直径"大，整形变异时会增大周向挤压力，额外增加既有槽、筋、角的变形，导致尺寸与形状畸变，成型段的成果遭到破坏。

（2）严控余量消耗。此处主要指成型余量和焊接余量消耗，因为在成型 R 凹槽、筋、角的过程中，成型管坯会发生周向延伸，要通过对出挤压辊后管径的测量，判断横向延伸的量，并通过恰当升压实轧成型平辊予以控制；对过量的横向延伸量要尽可能以焊接余量的方式消耗掉。

（3）尊重成型变异成果的原则。在整形变异过程中，要注意保护已经成型的槽、筋、角。

（4）均匀变形原则。要合理分配变形量，确保既有槽、筋、角在每一道孔型中均匀受力，避免管子在某道次孔型中突然受到大的周向变形力作用。

（5）统筹兼顾原则。要求调整工在调整异圆管变异形管时，要在思想上有系统观念，全局观念，身在整形段，眼看焊接段，心系成型段，瞻前顾后，统筹兼顾。

8.5　直接成异形管的调整

直接成型异形管整形调整的作业内容主要是尺寸微调与形状调整。

8.5.1　尺寸微调

焊接后的闭口异形管在定径孔型中一般只整形、不减径；即使有减，充其量也属于公差范围内的微调调节范畴。这是因为，在闭口异形管的角成型之后，角与角之间的线段长短便无法调节；如果有余量，则该余量通常集中在待焊面。以直接成方管为例，由于2(A'/2)>A，那么，A'面在孔型上压力和侧压力作用下，只能委曲求全，实现强制等宽，多余出的管料只能以下凹形态存在，如图8-26所示，从而影响异形管管形。

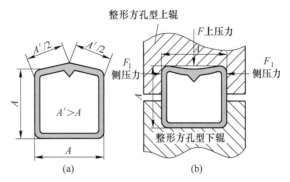

图 8-26　直接成方工艺中管料多余的后果
(a) 整形前；(b) 整形后

8.5.2　微整形

直接成异形的整形辊一般采用箱式孔型，而且该孔型尺寸与成品管十分接近，前几道孔型弧线的曲率半径较大，厚壁管则接近直线，因此没有什么余量可整，重点放在管形和消除焊接仰角方面。

（1）消除焊接仰角。在直接成异的焊接工艺中，为了确保焊缝强度和防止两上边在挤压焊接时发生下凹，在挤压辊孔型上边设计一个仰角 α，两下角被设计成（90°$-\alpha$）。微整形的主要任务之一就是消除仰角，同时靠上边撑开两个下角，使之等于90°。

（2）进行方正微调整。首先，对个别 r 角大小进行微调，但是微调作业区域的重点不在整形段，而是成型段。其次，通过对角线调整实现管子方正的矫正（对角线等的调整参考 8.3 节）。

8.6　焊管在线智能矫直

焊管在线矫直是一个看似简单实质复杂的问题，它牵涉到铝管坯、焊管成型焊接与定径、机组构成、设备精度、操作调整、冷却液等，任何一个方面的变动都会影响焊管直度，如定径段冷却液流量突然增大或减小会影响焊管的冷却效果，从而破坏原有冷却液流量环境下所构成的应力平衡，焊管变弯，甚至妨碍焊管生产正常进行。在非智能时代，总是在看见管子弯曲（宏观）后才会采取矫直措施，而能够提前感知焊管弯曲（微观）并自主决策、自主采取对应矫直措施一直是人们梦寐以求的矫直方法。

8.6.1　矫直的前提

矫直辊作用对象是出定径机后的焊管，可见，矫直效果必然与定径机中的焊管状态密不可分，尤其是定径机中焊管的焊缝位置在一定时段保持基本不变更为重要，焊缝位置和出定径机后的焊管达到基本直度是焊管能够矫得直的前提。

8.6.1.1　焊缝位置保持基本不变

从力学角度看，焊管周向的应力分布极不均匀，如图8-27所示，受加热焊接后冷收缩作用，在焊管中上部尤其是焊缝及其热影响区附近积累了大量纵向压应力，与此同时，焊管中底部因之产生了纵向拉应力。经定径轧辊作用后，包括焊缝在内的焊管上半部被拉伸、下半部被压缩，理论上讲管身内的压应力与拉应力应该且必须实现平衡，这时定径机中的焊管状态、焊缝位置与定径轧辊构成一个压应力与拉应力的平衡系统，出定径机后的焊管直线度达标，见式（8-13）。

$$
弯
\begin{cases}
\dfrac{(F_{压} + F_{拉}) = 0 \cdots\cdots (理论)}{焊缝位置稳定} \longrightarrow 笔直 \\[3mm]
\dfrac{(F_{压} + F_{拉}) \rightarrow 0 \cdots\cdots (实际)}{焊缝位置稳定} \longrightarrow 基本直
\end{cases}
\tag{8-13}
$$

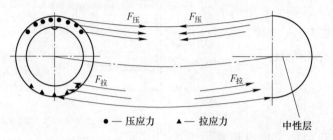

图 8-27　焊管中的压应力与拉应力

但是，在实际生产过程中，由于操作调整、轧辊精度与磨损、设备精度与误差、材料硬软变化等因素干扰，常常会打破压应力与拉应力的平衡，其中最突出的是焊缝位置发生变化；一旦焊缝位置发生变化，导致原本需要压应力（拉应力）的部位反而叠加了部分拉应力（压应力），力系平衡被破坏，焊管弯曲。因此，焊缝位置稳定是保持焊管直度的基本前提。

此外，焊缝还是判断离线后焊管弯曲方向的重要参照系。

8.6.1.2　焊管保持基本直度

出定径机后进矫直段前使焊管达到基本直度是能够矫直焊管的另一个前提。最终矫直效果与焊管出定径机的直度关系用一句俗语表达最为恰当，就是"要的好祖上好"。操作实践也证明，如果定径轧辊没有调整好，出定径机的焊管经常弯，需要频繁矫直，焊管直度难以持久保持。况且，由于定径轧辊位移距离相对于轧制中心线不可能做过大的调整，使得有时 $F_{压} + F_{拉} = 0$ 的目标较难实现，反而是 $F_{压} + F_{拉} \rightarrow 0$ 更容易实现。所以对出定径机后的焊管直度通常只要求达到基本直度，这也是在定径机后设置矫直机构的原因。

8.6.2　矫直机构

现行矫直机构大致有图 8-28 所示"3 道无动力平辊+3 道无动力立辊"矫直机构与图 8-29 所示的土耳其头矫直机构两种。

8.6.2.1　"3 平+3 立"辊矫直机构

"3 平+3 立"辊矫直机构有同向调整和反向调整两种。

（1）"3 平+3 立"辊矫机构的同向调整原理。图 8-28 所示"3 平+3 立"12 辊矫直机构由 3 组无动力平辊和 3 组立辊构成，其中每一组辊既可做张开与收缩移动，又可同步做上下（平辊）和左右（立辊）单向移动；一般只有在换辊后才会进行张开与收缩调整，且绝大多数情况下轧辊受力都不大，或者不会让一对轧辊同时受力；矫直平辊与立辊分工明确，平辊以矫正上下弯曲为主，立辊以矫正左右弯曲为主。

在说明矫直原理前，先要弄清楚焊管弯曲的原因：所有的弯曲都是以既不发生压缩也不发生延伸的中性层为界，一侧发生了压缩，同时另一侧产生了延伸。这样，根据逆向思维，矫直就是让发生压缩的一侧产生纵向塑性延伸，让发生延伸的一侧产生纵向弹塑性压缩。

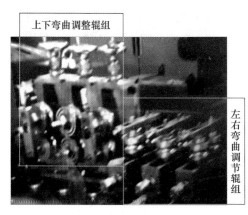

图 8-28　12 辊矫直装置

出管时间

图 8-29　土耳其 (矫直) 头

因此，在正常生产过程中，当管头朝 Z 正方向上翘时，如图 8-30 (a) 所示，只需凭经验根据上翘程度适当提升第 2 组辊，这样，在由第 1、2、3 组平辊构成的力系里，让管子呈上凸状，管体上半部被延伸、下半部被压缩，离开力系作用后原始曲率消除，管子变平直，如图 8-30 (b) 所示，此时，施加矫直力的轧辊为第 1、3 组的上辊和第 2 组的下辊；同理，当管头往 X 轴负方向弯曲时，只需将第 5 组辊向 X 轴负方向推移即可；当管头向第 Ⅱ 象限弯曲时，需要先后将第 2 组辊向上、5 组辊向里 (X 负方向) 移动。这是 12 辊矫直的第一种矫直方案，习惯上称为同向调整法。

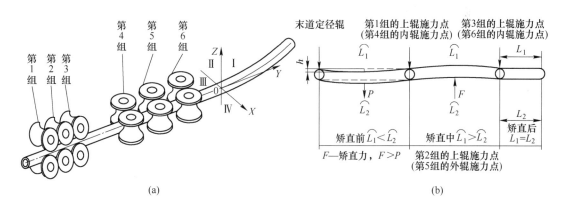

(a)　　　　　　　　　　　　　　　(b)

图 8-30　"3 平+3 立" 辊矫直原理示意
(a) 12 辊矫直机构简图；(b) 矫直力系弯曲弧曲率

(2) "3 平+3 立" 辊矫直的反向调整原理。当管子上翘时压下第 1 组辊，当管子向里弯曲时将第 6 组辊向外拉，当管头朝第 Ⅱ 象限弯曲时需要在压下第 1 组辊的同时将第 6 组辊向外拉。反向调整的矫直力系与图 8-30 (b) 相似。

比较同向调整与反向调整，前者轧辊移动距离短、灵敏度高，见效快。而 "3 平+3 立" 辊矫直的缺点主要有两个：一是调整幅度过大时可能会影响到焊管尺寸精度，需要警惕；二是对异形管的扭曲较难调整，不像土耳其头那样扭转方便。

8.6.2.2　土耳其头矫直机构

无论是用单土耳其头或者用图 8-29 所示的双土耳其头进行矫直，都是借助末道定径辊（单土耳其头时为两道）轧辊并与末道轧辊构成一个力系，如图 8-31 所示。利用土耳其头进行矫直，同样存在正向调整与反向调整，具体矫直调整见表 8-7。

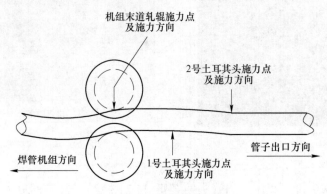

图 8-31　土耳其头矫直的力系

表 8-7　双土耳其头矫直与矫扭的调整规范

弯曲方向	矫直调整		备　注
	同向调整 1 号土耳其头	反向调整 2 号土耳其头	
$Z+$	$Z+$	$Z-$	
$Z-$	$Z-$	$Z+$	$Z+$——向上调整；
$X-$	$X-$	$X+$	$Z-$——向下调整；
$X+$	$X+$	$X-$	$X-$——向 X 轴负方向调整；
I	$Z+/X+$	$Z-/X-$	$X+$——向 X 轴正方向调整
II	$Z+/X-$	$Z-/X+$	↶——逆时针调；
III	$Z-/X-$	$Z+/X+$	↷——顺时针调
IV	$Z-/X+$	$Z+/X-$	
逆时针扭	↶	↷	异形管以焊缝为参照系
顺时针扭	↷	↶	

利用土耳其头矫直的原理：仅以 1 号土耳其头调整为例，当操作者身处目视焊管前进位置时，若管头向第 II 象限弯曲，则在线焊管如果以图 8-30（a）所示坐标中的 $[(0, 0, 0), (X, 0, Z=X), (0, Y, 0)]$ 平面为中性层，说明中性层上半周收缩量大于下半周，管子向上向内弯曲，需要相应增大焊管上半周延伸的同时相应增大下半周的压缩量方能将焊管矫直，而将 1 号土耳其头向上向内调整正契合这种需要。

比较 "3 平+3 立" 辊矫直而言，土耳其头矫直的灵敏度稍差，轧辊移动位置也偏大。因为根据弯曲刚度原理，在挠度 h 相同的情况下，两受力支点间距离 L 越长，受力点与施力点形成的曲率半径 R 越大，因此在图 8-32 中，R_1 管下部的延伸率小于 R_2 管下部的延伸率，矫直响应与矫直效果便没有 R_2 管子好。但是，在矫正异形管扭转方面土耳其头的优势明显。

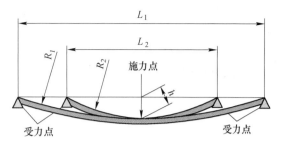

图 8-32　挠度 h、曲率半径与支点 L 的关系

8.6.2.3　矫直调整的基本原则

矫直调整的基本原则如下：

（1）确保焊缝稳定的原则；

（2）避免生产过程中工艺参数大起大落变化的原则；

（3）调整幅度先大后小，先粗后精的原则；

（4）不影响焊管横断面尺寸精度的原则。

这些焊管矫直原则、方法和规范，不仅适用于人工的操作调整，同样适用于智能矫直系统，也是构建矫直感知层、建立矫直模型、确定模型算法与模型训练必须遵守的基本准则。

8.6.3　智能矫直系统

8.6.3.1　直度状态感知层

由激光位移传感器、磁电式扭矩传感器和红外热像仪构成三位一体的感知层。

A　在线焊管弯曲的动态表征

在线焊管弯曲的动态表征表现在方位、作用力和弓形高三个方面。

（1）方位方面：“根据焊管生产实际情况，焊管出定径机后在坐标系 XOZ 内可能向任意方向弯曲，管头方位在由图 8-30（a）所决定坐标系中可用函数式（8-14）表示。

$$\begin{cases} X = r\cos(2\pi - \theta) \\ Z = r\sin(2\pi - \theta) \end{cases} \tag{8-14}$$

式中，r 为单位圆半径；θ 为管头向任意方向弯曲的角度。式（8-14）为采集焊管弯曲动态信息指明方向，必须同时在 X 轴和 Z 轴两个方向分别布置磁电式扭矩传感器和激光位移传感器才能精确感知焊管弯曲的内力 P 和弓形高 h，如图 8-33 所示。

（2）作用力方面：相较笔直的管子，弯曲的管子总是存在一个如图 8-33 所示的指向凸起方向的内力 P。根据式（8-14）易得关于内力 P 在任意方向上的表达式：

$$\begin{cases} P_X = P\cos(2\pi - \theta) \\ P_Z = P\sin(2\pi - \theta) \end{cases} \tag{8-15}$$

其中 P 由式（8-16）定义：

$$P = \frac{48hEI}{L^3} \tag{8-16}$$

式中，h 为弯曲弧弓形高；E 为弹性模量，$E_{铝} = 72000 \text{ MPa}$；$I$ 为管子惯性矩，$I = \frac{\pi}{64}(D^4 - d^4)$；$L$ 为弯曲弧起止点间的距离（弦长）。

（3）弓形高方面：在图 8-33 和式（8-16）中，当焊管规格和矫直装置确定之后，E、I、L 均为定值，所以决定内力 P 大小的是 h。根据弦长 L、弓形高 h 与曲率半径 R 的几何

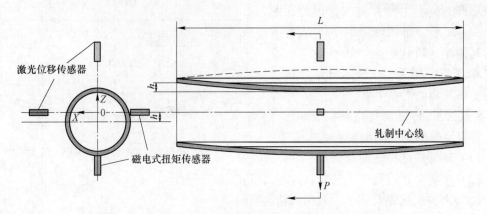

图 8-33 弯管内力与激光位移传感器、测力传感器安装位置

关系有

$$h^2 - 2hR + L^2 = 0 \qquad (8-17)$$

则几何学上的弓形高 h、焊管刚度方面的挠度 h 和反映焊管弯曲程度的曲率半径 R 在式 (8-17) 中得到高度统一。

B 传感器工作原理

a 激光位移传感器

激光位移传感器由 CCD（Charge Coupled Devices）相机、信号处理器、半导体发光器和光学镜头组成，工作原理是：激光发射器通过镜头将可见红色激光射向被测物体表面，经物体表面散射的激光通过接收器镜头，被内部的 CCD 线性相机接收，根据不同的距离，CCD 线性相机可以在不同的角度下"看见"焊管上这个光点。根据这个角度、时间及已知激光和相机之间的距离，数字信号处理器就能计算出传感器与弯管的弓形高位置 1 和弓形高位置 2 之间的距离，如图 8-34 所示，从而向矫直系统输入焊管弯曲程度变动的信号。

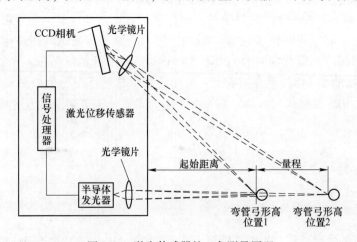

图 8-34 激光传感器的三角测量原理

激光位移传感器测量速度快，每秒能输出 60 万个测量值，精度高达 10~100 μm，而且价格低、安装方便，还可存储部分数据。一款量程为 35 mm 的激光位移传感器精度能

达到 0.014 mm；也就是说，只要在线焊管绝对弓形高发生大于 0.014 mm 的变化，就能被传感器"尽收眼底"，真可谓明察秋毫。

  b 磁电式扭矩传感器

  磁电式扭矩传感器主要由磁电传感器、扭转轴、齿形圆盘、法兰盘构成，它上面的滚轮是根据实际工况需要自行加装上去的，目的是通过滚轮与行进中的焊管接触，产生扭力。磁电式扭矩传感器的原理是根据磁电转换和相位差原理设计而成，在图 8-35 中，滚轮紧紧靠着焊管，由此在距离 O 点处的力臂 l 产生力 P 并因此形成力矩 M，该力矩对扭转轴形成转矩，并将转矩力学量转换成有一定相位差的电信号。当扭矩作用在扭转轴上，其间的两个磁电传感器输出的感应电压具有与扭转轴的扭转角 θ 成正比的相位差，同时发出电信号与反映转矩。扭转角 θ 越大，P 越大，说明在线焊管越弯。

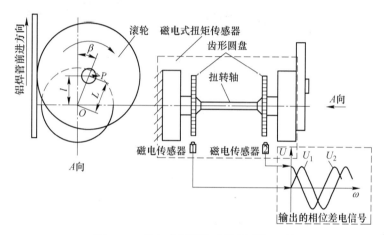

图 8-35 磁电式扭矩传感器原理与工况

β—扭转角

  磁电式扭矩传感器的力学依据见式（8-18）

$$\begin{cases} M = Pl \\ \theta = \arccos \dfrac{l}{L} \end{cases} \tag{8-18}$$

式中，L 为 0°位置的力臂。

  这样，只要弓形高发生变化，说明管子方位变动了，磁电式扭矩传感器便能"明察秋毫"地感知到管子内力的变动，进而根据模型计算出弓形高产生了多少位移以及当该点前进至矫直辊时矫直辊需要位移的量，实现实时、自主矫直。

  之所以需要同时使用位移传感器和磁电式扭矩传感器感知在线焊管的弯曲，是因为弯管的内力或弓形高均不能独自完整地反映焊管弯曲的内在信息。以弓形高为例，在 h 相同的情况下，因管壁厚度、外径、焊接速度等不同由弯曲所形成的内力 P 便不同，反之亦然；相应地，矫直时需要施加的矫直力也不同。

  c 红外热像仪

  红外热像仪是红外测温传感器的一种，红外热像仪的工作原理是：所有在绝对零度以上的物体，都会因自身的分子运动向外辐射红外线，温度越高，辐射出的红外线能量越高。红外热像仪就是利用红外探测器、光学成像物镜和光机扫描系统接收铝焊管焊缝处因加热焊接形成焊缝及其热影响区的温度高于其他部位，并且由此在焊缝区域产生大量红外辐射能量，该能量分布图形随后反映到红外探测器的光敏元件上，在光学系统和红外探测器之间有一个光机扫描机构对被测焊缝及周边的红外热像进行扫描，然后聚焦在光探测器上，由探测器将焊缝及其周边的红外辐射能量转换成电信号，经放大处理、转换为标准视频信号以红外热像的形式反映到显示器上，如图 8-36 所示。当高温的焊缝偏离设定区间进入低温报警区域后，由红外热像仪与识别系统构成的智能识别系统就会发出报警提示。

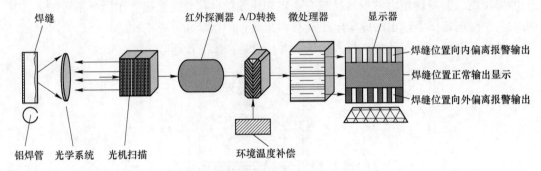

图 8-36　红外热像仪工作原理与装置

在利用红外热像仪形成智能跟踪焊缝系统前，需要对该机组生产的所有铝焊管在相同冷却条件、相同焊接线能量、不同焊接速度以及同一位置处的焊缝温度数据进行采集，形成高可信度的数据集，作为后续设计报警模型的依据。因为不同铝焊管的管径、壁厚、焊接速度不同，加之铝传热速度快，降温梯度大，它们到达热成像仪处的焊缝残存温度不同，有的相差很大。

除了这些外，以下方面也需要特别注意：

第一，确定红外热像仪的测温范围。红外测温可覆盖 -40～3000 ℃，但这不是由一个型号的测温仪来完成，通常一种型号的测温仪对应一个测温范围。理论上讲测温范围窄，监控温度的输出信号分辨率高，测量精度高，建议选择温度范围在 0～200 ℃ 的热像仪。

第二，选择双色测温仪。由于焊缝宽度（含热影响区）较窄，只有 3～5 mm，而且处于运动状态和振动状态，还可能有部分目标会移出视场，这种场景最佳选择是双色红外成像仪。因为双色红外成像仪是由两个独立的波长带内辐射能量的比值来确定的，因此当被测目标很小难以充满视场，尤其是测量环境存在烟雾、尘埃、阻挡等对辐射能量有衰减时，对测量结果都不会产生大的影响。

第三，光学分辨率。光学分辨率是指红外成像仪探头到焊缝之间的距离 D 与被测焊缝宽度 S 之比，即 $D:S$。光学分辨率越高，成像仪的价格越高，由焊缝晃动引起 $D:S$ 的变动可以忽略不计，而不同规格管径的变化可以在换辊时通过机械装置调节，使 D 成为常数。因此，焊管用热成像仪的光学分辨率可以选较低距离系数的。

第四，响应时间。响应时间是指红外热像仪对焊缝温度变化的反应速度，定义为到达最后读数 95% 能量所需时间，它与光学系统、信号处理电路以及显示系统的时间常数有关。由于焊缝移动速度高达 2 m/s 左右，应选择快速响应红外热像仪，否则可能达不到足够的信号，测量精度无法保证。

第五，信号处理功能要选择与焊管生产实际相符，具有处理连续测量信号能力的热成像仪。

C 传感器布置位置

（1）位移传感器和扭矩传感器安装位置。考虑到最能反映焊管弯曲程度和随后简化建模两方面的需要，在图 8-33 所示 L 的中点和 Z 轴负方向上即管背面分别放置磁电式扭矩传感器和非接触的激光位移传感器，通过感知内力 P 变化信息和弓形高变动信息就能准确捕捉到在线焊管的弯曲信息，进而完成铝焊管自主矫直的第一步。

两组传感器应分别对称安装在 X 轴和 Z 轴上，且磁电式扭矩传感器必须与焊管紧密接触，确保当管子发生位移时传感器仍然与焊管紧密接触；激光位移传感器与（笔直）焊管间的距离由传感器的量程和焊管直径决定，小直径管的距离要大些。

（2）红外热像仪安装位置。安装红外热像仪的目的是监控焊缝位置，在焊缝位置偏离矫直模型允许角度后或频繁地左右偏摆时发出警示，以便及时人工干预纠偏。此外，及时感知焊缝位置与控制焊缝位置也是在线对焊缝进行涡流探伤检测的需要。这样，红外热像仪安装在出冷却水套、接近第 1 道定径辊前比较好。

D 与感知直度有关的其他信息数据

影响焊管直度的信息数据有焊管直径、壁厚、合金系列、合金状态、焊接电流、焊接电压、焊接速度、工艺余量等，这些都是完成直度感知不可或缺的信息与特征信号。

8.6.3.2 信号特征提取

位移传感器和测力传感器采集到的信息是海量的，采样速度（又称采样频率、采样率）少则几十赫，多则几十兆赫，这些通过传感器获得的信号并不能直接作为识别焊管弯曲状态的信息。只有对信号进行预处理、变换和降维，才能从这些原始信号中抽取对焊管弯曲状态具有高敏感性、高鲁棒性和高可靠性的特征；同时用这些特征来表征焊管弯曲状况，以提高模式识别效率与精度。

在线焊管弯曲的信号特征及典型信号处理方法见表 8-8。

表 8-8 在线焊管弯曲的信号特征与典型处理方法

时域	频域	时频域	模型域	典型信号处理方法
有量纲、无量纲特征	频带特征、频率特征	时频分解、时频谱图	分析模型、统计模型	傅里叶变换、短时傅里叶变换、小波变换

这些特征提取的方法，各有特点但是又各自存在缺陷，在特征提取时要依据问题需要综合应用。时域特征是对传感器采集到的时间序列信号进行处理而得到的特征，但是时域特征会受到来源信号干扰而失真，也不能反映信号中周期成分变化。在这种情况下可以借助信号频谱分析，将不易受干扰或对弯曲敏感的频带信号提取出来，也可对频谱中特定周期成分的变化和某些频段能量的变化进行分析比对。

一旦特征信号被提取后，首先要解析特征信号，分析特征信号与焊管弯曲状态的映射关系，构建焊管在线弯曲状态模型。

8.6.3.3 焊管在线弯曲状态模型

（1）矫直辊施力模型。根据定义焊管弯曲状态动态特征的式（8-14）～式（8-17），它们分别从不同角度描述了在线焊管的直度，但是它们都没有明确给出弯曲的焊管内力 P

与弯管曲率半径 R 之间的关系。而解式（8-17）并确定其中一个符合题意的解 $h = R - \sqrt{R^2 - L^2}$ 代入式（8-16），得：

$$P = \frac{48(R - \sqrt{R^2 - L^2})EI}{L^3} \tag{8-19}$$

则式（8-19）清晰地表述了弯曲焊管的内力 P 与弯曲焊管曲率半径 R 的关系。这样，由式（8-15）可得关于同向调整与反向调整的矫直力 F_X 和 F_Z 的模型式（8-20）。

$$矫直力模型\begin{cases} 同向调整\begin{cases} F_X = F\cos(2\pi - \theta) \\ F_Z = F\sin(2\pi - \theta) \end{cases} \\ 反向调整\begin{cases} F_X = -F\cos(\pi - \theta) \\ F_Z = -F\sin(\pi - \theta) \end{cases} \end{cases} \tag{8-20}$$

式（8-20）中的矫直力 F 依据矫正量必须大于既有量的矫杆必须过正原理知：$-F > P$，其中"$-$"号表示反向施力。至于 F 和 P 值，需要通过对各种规格铝焊管进行实际测力收集数据。

（2）矫直辊移动距离模型。根据式（8-14）知，矫直辊在 X 轴和 Z 轴方向的移动距离 H_X、H_Z 见式（8-21）。

$$\begin{cases} H_X = H\cos(2\pi - \theta) \\ H_Z = H\sin(2\pi - \theta) \end{cases} \tag{8-21}$$

式中，H 为矫直辊向两个方向移动距离的代数和，即 $H = \overline{H_X} + \overline{H_Z}$。

这样，在矫直力模型和矫直辊移动距离模型的基础上，辅之焊缝红外热像仪，通过不断地机器学习、模型训练、模型优化与优化算法，最终实现智能矫直系统的自主决策，并自主地向执行器发出指令，实现自主矫直。

8.6.3.4 矫直自主执行机构

显然，无论是图 8-28 或者图 8-29 的矫直装置至少从机械结构的角度看都不具备自主执行的功能。解决方案有液动和机械两个。

A 液动自主执行解决方案

（1）"3 平+3 立"辊矫直液动装置。首先将第 2、5 组辊及其附属总成分别安装在可上下（第 2 组）左右（第 5 组）移动的滑板上，然后把滑板与液压缸相连，这样当液压系统接收到控制器下达的执行信号后，执行器就能驱动第 2、5 组辊移动，完成自主矫直。

（2）土耳其头矫直液动装置：第一步，将图 8-29 所示的 8 辊式土耳其头分解成两组 4 辊式土耳其头（有些机组按 4 辊×2 组配置）；第二步，将 1 号土耳其头用于横向移动的螺杆螺母拆卸掉，使其横向移动部分与液压缸活塞杆连接；第三步，把 1 号土耳其头上用作上下移动的螺杆螺母拆卸掉并让其与另一液压缸活塞杆链接，最后将它们与执行器信号系统相连，实现 1 号土耳其头的自主移动。

液压驱动的优点是矫直辊移动平稳、质量轻、体积小、承载力大、无级调节，是智能制造中常用的控制手段。

B 机械自主执行解决方案

（1）"3 平+3 立"辊矫直机械装置。第一步，在图 8-28 所示的第 2、5 组矫直辊架下安装供辊架可径向移动的齿条；第二步，将配好齿条的辊架装入滑板中，确保辊架能够精密地自由径向移动；第三步，使之与带有齿轮的伺服电机匹配，并让齿轮与辊架上的齿条精密配合，如图 8-37 所示；第四步，将伺服控制器系统联网进入智能矫直系统。

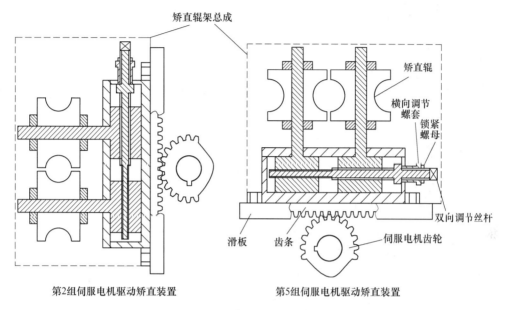

图 8-37　12 辊矫直机构伺服电机驱动装置

（2）土耳其头矫直机械装置。将上述液动装置的第二、三步中液动改为直接与伺服电机同轴链接，带动土耳其头上的辊架自主上下/左右移动；同时，将土耳其头周向转动装置也改造为液压驱动，从而实现两组土耳其头的上下、左右和周向转动。

（3）伺服电机驱动矫直装置的优点：

第一，响应时间短，交流伺服电机从静止加速到工作转速一般只需几毫秒。在焊管速度为 100 m/min 时，当传感器感知到焊管弯曲到采取矫直措施时，焊管仅仅只移动 10 mm 左右，这样的弯曲长度在数米长的焊管上完全可以忽略不计。

第二，控制精度高，交流伺服电机的控制精度由电机轴后端的旋转编码器保证。对于带标准 2500 线编码器的伺服电机而言，由于驱动器内部采用四倍频技术，其脉冲当量为 $360°/10000 = 0.036°$，这样就能够很精确地控制转动，从而实现矫直装置精准位移。若齿轮模数为 1.5、齿数为 20，则每个脉冲矫直辊仅移动 0.0094 mm，只要模型与算法足够优化，就能使在线生产的焊管直线度达到前所未有的精度。

第三，运转平稳，即使在低速时也不会出现振动现象，对矫直没有任何负面影响。液压驱动和伺服驱动的这些优点有利于铝焊管的智能矫直，更有利于利用现场总线技术，将分布式智能矫直系统接入铝焊管智能制造系统，实现铝焊管智能矫直。

8.7　哲学与焊管调整基本方法的关系

焊管调整表面看并不复杂，只是立辊的松松紧紧，平辊的压压提提，其实在松紧、压提之间处处彰显机械学、运动学、材料力学、电学、热力学、金属学、运筹学及哲学等多门类学科知识。真正驾驭焊管调整是一件很难的事，欲达到高屋建瓴的境界，必须站在哲学高度，运用系统的观念统领全局，分析每一个调整动作的效果与弊端，确保每一个调整措施都是三思后的产物。

8.7.1　系统论是焊管调整的理论基础

从系统论的角度看，焊管生产由材料、设备、工艺、环境和操作等五个大系统 12 个子系统构成，如图 8-38 所示。其中，每个子系统又包含若干小系统，每个小系统又包含若干元素。可见，对待焊管调整，不能孤立地、片面地看，而应该将其放到一个大系统中进行考量。

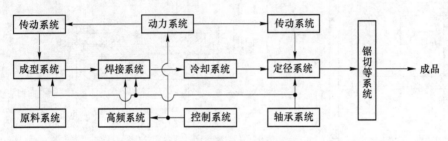

图 8-38　焊管生产系统构成

当焊管生产需要调整时，要把与焊管机组直接相关、间接相关的各组成系统联系在一起，从系统总体出发，研究系统内各子系统、各小系统、各元素的联系及其相互关系，而不是孤立地解决系统内部某个局部问题。比如，焊接速度波动问题，至少需要考虑：

（1）开卷机与机组间拉拽力的变动；（2）前一卷与后一卷卷径变换需要重新设定磁粉制动力；（3）铝管坯卷失圆变形使开卷机不能匀速转动；（4）管坯硬度变化引起轧制力需要调整；（5）成型机焊接机平立辊轴承缺少润滑油或突然某一道损坏，造成运行阻力增大；（6）线电压波动引起输入拖动电机转速变化；（7）线电压波动引发输入热量变化，进而使内外毛刺变大或变小，导致去毛刺阻力波动。这些原因，有的看似没有任何关系，细思又不无道理。

因此，一个好的调试工首先必须是一个分析大师，考虑各种可能性，考虑焊管生产系统的整体性、层次性、结构性和关联性，将系统的观点作为焊管调整的理论基础，并贯穿到焊管调整的基本方法中去。

8.7.2　焊管调整的基本方法

这里讲的调整方法，是基于方法论的范畴，并不针对具体的操作调整。

（1）经验法。经验法是指调整工要借鉴以往排除类似故障的措施来处理本次故障的方法，它是所有调整方法的基础，对焊管生产系统充分了解和丰富实战经验，是运用该法的前提。同时，应注意避免犯教条主义错误，完全照搬照抄，因为每一次所要做的调整，都不可能是上一个问题的完全复制，似曾相识的状况倒不少见；但是，即使在机组、轧辊、焊管规格完全相同的情况下，也不可能有两次一模一样的状态。

这就要求调整工在平时的工作中做到：一要特别注意积累，善于总结经验；二要注意学习同行经验，开拓视野，不能故步自封；三要注意培养洞察力，及时发现有益于调整的蛛丝马迹；四要读一点书，用先进理论充实自己，建议在专业书外学点哲学，学一点辩证法。

（2）因果法。焊管生产中各种现象和由现象引起的现象之间是互联互通的，当某一因素发生变化时，另外一些因素也会随之发生变化，这种现象就是因果关系。它要求调试工依据现象和引起现象的现象之间内在的必然联系及其规律，分析问题缺陷，进行焊管调整。因果法按出发点不同，可分为一果多因法和一因多果法。

1）一果多因法：就是从一个具体缺陷或问题出发，对众多可能因素抽丝剥茧，循着原因的原因直到找出造成本次结果的真正原因，进而对症下药、实施调整。

当然，在众多原因中，若无绝对把握时，要善于捕捉一个或几个主要原因，尝试从要因入手。

2）一因多果法：是从一个原因出发，分析可能产生的众多结果。分析时要从直接结果推导到间接结果，并采取积极预防措施。

3）因果相对存在法则：这个法则告诉焊管操作者，作为调整工首先必须坚信，有因必有果，有果必有因，因果必有联系。其次，有时因果渗透，互为因果，如开卷机拉拽力变动会引起焊接速度波动，但是，速度波动反过来又影响开卷机放料速度，进而影响拉拽力，要善于从中找寻到主次从属关系。第三，因和果的区分不绝对，如焊缝周期性错位对焊缝强度低而言，它是因；但是对挤压辊周期性跳动来说，它又是果。

（3）映射法。映射法又称"DNA"法，焊管生产离不开轧辊孔型，焊管会继承孔型上绝大部分的"DNA"，新孔型也好，磨损了的孔型也罢，哪怕是发生错位的孔型，都会在成品焊管上找到孔型"DNA"留下的基因——烙印与痕迹；沿着管坯上的烙印与痕迹，总能找到产生缺陷"DNA"的基因，这就是"DNA"法。"DNA"法能帮助调试工快速准确找到缺陷原因，特别适合查找诸如压痕、印迹之类的缺陷。

（4）尝试法。尝试法又称试错法，如上所述，焊管生产是一个大系统，调试工不可能详细了解系统实时运行状况，尤其是那些不可见的状况，存在许多不确定因素以及人们认知能力的局限，有时难以准确判断出与结果相对应的原因，而只能依据因果联系的紧密程度及相关关系作试探性调整，这就是尝试法。其实，在焊管调整中，尝试法是应用最频繁的方法之一。

在应用尝试法时，要注意以下两点：第一，若一个调整动作实施后预想结果没有出现，则必须立即恢复；第二，若一个调整动作实施后，效果与预想的目标相反，则必须作反向调节。

（5）还原论与整体论法。还原论法是指如果一件事物过于复杂，以至于一下子难以解决，那么就可以将它分解成一些足够小的问题，分别加以分析，然后再将它们组合在一起，就能获得对复杂事物的完整、准确的认识。与质量管理中的"鱼刺图"相似，首先将原因分为"人、机、物、法、环"5个方面，然后对5大原因再仔细分析，在仔细分析的基础上再层层分析，最后综合分析，直至找到真正的原因。在焊管调整中，有时需要抽丝剥茧才能寻觅到现象的本质，这要求调试工了解一点还原论的内涵，学一点还原论的基本方法，对指导焊管调试大有裨益。

与还原论法相对应的是整体论法，它强调在焊管调试中要以整体的系统论观点来考察事物，不能只见树木不见森林，如焊管直度频繁变化，眼中不能只看到矫直辊，应该着眼于焊管机组的成型部分、焊接部分、定径部分整体协调调整，因为这些部位均可能造成焊管弯曲。

　　当然，应用还原论与整体论法进行焊管调整对调试工素质提出较高要求，不仅要掌握一些管坯材料性能、焊管机组结构、高频焊接原理与金属力学方面的知识，还应该将工艺参数烂熟于心，知己知彼，以便灵活高效地进行焊管调整；更应该了解、熟悉与之朝夕相处的轧辊孔型。

9 铝焊管用轧辊孔型设计

轧辊孔型设计是用数学语言+设计师智慧对孔型进行刻划，是获得优质铝焊管的前提，在焊管生产工艺中起到"点铝成金"的作用，包括确定孔型设计原则、选择变形路径、决定轧制道次与道次变形量、给定孔型尺寸等方面。通过设计实例，分别给出圆孔型、圆变异孔型、直接成异孔型和先成异圆再变异孔型轧辊的设计方法，并将圆变方孔型的系数设计法扩展到圆变矩形、圆变平椭圆、圆变 D 形管。

9.1 孔型设计基本原则

尽管铝焊管的种类千差万别、轧辊孔型奇形怪状、用途要求不尽相同，但是孔型设计的原则与流程却基本形同。

9.1.1 孔型设计的内涵

轧辊孔型系指按照某种规律在轧辊面上车削出的，使通过其间的管坯成型出与所车削形状相对应形状和尺寸的凹凸槽。铝焊管用孔型设计就是用数学语言和设计经验对铝焊管用轧辊上的凹凸槽依机械制图方法进行设计，标注相应尺寸和精度要求，确保由凹凸槽构成的孔型能够顺利生产出符合孔型设计师意志与调整工意愿的铝焊管。由此可见，铝焊管用孔型设计内涵丰富，是设计师与调整工智慧的结晶。

（1）任何一个能够顺利生产出铝焊管的孔型都是理论、经验、机组与人有机融合的产物。这一点在焊管孔型设计与使用方面尤为突出，由于管坯变形受多种因素相互作用，加之人们对金属变形内在规律的认知尚存在盲区，使得纯粹按理论设计的孔型或者纯粹按经验设计的孔型都很难通过实践检验，从来就没有"放之四海而皆准"的完美孔型。实践证明，按同一种方法设计出的孔型，在有些机组上轻而易举地生产出焊管，而在有些机组上却困难重重；同样，有些调整工能够毫不费力地调出焊管，而有些即使费九牛二虎之力也调不出来。因此，孔型设计师和调整工又被称为焊管行业"点铝成金的魔法师"。

（2）孔型通常由两个或两个以上轧辊的凹凸槽或线段构成。一般情况下是凹槽轧辊与凸台轧辊或凹槽轧辊与凹槽轧辊配对，前者辊型多用于粗成型段，后者辊型多用于精成型和定径段。

（3）一套轧辊只能生产一种公称外尺寸的焊管，但是可以生产公称外尺寸相同而壁厚不同以及公差不同的焊管。

（4）轧辊精度决定焊管精度。在设备精度、管坯精度和调整精度有保证的前提下，焊管精度由轧辊精度决定，轧辊精度包括尺寸公差、形状公差、位置公差和表面粗糙度等。以位置公差中的圆跳动为例，如果定径辊孔型面对轧辊孔跳动过大，则必然导致焊管尺寸周期性波动，不仅增大焊管尺寸精度控制难度，甚至影响轧辊使用寿命。

另外，不符合变形规律的孔型使得产出的管形与孔型有时并不完全相同，甚至差异很大。比如有些凹槽或凸筋异形管，其管面上凹槽和凸筋的尺寸精度有的与孔型相差较大。

（5）轧辊孔型基于焊管生产的重要性怎么评价都不算高。生产实践证明，有时怎么调整都不行，其实只需修改某一只轧辊孔型便能顺利生产出焊管，或者焊管品质显著提高，这也是孔型设计的神秘与迷人之处。

9.1.2　焊管轧辊孔型的分类与作用

参见 5.4.1 节和 5.4.2 节。

9.1.3　轧辊孔型设计的基本原则

轧辊孔型设计的基本原则包括产品原则、机组原则、注重关键孔型原则、主要矛盾原则、保护管坯角部原则、均匀变形原则、速比原则、底径递增原则、平辊宽度偶数原则和灵活性与原则性相结合原则等。

9.1.3.1　产品原则

产品原则是孔型设计的首要原则，要根据焊管展开宽度、相对厚度（t/D）和绝对厚度、圆和异形、合金状态、精度要求等，对按理论计算的孔型参数进行相应调整，切忌千篇一律。

（1）展开宽度、相对厚度（t/D）和绝对厚度。以 $\phi16\ mm \times 0.8\ mm$ 与 $\phi32\ mm \times 0.8\ mm$ 两种铝焊管为例，虽然壁厚均为 0.8 mm，但是若以相同的 $\phi/2$ 设计孔型边缘的变形半径，则变形 $\phi16\ mm \times 0.8\ mm$ 的可能恰当，变形 $\phi32\ mm \times 0.8\ mm$ 的肯定不合适，因为管坯边缘按 $\phi/2$ 变形的后果是外毛刺去除将变得十分困难。

（2）圆和异形。仅就异形而言，便面临先成圆后变异与直接变异工艺路径的选择，两种工艺路径在管坯宽度确定、成型过程、焊接过程、定径过程、轧辊配置、成本投入、调整难度、生产效率诸方面都大相径庭。

（3）合金状态。关心合金状态的实质是关心铝焊管坯硬软，及其考虑变形管坯回弹、确定管坯宽度、选择孔型参数。生产相同规格的 O 状态与 H18 铝焊管，仅在管坯宽度方面就存在较大差异，O 状态需要的管坯宽度比 H18 的大 0.5~2 mm（$D \leqslant 50\ mm$），并最终体现在孔型弧长上。

（4）焊管精度要求。焊管精度要求高，必然要求有高精度的轧辊，而高精度与一般精度的轧辊在孔型加工难度、轧辊生产成本、焊管机组精度、调整难度等方面差异较大。

9.1.3.2　机组原则

机组原则包括机型、轧辊基本尺寸、传动方式等方面。

（1）注重机型差异。设计 20 机与 50 机用相同规格的孔型，孔型参数应该有所区别，因为两种机型最显著的差别是成型区长度以及由此派生出的成型管坯边缘升角（见图 9-1）、边缘纵向延伸、横向稳定性等均不同。在 20 机上生产 $\phi20\ mm \times 0.8\ mm$ 焊管，由于理论成型区间是 50 机的 60% 左右，道次间距亦如此。这样，在成型道次相同的情况下，根据失稳原理，设计 50 机用轧辊孔型就必须充分考虑成型时管坯可能失稳问题及其解决方案，如通过适当增大成型平辊和定径平辊底径递增量，可以增大成型管坯与焊管上的纵向拉应力，进而达到预防成型管坯失稳的目的。

（2）轧辊基本尺寸。不同型号机组用轧辊的基本尺寸，如外径、孔径、轧辊底径等

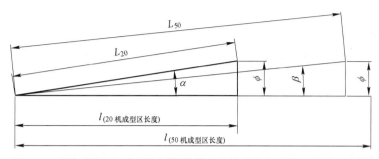

图 9-1 不同型号机组成型相同焊管管坯边缘升角与边缘延伸率的比较

差异较大。此外，成型理论和成型实践皆证明，成型相同的铝焊管，轧辊外径越大成型越稳定。因为成型管坯是一个弹性体，轧辊外径大，孔型与管坯边缘接触弧线就长。如图 9-2 所示，因为 $D_1 > D_2$，所以有 $A_1 > A_2$，说明外径大的轧辊孔型对管坯边缘的控制力更强；反之，辊径小，孔型与管坯边缘接触弧线短，孔型控制管坯边缘的能力弱。

（3）传动方式。绝大部分通用型焊管机组无论是上下轴的传动还是道次间的传动均采用齿轮传动，而有的专用薄壁铝焊管机组则采取图 9-3 所示的同步带传动。由于同步带轮传动精度高、具有缓冲减振功能，因此传动过程精准、不存在间隙、传动系统和设备运行比较安静，这对薄壁管的生产极为重要。同时，提醒孔型设计师注意：在孔型设计时要相应提高轧辊底径精度、孔型面精度、轧辊孔与平辊轴的配合精度，以尽可能消除由轧辊精度低引起的设备振动、轧辊打滑，这对壁厚 0.4 mm 以下的绝对薄壁管（如汽车水箱扁管）的生产尤为重要，也是该原则提出的初衷，孔型设计师对此要有深刻认知，要将自己的设计习惯融入到具体的孔型设计中。

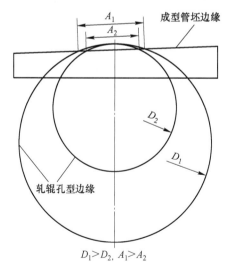

图 9-2 成型辊外径大小对成型管坯边缘控制力的比较

图 9-3 同步带轮传动的平辊轴

9.1.3.3 习惯原则

习惯原则包括设计习惯和使用习惯两方面。实践证明，做自己熟悉的事情成功概率最高；而习惯就是自己最熟悉的事情，只有将这两个习惯有机结合，才能珠联璧合，达到理想的孔型设计效果。

(1) 孔型设计师的设计习惯。每个设计师都有自己的设计习惯，或者说是设计经验、诀窍，但是毋庸讳言，有些习惯具有二重性，有的经验只适用于某种场景，不具备普适性，这里强调尊重经验而不唯经验。设计师要对每一个孔型设计案例进行分析、深入生产现场，倾听调试工意见，该接纳的虚心接纳，该坚持的解释坚持。事实上没有完美的孔型，有些孔型设计缺陷是能够通过现场调试加以弥补的，有些孔型修改意见正是来自调整工，而且往往会收到立竿见影的效果。

(2) 调整工操作习惯对孔型设计的影响。调整工的调整偏好或者说对调整某种孔型有心得，孔型设计师设计孔型时应尽可能考虑到调整工的调整偏好，因为调整工是孔型的使用者、检验者、建议者。

9.1.3.4 注重关键成型孔型原则

注重关键成型孔型原则包括以下三个方面。

(1) 孔型重要程度划分。虽然说一套轧辊有几十个，各有各的功能，但是，变形方式不同，不同道次轧辊孔型重要程度不同；即使是同一种变形方式，不同道次轧辊孔型的重要程度亦不同。总的来说是，第一，成型比定径重要，粗成型比精成型（圆周变形法除外）重要，粗成型第 1 道比粗成型其他道次（圆周变形法除外）重要；第二，圆周变形法中精成型比粗成型重要；第三，定径孔型中头尾孔型辊比中间孔型辊重要，末道最重要。

(2) 第一道成型孔型的重要性。从单半径孔型、双半径孔型、W 孔型的孔型设计角度看，它们对成型管筒形状、焊缝对接状态、内外毛刺去除等具有不可忽视的影响，甚至是这些缺陷的成因。从生产角度看，当该道孔型严重磨损后，便可能产生诸如焊缝错位、尖桃形对接缺陷，而一旦孔型修复后这些缺陷随之消失。

(3) 关注圆周变形法闭口孔型设计。闭口孔型有圆形、平椭圆和立椭圆可供选择，要因管而异，如薄壁管应选择圆偏立椭圆的孔型。

9.1.3.5 主要矛盾原则

面对一个新孔型的设计，经分析发现部分要求相互抵触需要取舍时，应抓住影响焊管生产的主要矛盾和矛盾的主要方面，如设计 $\phi25$ mm×1.5 mm 粗成型第 5 道孔型时，若按图 9-4 所示设计孔型，则管坯开口内侧只有 11.5 mm 左右。换句话说，上辊厚度在考虑每边至少需要 3~4 mm 的防干涉空间后便所剩无几，这样，在上辊厚度与管坯变形的矛盾中，上辊厚度就成为主要矛盾，是一定要解决的问题，否则便无法生产。解决的办法唯有牺牲部分变形量，将 $R=15.18$ mm 的变形半径适当增大，用变形量换上辊厚度；而该道次减少的变形量则完全可以通过增大后续道次的变形量予以弥补。

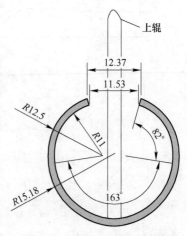

图 9-4 变形量与上辊厚度的
矛盾示意图

9.1.3.6 保护管坯角部原则

保护好铝管坯角部是获得优质焊缝的基本保证。从成型后的管坯看它有内外角之分，如图 9-5 (a) 所示；从孔型对成型管坯内外角的影响看，成型第 1、2 道下辊孔型主要影响外角，精成型平辊孔型主要影响内角。

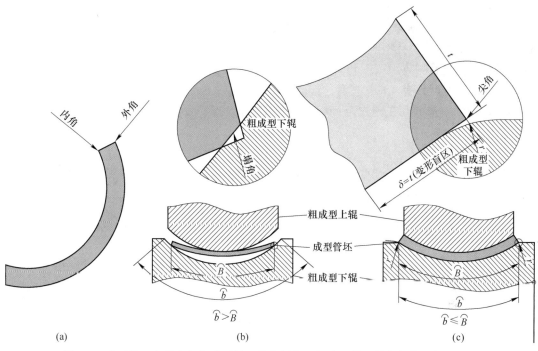

图 9-5 成型管坯内外角与粗成型管坯外角塌角及粗成型管坯外角保持尖角的孔型

（a）成型管坯内外角；（b）粗成型孔型与管坯外角塌角；（c）粗成型孔型与管坯外角尖角

（1）成型第 1、2 道下辊孔型对成型管坯外角的影响机理。以 3003-H24 管坯为例，其维氏硬度（HV）仅有 45～70，当该管坯以外角为支点被下压时，如图 9-5（b）所示，外角在轧制力作用下形成极大的压强（外角尖处的面积为 0）并因此很容易发生类似倒角一样的坍塌。所以，在孔型设计时就必须充分考虑粗成型孔型下辊对成型管坯外角的影响，让孔型弧长略小于或等于但绝对不能大于成型管坯宽度，这样当孔型边缘倒角后，既成功避免了成型管坯外角与孔型的摩擦，也不用担心管坯边缘变形不足（未变形到的宽度通常在变形管坯盲区范围内），如图 9-5（c）所示。

需要指出，这样设计的必要性随着管坯相对厚度和绝对厚度的增大而越发显见。

（2）精成型孔型对成型管筒内角的影响机理。参见 5.10.3.1 节中 B 之（1）和图 5-69，这里不赘述。而在孔型设计时应考虑适当增大导向环倒角的角度，如图 9-6 所示，这样可避免成型管坯内角被导向环刮掉。

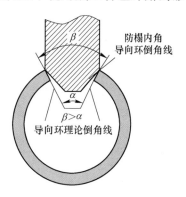

图 9-6 防塌内角导向环

9.1.3.7 均匀变形原则

均匀变形原则是轧辊孔型设计最基本的原则之一。均匀变形的实质是变形量在各道次孔型中均匀分配，目的是让管坯在各机架中做功相等，设备负荷均分。均匀分配变形量的方法，广泛应用于焊管轧辊孔型设计。

（1）均匀变形原则体现在成型段，为前后道次变形角的变化量相等，即

$$\theta_1 - \theta_2 = \theta_2 - \theta_3 = \cdots = \theta_i - \theta_{i+1} \tag{9-1}$$

式（9-1）至少在开口孔型段表现得比较明显（针对圆周变形法）。对于直接成异的变形，应根据完成变形后的翼缘宽度和厚度确定变形量，如 64 mm×8 mm×0.4 mm 汽车水箱用扁方管，其翼缘宽度只有 4 mm 左右，且厚度较薄，翼缘变形可一轧完成。

（2）均匀变形原则在圆管定径中，则表现为定径余量的平均分配，即各道次定径量相等。

$$\Delta D_1 = \Delta D_2 = \cdots = \Delta D_i \tag{9-2}$$

（3）均匀变形原则在圆变异中，无论是弧线变直线，还是弧线变弧线，都可以用弓形高的变化量相等来表示变形量，即

$$\pm (H_1 - H_2) = \pm (H_2 - H_3) = \cdots = \pm (H_i - H_{i+1}) \tag{9-3}$$

式中，"+"表示曲率半径逐渐变大；"-"表示曲率半径逐渐变小。

（4）均匀变形原则在直接成异中以精整为主，微量变形为辅。

9.1.3.8 速比原则

在管坯逐道变形过程中，管坯边缘不断升高，提供动力的成型上平辊切入孔型深度不断加深，即上辊外径不断加大，而下辊底径（微量递增不计）却没有这种需求。为了满足焊管成型轧制时上、下平辊必须保持轧制底径（上辊称"外径"）线速度一致的要求，在焊管机组设计时已经将一些成型上、下平辊（通常在粗成型段）轴按速比 i 设定，以确保在上辊外径大于下辊底径的情况下，依然能够实现上、下平辊孔型底径的线速度相等。

$$i = \frac{n_1}{n_2} = \frac{d_2}{d_1} \tag{9-4}$$

式中，n_1、n_2 分别为下平辊轴、上平辊轴转速；d_1、d_2 分别为下平辊底径、上平辊外径。

9.1.3.9 底径递增原则

速比原则解决的是同道次上下平辊底径线速度相等的问题，而底径递增原则所要调节的是平辊道次之间的速度与纵向张力问题。在高频直缝焊管生产方式下，提供纵向张力最便捷、最经济的方法莫过于让平辊（主动辊）孔型底径获得一个增量，进而获得一个纵向增速，增速传递到管坯上就形成纵向张力。

平辊底径递增量牵涉面广，与管材的热胀冷缩、纵向弹塑性应变与应力、横向弹塑性应变与应力及其相互转化息息相关，内容丰富，这里仅给出具体计算方法，见表 9-1。

表 9-1　焊管机组各段平辊底径递增量和底径计算公式汇总

机组区段	底径增量计算公式	底径计算公式
开口孔型段 （k）	$\Delta d_k = \dfrac{\varepsilon_k l_k}{\pi (N_k - 1)}$	在基本底径上递增：$d_{ki} = d + (i - 1) \Delta d_k$
闭口孔型段 （b）	$\Delta d_b = \dfrac{\Delta L_b + \varepsilon_b l_b}{\pi (N_b - 1)}$	在开口孔型末道下平辊底径上递增：$d_{bi} = \left[d + (i_k - 1) \Delta d_k \right] + n \Delta d_b$
焊接段 （h）	$\Delta d_{d1} = \dfrac{\lambda T l_h}{\pi} + \dfrac{0.2 \Delta B_2 l_H}{D_j \pi^2} + \dfrac{\varepsilon_H l_H}{\pi}$	用于定径第 1 道平辊

机组区段	底径增量计算公式	底径计算公式
定径段 (d)	$$\Delta d_d = \dfrac{l_d \times \left(\dfrac{\Delta B_3}{\Delta B_3 + 2D_N - 2t} + \varepsilon_d \right)}{(N_d - 1)\pi}$$	在定径第 1 道平辊底径上递增：$$d_{di} = d_{d1} + (N_d - 1)\Delta d_d$$

注：i 表示道次；N 表示道数；ε 表示弹性延伸率；l 加下标代表所计算区域的长度；λ 为铝管坯线膨胀系数（$\lambda = 2.49 \times 10^{-5}/℃$，$127℃$），$T$ 表示焊接段管体上的平均温度（$127℃$）；D_j 是挤压辊孔型直径；ΔB_2、ΔB_3 和 t 意义同前。

9.1.3.10 平辊辊宽偶数原则

要求将平辊宽度值设计为偶数，因为有些机组的平辊轴并不具有螺纹调节平辊中心对称的功能，轧辊对中控制全靠垫片，而垫片厚度往往是整数配置；若辊宽是奇数，在对中调整时就会出现小数，增加调整难度。

9.1.3.11 灵活性与原则性相结合原则

孔型设计具有"数学运算+经验参与"的特点，这就要求孔型设计师兼具灵活性与原则性；灵活性是设计师个人经验、领悟能力、创新能力的综合体现，灵活性要求不拘泥于传统思维、照搬硬套，必须根据机组形式、管形特点、客户需求、材料特性等灵活变动一些设计参数；原则性则是设计师在机组参数、设计要求、设计原则等铁律方面内功的体现。一套孔型，就是一件作品，对焊管生产、现场调试影响深远，要求设计师将灵活性与原则性有机融合，融合程度则是衡量孔型设计师功力的最重要标准。

9.2 孔型设计流程与孔型优劣标准

铝焊管用轧辊孔型虽然有圆、方、矩、D 形、椭圆等不同，但是其孔型设计流程与衡量孔型优劣的标准却基本相同。

9.2.1 孔型设计基本流程

孔型设计基本流程如图 9-7 所示。

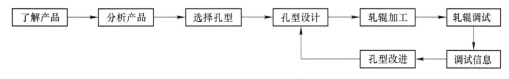

图 9-7 轧辊孔型设计流程

（1）了解产品。了解产品包括产品用途用量、技术要求、特别需求、常用材料合金牌号等，这些了解得越详细，与客户沟通得越深入，对孔型设计越有利。

（2）分析产品。在充分了解产品的基础上分析管形特点、难点，对将要设计的孔型有一个初步认识，形成腹稿，同时从孔型设计的角度提出问题、代表生产者提出疑问，并且与客户再次沟通交流，直至所有问题与疑问都有明确答案，切忌带着疑问进行孔型设计。在此基础上提出本次孔型设计的大致思路、设计原则与注意事项，选择工艺路径与轧制道次，预估轧辊成本费用，为经营决策提供支撑。

（3）选择孔型。适合铝焊管成型的圆孔型主要有圆周变形孔型、单半径孔型、双半径孔型和 W 孔型，各孔型的比较参见 5.4 节。其中，圆周变形孔型是所有变形方法的基础，事实上，除圆周变形法以外的任何一套孔型都是组合孔型。若是异形管孔型，选择孔型的实质是选择工艺路线：先成圆后变异，或者直接成异，或者先成异圆再变异。

（4）孔型设计。根据变形规律结合孔型设计经验形成腹稿，然后按机械制图要求形成正式图纸，并给出用料宽度意见。

（5）轧辊加工。按图纸要求制造加工轧辊，把好制造质量关，重点是精度控制。

（6）轧辊调试与调试信息。孔型设计师应该主动参与新孔型的调试，多与调试工交流，倾听调试工的意见，掌握第一手信息。同时，研判调试过程中出现的问题，严格区分设备问题、材料问题、工艺问题、轧辊（孔型设计、加工精度、安装精度）问题以及调试问题；如果是调试问题，要勇于提出见解、指导现场调试。

（7）孔型改进。根据调试过程中的所见所闻，综合调试工的意见对确属孔型设计的问题形成孔型修改完善方案，实施孔型修改，以便进入下一步的调试，或者为今后顺利生产打好基础。

9.2.2 孔型设计的基本内容

9.2.2.1 确定管坯宽度
（1）圆管管坯宽度建议按第 2 章式（2-15）确定。
（2）先成圆后变异管坯宽度建议按第 2 章式（2-16）确定。
（3）直接成异管坯宽度建议按第 2 章式（2-17）确定。

需要强调一点，无论按何种方式确定管坯宽度，凡是新孔型，第一次试产，备料都不宜超过一卷。防止所建议的管坯宽度过宽或过窄，造成不必要的损失。

9.2.2.2 确定轧制道次
（1）成型与焊接轧制道次。成型段与焊接段的轧制道次通常由机组本身决定，设计师只需要认定轧制道次而不要随意删减轧制道次，并根据轧制道次分配变形量。

（2）定径轧制道次。定径轧制道次有"3 平 2 立""4 平 3 立""5 平 4 立""6 平 5 立""4 平 3 立+土耳其头"和"5 平 4 立+双土耳其头"等几种，孔型设计师可以根据机组配置和产品特点、生产经营模式等决定变形道次，如定径机组按"6 平 5 立"计 11 个道次配置，但不一定非要按 11 个道次配置定径辊。

选择定径轧制道次的依据是：成品断面形状、壁厚、生产经营模式等，如果为了适应多品种、小批量生产模式换辊频繁的特点，道次选择可少一些。

（3）在线矫直辊道次。在线矫直辊道次最多是"3×2 平+3×2 立"12 辊，其次是 2 道次 8 辊，最少是 1 道次 2 辊。在管坯品质稳定的情况下，矫直圆管和断面单一的异形管 1 个道次即可，矫直复杂异形管尽可能用 2 个道次、必要时可利用土耳其头调整灵活、单辊能够向任意方向调整的优点，让 1 个道次矫直辊辅助整形，如图 9-8 所示，出定径辊后上面呈现外凸而其他尺寸已经处于最佳状态时，只需将与

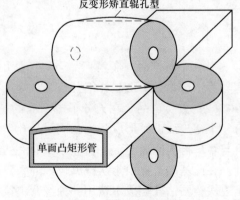

反变形矫直辊孔型

单面凸矩形管

图 9-8 反变形矫直辊

上面相对应的直线形矫直辊孔型进行反变形处理即可，无需在定径段大动干戈。

9.2.2.3 分配道次变形量

分配道次变形量的实质是，以怎样的变形速度完成管坯横断面变形，将平直管坯变形为符合产品质量要求的圆管或异形管，主要包括成型道次变形量和定径道次变形量的分配。

（1）粗成型孔型变形量的分配：包括能量法和坐标法两种基本方法。

1）能量法。能量法要求在确定各道次管坯横向变形时，必须至少使各道成型平辊孔型对成型管坯所做的功相等，单位长度的成型功可由式（9-5）获得。

$$W = \alpha \sigma_s t^2 \sum_i (\theta_i - \theta_i') \tag{9-5}$$

式中，α 为系数，取值范围 $0.5 \sim 1.0$，依据平辊底径和管坯宽度取值；σ_s 为管坯屈服极限；t 为管坯厚度；θ_i' 为管坯出第 i 道孔型后的弯曲角，rad；θ_i 为管坯进第 i 道孔型前的弯曲角，rad；$\theta_i - \theta_i'$ 为弯曲角变化量，rad。在式（9-5）中，一旦轧辊和管坯确定之后，$\alpha \sigma_s t^2$ 即为定值。因此，要使各道成型平辊孔型对管坯做功相等，只需弯曲角的变化量相等。

2）坐标法。坐标法是指以任意一种设计方案为初始方案，以成型平辊机架和立辊机架位置为纵轴（Y 轴），以管坯横向变形方案为横轴（X 轴）与竖轴（Z 轴），然后分别计算出前后点之间的距离，并尝试改变 X 值与 Z 值后计算前后点之间的距离，将两段距离进行比较；经反复多次改变与比较，取其中距离较短的 (X, Z) 值为参数，根据管坯宽度、变形参数与 (X, Z) 值之间内在的联系，计算出管坯横向变形半径。该方法不仅适用于粗成型段，同样适用于精成型辊变形量的分配。

（2）精成型孔型变形量的分配。除上面的坐标法外，还有角度法、导向环厚度法、三角形法和优化法参见 9.3.2.3 节。

然而，人们寄予管坯变形的要求远非数学运算这么简单，实际状况要复杂得多，这就要求孔型设计师不能唯理论，必须根据特定成型事实（如厚薄壁管、合金状态等）对各道次成型变形量进行调节。由此可见，调节效果是检验孔型设计师实践经验是否丰富与设计能力高低的标准。

（3）定径变形量的分配。定径变形量的分配包括选择定径变形量和按等差法或等比法分配变形量两方面，见 9.3 节。

9.2.2.4 辊缝

A 辊缝的作用

辊缝是轧辊孔型不可或缺的重要工艺参数，表现在以下几个方面：

第一，消化焊管机组和轧辊各类精度公差的需要。轧辊加工精度包括孔型面跳动、孔与轴的配合、轴与轴承的配合等都不可避免地存在不同心或偏差，若没有辊缝则必发生顶辊、损伤机组。

第二，调整尺寸公差的需要。一套轧辊可以生产外径相同但壁厚不同的焊管，由于壁厚不同所形成的变形抗力不同，在公差调整时必然需要根据不同壁厚施加相应的轧制力，而轧制力大与小预示着辊缝小与大。辊缝过小不利于不同壁厚焊管的尺寸控制；辊缝过大焊管局部易从辊缝处逃逸，产生压伤缺陷。

第三，通过人为缩小立辊（平辊）辊缝，确保管坯顺利进入平辊（立辊）孔型，减轻孔型磨损，减少管面划伤和压伤。

第四，生产公称尺寸相同而偏差不同的焊管需要。通过控制辊缝，能够生产出适应市场需求的正差管、负差管和正负差管等。

B 辊缝设定

除实轧成型孔型辊缝以外，其余通常不作严格规定。这里给出建议，仅供设计参考，见表9-2。在设计异型辊辊缝时，既要考虑管壁厚度的影响，又要考虑辊缝对孔型有效长度的影响。

表9-2 高频直缝铝焊管用轧辊辊缝设计参考值 （mm）

机组	辊缝								
	成型平辊		成型立辊		导向辊	挤压辊	定径辊		
	开口孔型	闭口孔型	开口孔型	闭口孔型			圆孔型	斜出方矩管孔型	
25~40	$t^{+0.10}_{+0.05}$	2~3	10~20	3~10	2~3	2~3	1.5~2.0	$0<\delta\leqslant\dfrac{r_{管}-0.414r_{辊}}{\sqrt{2}}$，45°	
50~76		3~4	20~30	6~20	3~4	3~4	2.0~3.0	$0<\delta\leqslant\sin\theta\left(r_{管}-r_{辊}\tan\dfrac{\theta}{2}\right)$，任意角	

9.2.2.5 孔型边缘倒 r 角

孔型边缘倒 r 角有五个作用：

(1) 减少孔型应力集中，保证轧辊强度；

(2) 避免孔型与管坯间不必要的接触、摩擦；

(3) 防止轧伤管面，提高焊管表面质量；

(4) 降低调整难度；

(5) 对挤压辊而言，上边缘小倒角可增强孔型对管坯边缘的控制力。

孔型倒角因轧辊道次、焊管规格不同，差异较大。例如，粗成型上辊孔型倒角通常都在 $(3~4)t$，而定径轧辊孔型一般都较小。倒角要求：既避免孔型轧伤管面和影响孔型使用寿命，又要确保孔型对焊管有足够包容长度，$\phi76$ mm 以下轧辊孔型倒角推荐值见表9-3。倒角过大易形成"噘嘴"缺陷，对挤压辊孔型上边缘来说易产生"尖桃形"焊接缺陷；倒角过小易划伤管面。

表9-3 $\phi76$ mm 以下轧辊孔型倒角推荐值

轧辊	粗成型平辊孔型		精成型平辊孔型	成型立辊孔型	挤压辊孔型		定径平立辊孔型	矫直辊
	下辊	上辊			上边缘	下边缘		
r 角	$(2~3)t$	$(3~4)t$	$(1~2)t$	$(1~1.5)t$	$(0~0.5)t$	$(1~1.5)t$	$(1~1.5)t$	$(0.5~1.5)t$

9.2.2.6 制图

按机械制图要求绘制每一个孔型。

9.2.3 衡量孔型优劣的标准

衡量孔型优劣的标准如下：

（1）确保所设计的孔型能够顺利调整出焊管，不需要做任何修改，或者仅需对个别孔型进行微小修改即可顺利调出焊管。

（2）后续换辊调试，产出顺利。

（3）管坯横向变形充分，圆管断面圆润、无棱角感，异形管棱角分明。

（4）孔型既不会划伤管面，管坯又容易进入下一道孔型。

（5）确保所设计的轧辊费用较低。一只轧辊的费用，少则数百元，多则数千元。以圆变方矩为例，能用"4平3立"的就不用"5平4立"。

（6）孔轴配合精度高，便于轧辊装卸；轧辊精度高，孔型面没有跳动。

（7）轧辊基准面选择正确，精度要求高低有别。

（8）有利于轧辊修复。

9.3 圆管孔型设计

以7平7立、平立交替布辊的焊管机用复合铝合金 ϕ25 mm × 1.5 mm 冷凝器集流管孔型为例，其中第1~5道为开口孔型辊，第6、7两道为闭口孔型辊（均指平辊），两辊焊接，毛刺托辊两道，定径为5平4立，两辊矫直，合金为3003-H14。

9.3.1 产品评估与孔型选择

首先，ϕ25 mm × 1.5 mm 冷凝器集流管属于中高档铝焊管范畴，其对焊管品质的要求集中体现在服役后冷媒不泄漏；这一要求从孔型设计方面看，成型段的孔型要保证成型管坯边缘变形充分，挤压辊孔型能够保证对焊面平行对接、去内毛刺顺畅，定径辊孔型精度确保成品尺寸精度、表面质量达标。

其次，该管的壁径比为6%，相对壁厚较厚，在选择孔型参数时需要重点考虑管坯能否充分变形，无需担忧管坯边缘失稳问题，为此可考虑采用 W 孔型。

所谓 W 孔型，其实是只有第1道形似 W 形状的孔型与圆周变形孔型或者综合变形孔型的组合孔型。本例采用"W 孔型+圆周孔型"，因为即使采用"W+综合孔型"，也只有第2道是综合变形孔型，且属于非必要的，从第3道起的成型孔型还是圆周变形孔型。

不管是哪种孔型，一套完整的孔型依据孔型功能可分为成型孔型、焊接孔型、定径孔型和矫直孔型。它们的工艺目标不同，孔型设计关注重点各异。

9.3.2 成型孔型设计

厚壁管用成型孔型设计，关注重点是让管坯充分变形；薄壁管用成型孔型设计，关注重点是管坯成型过程的稳定性。

9.3.2.1 计算管坯宽度

管坯宽度在孔型设计中是除外径和壁厚之外最重要的设计参数，是设计孔型长度的重要依据。ϕ25 mm × 1.5 mm 铝合金圆管的管坯宽度根据第2章式（2-15）计算得：$B =$ 79 mm，即当孔型全宽轧制时孔型有效弧长不得超过该值。

9.3.2.2 粗成型孔型

A 第 1 道 W 孔型

孔型主要参数见表 9-4，孔型宽度和深度计算见式 (9-6) 和图 9-9 (b)。

$$\begin{cases} h = r\left[1 - \cos(\alpha - \dfrac{\beta}{2})\right] \\[2mm] b = 2\left[r\sin(\alpha - \dfrac{\beta}{2}) + (r + |-R|)\sin\dfrac{\beta}{2}\right] \\[2mm] Z = 2(r + |-R|)\sin\dfrac{\beta}{2} \end{cases} \tag{9-6}$$

表 9-4 ϕ25 mm×1.5mm 冷凝器集流管 W 孔型主要参数

变形部位	变形半径 /mm	变形角	宽度 b /mm	深度 h /mm	参数/mm	备注
边部（下）	r 12.5	α 82°	72.05	7.84	$r = 12.5$，$C_边 = 17.89$	—
中部（下）	R 87.5	β 28.3°			$R = -3.5\phi$，$C_中 = 43.22$	负号表示反变形
边部（上）	r 11	α 91.47°	69.27	6.85	$r = 12.5 - 1.5 = 11$	—
中部（上）	R 50	β 47.25°			$R = -2\phi$	负号表示反变形

图 9-9 (b) 中孔型边缘弧长与倒角后的边缘弧长之差 17.89－16.67 = 1.22 mm<t 以及孔型长度 (16.67×2+43.22) = 76.56 mm 略小于管坯宽度皆说明：在成型时孔型既不会出现图 9-5 所示的管坯外角坍塌，又确保了成型管坯得到充分变形，而且没有变形到的区域不超过管坯变形盲区的宽度。

关于 W 孔型上辊的参数：第一，必须依赖下辊孔型参数，且 R 必须大于中心距；第二，必须确保上、下辊中心距相等；第三，边部弧线拐点外侧的变形角相等。

B 第 2~5 道成型平辊孔型

a 下平辊孔型

下平辊孔型主要参数包括管坯中部的变形半径、变形角、孔型深和孔型宽。

第一，管坯中部变形半径。根据均匀变形法的要求，开口孔型辊的变形量必须在该成型区域内各变形架次之间均匀分配，见式 (9-7)，这样就能使各架次变形角的变动量相等，即

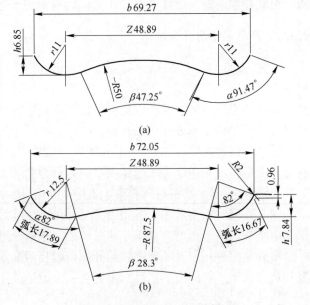

图 9-9 粗成型第 1 道 W 孔型

(a) 上辊孔型；(b) 下辊孔型

(-R 表示反变形)

$$\begin{cases} \dfrac{B}{iR_i} = \dfrac{B}{NR_j} \\ R_i = \dfrac{N}{i}R_j \end{cases} \tag{9-7}$$

式中，B 为管坯宽度；R_i 为第 i 道次下平辊中部管坯宽度为 $C_Z = (79 - 17.89 \times 2) = 43.22$ 段的孔型半径；R_j 为挤压辊孔型半径，取 12.65；N 为第 1 道成型平辊至第 1 道闭口孔型平辊的道数；i 为变形平辊的道次，$i = 2、3、4、5$。

第二，管坯中部 C_Z 变形角。根据式（9-7）和半径与圆周长的几何关系，易得与管坯变形半径 R_i 相对应的开口孔型段管坯变形角 β_i 计算式为：

$$\beta_i = \dfrac{57.3C_Z}{R_i} \tag{9-8}$$

关于变形角，需要说明的是，这里系指管坯中部 C_Z 段的变形角而非完整孔型变形角。因为当采用圆周变形法时，管坯边缘至少在粗成型段的第 2~5 道孔型内不再发生由轧辊孔型直接轧制形成的变形；在这个意义上讲，W 孔型对管坯边部的轧制具有一轧定终身的特点。从实轧的角度看变形角，以上辊为标志，自第 2 道起至第 5 道，越往后管坯被实轧的宽度越窄，实轧的变形角越小。

同时，有的道次考虑到能够顺利脱模，孔型的总变形角会比理论变形角小许多；也就是说，孔型变形花与管坯变形花、理论变形花既有区别又有联系，管坯变形花（不考虑管坯厚度）与理论变形花基本一致，孔型变形花与理论变形花有一致的道次、有的道次差别却很大，如图 9-10 和图 9-11 所示；在孔型设计时既要考虑到理论孔型变形花，更要结合管坯变形花，同时还要兼顾管坯和轧辊顺利脱膜。

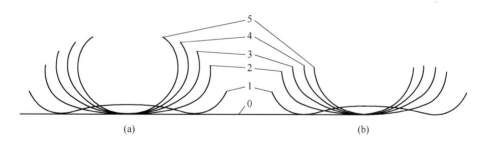

图 9-10　粗成型管坯变形花、粗成型理论变形花与粗成型孔型变形花
（a）粗成型管坯与理论计算变形花；（b）粗成型孔型变形花

第三，孔型实际开口宽度与理论开口宽度，见式（9-9）。

$$\begin{cases} b = 2\left[(R - r)\sin\dfrac{\beta}{2} + r \right] \\ b' = 2\left[(R - r)\sin\dfrac{\beta}{2} + r\cos\left(\alpha + \dfrac{\beta}{2} - 90°\right) \right] \\ b \geqslant b' \end{cases} \tag{9-9}$$

式中，b 为孔型实际开口宽度；b' 为孔型理论开口宽度；其余如图 9-11 所示。

第四，孔型实际深度 h 与理论深度 h'，见式（9-10）。

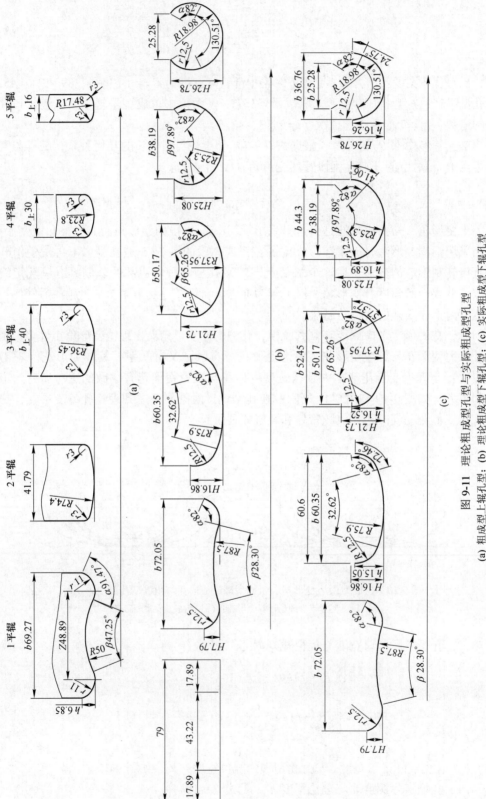

图 9-11　理论粗成型孔型与实际粗成型孔型

(a) 粗成型上辊孔型; (b) 理论粗成型下辊孔型; (c) 实际粗成型下辊孔型

$$\begin{cases} h = r\cos\dfrac{\beta}{2} + R\left(1 - \cos\dfrac{\beta}{2}\right) \\ h' = r\sin\left(\alpha + \dfrac{\beta}{2} - 90°\right) + r\cos\dfrac{\beta}{2} + R\left(1 - \cos\dfrac{\beta}{2}\right) \\ h' \geqslant h \end{cases} \tag{9-10}$$

b　上平辊孔型

变形半径 R' 由下辊中部变形半径 R 和管坯厚度 t 确定，见式（9-11）。

$$R' = R - t \tag{9-11}$$

孔型宽度 $b_上$ 由孔型理论开口宽度 b' 和防干涉缝隙 δ 决定，见式（9-12）。

$$b_上 = 2\left[(R - r)\sin\dfrac{\beta}{2} + r\cos\left(\alpha + \dfrac{\beta}{2} - 90°\right) - t\right] - \delta \tag{9-12}$$

式中，δ 取值见表 9-5。δ 取值过大，管坯变形宽度变窄，对成型不利；δ 取值过小，上辊易与成型管坯边缘发生干涉。取值原则：一是在确保不发生干涉的前提下让上辊尽可能地宽；二是确保轧辊有足够强度。这两条原则必须同时满足，否则就要调整设计方案。

表 9-5　δ 推荐值　　（mm）

壁厚 t	δ	备　注
$t \leqslant 2$	3~6	$b_中 \approx b'$ 时取最大值
$t > 2$	6~10	

C　粗成型立辊孔型

与钢管成型调整可以用立辊推挤收紧管坯不同，铝管的成型立辊调整以轻柔扶持为主，比较忌讳利用立辊孔型上止口进行对中调整，讲究顺其自然。因此，铝焊管用粗成型立辊孔型的设计必须围绕这个特点进行，至少需要注意两点：

第一，孔型长度大于成型管坯的接触弧长，确保成型管坯在孔型中有一定的"自由"。以 1 立为例，出 1 平辊后，变形管坯只有半径为 $r = 12.5$ mm、角度为（$\alpha - \beta/2$）的弧长与立辊孔型弧长接触；如果立辊孔型弧长也是这么长，那么只要管坯出现一点左右偏摆，管坯边缘势必与孔型上止口发生剐蹭，这是铝焊管成型需要避免的成型缺陷，如图 9-12（a）及其放大图所示。因此，孔型长度 C_1 应该按式（9-13）设计，如图 9-12（b）所示。

$$C_1 = \delta + 2\pi r\dfrac{\alpha - \dfrac{\beta}{2}}{360°} + \Delta \tag{9-13}$$

式中，δ 为孔型下缘的辅助宽度，起托住管坯的作用，一般取 10~20 mm；Δ 为预留给管坯偏摆的孔型弧长裕量，取 3~5 mm；其余符号意义同前。

第二，孔型高。孔型高必须大于变形管坯在该道次的高度，确保孔型上止口永远不起作用。

（1）粗成型 1 立孔型。由于出 1 平辊后的成型管坯只有边缘部分可以与立辊孔型接触，这样，1 立孔型线的有效部分便与 1 平辊孔型边缘角度为 $\alpha - \beta/2$ 的弧长相同（未算上 Δ），其他部分为孔型的辅助线段，如图 9-12 所示。

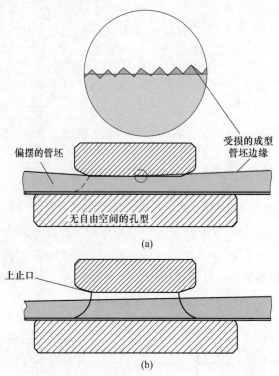

图 9-12   成型管坯通过有自由空间孔型辊与无自由空间孔型辊的比较

(a) 无自由空间的孔型辊与受损的成型管坯边缘；(b) 有自由空间的孔型辊与管坯顺利通过

(2) 粗成型第 2~5 立孔型。为确保管坯边缘与孔型上止口不发生干涉，可按以下思路设计第 2~5 道立辊孔型：孔型边缘仍按 1 平孔型半径设计，但变形角可增大 α'；中部孔型半径取前后道中部孔型半径的中值 $R_{中}$，弧长按 $(C_Z + C_Z')$ 设计，但随后从辊缝中作相应扣减。这样既使孔型上止口位置远离成型管坯边缘，使它们之间有一个防干涉值 ΔH；又不用担忧孔型包容过长的问题和孔型下缘因较大辊缝而使孔型底部抬升的问题，孔型底部抬升值 Δh 大大小于防干涉值 ΔH，见式 (9-14) 和图 9-12。

$$\begin{cases} H_i' = r\left[\sin\left(\alpha + \alpha_i' + \dfrac{\beta_i'}{2} - 90°\right) + \cos\dfrac{\beta_i'}{2}\right] + R_i\left(1 - \cos\dfrac{\beta_i'}{2}\right) - \Delta h_i \\[2mm] H_i = r\left[\sin\left(\alpha + \dfrac{\beta_i}{2} - 90°\right) + \cos\dfrac{\beta_i}{2}\right] + R_i\left(1 - \cos\dfrac{\beta_i}{2}\right) - \Delta h_i \\[2mm] \Delta h_i = R_i - \sqrt{R_i^2 - e_i^2} \\[1mm] \Delta H_i = H_i' - H_i \\[1mm] \Delta H_i \gg \Delta h_i \end{cases} \quad (9\text{-}14)$$

式中，α_i' 为第 i 道次半径为 12.5 mm、角度为 82°孔型的角度增加量，取 10°~20°；β_i' 为第 i 道次孔型中部按弧长 $(C_Z + C_Z')$ 和 $R_{中}$ 确定圆心角；C_Z' 为弧长增加量，取 10mm；e_i 为第 i 道次立辊辊缝，$e_i \geqslant 5$ mm。

比较图 9-13 相同道次紧凑型与防干涉型粗成型立辊孔型，后者孔型高度 H_i' 比前者 H_i

高 4.65~2.69 mm（ϕ25 mm），说明成型管坯边缘远离孔型上止口，防干涉粗成型立辊能有效避免成型管坯边缘与孔型上止口之间的干涉。其中，第 5 道虽然仅高 2.69 mm，但此时成型管坯已经基本归圆，已无干涉之虞。成型第 2~5 道防干涉型和紧凑型立辊孔型主要参数分别见表 9-6 和表 9-7。

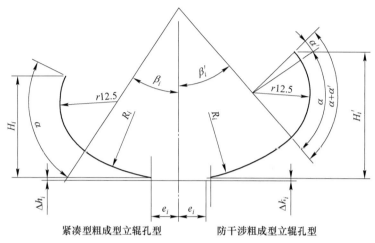

图 9-13　粗成型 2~5 道紧凑型与防干涉型立辊孔型

表 9-6　ϕ25 mm×1.5 mm 铝焊管成型第 2~5 道防干涉型立辊孔型主要参数

道次	R_i/mm	β_i'/(°)	α'/(°)	α/(°)	r/mm	e_i/mm	Δh_i/mm	H_i'/mm	$H_i'-H_i$/mm
2	56.93	53.57/2	10	82	12.5	7	0.43	22.85	4.65
3	36.63	83.52/2	10	82	12.5	7	0.68	26.60	5.26
4	22.14	137.74/2	10	82	12.5	6	0.83	29.65	4.46
5	17.34	175.87/2	10	82	12.5	5	0.74	28.93	2.69

表 9-7　ϕ25 mm×1.5 mm 铝焊管成型第 2~5 道紧凑型立辊孔型主要参数

道次	R_i/mm	β_i/(°)	α/(°)	r/mm	e_i/mm	Δh_i/mm	H_i/mm
2	56.93	43.5/2	82	12.5	7	0.43	18.20
3	36.63	67.61/2	82	12.5	7	0.68	21.34
4	22.14	111.86/2	82	12.5	6	0.83	25.19
5	17.34	142.82/2	82	12.5	5	0.74	26.24

9.3.2.3　精成型孔型

精成型孔型包括精成型平辊孔型和立辊孔型。

A　精成型平辊孔型

精成型平辊孔型又称闭口孔型，孔型主要参数是导向环厚度与变形半径，二者的关系是自变量与函数的关系，见式（9-15）。

$$R_{bi} = \frac{B + b_{bi} + C}{2\pi} \tag{9-15}$$

式中，R_{bi} 为闭口孔型平辊变形半径；B 为管坯宽度；b_{bi} 为导向环厚度；C 为导向环厚度弦长与弧长以及宽度变动量的修正值，可在 0.3~0.8 mm 之间取值，b_{bi} 越大取值越大，反之取值就小。

在式（9-15）中，当焊管规格确定之后，B 和 C 为定值，决定变形半径 R_{bi} 值的是导向环厚度。导向环厚度与倒角是精成型孔型重要组成部分，不应被忽视。确定导向环厚度的方法有经验法、角度法、三角形法和优化法。

a   经验法

根据设计经验，50 以下机组两道闭口孔型平辊用导向环的厚度分别是：

第 1 道闭口孔型导向环厚度：$b_{b1} = 8 \sim 20$ mm；

第 2 道闭口孔型导向环厚度：$b_{b2} = 5 \sim 6$ mm。

这样，根据式（9-15）求出闭口孔型平辊的变形半径 R_{bi}。

b   角度法

依据设计经验，人为规定闭口孔型辊中管坯变形角度，然后以此作为孔型变形半径的依据，令 $\theta_{bi} = \begin{cases} \theta_{b1} = 315° \sim 325° \\ \theta_{b2} = 330° \sim 340° \end{cases}$，这样，由式（9-16）有：

$$\begin{cases} R_{bi} = \dfrac{57.3(B + C)}{\theta_{bi}} \\[3mm] b_{bi} = 2R_{bi}\sin\dfrac{\theta_{bi}}{2} \end{cases} \tag{9-16}$$

显然，在经验法和角度法中，b_{bi}、θ_{bi} 的选择完全依赖设计经验，这就使得管坯变形存在较多变数；同时，选择的结果 b_{bi} 在大多数情况下都与管坯边缘一点的运动规律及工艺要求不符。工艺要求闭口孔型段的管坯边缘，应尽可能与前后道次管坯的边缘至少在空间直角坐标系 XOY 平面上投影为直线。基于这一设计理念，提出精成型平辊孔型用导向环厚度参数的三角形设计法。

c   三角形法

三角形法是指在以粗成型末道变形管坯开口宽度 b_5 为三角形的底、两挤压辊中心连线之中点为顶点、以管坯边缘为两腰的等腰三角形中，分别以前后道平辊轴中心距 L 为高，作与底边平行且与两腰相交的平行线，那么，这些相似三角形的底宽就是我们要求的精成型平辊孔型导向环厚度，如图 9-14 所示。这样确定的导向环厚度与变形工艺要求相匹配，导向环厚度 b_{bi} 由式（9-17）确定。

$$b_{bi} = b_5 - 2(i - 5)L\tan\left[\arctan\frac{b_5}{2(2L + L' + L'')}\right] \qquad (i = 6, 7) \tag{9-17}$$

然后，再根据式（9-15）和式（9-16）计算精成型平辊孔型的变形半径和变形角度，计算结果列于表 9-8 中。

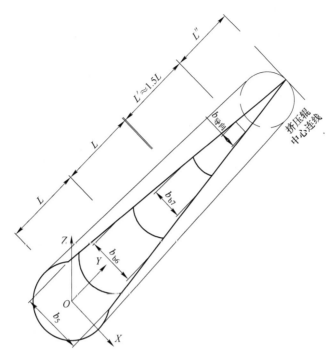

图 9-14 三角形法确定导向环厚度示意图

表 9-8 ϕ25 mm×1.5 mm 铝焊管精成型平辊与导向辊孔型主要参数

变形道次（i）	b_{bi}/mm	$R_{bi}^{①}$/mm	θ_i/(°)	备 注
6	19.2	15.7	290.15	$L = 560$ mm，$L' = 826$ mm，$L'' = 368$ mm，$b_5 = 19.23$ mm，
7	13.0	14.7	309.11	$C_1 = 0.5$ mm，$C_2 = 0.3$ mm；$C_导 = 0.2$ mm
导向（8）②	6.9	13.7	331.25	

①R_{bi} 大于管坯边缘的 r 与管坯实际变形并没有什么矛盾，因为状态为 H14 类的管坯其边缘变形总是存在或多或少回弹。

②孔型相似，算法相同，故放在此表中。

精成型平辊孔型如图 9-15 所示。

事实上，确定导向环厚度不是数学运算这么简单，尤其是铝焊管导向环厚度及其倒角设计对铝焊管成型和保持成型管筒对焊边缘形貌的完整性具有重要影响。特别地，导向环厚度对抑制薄壁管出现成型鼓包有重要作用，其厚度的确定，要服从于降低管坯边缘延伸和增大管坯边缘纵向张力的需要，并由最终的优化结果决定，故派生出确定导向环厚度的第四种方法——优化法。

d 优化法

研究导向环厚度的实质是研究成型管坯开口对管坯成型的影响，利用解析几何方法从管坯成型过程的主视、俯视和空间三个维度来评判、优化所设计出的孔型。其指导思想是：不局限于导向环厚度，着眼于整个成型，以变形管坯在各道孔型中的管坯高度、管坯开口宽度及平辊道次中心距为三维坐标点，并用直线连接各点成一条折线，以此折线代替管坯边缘运动轨迹线进行分析对比；通过调节各道次管坯变形量，使边缘纵向延伸不断减

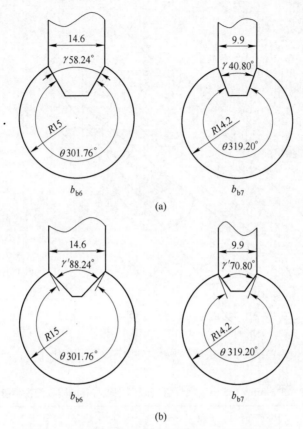

图 9-15 理论精成型平辊孔型与实际精成型平辊孔型

(a) 理论精成型平辊孔型; (b) 实际精成型平辊孔型

少，纵向张应力更加均衡。此优化过程如图 9-16 所示，优化公式见式（9-18）。

$$L = \sum_{Y_0 \to Y_{15}} \sqrt{(X_{i-1} - X_i)^2 + (Y_{i-1} - Y_i)^2 + (Z_{i-1} - Z_i)^2} \qquad (9\text{-}18)$$

式中，L 为变形管坯边缘一点运动轨迹折线长度；$Y_0 \to Y_{15}$ 为从初始段到导向辊轴中心线止；X_i，Y_i，Z_i 为前一点的三维坐标；X_{i-1}，Y_{i-1}，Z_{i-1} 为后一点的三维坐标。

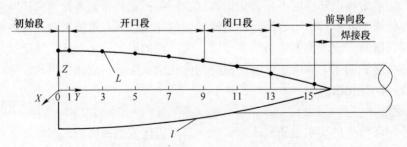

图 9-16 成型管坯边缘运动轨迹与坐标

l—理论最短运动轨迹长度；L—运动轨迹折线长度

优化成型的目标函数是：管坯边缘一点的运动轨迹线最短，延伸最少，即图 9-16 中

的 $L - l \rightarrow 0$。

必须指出，铝焊管用精成型孔型导向环厚度的优化还包括导向环倒角角度的优化，优化方案见式（9-19）。

$$\gamma' = 360° - \theta + \Delta\gamma \quad (9-19)$$

式中，γ' 为导向环优化化后的倒角角度；θ 为精成型平辊孔型变形角；$\Delta\gamma$ 为导向环倒角角度增加值，$\Delta\gamma = 20° \sim 30°$，壁厚越厚取值越大，壁厚越薄取值越小。$\Delta\gamma$ 对保证成型管坯内角不坍塌作用明显；相应地，立辊孔型设计与调整对成型管坯外角的影响亦不容小觑。

B 精成型立辊孔型

精成型立辊孔型是指第 1 道精成型平辊后至导向辊前的立辊孔型，孔型半径由相应道次精成型平辊孔型半径和导向辊孔型半径决定，并分别取其（见表 9-8）简单平均数。孔型参数见表 9-9。

表 9-9　ϕ25 mm×1.5 mm 铝焊管精成型立辊孔型主要参数

立辊道次 (i)	R_{Li} /mm	e_i /mm
6	15.2	2
7	14.2	2

9.3.3　焊接段轧辊孔型设计参数

（1）导向辊孔型主要设计参数：见表 9-8，亦可与末道精成型平辊孔型相同。

（2）挤压辊孔型参数：确定挤压辊孔型半径 R 的方法有理论确定法和经验确定法两种。

1）理论确定法。在焊接完成后，理论上讲闭口铝焊管中的成型余量 Δ_1 与焊接余量 Δ_2 已经被全部消耗，只剩下定径余量，所以，确定挤压辊孔型半径 R_j 的理论依据是式（9-20）。

$$R_j = \frac{B - \Delta_1 - \Delta_2}{2\pi} + \frac{t}{2} \quad (9-20)$$

式中，Δ_1、Δ_2 分别由第 2 章式（2-6）和式（2-9）给定；B 为 ϕ25 mm×1.5 mm 铝焊管管坯宽度，则 ϕ25 mm×1.5 mm 铝焊管用挤压辊孔型半径 $R_j = 12.82$ mm。

2）经验确定法，见式（9-21）。

$$R_j = \frac{D_T}{2} + \Delta R \quad (9-21)$$

式中，D_T 为成品管直径；ΔR 为定径余量，经验取值见表 9-10。

表 9-10　挤压辊用定径余量经验值　　　　　　　　　　　（mm）

D_T	ΔR
$D_T \leqslant 50$	0.25~0.5
$50 < D_T \leqslant 100$	0.55~0.75
$D_T > 100$	0.80~1.0

（3）毛刺托辊孔型参数：可以按挤压辊孔型尺寸加 1 mm 设计孔型，也可适当多加一点以实现部分共用。若采用共用轧辊模式，孔型深度要设计得浅一点。

9.3.4 定径辊的孔型设计参数

圆管定径辊孔型设计首要解决的问题是如何分配定径余量，常用的分配方法有算术平均法、等比法和等差法。

（1）等差法：该法的理论依据是，通常外径 $\phi15 \sim 100$ mm 铝焊管总减径率约占成品管外径的 $2.5\% \sim 1.2\%$，平均减径不会对管面硬度、设备负荷、孔型磨损等产生明显负面影响，而且减径量直观、计算方便。将余量仅分配到平辊的表达式见式（9-22）。

$$\begin{cases} R_{pi} = R + (n - i)\,\overline{\Delta R} \\ \overline{\Delta R} = \dfrac{\Delta R}{n} \\ \Delta R = R_j - R \\ R_{li} = R_{pi} \end{cases} \qquad (9\text{-}22)$$

式中，R_{pi} 为第 i 道定径平辊孔型半径；R_{li} 为第 i 道定径立辊孔型半径；R 为公称半径-负偏差/2；R_j 为挤压辊孔型半径；ΔR 为定径余量；$\overline{\Delta R}$ 为平均道次减径量；n 为定径平辊道数；i 为平辊或立辊道次。

当 5 平 4 立布辊时，$\phi25$ mm×1.5 mm 铝焊管的定径孔型参数见表 9-11。

表 9-11 $\phi25$ mm×1.5 mm 铝焊管用等差法定径孔型主要参数   （mm）

定径道次	1 平/1 立	2 平/2 立	3 平/3 立	4 平/4 立	5 平	备注
孔型半径	12. 76	12. 69	12. 63	12. 56	12. 5	
辊缝	1.5					单边
倒 r 角	1.2					

（2）等比法。等比法的理论依据与等差法恰好相反，认为焊管在定径机中的定径过程属于冷轧范畴，焊管处于被冷轧状态。随着定径减径量的增加，管面逐渐硬化，如果平均分配定径余量，则后道次轧辊孔型、设备等的负荷均增大，有悖均等负荷的基本原则。定径余量等比法的分配由式（9-23）决定。

$$\begin{cases} R_{pi} = R + q^n \Delta R \\ \Delta R = R_j - R \\ R_{li} = R_{pi} \end{cases} \qquad (9\text{-}23)$$

式中，q 为根据定径平辊道数设定的比值，为方便应用，列出了焊管定径机组常用减径模式下的 q 值，见表 9-12。在应用式（9-23）时，当 $\sum\limits_{i=1}^{n} q^n$ 大于 1 后，末道平辊孔型按公称半径减负偏差之半设计。

表 9-12 铝焊管定径机组常用减径模式下的 q 值

减径模式	N	q
3 平 2 立	3	0.55
4 平 3 立	4	0.52
5 平 4 立	5	0.51

表 9-13 列出了等比法采用 5 平 4 立定径 ϕ25 mm×1.5 mm 铝焊管各道定径平、立辊孔型的主要参数。

表 9-13 ϕ25 mm×1.5 mm 铝焊管用等比法的定径孔型主要参数 （mm）

定径道次	1 平/1 立	2 平/2 立	3 平/3 立	4 平/4 立	5 平	备注
孔型半径	12.66	12.58	12.54	12.52	12.51	
辊缝			1.5			单边
倒 r 角			1.2			

比较表 9-11 和表 9-13 中两种定径方案，从现场实际操作的角度看，等比法后两道的直径减径量只有 0.04~0.02 mm，这无论从设备精度、轧辊精度，还是操作把控方面，都提出了较高要求；比较而言，等差法每一道次的直径减径量达 0.128 mm，更有利于现场操作调整，调整难度比等比法要小。当然，定径立辊孔型半径也可以取第 i 道与第 $i+1$ 道平辊孔型半径的平均值。

（3）算术平均法。此法是将定径余量进行简单平均，计算公式略。

9.3.5 矫直辊孔型的设计参数

矫直辊孔型参数原则上按焊管公称尺寸进行设计，即矫直辊孔型半径 $R_j = 12.5$ mm。如果焊管要求单向公差，则矫直辊孔型半径应取公称尺寸加单向公差之半。

9.4 圆变异形管孔型的系数设计法

圆管变异形管（简称"圆变异"）孔型设计的系数设计法又可分为圆变方系数设计法、圆变矩系数设计法、圆变平椭圆系数设计法、圆变 D 形系数设计法等。在系数获取过程中应用到相对弓形高法、绝对弓形高法、正向变形法和反向变形法等。本节将分别介绍这些常见异形管孔型的系数设计方法，作为异形管孔型设计引玉之砖。

9.4.1 圆变方孔型的系数设计法

焊管先成圆后成方工艺在中小型焊管机组上应用十分广泛，其变形花如图 9-17 所示，设计方法亦多种多样，但是都存在两个问题：一是需要人为设定一个变形参数，以推动整个设计得以进行，这样就存在因个人知识多寡、经验丰歉的设计风险；二是计算较为繁杂，计算量大，设计效率低。而圆变方孔型的系数设计法既不需要人为设定变形参数，又能简化设计程序、减少计算量、提高设计效率，并且设计效果可预知。因为圆变方孔型的系数设计法之系数，是经过专家认可且设计方法独特、设计思路新颖。

9.4.1.1 圆变方孔型系数设计法的思路

由图 9-17 和图 9-18 可知，按公称尺寸设计孔型时，初始圆上的 a 在数值上等于方管边长 $\bar{a}$（以下统一用 a 表示），则先成圆之圆直径 D 与方管边长 a 存在式（9-24）所示的函数关系。

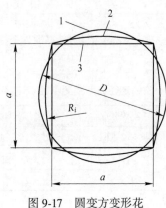

图 9-17 圆变方变形花
1，2，3—变形顺序

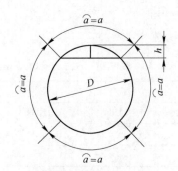

图 9-18 圆变方之初始圆
D—圆变方初始圆直径；h—初始弓形高；
a—圆变方之边长；a—等于边长的弧长

$$D = \frac{4}{\pi} \times a \tag{9-24}$$

同时，圆变方之初始弓形高 h 与方管边长 a 也存在式（9-25）所示的函数关系。

$$h = \frac{2 - \sqrt{2}}{\pi} \times a \tag{9-25}$$

虽然式（9-24）和式（9-25）对图 9-18 而言表达的内容不同，可是，它们都是以"系数×方管边长"的形式表现方管边长与圆的关系。这就启迪我们：有可能通过一定的数学变换，将各道孔型各部位曲线的函数表达式也变换成"系数与方管边长"相乘的形式，并且由式（9-24）和式（9-25）所决定的各道次设计系数应该对所有圆变方孔型都适用。或者说，在总变形道数一定的情况下，所有圆变方孔型第 i 道次的设计系数都相同。倘若能实现这一构想，那么设计圆变方孔型就简单方便快捷多了。

9.4.1.2 圆变方孔型系数设计法的内涵

根据设计思路，圆变方孔型的系数设计法，是指将圆变方孔型各道次、各部位曲线的函数表达式都以一个对应固定的系数 $\mu_i(\lambda_i)$ 或一个关于 $\mu_i(\lambda_i)$ 的表达式与方管边长 a 相运算的形式来表示，即：

$$\begin{cases} a_i(a) = \lambda_i a \\ R_i(a) = \mu_i a \end{cases} (i = 1, 2, \cdots, N) \tag{9-26}$$

式中，$a_i(a)$ 为圆变方孔型第 i 道次内接正方形边长的函数；$R_i(a)$ 为圆变方孔型第 i 道次变形半径的函数；λ_i 为关于函数 a_i 的各道次孔型设计系数；μ_i 为关于函数 R_i 的各道次孔型设计系数；i 为变形道次；N 为总变形道数。

而且式（9-26）这组函数关系一旦确定之后，就对所有圆变方孔型都适用。它有两个方面的含义：

第一，在变形总道数 N 已定和按公称尺寸设计原则设计孔型的前提下，圆变方所有孔型的设计系数只有 N 对，即

$$\begin{cases} \mu_i = \mu_1, \ \mu_2, \ \cdots, \ \mu_N \\ \lambda_i = \lambda_1, \ \lambda_2, \ \cdots, \ \lambda_N \end{cases}$$

且每道孔型不论方管边长如何变化，也不管是箱式孔型还是斜出孔型，都只有唯一一对设计系数与之对应。

第二，在每一个圆变方孔型表达式中，只涉及两个参数，一个是被固化的设计系数 μ_i（或 λ_i），一个是方管边长 a。由此可见，系数设计法真正的变量是方管边长 a。设计时，只需将自变量 a 值代入进行运算即可获得圆变方孔型参数。

当然，这些是以一定设计原则为前提的。

9.4.1.3　系数设计法的设计原则

系数设计法的设计原则如下：

（1）以弓形高为变形量的原则。在圆变方过程中，实质上是弓形高从初始值 h 变为 0 的过程。之所以选择弓形高为变形量，是因为采用平均递减弓形高来变形，管坯变形比较平稳，轧辊孔型面受力也比较平均。由式（9-25）易得弓形高的道次平均递减变形量 Δh 为

$$\Delta h = \frac{2 - \sqrt{2}}{N\pi} \times a \tag{9-27}$$

继而，弓形高的道次变形量 h_i 为：

$$h_i = \frac{(2 - \sqrt{2})(N - i)}{N\pi} \times a \tag{9-28}$$

式中，当变形道次 $i = N$ 时 $h_i = 0$，完成圆变方变形。

（2）以公称尺寸代替各道孔型弧长的原则。如前所述，直接用成品管公称尺寸作为设计孔型曲线弧长的依据，让每段孔型对应的曲线长都与公称尺寸一样，既不影响产品精度，又能简化设计程序，也有利于设计系数的推导。

9.4.1.4　系数设计法的推导

A　孔型内接正方形边长 a_i 及关于 a_i 的设计系数 λ_i

由变形过程中孔型内接正方形边长 a_i 与成品管边长 a 及弓形高 h_i 的几何关系，有式（9-29）：

$$a_i = \frac{0.375a + \sqrt{(0.375a)^2 + 3.75 \times \left\{ 0.5625a^2 - 4 \times \left[\frac{(2 - \sqrt{2})(N - i)}{N\pi} \times a \right]^2 \right\}}}{1.875}$$

$$\tag{9-29}$$

将式（9-29）两边同除以 a，并令 $\frac{a_i}{a} = \lambda_i$，得式（9-30）：

$$
\begin{cases}
\lambda_i = \dfrac{0.375 + \sqrt{2.25 - 15 \times \left[\dfrac{(2 - \sqrt{2})(N - i)}{N\pi}\right]^2}}{1.875} \\
a_i = \lambda_i a
\end{cases}
\tag{9-30}
$$

式（9-30）的几何意义是：当 N 确定之后，第 i 道次关于 a_i 的设计系数 λ_i 便唯一确定；因此，决定函数 a_i 大小的真正变量是正方形边长 a。它的实际意义是：无论成品方管边长如何变化，只要总变形道数 N 一定，第 i 道次孔型内接正方形边长的设计系数就是定值；并且，在计算第 i 道次孔型内接正方形边长时，只需将该系数与成品方管边长相乘。

B 孔型变形半径 R_i 及关于 R_i 的设计系数 μ_i

根据圆变方过程中孔型变形半径 R_i、孔型内接正方形边长 a_i 与弓形高 h_i 的几何关系，有式（9-31）：

$$
R_i = \frac{a_i^2 + 4h_i^2}{8h_i}
\tag{9-31}
$$

将式（9-28）和式（9-29）同时代入式（9-31），且两边同除以成品方管边长 a，并令 $\dfrac{R_i}{a} = \mu_i$，得式（9-32）：

$$
\begin{cases}
\mu_i = \dfrac{\lambda_i^2 N\pi}{8(2 - \sqrt{2})(N - i)} + \dfrac{(2 - \sqrt{2})(N - i)}{2N\pi} \\
R_i = \mu_i a
\end{cases}
\tag{9-32}
$$

在式（9-32）中，设计系数 λ_i 是定值，一旦 N 确定之后，圆变方过程中关于各道次变形半径 R_i 的设计系数 μ_i 亦为定值，这样，在进行第 i 道次变形半径 R_i 设计时，再也无需进行繁琐运算了。

C 孔型宽 b_i 和孔型深 l_i

由圆变方孔型之间的几何关系，容易推导出孔型宽度和孔型深度是一个关于系数 λ_i 的表达式与方管边长之积。图 9-17 所示箱式孔型的孔型宽和孔型深由式（9-33）决定。

$$
\begin{cases}
B_i'' = \left[\lambda_i + \dfrac{2 \times (2 - \sqrt{2})(N - i)}{N\pi}\right] \times a \\
H_i'' = \dfrac{1}{2}\left[\lambda_i + \dfrac{2 \times (2 - \sqrt{2})(N - i)}{N\pi}\right] \times a
\end{cases}
\tag{9-33}
$$

式中，B_i'' 为圆变方箱式孔型第 i 道次的孔型宽度；H_i'' 为圆变方箱式孔型第 i 道次的孔型深度。

若是 45°斜出方管孔型，则其孔型宽和孔型深由式（9-34）确定。

$$
\begin{cases}
B_i = \sqrt{2}\lambda_i \times a \\
H_i = \dfrac{\sqrt{2}}{2}\lambda_i \times a
\end{cases}
\tag{9-34}
$$

式中，B_i 为圆变方 45°斜出方管第 i 道次孔型宽；H_i 为圆变方斜出 45°方管第 i 道次孔型深。

需要指出的是，其实，式（9-33）也是"系数与方管边长"相乘的形式，在 N 确定之后，第 i 道次的数值 $\dfrac{2 \times (2 - \sqrt{2})(N - i)}{N\pi}$ 也是可以固化的。

D 圆变方孔型设计系数表

通常，采用 5 平 4 立 9 个道次孔型轧辊，就完全能够满足各种规格圆变方管的轧制，即 $N = 9$，$i = 1$，2，…，9。那么，根据式（9-30）和式（9-32），易得系数 λ_i 和 μ_i，见表 9-14。

表 9-14 圆变方 9 道次孔型设计系数

设计系数	变形道次 i								
	1	2	3	4	5	6	7	8	9
λ_i	0.9230	0.9418	0.9577	0.9709	0.9815	0.9896	0.9954	0.9989	1
μ_i	0.7254	0.8370	0.9844	1.1892	1.4945	2.0006	3.0097	6.0304	∞

有了这些系数后，就使得原本繁杂的孔型设计过程变成了简单四则运算，从而实现圆变方孔型的"傻瓜式"设计，以及运用电脑编程和 CAD 迅速得到设计结果，孔型设计师也因之得到解放。

9.4.1.5 设计验证

以圆变 25 mm 方为例进行设计验证。按 5 平 4 立 9 个道次、45°斜出设计变形孔型，则 $a = 45$，$N = 9$，$i = 1$，2，…，9。

（1）系数设计法的设计实例。根据圆变方孔型系数设计法的设计思路、设计原则及表 9-14 所列设计系数，计算得圆变 25 mm 方管孔型的变形参数，见表 9-15。

表 9-15 圆变方系数设计法 25 mm 方斜出 45°孔型参数 （mm）

孔型参数	变形道次 i								
	1	2	3	4	5	6	7	8	9
a_i	23.08	23.55	23.94	24.27	24.54	24.74	24.89	24.97	25
R_i	18.14	20.93	24.61	29.73	37.36	50.02	75.24	150.76	∞
B_i	32.63	33.30	33.86	34.33	34.70	34.99	35.19	35.32	35.36
H_i	16.32	16.65	16.93	17.16	17.35	17.49	17.60	17.66	17.68

（2）非系数设计法的设计实例。根据设计原则和式（9-24）、式（9-25）、式（9-27）~式（9-29）和式（9-31），以及为便于比较。仍令 $N = 9$，那么，圆变方非系数设计法 25 mm 方斜出 45°孔型参数列于表 9-16。

表 9-16 圆变方非系数设计法 25 mm 方斜出 45°孔型参数 （mm）

孔型参数	变形道次 i								
	1	2	3	4	5	6	7	8	9
a'_i	23.08	23.55	23.94	24.26	24.54	24.74	24.89	24.97	25

孔型参数	变形道次 i								
	1	2	3	4	5	6	7	8	9
R_i'	18.14	20.92	24.61	29.73	37.36	50.02	75.24	150.75	∞
$B_i' = \sqrt{2} a_i'$	32.63	33.30	33.86	34.33	34.70	34.99	35.19	35.32	35.36
$H_i' = \frac{\sqrt{2}}{2} a_i'$	16.32	16.65	16.93	17.16	17.35	17.50	17.60	17.66	17.68

表 9-16 中，a_i'、R_i'、B_i'、H_i' 分别表示圆变方非系数设计法 25 mm 方斜出 45°孔型第 i 道次内接正方形边长、变形半径、孔型宽和孔型深。比较表 9-15 和表 9-16 设计结果表明，系数设计法的数值与非系数设计法的数值，绝大部分完全一致，极少和极小的不一致属于计算精度误差，说明圆变方孔型的系数设计法正确可行。

另外，虽然表 9-15 的设计思想和设计方法与表 9-16 不同，但是，两个表内相同道次的相应数据几乎一致的情况说明圆变方孔型的参数，确实存在式（9-30）、式（9-32）和表 9-14 所显示的内在系数规律，其数值精度完全能够满足焊管尺寸精度对孔型精度的要求。

（3）系数设计法的优点：

一是设计流程简化。用系数设计法设计圆变方孔型，不再需要计算方管展开长度、初始圆直径、总变形量、平均递减变形量等繁琐数据。

二是计算量小，设计效率高。直接根据系数与成品方管边长的关系，计算圆变方孔型各部位的变形尺寸，从而简化圆变方孔型设计程序，减少计算量，提高设计效率。

三是避免设计风险。由于系数设计法之系数是经专家认可的变形参数，这就从根本上避免了因设计人员经验差异而可能产生的实际变形风险，使圆变方孔型的标准化设计成为现实。

如果选择 4 平 3 立的孔型，设计系数可从 $i=3$ 开始；如果选择平辊主变形，立辊辅助变形，那么平辊根据奇数项的系数进行设计，立辊孔型与前一道的平辊孔型参数一致。不仅如此，倘若将思维发散一下，圆变方孔型的系数设计法之设计思路、设计原则和设计方法，对设计圆变矩形管、平椭圆管、D 形管等孔型亦有借鉴作用。

9.4.2 圆变矩孔型的系数设计法

9.4.2.1 圆变方与圆变矩系数设计法的关系

从圆变方的系数设计法之系数推导过程看，虽然针对的是正方形，但是不失一般性，因为方是矩的特例。根据一般与特殊的哲学原理，圆变方孔型与圆变矩孔型必然存在依存关系，在处理好一般与特殊的矛盾后，圆变方的系数设计法同样适用于圆变矩。具体应用分两种情况：

（1）矩形短边的 $R_{Ai} > D/2$。孔型参数由式（9-35）确定，其中 A、B、D 的含义如图 9-19 所示。

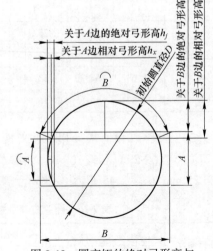

图 9-19　圆变矩的绝对弓形高与相对弓形高示意图

$$
\begin{cases}
R_{Ai} = \mu_i A \\
R_{Bi} = \mu_i B, \quad R_{Bi} > \dfrac{D}{2} \\
a_{Ai} = \lambda_i A \\
b_{Bi} = \lambda_i B \\
B'_{Pi} = 2R_{Ai}\left(1 - \cos\dfrac{57.3A}{2R_{Ai}}\right) + b_{Bi} \quad \text{（平辊）} \\
H'_{Pi} = R_{Bi}\left(1 - \cos\dfrac{57.3B}{2R_{Bi}}\right) + \dfrac{a_{Ai}}{2} \quad \text{（平辊）} \\
B'_{Li} = R_{Ai}\left(1 - \cos\dfrac{57.3A}{2R_{Ai}}\right) + \dfrac{b_{Bi}}{2} \quad \text{（立辊）} \\
H'_{Li} = 2R_{Bi}\left(1 - \cos\dfrac{57.3B}{2R_{Bi}}\right) + a_{Ai} \quad \text{（立辊）}
\end{cases}
\tag{9-35}
$$

（2）矩形短边前几道的 $R_{Ai} \le D/2$。此时相应道次的系数失去意义，这几道的孔型参数改由式（9-36）定义，直至 $R_{Ai} > D/2$ 后再用式（9-35）确定后几道的孔型参数。

$$
\begin{cases}
R_{Ai} = \dfrac{D}{2}, \quad R_{Ai} \le \dfrac{D}{2} \\
R_{Bi} = \mu_i B \\
a_{Ai} = D\sin\dfrac{57.3A}{D} \\
b_{Bi} = \lambda_i B \\
B'_{Pi} = D\left(1 - \cos\dfrac{57.3A}{D}\right) + b_i \quad \text{（平辊）} \\
H'_{Pi} = R_{Bi}\left(1 - \cos\dfrac{57.3B}{2R_{Bi}}\right) + \dfrac{a_{Ai}}{2} \quad \text{（平辊）} \\
B'_{Ai} = D\left(1 - \cos\dfrac{57.3A}{D}\right) + a_i \quad \text{（立辊）} \\
H'_{Ai} = 2R_{Bi}\left(1 - \cos\dfrac{57.3B}{2R_{Bi}}\right) + a_{Ai} \quad \text{（立辊）}
\end{cases}
\tag{9-36}
$$

同时，不用担心少几道变形对最终管型的影响，因为与 a（20 mm）对应的相对弓形高不足 2.21 mm，即使如 30 mm×40 mm 的矩形管，也无需担忧少一两道变形会影响最终变形效果。

表 9-17 所列数据就是依据圆变方的变形系数表 9-14 和式（9-35）和式（9-36）计算的圆变 20 mm×50 mm 矩形管箱式孔型的参数，孔型如图 9-20 所示。

表 9-17　圆变矩系数设计法 20 mm×50 mm 矩形管箱式孔型参数

孔型参数	变形道次 i								
	1	2	3	4	5	6	7	8	9
a_{Ai}		19.34		19.42	19.63	19.79	19.91	19.98	20

孔型参数	变形道次 i								
	1	2	3	4	5	6	7	8	9
b_{Bi}	46. 15	47. 09	47. 89	48. 55	49. 08	49. 48	49. 77	49. 95	50
R_{Ai}		22. 3		23. 78	29. 89	40. 01	60. 19	120. 61	∞
R_{Bi}	36. 27	41. 85	49. 22	59. 46	74. 73	100. 03	150. 49	301. 52	∞
B'_{Pi}	50. 56	—	52. 30	—	52. 39	—	51. 43	—	50
H'_{Pi}	18. 14	—	15. 89	—	13. 96	—	12. 03	—	20
B'_{Li}	—	25. 75	—	28. 92	—	25. 98	—	25. 39	—
H'_{Li}	—	33. 84	—	29. 67	—	26. 01	—	22. 05	—

9.4.2.2 圆变矩中绝对弓形高法与相对弓形高法

圆变矩中绝对弓形高法和相对弓形高法都是圆变异中将圆弧变为直线的基本方法，它们既有区别又有联系。

(1) 相对弓形高法。由初始圆圆弧弧长等于矩形边长 $B(A)$ 形成的弓形高 h_x，如图 9-19 所示，然后按照"平均法"或"比例法"逐道减小 h_{xi} 值，直到 $h_{xi}=0$ 完成变形；在此过程中，这段弧线的曲率半径不断增大，最后变为直线，完成圆弧管面到平面管面的蜕变，这就所谓圆变矩的相对弓形高法。相对弓形高 h_x 见式 (9-37)。

$$h_x = \frac{D}{2}\left(1 - \cos\frac{57.3A(B)}{D}\right) \tag{9-37}$$

(2) 绝对弓形高法。该法有两种：一是当矩形边长 B 或 $A<D$ 时，由初始圆圆弧与矩 (异) 形边长 $B(A)$ 形成的弓形高；显然，该弓形高大于相对弓形高。二是当 B 或 $A>D$ 时，$B(A)$ 与初始圆之间不存在几何意义上的弓形高，孔型意义上的弓形高由式 (9-38) 决定。

$$h_j = \begin{cases} \dfrac{D-A}{2} & (B \geqslant D,\ A < B) \\[2mm] \dfrac{D}{2} - \sqrt{\left(\dfrac{D}{2}\right)^2 - A^2(B^2)} & (B < D,\ A < B) \end{cases} \tag{9-38}$$

(3) 绝对弓形高法的不合理性。其不合理性主要表现在于弓形高对应的弧长并不等于所要弯曲变形的管面长度。在图 9-19 中，当 $h_j < h_x$ 时，与绝对弓形高对应的弧长短于所要弯曲变形的管面长度，管面变形不充分；当 $h_j > h_x$ 时，与绝对弓形高对应的弧长大于所要弯曲变形的管面长度，至少在理论上存在过变形之虑；只有当 $h_j = h_x$ 时，弓形高对应的弧长才等于所要弯曲变形的管面长度，即正方形。因此，圆变矩时建议慎用绝对弓形高法。

以上关于圆变方矩的系数设计法，解决的是圆变异中圆弧管面变平面问题，圆变异的另一个方面是大（小）圆弧面变为小（大）圆弧面。圆管变平椭圆管、D 形管则既涉及圆弧面变平面，又涉及大（小）圆弧面变为小（大）圆弧面。

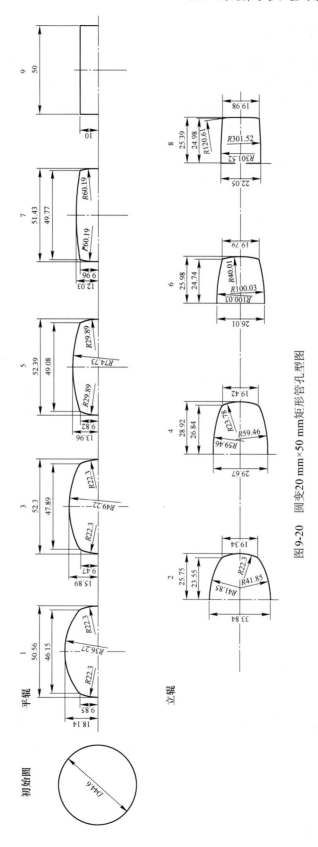

图 9-20 圆变 20 mm×50 mm 矩形管孔型图

9.4.3 圆变标准平椭圆管孔型的系数设计法

所谓标准平椭圆是指平椭圆圆弧部位直径 $\phi = H = 2R_{异} = a$，且宽度 $b = 2R_{异} + a$ 的平椭圆，如图 9-21 (b) 所示。

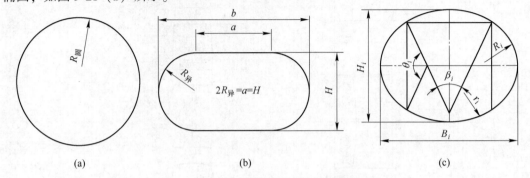

图 9-21 标准平椭圆管孔型设计计算图示

（a）初始圆；（b）标准平椭圆；（c）标准平椭圆管孔型设计计算图

9.4.3.1 圆变异之 $R_{圆}$ 与 $R_{异}$ 的关系

圆变异之初始圆半径 $R_{圆}$ 与异形管成品处圆弧半径 $R_{异}$ 的三种情形：

$$\begin{cases} R_{圆} > R_{异} & （正向变形）\\ R_{圆} = R_{异} & （不变形）\\ R_{圆} < R_{异} & （反向变形） \end{cases}$$

它们的变形系数 i 有着本质区别，系数变化规律是：

(1) $R_{圆} \xrightarrow[\text{反向变形}]{\text{小曲率半径} \rightarrow \text{大曲率半径}} R_{异} \xleftarrow[\text{正向变形}]{\text{小曲率半径} \leftarrow \text{大曲率半径}} R_{圆}$；

(2) $1 > i \xrightarrow{\text{反向变形}} 1 \xleftarrow{\text{正向变形}} i < 1$，$i = \dfrac{R_{圆}}{R_{异}}$；

(3) $i = 1$，曲率半径不变化。

9.4.3.2 标准平椭圆管孔型系数设计法设计实例

标准平椭圆管孔型的设计系数推导过程与圆变方类似，这里仅将正向变形的管头变形系数推导结果例列于表 9-18 中，平椭圆管平面部位即管身的设计系数则从表 9-14 中选取，表中字母含义如图 9-21 (c) 所示。

表 9-18 20 mm×20 mm×40 mm、30 mm×30 mm×60 mm 标准平椭圆管系数设计法孔型各部分尺寸

平椭圆管规格 /mm×mm×mm	平辊道次序号 (i)	管头设计系数 (λ_i)	管头变形量		管身变形量		孔型高 H_i/mm	孔型宽 B_i/mm
			R_i/mm	θ_i/(°)	r_i/mm	β_i/(°)		
	1	1.4775	14.78	121.83	19.69	58.17	30.79	34.35
20×20×40	2	1.3183	13.18	136.54	26.38	43.46	28.24	36.13
	3	1.1592	11.59	155.28	46.38	24.72	24.80	38.07
	4	1	10	180	∞	$\lim\limits_{r\to\infty}\beta = 0$	20	40

平椭圆管规格 /mm×mm×mm	平辊道次序号 (i)	管头设计系数 (λ_i)	管头变形量		管身变形量		孔型高 H_i/mm	孔型宽 B_i/mm
			R_i/mm	θ_i/(°)	r_i/mm	β_i/(°)		
30×30×60	1	1.4775	22.16	121.83	29.54	58.17	46.19	51.52
	2	1.3183	19.77	136.54	39.57	43.46	42.36	54.20
	3	1.1592	17.39	155.28	69.57	24.72	37.20	57.15
	4	1	15	180	∞	0	30	60

9.4.4 圆变 D 形管孔型的系数设计法

在冷凝器集流管的众多品种中，除了圆管就是 D 形管。生产 D 形管的路径大致有圆变异、直接成异和圆管冷拔成型三条。后者虽然精度高，但是效率相比圆变异的低许多，成品率至少比圆变异的低 4%~5%，且不属本书论及范围；直接成异的孔型设计将在第 10 章介绍，而圆变 D 形管的生产效率与经济性是后者无法比拟的，只需将定径圆孔型轧辊更换为 D 形孔型轧辊即可。研究证实，系数设计法也适用于圆变 D 形管的孔型设计。

9.4.4.1 管形分析

如图 9-22 所示 D 形管，可通过 $\phi30$ mm 的圆管变异得到，管形特点既有平面又有圆弧面，要求角较小，且管头圆弧部位的曲率半径大于初始圆，属于反向变形，变形率为 -46.67%。

9.4.4.2 设计方案

（1）该 D 形管的宽高比小于 1.5，选择 45°斜出孔型有利于利用辊缝轧制小圆角，但是辊缝不宜大于 $\delta \leqslant \sqrt{2}r$，辊缝过小，不利于尺寸控制；辊缝过大，影响管面轧制，易在管角附近产生如图 9-23 所示的"└"沟槽。

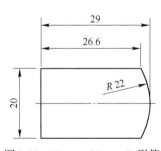

图 9-22　29 mm×20 mm D 形管

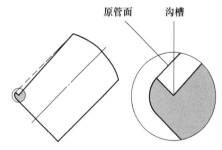

图 9-23　角与面间的沟槽

（2）采用 4 平 3 立、平辊主变形、立辊辅助变形的孔型模式。

（3）平面部位的变形选择表 9-14 中辊号 $i=3$、5、7、9 的设计系数，孔型深和孔型宽见式（9-39），孔型主要参数见表 9-19，孔型变形如图 9-24 所示。

$$\begin{cases} B_i = R_{si}\cos45° + b_{ti}\cos(45° + \gamma_i), & \gamma_i = \arcsin\dfrac{b_{ti} + b_{wi}}{2b_{si}} \\ H_i = R_{si}\sin45° \end{cases} \quad (9\text{-}39)$$

表 9-19 29 mm×20 mm×1.2 mm D 形管系数设计法孔型各部分尺寸

平辊道次序号 (i)	管头设计系数 (λ_i)	管头变形量		管身变形量		管尾变形量		孔型深 H_i/mm	孔型宽 B_i/mm
		R_i/mm	α_{ti}/(°)	R_{si}/mm	β_{si}/(°)	R_{wi}/mm	θ_{wi}/(°)		
1	0.8473	18.64	63.82	26.19	58.20	19.69	58.20	18.01	31.79
2	0.9333	20.53	57.94	39.75	38.34	29.89	38.34	18.46	32.46
3	0.9781	21.52	55.28	80.06	19.04	60.19	19.04	18.72	32.81
4	1	22	54.07	∞	$\lim\limits_{R_{si}\to\infty}\beta=0$	∞	$\lim\limits_{R_{wi}\to\infty}\theta=0$	18.81	32.95

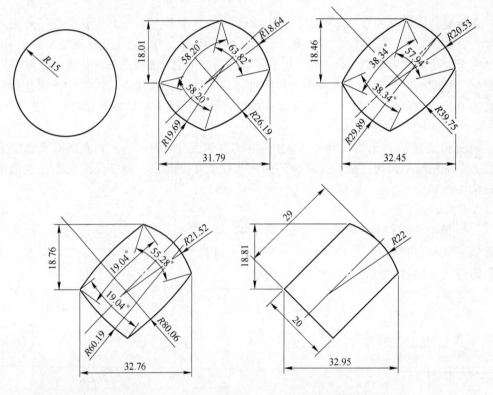

图 9-24 29 mm×20 mm×1.2 mm D 形管平辊孔型

圆变异孔型的系数设计法简单中蕴含着复杂，而复杂中又因方法得当变得简单。系数设计法的最大优点在于：将复杂而又充满变数的孔型设计过程，转变为简单的四则运算，使大部分圆变异管孔型的标准化设计和"傻瓜式"设计成为现实。虽然绝大多数异形铝焊管都能凭借圆变异工艺优质高效地获得异形铝焊管，但是，毋庸讳言，有些异形铝焊管是无法通过圆变异工艺得到的，或者说不能优质高效地获得，而必须借助直接成型异形管的生产工艺。

9.5 直接成型异形管的孔型设计

在铝焊管生产中，直接成型异形管工艺主要用于成型汽车水箱用散热器和空调散热器用管。基于汽车水箱用散热器、空调散热器及中冷器等用管需要尽可能多地向外界传输热量，要求这类铝焊管在表面积尽可能极大化的同时所围面积极小化，以便在有限空间内安装更多散热管，使得这些管在确保冷媒畅通的情况下都呈现很扁的特点。

9.5.1 铝焊管直接成异的管形特征

从孔型设计的角度看，铝焊管直接成型异形管的管形具有以下 4 个明显特征：

（1）管角尖。通常圆变异之最小 r 角尺寸不会小于管壁厚度的 1.5 倍；而直接成型工艺可以将 r 角轧到小于或等于管壁厚度，这样既美观又能增大散热面积，如 64 mm×8 mm×0.36 mm 水箱扁方管的 r 角小至 0.36 mm 时，与 $r=1.5t$ 比，单支散热管的散热面积因之增大 5.49%（管小占比更高），整个水箱几十支管叠加后的效果对寸土寸金的汽车空间来说极为可贵。

（2）焊缝位置有特别限制。如采用圆变异工艺，因水箱扁管多采用冷轧强化的复合管坯，而高频焊接后，焊缝部位相较焊管其他部位变得很软；当圆变异后焊缝必定落在宽管面中间，焊缝部位在大径向力作用下易出现如图 9-25（a）所示的凹陷；退一步讲，如果采用圆变异之立出孔型，即使焊缝不凹陷，圆变异工艺也很难将焊缝稳定地控制在 32 mm×2.3 mm×2.05 mm 水箱扁椭管 2.05 mm 的圆弧面上。同时，由于立辊是主变形，横向变形阻力极大，很难避免管子打滑，导致焊缝烧穿，甚至无法正常生产。

然而，采用直接成异工艺后，能够自然地将焊缝位置控制在窄管面上，且焊缝部位不受大的径向力作用，不会形成向内凹缺陷。

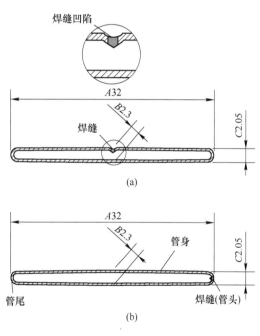

图 9-25 水箱扁椭圆管
（a）焊缝在宽面下凹；（b）焊缝在窄面

（3）管壁薄。管壁多在 0.20~0.40 mm 之间，如果不采用直接成异工艺而是圆变异，则在成型圆管时边缘易失稳。比如，生产 64 mm×8 mm×0.36 mm 扁方管相当于成型 ϕ46 mm×0.36 mm 的圆管，其边部极其柔弱，出现成型"鼓包"的概率极高；反之，直接成异时，宽度只有 4 mm 的管坯边缘因角的强化作用使纵向延伸被角阻隔，管坯边缘不易出现成型"鼓包"，成型难度降低。

（4）长宽比大。一般情况下，变形长宽比达到 4 左右的异形管便不主张采用立出孔型，因为当长宽比大于 4 后若采用立出孔型，会因圆变异时立辊孔型的变形阻力大于平辊孔型提供的、用于维持管子前进的摩擦力，对轧制力与速度稳定的控制都存在严峻挑战，更何况是如图 9-25 所示长宽比在 15 左右的薄壁异形管。

9.5.2 常见汽车水箱和空调散热器用管的规格

(1) 常见扁方管规格有 64 mm×8 mm×0.40 mm、50 mm×8 mm×0.36 mm、40 mm×8 mm×0.32 mm。

(2) 常见水箱用扁椭圆管规格，见表9-20。

表 9-20 水箱用部分扁椭圆管的规格与公差规定 （mm）

规格 A×B×C	长轴		短轴		端部		壁厚
	A	公差	B	公差	C≈2r	公差	
16×2.20×2.00	16		2.20		2.00		
22×2.20×2.00	22	±0.05	2.20	±0.08	2.00	±0.04	0.265~0.32
26×2.22×2.00	26		2.22		2.00		
32×2.30×2.05	32		2.30		2.05		

9.5.3 水箱扁椭管的孔型设计

水箱用 32 mm×2.30 mm×2.05 mm×0.32 mm 扁椭管的孔型设计实例。

9.5.3.1 孔型设计前应思考

孔型设计前应思考以下问题：

(1) 材料特点。通常这类管用料为双覆 4343/3003/4343 H14 铝合金管坯，自身具有一定硬度与弹性，特别当厚度只有 0.32 mm 时，管坯弯曲的中性层效应不明显，所以管头变形尺寸可按公称尺寸设计，回弹后接近挤压辊孔型头部的尺寸。

(2) 成型余量。不设成型余量，按公称尺寸计算。

(3) 焊接余量。在设计管头孔型弧长时，需要将焊接余量两边均分，即取焊接余量 0.1 mm×2。

(4) 定径余量。不设定径余量，定径主要任务是，对焊管两侧成型时微凸的管型进行整形及公差控制。

(5) 管坯宽度。由于该管中间单边仅凸起 0.125 mm，约是单边长度的 0.83%，管的斜边与公称宽度只相差万分之五，完全可以忽略不计，因此管坯宽度直接用公称尺寸加焊接余量给予，即 $B = [2(A - C) + C\pi] + (0.1 \times 2) = (66.54 \pm 0.06)$ mm。

(6) 适用机型。专用机组的成型机布辊方式：$H_1 H_2 H_3 H_4 V_1 H_5 V_2 V_3$，其中 H 表示平辊，V 表示立辊。

9.5.3.2 成型孔型设计原则

成型孔型设计原则如下：

(1) 边部变形—轧定终身的原则：是指管头变形包括焊接余量在内只由第 1 道轧辊轧制成型，后续成型辊不再涉及。

(2) 管身反变形的原则：是指为了确保管头有足够的变形弧长（管形弧长加焊接余量）与变形角度，需要对管身进行反变形。比如，管头部位在考虑焊接余量后其变形角度为 95.59°，若不采用反变形则管头最大变形角度只有 90°，势必产生管头部位变形弧长不足的缺陷。

（3）同时变形与顺序变形相结合的原则：根据变形规律的需要，有些道次可采用顺序变形，有些道次则采用同时变形。

（4）以管坯变形花为基础的原则：要求设计孔型时必须以管坯变形花为基础，处理好孔型与管坯的干涉及管坯顺利导入问题。例如，设计成型第 2、3、4、5 道上辊时，上辊孔型宽度需要顾及已经成型的管头部位避免发生干涉；下辊孔型既要求管身部位孔型比管坯变形花之管身略长，又要求在管坯变形花基础上设计一定量的辅助孔型以利管坯导入。

（5）弧长按公称尺寸变形的原则：管坯成异后，各部位尺寸之间几乎没有调节余地，焊接后整形辊主要是整形与公差控制，这就要求变形管坯各部位尺寸必须按公称尺寸变形。

按这些原则设计的管坯变形花和孔型变形花如图 9-26 所示，管坯变形参数与孔型参数分别列于表 9-21 和表 9-22。如果不看参数表，仅比较两朵变形花，则孔型变形花给人面目全非的感觉。为了清晰表达二者的内在联系，图 9-27 给出变形管坯在轧辊孔型中的状态，这样更容易理解管坯变形与轧辊孔型的关系。

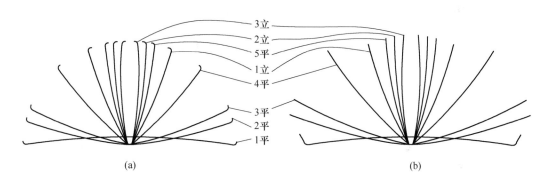

图 9-26 32 mm×2.30 mm×2.05 mm×0.32 mm 扁椭管的管坯变形花与孔型变形花
(a) 管坯变形花；(b) 孔型变形花

表 9-21 32 mm×2.30 mm×2.05 mm×0.32 mm 扁椭管管坯变形参数

辊位	管头			管身			管尾			孔型宽/mm	备注
	R_T/mm	α/(°)	L_T/mm	R_S/mm	β/(°)	L_S/mm	R/mm	$\frac{\gamma}{2}$/(°)	L_W/mm		
1下		95.59		200	18.082	63.12	—	—	—	65.22	L_S含管尾
2下					15.026	31.47		5	0.09		
3下		95.59			14.961	31.34		12.5	0.23		
4下		95.59			14.727	30.84		40	0.72	47.67	
1立	1.025	95.59	1.61+0.1	120	14.727	30.49	1.025	60	1.08		L_S、L_W 均为单侧
5下		95.59			14.471	30.31		70	1.25		
2立		95.59			14.430	30.22		75	1.34		
3立		95.59			14.385	30.13		80	1.43		

表 9-22　32 mm×2.30 mm×2.05 mm×0.32 mm 扁椭管孔型变形参数

辊位	管头			管身			管尾			辅助孔型
	R/mm	$\alpha/(°)$	L'_T/mm	R/mm	$\beta/(°)$	$L'_S{}^{①}/\text{mm}$	R/mm	$\frac{\gamma}{2}/(°)$	L'_W/mm	b/mm
1 上	0.705	101.72		119.86	30.379	—	—	—	—	—
1 下	1.025	95.59	1.71	200	18.082	63.12	—	—	—	2.5
2 上	—	—	—	119.68	15.026	31.39	0.705	5	0.06	—
2 下	—	—	—	120	15.756	33	1.025	5	0.09	5
3 上	—	—	—	119.68	14.961	31.25	0.705	12.5	0.15	—
3 下	—	—	—	120	15.756	33	1.025	12.5	0.23	5
4 上	—	—	—	119.68	13.723	28.66	0.705	40	0.49	—
4 下	—	—	—	120	15.756	33	1.025	40	0.72	5
1 立	—	—	—	120	15.756	33	1.025	60	1.08	0
5 上	—	—	—	119.68	8.849	18.48	0.705	70	0.86	—
5 下	—	—	—	120	15.756	33	1.025	70	1.25	0
2 立	—	—	—	120	15.756	33	1.025	75	1.34	—
3 立	—	—	—	120	15.756	33	1.025	80	1.43	—

①管身弧长中包含部分管头弧长，第 1 道孔型中包含全部管头弧长。

　　至此，对关于直接成异孔型的成型设计提出 5 点建议：

　　第一，适当反变形。有时为了增大某个部位的变形量，在不影响后续变形的前提下，可以对其他部位进行适量反变形。

　　第二，简化孔型。在有利于管坯变形的前提下，可以大胆去除一些看似有用、实质对管坯变形无用甚至有害的局部孔型，如 32 mm×2.30 mm×2.05 mm×0.32 mm 扁椭管下辊孔型从第 2 道平辊起便不再保留管头部位的孔型。

　　第三，注意防止孔型干涉。本例除第 1 道孔型外，其余在成型管坯管头部位均采用开放式设计，不设制约成型管坯管头的孔型止口。因为所谓的孔型止口如果设计不当，有时会与成型管坯发生干涉，反而影响管坯变形；同时，从实际工况看，利用孔型止口限制特薄壁管坯边缘高低的想法天真，实践中也行不通。

　　第四，重视辅助孔型的设计。辅助孔型对于确保变形管坯顺利进入孔型、防止孔型划伤管面等作用明显，应引起孔型设计者高度重视。

　　第五，区分理论变形与实际变形。做到眼睛看着理论孔型，心里想着实际变形，理论孔型必须服从实际变形需要。就本例（图 9-27）而言，如果单纯从理论变形花看，变形管坯从 5 平往后的管头边缘便存在 0.004~0.015 mm 下凹，与焊接理论相悖；但是综合考虑管尾变形、管身变形和管头变形累积的回弹变形量，该回弹量足以抵消 0.004~0.015 mm 的下凹且还会有多余。实际变形管坯边缘对接后非但不会下凹，相反会呈一定程度的尖桃形，这正是焊接后去除外毛刺所需要的状态，这些成型的实际状况提醒孔型设计师，在随后设计焊接辊时需要将管坯回弹因素考虑进去。

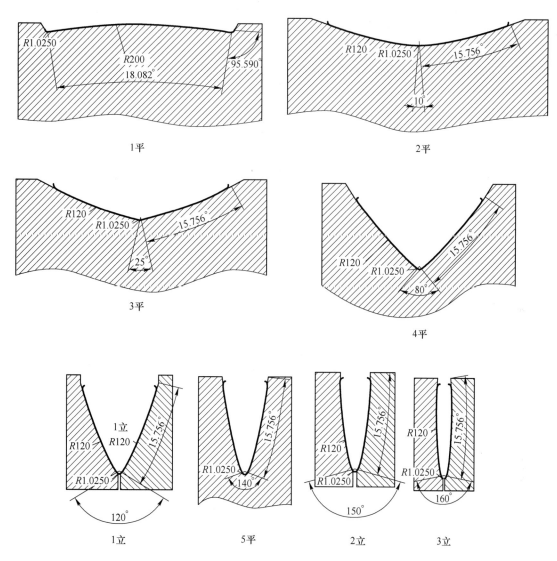

图 9-27 32 mm×2.30 mm×2.05 mm×0.32 mm 扁椭管成型管坯在成型辊孔型中的状态

9.5.3.3 焊接孔型设计

焊接孔型设计包括以下内容：

（1）导向辊孔型。与 3 立辊孔型一致，图略。

（2）陶瓷导向直片。俯视形状如楔子，见图 9-28 和表 9-23。

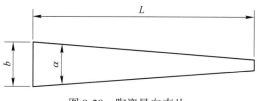

图 9-28 陶瓷导向直片

表 9-23　32 mm×2.30 mm×2.05 mm×0.32 mm 扁椭管用陶瓷导向直片参数

道次	2 立	3 立	导向
角度×长度×底宽	8°×50 mm×7 mm	3°×50 mm×2 mm	3°×40 mm×2 mm

（3）挤压辊孔型。考虑到回弹，挤压辊孔型头尾圆弧半径按 $r=1.09$ mm 设计，给予的回弹估值为 $\delta_r=0.065$ mm，详细设计参数如图 9-29 所示。

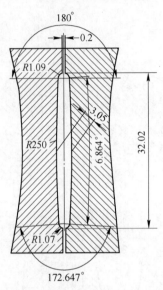

图 9-29　32 mm×2.30 mm×2.05 mm×0.32 mm 扁椭管焊接挤压辊孔型

9.5.3.4　整形定径孔型设计

按 4 平 3 立布辊方式设计整形定径辊孔型。根据直接成异工艺的特点，由于需要定径的量在考虑允差后甚微，因此，整形定径应以整形为主、定径为辅，而且从图 9-29 反映的出焊接辊后管子的理论尺寸可知，整形定径以短轴方向为主，长轴方向则以控长为主，具体设计方案见表 9-24。孔型如图 9-30 所示。

表 9-24　32 mm×2.30 mm×2.05 mm×0.32 mm 扁椭管整形定径孔型主要参数　（mm）

道次	管头			管身			管尾			高度	辊缝
	R_t	C_t	L_t	R_s	B_s	L_s	R_w	C_w	L_w	A	δ
1 平											0.30
1 立	1.055	2.11		320	2.80		1.045	2.09		31.96	0.40
2 平											0.30
2 立			3.22	400	2.61	29.95			3.22	32.02	0.40
3 平		2.05					1.025	2.05			0.30
3 立	1.025			900	2.30①					32	0.40
4 平											0.30

①该尺寸应以现场调试需要为准，同时要兼顾到两端 2.05 mm 的尺寸控制。

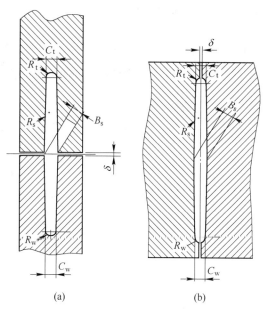

图 9-30 32 mm×2.30 mm×2.05 mm×0.32 mm
扁椭管用定径平立辊孔型
（a）平辊；（b）立辊

9.5.3.5 矫直辊孔型

采用 2（平辊）+2（立辊）的矫直机构，矫直辊孔型与定径末道平辊孔型参数相同，图略。

综观上述异形管生产方式，均不具备生产管面有凹槽/凸筋（以下简称"凹槽"）以及对焊缝位置有特除要求的异形管，下一节将介绍一种管面既有凹槽又指定焊缝位置的异形铝合金焊管的全新生产工艺。

9.6 先成异圆后变异形管的孔型设计

现有先成圆后变异和直接成异工艺在生产槽/筋类管形方面存在先天缺陷，若以前者为载体，将后者工艺中实轧凹槽/凸筋孔型移植并附着到先成圆后变异工艺之第一道开口成型孔型上，逐步成型焊接为槽/筋圆管，然后利用异形轧辊整出槽/筋类异形管，从而形成先成异（槽/筋）圆再变异的新工艺方法。新工艺注重凹槽/凸筋孔型与成圆孔型有机结合，并针对凹槽/凸筋与成圆相互融合的孔型提出了一次轧制、同时轧制、公称尺寸设计、避空轧制等设计原则和方法。

9.6.1 先成槽圆再变异工艺的特征

就图 9-31 所示 40 mm×40 mm-(20 mm×20 mm)×1.0 mm 的缺角管而言，先成槽圆再变异工艺最显著特征是：一轧定终身，主要体现在对 V 形槽的轧制上，表现在三个方面：

第一，只有最初的孔型与轧槽有直接关系，一般只用一道孔型一边轧槽一边进行成圆变形，其余孔型均与轧槽无直接关系，而最终成品上槽的长短、盲孔型部位 R 角之大小、槽边之曲直等，恰恰又是由最初轧槽孔型所决定，其他道次的孔型仅仅对槽底开口宽度产生轻微影响。如果对槽底开口宽度预先控制得当，这种影响就不会反映到成品上。

第二，充分利用上下辊凹凸部位可以相互切入的孔型，对管坯实施实轧，不仅从一开始就能精准地轧出槽顶、槽长、盲角、平面 a、平面 b 以及与 a、b 面相邻的 $\angle A$ 和 $\angle B$，而且能够从一开始就将槽的位置精准定位，不会在后续成圆变异过程中发生大的改变。

第三，轧槽与成圆变异有机结合，一旦槽成型后，便与继续成圆变异的管坯并行不悖、相伴一身。

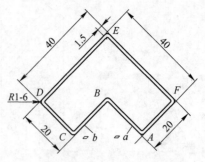

图 9-31　40 mm×40 mm-(20 mm×20 mm)×1.0 mm 缺角管

由此可见，先成槽圆再变异工艺关注点其实是关于槽的轧制，因为槽之形状是评价槽类管优劣最重要的标志，也是整个变形过程的关键所在。故此，以下论及的孔型设计原则亦主要针对轧槽而言。

9.6.2　凹槽孔型设计原则

9.6.2.1　同时轧制原则

同时轧制原则是先成槽圆再变异工艺关于孔型设计的首要原则，就是将用于轧槽的孔型附着在第一道传统成圆孔型上，当孔型对铝管坯进行成圆变形时，槽的轧制也在同步进行。也就是说，一旦平直铝管坯开始发生成圆变形，那么，在变形管坯相应部位就必然留有槽的痕迹，二者同时发生。这有利于凹槽在管坯和成品管上精确定位，因为只要成圆孔型上凹槽依据一定尺寸被"固化"后，根据映射原理，当成品管基本尺寸到位后，成品管上的凹槽形状、凹槽位置和凹槽尺寸实际上已经被"定格"，不会发生大的改变。同时，管面上槽越多，同时轧制的重要性就越显现。

9.6.2.2　一次轧制原则

一次轧制原则，一方面要求对槽的轧制成型尽量只采用一个道次完成，哪怕要成的槽可能比较深、比较宽，也必须至少将槽长、槽顶、盲角等一次轧成。对于槽底宽是否需要一次轧成，则主要视槽深而定。槽深一次轧制量以槽深类型为标志，参考槽深变形程度 λ，λ 一般不少于成槽深度的 60%，余下 40% 部分可在随后成圆变异孔型中逐步达到。

对于深宽槽，考虑到后续变形对槽底宽内敛量的影响，槽底宽也不宜一次到位；反之，对较浅较短的 V 槽、R 槽，则提倡一次轧成，因为这类浅槽抵抗内敛的能力强，受周向压缩力和横向变形力作用时，槽底宽不会轻易变形。对于多而浅小的槽，则必须一次轧槽成型；否则，在后续变形中很难对多槽槽型进行控制。深槽浅槽的判据见表 9-25。

表 9-25　λ 和 e 取值

槽深类型	成品槽深 (H)	槽深变形程度 (λ)/%	微避空系数 (e)
特浅槽	$H \leqslant t$	100	0.05
浅槽	$t < H \leqslant 2t$	99~90	0.06~0.08
较深槽	$2t < H \leqslant 4t$	89~80	0.09~0.15

槽深类型	成品槽深 （H）	槽深变形程度 （λ）/%	微避空系数 （e）
深槽	$4t<H\leqslant 6t$	79~70	0.16~0.20
特深槽	$H>6t$	60~69	0.21~0.40

根据成槽原理，孔型上的槽底宽度总是后一道比前一道窄，这样，后一道较窄的轧槽孔型很难恰好与前一道次留在管坯上的较宽轧槽痕迹完全重合，或多或少都会发生相互干涉，不但破坏已经成槽的形状，还会轧伤槽表面，甚至管坯在轧痕部位被撕裂。这种工艺事实也要求凹槽尽可能一次完成，或一次完成凹槽主体。

9.6.2.3 避空设计原则

避空设计原则分全避空和微避空两种。

（1）全避空是指在对应于铝管坯上亦已成槽的凸起部位，对后续实轧开口成圆孔型，无论是上辊或者是下辊都必须为管坯上的凸筋不受阻碍地顺畅通过留出足够空间。

全避空孔型宽度 l_1' 由式（9-40）确定。

$$l_1' = (1.5 \sim 3)l_1 \tag{9-40}$$

式中，l_1 为第一道成槽成圆上辊孔型凹槽开口宽度，mm。

全避空孔型深度 H_1' 由式（9-41）确定。

$$H_1' = H + (1 \sim 3)t \tag{9-41}$$

式中，H 为成品管槽深；t 为管坯厚度，$t<1$ mm 时系数取较大值，$t\geqslant 1$ mm 时系数取较小值。

全避空槽型可以与成品管槽型相似，亦可采用 $l_1' \times H_1'$ 的 Π 形。

全避空设计的必要性在于，避免后道孔型对已经轧出的槽发生错槽轧制。事实上，受铝管坯 S 弯、轧槽过程中管坯被横向延伸、成型设备对管坯横向控制能力等诸多因素影响，如果不进行全避空设计，则很难保证后道次孔型不发生错槽轧制，这一原则对管面槽数多于两槽的槽类管型尤显重要。

（2）微避空要求在进行槽类管坯成型时，应将上辊孔型边部变形半径设计得比常规的要稍微小一点，上辊孔型边部变形半径由式（9-42）确定。

$$R_{上边} = R_{下边} - t - e \tag{9-42}$$

式中，$R_{上边}$ 为上辊孔型边部变形半径；$R_{下边}$ 为下辊孔型边部变形半径，$R_{下边} = (1.00 \sim 1.25)R_T$ $[R_T = C_1/(2\pi)$，C_1 见式（9-45）$]$；t 为管壁厚度；e 为微避空系数，e 在 0.05 ~ 0.4 之间取值，见表 9-25。

上辊部分孔型微避空的必要性。之所以要进行微避空设计，是因为在成槽轧制过程中，总是管坯边部最先触碰到孔型并被约束，如果管坯边部不能自由地向孔型凸起部位移动，凹槽部位的管坯必然发生横向延伸，槽部位减薄，严重的可致槽角部位管坯拉裂，这是其一。其二是若延伸过大，相当于增大管坯宽度，可能还会影响槽型。三是槽愈深、愈宽，厚度减薄愈严重，宽度增宽愈明显。然而，采用微避空设计方式，当上下辊组合在一起至中部辊缝间隙为管坯厚度 t 时，两边边部辊缝间隙势必大于管坯厚度。这样，当铝管坯进入孔型后，管坯边部就能在中部变形凹槽需要足够管坯时，比较自由地向凹槽部位移动，从而减缓凹槽部位减薄程度，确保槽管品质。

9.6.2.4　公称尺寸设计原则

在设计槽部位孔型时，对槽长、槽顶宽、盲角和多槽时的关联尺寸均要按公称尺寸进行设计，各线段均不预设工艺余量。因为在轧槽过程中，管坯会产生一些横向延伸，这些横向延伸可以部分补偿成圆和变异时管坯周向缩短量。另一个实际情况是，凹于管腹内的槽长、槽宽及盲角等，在随后的变形中通常都受不到大的轧制力作用，故这些部位的尺寸一旦确定下来之后几乎不再发生变化。

9.6.2.5　顺利脱模原则

顺利脱模原则主要针对多槽且有槽落在成圆管坯边部弯曲弧上的情况，此时必须综合权衡管坯边部弯曲变形半径、变形角与中部底宽，以确保成槽后的管坯能够顺利离开孔型，这是设计凹槽/凸筋轧辊孔型必须注意的问题。

9.6.3　设计实例

9.6.3.1　确定用料宽度

(1) 计算展开宽度。由于图 9-31 所示缺角管管壁只有 1 mm 厚，所以可按图的外尺寸作为展开宽度的计算依据，易得展开宽度为 156.59 mm。如果按中性层展开，宽度为 154.08 mm，那么中间 2.51 mm 的差值大致可以抵消成圆消耗量和变异消耗量。

当然，这样选择还有另一个考虑：这就是根据设计原则，设计 20 mm 的槽长，只能是 V 形槽外尺寸，且成型后尺寸基本不变，否则成品管上面槽长、槽深将与图示尺寸不符。

(2) 实际用料宽度。由展开宽度的计算过程和表述可知，156.59 mm 的展开宽度中已经包含了 2.51 mm 成型和变异余量，因此，确定用料宽度时，只需在 156.59 mm 的基础上加焊接余量即可。根据有关设计规范，用 156.59 mm×1.0 mm 的铝管坯焊接成圆管，其焊接消耗量约为 0.8 mm，这样，生产图 9-31 所示缺角管的实际用料宽度应为 157.40 mm。

(3) 焊接余量的选取及分配说明：第一，焊接余量给得过多或过少，都将影响槽在管面上的对称；槽越多，对称性的影响就越明显。第二，在设计孔型时，0.8 mm 的焊接余量必须平均分配到管坯两边；否则，同样影响槽对称。

9.6.3.2　第一道成槽成圆下辊孔型设计

第一道成槽成圆下辊孔型设计包括成圆孔型选择、凸筋高度和宽度选择、成圆孔型有效长度和工艺弧长确定等方面。

(1) 成圆孔型选择。40 mm×40 mm-(20 mm×20 mm)×1.0 mm 缺角管成圆孔型可以选择边缘变形法，也可以选择综合变形法，这两种变形方法都兼顾了成圆效果和轧槽效果，两不误。本例选择边缘变形法的原因是，槽的计算相对简单，设计较为方便。

(2) 凸筋高度和凸筋底宽选择。这里凸筋高度和底宽系指轧制过程中的槽深和槽底宽，并非成品槽深与槽底宽。

1) 凸筋高度 H_1，由式 (9-43) 确定。

$$H_1 = \lambda H \tag{9-43}$$

式中，H 为成品管槽深；λ 为槽深变形程度。

在式（9-43）中，$H = \dfrac{\sqrt{2}}{2}l > 6t$，其中，$t = 1$ mm，$l = 20$ mm。根据表 9-25，取 $\lambda = 65\%$，则 $H_1 = 9.19$ mm。

2）凸筋底宽 L_1，根据凸筋高度 H_1、槽长 l 与凸筋底宽 L_1 之间关系，有式（9-44）：

$$L_1 = 2\sqrt{l^2 - H_1^2} \tag{9-44}$$

计算式（9-44）得，$L_1 = 35.53$ mm。与成品槽槽底宽 28.28 mm（$\sqrt{2}l$）比较易知，预留的槽底宽总内敛量为 7.25 mm，平均单边内敛量是 3.63 mmn，它对实际操作中内敛量在不同道次间的分布以及最终成品槽形控制都具有重要指导意义。

（3）成圆孔型有效长度和工艺弧长的计算：

1）成圆孔型有效长度 C_1。它既是设计第一成槽成圆孔型的依据，也是设计其他成圆孔型或者从现有模具库中挑选相应成圆变异轧辊的依据。根据用料宽度结合 L_1 和 l 的关系式（9-45）：

$$C_1 = 156.8 - 2l + L_1 \tag{9-45}$$

解得：$C_1 = 152.33$ mm。

2）工艺弧长 C_1'。它是为防止管面被孔型划伤而设计的孔型弧长裕量，本例取 $C' = 9.95$ mm。

（4）边缘变形法孔型设计参数（略），综合设计结果如图 9-32 所示。

9.6.3.3　第一道成槽成圆上辊孔型设计

（1）槽底宽 l_1 的确定。l_1 数值大小对槽的形状、尺寸影响较大，它对槽的形成至关重要。如果槽底宽的两个端点跑到最佳轧制点 P、Q 之外，如图 9-33 所示，则既不利于盲角 $\angle A$、$\angle C$ 成型，也可能导致成品管槽长偏长；若两端点落在最佳轧制点之内，则不利于盲角 $\angle A$、$\angle B$、$\angle C$ 的成型，同时可能导致槽长偏短。上辊槽底宽 l_1 由式（9-46）确定。

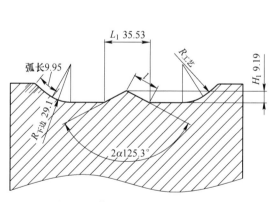

图 9-32　第一道成槽成圆下辊孔型

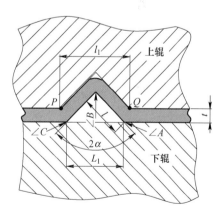

图 9-33　上辊槽最佳轧制点和槽底宽计算示意图

$$\begin{cases} l_1 = 2\tan\alpha\left(\dfrac{t}{\sin\alpha} + l\cos\alpha - t\right) \\[2mm] \alpha = \arccos\dfrac{H_1}{l} \end{cases} \tag{9-46}$$

式中，t 为管坯厚度，mm；l 为槽长，mm；α 为第一道成型下辊凸筋顶角之半。

将相应数值代入式（9-46）得：$\alpha = 62.65°$，$l_1 = 36.02\text{mm}$。同时，l_1 也是最佳轧制点 P、Q 之间的距离。

（2）微避空系数的取值。依槽深而定，槽越深，取值越大；反之，取值越小。同时，这样设计也不会对边部变形产生影响。根据 $H = \dfrac{\sqrt{2}}{2}l > 6t$，$e$ 取 0.3 较适宜，则计算式 （9-42）得：$R_{上边} = 27.7\text{ mm}$。

另外，对第一道成槽成圆上辊孔型边部进行微避空处理，还有一个原因，就是基于对孔型加工精度的考虑，确保下辊孔型上的 △ 凸筋、上辊孔型上的 Λ 形槽与管坯在不受边部孔型干扰的情况下实现完全吻合，达到实轧孔型的效果，顺利地轧出未来异形管上的槽顶宽、槽长和盲角。第 1 道成型上辊孔型如图 9-34 所示。

9.6.3.4 其余实轧成型上辊孔型设计

其余上辊孔型除了需要避空的部分按全避空原则设计而外，孔型其他部位均参照边部变形法进行设计，如图 9-35 所示。剩余轧辊的孔型设计均与现行边部变形方法和圆变方无异，不再赘述。

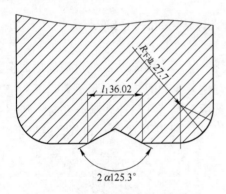

图 9-34 第 1 道成槽成圆上辊孔型

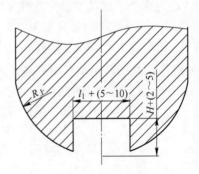

图 9-35 第 2~5 道成槽成圆上辊孔型

9.6.4 焊缝位置与孔型的关系

根据映射原理，只需对凹槽作相对轧制中心线的偏移，就能精准控制焊缝位置。如案例要求焊缝在图 9-31 中 DE 面的 $\angle E$ 处，在设计孔型时要考虑到焊缝的最终位置，需要将 $\Delta_{筋}$ 向 DE 侧偏 1.6 mm。

9.6.5 先成槽圆再变异工艺的优点

先成槽圆再变异工艺在管形槽型、焊缝强度、焊接速度、模具共用、生产成本等方面优点显著。

（1）管形槽型规整、视觉效果好。用新工艺方法所产 40 mm×40 mm-(20 mm×20 mm) ×1.0 mm 缺角管，整体视觉效果棱角分明、槽型端正、平面平直，既实现了三个盲角与三个外角大小基本一致，又保证了缺角管六个面两两垂直，尤其是两个 20 mm 长的面不仅相互垂直而且相等，这些是先成圆后变异工艺无法达到的。

（2）焊缝强度高、焊接速度快。先成异圆再变异工艺除了成槽方法类似直接成异工艺以外，其余流程都视同先成圆后变异之工艺，因此在焊缝强度、焊接速度、生产效率等方面是直接成异工艺无法比拟的。

（3）模具共用率高。槽类管的开发成本和生产成本大为节省，产品更具竞争力。

（4）不惧焊缝位置要求，能"随心所欲"地控制焊缝位置。

先成槽圆再变异工艺方法，既克服了先成圆后变异工艺和直接成异工艺在成型槽类管方面的不足，同时又将各自优点有机结合，融为一体，优势互补，为优质高效低耗地生产槽类异形管开辟了一条新途径；既提升了槽管品质、生产效率，又降低了槽管生产成本，先成槽圆再变异工艺方法完全满足当今社会对新工艺的要求。该工艺方法的创新并被成功应用到异形铝焊管生产，其另一个重要意义在于告诉业内人员：提升铝焊管生产工艺水平永无止境，尤其在互联网、大数据和人工智能+的时代背景下，欲使铝焊管生产工艺水平发生质的飞跃，必须依靠新质生产力，引入人工智能实现铝焊管智能制造是唯一途径。

10　铝焊管智能制造

人工智能（Artificial Intelligence）是研究、开发用于模拟、延伸和扩展人的智能的理论、方法、技术及应用系统的一门新兴技术科学。随着大数据环境的快速形成、云计算与边缘计算加速计算能力的大幅提升、深度学习带动算法模型的持续优化和资本与技术深度结合，人工智能正以前所未有的深度、广度、速度、密度走进人类生产与生活领域。人工智能是新质生产力的重要构成，必将成为未来制造业发展的方向，在铝焊管行业的应用只是时间问题，焊管人对此必须要有清醒认识。也许单纯从性价比的角度看，现阶段谈及焊管智能制造 AI 有些超前；然而，凡事预则立，不预则废，铝焊管企业要早做准备。

因此，本章将系统介绍铝焊管智能制造构想、实施铝焊管智能制造需要优先的问题及应用实例——焊管机内侧牌坊平辊轴承无忧运转技术方案。

10.1　铝焊管智能制造构想

随着人工智能技术在 AI+（金融、教育、交通、健康、零售、服务、制造）等领域取得程度不等的进展，使得有着近七十年发展历史的高频直缝焊管行业（基于铝焊管智能制造系统只需在材料性能参数方面稍加变换即可成为焊接钢管智能制造系统，故以下不再强调铝焊管智能制造）实现"第二春"成为可能，为此必须尽快搭上"AI+智造"的班车。

但是，由于焊管智能制造涉及面广，包括人机交互、机器学习、信息系统、专家系统、虚拟现实、知识工程、数据挖掘和计算理论等，是一项复杂的系统工程，不仅需要投入人力、物力和财力，而且 AI 与高频直缝铝焊管制造相结合还有许多问题需要求解，不可能一蹴而就。

10.1.1　焊管生产工艺流程控制的现状

10.1.1.1　焊管生产工艺流程简介

焊管生产工艺流程根据管坯材质不同差异较大，以铝合金家具管为例，生产工艺流程可分成三块，即供料系统、成型焊接定径系统与后处理系统，如图 10-1 所示。其中，前两个系统是在同一时间、对同一刚性体管坯实施不同的工艺作业，它们的状态直接决定产品质量，如供料系统中管坯进入焊管机组时的纵向拉拽力突然增大或减小，会导致机组中管坯运行速度骤减或陡增，而焊接电流、电压、速度的调节则是操作者发现工艺状态异常之后的举动，俗称事后控制。

10.1.1.2　控制现状

图 10-1 所示铝合金家具用焊接管工艺流程有二十多个工序，其中，焊管成型、高频焊接和定径工序是整个工艺流程的核心，决定焊管的品质；但是，对这三个关键工序的控制现状却并不乐观，主要表现在三个方面：

（1）尝试成型（包括定径）工序依据成型（定径）轧辊孔型参数进行调整，但是该思路仅仅考虑了管坯的基本几何尺寸，对管坯厚度、宽度、性能以及机组精度等动态变化缺少有效控制与监测手段，也没有将管坯弹塑性变形这一重要因素考虑进的机制，导致理论与实际相去甚远，少有应用。

（2）对焊接工序也有进行自动控制的尝试，代表性的控制思路参见图 7-74，但是对图 7-74 稍加分析便知，这些所谓的控制，都是在缺陷已经生成之后采取的滞后措施；既没有将供料系统与成型焊接系统看成一个相互联系、相互影响的系统来处理，更没有考虑轧制力的动态变化对焊接的影响，效果可想而知。

（3）依然依赖于调试工个人的知识、经验、感觉和精力，致使焊缝品质因人而异。然而，人工智能一系列的应用成果证明，它在许多方面"青出于蓝而胜于蓝"，不仅能凭借各种传感器时刻感知制造工艺过程中发生的、包括人类智能无法每时每刻感知的那些细微变化，弥补人类智能的不足，而且还能对这些细微变化做出前瞻性、趋势性预判，并提供最优解决方案。倘若将人工智能与高频直缝铝焊管制造相结合，则焊管制造必将产生质的飞跃，成为名副其实的焊管智造。

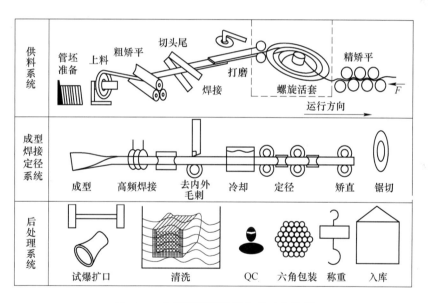

图 10-1　金属家具铝焊管生产工艺流程

10.1.2　焊管智能制造构想

10.1.2.1　基本架构简介

一个完整的焊管智能制造 AI 由需要感知的环境、感知、Agent 和自主与最优地对环境进行干预的执行四部分构成，如图 10-2 所示，其中各部分核心要义的描述参见表 10-1。

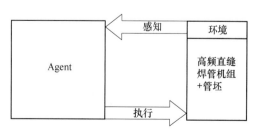

图 10-2　高频直缝焊管焊温控制 AI 系统基本架构

表 10-1　焊管智造 AI 构成部分核心要义的描述表

名称	Agent	环境	执行（器）	感知（传感器）
	性能度量			
焊管智造 AI	（1）借助压力传感器、位移传感器、速度计等感知供料系统管坯上的纵向拉拽力，确保进入焊管机组的管坯纵向拉拽力"恒定"； （2）通过感知影响焊接温度的焊接速度及其影响焊接速度的机组、管坯、轧辊、孔型等因素引起轧制力与速度的细微变化及变动趋势，实现自主准备预案，自主干预焊接电流、电压和速度； （3）依据感知轧制力变化趋势，以"μm/ms"感知速度波动，以"mA"和"mV"为单位干预电流电压，提高干预及时性与精度，提升焊缝质量； （4）通过感知铝管坯在成型焊接定径段的性能特征，采集和收集数据，满足高频焊接钢管、铝管、铜管、不锈钢管等的生产需要	（1）供料系统内导致进入焊管机组的管坯纵向拉拽力发生变化的诸因素； （2）焊管机组上所有可能影响速度和轧制力变化的电机、轴承、轧辊等部件； （3）管坯机械性能变化； （4）高频焊机； （5）供电线路电压波动； （6）机电冷却效果波动	（1）人机对话口； （2）自动电流调节器（ACR）； （3）自动速度调节器（ASR）； （4）自动电压调节器（AVR）； （5）液压/机械施力系统	温度传感器、压力传感器、速度传感器、位移传感器等

10.1.2.2　焊管智能制造 AI 的环境

焊管智能制造 AI 需要面对的环境包括供料系统、高频直缝焊管机组、焊管坯、管坯成型焊接定径和高频焊接等部分。

（1）供料系统。供料系统主要解决三个问题：1）不断供，保证机组得以连续运转，如 4.4 节所述，目前大多数铝焊管机组都是断续生产；2）确保进入焊管机组前的管坯纵向拉拽力 F "恒定"；3）当纵向拉拽力出现变动趋势时能及时感知，并做出实时反应。不难看出，三个问题的共同需求是，实现智能供料。

（2）高频直缝焊管机组。由成型机、焊接机和定径机三部分组成，各部分主要构件或总成见表 10-2，这些构件、装置或总成中任意一项都会用它们独特的方式以影响管坯运行速度的形式影响焊接温度。

表 10-2　高频直缝焊管机组主要构件与总成

成型机组	成型牌坊总成		成型内外侧牌坊
			上下前后滑块
			上下平辊轴螺帽
		上下平辊轴承	粗成型平辊轴承
			精成型平辊轴承
			轧制力施加总成
			成型冷却装置
	成型立辊加总成		成型立辊架
			立辊内外侧滑块
		内外立辊轴	粗成型内外立辊轴
			精成型内外立辊轴
			上下立辊轴承
			轧制力施加构件
			内外立辊轴螺帽

焊机机组	导向总成	导向辊构件
		对称调节装置
		对中调节装置
		开口角调节装置
	高频焊机	高频发生装置
		高频输出装置
		电流电压调节装置
		感应圈
		磁棒
		冷却装置
	挤压装置总成	挤压辊架
		内外滑块
		内外挤压辊轴
		挤压辊轴承
		挤压辊施力装置
		上下左右调节装置
	去内外毛刺	硬质合金刀具
	控制台	仪表、调节按钮
	冷却装置	水泵、乳化液
定径机组	与成型机组类似	

（3）焊管坯。焊管坯从大类上分，目前有 8 大系列，每个大类又包含若干品种，即使是同系列的管坯，因状态不同硬度差异较大，表 10-3 列出了 3003 铝合金铝管坯的部分力学性能。

表 10-3　3003 铝合金管坯强度、屈服、伸长率及其与 HRB 的对应值

合金状态	强度极限/MPa	屈服极限/MPa	伸长率 $\delta_{50,厚1.5mm}$/%	布氏硬度（HB）（50 kN，ϕ10 mm 钢珠）	HV
O	110	40	30	28	65
H12	130	125	10	35	75.3
H14	150	145	8	40	81.6
H16	175	170	5	47	89.2
H18	200	185	4	55	99

这些差异对焊接的影响显而易见。以硬度为例，H12 与 H18 相比，前者的强度极限只有后者的 65%，屈服极限仅为后者的 69.2%，硬度只是后者的 63.6%，而焊接挤压力 F_J 由式（10-1）确定。

$$F_J = F_S - F_K \tag{10-1}$$

式中，F_S 为焊接挤压辊施加的挤压力；F_K 为待焊管筒对挤压辊的抗力。它们共同影响焊接三要素，即焊接挤压力、焊接温度和焊接速度。然而，尽管焊接挤压力是焊接三要素之一，现状却是挤压力的施加全凭个体经验，且在一定时间段内保持不变，可 F_K 恰恰经常

在一定范围内波动，导致焊接挤压力处于被动波动状态，但是这些波动值因没有及时反馈而处于放任状态。

（4）管坯成型。平直管坯经过十多个道次由大到小不同孔型轧辊的轧制，平直管坯被轧制成待焊开口圆（异形）管筒，等待随后的焊接。在这一过程中，受操作经验差异、轧辊孔型磨损、机组温度变化、机组精度突变、管坯性能突变、管坯运行状态突变等因素影响，致使轧制力和管坯变形程度发生变化，而且这种变化并不仅限成型阶段，还包括焊接段和定径段，甚至包括锯切在内，并影响管坯稳定运行。目前焊管行业对这些突变，尤其是那些细微的、隐性的变化，缺少有效监测手段，要么对过程"一无所知"，要么对过程"无可奈何"。

（5）高频焊接。由高频焊接所构成的环境内涵包括焊接原理和焊接机两部分：

1）如前所述，高频铝焊接的两个最显著特点：一是将金属加热到焊接温度的时间极短，都在毫秒级。在这么短时间内要求操作者依靠肉眼精准判断出动态状态下的焊接温度很难，在现有工装条件下其实凭借的是经验，但经验毕竟存在个体差异，有时并不可靠；相反，人工智能不仅能集操作者经验之大成，建立专家系统，更能凭借各种传感器快速准确感知温度，感知速度，感知力道，依靠专家系统自主拿出解决方案，自主采取预防措施。二是焊接温度范围窄，适合高频铝焊的为 638~660 ℃，只有 20 ℃ 左右的波动，而由包括输入热量在内的若干因素引起的速度波动所产生的温度变化有时远远大于 20 ℃，且 20 ℃ 的温度波动仅靠肉眼也很难辨识。

2）高频焊机。对人工智能而言，主要感知五个方面的环境变化：第一，感知高频焊机的输出频率、电流、电压波动值及其引起这些波动的各元器件的变化；第二，感知高频焊机供电线路的电压波动，并自主地依据波动调节输出电流电压；第三，感知感应圈与待焊开口管筒之间的间隙，以及感应圈前端与焊接挤压辊的工艺距离；第四，感知焊接开口角的动态值，并自主地依据动态值增大或减小输出电流电压；第五，感知阻抗器的冷却效果，自主地增减冷却液流量，或提醒人们及时更换磁棒。

（6）高频直缝焊管生产环境的特征。该特征可概括为四个并存：

1）完全可观察与只可观察部分并存。简单的如管坯卷内外圈的硬度可以借助多种监测手段获知，但是卷中间就不得而知；复杂的如焊缝品质，在其形成过程中可通过焊接区飞溅的铝焊珠数量、飞溅高度、外毛刺大小等间接知晓，可是焊缝中是否存在气孔、微裂纹、夹杂等缺陷只能依靠离线检测知晓。

2）确定性与随机性并存。以密闭在滑块中的平辊轴承为例，确定的是它在使用后一定会发生磨损，但是，磨损何时发生质变——破损，与使用时间、润滑状态、管坯强度、冷却方式、操作者等关系密切，具有不确定性。

3）片段式与延续式并存。焊管生产环境中的片段式是指传感器在某一时刻所采集到的信息与其之前或之后的信息没有关联，如管坯运行速度因纵向拉拽力突变而在瞬间变快或变慢，完全可以将该次变化视为孤立事件；再譬如，压力传感器感知到焊接挤压力逐渐变小，这可理解为是挤压辊孔型和挤压辊轴承逐渐磨损的自然过程。

4）静态与动态并存。在运行的焊管机组上，静态与动态并存的现象比比皆是，如立辊与支承立辊的立辊轴，既要求随管坯而转动的立辊绕立辊轴安静地转动，又要求静止状态的立辊轴不能有摆动；否则，横向轧制力就会因摆动而发生变化。在使用焊管智造 AI

的情况下，传感器能感知这种变化，从而向 Agent 传递准确信息，因为此刻横向轧制力的变化并非由管坯硬度引起，这一特征从另一个侧面要求使用焊管智造 AI 的焊管机组精度必须高。

一言以蔽之，要将这些动态与静态、长期与瞬时、看得见与看不见的变化尽收眼底，只能借助各种传感器。

10.1.2.3 焊管智能制造的感知系统

焊管智能制造的感知系统主要由压力传感器、温度传感器、位移传感器、X 射线测厚仪、速度传感器等各类传感器和人机对话窗口组成，通过这些"眼睛""皮肤""鼻子""耳朵"时刻感知管坯厚度宽度、供料过程、焊管机组、管坯运行和焊接温度的细微变化，并以各种能量的形式传递给 Agent，为 Agent 提供源源不断的信息。例如，给焊接挤压辊轴装上压力传感器后，既能感知由待焊管筒强度和硬度变化引起 F_K 发生的变化，又能通过挤压辊轴的安定程度感知挤压辊轴承的损伤程度和挤压力的稳定状态，当 Agent 知道这些变化后，就会主动地调节 F_S，使 F_J 与彼时的待焊管筒强度和硬度符合工艺规定值；或向操作者发出更换挤压辊轴承的提示。

10.1.2.4 焊管智能制造的 Agent

A 确定 Agent 的结构

对 Agent 有多种理解，这里更倾向于是一种通过传感器感知环境，并能自主地借助执行器作用于该环境的实体。按模拟人类思维的不同层次，Agent 可分为反映式、慎思式、跟踪式、目标式、效果式和复合式。根据表 10-1 中对 Agent 性能度量的描述以及铝焊管生产线的特征，选择复合式 Agent 比较合适，复合式 Agent 的结构如图 10-3 所示。之所以选用复合式 Agent，是因为考虑到一旦铝焊管用 Agent 成功后，能够方便地植入钢管、铜管、不锈钢管用 Agent。

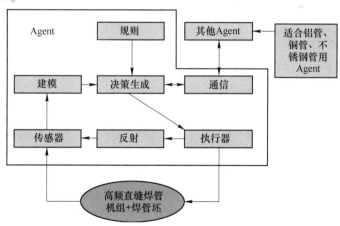

图 10-3 焊温控制 AI 用复合式 Agent

B 焊管智能制造 Agent 应具备的特性

焊管智能制造 Agent 必须具备以下特性才能满足对高频直缝焊管焊接温度实施智能控制的要求。

（1）行为自主性：不仅能够控制自身行为，而且还要确保对焊接温度的控制是主动的、自发的，目标和意图明确，并能根据管坯硬软、厚薄、宽窄变化信息做出规划与决策，将决策意图及时通知执行器对焊接电流、电压、速度做出调整。

（2）作用交互性：能够通过人机对话窗口进行交流，能够与焊管机组进行交互沟通，能够感知焊管机组和其中管坯的动态变化，随时对这种变化做出适当调节，确保焊接始终在最佳状态下进行。

（3）面向目标性：使焊接在最佳状态下持续进行是高频焊接的终极目标，Agent 要能为实现这一目标而主动采取一系列措施。例如，机组入口处的距离传感器感知到某一时刻管坯宽度为下偏差，那么，当该段管坯到达挤压辊处焊接时，Agent 能适时地、主动地增加焊接挤压力、焊接电流、焊接电压，或降低焊接速度，用主动增大的挤压力和焊接线能量来弥补管坯宽度不足对焊缝强度的影响。

（4）存在社会性：要求以铝管为先行的焊管智能制造 AI 之 Agent，既要满足焊接铝管从甲规格变换成乙规格后的推理过程和目标意向完全一致，也需要为今后焊管产品的拓展顺利接入预留通讯接口，确保新 Agent 能顺利集成到系统中而无需对原有 Agent 进行重新设计，具有很强的适应性与扩展性。

（5）结构分布性：Agent 的结构要在物理上或逻辑上体现为分布式，如将焊管机组与轧辊参数、焊管坯与焊管规格参数等归类到一个数据库中，将焊管工艺与优化归类到专家库中，将管坯化学成分、力学性能、热学性能、电学性能、磁学性能和光学性能等集合到知识库中，便于技术集成、资源共享、性能优化和系统整合。

（6）运行持续性：焊管智能制造 AI 之 Agent 程序启动后，能够在相当长时间内维持持续运转状态，满足焊管机组连续运行需要。

10.1.2.5　焊管智能制造 AI 的执行器

焊管智能制造 AI 的执行器主要包括交流直流伺服电机、交直流调速器、气液压系统、机械传动、制动、高频电流电压调节电位器等，负责执行来自 Agent 的指令。

10.1.3　焊管智能制造 AI 的实施难点

除了在 10.1.2.2 节中指出的外，还有以下三点。

10.1.3.1　影响因素众多

设计焊管智能制造 AI 的目的是实现"恒温"焊接。然而，从图 10-1 所示生产工艺流程和表 10-2 看，焊接温度是一系列因素综合作用后的表象，实质是速度问题；这些速度的波动大多发生在操作者不知情的情况下，也就是说在人的意志之外发生的速度波动，不妨用 v_R 表示。这种速度变化包括宏观和微观两方面，宏观是指人能察觉到的、运行中的管坯顿挫，宏观的速度变化次数是有限的，危害也可知；微观是则指人感觉不到的顿挫，微观的速度变化十分频繁，危害不可知，对焊接温度的影响更大、更难控制，是人工智能需要解决的方面。

之所以说影响更大和更难控制，一是因为由微观速度波动引起的焊接温度波动幅度小，不易被人察觉；二是因为引起 v_R 变化的因素太多，用函数表示为：

$$\begin{cases} v_R = v(A, \ B, \ C, \ D, \ E, \ F, \ \cdots, \ n) \\ A = A(a, \ b, \ c, \ d, \ e, \ f, \ \cdots, \ n) \\ B = B(a, \ b, \ c, \ d, \ e, \ f, \ \cdots, \ n) \\ \vdots \end{cases} \tag{10-2}$$

其中，A、B、C、D、E、F、$\cdots$、n 代表管坯运行速度影响因子，每一个因子又可能包括或组合成若干个影响因子 a、b、c、$\cdots$、n。仅以轧辊对管坯施加的轧制力 P_S 为例，生产一种规格的焊管，需用轧辊 $50\sim70$ 支，其中任意一支发生变化，如确保轧辊灵活转动的轴承滚珠保持架突然部分损坏，且从表面看不出轧辊转动存在问题，但是该轧辊对管坯施加的轧制力实际上已经发生了变化，进而影响管坯运行（焊接）速度。然而，发生突变的概率始终存在，并可用式（10-3）表示。

$$\Delta P_Y = C_{50\sim70}^{n} \tag{10-3}$$

式中，n 为自然数，表示轴承损坏的个数；ΔP_Y 为一个或多个轴承程度不同地损坏后轧制力可能产生的若干种组合变化、包括大小变化、力偶变化等。这些变化最终都会表现在管坯运行（焊接）速度上，问题是操作者并不知道何时、哪个或哪几只轧辊的轴承会发生突变，这就对 Agent 的搜索、规划、推理、建模和决策生成等的设计提出挑战。

10.1.3.2　焊管规格更换频繁

这里的规格不仅指焊管外径和壁厚，还包括不同性能的铝管坯。以相隔一个月生产同一种规格的焊管为例，即使忽略轧辊磨损、管坯差异等因素，单就机组状态而言，如平辊轴承经过半个月磨损，滚珠与沟槽间隙势必变大，在下压平辊时必须将这一因素考虑进去，否则，由该平辊施加的轧制力与上一个周期比要小，这对 Agent 的学习能力提出高要求。

10.1.3.3　一因多果与一果多因现象普遍存在

一因多果与一果多因现象，这些需要 Agent 对感知到的信息能进行更加细致的分析、辨认、去伪存真，要求专家系统和知识库必须达到专家级知识、能模拟专家的思维和专家级解题水平；同时要满足从大量数据中挖掘出隐含的、未知的、有潜在价值的因果联系信息和知识的要求，以便决策生成最佳解决方案。

尽管人工智能在焊管机组上的应用存在诸多困难，但是，焊管行业历经数十年的发展，工艺成熟度较高，聚集了一批专家学者，产品供求稳定，对应用人工智能有需求，这些都为人工智能在焊管行业的应用提供了可能。

10.1.4　焊管智能制造 AI 的可行性

焊管智能制造 AI 的可行性具体表现在以下七个方面：

（1）高精度高频直缝焊管机组已经问世。高精度焊管机组是生产优质焊管的前提条件，正逐步成为设备制造者与使用者的共识，设备制造商已经越来越重视焊管设备的制造精度，使用者也更愿意以较高的价格购买高精度、高性能的焊管设备。

（2）高精度管坯。管坯精度与焊管品质成强正相关关系，高精度管坯无论从化学成分和力学性能方面，还是几何尺寸和边缘形貌方面都能满足高精度焊管的要求与人工智能的应用。

（3）从业者受教育程度发生了质的变化。新时代的操作者对计算机、人机互动甚至是简易编程的驾驭能力都不可同日而语，为人工智能顺利进入工业运用并发挥作用提供了人力保证。

（4）算法模型更优。各种更高算力和大数据，使人们对人工智能的认识与理解达到前所未有的高度。

(5) 传感器种类繁多。例如，按测量物理量分，有位移、速度、温度、力、力矩、压力、加速度等传感器；新型传感器则有光纤传感器、红外传感器、气敏传感器、生物传感器、机器人传感器、智能传感器、数字传感器等。传感器的种类多到只有你不知道的传感器，没有传感器不涉及的领域，传感器的种类几乎涵盖了人类生产生活的方方面面，这些"无所不能"的传感器为监督管坯运行、设备运转、速度微妙变化等提供了精准、及时的监测手段，并最终根据这些信息提前对焊接温度进行干预、实现焊管智能制造。例如，硬软不同的管坯会影响焊接开口角的大小和高频电流邻近效应的强弱，通过压力传感器和接近传感器，就能在焊管成型阶段准确"感知"管坯硬软，计算出与之对应的焊接开口角和邻近效应，并预先生成出相应的焊接电流和电压，从而保证给出的焊接温度恰好与彼时的管坯状态匹配。

(6) 焊管生产工艺的相似性。尽管焊管大小、厚薄、材质差异很大，但是，制造原理相同、生产设备相同，工艺流程相同，对应道次的成型、焊接和定径轧辊之孔型相似，成组技术特征明显，这些都为人工智能中的传感器、语言识别、图像识别、知识库和专家系统的建立与应用提供了可能，也使我们要构建的焊管智能制造 AI 框架相对简单。

(7) 铝焊管产品尤其是冷凝器集流管、中冷器管、水箱管的质量要求高，品质控制常有力不能及的遗憾，对人工智能的辅助有强力需求。另外，此类管附加值相对较高，使用 AI 的成本压力相对较小。

尽管焊管行业应用人工智能的可行性如此之多，但是真正实施前，还是有许多实际问题需要优先解决。

10.2 铝焊管智能制造需要优先解决的问题

为了人工智能日后顺利在焊管行业安家落户，焊管行业需要解决的问题很多，但凡事分轻重缓急，需要优先解决自身存在的信心不足、成本担忧、数据混乱、专家缺少、设备精度、管坯精度、管理粗放等问题，为焊管行业迎接人工智能铺平道路。

10.2.1 坚定信心

坚定的信心，能使平凡的人们做出惊人的事业。坚定的信心源自认知深刻，要利用行业刊物和年会等多种形式大力宣传焊管行业迎接人工智能的技术成熟度、必然性，以增强信心。

(1) 人工智能技术成熟度的表现有：

1) 已经能够利用各类传感器并对传感器时序数据（包括机组运行速度、实际焊接速度、焊接温度、轧制力、毛刺刀磨损程度以及震动状态等）进行分析，从而对生产设备做出预测性维护与异常警示，以确保设备稳定可靠地运行，不仅能提升 5% ~ 20% 产能、提高质量，而且能极大地降低意外停机造成辊轴报废、滑块报废、废次管等的成本损失。

2) 5G 等通信技术愈发成熟、愈发快捷，已经能将工厂的各类传感数据、控制器数据、生产工艺数据、质量测量数据、企业运行系统等整合到一个平台上并进行系统分析、虚拟生产、虚拟检测、过程控制、适时控制，产品自信度更高。

3) 机器学习与深度学习已经被广泛地应用于系统数据分析，找出子系统之间的关系，整合行业知识和过往经验，所得预测模型的实时性、可靠性、可解释性等更贴近应用场景，使生产系统运行更合理、产品质量更可靠。

4）机器视觉技术（machine vision）在人脸识别上的成功应用，激发人工智能工程师们正努力将该技术运用到工业场景中的热情，建立识别准确率更高、识别速度更快、识别能力更强的模型。

（2）焊管业和焊管生产技术成熟度如下：

1）焊管设备精度和管坯精度基本满足工业化连续生产与传感器采集数据的需要。

2）焊管设备自动化技术已经在路上。

3）焊管生产工艺流程高度相似，尽管焊管大小、厚薄、材质差异大，但制造原理相同、工艺流程相同，生产设备相似，对应道次轧辊孔型相似，成组技术特征明显，方便人工智能中的传感器、语言识别、图像识别、知识库和专家系统的建立与应用，使我们要构建的焊管智造 AI 框架相对简单。同时，扩展应用前景广阔。

4）生产工艺可"复制"。不同批次相同规格焊管，只需更换对应的工模夹具就能实现重复生产；同时如果轧辊精度、管坯精度和设备精度足够高，那么生产工艺可"复制"。进一步，引入成组技术的思想，将同一外径不同壁厚的焊管按一组进行设计，从而最大限度地减少人工智能的设计量和设计成本。

5）工艺成熟，工艺参数易获取。

6）业内聚集了一批研究型、技能型专家学者，容易建立可靠适用的专家系统。一个好的专家系统既是行业成熟的标志，也是顺利实施焊管用人工智能的前提。

（3）人工智能在焊管行业应用的必然性表现在：

1）多国密集发布人工智能方面的战略规划绝非偶然。美国国家科技委员会与美国网络和信息技术研发委员会于 2016 年 10 月发表《国家人工智能研究和发展战略计划》，日本经济产业省于 2017 年颁布《下一代智能推进战略》，韩国第四次工业革命委员会于 2018 年 5 月发布《人工智能研究与发展（R&D）战略》，德国更早在 2012 便提出"工业4.0"战略，使制造业全面收益。这么多当今世界主要工业国家在如此短时间内密集颁布关于人工智能的发展战略绝非偶然，是工业 3.0 广泛应用电子与信息技术发展到"工业4.0（智能化)"的历史必然。

2）我国在 2017 年 7 月 8 日经中央政治局常委会、国务院常务会议审议通过、国务院印发《新一代人工智能发展规划》，该《规划》开宗明义指出，人工智能的迅速发展将深刻改变人类社会生活、改变世界。其中，特别指出要推广应用智能工厂，重点推广生产线重构与动态智能调度、生产装备智能、物联与云数据采集、多维人机物协同与互操作等技术，鼓励和引导企业建设工厂大数据系统、网络化分布式生产设施等，实现生产设备网络化、生产数据可视化、生产过程透明化、生产现场无人化，提升工厂运营管理智能化水平，从国家层面要求人工智能与工业生产相结合，必然性显而易见。

3）人工智能研发与应用各自需要对方。人工智能在金融、教育、交通、健康、零售、服务和智造等领域取得巨大商业价值之后，面临的最大挑战是需要找到更多应用场景来满足市场和资本对它的殷切期望，焊管行业理当择机投怀送抱，而且也是突破铝焊管行业发展瓶颈的切实需要。一方是殷切期望，一方有切实需要，双方携手合作是各自必然的选择。可以预料，焊管智造 AI 必然会成为未来焊管制造的发展方向，成为促进焊管制造脱胎换骨的新质生产力，成为引领焊管行业整体跃升和跨越式发展的新引擎。人工智能一旦应用于焊管生产系统，就能通过各种传感器监控生产过程中发生的细微变化，将这些人眼看不见的细微变化显性化、数据化，并给出解决方案，进而及时、重复、高效、可靠地解决焊管生产中诸多操作者很难察觉的问题与设备隐患，实现焊管生产无忧化。

因此，焊管行业，尤其是行业中那些起风向标作用的企业要坚信人工智能并非与我无关、高不可攀；也许一两年，也许三五年后，人工智能走进焊管制造是大概率事件。要坚信人工智能必定能够迅速提升中国焊管行业整体的运营能力、竞争能力和盈利能力，能够帮助我们稳定质量、提高产能、降低成本。

10.2.2 释疑成本

AI 的价格，因应用场景不同差异较大。根据智能化的需求，价格从几万元到数百万元不等，随着 AI 技术日渐成熟，价格和使用成本都会大幅降低，总趋势是越来越便宜。以移动通信终端变迁史为例，手机的前生，在中国俗称"大哥大"，最早由美国企业巨头摩托罗拉公司研制并在 1973 年 4 月 3 日问世。这部手机的诞生意味着一个新时代的开始，1987 年广东为了与港澳地区实现移动通信接轨，率先建设了 900 MHz 模拟移动电话，摩托罗拉也在北京设立了办事处，推销移动电话——"大哥大"。"大哥大"厚实笨重，状如黑色砖头，质量都在 500 g 以上；它除了打电话没别的功能，不如现在的"老年机"，而且通话质量不够清晰稳定，常常要大声喊；它的一块大电池充电后，只能维持 30 min 通话。虽然如此，"大哥大"还是非常紧俏，有钱难求。当年，大哥大公开价格在 20000元左右，但一般要花 25000 元才可能买到，黑市售价曾高达 5 万元，还要缴 6000 元入网费，这不仅让一般人望而却步，就是中小企业买得起的也不多。可是时过境迁，在 2020 年 10 月的移动通信网购门店，诺基亚（NOKIA）105 型老年机不但功能比"大哥大"多，而且售价仅 128 元，不足当年"大哥大"的 0.5%。

同样，关于集成电路的摩尔定律依然成立。在人工智能技术经历较长时间的技术积累、更简单新算法的诞生和一些基础设施的完善后，其价格必定会大幅下降。据《计算机周刊》报道，斯坦福大学和麦肯锡公司研究的报告显示，人工智能的计算能力每三个月左右翻一番。以图像识别能力为例，见表 10-4，其计算能力在 2017 年 10 月至 2019 年 7 月不到两年时间内提高了 122.7 倍，成本降低了 193.6 倍。由此可见，现在没必要担忧一两年或三五年后焊管用人工智能的投入成本，焊管用 AI 必定会以更低价格面世并被焊管企业接纳，眼下要做的是尽早谋划，这是一方面。

表 10-4　图像识别人工智能随时间变化的计算能力与成本

研究时段	研究内容	准确率	计算能力	成本/美元
2017 年 10 月	图像识别	93%	3 h	2323
2019 年 7 月			88 s	<12

另一方面，要辩证地看待投入，既要看投入，也要看产生的收益。据美国麦肯锡全球研究院的研究指出，仅仅将人工智能运用在企业营销、供应链管理这两项，就能够在未来

20 年创造 27000 亿美元的经济价值，平均每年约 1350 亿美元（近万亿元人民币）。可想而知，使用人工智能可为焊管企业创造诱人的经济价值，节省人力成本、时间成本、设备意外损耗成本、运营成本和供应链管理成本等。当前应该脚踏实地，为人工智能顺利落户焊管行业未雨绸缪，组建专家团队、收集制管数据。

10.2.3 收集数据

10.2.3.1 数据基于人工智能的重要性

数据、运算能力、算法模型和多元应用是构成人工智能的四大要素，如果说运算能力是人工智能的"大脑"，算法模型是"骨骼"，多元应用是"潜力挖掘"，那么数据就是"细胞"，是所有这些的基础。这可从人工智能公司与业主的合作历程得到印证：绝大多数人工智能公司向业主提的第一个问题常常是，你能提供多少数据？向业主索要最多的也是数据，可见数据对人工智能的重要性。

第一，人工智能的智能来源于数据，没有数据就谈不上人工智能。世间万物皆可用数据来定义，谁拥有数据多，谁就能占领制高点，拥有定义未来的权力。

第二，人工智能的能力大小取决于数据多寡，拥有数据越多，人工智能越智能；如果用一句话来形容人工智能的能力，那么"知之为知之，不知为不知"最为恰当，这里的"知"就是人工智能的设计者知道并拥有多少数据。

第三，人工智能最擅长的是通过数据找出数据中隐藏的内在逻辑，总结已经发生事件的规律，在此基础上建立预测模型，进而优化效率、提升质量、降本增效，否则便不可能设计出适合企业的人工智能。

那么，焊管行业目前的数据现状能否满足焊管用人工智能的设计需要？答案显然是否定的。

10.2.3.2 焊管业的数据现状

目前，焊管业的数据现状主要表现为确切数据与模糊数据并存、经验数据与理论数据并存、定量施加与效果迥异并存、显性知识与缄默技术并存。

（1）确切数据与模糊数据并存。在高频直缝铝焊管生产过程中，一方面，包括轧辊孔型初始尺寸、管坯规格牌号、辊轴直径、轴承型号等数据都有案可稽；另一方面，轧辊孔型不均磨损程度、管坯性能波动幅度与频率、平辊轴实时弯曲变形程度、立辊轴实时绕度、轴承实时磨损程度等数据，因难以随机精确测量、操作调整因人而异，管坯性能波动引起的波动、机组运行状态缓慢变化等情况，又使得这些数据变化莫测。以平辊轴承磨损为例，受操作习惯、焊管规格、使用时间、管坯性能、润滑状况、轧制力、轮班制度等因素影响，只能定性地知道发生了磨损，至于实际磨损了多少与瞬时磨损值实难确定。

（2）经验数据与理论数据并存。经验数据与理论数据并存在焊管生产中比比皆是，如成型立辊轧制力的施加、焊接挤压力的施加、薄壁管成型的调整等过程，都是经验与理论兼备。以薄壁管成型调整来说，最新焊管成型理论清楚表明，采用上山法可避免成型管坯边缘出现"鼓包"；但是，若按理论上山量计算预先逐道次增加轧辊高度不一定能解决"鼓包"问题，反而凭借经验观察"鼓包"程度，仅对少数几道轧辊高度用试错法进行增减，效果却十分显著。

（3）定量施加与效果迥异并存。这最明显地表现在焊管定径尺寸的调整，由于平辊与平辊轴、平辊轴与轴承、轴承与滑块、滑块与压下装置之间、立辊与立辊轴承、立辊轴承与立辊轴、立辊轴滑块与调节装置、调节装置与立辊架之间存在程度不等的配合间隙、磨损间隙和弹塑性变形，而且这些间隙和变形又随焊管规格、管坯材质不同所形成的量不等，使得即使按刻度施加的调整量与想要达成的效果多数情况不一致，需要反复多次调节才能达成预期效果。

（4）显性知识与缄默技术并存。说得清道得明的显性知识不管哪个行业都数不胜数，不用赘言；说不清道不明的缄默技术则视场景不同差异较多。所谓缄默技术是指人们受专业知识、文化程度、表达能力、时空环境等因素制约，不能用清晰的语言、文字、图画或符号表达出来，并被事实证明是正确的知识、技术。缄默技术在高频直缝焊管成型过程中的表现比较突出，一个经常发生的现象是：在同一机组上，用同一套轧辊、成型同一条管坯，甲操作者绞尽脑则一两天都调不出来，请乙操作者过来分分钟搞定，而成型另一种焊管时甲乙操作者的情况可能却好相反。当管理者询问操作者为什么时，大部分情况下只知所以然，不知之所以然，"茶壶里煮饺子——有货倒不出"，更不用说用数据表达了。

可是，用确切数据说话，用确切数据表达事物之间的关系，恰恰又是人工智能对应用场景进行客观描述的最基本手段，焊管专家学者为此要尽可能将深藏在操作者脑袋中和心坎中的缄默技术显性化、数据化。焊管生产工艺显性化、透明化是实现工艺数据化的前提，没有工艺数据化便不可能设计出焊管用人工智能。

10.2.3.3 工艺数据的准备

工艺数据的准备包括：

（1）建立数据库，收集整理现有显性确切数据，分门别类记录在案。

（2）收集被忽视、被个体认为可有可无或似是而非的数据，请技术专家和生产人员共同甄别验证，去伪存真，将反映客观真实的数据提炼出来。

（3）对存疑数据不要轻易丢弃，留待 AI 专家进场后共同商榷。因为有些数据也许在本行专家眼中可能没有用，但在 AI 专家看来说不定是关键数据、节点数据。

（4）将经验数据转变为模型数据，对经验数据进行回归总结，将若干同类个性化、趋势化数据上升为理论数据，使数据更具一般性、代表性，成为人工智能可用数据。

（5）将模糊数据清晰化。在焊管调整过程中，经常会出现一些模糊性的"X 一点"数据，如"多一点"与"少一点"、"上一点"与"下一点"、"轻一点"与"重一点"、"左一点"与"右一点"等介于量化与泛化之间的模糊数据，要通过多次试验，逐步缩小模糊空间，直至将这些模糊数据变为确切数据。

（6）寻找定量施加与效果差异之间的原因与规律，建立施加量与效果（约等于施加量）、与影响因素之间的函数关系，使施加量等效于效果。

（7）鼓励那些掌握某种缄默技术的员工与专家一起进行专题交流讨论，使若隐若现的缄默内容在你一言我一语的启发式研讨中逐渐明晰，让缄默技术在这样的氛围中不知不觉地被表达成显性知识，进而数据化。因为缄默技术不是建立在空中楼阁上，也不是虚无缥缈的臆想。用唯物主义的观点看缄默技术，存在决定意识，其根本来源是平时工作的思考、积累与感悟，只是一时没有找到合适的表达切入点而已。

（8）将极少部分目前认为无法量化的问题按纲科目记载在案，留待 AI 专家与行业技术专家协调解决。

此外，要自行研制或与设备制造商合作，制造出尽可能多的数显工模夹具，将工艺数据如力矩扳手一样清晰展示在操作者眼前，一来有利于逐步规范、优化焊管工艺；二来有利于严格执行焊管工艺，将操作者心中有数变为实实在在的工艺数据；三为焊管用人工智能数据收集、顺利导入做好铺垫。在这方面，焊管专家团队大有作为。

10.2.4 专家团队

人工智能与焊管行业融合是一个综合的系统工程，牵涉到机械、力学、化学、电学、金属学、数学、工艺、检验、管理、计算机等学科，需要多学科专家学者协同配合，必须组建属于焊管业的"奥运式"专家团队。组建一流专家团队的作用主要有：

（1）前期准备。前期准备包括邀请行业专家和人工智能专家座谈，开展可行性论证，推动行业协会与相关机构协调行动、筹措资金、选择企业、数据准备等一系列工作；条件成熟时建设具有焊管行业特色的专家系统。

（2）协同配合。在人工智能与焊管业融合期间解决属于本行业的问题，提出需求；按人工智能专家的要求提供数据、维护设备、培训人员；在此期间首先要完成对自己的培训，努力使自己至少成为半个人工智能专家。

（3）维护指导。人工智能投入使用前，必须对操作者进行培训，指导其正确使用人工智能，最大限度发挥人工智能的作用是焊管专家团队的重任。

（4）反馈改进。在人工智能投入使用后，必然会出现这样那样的问题需要行业专家与人工智能专家就专业问题进行专业沟通，共同寻找解决之策。

10.2.5 组建机构

人工智能与焊管融合决不单纯是技术问题，需要多学科合作，需要做长期艰苦细致的科研攻关，需要有机构站出来牵头。行业协会、科研院所、重点企业首当其冲，义不容辞；要努力争取国家和省市立项，资金支持。在取得立项和启动资金后进行项目推广，吸引金融机构和创投公司加入，组建风险共担、利益共享的公司法人机构，全面负责焊管迎接人工智能的工作。

10.2.6 提高精度

提高精度主要是指提高焊管设备精度、管坯精度和管理精度。

（1）焊管设备精度有以下内容：

1）从焊管设备制造的角度看，焊管行业要向设备制造商发出明确信号，焊管行业应用人工智能需要高精度、高强度焊管设备来承载，也必定会出现一股设备更新潮，带来新发展机遇，以引领设备制造商向精细高端方向发展；新设备要在高精度高强度的基础上，实现数字化、自动化，如平辊上下移动、立辊左右移动、平立辊轧制中心模块化、平立辊轧制力数显、挤压辊挤压力数显、焊接汇合点温度实时数显等，为焊管制造应用人工智能准备好硬件。

2）从焊管设备使用者的角度看，首先，要与时俱进，放弃粗放生产模式，及时淘汰老旧生产线，向高精设备要效率、要效益；以更换焊管规格为例，如果能实现轧辊定位模块化、调整数据化，那么换辊时间至少可以节省50%以上。其次，对设备重要性要有清醒认识，"摇头摆尾"的低精度设备不可能生产出高品质、高附加值焊管。再者，"摇头摆尾"的焊管设备使压力传感器无法感知平立辊真实轧制力、管坯反作用力，位移传感器无法感知管坯真实变形状态和轧辊真实位置，温度传感器无法感知真实焊接温度，等等。一句话，所采集到的实时数据不能真实反映工艺状态，人工智能将失能。

(2) 管坯精度。"精度"在这里指的是广义精度，包括尺寸精度、力学性能、化学成分等。以力学性能为例，若同一条管坯硬度差异较大，虽然 AI 能够感知到变化并做出相应处理，但是频繁调节毕竟没有始终如一的工艺状态好，多多少少对产品质量有影响。焊管行业应该从现在起，站在人工智能的角度对管坯精度提出更高要求，以适应未来应用人工智能的需要。

(3) 管理精度。人工智能的使用与维护，要求企业的工艺、设备、材料、环境、人员、销售、供应、仓储管理等更规范，更精准。譬如工艺管理，从现在起，第一，要对现有工艺内容充实、补充、完善、细化；第二，对每一个工艺参数再验证、再确认，对模糊参数做清晰化处理，务必精准；第三，强化工艺执行力度，严格工艺修改程序，为日后应用人工智能形成严格执行工艺的良好氛围。

人工智能的迅速发展将深刻改变人类社会生活、改变世界，是工业广泛应用电子与信息技术发展到现阶段的历史必然，不以人的意志为转移。人工智能融合进焊管生产具有充分可行性与必然性，也是焊管行业自身发展的需要。与其被动等待，不如坚定信心，主动迎接，积极做好前期准备。焊管行业有识之士应及早行动起来，从数据、人才、组织、设备、材料及管理等方面做好功课，练好内功，机会总是青睐有准备的人和具备无忧运转技术方案的企业。

10.3　焊管机内侧牌坊平辊轴承无忧运转技术方案

由工业和信息化部、中国工程院和中国科学技术协会主办的《2021 世界智能制造大会》于 2021 年 12 月 8～10 日在南京召开，大会以"让制造更聪明"为主题，汇聚了世界智能制造领域先进企业、权威机构、专家学者和业界精英，关注世界智能制造现状，把脉世界智能制造发展方向，指出世界智能制造新路径，是人工智能从"云端"快速走向"边缘"的又一例证。

为此，焊管人必须在智能制造方面尽快行动起来，从焊管机意外停机率最高的内侧牌坊平辊轴承损坏这一企业痛点入手，提出以人工智能为基础、以平辊轴承无忧运转为阶段目标、以让焊管制造更聪明为终极目标，开发适合高频直缝焊管机组应用场景、具有感-存-算-通一体化功能及低成本人工智能系统的技术构想。

10.3.1　选题依据

10.3.1.1　平辊轴承实际工况

(1) 正常工况下的不均匀磨损。一条焊管生产线有如图 10-4 所示的总成 12～16 道，平辊轴承（以下若无特别说明均指内侧）数量多达 12×2×(2～3) 至 16×2×(2～3) 个。平辊轴承外圈紧配在方滑块内，方滑块被牌坊约束，内圈与平辊轴承紧配合，径向竖直方向受轧制力作用。在轧制力作用下，平辊轴承的磨损极不均匀，磨损主要集中在下平辊轴承外圈沟槽的下半部和上平辊轴承外圈的上半部，并因之成为绝大多数平辊轴承损坏的起始点。

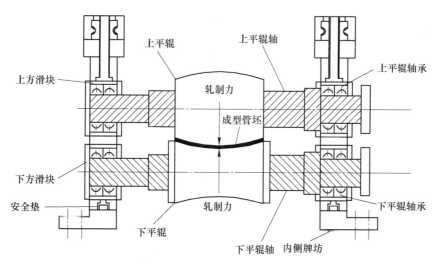

图 10-4　平辊辊轴的牌坊总成

（2）不同道次的磨损不均匀。不仅不同道次平辊轴承磨损的差异大，而且实腹轧制和空腹轧制的差异也大。从轧制力的角度看，成型第 1~5 道实腹轧制的轧制力大于空腹轧制，相应地，实腹轧制的磨损多于空腹轧制，因平辊轴承损坏导致意外停机的概率也高于后者，即使同是实腹轧制或者空腹轧制，它们的轧制力与磨损也不尽相同。

（3）实际运行工况：第一，管坯接头超厚或者管坯某一段全宽超厚，瞬间会产生很大的，甚至超过平辊轴承额定载荷的轧制力，轴承可能因一两次这种冲击而极大地缩短剩余寿命。第二，上下轧辊孔型不对称使平辊轴承沟槽与滚珠承受横向且单向冲击力作用，以及成型管坯两边不等厚形成的横向冲击载荷，这些横向冲击载荷对平辊轴承使用寿命的影响是致命的，同时使平辊轴承的使用寿命或者说剩余寿命充满不确定性。第三，工艺余量的理论给予与实际给予使得闭口孔型平辊和定径平辊的平辊轴承受的轧制力与磨损充满不确定性。

这些磨损的不均匀性和不确定性导致平辊轴承的损坏具有突发性和破坏性，影响生产排程、按期交货、备件准备等，是焊管企业的痛点。

10.3.1.2　焊管机组维护的痛点

表 10-5 统计了某焊管企业 2018 年 1 月至 2022 年 1 月 4 年间焊管机组意外停机的情况，在迫使焊管机组意外停机的诸多原因中，平辊轴承损坏首当其冲，所用修复时间约占全部维修时间的 62.28%，仅此一项影响产能 4.39%。

表 10-5　2018 年 1 月至 2022 年 1 月某焊管企业 10 台焊管机组意外停机汇总表

停机原因	次数/次	维修时间/h	维修时长比率/%	影响产能/%[①]
平辊轴承	322	966.5	62.28	4.39
立辊轴承	143	256.4	16.52	1.17
高频设备	22	145.9	9.40	0.66
拖动控制	15	106.1	6.84	0.48
接头断裂	26	51.5	3.32	0.23

停机原因	次数/次	维修时间/h	维修时长比率/%	影响产能/%[①]
其他	7	25.5	1.64	0.12
合计	535	1551.9	100	7.05

① 按 8 h×25 天×11 月计算。

无独有偶，据 Deloitte 会计事务所 2018 年发布的《预测性维护与智能工厂》报告指出，不合理的维护策略会导致工厂产能降低 5%~20%，意外停机造成的损失每年高达 500 亿美元。

另外，平辊轴承自投入使用那一刻起，无论磨损如何，就存在一个剩余寿命问题。影响平辊轴承磨损的因素至少包括操作调整、设备、工艺、管坯、使用环境五个方面，其中任何一个方面又都包含数十个甚至上百个影响因子，这些有的独自起作用，有的叠加起作用，有的因果关系清晰，有的因果关系模糊，它们对轴承磨损或破坏程度的影响可用式 (10-4) 表示。

$$\delta = \begin{cases} M = M(A,\ B,\ C,\ D,\ E,\ F,\ \cdots,\ N) \\ A = A(a_1,\ b_1,\ c_1,\ d_1,\ e_1,\ f_1,\ \cdots,\ n_1) \\ B = B(a_2,\ b_2,\ c_2,\ d_2,\ e_2,\ f_2,\ \cdots,\ n_2) \\ C = C(a_3,\ b_3,\ c_3,\ d_3,\ e_3,\ f_3,\ \cdots,\ n_3) \\ D = D(a_4,\ b_4,\ c_4,\ d_4,\ e_4,\ f_4,\ \cdots,\ n_4) \\ E = E(a_5,\ b_5,\ c_5,\ d_5,\ e_5,\ f_5,\ \cdots,\ n_5) \\ F = F(a_6,\ b_6,\ c_6,\ d_6,\ e_6,\ f_6,\ \cdots,\ n_6) \\ \vdots \end{cases} \tag{10-4}$$

式中，δ 为轴承磨损量；M 为由影响平辊轴承磨损的操作调整（A）、设备（B）、工艺（C）、管坯（D）、使用环境（E）及其他（F）主要因素构成的函数；a_1，b_1，c_1，d_1，e_1，f_1，$\cdots$，n_1，a_2，b_2，c_2，d_2，e_2，f_2，$\cdots$，n_2，$\cdots$ 为主要影响因素的影响因素。

显然，式 (10-4) 在非智能状态下无解，操作者对轴壳内的平辊轴承磨损程度及剩余寿命的信息没有准确性可言，至多凭经验，机组意外停机很难避免。倘若规定一个时间将所有平辊轴承全换掉，虽然可以减少意外停机次数，但是会将部分还有很长剩余寿命的轴承也换掉，造成额外成本负担，这种两难局面一直是焊管企业普遍存在的痛点。治疗痛点的"特效药"是工业人工智能，以人工智能为基础、以平辊轴承无忧运转为目标，开发适合高频直缝焊管机组应用场景、具有感–存–算–通一体化功能的人工智能系统。该系统常用的工程数据分析流程如图 10-5 所示。

10.3.2　平辊轴承无忧运转的工程数据分析流程

实现平辊轴承无忧运转的工程数据分析流程包括数据采集、信号处理、特征提取、健康评估、健康预测和可视化六个方面。

10.3.2.1　数据采集

数据采集主要是借助多种传感器对边缘端的平辊轴承实行全方位监控，收集诸如平辊轴承温度、平辊轴距离变化、平辊轴振动、轧制力等数据。

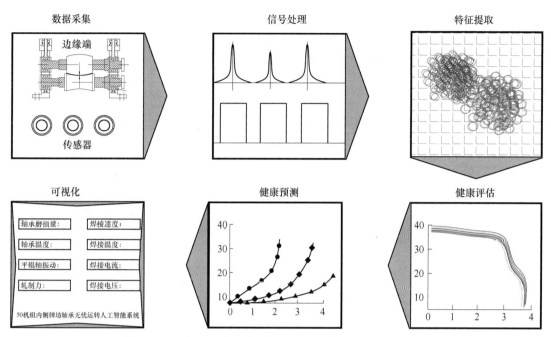

图 10-5　焊管机组内侧牌坊轴承无忧运转工程数据分析流程

（1）建立数据采集团队。数据采集是应用工业人工智能的前提，为此必须成立由焊管工程师、一线技术工人、设备制造商和人工智能服务商组成的数据采集团队，以便准确、全面、及时、高效地收集符合 AI 要求的数据。

（2）数据基本要求。首先要准确，团队成员要深度理解数据内涵、数据逻辑性、数据合理性，透过数据现象看清数据表达的本质。如在轧制力作用下，电涡流传感器感知到平辊轴周期性振动，说明平辊轴承外圈沟槽某一点出现损伤，信号强弱则反映损伤程度；若空载时电涡流传感器感知到平辊轴振幅超过初始值，则说明平辊轴承已经发生了磨损。

其次要全面、多层次、多视角采集数据，相互印证。当平辊轴承磨损后，一是辊缝变大，电涡流传感器的前置器与上下平辊轴之间的距离 $\overline{X_1X_2}$ 必然变短；二是轧制力变小，检测轧制力的压力传感器数据应呈现减小趋势（应剔除轧辊磨损）；三是监控轴承温度的温度传感器之温度数据则应呈上升趋势；四是反映振幅的数据逐渐增大。

第三，可验证。可验证就是在不同的生产周期，当输入相同工艺参数时，所采集到的数据与系统默认数据基本一致。

第四，唯一性。唯一性要求每个数据或者说每组数据只能描述一件事件，以轧制力为例，由压力传感器检测到的某一时刻轧制力数据，只能是特定规格、特定道次的轧辊对特定规格管坯施加的成型力。

（3）数据采集用传感器。为了确保平辊轴承无忧运转，需要借助电涡流传感器、压力传感器、温度传感器、振动传感器、转速传感器等对平辊轴承进行全方位监控，如图 10-6 所示。

10.3.2.2　信号处理

传感器采集到的平辊轴承运转信号不能直接表达成焊管操作者所需要的信息，而且其间还会受到诸多干扰，因此，需要借助一定的方法将信号变为操作者能够看到、看懂的有用信息。适合平辊轴承运转信号处理的方法有标准傅里叶变换、短时傅里叶变换和小波变换。

（1）标准傅里叶变换。标准傅里叶变换是将采集到的平辊轴承运转信号从时域变换成频域，以利于将原始信号分解为一组正交三角函数加权组合，见式（10-5）和图 10-7（a）。

$$F_{(w)} = \int_{-\infty}^{+\infty} f_{(t)} \mathrm{e}^{-iwt} \mathrm{d}t = <f, \ \mathrm{e}^{-iwt}>$$

（10-5）

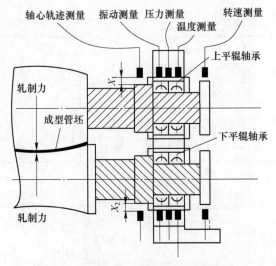

图 10-6 监控平辊轴承的传感器示意图

式中，w 为频率。标准傅里叶变换适合对平辊轴承运转温度信号的处理。其缺点是：它的每一个基函数都是不同频率且覆盖整个时域的正弦波，不能分析局部信号，不具备时间局部化的能力。

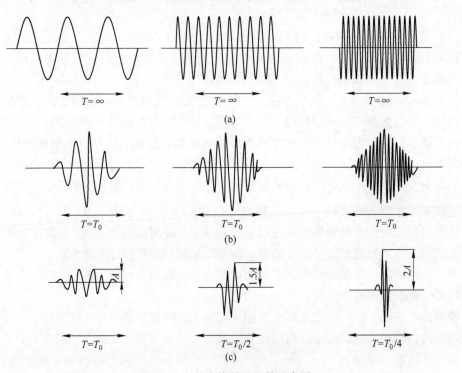

图 10-7 3 种变换的基函数示意图

（a）Fourier 变换的几个基函数；（b）短时 Fourier 变换的几个基函数；（c）小波变换的几个基函数

（2）短时傅里叶变换。式（10-6）中，其基本思想是：将采集到的平辊轴承运转信号分成若干小的时间间隔，然后再利用标准傅里叶变换分析每一个时间间隔内存在的频率，比标准傅里叶变换能更精细地对信号进行分析，波形如图 10-7（b）所示。

$$G_{(r,\ w)} = \int f_{(t)} g_{(t-r)} \mathrm{e}^{-iwt} \mathrm{d}t = < f,\ g_{r,w(t)} > \tag{10-6}$$

短时傅里叶变换在一定程度上克服了标准傅里叶变换不能进行局部分析的缺陷，但是不能满足高频信号和低频信号共存时对频率分辨率的要求，比较适应诸如轴心轨迹变动（平辊轴承单向磨损）这类平稳信号。

（3）小波变换。对信号中的低频和高频信号具有自适应（多分辨率）分析特性，可对信号任意部位即任意时段内所包含的频域或某局部范围进行深入、精细探测，适合处理非平稳、瞬态、突变、微弱及含噪信号，更适合处理平辊轴承对轧制力等反馈方面的信号，波形如图 10-7（c）所示。小波变换函数见式（10-7）。

$$W_{f(a,b)} = |a|^{-\frac{1}{2}} \int\limits_{-\infty}^{+\infty} f_{(t)} \varPsi_{\frac{t-b}{a}} \mathrm{d}t - < f,\ \varPsi_{u,b} > \tag{10-7}$$

式中，a 为影响时窗和频窗在频率轴上位置、形状的参数；b 为原始信号 $f_{(t)}$ 与小波函数 $W_{f(a,b)}$ 在时间 t 的位置。

其实，三种信号处理方法都具有统一的内积运算形式，区别是运算的基函数各异和特性不同。在信号处理方面各有特点，各有所长，可依据不同的信号源和应用场景灵活选用。

10.3.2.3　特征提取

信号与我们每个人的"相貌"一样各有特点。特征提取就是抓住信号"均值""方差""有效值"和"频率"等所表露出的特点，提取具有特定意义的特征信号，赋予特定含义，使它们从不同角度反映平辊轴承磨损程度。

（1）提取平辊轴承磨损信号的特征。在传感器接收平辊轴承磨损的信号中，既有有用信号，也有一些无用信号。找到信号中的一些数学定义或是统计特征，使这些定义和特征能够清晰表达平辊轴承磨损过程中存在的正相关或者负相关关系，同时忽略掉无用的不相关的信号。以温度传感器的信号为例，方滑块可能因为偶然的大量冷却液飞溅导致其中的轴承温度急剧降低，显然，这种温度骤降信号数据与轴承磨损规律没有任何关系，不能用来表征轴承磨损程度。

因此，一方面，必须提取到平辊轴承磨合期温度上升较快的信号特征、稳定磨损期温度缓慢上升的信号特征以及剧烈磨损期温度快速上升的信号特征，从而提取到平辊轴承全寿命周期内温度信号变化的基本特征。另一方面，提取这些特征信号的时域、频域信号，简单统计和运算后得到平均值、方差、均方根、峰值指标、峭度指标等特征信号，用最简单有效的参数表示信号中的信息，找到信号特征与平辊轴承磨损的联系，便于对平辊轴承磨损程度做出准确判断。

（2）适合平辊轴承磨损特征提取的方法主要有过滤（filter）法、递归消除（wrapper）法和嵌入（embedded）法三种。

1）过滤法：是移除特征值中低方差的特征值和单变量特征值，适用于特征值都是离散型变量。如果是连续型变量，就需要先将连续变量离散化。如轧制力与平辊轴承的磨损特征，若仅考虑轧制力因素，则轧制力大磨损量大、轴承失效快，特征值具有连续变量的特征；若将管坯硬软、厚度公差、厚度、轧辊磨损、润滑等因素考虑进去，则轴承磨损量这一特征值就具有离散型变量的特征。该方法的实质是：在提取平辊轴承磨损特征值时，剔除正常磨损时基本相同的特征值，选取异常磨损时的特征值。如在图 10-8 中，过稳定磨损期后，平辊轴承的温升、噪声和磨损量均明显增大且具有大致相同的变化规律，振动速度频谱亦升高，尖峰能量总量开始变大，这个阶段的特征值才是我们最应该关注的。

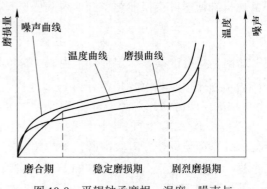

图 10-8　平辊轴承磨损、温度、噪声与
磨损阶段的关系

2）递归消除法：是通过递归减少考察的特征集规模来选择特征，首先让预测模型在原始特征上训练，每个特征指定一个权重；然后将拥有最小绝对值权重的特征踢出特征集；如此往复递归，直至剩余的特征数量达到所需的特征数量。

3）嵌入法：是一种让算法自己决定使用哪些特征的方法，即特征选择和算法训练、机器学习同时进行，是一种基于贡献的评估，找出对模型建立最有用的特征，对提高模型效力有更好的效果，那些无关的特征和无区分度的特征都会因为缺乏对模型的贡献而被删除掉。比如管坯接头经过轧辊时，通常接缝部位不是比管坯稍厚就是稍薄，相应地轧制力会瞬时波动并被传感器监测到，由此产生的信号对建模没有意义。

同时要指出，不论采用何种方法提取特征值，都必须确保这些特征值尽可能多地包括焊管机组实际生产经历的那些工况，既要包括生产同一外径、不同壁厚焊管时平辊轴承磨损的特征值，也要包括生产不同外径、不同壁厚时平辊轴承磨损的特征值，保证特征值的代表性、全面性。

（3）评估特征值。在关于平辊轴承磨损状况的特征值提取完成后，必须对特征值进行专家评估，区分何种磨损程度的特征值为正常磨损阶段、何种磨损程度的特征值为警示磨损、何种磨损程度的特征值为剧烈磨损，这样，就可依据特征值建立平辊轴承健康状况的模型。当传感器接收到剧烈磨损的信号后就会触发模型阈值，同时向操作者发出预警、安排更换计划，进而避免意外停机。

10.3.2.4　健康评估与预测

借助合适的算法与模型对平辊轴承磨损状态进行评估，实质是量化轴承磨损程度，为评估、预测平辊轴承磨损的未来趋势提供依据。健康评估与预测的主要手段是时域分析和频域分析。

A　时域分析

在使用涡流传感器监测平辊轴承磨损状态的系统中，位于平辊上轴顶部和平辊下轴底部测量轴心轨迹的传感器（见图 10-7），其初始安装间隙构成初始信号平均值 $\overline{X}_C$。由于轴承磨损，当轧制力大于零时，轴与前置器之间的初始信号平均值 $\overline{X}_C$ 必然变短，产生新的平均值 $\overline{X}$，该平均值 $\overline{X}$ 与初始信号平均值 $\overline{X}_C$ 之差值 $X_{(\overline{X}-\overline{X}_C)}$ 就是轴承磨损值，见式（10-8）。

$$\begin{cases} X_{(\bar{X}-\bar{X}_C)} = \dfrac{1}{N}\sum_{i=1}^{N} X_i(t) - \bar{X}_C \\[3mm] \bar{X} = \dfrac{1}{N}\sum_{i=1}^{N} X_i(t) \end{cases} \tag{10-8}$$

当机组空载转动时，轴承磨损后的间隙导致平辊轴振动，传感器接收到振动信号，可借助有效值 X_{rms}（又称均方根值）、峰值 X_{pp}、峰值指标 C_f、峭度指标 C_q 等统计指标反映的振幅大小或冲击成分强弱信号判断平辊轴承磨损程度，分别见式（10-9）~式（10-12）。

$$X_{rmx} = \sqrt{\frac{1}{N}\sum_{i=1}^{N} X_i^2(t)} \tag{10-9}$$

$$X_p = \max\{|X_i|\} \tag{10-10}$$

$$C_f = \frac{X_p}{X_{rms}} \tag{10-11}$$

$$K = \frac{\dfrac{1}{N}\sum_{i=1}^{N} X_i^4}{X_{rmx}^4} \tag{10-12}$$

有效值 X_{rms}^2 描述振动信号的能量比较稳定且重复性好，当有效值超出正常指标时，说明平辊轴承磨损状况已经比较严重；而峰值、峰值指标和峭度指标对信号中的冲击特性很敏感，一般情况下若存在冲击振动，则说明平辊轴承磨损很严重，滚珠与沟槽间的间隙过大，甚至已经出现破损。

B　频域分析

其实，频域分析和时域分析是一个问题的两个方面，通过多维度分析，人们能够从信号的频率角度观察分析信号的幅值、相位变化，更准确地评估、判断信号所反映的信息。由于平辊轴承在不同磨损阶段所产生的振动频率不同，分析这些不同频率的振动信号，就能得到各种以频率为独立变量关于幅值、相位的频谱图，如对矩形窗的时域函数式（10-13）作傅里叶变换，就得到图10-9所示的频谱图。

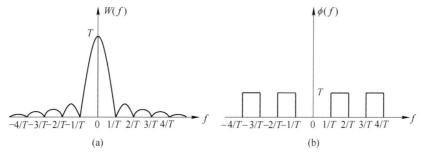

图 10-9 非周期瞬变信号矩形窗的频谱图
（a）幅-频谱；（b）相-频谱

$$W(t) = \begin{cases} 1 & \left(|t| < \dfrac{T}{2}\right) \\[3mm] 0 & \left(|t| > \dfrac{T}{2}\right) \end{cases} \tag{10-13}$$

当平辊轴承磨损状态处于加速磨损期时，最先表现为平辊轴的平稳转动性变坏，信号振动幅值增大、频率加快，从而使看不见的平辊轴承磨损变得"清晰可视"。因此，频率与振幅的变化就成为评估和预测平辊轴承磨损程度的另一个重要标志。

10.3.2.5 可视化

可视化是利用计算机图形学和图像处理技术，将特征数据转换成图形或图像在屏幕上显示出来，并进行交互处理，是研究数据表示、数据处理、决策分析等一系列问题的综合技术。其主要任务有三个：一是将采集到的过往与平辊轴承磨损状态有关的各种有用数据、相关信息尽可能地以图形、图像、表格、模型等形式反映到显示屏上；二是实时反映平辊轴承磨损状态、预期寿命、预警等；三是人机交互，输入输出信息，也是平辊轴承无忧运转技术架构的重要组成部分。

10.3.3 平辊轴承无忧运转的技术架构

焊管机组平辊轴承磨损程度与剩余寿命预测的技术架构由数据技术（DT）、分析技术（AT）、平台技术（PT）和运营技术（OT）构成，如图 10-10 所示，技术架构见表 10-6。

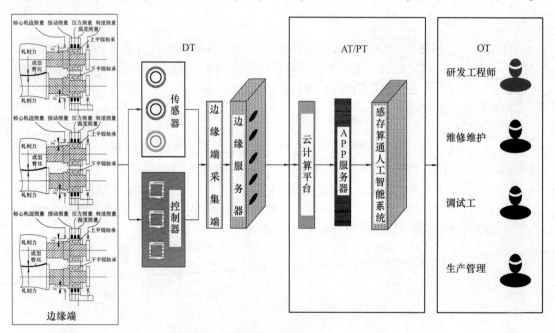

图 10-10 平辊轴承无忧运转技术架构图

表 10-6 焊管机组平辊轴承磨损程度与剩余寿命预测的技术架构

DT	AT
（1）在与平辊轴承相关的部件处布置边缘端智能硬件，通过总线通信方式采集焊管机组运行电流、电压、转速等低频数据；（2）通过外接传感器采集机组各个道次轧制力、平辊轴承温度、振动等高频数据；（3）尽可能多地收集适合本机组范围内的焊管规格、管坯规格以及与之相关的力学性能、化学成分、允差范围等数据	（1）分析评估所获数据的置信度、可用性，为后续建模提供性能保障；（2）建立各道次平辊轴承磨损量评估模型，提供平辊轴承磨损评价标准；（3）开发适合高频直缝铝焊管机组应用场景、具有感-存-算-通功能的人工智能系统，建立基于平辊轴承剩余寿命模型，实现平辊轴承剩余寿命预测与预警

PT	OT
（1）建立平辊轴承健康状态预警平台与可视化平台；（2）将平辊轴承在线剩余寿命预测系统、预测模型等部署到平台上，实现平辊轴承磨损程度实时监控和剩余寿命预测，避免意外停机	（1）建立在线平辊轴承监控与预测性维护系统，协助调整工监控平辊轴承磨损状况，彻底改变长期以来仅凭经验判断和意外停机风险的现状；（2）运用平台技术管理并制订与平辊轴承运行、维护、采购、生产排程等相关的计划和执行

需要指出，平辊轴承无忧运转的构想仅仅是让焊管制造更聪明系统的一部分，但是其工程数据分析流程与技术架构等分析方法、基本要求和流程都适用于焊管生产线中其他部位人工智能的实施。

10.3.4 让焊管制造更聪明的 AI 路径

让焊管制造更聪明的人工智能是一个系统工程，它由许多子系统组成，贯穿企业生产经营活动全过程，不可能一蹴而就，要遵循总体设计、分步实施、最终整合的原则逐步进行；针对企业痛点作为实施的着力点，尽快使企业感受到人工智能的优点和潜能，基本路径可参考图 10-11。当图 10-11 但不限于该图所示的子系统都实现了人工智能，让焊管制造更聪明的愿景才算实现。

平辊轴承无忧运转构想是"让焊管制造更聪明"的先行探索，实现这一构想只是"让焊管制造更聪明"的第一步；希望有远见的企业家带领企业在焊管智能制造方面捷足先登，

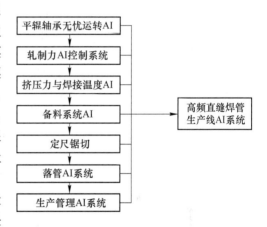

图 10-11 让焊管制造更聪明的 AI 实现路径

早日分享到人工智能给企业带来的红利。焊管智能制造是未来生产铝焊管的理想模式，既能显著提高劳动生产率、产品置信度，又能降低劳动者的工作强度、节省人力资本、为企业带来丰厚利润。

回眸铝焊管制造历程，其每一次质的跃迁，能量概由新技术提供；展望未来，再次跃迁的能量必然来源于新质生产力中的人工智能，再续铝焊管制造辉煌的必然是铝焊管生产工艺与智能制造深度融合。

参 考 文 献

［1］ 曹国富，曹笈. 高频直缝焊管理论与实践［M］. 北京：冶金工业出版社，2016.

［2］ 谢水生，刘静安，等. 简明铝合金加工手册［M］. 北京：冶金工业出版社，2016.

［3］ KIM H. Fault log recovery using an incomplete-data-trained FDA classifier for failure diagnosis of engineered systems［J］. International Journal of Prognostics and Health Management，2016，711：2330.

［4］ ZHOU J，LI P，ZHOU Y，et al. Toward new-generationintelligent manufacturing［J］. Engineering，2018，4（1）：11-20.

［5］ 韩国明. 焊接工艺理论与技术［M］. 北京：机械工业出版社，2007.

［6］ 罗刚. 铝管的高频感应焊接［J］. 焊管，2011（5）：68-71.

［7］ CHEN Y. Integrated and intelligent manufacturing：Perspectives and enablers［J］. Engineering，2017，3（5）：588-595.

［8］ 曹国富，曹笈. 高频直缝焊接铝管用管坯的质量要求［J］. 焊管，2022（7）：46-51.

［9］ KUSIAK A. Smart manufacturing must embrace big data［J］. Nature，2017，544（7648）：23-25.

［10］ TAO F，CHENG J，QI Q，et al. Digital twin-driven productdesign，manufacturing and service with big data［J］. Int. J. Adv. Manuf. Technol，2018，94（9/10/11/12）：3563-3576.

［11］ 曹笈，曹国富. 铝焊管生产用挤压辊外径对焊接质量的影响［J］. 焊管，2019（10）：53-57.

［12］ 曹国富，曹丽珠. 铝合金覆层冷凝器集流管高频焊焊缝金相与生产工艺的映射［J］. 焊管，2018，41（4）：61-68.

［13］ 王宁，李毅，等. 汽车热交换器用铝合金复合钎焊带的加工技术［J］. 汽车工艺与材料，2004（9）：37-40.

［14］ 焊管编辑部. 焊管生产现代化［J］. 焊管，1990（专刊）.

［15］ 曹国富，姜荣生，曹丽珠. 冷凝器用复合铝合金高频焊管焊缝泄漏的研究［J］. 焊管，2017（11）：44-51.

［16］ WANG B. The future of manufacturing：a new perspective［J］. Engineering，2018，4（5）：722-728.

［17］ EAGLE P. The future of manufacturing：a new era of opportunity and challengefor the UK［M］. London：The Government Office for Science，2013.

［18］ 曹国富，曹丽珠. 高频焊铝合金冷凝器集流管线能量的研究［J］. 有色金属材料与工程，2018（5）：39-45.

［19］ 黄旺福. 铝及铝合金焊接指南［M］. 长沙：湖南科学技术出版社，2004.

［20］ YAO X F，LIU M，ZHANG J，et al. History and future of intelligent manufacturing from the perspective of AI［J］. Comput Integr Manuf Syst，2019，25.

［21］ 周万盛，姚君山. 铝及铝合金的焊接［M］. 北京：机械工业出版社，2006.

［22］ 曹国富，曹丽珠. 小直径高频铝焊冷凝器集流管堵渣回水的研究［J］. 焊管，2018（1）：45-50.

［23］ XU G，WU Y，MINSHALL T，et al. Exploring innovation ecosystems acrossscience，technology，and business：A case of 3D printing in China［J］. Technol Forecast Soc Change，2017，136：208-221.

［24］ 李惠忠. 钢铁金相学与热处理常识［M］. 北京：冶金工业出版社，1975.

［25］ TAN J，LIU D，LIU Z，et al. Research on key technical approaches for thetransition from digital manufacturing to intelligent manufacturing［J］. Eng. Sci，2017，19（3）：39-44.

［26］ LI B H，ZHANG L，WANG S，et al. Cloud manufacturing：A new service-oriented networked manufacturing model［J］. Comput Integr Manuf Syst，2010，16（1）：1-7.

[27] 曹国富，曹笈. 高频焊接铝管用管坯宽度数学模型 [J]. 焊管，2021，44（4）：39-45.

[28] 代可香. 铝合金的金相分析 [J]. 化工管理，2013（18）：32-45.

[29] CAO Guofu. Wear Mechanism of Sizing Roll and the Groove of Semi-Enveloping [C] // Tool Steel for Dies and Molds，1998.

[30] 曹笈，曹国富. 铝管坯焊接特性对高频铝焊管焊接的影响初探 [J]. 有色金属材料与工程，2020，41（2）：56-60.

[31] 曹国富. 成组技术在焊管生产中的应用初探 [J]. 焊管，1994（1）：50-51.

[32] 谢水生，刘静安，等. 简明铝合金加工手册 [M]. 北京：冶金工业出版社，2016.

[33] 曹国富，曹丽珠. 高频直缝铝焊管的焊缝解析 [J]. 焊管，2020（4）：61-68.

[34] 恭春子，刘卫东. 统计学原理 [M]. 2版. 北京：机械工业出版社，2017.

[35] 曹国富，曹丽珠. 高频直缝铝焊管生产工艺流程对比分析 [J]. 焊管，2020（12）：59-68.

[36] 吴昊. 热处理工艺对高弹高导 Cu-Ni-Al 合金组织与性能的影响 [J] 上海有色金属，2015，36（3）：93-99.

[37] GB/T 16474—2011. 变形铝及铝合金牌号表示方法 [S]. 北京：中国标准出版社，2012.

[38] 胡瑞玲，等. 汽车热交换器覆层率哈金高频焊管的研制 [J]. 焊管，2007（4）：49-50.

[39] 曹国富. V形区管坯边缘的控制 [J]. 焊管，1993（1）：45-47.

[40] TAO F，QI Q，LIU A，et al. Data-driven smart manufacturing [J]. J. Manuf Syst，2018，48：157-169.

[41] ZHUANG Y T，WU F，CHEN C，et al. Challenges and opportunities：From big datato knowledge in AI 2.0 [J]. Front Inf Technol Electron Eng，2017，18（1）：3-14.

[42] 张文芹. 热处理对 $CuNi_2Si$ 合金组织和性能的影响 [J]. 上海有色金属，2015，36（2）：47-51.

[43] 袁志燕，钟建华. 电脑散热片换热过程数值模拟分析 [J]. 上海有色金属，2015，36（1）：29-33.

[44] 徐初雄. 电焊工工艺学 [M]. 北京：科学普及出版社，1984.

[45] LI B H，HOU B C，YU W T，et al. Applications of artificial intelligence inintelligent manufacturing：A review [J]. Front Inf Technol Electron Eng，2017，18（1）：86-96.

[46] 曹笈，曹国富. 焊管智造 AI+高频直缝焊管制造的构想 [J]. 焊管，2020（1）：49-56.

[47] YS/T 446—2011. 钎焊式热交换器用铝合金复合铝箔、带材 [S]. 北京：中国标准出版社，2012.

[48] GB/T 27675. 铝及铝合金复合板、带、箔材牌号表示方法 [S]. 北京：中国标准出版社，2012.

[49] 曹笈，曹国富. 焊管制造企业应用人工智能需优先解决的几个问题 [J]. 焊管，2021（3）：63-68.

[50] GB/3190—2020. 变形铝及铝合金化学成分 [S]. 北京：中国标准出版社，2020.

[51] GB/T 3880.2—2012. 一般工业用铝及铝合金板带材　第2部分：力学性能 [S]. 北京：中国标准出版社，2012.

[52] 徐初雄，等. 电焊工工艺学 [M]. 北京：科学普及出版社，1984

[53] 武昌俊. 自动检测技术及应用 [M]. 北京：机械工业出版社，2010.

[54] CHEN L，XU J，ZHOU Y. Regulating the environmental behavior of manufacturingSMEs：interfirm alliance as a facilitator [J]. J. Clean Prod，2017，165：393-404.

[55] 曹国富. 挤压辊轴仰角的形成机理及改进 [J]. 钢管，2001（5）：21-25.

[56] 史忠植. 人工智能 [M]. 北京：机械工业出版社，2016.

[57] YANG S，DING H. Research on intelligent manufacturing technology andintelligent manufacturing systems [J]. China Mech Eng，1992，3（2）：15-18.

[58] 曹国富. 直缝焊管用轧辊虚拟智造技术 [J]. 焊管，2016（6）：34-37.

[59] Peter Harrington. 机器学习实战 [M]. 李锐，李鹏，曲亚东，王斌，译. 北京：人民邮电出版

社，2013.

［60］KIM H, et al. Risk prediction of engineering assets：an ensemble of part lifespan calculation and usage classification methods ［J］. International Journal of Prognostics and Health Management，2014，5（2）.

［61］曹国富. 管坯宽度数学模型 ［J］. 焊管，1998.（3）：15-19.

［62］XIAO W. A probabilistic machine learning approach to detect industrial plant faults ［J］. International Journal of Prognostics and Health Management，2016（3）：1-19.

［63］工业和信息化部. 新一代人工智能发展规划 ［S］. 国发〔2017〕35 号.

［64］曹国富. 试论薄壁金属家具管管面"抖纹"的形成机理 ［J］. 钢管，2021（1）：39-44.

［65］BONVILLIAN W. Technology advanced manufacturing policies and paradigmsfor innovation ［J］. Science，2013，342（6163）：1173-1175.

［66］曹国富. 试论偏心成型立辊 ［J］. 钢管，1999（6）：23-29.

［67］李惠忠. 钢铁金相学与热处理常识 ［M］. 北京：冶金工业出版社，1975.

［68］Executive Office of the President，National Science and Technology Council Committee on Technology，National Science and Technology Council. Anational strategic plan for advanced manufacturing ［R］. Project Report. Executive Office of the President，2012.

［69］XIONG Y，WU B，DING H. The theory and modeling for next generationmanufacturingsystem ［J］. China Mech Eng，2000，11（1）：49-52.

［70］Kusiak A. Fundamentals of smart manufacturing：A multi-thread perspective ［J］. Annu Rev Contr，2019，47：214-220.

［71］曹国富. 试论用解析法优化薄壁焊管的成型孔型 ［J］. 钢管，2011（3）：44-49.

［72］谭为民，彭东林，等. 三种典型信号处理方法浅析 ［J］. 测控技术，2003，（6）：15-22.

［73］KOREN Y. The global manufacturing revolution：Product-process-businessintegration and reconfigurable systems ［M］. Hoboken：John Willey & Sons，2010.

［74］曹国富. R 凹槽方钢管的试制 ［J］. 钢管，2012（3）：33-39.

［75］GOV F. The new face of industry in France ［J/OL］.2017，Available from：https：//www. economie. gouv. fr/files/nouvelle_ france_ industrielle_ english. pdf.

［76］吉艳平，韩明华，郑大亮. 制造企业智能化升级路径选择研究——基于企业主体的视角 ［J］. 经济体制改革，2018，6：89-95.

［77］曹国富. 高频直缝焊管上山成型底线的再认识 ［J］. 钢管，2018（5）：59-63.

［78］钱显毅. 传感器原理与检测技术 ［M］. 北京：机械工业出版社，2011.

［79］EVANS P C，ANNUNZIATA M. Industrial internet：Pushing the boundaries of mindsand machines ［M］. Boston：General Electric，2012.

［80］KONG D，FENG Q，ZHOU Y，et al. Local implementation for green-manufacturing technology diffusion policy in China：from the user firms' perspectives ［J］. J. Clean Prod，2016，129：113-124.

［81］曹国富. 试论双半径成型底线 ［J］. 上海金属，1997（4）：55-60.

［82］樊映川，等. 高等数学讲义 ［M］. 北京：高等教育出版社，1985.

［83］LU Y. Toward green manufacturing and intelligent manufacturing—development road of China manufacturing ［J］. China Mech Eng，2010，21：379-386，399.

［84］曹国富. 异形管先成圆再变异工艺 ［J］. 焊管，2012（7）：28-34.

［85］黄顺魁. 制造业转型升级：德国"工业 4.0"的启示 ［J］. 学习与实践，2015，1：44-51.

［86］KAGERMANN H，HELBIG J，HELLINGER A，et al. Recommendations For Implementing the Strategic Initiative Industrie 4.0 Report ［M］. Frankfurt：Federal Ministry of Education and Research，2013.

［87］曹国富. 用系统论指导焊管调整 ［J］. 焊管，1994（6）：50-54.

［88］范大鹏.制造过程的智能传感器技术［M］.武汉：华中科技大学出版社，2020.

［89］曹国富.挤压辊疲劳破坏的热力学分析［J］.轧钢，2005（5）：26-28.

［90］谭建荣，刘达新，刘振宇，等.从数字制造到智能制造的关键技术途径研究［J］.中国工程科学，2017，3：39-44.

［91］ESMAEILIAN B，BEHDAD S，WANG B. The evolution and future of manufacturing：areview［J］. J. Manuf Syst，2016，39：79-100.

索　引

A

Artificial Intelligence　372
凹槽管　11

B

薄壁管　11，141，144
爆破试验　268
比热容　15，208
壁厚　11
避空原则　370
边缘端　280，388
边缘双半径变形　111，113
变形道次　190，332
变形方式　328
变形花　108
变形铝　15
补偿值法　174

C

CPS　3
采集　121，389
参数　38
槽型挤压辊　217
成型　86
成型余量　29
传感器　6
磁棒　238
磁导率　199
磁粉制动器　84
磁通变化率　198
磁通量　197
磁学　206

存储　6，283

D

大数据　381
单覆　9
导向辊　211
等比数列法　184
等差法　346
电磁感应定律　197
电流密度　199
电流渗透深度　200
电阻系数　199
定径　292
定径余量　294
断面变形　115
对角线法　180
多项式回归　122

F

反变形　178
反馈　5
分析技术　394
复合铝管坯　43
复熔共晶球　260
复熔共晶三角形　260
傅里叶变换　390
覆层　13，43，46，52

G

干涉　130，339
感应圈　238
感知　4，377
钢管　1

高频电流　200

高频焊接　197

高温强度　209

工业人工智能　388

工艺路径　37

弓形高法　179

功率　202

固态高频　2

光学　206

辊缝　215，333

H

焊缝　197，215

焊缝泄漏　260

焊管机组　202

焊接特性　206

焊接温度　207

焊接余量　31，176，217

焊接原理　197

横向变形　100，103，115

厚壁管　11，133，138

化学成分　25，27

回归模型　122

回弹　101，111，212

J

机器视觉技术　381

机器学习　289，372

集成　4

集肤深度　199

集肤效应　199，200

挤压辊　106，210，215

挤压力　210，237

尖角效应　201

减薄系数　170

建模　121，379

健康管理　123

焦耳　197

角度法　342

矫直　311，314

金属家具用铝焊管　50，52

金属物理系数　207

金相分析　245

精度　9，12，37

决策　123

绝对弓形高法　354

均方根值　393

K

开卷机　83

开口角　211，215

可见光　209

孔型　36，105

孔型放置方位　186

控制　130，278

宽度数学模型　34

宽高比　183

扩口试验　237，251

L

拉拽力　82，83

楞次定律　197

冷凝器集流管　53，57

冷切锯　8

冷却液　277，282

冷轧强化　28

力学性能　16，18

裂纹　75，256

邻近效应　198，200

螺旋活套　76，80

铝管坯　41，46

铝焊管　1，9

铝焊管生产制造系统　3

铝合金　14，21

M

MES 管理系统　3

模拟　88

模型　122
摩擦力　6，122

N

内刮刀　272
内毛刺　233，271
内应力　97
能量法　333

P

牌坊　387
偏心成型立辊　141，144，148
频率　391
频谱图　393
频域分析　393
平辊　4
平辊轴　387
平台技术　394
评估　394

Q

强度　192，375
强化相富集　260
峭度指标　393
切痕　39
切痕深度　40
轻柔　79，128
缺陷　74

R

r 角　181，296，334
r 角强制变形模式　181
r 角自然变形模式　181
RFID 技术　5
热能　197
热学　206
热影响区　245
人工神经网络　122
人机对话　87

人机交互　394
认知　281，284
熔点　14
融合线　246

S

36°现象　156
上压力　216
设计基准　177
生产工艺　50
时序　8
时域分析　392
释角轧制　173
收集　121
数据　121，383
数据技术　394
双金属流动　189
水箱扁管　359
撕裂　48，97
塑性　24
算法　379
算术平均法　184

T

弹性　86
特征　376，391
调整　130，138，141，150
同质双覆　10
凸筋管　11
推理　379
拓展型上山成型底线　91

W

W 变形法　108
弯曲角　173
弯曲因子　170
网络　5
纹波系数　2
微分方程　122

位移传感器　6

温度传感器　389

涡流探伤　8

无忧运转　388

X

系数法　184

系统论　322

先成圆后变异　165

线能量　221

线能量模型　229

箱式孔型　186

小波变换　391

信息　284

斜出孔型　186

Y

压扁试验　269

压力传感器　389

延伸率　101

沿革　1

异质双覆　10

应变传感器　96

映射　245

硬度　27

预测模型　122，395

原则　124，220，325

圆变异　347

圆环效应　201

圆周变形法　107

运营技术　394

Z

增厚　117

轧制线　95

展开宽度　174

张力控制器　84

折叠系数　175

整形　292

执行器　281，290，378

直接成异　168

智能仓储　5

智能成型　6，120，123

智能感知　289

智能焊接系统　281，290

智能控制系统　290

智能螺旋活套　81

智能识别系统　318

智能制造　2，4

中性层　135，170，173

专家系统　372

状态　14，375

自感知　120

自决策　4

自熔焊接　205

自适应　120

自学习　4，122

自执行　4

纵剪机　37

纵切面形态　63

纵向回复　97

纵向延伸　97

组织疏松　260